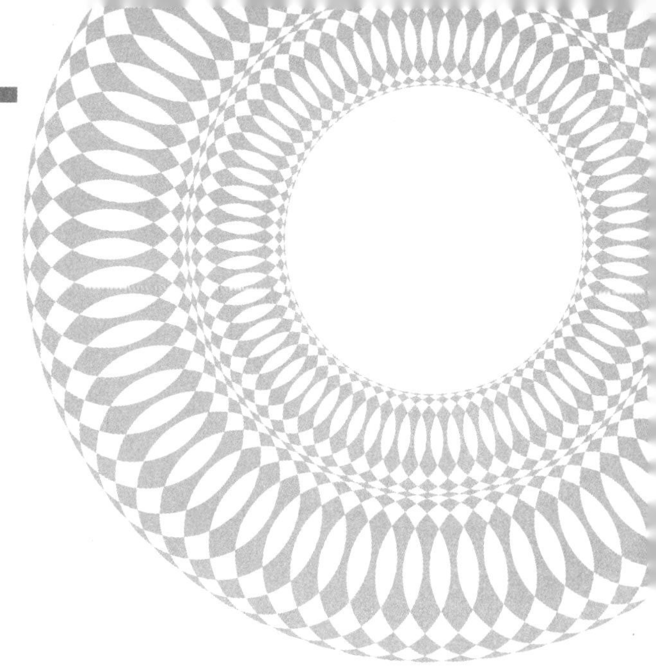

Official Study Kit for Wrox Certified
Big Data Developer Program

大数据开发者权威教程

大数据技术与编程基础

Wrox 国际 IT 认证项目组／编　顾晨／译　黄倩／审校

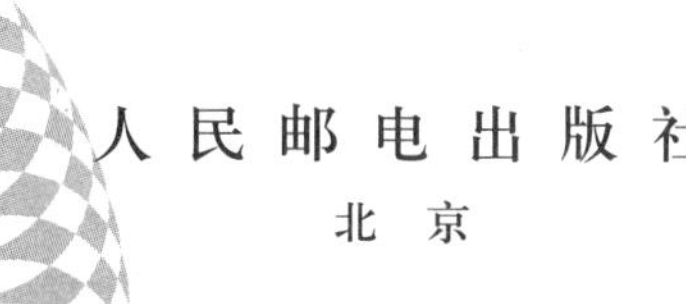

人 民 邮 电 出 版 社
北 京

图书在版编目（CIP）数据

大数据开发者权威教程 ：大数据技术与编程基础 / Wrox国际IT认证项目组编 ；顾晨译. -- 北京 ：人民邮电出版社，2018.12
书名原文：Official Study Kit for Wrox Certified Big Data Developer Program
ISBN 978-7-115-49350-7

Ⅰ. ①大… Ⅱ. ①W… ②顾… Ⅲ. ①数据处理－教材 Ⅳ. ①TP274

中国版本图书馆CIP数据核字(2018)第213681号

内容提要

“大数据”近年成为 IT 领域的热点话题，人们每天都会通过互联网、移动设备等产生大量数据。如何管理大数据、掌握大数据的核心技术、理解大数据相关的生态系统等，是作为大数据开发者必须学习和熟练掌握的。本系列书以“大数据开发者”应掌握的技术为主线，共分两卷，以 7 个模块分别介绍如何管理大数据生态系统、如何存储和处理数据、如何利用 Hadoop 工具、如何利用 NoSQL 与 Hadoop 协同工作，以及如何利用 Hadoop 商业发行版和管理工具。本系列书涵盖了大数据开发工作的核心内容，全面且详尽地涵盖了大数据开发的各个领域。

本书为第 1 卷，共 4 个模块，分别介绍大数据基础知识、大数据生态系统的管理、HDFS 和 MapReduce 以及 Hadoop 工具（如 Hive、Pig 和 Oozie 等）。

本书适用于想成为大数据开发者以及所有对大数据开发感兴趣的技术人员和决策者阅读。

◆ 编　　　Wrox 国际 IT 认证项目组
译　　　顾　晨
审　校　黄　倩
责任编辑　杨海玲
责任印制　焦志炜

◆ 人民邮电出版社出版发行　　北京市丰台区成寿寺路 11 号
邮编　100164　　电子邮件　315@ptpress.com.cn
网址　http://www.ptpress.com.cn
三河市君旺印务有限公司印刷

◆ 开本：800×1000　1/16
印张：32.5
字数：747 千字　　　2018 年 12 月第 1 版
印数：1 – 2 600 册　　　2018 年 12 月河北第 1 次印刷

著作权合同登记号　图字：01-2015-2407 号

定价：109.00 元

读者服务热线：(010)81055410　印装质量热线：(010)81055316
反盗版热线：(010)81055315
广告经营许可证：京东工商广登字 20170147 号

版权声明

译者简介

顾晨，男，硕士、PMP、信息系统项目管理师。毕业于上海交通大学。曾获邀参加旧金山的Google I/O 大会。喜欢所有与编程相关的事物，拥有 14 年的编程经验。对于大数据、SAP HANA 数据库和思科技术有着极其浓厚的兴趣，是国内较早从事 HANA 数据库研究的人员之一。先后录制了 MCSE、CCNP 等多种教学视频，在多家知名网站发布。精通 C#、Java 编程，目前正致力于人脸识别、室内定位和门店人流统计方面的研究。

前　言

欢迎阅读“大数据分析师权威教程”和“大数据开发者权威教程”系列图书！

信息技术蓬勃发展，每天都有新产品问世，同时不断地形成新的趋势。这种不断的变化使得信息技术和软件专业人员、开发人员、科学家以及投资者都不敢怠慢，并引发了新的职业机会和有意义的工作。然而，竞争是激烈的，与最新的技术和趋势保持同步是永恒的要求。对于专业人士来说，在全球 IT 行业中，入行、生存和成长都变得日益复杂。

想在 IT 这样一个充满活力的行业中高效地学习，就必须做到：

- 对核心技术概念和设计通则有很好的理解；
- 具备适应各种平台和应用的敏捷性；
- 对当前和即将到来的行业趋势和标准有充分的认识。

鉴于以上几点，我们很高兴地为大家介绍“大数据分析师权威教程”系列图书（两卷）和“大数据开发者权威教程”系列图书（两卷）。

这两个系列共 4 本书，旨在培育新一代年轻 IT 专业人士，使他们能够灵活地在多个平台之间切换，并能胜任核心职位。这两个系列是在对技术、IT 市场需求以及当今就业培训方面的全球行业标准进行了广泛并严格的调研之后才开发出来的。这些计划的构思目标是成为理想的就业能力培训项目，为那些有志于在国际 IT 行业取得事业成功的人提供服务。这一系列目前已经包含了一些热门的 IT 领域中的认证项目，如大数据、云、移动和网络应用程序、网络安全、数据库和网络、计算机操作、软件测试等。根据我们的全球质量标准加以调整之后，这些项目还能帮助你识别和评估职业机会，并为符合全球著名企业的招聘流程做好最佳的准备。

这两个系列是学习和培训资源的知识库，为在重要领域和信息技术行业中培养厂商中立和平台独立的专业能力而设立。这些资源有效地利用了创新的学习手段和以成果为导向的学习工具，培养富有抱负的 IT 专业人士。同时也为开设大数据分析师和大数据开发者相关培训课程的讲师提供了全面综合的教学和指导方案。

“大数据开发者权威教程”系列图书概览

大数据可能是今天的科技行业中最受欢迎的流行语之一。全世界的企业都已经意识到了可用的大量数据的价值，并尽最大努力来管理和分析数据、发挥其作用，以建立战略和发展竞争优势。与此同时，这项技术的出现，导致了各种**新的和增强的工作角色**的演变。

“大数据开发者权威教程”系列图书的目标是培养新一代的国际化全能大数据程序员、开发者和技术专家，熟悉大数据的相关工具、平台和架构，帮助企业有效地存储、管理和处理海量和多样的数据。同时，该教程有助于读者了解如何有效地整合、实现、定制和管理大数据基础架构。

本系列图书旨在：

- 为参与者提供处理大数据的**技术**、**存储**、**处理**、**管理**和**安全基础架构**方面的技能；
- 为参与者提供与 **Hadoop** 及其**组件工具**协同工作的经验；
- 使参与者可以开发 **MapReduce** 和 **Pig** 程序，操纵分布式文件，以及了解支持 MapReduce 程序的 API；
- 参与者可以熟悉一些流行的 **Hadoop 商业发行版系统**，如 Cloudera、Hortonworks 和 Greenplum；
- 最后包含一个**完整的项目**，使参与者能够开发一个集成的大数据应用程序。

参与者的必备条件

要阅读这个系列图书，读者必须具备以下基础知识。

- 编程基础（含面向对象编程的基础）。
- 脚本语言的基础（如 Perl 或 Ruby）。
- 操作 Linux/Unix 操作系统的基础。
- 对 Java 编程语言有很好的理解：
  - Java 核心技术；
  - 了解 SQL 语句。

建议的学习时间

“大数据开发者权威教程”系列图书由 **7 个学习模块**（第 1 卷包括 4 个模块，第 2 卷包括 3 个模块）组成。

根据参与者的技能水平，可以选择任何数量的模块以积累特定领域的技能，每个模块的学习目标会在后面列出。

对于**入门级的参与者**，建议学习 7 个模块，为成为合格的大数据开发者做好充足的就业前准备。**专业人士**或者已经拥有某些必备技能的参与者则可以选择能够帮助自己加强特定领域技能的模块。

每个模块占用大约 **10 小时的学习时间**，因此完整的学习时间大约是 70 小时。

模块清单

第 1 卷《大数据开发者权威教程：大数据技术与编程基础》的 4 个模块的具体名称和学习目标如表 1 所示。

表 1

模块编号	模块名称	模块目标
模块 1	大数据入门	● 了解大数据的角色和重要性 ● 讨论大数据在各行各业中的使用和应用 ● 讨论大数据相关的主要技术 ● 解释 Hadoop 生态系统中各种组件的角色 ● 解释 MapReduce 的基础概念和它在 Hadoop 生态系统中的作用
模块 2	管理大数据生态系统	● 讨论大数据所需的关键技术基础 ● 把传统数据管理系统与大数据管理系统进行对比 ● 评估大数据分析的关键需求 ● 讨论整合数据的流程 ● 解释实时数据的相关性 ● 在企业中评估实施大数据的需求 ● 解释如何使用大数据和实时数据作为业务规划工具
模块 3	存储和处理数据：HDFS 和 MapReduce	● 分析 Hadoop 的大数据的 HDFS 和 HBase 存储模型 ● 开发基本的 MapReduce 程序 ● 利用 MapReduce 的可扩展性，进行定制执行 ● 在设计时进行 MapReduce 程序的测试和调试 ● 在给定的场景下实现 MapReduce 程序
模块 4	利用 Hadoop 工具 Hive、Pig 和 Oozie 提升效率	● 讨论了 Hive 的数据存储原理 ● 在 Hive 中执行数据操作 ● 实现 Hive 的提前查询特性 ● 解释 Hive 环境支持的文件格式和记录格式 ● 利用 Pig 使 MapReduce 的设计和实现自动化 ● 使用 Oozie 分析工作流的设计和管理 ● 设计和实现一个 Oozie 工作流

第 2 卷《大数据开发者权威教程：NoSQL、Hadoop 组件及大数据实施》的 3 个模块的具体名称和学习目标如表 2 所示。

表 2

模块编号	模块名称	模块目标
模块 1	额外的 Hadoop 工具：ZooKeeper、Sqoop、Flume、YARN 和 Storm	● 利用 Apache Zookeeper 实现分布式协同服务 ● 将数据从非 Hadoop 的存储系统加载到 Hive 和 HBase 中 ● 描述 Flume 的角色 ● 使用 Flume 进行数据汇总 ● 解释 YARN 的角色，并将它与 Hadoop 1.0 中的 MapReduce 进行对比 ● 解释如何利用运行在 YARN 上的 Storm 管理 Hadoop 上的实时数据 ● 开发运行在 YARN 上的 Storm 应用程序
模块 2	利用 NoSQL 和 Hadoop：实时、安全和云	● 与 NoSQL 的界面和交互 ● 执行 CRUD 操作和各种 NoSQL 数据库查询 ● 分析在 Hadoop 中安全是如何实现的 ● 配置运行在 Amazon Web Services（AWS）中的 Hadoop 应用 ● 设计 Hadoop 实时应用

续表

模块编号	模块名称	模块目标
模块 3	Hadoop 商业发行版和管理工具	● 探讨 Cloudera 管理器平台 ● 利用 Cloudera 管理器进行服务的添加和管理 ● 为各种平台配置 Hive 的元数据 ● 为 Hive 安装 Cloudera 管理器 4.5 版 ● 为大数据分析部署 Hortonworks 数据平台（HDP）集群 ● 使用 Talend Open Studio 进行数据分析 ● 解释 Greenplum Pivotal HD 架构 ● 讨论并安装 InfoSphere BigInsights ● 讨论并安装 MapR 和 MapR 沙盒 ● 为求职面试做有效的准备

学习方法和特色

本书开发了一套独特的学习方法，这种专门设计的方法不仅以最大限度地学习大数据概念为目标，还注重对真实专业环境下应用这些概念的全面理解。

本书的独特方法和丰富特性简单介绍如下。

- 涵盖了大数据开发者必备的**所有大数据**和 **Hadoop 基础组件及相关组件的基本知识**，使参与者有可能在一个系列书中获得对所有相关知识、新兴技术和平台的了解。
- 在与**大数据架构**、**大数据应用程序开发**以及与**大数据实施**相关的**产业相关技术**有着极密切关联的编程和技术领域中，锻炼自己全面的和结构化的本领。
- **基于场景的学习方法**，通过多种有代表性的现实场景的使用和案例研究，将 IT 基础知识融入现实环境，鼓励参与者积极、全面地学习和研究，实现体验式教学。
- 强调**目标明确**、**基于成果的学习**。每一讲都以“本讲目标”开始，该目标会进一步关联整个教程的更广泛的目标。
- **简明**、**循序渐进的**编程和编码**指导**，清晰地解释每行代码的基本原理。
- 强调**高效**、**实用的过程和技术**，帮助参与者深入理解巧妙且符合道德伦理的专业实践及其对业务的影响。

学习工具

下列学习工具将确保参与者高效地使用本教程。

- **模块目标**：列出某一讲所属模块的目标。
- **本讲目标**：列出与模块目标对应的本讲目标。
- **预备知识**：说明对某一部分或者整体概念的理解有特定作用的预备知识点。
- **交叉参考**：将整个模块中的相关概念联系起来，启发参与者理解分析工具的不同功能、职责和挑战，确保概念不被孤立地学习。

- **总体情况**：不断提醒参与者某个主题为什么是相关的，在行业中如何应用，从而为学习提供实践参考。
- **快速提示**：提供高效地运用概念的技巧。
- **与现实生活的联系**：提供简短的案例分析和简报，阐述概念在现实世界中的适用性。
- **技术材料**：提供加强技术诀窍理解的方法和信息。
- **定义**：定义重要概念或者术语。
- **附加知识**：提供相关的附加信息。
- **知识检测点**：提出互动式课堂讨论的问题，强化每一讲之后的学习。
- **练习**：在每一讲结束时提出以知识为基础的实践问题，评估理解情况。
- **测试你的能力**：提供基于应用的实践问题。
- **备忘单**：提供这一讲涵盖的重要步骤及过程的快速参考。

关键的大数据技术术语

大数据是一个非常年轻的行业，新的技术和术语每周都会出现。这种快节奏的环境是由开源社区、新兴技术公司以及 IBM、Oracle、SAP、SAS 和 Teradata 这样的业界巨人推动的。不用说，建立一个持久的权威术语表是很难的。鉴于这样的风险，我们在这里只提供一个小型的大数据词汇表，如表 3 所示。

表 3

术　语	定　义
算法	用来分析数据的数学方法。一般情况下，是一段计算过程；计算一个功能的指令列表；在软件中，这样一个过程以编程语言来实际实现
分析	一组用于查询和梳理平台数据的分析工具和计算能力
装置	专为特定活动集建立的一组优化的硬件和软件
Avro	一个可编码 Hadoop 文件模式的数据序列化系统，特别擅长于数据解析，是 Apache Hadoop 项目的一部分
批处理	在后台运行、不与人发生交互的作业或进程
大数据	大数据事实上的标准定义是超越了传统的 3 个维度（数据量、多样性、速度）限制的数据。这 3 个维度的结合使得数据的提取、处理和呈现更加复杂
Big Insights	IBM 的具有企业级增值组件的 Hadoop 商业发行版
Cassandra	由 Apache 软件基金会管理的开源列式数据库
Clojure	基于 LISP（从 20 世纪 50 年代起的人工智能编程语言事实标准）的动态编程语言，读作“closure”。通常用于并行数据处理
云	用以指代任何计算机运作的软件、硬件或服务资源的通用术语。它作为一种服务通过网络传送
Cloudera	Hadoop 的第一个商业分销商。Cloudera 提供了 Hadoop 发行版的企业级增值组件
列式数据库	按列进行的数据存储与优化。使用基于列的数据，对于一些分析处理特别有用
复杂事件处理（CEP）	对实时发生事件进行分析并采取措施的过程

续表

术　语	定　义
数据挖掘	利用机器学习，从数据中发现模式、趋势和关系的过程
分布式处理	在多个 CPU 上的程序执行
Dremel	一个可扩展、交互式、点对点分析查询系统，有能力在数秒内对数万亿行的表进行聚合查询
Flume	一种从 Web 服务器、应用服务器、移动设备等目标抓取数据填充 Hadoop 的框架
网格	松散耦合的服务器通过网络连接起来，并行处理工作负载
Hadapt	一家提供 Hadoop 相关插件的商业供应商，这个插件可以通过高速连接器在 HDFS 和关系型表之间移动数据
Hadoop	一个开源项目框架，可以在计算机集群（网格）中存储大量的非结构化数据（HDFS）并在其中对其进行处理（MapReduce）
HANA	来自 SAP 的内存处理计算平台，为大容量事务和实时分析而设计
HBase	一种分布式、列式存储的 NoSQL 数据库
HDFS	Hadoop 文件系统，是 Hadoop 的存储机制
Hive	一种 Hadoop 的类 SQL 查询语言
Norton	具有企业级增值工作组件的 Hadoop 商业发行版
HPC	高性能计算。通俗地说，就是为高速浮点处理、内存磁盘并行化而设计的设备
HAStreaming	为 Hadoop 提供实时 CEP（复杂事件处理）的 Hadoop 商业插件
机器学习	从经验数据中学习，然后利用这些经验教训去预测未来新数据的结果的算法技术
Mahout	为 Hadoop 创建可伸缩机器学习算法库的 Apache 项目，主要用 MapReduce 实现
MapR	具有企业级增值组件的 Hadoop 商业发行版
MapReduce	一种 Hadoop 计算批处理框架，其中的作业大部分用 Java 编写。作业将较大的问题分解为较小的部分，并将工作负载分布到网格中，使多个作业能够同时进行（mapper）。主作业（reducer）收集所有中间结果并将其组合起来
大规模并行处理(MPP)	能协调并行程序执行的系统（操作系统、处理器和内存）
MPP 装置	带有处理器、内存、磁盘和软件，能够并行处理工作负载的集成平台
MPP 数据库	一种已为 MPP 环境优化的数据库
MongoDB	一种用 C++编写的可扩展、高性能的开源 NoSQL 数据库
NoSQL 数据库	一个用以描述数据库的术语。这种数据库不使用 SQL 作为数据库的主要检索，且可以是任意类型。NoSQL 拥有有限的传统功能，并为可扩展性和高性能检索及添加而设计。通常情况下，NoSQL 数据库利用键/值对存储数据，能够很好地处理在本质上不相关的数据
Oozie	一个工作流处理系统，允许用户定义一系列用各种语言（如 MapReduce、Pig 和 Hive）编写的作业
Pig	一种使用查询语言（Pig Latin）的分布式处理框架，用以执行数据转换。目前，Pig Latin 程序被转换为 MapReduce 作业，在 Hadoop 上运行
R	一种开源的语言和环境，用以统计计算和图形化
实时	通俗地说，它被定义为即时处理。实时处理起源于 20 世纪 50 年代，当时多任务处理机提供了为更高优先级任务的执行而“中断”一个任务的能力。这些类型的机器为空间计划、军事应用和多种商业控制系统提供了动力
关系型数据库	按照行和列存储和优化数据
Scording	使用预测模型，预测新数据的未来结果

续表

术　语	定　义
半结构化数据	依靠可用的格式描述符，把非结构化的数据放入结构中
Spark	内存分析计算处理的高性能处理框架，通常被用来做实时查询
SQL（结构化查询语言）	关系型数据库中，存储、访问和操作数据的语言
Sqoop	一种命令行工具，具有把单个表或整个数据库导入 Hadoop 文件中的能力
Storm	分布式、容错、实时分析处理的开源框架
结构化数据	有预先设定数据格式的数据
非结构化数据	无预先设定结构的数据
Whirr	一套用于运行云服务的库
YARN	Apache Hadoop 的下一代计算框架，除了 MapReduce 之外还支持编程范式

提示

本书提供配套的网上下载资源，包括预备知识内容、PowerPoint 幻灯片、模拟试题和其他附加资源（包括额外的面试题）。以上所有资源均为英文资料。①

“知识检测点”和“测试你的能力”环节中的问题可能需要使用特定数据集。读者可以使用本书配套的网上下载资源中提供的数据集，也可以使用从网上找到的合适的数据或者自己生成数据。

① 本书配套的网上下载资源请登录异步社区（https://www.epubit.com），访问本书对应页面下载。——编者注

资源与支持

本书由异步社区出品，社区（https://www.epubit.com/）为您提供相关资源和后续服务。

配套资源

本书提供一些配套资源，要获得这些配套资源，请在异步社区本书页面中点击 配套资源 ，跳转到下载界面，按提示进行操作即可。注意：为保证购书读者的权益，该操作会给出相关提示，要求输入提取码进行验证。

如果您是教师，希望获得教学配套资源，请在社区本书页面中直接联系本书的责任编辑。

提交勘误

作者和编辑尽最大努力来确保书中内容的准确性，但难免会存在疏漏。欢迎您将发现的问题反馈给我们，帮助我们提升图书的质量。

当您发现错误时，请登录异步社区，按书名搜索，进入本书页面，点击“提交勘误”，输入勘误信息，点击“提交”按钮即可。本书的作者和编辑会对您提交的勘误进行审核，确认并接受后，您将获赠异步社区的 100 积分。积分可用于在异步社区兑换优惠券、样书或奖品。

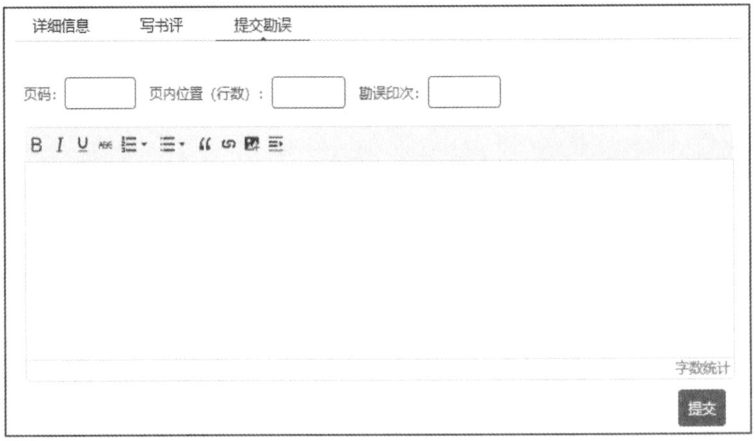

扫码关注本书

扫描下方二维码，您将会在异步社区微信服务号中看到本书信息及相关的服务提示。

与我们联系

我们的联系邮箱是 contact@epubit.com.cn。

如果您对本书有任何疑问或建议，请您发邮件给我们，并请在邮件标题中注明本书书名，以便我们更高效地做出反馈。

如果您有兴趣出版图书、录制教学视频，或者参与图书翻译、技术审校等工作，可以发邮件给我们；有意出版图书的作者也可以到异步社区在线提交投稿（直接访问 www.epubit.com/selfpublish/submission 即可）。

如果您是学校、培训机构或企业，想批量购买本书或异步社区出版的其他图书，也可以发邮件给我们。

如果您在网上发现有针对异步社区出品图书的各种形式的盗版行为，包括对图书全部或部分内容的非授权传播，请您将怀疑有侵权行为的链接发邮件给我们。您的这一举动是对作者权益的保护，也是我们持续为您提供有价值的内容的动力之源。

关于异步社区和异步图书

“异步社区”是人民邮电出版社旗下 IT 专业图书社区，致力于出版精品 IT 技术图书和相关学习产品，为作译者提供优质出版服务。异步社区创办于 2015 年 8 月，提供大量精品 IT 技术图书和电子书，以及高品质技术文章和视频课程。更多详情请访问异步社区官网 https://www.epubit.com。

“异步图书”是由异步社区编辑团队策划出版的精品 IT 专业图书的品牌，依托于人民邮电出版社近 30 年的计算机图书出版积累和专业编辑团队，相关图书在封面上印有异步图书的 LOGO。异步图书的出版领域包括软件开发、大数据、AI、测试、前端、网络技术等。

异步社区

微信服务号

目 录

模块 1 大数据入门

第 1 讲 大数据简介……3
1.1 什么是大数据……4
1.1.1 大数据的优势……5
1.1.2 挖掘各种大数据源……6
1.2 数据管理的历史——大数据的演化……7
1.3 大数据的结构化……9
1.4 大数据要素……13
1.4.1 数据量……13
1.4.2 速度……14
1.4.3 多样性……14
1.5 大数据在商务环境中的应用……14
1.6 大数据行业中的职业机会……16
1.6.1 职业机会……17
1.6.2 所需技能……17
1.6.3 大数据的未来……19
练习……20
备忘单……22
第 2 讲 大数据在商业上的应用……23
2.1 社交网络数据的重要性……24
2.2 金融欺诈和大数据……30
2.3 保险业的欺诈检测……32
2.4 在零售业中应用大数据……36
练习……40
备忘单……42
第 3 讲 处理大数据的技术……43
3.1 大数据的分布式和并行计算……44
3.1.1 并行计算技术……46
3.1.2 虚拟化及其对大数据的重要性……47
3.2 Hadoop 简介……47
3.3 云计算和大数据……50
3.3.1 大数据计算的特性……50
3.3.2 云部署模型……51
3.3.3 云交付模型……52
3.3.4 大数据云……52
3.3.5 大数据云市场中的供应商……53
3.3.6 使用云服务所存在的问题……54
3.4 大数据内存计算技术……54
练习……56
备忘单……58
第 4 讲 了解 Hadoop 生态系统……59
4.1 Hadoop 生态系统……60
4.2 用 HDFS 存储数据……61
4.2.1 HDFS 架构……62
4.2.2 HDFS 的一些特殊功能……65
4.3 利用 Hadoop MapReduce 处理数据……65
4.3.1 MapReduce 是如何工作的……66
4.3.2 MapReduce 的优点和缺点……66
4.3.3 利用 Hadoop YARN 管理资源和应用……67
4.4 利用 HBase 存储数据……68
4.5 使用 Hive 查询大型数据库……69
4.6 与 Hadoop 生态系统的交互……70
4.6.1 Pig 和 Pig Latin……70
4.6.2 Sqoop……71

4.6.3 Zookeeper……72
4.6.4 Flume……72
4.6.5 Oozie……73
练习……74
备忘单……76
第5讲 MapReduce 基础……77
5.1 MapReduce 的起源……78
5.2 MapReduce 是如何工作的……79
5.3 MapReduce 作业的优化技术……85
5.3.1 硬件/网络拓扑……85
5.3.2 同步……86
5.3.3 文件系统……86
5.4 MapRcducc 的应用……86
5.5 HBase 在大数据处理中的角色……87
5.6 利用 Hive 挖掘大数据……89
练习……91
备忘单……94

模块 2 管理大数据生态系统

第1讲 大数据技术基础……97
1.1 探索大数据栈……98
1.2 冗余物理基础设施层……99
1.2.1 物理冗余网络……100
1.2.2 管理硬件：存储和服务器……101
1.2.3 基础设施的操作……101
1.3 安全基础设施层……101
1.4 接口层以及与应用程序和互联网的双向反馈……102
1.5 可操作数据库层……103
1.6 组织数据服务层及工具……104
1.7 分析数据仓库层……105
1.8 分析层……105
1.9 大数据应用层……106
1.10 虚拟化和大数据……107
1.11 虚拟化方法……108
1.11.1 服务器虚拟化……109
1.11.2 应用程序虚拟化……109
1.11.3 网络虚拟化……110
1.11.4 处理器和内存虚拟化……110
1.11.5 数据和存储虚拟化……111
1.11.6 用管理程序进行虚拟化管理……111
1.11.7 抽象与虚拟化……112
1.11.8 实施虚拟化来处理大数据……112
练习……114
备忘单……116
第2讲 大数据管理系统——数据库和数据仓库……117
2.1 RDBMS 和大数据环境……118
2.2 非关系型数据库……119
2.2.1 键值数据库……120
2.2.2 文档数据库……122
2.2.3 列式数据库……124
2.2.4 图数据库……125
2.2.5 空间数据库……127
2.3 混合持久化……129
2.4 将大数据与传统数据仓库相集成……130
2.4.1 优化数据仓库……130
2.4.2 大数据结构与数据仓库的区别……130
2.5 大数据分析和数据仓库……132
2.6 改变大数据时代的部署模式……134
2.6.1 设备模型……134
2.6.2 云模型……135
练习……136
备忘单……138
第3讲 分析与大数据……139
3.1 使用大数据以获取结果……140
3.1.1 基本分析……142

3.1.2 高级分析 143
3.1.3 可操作性分析 144
3.1.4 货币化分析 145
3.2 是什么构成了大数据 145
3.2.1 构成大数据的数据 145
3.2.2 大数据分析算法 146
3.2.3 大数据基础设施支持 146
3.3 探索非结构化数据 148
3.4 理解文本分析 149
3.4.1 分析和提取技术 150
3.4.2 理解提取的信息 151
3.4.3 分类法 152
3.4.4 将结果与结构化数据放在一起 153
3.5 建立新的模式和方法以支持大数据 156
3.5.1 大数据分析的特征 156
3.5.2 大数据分析的应用 157
3.5.3 大数据分析框架的特性 161
练习 163
备忘单 165

第 4 讲 整合数据、实时数据和实施大数据 168

4.1 大数据分析的各个阶段 169
4.1.1 探索阶段 170
4.1.2 编纂阶段 171
4.1.3 整合和合并阶段 171
4.2 大数据集成的基础 173
4.2.1 传统 ETL 174
4.2.2 ELT——提取、加载和转换 175
4.2.3 优先处理大数据质量 175
4.2.4 数据性能分析工具 176
4.2.5 将 Hadoop 用作 ETL 177
4.3 流数据和复杂的事件处理 177
4.3.1 流数据 178
4.3.2 复杂事件处理 181
4.3.3 区分 CEP 和流 182
4.3.4 流数据和 CEP 对业务的影响 183
4.4 使大数据成为运营流程的一部分 183
4.5 了解大数据的工作流 186
4.6 确保大数据有效性、准确性和时效性 187
4.6.1 数据的有效性和准确性 187
4.6.2 数据的时效性 187
练习 189
备忘单 191

第 5 讲 大数据解决方案和动态数据 192

5.1 大数据作为企业战略工具 193
5.1.1 阶段 1：利用数据做计划 193
5.1.2 阶段 2：执行分析 194
5.1.3 阶段 3：检查结果 194
5.1.4 阶段 4：根据计划行事 194
5.2 实时分析：把新的维度添加到周期 194
5.2.1 阶段 5：实时监控 195
5.2.2 阶段 6：调整影响 195
5.2.3 阶段 7：实验 195
5.3 对动态数据的需求 196
5.4 案例 1：针对环境影响使用流数据 198
5.4.1 这是怎么做到的 198
5.4.2 利用传感器提供实时信息 198
5.4.3 利用实时数据进行研究 199
5.5 案例 2：为了公共政策使用大数据 199
5.5.1 问题 200
5.5.2 使用流数据 200
5.6 案例 3：在医疗保健行业使用流数据 200
5.6.1 问题 201
5.6.2 使用流数据 201
5.7 案例 4：在能源行业使用流数据 201
5.7.1 利用流数据提高能源效率 201
5.7.2 流数据的使用推进了可替代能源的生产 202

5.8 案例 5：用实时文本分析提高客户体验 …… 202
5.9 案例 6：在金融业使用实时数据 …… 203
5.9.1 保险 …… 204
5.9.2 银行 …… 204
5.9.3 信用卡公司 …… 204
5.10 案例 7：使用实时数据防止保险欺诈 …… 205
练习 …… 207
备忘单 …… 210

模块 3 存储和处理数据：HDFS 和 MapReduce

第 1 讲 在 Hadoop 中存储数据 …… 213
1.1 HDFS …… 214
1.1.1 HDFS 的架构 …… 214
1.1.2 使用 HDFS 文件 …… 218
1.1.3 Hadoop 特有的文件类型 …… 220
1.1.4 HDFS 联盟和高可用性 …… 224
1.2 HBase …… 226
1.2.1 HBase 的架构 …… 226
1.2.2 HBase 模式设计准则 …… 231
1.3 HBase 编程 …… 232
1.4 为有效的数据存储结合 HDFS 和 HBase …… 237
1.5 为应用程序选择恰当的 Hadoop 数据组织 …… 237
1.5.1 数据被 MapReduce 独占访问时 …… 237
1.5.2 创建新数据时 …… 238
1.5.3 数据尺寸太大时 …… 238
1.5.4 数据用于实时访问时 …… 238
练习 …… 239
备忘单 …… 241
第 2 讲 利用 MapReduce 处理数据 …… 242
2.1 开始了解 MapReduce …… 243
2.1.1 MapReduce 框架 …… 243
2.1.2 MapReduce 执行管道 …… 244
2.1.3 MapReduce 的运行协调和任务管理 …… 247
2.2 第一个 MapReduce 应用程序 …… 249
2.3 设计 MapReduce 的实现 …… 257
2.3.1 使用 MapReduce 作为并行处理的框架 …… 258
2.3.2 MapReduce 的简单数据处理 …… 259
2.3.3 构建与 MapReduce 的连接 …… 260
2.3.4 构建迭代的 MapReduce 应用程序 …… 264
2.3.5 用还是不用 MapReduce …… 268
2.3.6 常见的 MapReduce 设计提示 …… 269
练习 …… 271
备忘单 …… 274
第 3 讲 自定义 MapReduce 执行 …… 275
3.1 用 InputFormat 控制 MapReduce 的执行 …… 276
3.1.1 为计算密集型应用程序实施 InputFormat …… 277
3.1.2 实现 InputFormat 控制 map 的数量 …… 282
3.1.3 为多 HBase 表实现 InputFormat …… 287
3.2 用你自定义 RecordReader 的方式读取数据 …… 290
3.3 用自定义 OutputFormat 组织输出数据 …… 292
3.4 自定义 RecordWriter 以你的方式写数据 …… 293
3.5 利用结合器优化 MapReduce 执行 …… 295
3.6 用分区器来控制 reducer 的执行 …… 298
练习 …… 299

备忘单……302

第4讲 测试和调试 MapReduce 应用程序……303

4.1 MapReduce 应用程序的单元测试……304

4.1.1 测试 mapper……306

4.1.2 测试 reducer……307

4.1.3 集成测试……308

4.2 用 Eclipse 进行本地程序测试……310

4.3 利用日志文件做 Hadoop 测试……312

4.4 利用工作计数器进行报表度量……316

4.5 在 MapReduce 中的防御式编程……318

练习……320

备忘单……322

第5讲 实现 MapReduce WordCount 程序——案例学习……323

5.1 背景……324

5.1.1 句子层级的情感分析……325

5.1.2 情感词法采集……325

5.1.3 文档级别的情感分析……325

5.1.4 比较情感分析……325

5.1.5 基于外观的情感分析……326

5.2 场景……326

5.3 数据解释……326

5.4 方法论……326

5.5 方法……327

模块4 利用 Hadoop 工具 Hive、Pig 和 Oozie 提升效率

第1讲 探索 Hive……343

1.1 介绍 Hive……344

1.1.1 Hive 数据单元……345

1.1.2 Hive 架构……346

1.1.3 Hive 元数据存储……347

1.2 启动 Hive……347

1.2.1 Hive 命令行界面……348

1.2.2 Hive 变量……349

1.2.3 Hive 属性……349

1.2.4 Hive 一次性命令……349

1.3 执行来自文件的 Hive 查询……350

1.3.1 shell 执行……350

1.3.2 Hadoop dfs 命令……350

1.3.3 Hive 中的注释……351

1.4 数据类型……351

1.4.1 基本数据类型……352

1.4.2 复杂数据类型……354

1.4.3 Hive 内置运算符……355

1.5 Hive 内置函数……356

1.6 压缩的数据存储……358

1.7 Hive 数据定义语言……359

1.7.1 管理 Hive 中的数据库……359

1.7.2 管理 Hive 中的表……360

1.8 Hive 中的数据操作……364

1.8.1 将数据载入 Hive 表……364

1.8.2 将数据插入表……365

1.8.3 插入至本地文件……367

练习……368

备忘单……370

第2讲 高级 Hive 查询……371

2.1 HiveQL 查询……372

2.1.1 SELECT 查询……372

2.1.2 LIMIT 子句……373

2.1.3 嵌入查询……373

2.1.4 CASE…WHEN…THEN……373

2.1.5 LIKE 和 RLIKE……373

2.1.6 GROUP BY……374

2.1.7 HAVING……374

2.2 使用函数操作列值……374

2.2.1 内置函数……374

2.2.2 用户定义函数……375

2.3 Hive 中的连接……376

2.3.1 内连接……376
2.3.2 外连接……377
2.3.3 笛卡儿积连接……378
2.3.4 Map侧的连接……379
2.3.5 ORDER BY……379
2.3.6 UNION ALL……379
2.4 Hive的最佳实践……380
2.4.1 使用分区……380
2.4.2 规范化……381
2.4.3 有效使用单次扫描……381
2.4.4 桶的使用……381
2.5 性能调优和查询优化……382
2.5.1 EXPLAIN命令……383
2.5.2 LIMIT调优……387
2.6 各种执行类型……387
2.6.1 本地执行……387
2.6.2 并行执行……387
2.6.3 索引……388
2.6.4 预测执行……388
2.7 Hive文件和记录格式……388
2.7.1 文本文件……388
2.7.2 序列文件……389
2.7.3 RCFile……389
2.7.4 记录格式（SerDe）……390
2.7.5 Regex SerDe……390
2.7.6 Avro SerDe……391
2.7.7 JSON SerDe……392
2.8 HiveThrift服务……393
2.8.1 启动HiveThrift服务器……393
2.8.2 使用JDBC的样例HiveThrift客户端……393
2.9 Hive中的安全……395
2.9.1 认证……395
2.9.2 授权……395
练习……397
备忘单……400

第3讲 用Pig分析数据……402

3.1 介绍Pig……403
3.1.1 Pig架构……403
3.1.2 Pig Latin的优势……404
3.2 安装Pig……405
3.2.1 安装Pig所需条件……405
3.2.2 下载Pig……405
3.2.3 构建Pig库……406
3.3 Pig的属性……406
3.4 运行Pig……407
3.5 Pig Latin应用程序流……408
3.6 开始利用Pig Latin……409
3.6.1 Pig Latin结构……410
3.6.2 Pig数据类型……411
3.6.3 Pig语法……412
3.7 Pig脚本接口……413
3.8 Pig Latin的脚本……415
3.8.1 用户定义函数……415
3.8.2 参数替代……418
3.9 Pig中的关系型操作……419
3.9.1 FOREACH……419
3.9.2 FILTER……420
3.9.3 GROUP……421
3.9.4 ORDER BY……422
3.9.5 DISTINCT……423
3.9.6 JOIN……424
3.9.7 LIMIT……425
3.9.8 SAMPLE……426
练习……427
备忘单……430

第4讲 Oozie对数据处理进行自动化……431

4.1 开始了解Oozie……432
4.2 Oozie工作流……433
4.2.1 在Oozie工作流中执行异步活动……436
4.2.2 实现Oozie工作流……437
4.3 Oozie协调器……443
4.4 Oozie套件……448
4.5 利用EL的Oozie参数化……451
4.5.1 工作流函数……451

4.5.2 协调器函数 452
4.5.3 套件函数 452
4.5.4 其他 EL 函数 452
4.6 Oozie 作业执行模型 452
4.7 访问 Oozie 455
4.8 Oozie SLA 456
练习 460
备忘单 462
第 5 讲 使用 Oozie 464
5.1 业务场景：使用探测包验证关于位置的信息 465
5.2 根据探测包设计位置验证 466
5.3 设计 Oozie 工作流 467
5.4 实现 Oozie 工作流应用程序 469
5.4.1 实现数据准备工作流 469
5.4.2 实现考勤指数和集群簇的工作流 477
5.5 实现工作流的活动 479
5.5.1 从 java 行为中填充执行上下文 479
5.5.2 在 Oozie 工作流中使用 MapReduce 作业 480
5.6 实现 Oozie 协调器应用程序 483
5.7 实现 Oozie 套件应用程序 488
5.8 部署、测试和执行 Oozie 应用程序 489
5.8.1 使用 Oozie CLI 执行 Oozie 应用程序 490
5.8.2 将参数传递给 Oozie 作业 493
5.8.3 决定如何将参数传递给 Oozie 作业 495
练习 497
备忘单 499

模块 1

大数据入门

引　言

模块 1

模块 1 给出了大数据的概述，主要介绍大数据的概念和大数据商业应用的概况。另外，这一模块还从宏观上介绍存储、处理、管理大数据所需的技术架构。最后，本模块对 Hadoop 生态系统和 MapReduce 框架稍做深入的探究，并解释了这些流行框架是如何支持大数据管理的。

- 第 1 讲讨论大数据在信息技术（IT）产业中的流行趋势，详细综述了大数据的概念（包括 3V、数据源、数据类型以及大数据应用），还描述了当前与大数据相关的各种职业发展机会。
- 第 2 讲讨论各行各业中的大数据商业应用。这一讲将讨论社交网络数据在市场营销、商业智能以及产品开发中的重要性。此外，这一讲还将介绍大数据在金融欺诈检测和零售业中的应用。
- 第 3 讲宽泛地解释了促进大数据发展的各种技术基础设施，包括分布式计算、并行计算、云计算、虚拟化和内存计算。这一讲还会介绍目前流行的大数据技术框架——Hadoop。
- 第 4 讲对 Hadoop 生态系统的各种组件进行详细描述。这一讲将描述 Hadoop 的架构、MapReduce 和 HDFS 所扮演的角色，还将介绍其他与 Hadoop 生态交互的工具，如 Pig、Pig Latin 和 Flume 等。
- 第 5 讲对 MapReduce 的操作基础做略深入的探索，并对其应用进行详细阐述。这一讲还会讨论 MapReduce 在各种大数据存储工具（如 HBase 和 Hive）中的作用。

第1讲

大数据简介

模块目标

学完本模块的内容，读者将能够：

- ⏭ 了解大数据所扮演的角色和大数据的重要性

本讲目标

学完本讲的内容，读者将能够：

⏭	描述什么是大数据
⏭	讨论数据管理的历史以及大数据的演变
⏭	描述大数据的类型和结构化数据的重要性
⏭	列出大数据的要素
⏭	描述商业环境中大数据的应用
⏭	介绍大数据领域中的职业发展机会

“不是所有有价值的都能被计算，不是所有能计算的都有价值。”

——阿尔伯特·爱因斯坦

观察一下周围的世界，你就会发现，几秒内就会产生、捕获并通过媒介传输庞大的数据。这些数据可能来自个人计算机（PC）、社交网站、企业的交易或通信系统、ATM 机和许多其他渠道。

一些报告宣称，在 2002 年的时候大约有 5 EB（1 EB=1 024 PB=2^{60}B）的在线数据。然而到了 2009 年，这个数字增长了 56 倍，达到 281 EB。2009 年之后，该数字更是呈现了指数级的增长。这些数据以网络帖子、图片、视频和天气信息的形式不断地产生出来。

如果对**不断产生**的庞大数据进行合理分析，可能会产生巨大的价值，因为我们可以根据大量的关键信息做出更明智的决定。**换句话说，仔细的分析可以把数据转换为信息，把信息转化成洞察力。**

正因为我们有着系统、全面地分析和提供关键数据的需求，所以一个火爆的术语——**大数据**出现了。

定　义

大数据是在可接受的时间内，对相关信息或数据进行捕获、存储、搜索、共享、传输、分析和可视化的大型数据集。

大数据分析是通过检查大量的数据来获取洞察力的过程。

因为大数据是 IT 领域的一个时髦术语，它提供了许多新的**就业和成长机会**，本教程简介部分希望帮助你理解大数据的概念（大数据的重要性、类型和要素），同时引导你适应不断增长的大数据环境以及与大数据相关联的各种就业机会。

1.1 什么是大数据

考虑如下事实：

- 每一秒，全球消费者会产生 10 000 笔银行卡交易。
- 每小时，作为全球折扣百货连锁店的沃尔玛需要处理超过 100 万单的客户交易。
- 每天，数以百万计的用户在主流网站上产生数据，例如：
  - 每天，Twitter 用户发表 5 亿篇推文；
  - 每天，Facebook 用户发表 27 亿个赞和评论。
- 射频识别（RFID）系统产生的数据是条码系统数据的近千倍。

数据无处不在，它以数字、图像、视频和文本的形式存在于各个行业及业务功能中。

交叉参考　1.4 节将详细介绍数据的速度、容量和多样性。

随着数据量的不断增长，需要有一种方法来对数据进行组织，使个人或组织可以将其当作信息源来使用。这就是体现**大数据**价值的地方。

在 IT 行业，大数据指的是分析数据以获得深入洞察力的艺术和科学。在大数据诞生之前，由于缺少访问数据和处理数据的手段，这是不可能实现的。

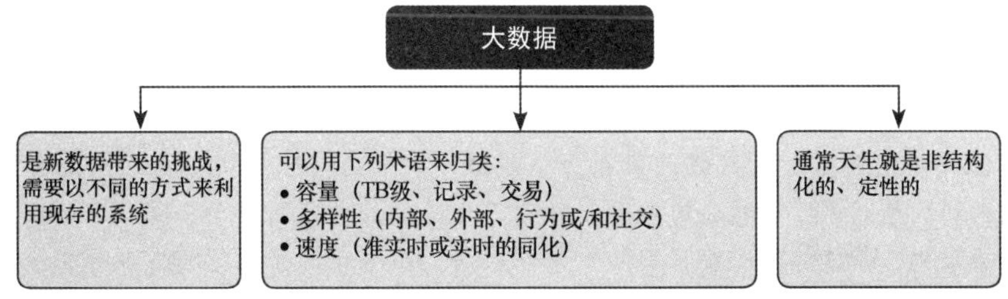

大数据确实是“大”，其意义在于持续增长。任何从 1 TB（1 TB=1024 GB）增长到 1 PB（1 PB=1 024 TB）继而增长到 1 EB（1 EB=1024 PB）的数据均可称为大数据。

1.1.1　大数据的优势

在当今的竞争社会中，大数据是一种有发展前途的新兴生产力和创新手段。通过对不同行业和地区的大数据进行系统性的研究，可以：

- 更好地了解目标客户；
- 在医疗保健行业削减开支；
- 增加零售业的营业利润率；
- 通过运营效率的提升带来数十亿美元的资金节省，等等。

纵观各行各业，数据和数据分析可以在许多方面带来显著的业务流程的变革，例如：

- 通过分析及跟踪表现和行为提高运动成绩；
- 改善科研；
- 通过更好的监控改善安全和执法；
- 通过更多信息化决策改进金融交易。

纵观各个企业，对可用数据进行正确的分析可以在许多方面带来显著的业务流程的变革。

- **采购**：找出哪些供应商在交货及时、有效的情况下更节约成本。
- **产品开发**：提出对创新产品、服务形式和设计的深刻见解，强化开发流程，以期创造出符合要求的产品。
- **制造**：发现机械和流程方面的差异，预见质量问题。
- **分销**：针对各种外部因素（如天气、假日、经济环境等），加强供应链活动，使最优库存水平标准化。
- **市场营销**：找出哪些市场活动能最有效地推动和吸引顾客，并洞悉顾客行为和渠道表现。
- **价格管理**：根据对外部因素的分析优化价格。
- **销售规划**：基于目前的购买模式，改进商品分类。根据对大量顾客行为的分析，改进库存水平和产品利润点。
- **销售**：优化销售资源、账目、产品组合和其他经营活动的分配。

- **店铺运营**：根据对购买模式的预期和对人口统计、天气、关键事件及其他因素的研究，进行库存水准的调整。
- **人力资源**：总结成功雇员和高效雇员的特质和行为，以及其他雇员的所思所想，以此来更好地管理人才。

与现实生活的联系

谷歌公司利用其强大的数据收集能力，能够比现有公共服务提前大约两周发布流感预警。为了达到这个效果，谷歌公司监测了数百万用户的健康跟踪行为，随后进行了包括流感症状、胸部充血、温度计购买率在内的一系列调研。谷歌分析收集到的数据并生成反映美国流感告警级别的综合结果。为了确定数据的精确性，在发布信息前，谷歌做了进一步的研究和数据比较。

1.1.2 挖掘各种大数据源

术语**大数据**由“大量数据”演变而来。另外，它还涉及数据类型和数据来源多样化的概念。表 1-1-1 展现了一些数据来源类型及其用途。

表 1-1-1 数据源类型及其用途

来源类型	大数据用途	常见来源
社交数据	• 提供对顾客行为和购买模式的洞察力 • 可结合客户关系管理（CRM）数据对客户行为做出分析	Facebook、Twitter 和 LinkedIn
机器数据	• 涉及 RFID 标签产生的信息 • 有能力处理来自传感器的实时数据，这些传感器使企业能够跟踪和监视机器零（部）件 • 为跟踪在线顾客提供 Web 日志	从 RFID 芯片读出的或者全球定位系统（GPS）输出的位置数据
交易数据	• 帮助大型零售商和 B2B 公司进行顾客细分 • 帮助跟踪与产品、价格、付款信息、生产日期以及其他类似信息相关的交易数据	Amazon、达美乐比萨连锁等零售网站，它们产生 PB 级的交易大数据

对大数据的需求是显而易见的。如果领导人和经济体希望看到示范性的增长，并希望为自己的所有利益相关人产生价值，那么请拥抱大数据，并将其广泛地用于：

- 允许以数字化形式存储和使用业务数据；
- 提供更多、更具体的信息；
- 细化分析，做出更好的决策；
- 对顾客进行分类，根据购物模式提供个性化的产品和服务。

技术材料

IBM 最新的大数据技术平台利用具有专利技术的先进分析方法来探索这个充满机遇的世界。大数据使企业能够深入地理解新型的数据和内容类型，从而变得更加灵活。

知识检测点 1

一个制造业公司需要改善明年的销售状况，但是不知道该如何着手。该企业有销售交易数据库和客户数据库。你认为该企业应当如何利用这些信息？

a. 公司应该利用销售数据来研究顾客行为，并采取相应的措施
b. 公司给全体顾客发送优惠券
c. 公司无法利用自己的数据
d. 公司应该着手开发新产品

1.2 数据管理的历史——大数据的演化

速度、多样性及数据量 3 个因素导致数据演化进入了新阶段——大数据阶段。图 1-1-1 展示了过去几十年中我们在数据处理上面临的挑战。

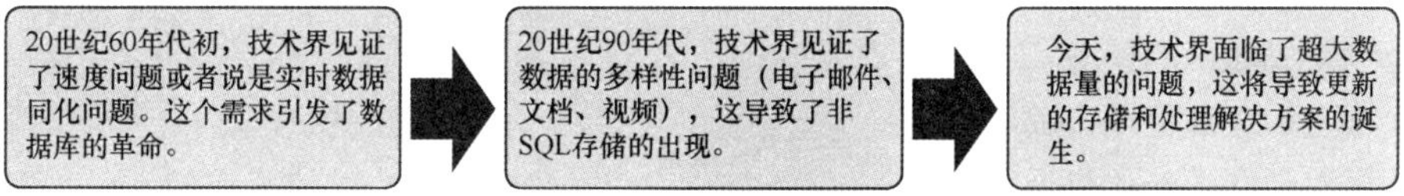

20世纪60年代初，技术界见证了速度问题或者说是实时数据同化问题。这个需求引发了数据库的革命。

20世纪90年代，技术界见证了数据的多样性问题（电子邮件、文档、视频），这导致了非SQL存储的出现。

今天，技术界面临了超大数据量的问题，这将导致更新的存储和处理解决方案的诞生。

图 1-1-1　大数据的演化

信息技术、互联网和全球化的浪潮有力地推动了数据和信息产生量的指数级增长，导致了“信息大爆炸”。这反过来促进了始于 20 世纪 40 年代，直到今日还方兴未艾的大数据的演化进程。

定　义

对信息大爆炸的描述包括两个方面——发布的信息或数据量的持续增长，以及这些丰富的信息或数据所产生的影响。

表 1-1-2 列出了大数据演化过程中的一些主要里程碑。

表 1-1-2　大数据演化

时　间	里　程　碑
20 世纪 40 年代	一位美国图书管理员推测出了书架和图书编目工作人员的缺口，意识到了快速增长的信息和有限存储空间之间的矛盾
20 世纪 60 年代	一篇名为《自动数据压缩》（*Automatic Data Compression*）的论文发表在《ACM 通讯》上。它指出在过去的几年中，信息大爆炸使得信息的存储必须最小化。 这篇论文把“自动数据压缩”描绘成全自动的、快速的三部分压缩器，可以用来压缩任何形式的信息，以便减少对慢速的外部存储的需求，进而提高计算机系统的传输效率
20 世纪 70 年代	日本邮政为了跟踪国内的信息循环量，提出了一个信息流研究项目
20 世纪 80 年代	匈牙利中央统计局为了统计国家的信息产业，启动了包括以位（bit）为计量单位测量信息量在内的一个研究项目
20 世纪 90 年代	存储系统发展为比纸张存储经济得多的数字存储。 与数据量和过时数据相关的挑战已变得显而易见，有大量的相关论文发表。举几个例子来说： • Michael Lesk 发表了 *How much information is there in the world?*

续表

时　间	里　程　碑
20 世纪 90 年代	• John R. Masey 发表了一篇题为 *Big Data...and the Next Wave of InfraStress* 的论文 • K.G. Coffman 和 Andrew Odlyzko 发表了 *The Size and Growth Rate of the Internet* • Steve Bryson、David Kenwright、Michael Cox、David Ellsworth 和 Robert Haimes 联合发表了 *Visually Exploring Gigabyte Datasets in Real Time*
2000 年以后	• 许多研究者和科学家发表了论文 • 多种方法被引入，使信息得以合理化 • 出现了分别控制数据 3 个维度（**数据量**、**速度**和**多样性**）的技术，随后产生了 3D 数据管理 • 开展了一项估算世界范围内以 4 种物理介质（纸张、胶片、光介质和磁介质）创建和存储的原创信息的研究

表 1-1-2 仅仅是对演化过程进行了概要的简介。正如在表 1-1-2 中解释的那样，当那位图书管理员推测需要更多存储书架时，大数据的概念就诞生了。随着时间的推移，大数据进一步成长为了一个文化、技术和学术现象。

大数据的产生，以及与大数据相伴而生的用于处理这些信息的新型存储及处理解决方案，能够帮助企业完成如下的任务：

- 增强和合理化现有的数据库；
- 洞悉存在的机遇；
- 探索和利用新的机遇；
- 提供更快的信息访问；
- 存储大量信息；
- 更快地处理数据，提高洞察力。

下一讲将进一步帮助你了解大数据在各行业中的业务适用性。

大数据是一个已被用了很久的概念。当研究人员使用计算机来分析大量的数据时，他们分析的就是大数据。对快速访问数据的需求，以及处理这些数据的应用和程序的需求，推动了目前 IT 行业中的大数据和大数据分析概念的产生。

总体情况

假设一家银行计划在一个主要城区设立自助服务亭。市场部希望根据顾客穿越城市的交通模式，确定最繁忙的地方以建立自助服务亭。在银行现有的数据仓库中，不存在这些信息。在这种情况下，银行可以通过第三方来获得顾客的 GPS 定位数据，从而获得客户的流动模式。

这样，通过合适的大数据集，利用正确的数据提取、准备和整合技术，以及来自银行营销部门的数据仓库所交付的客户交易数据，如今银行可以确定城市中最繁忙的地点，以此建立自助服务亭。

知识检测点 2

数据驱动的决策方法不仅限于收集数据，而且要知道所收集的数据在做出关键性决策的时候是如何被使用。这里所采取的方法主要是基于：

a. 数据及其分析　　b. 经验

c. 直觉　　d. 数据利用

1.3　大数据的结构化

简单来说，数据的结构化是用于研究和分析数据的技术，旨在了解用户的行为、需求和偏好，为每个人提供个性化的建议。

那么，为什么需要结构化？

在日常生活中，你可能会遇到这样的问题：

- 如何利用我的优势，使用我所遇到的海量数据和信息？
- 在每天遇到的数以千计的新闻中，我该阅读哪些？
- 如何在我喜欢的网站或商店里，从数以百万计的书籍中，选择一本书？
- 全球范围内每时每刻都有大量新的事件、突发新闻、体育、发明和发现发生，如何让自己始终都能了解最新信息？

如今，计算机可以找到解决这类问题的方法。推荐系统可以根据搜索内容、查看内容以及所持续时间，专门为你进行大量的数据分析和结构化——从而按照你的行为和习惯进行扫描，为你提供定制化的信息。

技术材料

推荐程序或推荐系统可以定义为信息过滤系统，这种系统一般通过协同或基于内容的过滤产生一个推荐列表。

总体情况

当一个用户经常地在 eBay 网上在线购买时，每一次他/她登录时，系统可以根据其先前的购买或搜索，呈现一个用户可能感兴趣的推荐产品列表，从而为每一个用户提出了特别定制的推荐。这就是大数据分析的力量。

因此，当今的网络世界在应对数百万种可用数据类型造成的信息过载方面越来越得心应手。数据结构化过程需要人们理解各种类型的可用大数据。

大数据的类型

来自多个来源（如数据库、企业资源计划（ERP）系统、博客、聊天记录和 GPS 地图）的数据有着不同的格式。然而，为了用于分析，必须将不同格式的数据转化成一致、清晰的数据。

从不同来源获得的数据根据来源类型主要分类如下。

- **内部来源**：如组织或企业数据。
- **外部来源**：如社交数据。

表 1-1-3 比较了数据的内部来源和外部来源。

表 1-1-3 数据的内部来源和外部来源对比

数据来源	定 义	来源例子	应 用
内部	提供来源于企业的**结构化**或有序的数据，并帮助经营业务	• 客户关系管理（CRM） • 企业资源计划（ERP）系统 • 客户详细资料 • 产品和销售数据	该数据（目前位于运营系统中的数据）被用来支持企业日常的商业运营
外部	提供来源于企业外部环境的，**非结构化**或散乱的数据	• 商业伙伴 • 集团数据供应商 • 互联网 • 政府 • 市场研究组织	这些数据常常被用来分析，以了解竞争对手、市场、环境和技术

因此，根据从上述来源得到的数据，大数据包括了：

❍ 结构化数据； ❍ 非结构化数据； ❍ 半结构化数据。

在现实世界中，非结构化数据在数量上通常要比结构化数据和半结构化数据大。图 1-1-2 展示了大数据的数据类型组成。

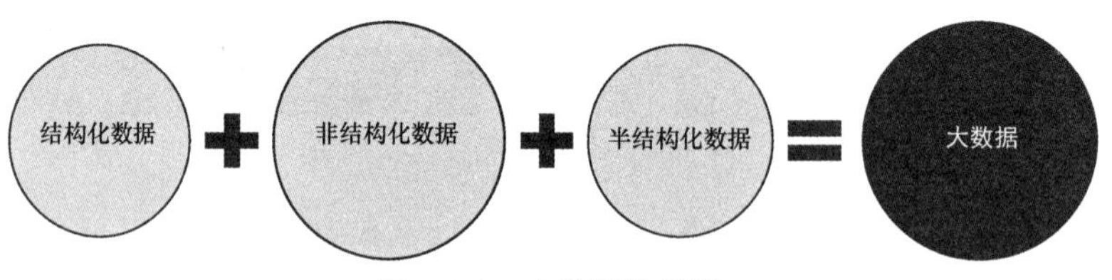

图 1-1-2 大数据的类型

结构化数据

结构化数据可以定义为一组具有确定重复模式的数据集。这种模式使任何程序都能更容易地排序、读取和处理数据。结构化数据的处理速度远远快于没有具体重复模式的数据处理速度。

因此，结构化数据：

❍ 以预定义的格式组织数据；

❍ 是驻留在一个记录或文件中的固定字段上的数据；

❍ 是具有实体-属性映射的格式化数据；

❍ 用于对预先确定的数据类型进行查询和报告。

结构化数据的部分来源包括：

❍ 关系型数据库；

❍ 使用记录格式的平面文件；

❍ 多维数据库；

❍ 遗留数据库。

表 1-1-4 展示了结构化数据的样例，其中每个客户的属性数据都存储在已定义字段的单个数据点上。

表 1-1-4　结构化数据样例

客户编号	名　　字	产品编号	城　　市	州
12365	Smith	241	Graz	Styria
23658	Jack	365	Wolfsberg	Carinthia
32456	Kady	421	Enns	Upper Austria

附加知识

在结构化系统中，处理和输出是高度组织和预先定义好的。这些系统最适合：

- IT 部门；
- 机票预订；
- 银行系统；
- ATM 交易。

非结构化数据

非结构化数据是一组具有复杂结构的数据，可能具有或者不具有重复模式。非结构化数据：

- 一般由元数据组成；
- 包含不一致的数据；
- 由不同格式的数据组成，如电子邮件、文本、音频、视频或图像文件。

非结构化数据的部分来源包括：

- **企业内部的文本，**包括在企业数据库和数据仓库中的文档、日志、调查结果和电子邮件；
- **来自社交媒体的数据，**包含来自社交媒体平台的数据，包括 YouTube、Facebook、Twitter、LinkedIn 和 Flickr；
- **移动数据，**包括文本消息和位置信息等数据。

非结构化系统通常很少采用甚至不采用预定义形式，并为用户提供了一个宽泛的范围，可以根据他们的选择对数据进行结构化。企业部署非结构化数据通常有如下目的：

- 获得可观的竞争优势；
- 获得明确的、完整的未来前景展望。

与现实生活的联系

对超市的店内闭路电视片段进行彻底分析，着重关注客户浏览商店所使用的行进路线，堵塞时的客户行为，以及在购物时客户通常会停下来的位置。来自闭路电视片段的非结构化信息，与包括点钞机、产品和安排在购物区的物品在内的结构化信息相结合，形成数据驱动的客户行为全貌。这种分析可以用于规划超市中的最佳布局，为顾客提供一个愉快的购物体验，得到更好的销售业绩。

技术材料

元数据通常是关于数据本身的数据——定义、映射和其他用于描述数据和软件组件的查找、访问和使用方式的特性。

与非结构化数据相关的挑战

处理非结构化数据面临如下挑战：

- 理解非结构化数据的难度和时间消耗；
- 组合和链接非结构化数据，以得到更结构化的信息，借此改进决策和计划，是很困难的；
- 处理指数级增长的大数据会增加存储和人力资源（数据分析师和科学家）方面的成本。

图 1-1-3 展示了对非结构化数据相关挑战进行调查的结果。图中按照投票比例的顺序，显示了非结构化数据带来的挑战——从最具挑战的 IT 领域到最容易应付的 IT 领域。

调查显示，**数据量**是最大的挑战，其次是管理**这些数据量的基础设施需求**。管理非结构化数据也很困难，因为不容易识别它们。

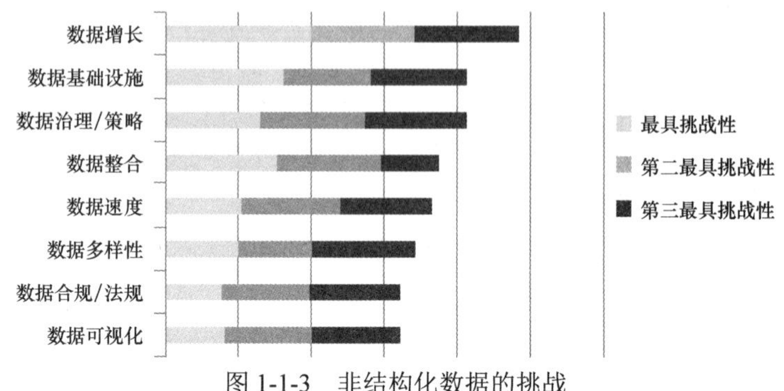

图 1-1-3　非结构化数据的挑战

（来源：英特尔于 2012 年 8 月所做的调查）

例　子

位图图像、地震数据、音频和视频等文件往往只有一个文件名和扩展名。同一类别的不同文件在不同来源中可能具有相同的文件名，仅靠名称和扩展名无助于数据识别、分类甚至基本的搜索。因此，企业发现对不同类型文件的基本管理任务具有挑战性。

知识检测点 3

1. ABC 是一个零售企业，它通过电子商务运营业务。企业为他们的客户提供定制的在线购物体验，提供一个具有吸引力、反应灵敏的网页用户界面。现在公司想要收集有关客户在互联网上活动的数据。这些数据的最佳来源是什么？
   a. 交易数据库　　b. 社交媒体
   c. 客户的博客　　d. 以上全部
2. 你认为，对于一个企业的生产或者经营部门，最大的挑战是什么？
   a. 确定用于商业决策的数据
   b. 确定要使用的最佳的大数据技术
   c. 保护大数据免遭未授权访问
   d. 确定呈现大数据中发现的最佳方式，协助决策

半结构化数据

半结构化数据，也被称为**无模式**或**自描述结构**，指一种包含标记或者标记元素的结构化数据形式，这种形式中的标记或者标记元素旨在分离语义元素，为给定的数据生成记录和字段层次结

构。这种类型的数据不像关系数据库中的数据那样遵循适当的数据模型结构。

为了组织半结构化数据，这些数据应该从数据库系统、文件系统，通过数据交换格式（包括科学数据和可扩展标记语言 XML）以电子形式提供。XML 使数据具备精细、复杂的结构，这种结构明显更加丰富，也相对复杂。

半结构化数据的部分来源包括：

- 数据库系统；
- 文件系统，如网页数据和书目数据；
- 数据交换格式，如科学数据。

技术材料

XML 被设计成半结构化，提供精确并且灵活的规则。

半结构化数据的一个例子如表 1-1-5 所示，它表明属于同一类的实体即便组合在一起也可以有不同的属性。

表 1-1-5 半结构化数据

SI 编号	名　字	电子邮件
1	Sam Jacobs	smj@xyz.com
2	名：David 姓：Brown	davidb@xyz.com

我们已经检查了数据到达和呈现的方式，下面研究描述这些数据特性的要素。

1.4 大数据要素

大数据主要包括以下 3 个要素：

- 数据量；
- 速度；
- 多样性。

图 1-1-4 展示了大数据的基本要素。

图 1-1-4 大数据的基本要素

1.4.1 数据量

数据量是指由企业或者个人产生的数据的量。今天，数据量正在接近 EB 量级。一些专家预测在未来几年中，数据量会达到 ZB 量级。企业正在尽最大努力来处理这一不断增长的数据量。

例　子

企业处理的数据量正在显著增长，例如：

- 谷歌公司每天处理 20 PB 的数据。
- Twitter 简讯每天产生大约 8 TB 的数据，相当于 80 MB/s。

1.4.2 速度

速度用以描述数据生成、捕获和共享的速率。只有当数据被实时捕获和共享时，企业才可以利用这些数据。

现有系统（如客户关系管理和企业资源计划）面临与数据速度相关的问题——数据不断地增加，却不能迅速地得到处理。这些系统能每隔几小时批量地处理数据，然而，时间的滞后使得这些数据失去了重要性，同时，新的数据还在源源不断地产生。

例　子

eBay 每天实时分析 500 万个交易，以处理 PayPal 使用中发生的欺诈行为。

1.4.3 多样性

来自社会、机器和移动资源的数据池不断地向传统交易数据中添加新的数据类型和数据种类，因此，数据不再以任何预先确定的形式组织，而且包含了新的数据类型，如网络日志数据、机器数据、移动数据、传感器数据、社交数据和文本数据。

例　子

现在，每年存储的数据量已达到 PB 甚至 EB 的数量级。Twitter 公司运营的时间并不长，但是现在其积累和存档的图像、文本、视频等数据已多达数 PB。

总体情况

全球定位系统、社交媒体和传感器数据，对多种多样数据的产生做出了积极的贡献，这些数据可以处理并转换成有用的信息。

知识检测点 4

随着技术的增强，企业正在使用不同的方法营销其产品和服务。新的营销活动中将使用新型传感器，这将产生新的数据和信息种类。这里所讨论的大数据要素是什么？

a. 数据量　　b. 速度

c. 多样性　　d. 数据量和速度

1.5 大数据在商务环境中的应用

在技术和业务的增长和扩张中，可以对丰富的可用数据进行合理化，并加以利用。如果能够成功对数据进行分析，它就解答了一个重要问题：企业如何才能获得更多的客户并增进业务洞察力？

关键在于能够获取、联系、理解和分析数据。

图 1-1-5 强调了使用大数据而使业务领域受益的比例。

下面让我们来了解企业应用大数据的一些常见分析方法。

表 1-1-6 描述了与大数据相关的各种常见的分析方法。

大数据分析的好处	企业报告效益的比例
更好的社会影响力人物营销	61%
更准确的商业洞察力	45%
客户群体细分	41%
确定销售和市场机会	38%
实时处理的自动决策	37%
欺诈监测	33%
风险量化	30%
更好的规划和预测	29%
确定成本动因	29%

图 1-1-5　大数据的受益领域

（来源：TDWI，即 The Data Warehousing Institute，2013 年 7 月）

表 1-1-6　分析方法

方　　法	可能的评估
预测分析	• 企业如何使用现有的数据，在不同的领域进行预测和实时分析？ • 企业如何从非结构化的企业数据中受益？ • 企业如何利用情绪数据、社交媒体、点击流和多媒体等新数据类型？
行为分析	企业如何利用复杂的数据来为下列事项创建新的模型： • 推动业务产出 • 降低经营成本 • 推动经营战略的创新 • 提高整体客户满意度 • 提高由受众成为客户的转化率
数据解释	• 哪些新的业务分析可以从现有的数据估算得到？ • 哪些数据可以用来对新产品的革新进行分析？

大数据应用领域

当今所有的业务和行业都受到来自多个方面的大数据分析的影响，并从中受益。计算机、电子产品和 IT 等行业的销售额都因此得到了巨大的增长，金融、保险和政府部门都为此开发了准确的评估技术。

仔细观察某些特定的行业，将有助于了解大数据在这些行业的应用。

交通运输

大数据通过提供改进的交通信息和自治功能改变了交通运输。

例　　子

- **挑战**：长时间的交通拥堵浪费能源，导致全球变暖，并让人们花费了更多的时间、金钱、燃料和精力。
- **措施**：安装在手持设备、道路和车辆上的分布式传感器可以提供实时路况信息。可以对这些信息进行分析并传送给乘客及交通控制管理部门。
- **效果**：这些重要的信息可以帮助驾驶者们规划他们的路线，安全并按时地行驶到目的地。

教育

大数据向教师提供了用以分析学生理解能力的创新方法，改变了现有的教育过程，根据每个学生的需求，有效地进行教育。

该分析是通过研究在课堂上，学生对问题的回答、尝试这些问题所花费的时间以及其他行为的迹象而完成的。

旅游

旅游业也在使用大数据开展业务。大多数航空公司都在更加努力地记住个人喜好，以提高客户满意度，比如发现乘客在短距离航班中选择靠窗座位，在长途飞行时选择靠过道座位以舒展自己的腿。因此，当同一位旅客在航空公司进行新的预订时，该模式就可以自动重复操作了。这种定制的方式超越了以里程奖励为基础的忠诚度计划。

在大数据的帮助下，航空公司可以跟踪在特定航线之间飞行的客户，据此制订交叉销售和追加销售的优惠措施，甚至可以据此决定库存。一些航空公司还将分析应用于定价、库存和广告，以提升客户体验，这会提升客户满意度，从而带来更多的业务。

一些航空公司甚至评估由于延误导致错过中转航班的可能性，在这一基础上，要么推迟中转航班的飞行，要么为客户预订其他航班。

连锁酒店研究数据以了解要花多少钱、在哪里进行整修，以提供独特的客户体验。

政府

对现有数据的分析，可以让政府对欺诈管理做出明智的决策，发现未知的威胁，通过监控全球货运以确保全球供应链的安全，更明智地使用预算，分析风险等。

医疗保健

在医疗保健行业中，医生可以利用大数据确定最佳的临床方案，确保病人在特定的地点得到最佳的医疗效果。制药公司和医疗设备公司使用大数据来改进研究和开发决策，而医疗保险公司使用大数据确定特定病人的治疗模式，保证最佳的结果。大数据也有助于研究人员在与医疗保健有关的挑战成为真正的问题前，发现并消除它们。

知识检测点 5

你是一个企业的营销主管，计划将潜在客户转化为实际客户，以实现市场拓展。下面的分析方法中，你认为最好采用哪种方法？

a. 数据解释　b. 行为分析　c. 数据可视化　d. 数据采集

1.6 大数据行业中的职业机会

现在你已经知道，在当今世界中，大数据确实是一件“大”事，你可以很好地理解它以及与之相关的机会。**该行业需要大量的人才和合格的人员，以利用大数据专业知识帮助企业实现价值。**

合格、有经验的大数据专业人员必须将技术专长、创造性、分析思考和沟通技巧结合在一起，以便于能够有效地进行大数据的核对、清理、分析，呈现从大数据中抽取的信息。

大数据中的大部分工作源于以下 4 大领域的公司：

- 大数据技术推动者，如谷歌；
- 大数据产品公司，如甲骨文；
- 大数据服务公司，如 EMC；
- 大数据分析公司，如 Splunk。

图 1-1-6 提供了雇用大数据专业人员的顶级公司的名单。

图 1-1-6　雇用大数据专业人员的公司（来源：2011 年 10 月，Glassdoor 报告）

1.6.1　职业机会

大数据中最常见的职位包括：

- 大数据分析师；
- 大数据科学家；
- 大数据开发人员。

图 1-1-7 说明了一些大数据相关职位的角色。

大数据分析师

- 受过良好训练的专业人士，能够收集不同来源的数据，以适当的形式组织它，并分析数据以产生期望的结果。

大数据科学家

- 一个可以从不同角度追根溯源和分析数据，确定数据的含义，并推荐数据应用方法的思想领袖。他们兼具洞察力和技术专长。

大数据开发者

- 设计、制造、经营和管理大型数据集，自定义工具和脚本，以实现业务目标。

图 1-1-7　大数据分析中不同职位的角色

总体情况

在 2011 年，一份由麦肯锡公司发布的报告表明，在 2018 年之前，仅在美国，具备深入知识分析技能的专业人士就可能有 14 万～19 万的巨大缺口。

1.6.2　所需技能

大数据专业人员可以有不同的专业背景，如经济学、物理学、生物统计学、计算机科学、应用数学或工程学。数据科学家大多拥有硕士或者博士学位，因为它是一个高级职位，通常要在数据处理领域取得相当多的经验和专业知识后才能获得该职位。开发人员通常必须熟悉编程。

现有的面向大数据专业人士的培训和认证项目很少。

下面的流程图为读者展示了循序渐进的学习思路。该课程提供了模块化的学习机会，读者可以根据学习和提升技能的需要以及自己选择的职业道路，从所提供的模块中选择特定的模块。

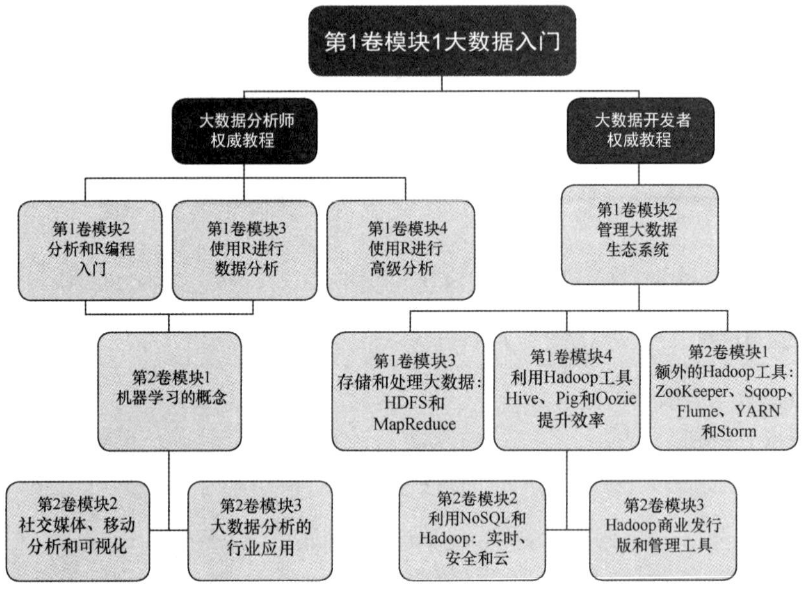

所需技术技能

大数据分析师应具备以下技术技能：

- 对 Hadoop、Hive 和 MapReduce 的理解；
- 自然语言处理的知识；
- 统计分析和分析工具的知识；
- 概念和预测建模的知识。

大数据开发者应具备以下技能：

- 在 Java、Hadoop、Hive、HBase 和 HQL 方面的编程技能；
- 对 HDFS 和 MapReduce 的深刻理解；
- ZooKeeper、Flume 和 Sqoop 方面的知识。

这些技能可以通过适当的培训和实践而获得。

所需软技能

企业追求的是拥有良好的逻辑和分析能力，具有良好沟通能力及战略商业思维的专业人员。大数据专业人员首要的软技能要求是：

- 较强的文字和口头沟通能力；
- 分析能力；

○ 对业务原理的基本理解。

知识检测点 6

Sam 正在寻找一个大数据分析师的职位。数据分析师的主要职责是什么？

a. 确定数据的含义，推荐搜索数据的方法

b. 精通从不同来源收集数据，以适当的格式组织数据并进行分析

c. 设计、创建、管理和解释大型数据集，以实现业务目标

d. 开发代码和图像，实现数据报告自动化

1.6.3 大数据的未来

今天，大多数组织认为数据和信息是除了员工之外最有价值和差异化的资产。通过有效地分析数据，世界各地的企业正在寻找新的竞争手段，争取在所属领域成为领导者，并完善决策、增强绩效。同时，随着数据数量和种类的飞速增长，使用大数据以获取商业价值和竞争优势的全球性现象及其相关机遇只会持续增长。

图 1-1-8 描绘了未来几年中大数据量的巨大增长。

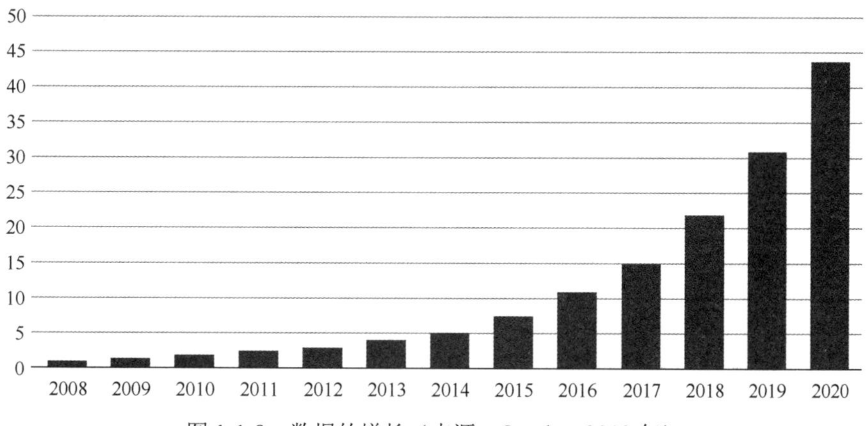

图 1-1-8 数据的增长（来源：Oracle，2012 年）

总体情况

由 MGI 和麦肯锡商业技术办公室进行的研究表明，最大限度地利用大数据极有可能成为个体企业在成功与增长、强化消费者盈余、生产增长和创新方面的关键竞争基础。

练习

多项选择题

选择正确的答案。在下面给出的“标注你的答案”里将正确答案涂黑。

1. 下列哪一个不是大数据的特征？

   a．数据量　　b．可变因素

   c．多样性　　d．速度

2. 你将应用哪些分析方法来理解包含用户的关键字搜索、导航路径和点击模式在内的人性化模式？

   a．行为分析　　b．预测模型

   c．数据解释　　d．数据挖掘

3. 被捕获的数据可以是任何形式，可以是结构化或非结构化的。我们正在讨论的是大数据的哪个特征？

   a．数据量　　b．速度

   c．多样性　　d．价值

4. 在下列人员中，你认为谁能够有效地处理越来越多的数据源？

   a．业务开发员　　b．数据科学家

   c．销售经理　　d．软件工程师

5. 大数据分析师从各种来源获取数据。其中，哪个不是外部数据源的例子？

   a．来自 CRM 的数据　　b．来自博客的数据

   c．来自政府来源的数据　　d．来自市场调查的数据

6. 下列哪项不属于传统数据库技术？

   a．关系型数据库管理系统

   b．数据库管理系统

   c．平面文件（译者注：一种包含没有相对关系结构记录的文件）

   d．NoSQL

7. 如果一位大数据分析师分析来自某电信服务商所提供的呼叫日志数据库中的数据，那么他将处理大数据的哪个要素？

   a．数据量　　b．可变因素

   c．多样性　　d．速度

8. 从全球定位系统卫星和网站接收到的数据，应归入哪一类？

   a．结构化数据

   b．非结构化数据

   c．既有结构化数据又有非结构化数据

   d．半结构化数据

9. 有些人把这些数据称为“结构化，但非关系型”，它指的是哪种数据？

a．结构化数据　　　　　　　　b．非结构化数据
c．半结构化数据　　　　　　　d．混合数据

10．如果你需要寻找担任数据分析师的人才，你将着眼于：
a．目前在职的业务发展顾问
b．来自计算机科学以外团体的专业人士
c．具有统计学背景、概念建模及预测建模知识的学生
d．机械工程专业的学生

标注你的答案（把正确答案涂黑）

1. (a) (b) (c) (d)
2. (a) (b) (c) (d)
3. (a) (b) (c) (d)
4. (a) (b) (c) (d)
5. (a) (b) (c) (d)
6. (a) (b) (c) (d)
7. (a) (b) (c) (d)
8. (a) (b) (c) (d)
9. (a) (b) (c) (d)
10. (a) (b) (c) (d)

测试你的能力

1．研究和讨论大数据在医疗保健行业中的重要性。
2．列出并讨论大数据的三大要素。哪个要素造成了大数据的开端？
3．一家零售公司想推出一系列新的产品，但却没有经验。哪类数据可以帮助公司有效地制订和推出新产品？这些数据的潜在来源是什么？
4．作为为客户提供大数据解决方案的公司人力资源经理，当招聘一位数据分析师的潜在候选人时，你会寻求什么特质的人？
5．在当今世界里，实时处理大量数据和将结果及时地应用到业务中的需求是不可避免的。请对这一论断是否正确展开辩论。
6．你正在为公司新产品的市场营销策略做计划，确定并列出与此相关的结构化数据的局限性，以及与非结构化数据相关的挑战。

备忘单

- 大数据是积累大型数据集，并在一个可接受的耗费时间内，进行相关信息或数据的捕获、存储、搜索、分享、传递、分析和可视化的过程。
- 大数据在以下方面存有差异：
  - 数据量（TB、记录、交易）；
  - 多样性（内部、外部、行为、社交）；
  - 速度（准实时或者实时同化）。
- 使用大数据会在以下方面给你带来帮助：
  - 以更高的频度，使信息透明和可用；
  - 以数字形式创建和存储交易数据；
  - 积累更准确和详细的信息；
  - 完善分析，以改进决策；
  - 对客户分类，以提供个性化的产品和服务。
- 数据可从以下渠道获得：
  - 内部来源，如组织或企业数据；
  - 外部数据，如社交数据。
- 大数据包括：
  - 结构化或已组织的数据；
  - 非结构化或未组织的数据；
  - 半结构化数据。
- 结构化数据可以解释为具有已定义重复模式的数据集，这使得它对于程序来说，更容易排序、读取和处理。
- 非结构化数据是具有复杂结构的数据集，它可能有重复的模式，也可能没有。
- 半结构化数据也被称为无模式的或自描述的结构。
- 合格且有经验的大数据专业人员拥有分析、创造性思考以及沟通技巧方面的技术专长。
- 解决涉及大数据的业务问题的一些重要方法：
  - 预测分析；
  - 行为分析；
  - 数据解释。
- 使用大数据以获取商业价值和竞争优势的全球性现象，以及随之而来的机遇都将持续增长。

第 2 讲

大数据在商业上的应用

模块目标

学完本模块的内容，读者将能够：

⏭	讨论大数据在不同行业中的应用

本讲目标

学完本讲的内容，读者将能够：

⏭	描述社交媒体数据在商业环境中的重要性
⏭	解释大数据在金融行业欺诈管理中的应用
⏭	解释大数据在保险欺诈管理中的应用
⏭	讨论大数据在零售业中的应用

"从社交、移动到云和游戏，大数据是今天正在发生的一切大趋势的基础。"

——Chris Lynch

前一讲概括地介绍了“大数据”的概念，以及它对人类生活的影响。在某种意义上，数据的好坏取决于它所能提供的洞察力；因此，了解数据在真实世界里的使用是很重要的。

本讲将更深一步地探究大数据对当今业务的影响。因为这是理解在“现实世界”中如何使用和为什么使用这些技术和方法的关键。公司如何利用大数据来发挥优势？如何将大量的可用数据转化为知识？如何由数据产生更好的商业策略，从而获得可伸缩性和盈利能力？理解和实施大数据的关键在于，有效地管理大数据使其能够满足给定解决方案所预期支持的业务需求。

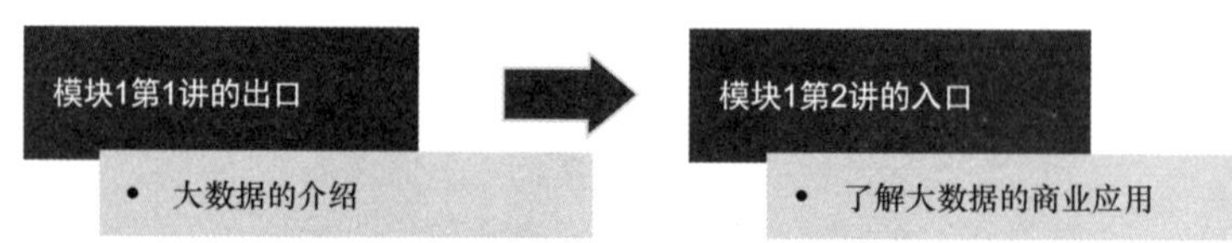

2.1 社交网络数据的重要性

人类是社会性动物，不能孤立地生活。只有生活在一个社会环境中，人才能获得知识，学习沟通和思考，工作和玩耍。如今，社交不再局限于与他人的交往和交流。移动电话和互联网的使用已使得全球范围内的通信变得快捷和容易，也使得社交既经济又方便。

不仅如此，基于这些新技术的通信使我们可以在全球范围内即时共享图片和视频。移动电话、社交网站都是新的流行社交模式。Twitter、Facebook 和 LinkedIn 是一些最流行的社交网站，它们都是由**社交媒体**所构成的。

本小节分析了由社交媒体产生的大数据及其对各行业的影响。涉及社交网络数据的第一个问题是：什么是**社交网络数据**？

定　义

社交网络数据是人们通过社交媒体进行社交或沟通时产生的数据。

正如你所看到的，在社交网站上，无数人不断地新增和更新自己的评论、点赞、偏好、情绪和感觉，从而产生了**海量数据**。对这些海量数据进行挖掘和分析，就能找出大的群体中关于好恶、需求和偏好的集中性观点和倾向。

这种集中性数据也可以根据不同群体进行隔离和分析，例如，不同年龄段、不同性别、散布在世界各地的人群。组织可以利用这些信息设计和调整人们想要的产品和服务。这就是**社交网络数据**的重要性。

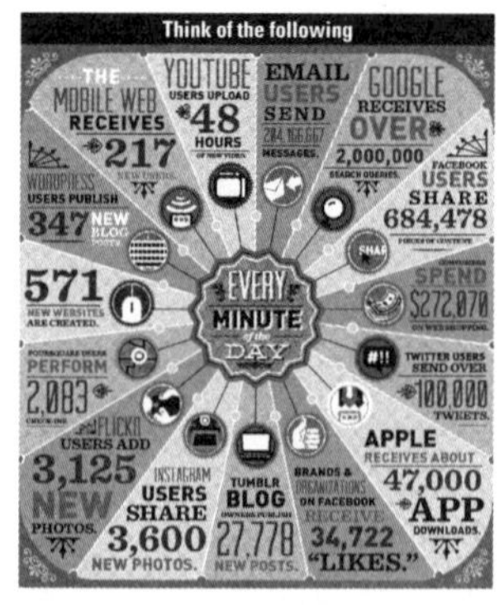

（来源：Image courtesy of Domo）

社交网络分析（SNA）是指对社交网络所产生的数据进行的分析。由于数据量巨大，因此 SNA 是大数据的一个应用场景。

我们考虑一个移动网络运营商（MNO）的例子，以理解社交网络数据的价值。

MNO 捕获的完整手机通话或短信记录是非常大的数据。这些数据经常用于各种用途。

在这个例子中，我们将看到数据分析水平是如何通过寻找多维关联（而不仅仅是一维关联）来提高的。这就是社交网络分析将简单数据源变成大数据源的方法。

例　子

对于一个移动网络运营商来说，仅仅观察所有的电话呼叫并对它们进行单独分析是不够的，还需要进一步的分析。对于该公司来说，观察通话发生在哪些客户之间，然后更深入地拓展视野，是非常有必要的。不仅需要知道该客户打给了谁，而且要依次探究客户社交圈中的人打给了谁，等等，以便利用数据来提供客户想要的服务。

这是一个来电者的**社交网络**。图 1-2-1 以图形化的方式展示了这个结构是如何创建的。

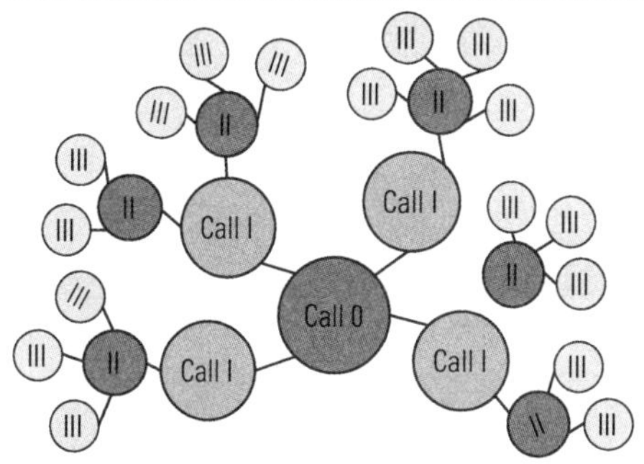

图 1-2-1　一个来电者的社交网络结构

充分利用分析的多层次处理能力，获取客户的社交网络全貌是有可能的。从不同客户、不同呼叫中进行多层次深入分析的需求产生了巨大的数据量。特别是涉及传统方法时，分析的难度也将有所增加。

社交网站的工作方法是相同的。在分析社交网络的成员时，并不难确定一个成员有多少联系人，发布消息有多频繁，以及其他的标准指标。然而当包含了朋友、朋友的朋友、朋友的朋友的朋友时，若想知道一个成员拥有多广泛的社交，需要的工作量就大多了。

1 000 个用户不难跟踪，然而这些用户之间可能有多达 100 万个直接连接，若把“朋友的朋友”考虑在内，则又会有 10 亿个连接。对这些点生成的所有数据进行分析是一个现实的挑战，这就是社交网络分析属于大数据问题的原因。

总体情况

社交网络数据使组织能了解特定顾客所能影响的总收益（该顾客所影响的所有支付款项的总和），而不仅仅是该顾客所提供的直接收益（该顾客所做的实际支付）。这是很有吸引力的，可以使组织创造性地投资于特定的顾客。

一个很有影响力的顾客应当获得远远超出他或她的直接价值指标所对应的关注程度。通常情况下，最大化网络总盈利能力的优先级要高于最大化每个客户账户的个体盈利能力。

社交网络数据分析的用途

利用社交网络数据分析，可以在以下几个方面改善决策。

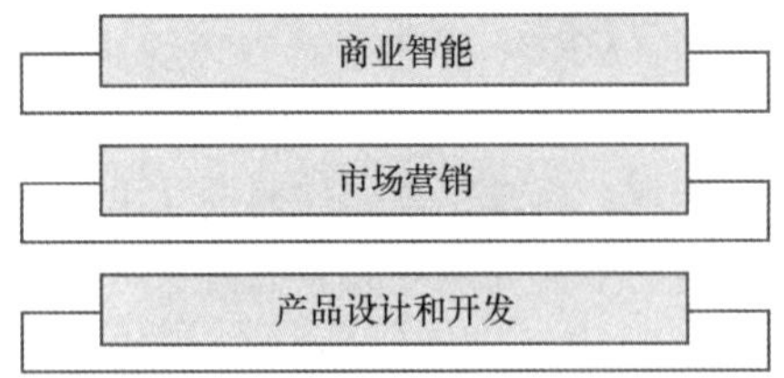

商业智能

你可以分析产生于社交网络的数据，以获得一些高价值的商业见解。社交客户关系管理（CRM）在当今很时髦。这种分析能够改变组织评价其客户价值的角度。现在我们已经可以评估客户的整个社交网络的价值了，而不再只能评估单个客户的价值。

下面的例子广泛适用于人们或群体之间关系已知的其他行业，但我们着重讨论移动电话行业，因为在这个行业中最广泛地应用了社交网络分析。

例　子

假设一个移动服务提供商拥有一个相对低价值的订购客户。该客户使用基本的通话套餐，不会产生任何额外的收入。该客户几乎不能产生利润。从传统上讲，服务提供商会根据他或她的个人账户做出对该顾客的评价。从历史上来说，当这样的一个客户对服务不满意并想离开时，公司可能会直接让客户离开，因为该客户是低收入价值的客户。

然而，公司通过社交网络分析有可能认识到，这个客户会影响他或她圈子中的重量级用户和交友广泛的人。这可能会使公司做出一个截然不同的商业决策——更加重视该客户。换句话说，客户的影响力对组织来说是非常有价值的数据。

研究表明，一旦一个电话圈子里的某个成员离开了，其他人很有可能会跟随他一起离开。随着圈子里越来越多的成员离开，类似传染病的情形就会发生，很快整个圈子都消失了。利用社交网络分析，就有可能理解顾客能够影响的潜在价值，而不仅仅是他们能直接产生的收入。这就从一个完全不同的角度分析了应如何对待客户。

现在，移动服务供应商可以选择投资该客户，以保护该客户和他/她所属的电话圈子网络。应该让客户及其电话圈子对服务感到满意，使他们不选择退出服务，从而该移动服务供应商的收入也就保住了。另外一种方法是制订业务案例来弱化客户的个体价值，如果这样做，将保护顾客的更广泛的圈子。

与现实生活的联系

现在，执法和反恐机构也需要利用社交网络分析。这有可能识别哪些个人是直接或间接与已知的麻烦团体或人员有联系的。这种类型的分析通常被称为**链接分析**。

因此，从上面提到的例子，我们可以推断出以下的业务见解。

- 社交网络数据分析可以帮助提供新的语境，在新语境中，决策是数据驱动的而不是意见驱动的。

- 大数据分析允许组织从“最大限度地提高个人账户盈利能力”转向“最大限度地提高客户圈子盈利能力”。
- 大数据能帮助组织确定高度关联的客户，并能协助确定在什么时间、什么地点、用什么方法来调整和关注市场营销工作，以建立一个更好的品牌形象。
- 大数据使得企业用免费试用装来吸引高度关联的客户，并征求他们对产品和服务改进意见的反馈。
- 大数据分析帮助组织鼓励内部客户变得更加活跃，积极地在公司社交网站上对产品或服务提出评论和意见。

一些机构积极地寻求有影响力的客户，并给予他们特权、先期试用和其他特别吸引人的条件。作为回报，这些客户持续影响他们的圈子，产生积极的品牌形象，带来更多的客户，从而使得组织能够做出明智的商业决策。

总体情况

社交网站（如 LinkedIn 或 Facebook）能洞察吸引大多数用户的广告种类。这是通过在客户及其朋友圈、联系人和同事亲述的兴趣、喜好和偏爱的基础上设计广告来完成的。

例　子

当今，游戏产业都利用社交网络数据进行商业智能的开发。社交网络数据分析或链接分析已成为跟踪游戏相关的遥测数据的有用手段。这些遥测数据包括谁在玩什么游戏、谁和谁在一起玩、人或小组间游戏模式的变更等。

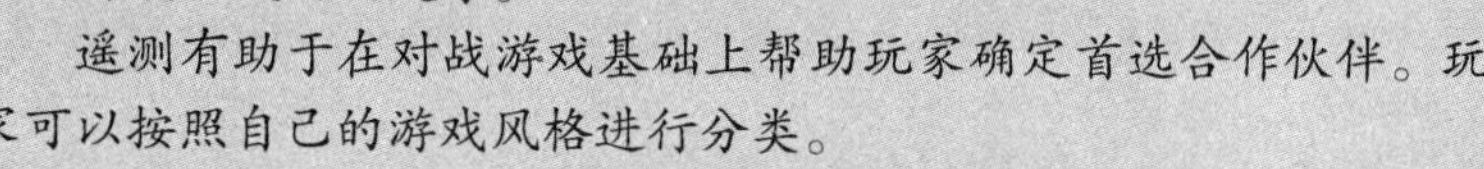

遥测有助于在对战游戏基础上帮助玩家确定首选合作伙伴。玩家可以按照自己的游戏风格进行分类。

- 部分玩家可能更倾向于以尽可能快的速度来通过一个级别，因为完成这一级别才能得到礼遇。
- 另一部分玩家可能会在完成每一个级别前，尝试收集可获得的奖励项目。
- 还有一部分玩家可能着眼于探索游戏各个级别中的细节。

在玩游戏时，有相同风格的玩家会组队吗？还是玩家会寻求混搭风格？

游戏制作人可能会发现这种信息很有价值。捕捉这样的信息需要使用遥测技术。这使得生产厂商可以在玩家/用户登录时，为可用组中的玩家提供加入的选项和建议。这样的选项和建议使得玩家保持了对游戏的参与度和兴趣，并反过来催生了能创造收入的参与度。

技术材料

遥测技术是视频游戏产业中使用的术语，用来描述游戏中的捕获活动。遥测技术与网络日志分析工具有概念上的相似性，在浏览游戏时能够捕捉玩家所采用的动作。

市场营销

今天的消费者已经变了。他们再也不从头到尾地阅读报纸，也不看快速推进的电视广告和垃圾邮件了，因为他们有很多更契合其数字生活方式的选择。消费者现在可以选择在他们所希望的时间、地点、来源得到营销信息。在当今竞争激烈的形势下，营销者利用数字渠道（电子邮件、移动设备、社交和网站），通过互动交流，提供消费者想要的东西。

反过来，这些渠道生成了洞察目标受众品牌传播偏好所需的社交数据。他们使用的口吻、兴趣爱好、所讨论的其他品牌以及大量的其他数据，能帮助各大品牌商家个性化与消费者的沟通，尽量维持大部分客户。

这种数据的社交网络分析已经在市场营销中以各种有趣的方式广泛应用着。

使用社交媒体监测平台对特定目标受众进行研究，可能会发现相对于其他社交平台而言，消费者更多地会在 Facebook 上进行对话，记录他们对产品、服务和在线行业的好恶与评论。与电子邮件营销平台上花费的工作量相比较，你可能会发现，把市场营销的精力花在 Facebook 上比花在电子邮件或其他任何渠道上更好。

与现实生活的联系

沃尔玛已经收购了社交媒体分析公司 Kosmix，并建立了**沃尔玛实验室**，这是一个通过对媒体传播进行分析以了解零售趋势的部门。

沃尔玛实验室的产品管理主管 **Tracy Chu** 在一篇博客帖子里说了如下的话：“**沃尔玛实验室**正在致力于帮助沃尔玛解读社交媒体来预测趋势，并能了解更多客户的想法。我们正在挖掘社交媒体的源头，诸如 Twitter、Facebook、博客、搜索活动以及交易数据，寻求有用的见解。”

这一部门的关键职责之一是监测公共领域的交流，然后把沃尔玛的产品投放到相应的位置。沃尔玛实验室一直跟踪社交闲聊，以分析各种类别的趋势，比如节日玩具、愤怒的小鸟的覆盖范围和移动商务应用情况。

最近，该部门还推出了一个名为 **Shopycat** 的 **Facebook** 应用程序。这款应用分析来自社交网络的数据，并据此做出赠礼的推荐。然后应用程序把这些推荐与**沃尔玛**和其他网站目录中拥有的产品进行匹配。不仅如此，该款应用还推荐礼品卡和可取礼品卡的最近沃尔玛门店位置。

总体情况

品牌知名度对营销是非常关键的。确定营销工作在每一项活动中是如何运作的，是一项相当艰巨的任务。Brandlove 应用程序的用户在 1 至 10 分的范围内，根据他们将产品或服务推荐给朋友的可能性，对产品进行评级。一旦一个品牌的评级超过了 300，应用程序就会发出一份报告，该报告包含了客户对产品的看法，以及与竞争对手相比的品牌声誉详细分析。

联盟营销是一种基于奖励的营销结构。在联盟营销中，联盟公司利用自己的市场努力，为另一家公司吸引客户，相应地也从获益的公司得到酬谢。

今天，所有主流品牌几乎都有蓬勃发展的联盟计划。行业分析师估计，联盟营销是一个价值 30 亿美元的行业。**Couponmountain** 和其他一些著名的联盟网站为其促销商家推动了交易，产生的年收入可达数百万美元。

产品设计和开发

随着身边社交媒体的普及和使用，用户生成内容（**大数据**）的数量巨大。人们每秒共享数以百万计的状态更新、博客帖子、照片和视频。要取得成功，组织机构不仅需要确定与公司、产品和服务相关的信息，而且应该能够**实时**、**连续**地剖析、理解和响应相关的信息。

能够**以数据表示情绪**并具备更高精度的系统，为客户提供了在社交平台上访问信息的方式。在设计产品和服务时，更紧密地测量情绪是很有价值的。对品牌而言，能够理解所接收到的人口统计信息并设计出更好的目标产品和项目是很重要的。

通过倾听消费者所想，了解产品的差距在哪里等，组织机构可以在产品开发和服务的方向上，做出正确的决策。这样，社交网络数据可以帮助组织机构提高产品的开发和服务，确保消费者最终获得想要的产品和服务。

附加知识

情绪分析是指一种分析流行社交网络（包括 **Facebook**、**Twitter** 和博客）上人类情绪、态度和看法的计算机编程技术。该技术需要分析技能以及计算技术。

遍布全球的商业公司、研究机构和营销专业人士都使用某种形式的情绪分析，以确定和衡量客户的行为和在线趋势。然而，这种技术仍在不断发展，充满潜力的情感分析尚待市场人员和其他业务的专业人士去探索。目前大多数的组织机构只是简单地依赖点赞、推文和评论的数量，而不是真正地研究在对话中所表达情绪的特质。

与现实生活的联系

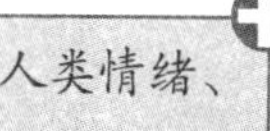

根据 MSN 理财（MSN Money）的说法，美国航空公司，已被列入全美最令人反感的公司名录。

像其他大多数航空公司一样，美国航空公司有一大块预算分配给社交媒体和在线营销，研究表明这家航空公司在 Twitter 上有约 346 259 个粉丝，在 Facebook 上有 273 591 个赞。但这不能被视作公司知名度的真正指标。对顾客情绪的深层次研究表明，有关该公司的在线谈话的趋势是负面的，这表明它是最令人反感的航空公司之一。显然，该公司在社交媒体社区的努力还没有产生足够的成效。

为了获得更好的形象和排名，美国航空公司和类似的公司，若能注重情感和情绪的数据和输入数据源的“正确”类型，而不是仅仅专注于粉丝的数量和点赞的数字，则会做得更好。

知识检测点 1

讨论一些社交网络数据分析对其有用的部门。

2.2 金融欺诈和大数据

在银行和其他金融机构中经常发生欺诈。这些金融机构会发送一些关于如何阻止此类欺诈和不要参与欺诈的教育性电子邮件。金融欺诈在在线零售业中更是经常发生。在此类欺诈案例中，在线零售商（如 Amazon、eBay 和 Groupon）往往因此招致巨额损失。

巧妙地运用大数据，不仅能教育网上零售商，而且也能管理和防止在他们业务中发生的欺诈和损失。以下是影响在线零售商的最常见的金融欺诈。

- **信用卡欺诈**：这是一种广泛而频繁的欺诈行为。网上零售商看不到用户的卡，因此无法验证卡的所有权。在交易中很可能使用的是被盗甚至是伪造的信用卡。

  尽管在网上交易过程中进行了多次检查，例如地址验证或卡安全码，但也并不是所有的系统漏洞都被堵上了。
- **换货或退货政策欺诈**：每个在线零售商都有退换货的政策，这为骗子行骗提供了很大的操作空间。骗子使用过商品后，声称不满意将货退回。更有甚者，他们甚至宣称货物未收到，稍后将其在网上出售。正是零售商鼓励顾客订购超出需求的产品，然后退回不需要的商品的做法，使得这种欺诈变得很容易。抑制这种欺诈的现成方法包括为退货商品收取再入库费用、交货时从客户处获得签名以及对已知的欺诈犯罪的顾客保持警惕。
- **个人信息欺诈**：在这种欺诈案件中，顾客的登录信息被窃取，然后该骗子登录，顺利完成整个销售交易，接着将交货地址更改到不同的地点。这对网上零售商有着巨大的影响，因为真正的客户会由于未下单购买而打电话来要求退款。当他或她能证明这是一笔欺诈性交易时，零售商反过来必须要退款。如果欺诈者以这种方式取得新的信用卡，那么欺诈的影响范围还会进一步变化。

防止这些欺诈的唯一办法是了解客户的订货模式，并对超规订单和交易保持监视，同时对变更发运地址、大额订单、紧急订货和可疑账单地址等危险信号保持警觉。但这只是一些手段，任何方法都不能完全消除欺诈。

利用大数据分析防止欺诈

现在我们对网上零售业的一些金融欺诈有了一些认识，下面将介绍大数据是如何帮助防止金融欺诈的。

分析数据以了解各种欺诈模式是众多预防方法之一，但它只在样本尺寸小的时候才起作用。样本尺寸难以增大，因为这需要大量的时间和金钱的投资。然而，利用大数据技术，这个难题现在可以克服了。对全套的可用数据进行评估，可以获得有意义的见解。

大数据分析可以用下列方式帮助发现欺诈行为：

- 可以在所有的数据上运行检查，以确定任何欺诈性事项；
- 可以识别任何新的欺诈方式，然后将它们添加进欺诈预防检测集中；

- 不会以不必要的政策和治理结构妨碍客户。

通过检查数据流，大数据可以判断一个产品是否实际交付了，这些数据流表明了顾客的位置及产品交付的时间。也可以访问来自 eBay 和其他电子商务网站的列表，确定该产品是否在其他地方有售。

实时欺诈检测

为了实时检测欺诈，大数据将实时对比来自不同数据源的数据，以验证网上交易。例如，如果有一个在线交易，大数据将立即启用传入 IP 地址与来自客户智能电话应用程序的地址数据之间的比较。若两者匹配，则可以证明该交易是真实的。

大数据也可以梳理历史数据并指出欺诈模式，这些模式稍后用于创建检查以防止实时欺诈。

通过了解物品交付给客户的准确时间，零售商可以有效地使用实时分析。高价值物品拥有可传送自身位置的传感器。当这样的物品交付给客户时，零售商可以接收并处理来自这些传感器的流化数据，这样就防止了欺诈行为。

与现实生活的联系

Visa 使用一个强大的欺诈管理系统，该公司报告已经确定了高达 20 亿美元的潜在欺诈机会。该欺诈管理系统基于被称之为**大规模并行处理**（MPP）数据库的大数据技术。为了检测和防止欺诈，该系统从 500 个不同方面对每一笔交易进行分析并返回有效的结果。

预备知识　了解 MPP 方法及其在大数据中的使用。

可视化欺诈分析

大数据可以方便地绘制可对比的地图和图表，然后用它们做出决策，建立高效的系统，并精准定位以阻止欺诈。

例如，图形化形式的分析可帮助确定拥有较高欺诈率的地区、客户和产品。

大数据甚至可以显示产品和地区间的比较等情况，就有更高欺诈可能性存在的位置向零售商提出警告。零售商可以相应地缓解风险。

可视化还可以降低逐行或逐个物品地复查数据的工作量。

总体情况

图像分析是利用图像数字处理技术，对图像数据中所发现信息的分析。条形码和二维码的使用是简单的例子，其他有趣的解决方案可能很复杂，如面部识别和位置运动分析。今天，图像和图像序列（视频）约占企业和公众非结构化大数据的 80%。随着非结构化数据的增长，分析系统必须消化和解释可解释的结构化数据（如文本和数字）以及图像和视频。

知识检测点 2

信用卡的验证方法是什么？

2.3 保险业的欺诈检测

我们假设一家保险公司想要提高处理新理赔案件时的实时决策能力，从而减少理赔周期。另外，该公司的诉讼和欺诈性索赔费用都在稳定增长。该公司有政策和程序，以帮助保险从业者评估欺诈性索赔；然而，保险从业者没有在合适的时间拥有所需数据以做出必要的决定，这进一步拖延了处理的时间。

在此背景下，公司实施了一个大数据分析平台，它使用来自社交媒体的数据，以提供实时视图。这使得呼叫中心代理人可以在客户第一次打进电话要求理赔时，就判断出该行为模式以及与其他索赔人之间的关系，并记录下来供保险从业者检查。

在某些情况下，社交媒体也可以为识别欺诈行为提供强有力的启发；例如，客户可能会表示他或她的汽车在洪水中被摧毁，但是来自社交媒体反馈的文件显示，在洪水发生的那天，汽车实际上在另外一个城市。这些明显的差异反映了欺诈。

保险欺诈行为对组织机构的成本有着巨大的影响，这就是组织机构喜欢使用大数据分析和其他先进技术来处理这个问题的原因。这对客户也有积极的影响，因为损失会以更高保费的形式转嫁给客户。

大数据可以从大量的结构化和非结构化数据中，检测欺诈行为模式，并有助于实时监测欺诈，从而减少处理索赔的天数，保证更好的回报。实施大数据分析平台之后，组织机构现在可以在几分钟内而不是几天或数月，分析复杂的信息和事故情节。

欺诈检测方法

传统上，保险公司一直在使用统计模型以识别欺诈性索赔。这种模型有很多的局限性，仅仅可以在一定程度上防止欺诈。本节考察了这些局限性，以及大数据是如何克服它们的。

- 保险公司通常使用小样本数据进行分析，从而导致一起或多起欺诈未被发现。这种方法依赖于先前记录的欺诈案件；因此每一次基于新技术的欺诈行为发生时，保险公司不得不承担后果和第一次的损失。
- 识别欺诈的传统方法是独立工作的。它不能以综合的方式处理来源于不同渠道和不同功能的各种信息源。相反，大数据分析可以处理这种挑战。

公共数据可以提供避免欺诈的实用预测分析方法。银行对账单、法律判决、犯罪记录、医疗账单是可用于检测可疑人行为的一些公共数据的例子。

为了从这样的公共数据中得到最有效的预测值，企业组织将其内部数据与第三方数据做了整合。这种整合有助于调查和限制欺诈活动。

下一小节更详细地说明了各种创新的欺诈检测方法。

社交网络分析

早些时候，我们了解了**社交网络分析**（SNA）以及大数据如何用于发现业务中的盲点。SNA同时也是创新、有效的欺诈识别和检测手段之一。下面举一个例子。

例　子

假设在一次事故中，所有涉及的人都已经交换了他们的地址和电话号码，并将其提供给了保险人。在他们当中，如果其中一个事故受害者提供的地址显示了好几次索赔，或者车辆也被认定为已经牵涉各种其他索赔，这时将自动显示欺诈性索赔的可能性。有了获取此类信息的能力，就能更快地捕捉此类欺诈性索赔。社交网络分析有助于揭示此类信息，因为它可以审查巨大的数据集，并通过链接揭示关系，例如，打给保险公司理赔部门的电话数量和车辆索赔之间的联系。

SNA 工具使用混合的分析方法。这种混合方法包括**统计方法、模式分析和链接分析**，发现大量的数据以显示关系。当**链接分析**用于欺诈检测时，人们可以寻找数据聚类以及这些数据聚类与其他聚类的联系。如前所述，判决、止赎权、犯罪记录、地址变更频率和破产等公共记录是可以集成到一个模型中的不同数据源。

使用这种将各种数据源集成到一个模型中的方法，保险人可以对索赔进行评级。如果评级很高，则表明该索赔是欺诈性的。这可能是因为记录不良的地址，或是可疑的供应商，或该车辆涉及多家运输公司的多起交通事故。

然而，在实施 SNA 之前，组织机构应该仔细考虑以下问题：

（1）数据到达的速度有多快？

（2）到达的数据中有多少是不需要的？

（3）需要多么深入的分析，才能确定最准确的结果？

（4）SNA 仪表盘需要包括什么类型的用户界面组件？

技术材料

在技术领域中，提取、转换和加载（ETL）是用于数据库中的一个过程。提取意味着从外部源中引入数据。转换意味着改变数据以适应经营需求。加载则意味着将数据推送到所需的领域。

以下是循序渐进的欺诈检测 SNA 方法。

（1）来自不同来源的结构化和非结构化的数据流入 ETL（提取、转换和加载）工具中。然后这些数据被转换并加载到数据仓库中。

（2）分析小组使用来自不同来源的信息，对欺诈风险进行打分，并对欺诈可能性评级。所使用的信息可以来自不同的来源，比如之前的信用水平、与另一个人早期情况的任何类型的联系、被拒绝的索赔数量、可疑的数据组合或者可疑的个人信息变更。

（3）可以在欺诈检测和预测建模机制中纳入多种大数据技术，包括文本挖掘、情感分析、内容分类和社交网络分析。

（4）根据特定网络的得分生成警报。

（5）调查人员可以利用这些信息，并开始探究更多的欺诈性索赔。

（6）最终，已识别的欺诈问题被添加到案例系统中。

与现实生活的联系

在通用电气公司的消费者及工业家庭服务部，负责保修期内消费者产品维修的技术人员通常也处理索赔。对旧流程最大的挑战是，技术人员无法从可得到的数据中找出模式。没有人能够发现不寻常的行为。

不久前，通用电气遇到了一个完美的场景，可以对来自商业分析软件开发商 SAS（**Statistical Analysis System**）的 SNA 解决方案进行测试。该公司得到消息，某些服务提供商存在欺诈现象；这种情形成为一个理想的试点场景。用 SAS 可以对获得的数据进行分析，并识别数据中的模式，从而找出是谁实施了欺诈行为。

SAS 欺诈检测系统的功能：每次索赔的度量标准和指标都有助于识别可疑的或者欺诈性的索赔。通用电气声称，将把这些数据提供给欺诈检测软件。对于每次索赔，都自动进行多达 26 种索赔级别的分析。在各种度量指标的基础上，计算一些特征指标；这些索赔发送到审计部门，当审计结果表明索赔中的多个元素低于正常曲线时，该索赔就被标记为可疑索赔，供通用电气的审计人员再调查。

成果：通用电气的消费者及工业家庭服务部估计，在检测欺诈性索赔当中使用 SAS，在第一年就节省了约 510 万美元。

技术材料

数据仓库：从技术上讲，数据仓库是一个用于报表和数据分析的数据库。这是一个存储来自各种来源的所有数据的中心位置。

预测分析

预测分析的理念是“欺诈检测越早进行，业务遭受损失就越小”。

例　子

一位顾客以汽车着火为由提出索赔。然而，该顾客的文件陈述表明，大多数有价值的物品在火灾前已从车上取出。这可能清楚地表明了汽车是故意被烧毁的。

预测分析包括使用文本分析和情绪分析来观察大数据以进行欺诈检测。

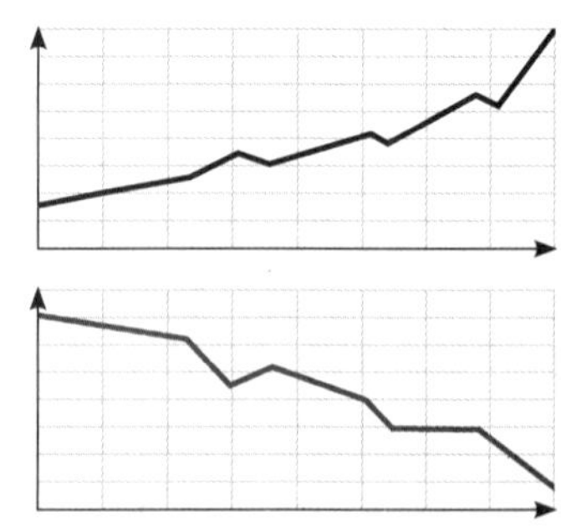

多页的索赔报告并没有给文本分析留下多少轻松进行欺诈检测的空间。大数据分析有助于筛选非结构化数据（这在以前是不可能的），也有助于主动检测欺诈。

预测分析技术正被越来越多地用于发现潜在的欺诈性索赔，加快合法索赔的支付。在过去，预测分析被用来分析存储在数据库中的统计信息；然而，它现在正在扩展到大数据领域。

下面是预测分析技术的工作方式。

1. 在调查索赔时，理赔人员撰写长篇报告。通常，线索是隐藏于报告之中的，索赔人不会注意到。
2. 基于业务规则的计算系统强调了这些可能的欺诈线索。
3. 欺诈检测系统可以发现这些差异，并将该索赔标示为欺诈性的。

与现实生活的联系

Infinity 是一家财产和意外险公司，提出了对客户的保险索赔进行分级以寻找欺诈迹象的思路。Infinity 使用预测分析技术来发现潜在的欺诈性索赔，同时也加快合法索赔的支付。使用预测分析之后，索赔欺诈检测系统发现欺诈性索赔的成功率从 50%提高到了 88%，而发现需要调查的可疑索赔所需的时间则减少了 95%。

社交客户关系管理（CRM）

社交 CRM 使保险行业能够有效地进行欺诈检测。社交 CRM 既不是一个平台也不是一种技术，而是一个过程。由于它的出现，保险公司将其 CRM 系统链接到社交媒体网站（如 Facebook 和 Twitter）就显得很关键了。

当社交媒体被整合到组织机构中时，可以让客户得到更大的透明度。互利的透明度表明，该公司信任其客户，反之亦然。这种以客户为中心的生态系统日益加强了对客户群体的控制。如果企业能够利用其客户群的集体智慧，这种生态系统就能给企业带来益处。

以下几点简要说明了社交 CRM 过程是如何工作的。

- 使用组织机构现有的 CRM，收集来自各种社交媒体平台的数据。
- 使用“倾听”工具，从社交交流中提取数据，并将该数据作为组织机构 CRM 现存数据的参考数据。
- 参考数据和 CRM 存储的信息一起流入案例管理系统。
- 案例管理系统在本组织业务规则的基础上，分析这些信息并发送响应。
- 然后，调查人员确认索赔管理系统对欺诈性索赔的响应。这是因为社交分析的输出只是一个指标，不应该被视为拒绝索赔的最终理由。

与现实生活的联系

土耳其保险公司 AXA OYAK 已经开始使用 SAS 社交 CRM 解决方案管理风险和防止欺诈。它整合了所有客户相关信息，围绕社交 CRM 建立了一个软件。使用社交 CRM，AXA 能够清理它的客户组合数据。这有助于 AXA OYAK 检测和纠正客户数据中的不一致性：即使同一客户有两条差别很小的记录，也能将其找出来。

利用更“干净”的数据，AXA OYAK 能够运行更准确的客户分析，更有效地调查欺诈性索赔。使用 SAS，该保险公司能够快速有效地检测客户行为和欺诈性索赔之间的关系。利用 SAS 数据仓库，AXA 可以根据在数据集中分析特定关系时所产生的标志，检查他们的客户数据。

知识检测点 3

1. 描述文本分析技术是如何工作的。
2. 列出 SNA 检测欺诈时遵循的步骤。

2.4 在零售业中应用大数据

对于零售业，大数据也有巨大的潜力。鉴于巨大的交易数量及其相关性，零售业是一个很有前途的大数据运营领域。

如果只有一个零售店且客户群很小，下面的问题似乎很容易回答：

- 我们今天卖出了多少打底衫？
- 这一年中的什么时候，我们卖出的紧身裤最多？
- 顾客 X 还买了什么？我们可以寄什么样的优惠券给这位顾客？

技术材料

全渠道维持流程类似于多渠道零售的早期阶段。这个流程通过所有可用的渠道，包括移动电话、互联网、实体店、电视、广播、邮件等，专注于消费者体验。为了迎合新客户的需求，零售商实施了专业化的软件应用。

由于每天都要进行数以百万计的交易，这些交易散布在多个互不相连的遗留系统和 IT 团队中，不可能看到数据的全貌。

找到公司销售部门、实体店以及在线商店销售之间的关联，可以深入洞察客户行为和公司整体健康状况，但这些信息往往难以汇聚，以致问题得不到解决。零售商店通常依靠每日更新的传统销售点系统运营，这些系统往往无法相互通信，更不用说与电子商务网站通信了。

对于市场分析师而言，尝试和了解公司产品或活动的优势和健康度，协调这些系统和它们的不同数据是一项不可能完成的任务。虽然**全渠道零售解决方案**确实存在，但它们要求商店管理者和网站开发人员学习全新的系统，公司范围的培训和系统部署导致了巨大的时间和金钱成本。让团队熟悉不同的技术及其访问数据的方式，以及后续的再培训，都是艰巨的任务。

此外，由于系统的伸缩性问题，实时访问数据并不是总能做到。

假设你想知道，某个特定物品是否在附近的另一家商店有库存。该信息最终并不容易获得，需要采用电话呼叫或其他通信方式，这进一步增加了交易时间，而且有可能阻碍该商品在生产之后立即出售。

即使有可能访问这些数据，它们也可能无法提供特别丰富或者实用的信息。原始形式的交易数据仅能帮助公司了解其销售量，但不一定能了解销售和天气、购物者人口统计数字之间的联系，以及顾客和其他购买行为之间的关系。

此外，仍然存在这样一个事实：大数据中的绝大多数是没有必要的，也是没有用的。在大数据流中，某些信息有长远的战略价值，有些仅对立刻使用和战术使用有效，而另一些数据则毫无用处。驾驭大数据的关键是确定数据属于哪一个类别。

与现实生活的联系

沃尔玛使用大约 10 个不同的网站，收集购物和交易数据并提供给分析数据处理系统。其他公司（如 Sears 和 Kmart）利用大数据技术，根据特殊顾客的喜好，专注于个性化营销策略。Amazon 还使用大数据技术为建立联盟网络提供支持，提供风险管理并更新他们的网站。

随着沃尔玛和 Amazon 等零售业越来越大规模和广泛地使用技术，对运输和生产的跟踪也有了显著的增长。在这些场景中，大数据被证明有巨大的益处。来自**标签**等创新解决方案的数据被用于分析。这些标签可以产生大量的数据，可以进行分析以提供各种解决方案，它们中的一些将在下一小节中讨论。

零售业中 RFID（射频识别）数据的使用

RFID 标签指的是包含唯一代码（如 UPC 码）以识别产品的小标签。此标签作为一个邻接图像，放置在装运托盘或产品包装中。

除了条码之外，RFID 还可以：

- 将某个托盘分配给一组精确、专用的计算机系统；
- 有助于发现商店中的缺货现象；
- 指定商店中每种商品的剩余数量，在需要重新进货时触发警报；
- 区分缺货产品和货架上的可售产品，可以更好地跟踪产品。例如，如果一个产品在货架上没有了，这并不意味着该产品彻底没有了。使用 RFID 阅读器和移动计算机，可以从仓库中识别存货并立即替换。

技术材料

UPC 是 Universal Product Code（通用产品代码）的缩写，是某些国家（包括英国、美国、加拿大、澳大利亚和新西兰）为在购物商店中交易所售商品而采用的条码符号。

除此之外，使用 RFID 还能节约时间，减少劳动量，在整个生产交付生命周期中提高产品可见度，并节约成本。使用 RFID 的一些常见的好处如下所示。

资产管理

生产跟踪

库存控制

发运和收货

合规管理

服务和保修授权

资产管理

组织机构可以标记他们的所有资本资产，如托盘、车辆和工具，以便随时随地跟踪它们。固定在特定地点的阅读器可以用最大限度的准确度，观察并记录所有标记资产的活动。当工人需要时，所收集的数据也可以用来跟踪工具和设备，从而减少了寻找它们的工作。

该机制还可以作为安全检查和警报的监督者，当有人在授权区域以外移动资产时发出声音报警。

当包装箱装货后准备发运时，也包含了带有 RFID 的跟踪托盘。这些 RFID 包含了储存在包装箱内物品的记录。这有助于生产管理者对库存水平和包装箱的实时位置有一个完整的视图。此信息可在无须浪费任何时间的情况下，用于定位物品并完成紧急的订单。

当拥有 RFID 标签的运输包装箱、托盘、气罐和可重复使用的塑料包装箱装运时，很容易在码头入口处识别它们。当数据库与发运信息相匹配后，产品的生产商为每个发运包装箱建立详细日志，并为跟踪他们的货物制订一套程序。这些信息可用于减少文件周转所需要的时间，对解决货物丢失和损坏的纠纷也很有价值。

生产跟踪

最近的一项研究表明，制造商使用 RFID 可将其制造成本降低 2～8 个百分点，因为 RFID 在跟踪材料库存和工作流程方面提供了高度的可见性。在不能使用条形码的场合下，RFID 的使用能够准确而实时地反映情况。

库存控制

RFID 的主要好处之一是库存跟踪，特别是在以前没有做过跟踪的地方。RFID 标签可透过包装读取，而不需直接目视，这意味着可以在不打乱货物摆放顺序的情况下，读取整个混装货物托盘。RFID 标签对物理损伤（如灰尘、湿气、热量和污染物）具有足够的抵抗力。而条形码不具备这样的抵抗力，很容易发生损坏或错误。RFID 的优点有助于改善库存和供应链的运作。

RFID 跟踪系统的使用可以优化库存水平，从而降低库存和劳动力的整体成本。RFID 允许生产商跟踪原材料存货、进行中的工作或者已完工的货物。安装在货架上的阅读器可以自动更新库存数据，在需要再进货时发出报警。在移动计算机和 RFID 阅读器的帮助下，就有可能简单地定位物品了。

RFID 还可以创建安全存储区，在安全存储区里，可以对阅读器进行编程，当物品被移走或放置于其他地方时，就能发出警报。一项研究表明，消费品制造商通过使用 RFID，可以减少约 10%的存货缩水或损失的可能性。

用同样的方式，移动计算机和阅读器可以帮助现场管理人员快速和精确地在商店或车辆里进行盘点。自动计数器节约了时间，节省下来的时间可以用于为更多的客户服务。

发运和收货

用于管理库存的 RFID 标签也可以用于自动化的发货跟踪应用程序。制造商可以使用这些读数来产生一个发运清单。该清单可以用于许多事情，包括：

- 打印出货文件；

- 在装运系统中，自动记录装运信息；
- 打印发运标签的二维码。

考虑**系列货运包装箱代码**（SSCC）数据结构，这是发运标签广泛使用的条形码。SSCC 很容易转换成 RFID 标签，以提供发运的自动化处理。

RFID 标签中的数据可以和发运信息一起输入，收货方很容易读取该数据，这简化了接收流程并消除了处理延迟。

物流公司从不同的地点，把各种包裹收取到了集散中心。此后，它从常规包裹中，分拣出紧急的包裹以供早晨投递。这就是 RFID 能起作用的地方，RFID 可以帮助定位这些包裹或货盘，并将其装运以便更快投递。

合规管理

如果和材料一起运输的 RFID 标签已经更新了所有处理数据，就可以生成全套的监管追踪痕迹，和监管要求的其他材料一起提交给监管机构，如食品药品监督管理局（FDA），交通运输部（DOT）和职业安全与健康管理局（OSHA）。这对从事危险品、食品、药品和其他监管物料工作的公司很有用处。

服务和保修授权

服务保修要求的保修卡或文件将不再是必需品，因为 RFID 标签可以保存所有这些信息。一旦修理或服务已完成，该信息可以输入 RFID 标签，以提供维护历史。RFID 一直都在产品上，如果未来需要维修，技术员就可以访问这些信息，而不需要访问外部数据库，这有助于减少通话和查阅文档的时间耗费。

附加知识　更多关于 RFID 标签的内容

各种类型的 RFID 标签可用于不同环境，如纸板箱，木制、玻璃或金属包装箱。标签也有不同的大小和不同的功能，包括读写能力、内存和电源需求。

它们有广泛的耐久性。有些品种如纸张一样薄，通常只是一次性使用，被称为“智能标签”。RFID 标签也可以定制，可以耐高温、潮湿、酸和其他极端条件。

一些 RFID 标签可重复使用，并可以提供比条形码标签更有优势的总体拥有成本（TCO）。

现在你已经知道了大数据是如何变革和转变业务以及决策的。大数据更多的是与业务转型而不是与 IT 转型相关。

下表概括了企业使用大数据进行转型的具体做法。

序　　号	传统的策略制订	大数据的策略制订
1	回顾过去	前瞻性的建议
2	使用样本数据	使用来自多个源的所有数据
3	批处理、不完整、不连贯	实时、紧密结合
4	业务变现	业务优化

知识检测点 4

描述 RFID 标签在零售业中的应用。

练习

基于图的问题

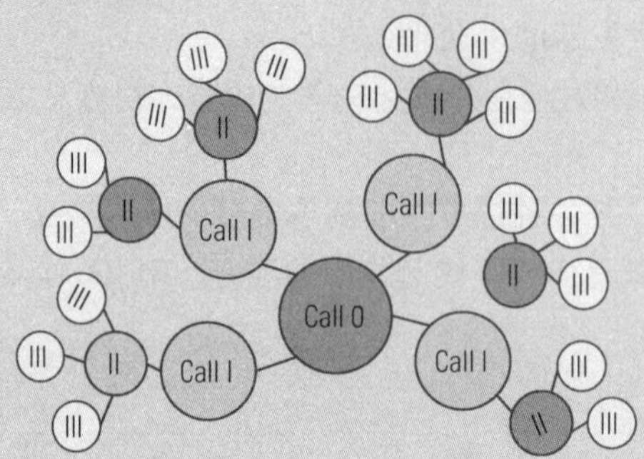

1. 上面的数字代表了哪种分析？
2. 该图中展现了多少层的数据？

多项选择题

选择正确的答案。在下面给出的“标注你的答案”里将正确答案涂黑。

1. 客户维护经理使用哪种社交网络数据分析应用？
   - a. 商业智能　　b. 市场营销
   - c. 产品设计和开发　　d. 保险欺诈
2. 通常会影响在线零售商的欺诈类型是哪个？
   - a. 信用卡欺诈　　b. 正向欺诈
   - c. 公司欺诈　　d. 保险欺诈
3. 如何用大数据来打击欺诈和帮助防止欺诈？
   - a. 分析所有的数据　　b. 实时检测欺诈
   - c. 使用预测分析　　d. 以上都是
4. 选出 SNA 用以通过链接显示关系的分析方法。
   - a. 组织结构业务规则　　b. 模式框架
   - c. 链接分析　　d. 统计方法
5. 指出以下哪个能够用于欺诈识别和预测建模过程的技术。
   - a. 文本挖掘　　b. 社交媒体数据分析
   - c. 回归分析　　d. 以上都是
6. 基于历史和实时数据的预测模型可以帮助哪些企业在早期发现可疑的欺诈案件？
   - a. 市场营销公司　　b. 医疗索赔公司
   - c. 建筑公司　　d. 基于 CRM 的制造企业
7. 确定保险公司在实施 SNA 之前应当考虑的关键方面是哪个？

a．数据达到得有多快 b．到达的数据有多干净

c．应对数据进行哪种分析 d．SNA 的输出是什么

8． 在下列哪种情况下，通过产品交付，RFID 可以减少人工劳动成本和时间，并改善资产的可见性？

a．资产管理 b．身份欺诈检测

c．SNA d．公司欺诈检测

9． 下列哪一项可以使用 RFID 标签进行跟踪？

a．原材料 b．废料

c．成品库存 d．保险欺诈

10． 下面哪一个是 RFID 阅读器的功能？

a．文本挖掘 b．信用证管理

c．保险欺诈检测 d．存货管理

标注你的答案（把正确答案涂黑）

1. ⓐ ⓑ ⓒ ⓓ
2. ⓐ ⓑ ⓒ ⓓ
3. ⓐ ⓑ ⓒ ⓓ
4. ⓐ ⓑ ⓒ ⓓ
5. ⓐ ⓑ ⓒ ⓓ
6. ⓐ ⓑ ⓒ ⓓ
7. ⓐ ⓑ ⓒ ⓓ
8. ⓐ ⓑ ⓒ ⓓ
9. ⓐ ⓑ ⓒ ⓓ
10. ⓐ ⓑ ⓒ ⓓ

测试你的能力

1． 研究和讨论社交媒体分析在新政府选举投票后民意调查中的应用。

2． 研究和讨论大数据分析在下列项目中的适用性。

a．制造业

b．娱乐业

c．体育产业

d．改善和优化城市

e．执法

f．天气预报

备忘单

- 社交网络数据有资格作为一个大数据源，并提供比传统数据更全面的关于分析方法的洞察力。
- 社交网络数据应用包括：
  - 商业智能；
  - 社交和联盟营销；
  - 为市场营销赋予社交智能。
- 影响在线零售商的主要欺诈类型为：
  - 信用卡欺诈；
  - 退货欺诈；
  - 身份欺诈。
- 为了阻止金融欺诈，大数据可以：
  - 分析全部数据；
  - 实时监测欺诈；
  - 使用可视化分析。
- 保险欺诈检测的目标是在第一次受损通知时，就能识别欺诈性的索赔。
- 组合来自不同来源的数据，能够建立有效的欺诈检测能力。
- 欺诈可以通过如下手段识别：
  - 结合了分析方法的混合方法的社交网络分析工具；
  - 预测分析，包含了文本分析和情感分析的使用，审视大数据进行欺诈检测；
  - 社交客户关系管理既不是平台也不是技术，而是一个过程。
- 在零售业中，射频识别（RFID）数据可用于：
  - 资产管理；
  - 生产跟踪；
    - 库存控制；
    - 发运和收货；
    - 合规管理。
- 服务和保修授权。

第 3 讲

处理大数据的技术

模块目标

学完本模块的内容，读者将能够：

- ⏭ 讨论与大数据相关的主要技术

本讲目标

学完本讲的内容，读者将能够：

⏭	解释大数据相关的分布式计算概念
⏭	概括 Hadoop 分布计算环境
⏭	解释云计算非常适合于大数据分析的原因
⏭	描述大数据内存计算的优点

“大数据将导致客户细分的死亡，并迫使市场人员在 18 个月内理解每一个客户，否则就有被历史所遗弃的风险。”

——Ginni Rometty CER, IBM

在第 2 讲中，你已经概要了解了当今各个行业是如何应用大数据以提高业务决策，并使流程更有效和更有成效的。现在，为了以所需的速度使用大量和多样的数据，一个合适的技术框架是必需的。本讲将会介绍一些与大数据相关的主要技术，这些技术有助于存储、处理和分析数据并提供所需的业务洞察力。

技术的快速发展从根本上改变了数据产生、处理、分析和消耗的方式。组织机构以及互联网捕获和分析的数据量有了巨大的增长，互联网也推动了大型数据来源和有效数据处理的需求。为了满足这一需求，许多技术创新已经应用于操控、处理和分析我们所谓的“大数据”。大数据相关创新中最受欢迎的领域包括分布式和并行计算、Hadoop、大数据云以及大数据内存计算。

本讲的核心关注点是带你领略使大数据解决方案成为可能的各种技术的基础知识。

值得注意的是，在所有这些技术中，**Hadoop** 或许是大数据领域最流行的名词。Hadoop 是一个用于存储和处理不同类型数据的开源平台。它使数据驱动的企业从可用数据中，快速获得最大的价值。在本讲晚些时候，你将了解更多关于 Hadoop 的内容。

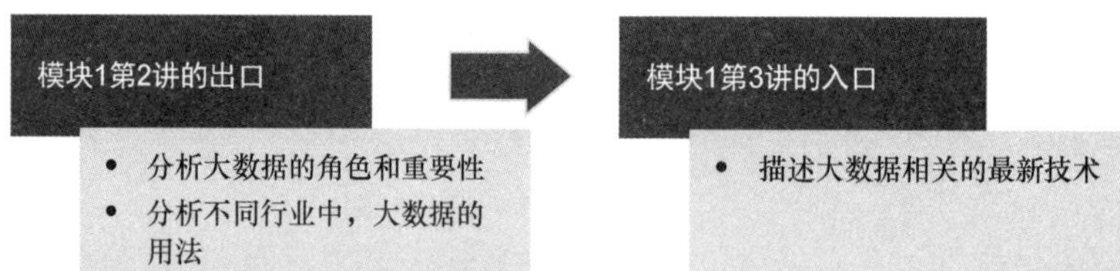

3.1 大数据的分布式和并行计算

分布式计算是一种在网络中连接多个计算资源，将计算任务按资源分布，从而提高计算能力的方法。分布式计算比传统计算更快捷、更高效，可在有限的时间内处理大量的数据，因而具有巨大的价值。

为了进行复杂的计算，独立个人计算机的处理能力也可以通过添加多个处理单元得以增强，它通过将复杂任务分解成子任务、同时执行单独子任务的方法，来执行复杂任务的处理。这样的系统通常被称为**并行系统**。处理能力越强，计算速度就越快。

这两种方法非常适用于大数据分析。让我们来看看这是为什么。

如果不存在一个大的时间约束，组织会选择将他们的数据移动到外部机构中去进行复杂的数据分析。这种方法是相当高效的，因为这些机构专注于提供巨大的数据源和资源进行数据处理和分析。这种方法也是经济的，因为与组织机构在内部进行这些任务所导致的费用相比，这些机构收取的费用是较低的。

技术材料

分布式计算已经出现了大约 50 年。最初，该技术作为一种在不投入大型计算系统费用的情况下扩展计算任务和攻克复杂问题的手段，用于计算机科学研究。

图 1-3-1 显示了分布式系统和并行系统的比较。

此外，如果组织机构自行分析数据，在大多数情况下，由于成本问题，他们仅仅捕获和分析了可用数据的一个样本，而不是所有的数据。这一分析的结果，几乎等同于分析样品的结果。

今天的市场和企业竞争残酷。同时，可用的数据量、数据多样性和数据速度以天文数字激增。为在市场上获得优势，组织机构觉得需要在很短的时间内分析所能得到的所有数据。这显然导致了对大容量存储和处理能力的需求。

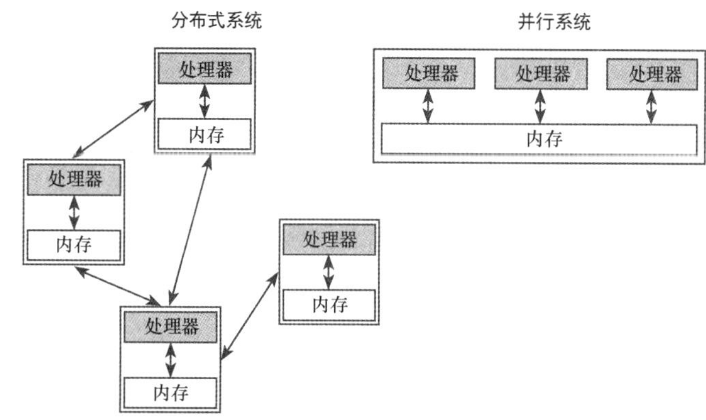

图 1-3-1　分布式系统和并行系统的比较

今天的技术发展已经推动和确立了新的复杂数据的存储、处理、分析方法，并创造了更强大的硬件。

为了利用这些强大的硬件执行复杂的数据分析，编写了新的软件，新的软件遵循以下步骤：

（1）把工作分解成更小的任务；

（2）调查所有手头的计算资源；

（3）在网络中高效地分配任务到互联的节点或计算机。

软件也开始被用于防范资源故障。这通过利用**虚拟化**，将作业委托给另一个资源来完成。

尽管有这些技术上的发展，但是**延迟**的问题仍然存在。延迟是系统延时的总和，因为涉及大量数据的单个任务会造成延时。如果你使用过无线电话，就可能亲身体验过延迟——你和来电者之间的通信迟滞。

这种延迟会导致组织内部以及和客户及其他外部利益相关者之间的系统执行、数据管理和通信速度的下降。

常规的大数据应用通常会遭受延迟问题的困扰，因此性能水平较低。这对企业来说是一个潜在的问题。只要企业允许在后台从事数据工作，它们就可以处理延迟；然而，只要形势需要在企业和消费者之间快速通信以及快速访问和分析数据，问题就浮出水面了。

作为应对这些问题的措施，**分布式和并行处理技术**不仅为在一段时间内处理大量数据提供了具体解决方案，还提供了处理延迟的方案。

定　义

分布式计算系统是一个独立、自治、互联的计算机集合，能够协调和相互配合完成某项任务。

并行计算是指多个计算单元或处理器的同时使用，其中每个处理单元以更快的速度并行解决计算问题的不同部分。

预备知识　了解分布式计算的背景知识。

通过分布式计算的大数据处理流程如图 1-3-2 所示。

正如你在图 1-3-2 中看到的那样，节点是包含在一个系统集群或机架内的元素。节点通常包括 CPU、内存和某些种类的磁盘；但是，节点也可以是依赖附近存储的刀片 CPU 和内存。

在大数据环境中，通常聚合这些节点以提供伸缩性；这样，随着数据量的增长，可以添加更多的节点到集群中，这样它可以不断扩展以适应不断增长的需求。

分布式计算也使负载平衡和虚拟化成为可能。负载平衡是一种在多台计算机之间分布网络工作负载的技术。虚拟化是指创建一个虚拟环境，包括硬件平台、存储设备和操作系统（OS）。

分布式计算的发展帮助组织机构利用了所有的可用数据（而不仅仅是一个样本），在内部分析他们的复杂数据。

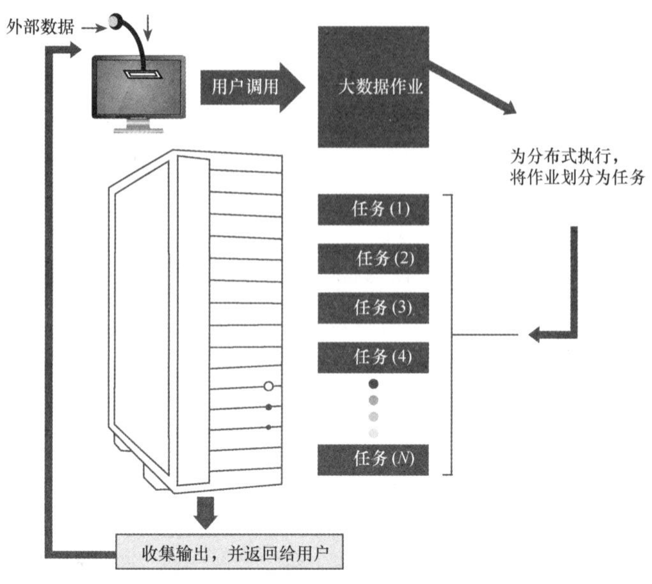

图 1-3-2　大数据分布式计算模型的工作流程

附加知识

分布式系统	并 行 系 统
通过网络连接以完成特定任务的独立计算机系统集合	连接多个处理单元的计算机系统
连接的计算机可以相互配合，是有独立处理单元和内存空间的自治系统	所有的处理单元共享常见的、可被处理单元直接访问的内存空间
连接的计算机是松散耦合的，可以访问位于远程的数据和资源	这些系统是紧密耦合的，通常用来解决单一复杂问题。

3.1.1　并行计算技术

表 1-3-1 展示了一些当今用于处理每天产生的高速、海量数据的并行计算技术。

表 1-3-1　并行计算方法

并行计算方法	描　　述	使　　用
集群或网格	多个服务器连接形成网络，这样就可以在它们之间共享工作负载。装备同类型商用硬件的集群称为**同构集群**。装备不同硬件组合的集群称为**异构集群**	组织机构可以利用在一段时间内获得的硬件组件，形成一个集群或网格。这种方法通常具有成本效益。同时，虽然整体成本可能很高，但网格提供了具有成本效益的存储解决方案
大规模并行处理（MPP）	MPP 平台是像网格一样工作的单一机器。它处理存储、内存和计算任务。这些功能通过为 MPP 平台专门编写的软件来优化。该平台还为可伸缩性进行了优化	MPP 平台适用于高价值的用途。**EMC Greenplum** 和 **ParAccel** 是 MPP 平台的例子
高性能计算（HPC）	HPC 环境提供非常高的性能和可伸缩性。它们使用内存技术，用于高速浮点处理。在下面的小节里，你会读到更多关于内存技术的内容	HPC 是专业应用和定制应用开发的理想环境。这些环境适合于研究或商业组织，在这种环境中，因为结果非常有价值或者项目在战略上很重要，高成本是可以接受的

附加知识

公共云环境是一种可以通过互联网访问的集群或网格类型。云拥有者或供应商开发了一个集群，然后允许用户使用它来进行付费的存储或者任务计算。**Amazon** 和 **EC2** 是公共云的实例。公共云使企业能够灵活地按需使用（即购买）计算能力。这是公共云的优点以及普及原因。在**私有云的环境**下，一个组织机构的集群是私有的，需要通过它的网络来访问。私有集群适合于对数据隐私有高度优先级的企业。私有云的成本会分摊到各个业务单位。

在本讲稍后，你会了解到更多关于公共云和私有云的知识。

3.1.2　虚拟化及其对大数据的重要性

- 实现虚拟化的过程是为了把可用的资源和服务从基础物理环境中隔离开来，使你在单一物理系统中建立多个虚拟系统。公司实施虚拟化，以提高处理不同工作负载组合的性能和效率。
- 解决大数据的难题通常需要管理大量高度分布的数据存储，使用计算和数据密集型应用程序。虚拟化提供了更高的效能，使大数据平台成为现实。虽然从技术上说虚拟化不是大数据分析的需求，但大数据环境中使用的软件框架（如 MapReduce）在虚拟化环境中更有效率。
- 除了**封装、隔离和分区**等特性，大数据虚拟化成功的最重要需求之一是具有合适的性能水平，以支持大量不同类型数据的分析。
- 当用户开始利用如 Hadoop 和 MapReduce 这样的环境时，拥有一个可伸缩的支撑基础设施也是至关重要的。虚拟化在 IT 基础设施的每一层都提高了效率，并提供了大数据分析所需的可伸缩性。

3.2　Hadoop 简介

在处理大数据源时，传统的方法达不到要求。你需要一个设计用于应对大数据所提出的挑战的产品和技术集合。

Hadoop 是一个开源平台，被设计用于处理数量巨大的结构化和非结构化数据——大数据。处理这样的海量数据，需要深入的分析技术，这需要更强大的计算能力。

这种海量数据分析在传统上已经可以通过分布式计算完成。除此之外，用户还可以选择使用 **Condor** 等现有系统进行计算机网格调度；然而 Condor 没有自动数据分布功能；除了计算集群之外，它还需要一个独立的系统区域网络（SNA），同时还需要一个通信系统（如 MPI）来实现在多个节点之间的协调。这个编程模型不仅很难，而且增加了错误的风险。

Hadoop 引入了简单编程模型，它可以让用户创建和运行分布式的系统，而且速度也相当快。Hadoop 利用了 **CPU 核心**的并行计算工作原理，能够有效、自动地在机器之间分布数据。

下面是 Hadoop 的一些显著特征。

- Hadoop 可以工作在大量不共享任何内存或磁盘的机器上。这解决了高效存储和访问这两个共生的大数据问题。

- 因为 Hadoop 将数据分布于不同服务器，所以当数据加载到 Hadoop 平台上时，存储得到了改善。
- 因为 Hadoop 可以跟踪存储于不同服务器上的数据，访问得到了改善。
- 由于 Hadoop 使用所有可用处理器并行运行计算任务，改善了处理性能。这样，不管是应对庞大多样的数据还是处理复杂的计算问题，Hadoop 都保持了性能。
- Hadoop 通过保留多份在服务器失效时可用的数据备份，提高了恢复能力。

了解 Hadoop 是如何运作的

那么 Hadoop 是如何使用多个计算资源来执行一个任务的呢？

Hadoop 的核心部分有如下组件。

- **Hadoop 分布式文件系统（HDFS）**：可靠、高带宽、低成本的数据存储集群，便于跨机器的相关文件管理。
- **Hadoop 的 MapReduce 引擎**：高性能的并行/分布式 MapReduce 算法数据的处理实现。

Hadoop 被设计用来处理大量的结构化和非结构化数据，以 Hadoop 集群的形式在商业服务器机架上实施。每个服务器独立进行自己的工作并返回它的响应。也可以从集群中动态移除或添加服务器，因为 Hadoop 能够检测变化（包括失效），并根据这些变化进行调整，持续运行而无须中断。

MapReduce 是一种编程模型，可将任务映射（map）到不同的服务器上，并把响应归约（reduce）为一个结果。如前所述，**Hadoop MapReduce** 是一个由 **Apache 项目**开发和维护的 MapReduce 算法实现。该算法提供了将数据分解为易于管理的块，在分布式集群上并行处理数据，然后使数据可供用户消费或额外处理的能力。

MapReduce 的**映射（map）**组件将编程问题或任务分布到大量系统中，并用平衡负载和管理失效恢复的方式处理任务的存放。在分布式计算完成之后，另一项功能**归约（reduce）**聚合所有的元素，提供一个结果。

当 Hadoop 接收到一个索引作业时，组织机构的数据首先被加载到 Hadoop 软件中，然后，Hadoop 将数据分为不同的块，把每一块数据发送到不同的服务器。Hadoop 通过将作业代码发送到所有存储相关数据块的服务器的方式来跟踪数据。此后，每个服务器将作业代码应用于所存储的部分数据，并返回结果。

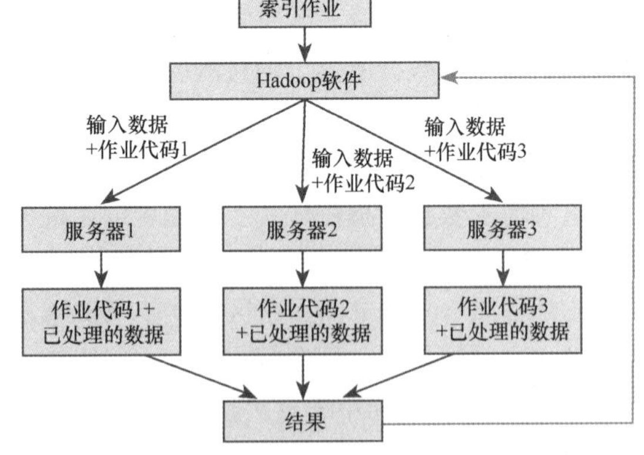

图 1-3-3　MapReduce 中作业跟踪流程的展示

最后，Hadoop 整合来自所有服务器的结果，并返回结果，如图 1-3-3 所示。

下面的例子有助于更好地理解 Hadoop 是如何工作的。

考虑一个城市里的所有的电话呼叫记录。假设研究人员想要知道在特定事件发生时打电话的大学生数量。索引查询将指定相关的用户信息和事件的时间。每个服务器将搜索它的呼叫记录集合，并返回匹配查询的那些记录。Hadoop 将所有这些集合组合成一个结果。

假设，所有的电话呼叫记录都以 csv 格式存储在服务器上。首先，数据在 Hadoop 上加载，接着用 MapReduce 编程模型处理数据。

假设在 csv 文件中有 5 列：

- `user_id`；
- `user_name`；
- `city_name`；
- `service_provider_name`；
- `call_time`。

要找到在特定时间内打电话的用户（学生）数量，学生是由 `user_id` 标识的。

最终的输出是在特定时期内（如晚上 9～10 点）打电话的用户总数。

为了得到最终的输出，数据逐行通过各个映射组件（mapper）。在映射作业完成之后，Hadoop 框架整理或排序并分组这些数据，并将其发送到提供最终输出的归约组件（reducer）里。

Hadoop 平台也有利于在多台机器上的数据存储。这项能力允许一个企业使用多台商业服务器，并在每一台上运行 Hadoop，而不是建立一个整合的系统。

附加知识

搜索引擎的领导者（如**雅虎**和**谷歌**）正在寻找一种方式，使他们的引擎每分钟都在收集的大量数据变得有意义。他们想了解收集的信息是什么，以及如何利用这些数据去盈利。这推动了 Hadoop 的发展，因为它为**雅虎**和**谷歌**这样的公司轻松管理大量数据指出了最明智的方式。Hadoop 最初是由 Yahoo!的一位名叫 **Doug Cutting** 的工程师开发的，现在是一个由 **Apache 软件基金会**管理的开源项目。

总体情况

Hadoop 越来越多地被想要进行大数据分析的企业使用，因为这样的分析需要处理大数据问题。正如你所知的那样，Hadoop 可将大问题分解成更小的元素，这些元素可以用更快、更有成本效益的方式分析。也可以将大数据问题分解成可以并行处理的小部分，然后重新组合该分析并呈现结果。

知识检测点 1

1. 讨论分布式计算如何使你能够在社交媒体上搜索过去 24 小时内关于特定品牌的评论。
2. 在互联网上搜索和阅读 Hadoop 的工作方式。讨论你认为 Hadoop 最有趣的方面。使用下列资源。
   - Brian Proffitt 所著的“Hadoop: What Is It and How It Works”（2013 年 5 月 23 日）。
   - 杜克大学的“How Hadoop Works”。
3. Hadoop 以怎样的方式实施分布式计算？并解释说明。

3.3 云计算和大数据

任何组织机构为了存储和管理大数据，都需要预测硬件和软件的需求。需求可能随着时间的变化而变化，这可能导致资源利用不足或者是过度利用。此外，硬件设置和软件安装都需要组织机构的大量投资，组织机构通常会面临资源、成本和利用率的问题。

云计算是一种提供共享计算资源集合的方法，这些资源包括应用程序、存储、计算、网络、开发、部署平台以及业务流程。云通过提供可水平扩展的、经过优化的、支持大数据实际实施的架构，在大数据世界中扮演着重要的角色。要在现实世界中运营，云必须实现通用的标准流程和自动化。

图 1-3-4 显示了云计算模型。

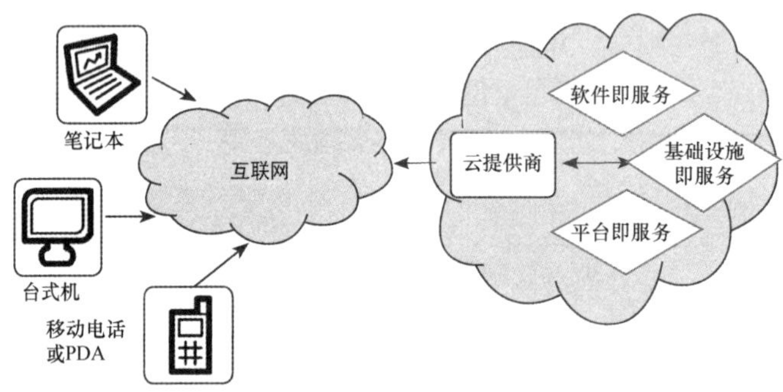

图 1-3-4　云计算模型的工作

基于云的应用平台使应用程序很容易获得计算资源，并根据使用的服务和组件为相应的资源付款。在云计算的背景下，这样的功能被称为**弹性**——只需点击按钮和支付，就可以动态地调节和访问计算资源；然而，在这样的情况下，组织机构需要监控和控制云计算资源的使用，否则产生的费用会出人意料地大。

在云计算中，所有的数据被收集到数据中心，然后分发给最终用户。而且，自动数据备份和恢复还能够确保业务连贯性。

云与大数据分析互补的主要原因是：和大数据一样，云也使用分布计算。

与现实生活的联系

想想**谷歌**和**亚马逊**。两家公司都需要有很强的海量数据管理能力，以推动它们的业务。它们需要可以支撑超大规模应用的基础设施和技术。考虑它们工作中的一个部分：谷歌每分钟都要处理数以百万计的 Gmail 邮箱消息。谷歌已经能够优化 Linux 操作系统和它的软件环境，有效地支撑电子邮件，并能够捕捉和利用有关其邮件用户和搜索引擎用户的大量数据，以驱动它的业务。同样，亚马逊的 IaaS 数据中心经过优化，协助大规模的工作负载来对无数的中心提供服务和支持。这两家公司也都提供了一系列基于云的大数据服务。

3.3.1 大数据计算的特性

下面是一些云计算适于大数据分析的特性。

- **可伸缩性**：即使组织机构提高了硬件的处理能力，对于在新硬件上运行的软件，它们也可能需要改变架构和面临新问题。云对此提供了解决方案。它通过使用分布式计算提供了可伸缩性。
- **弹性**：云解决方案允许客户根据需求，付费使用恰当数量的云服务。例如，某企业预计在商店促销时会有更多的数据，可以在这段时间购买更多的处理能力。另外，客户不必事先指定使用量。
- **资源池**：使用类似计算资源的多个组织机构不需要对其单独投资。云可以提供这些资源，而且，因为这些资源被许多组织机构使用，云的成本得以降低。
- **自助服务**：客户可以通过用户界面直接访问云服务，选择他们想要的服务。这是自动的，不需要人为干预。
- **低成本**：企业不需要为了处理大数据分析等大型操作，对计算资源做大规模的初始投资。它们可以注册一个云服务，在使用的时候进行支付。在这个过程中，云供应商享有规模经济的优势。这也有利于客户。
- **故障容错**：如果云的一部分失效了，其他部分可以接管并为客户提供不间断的服务。

技术材料

多个租户或客户使用云上的软件的单一副本的情形，称为多租户云。

技术材料

许多组织机构使用公共云或私有云。组织机构并不是单独使用它们，而是将两种云组合为**混合云**。在两种云之间形成许多连接，通过自动化运营提高效率。

3.3.2　云部署模型

云部署模型回答了关于所有权、操作和使用的问题。公共和私有是两种云部署模型。

- **公共云**：公共云是由一个组织机构拥有并运营的，供其他组织机构和个人使用。公共云提供一系列的计算服务。对于每类服务，为特定类型的工作负载进行了专门化。通过专门化，云可以定制硬件和软件以优化性能。定制使得计算过程具备了高度可伸缩性。例如，一个云可以专注于为了 YouTube 或 Vimeo 上的视频直播而存储视频，并为处理大流量而优化。对于企业来讲，公共云提供了经济的存储解决方案，是一种处理复杂数据分析的有效方式。这些因素有时比安全和延迟的问题更为重要，这是公共云的固有特性。
- **私有云**：私有云是组织机构为了自身目的而拥有和运营的。除了员工，组织机构的合作伙伴和客户也能使用私有云。

  私有云是专为一个组织机构设计的，并结合了组织机构的系统和流程，包括可以集成到云中的组织机构业务规则、管理政策和合规性检查。因为多个客户提供了不同的规格，有些事情需要在公共云上手工操作，但可以在私有云中自动进行。因此私有云是高度自动化的，也受到了防火墙的保护。这减少了延迟，提高了安全性，使其成为大数据分析的理想选择。

总体情况

除了应用于大数据分析，云还可用于**存储、备份和客户服务**等其他目的。随着越来越多的人使用计算机，商业任务已经转移到了笔记本和移动设备上，后续将转移到云上。消费者可以从他们的家中订购产品，商店接收到订单后将指令发送到交付该产品的仓库。该商店可以使用云接收订单和发送指令，处理付款和跟踪支付。不使用云计算，这些任务也可以完成，但是云计算降低了基础设施成本，并提供了可伸缩的内容存储。

3.3.3 云交付模型

正如前面所讨论的，云将硬件、平台和软件作为服务交付，因此，云服务分为如下几类。

- **基础设施即服务（IaaS）**：基础设施是指硬件、存储和网络。当你为了在云端保存假日照片而付费时，使用的就是公共 IaaS。当一个员工在组织机构的备份服务器上保存工作报告时，该员工使用了私有 IaaS。IaaS 将硬件、存储和网络作为服务提供。IaaS 的例子有虚拟机、均衡负载器和网络附加存储。

  企业通过使用公共云 IaaS，可以在物理基础设施上节省投资。企业可以选择操作系统，而且可以利用 IaaS 建立具有可伸缩存储和处理能力的虚拟机。
- **平台即服务（PaaS）**：PaaS 提供了一个编写和运行用户应用程序的平台。平台指的是操作系统，它是中间件服务、软件开发和部署工具的一组集合。PaaS 的例子有 **Windows Azure** 和 **Google App 引擎**（GAE）。

  当一个组织拥有 PaaS 私有云时，业务单元的程序员可以按需创建和部署应用。PaaS 使得尝试新的应用变得更加容易。
- **软件即服务（SaaS）**：SaaS 提供可从任意地方访问的软件。客户可以在云上使用软件，而不需要购买和在自己的设备上安装。这些软件应用程序提供月度或年度合同。为了使 SaaS 正常工作，基础设施（IaaS）和平台（PaaS）必须到位。

组织机构可以在它的私有云中维护定制开发的软件，并将其链接到存储在公共云中的大数据。在一个混合云中，应用程序可以利用私有云和公共云的优势，有效地分析数据。

3.3.4 大数据云

在云中，大数据有许多种部署和交付模式。大数据需要分布式的计算机集群能力，这就是云的架构方式。各种云的特性使其成为大数据系统的重要组成部分，是一个理想的大数据计算环境。

下面是云在大数据领域应用的一些例子。

- **公共云中的 IaaS**：使用云提供商的大数据服务基础设施，提供几乎无限的存储和计算能力。
- **私有云中的 PaaS**：PaaS 供应商开始将大数据技术（如 Hadoop 和 MapReduce）加入其 PaaS 产品中，这消除了管理单个软件和硬件元素的处理复杂性。
- **混合云中的 SaaS**：许多组织机构都认为需要分析客户的呼声，特别是社交媒体上的意见。SaaS 供应商提供了分析平台以及社交媒体数据。此外，企业 CRM 数据可以在私有云中用于这样的分析。

3.3.5　大数据云市场中的供应商

已有和新建的云服务提供商很多，其中一些专门为大数据分析提供资源。我们将讨论其中 3 个。

亚马逊

Amazon IaaS（称为**弹性计算云**，即 Amazon EC2）的开发是该公司用于自身业务的大规模计算资源基础设施的产物。这些基础设施实际上没有被完全利用，因此，亚马逊决定将其租出去并赚取收入。“弹性”这个词在字面上是有道理的，因为这些资源可以以小时为单位缩放。

除了 Amazon EC2，Amazon Web Services（AWS）还提供以下服务。

- **Amazon MapReduce**：利用 Amazon EC2 和亚马逊简单存储服务（Amazon S3），提供高成本效益的大数据量处理的 Web 服务。
- **Amazon DynamoDB**：NoSQL 数据库服务，可以在固态驱动器（SSD）上存储数据项和复制数据，具有高可用性和耐久性。
- **Amazon 简单存储服务**（**S3**）：在互联网上用于存储数据和用于网络规模计算的 Web 接口。
- **Amazon 高性能计算**：具有高带宽和计算能力的低延迟网络，能解决教育和商业领域问题。
- **Amazon RedShift**：PB 级规模的数据仓库服务，以高成本效益方式利用现有商业智能工具进行数据分析。

谷歌

谷歌有下列为大数据设计的云服务。

- **Google 计算引擎**：一种安全、灵活的虚拟机计算环境。
- **Google BigQuery**：一种桌面即服务（DaaS）产品，以 SQL 格式的查询为基础，高速搜索大数据集。
- **Google 预测 API**：在每一次使用中，从数据中识别模式、存储模式并改进模式。

微软

在 Windows 和 SQL 抽象的基础上，微软的 PaaS 产品中已经包含了一套开发工具、虚拟机支持、管理和媒体工具以及移动设备服务。对于具有深厚的.NET、SQL Server 和 Windows 专业知识的客户来说，采用基于 Azure 的 PaaS 十分简单。为了解决将大数据集成到 Windows Azure 解决方案的新需求，微软还添加了 **Windows Azure HDInsight**。HDInsight 基于 **Hortonworks 数据平台**（HDP），据微软所说，HDInsight 提供了与 Apache Hadoop 100%的兼容性，支持与微软 Excel 和其他商业智能工具的连接。此外，Azure HDInsight 还可以部署到 Windows Server 上。

HDInsight 服务使 Hadoop 可作为云中的一个服务使用。它以更为简单和高成本效益的方式提供了与 **Hadoop 分布式文件系统**（HDFS）及 **MapReduce** 相关的框架。HDInsight 服务的特性之一是高效的数据管理和存储。

HDInsight 也使用 **Sqoop** 连接器，使用 Sqoop 连接器可以从 **Windows Azure SQL** 数据库将数据导入 **HDFS**，也可以从 **HDFS** 导出数据到 **Windows Azure**。

3.3.6 使用云服务所存在的问题

在决定实施云解决方案——或者任何解决方案之前——组织机构必须仔细地检查该解决方案的优势和劣势。我们已经了解了赞成使用云服务的论点。以下是在使用云服务中存在的一些问题，以及组织机构应当采取的预防措施。

- **数据安全**：为了保持组织机构的数据安全，云提供商必须仅允许组织机构的指定人员访问数据。组织机构必须确保它们与云服务提供商的协议涵盖了数据安全。
- **性能**：必须在协议中尽可能量化地规定云性能参数。必须清楚地注明例外情形。大多数云提供商有一份现有的**服务水平协议**（SLA）。SLA 是指规定了服务使用者和服务提供商之间关于服务质量和时效性的所有条款和条件的文件。
- **合规性**：云必须符合业务的合规性需求，特别是企业所在行业的监管合规性。例如，医疗保健机构必须保护患者信息的机密性，而云提供商必须保证所需的安全等级。
- **法律问题**：由于数据存储的位置，可能会出现一些法律问题。组织机构必须确保云的物理资源位置不会带来任何法律问题。
- **成本**：虽然云通常比内部解决方案便宜，但是组织机构应该意识到使用云涉及的所有费用，并以受控的方式使用该服务，持续监控使用情况。
- **数据传输**：组织机构应当确保云提供商接收数据的方法是可行的和经济的。

知识检测点 2

1. 你认为组织机构的规模是决定是否使用云端的基础设施、平台或软件的一个因素吗？请加以论证。
2. 你认为制造业和服务业的组织机构使用云的方式有不同吗？举例说明。
3. 假设你进口欧洲葡萄酒，并在全国分销。你想知道人们在社交媒体上对于你的酒和通常的酒都说些什么。在亚马逊或谷歌中，你会选择哪家的服务？请解释。
4. 研究医疗保健、酒店或任何你所选择的行业的监管合规性。解释监管合规是否影响云服务的选择。

3.4 大数据内存计算技术

现在，我们已经知道，大数据分析的处理能力需求可以通过分布式计算来满足。处理能力和速度还可以通过**内存计算**（IMC）进一步得到提升。

如果数据以行和列呈现，其处理是简单和快速的。这样的数据被称为**结构化数据**，它有一组变量，每个变量取得特定的值；然而，今天正在生成的数据中许多都是**非结构化的**。

大数据分析必须能够处理数据量和占比都不断增长的非结构化数据。IMC 为这一能力的实现提供了解决方案。

今天，组织机构希望持续跟踪消费者的活动并立即做出反应。生产过程和质量控制也跟踪了大量的信息，并且需要快速反应。这种实时分析需要大量的处理能力，IMC 使之成为可能。

内存计算的工作原理

早些时候，数据存储在称为辅助存储器的外部设备上。需要该数据工作的时候，用户必须使用输入/输出通道从外部源访问它。数据被临时移动到主存储器中进行处理。这个过程很耗时，但节省了金钱，因为辅助存储器比主存储器便宜。

IMC 使用在主存储器（RAM）中的数据，这使得分析更快。同时，主存储器的成本已经降下来了，因此，它可以用于存储数据。该应用程序驻留在和数据存储同样的地址上，因此分析的速度更快。数据库查询和事务还是像先前工作的方式一样工作，但会更快地返回结果。

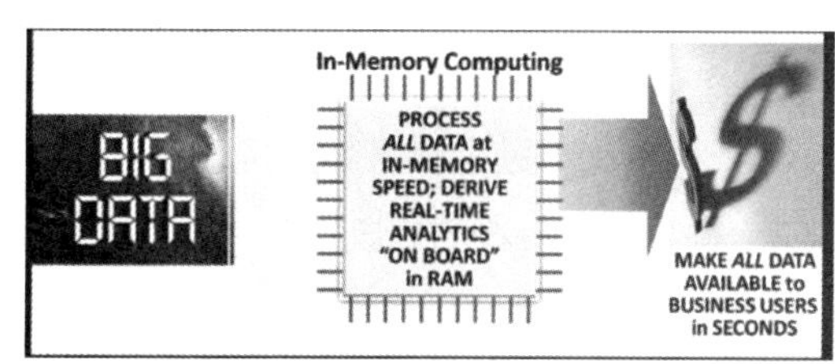

结构化数据存储在关系数据库中（RDB），使用 SQL 查询进行信息检索。非结构化数据包括广泛的文本、图像、视频——网页和博客，商业报告和新闻稿，电子邮件和短信。信息一般通过关键字搜索来检索。存储这类信息的数据库被称为 **NoSQL 数据库**。如果你通过在运营商网站上填写一个表格，查询一个电话号码，访问的就是结构化数据。如果你在 Google 中输入一个名字，找到该人的网页、博客和生日视频，访问的就是非结构化数据。

IMC 处理大数据的数据量，NoSQL 数据库处理大数据的多样性。

总体情况

大型组织机构将数据存储在一个中央数据库中，所有的用户都必须从那里访问它，这通常通过 IT 部门完成。内存技术使得部门或业务单元可以获取组织机构数据中和他们的需求相关的那一部分，并且在本地处理。这减少了中央仓库的工作负载，用户不需要 IT 部门处理数据。

知识检测点 3

1. 讨论计算机内存是如何被使用和被优化的。依据所学知识解释 IMC 实现了什么目标。
2. 访问报纸、杂志或学术期刊的网络档案，进行关键字搜索。你找到你要找的东西了吗？有多少不相关的搜索结果？如何能改善搜索词？

练习

基于图的问题

下列哪一幅图代表了内存计算？

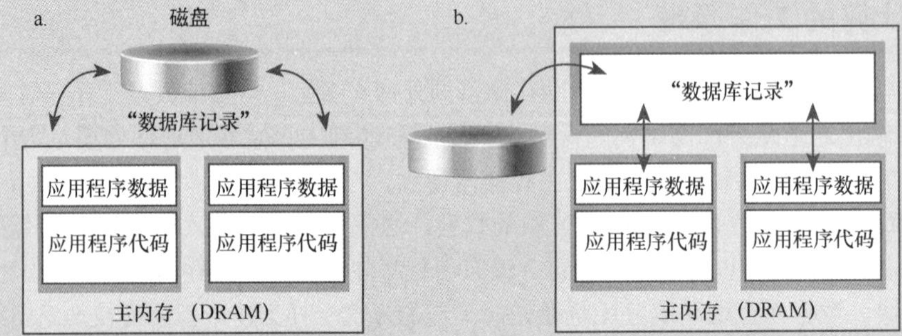

多项选择题

选择正确的答案。在下面给出的“标注你的答案”里将正确答案涂黑。

1. 分布式计算的哪个独特的特性提高了处理能力？
   a．在多台计算机之间分布计算任务　　b．添加更多的高容量磁盘
   c．将结果分发给网络中的几个用户　　d．将计算任务移动到云中
2. 为什么大数据应用容易受到延迟影响？
   a．数据量太大，不能被快速分析
   b．大数据可能存在于应用程序中的不同位置
   c．大数据不能在内存计算中使用
   d．大数据应用仍处于发展的早期阶段
3. 哪 3 个是主要的并行计算平台？
   a．IaaS、PaaS、SaaS　　b．集群或网格、MPP、HPC
   c．数据库、SQL、网络　　d．网络、云、多租户
4. Hadoop 如何使用计算资源？
   a．只将数据分布到计算资源中　　b．将软件分布到计算资源中
   c．将数据和计算任务分布到计算资源中　　d．为计算资源创建共享内存
5. Hadoop 如何使得系统更具弹性？
   a．使用有效的防火墙和防毒软件　　b．保持多份数据备份
   c．上传数据到云端进行备份　　d．保持每个计算资源的隔离
6. 与内部分析相比，公共云的两大缺点是什么？
   a．延迟和数据安全的风险　　b．延迟和软件不兼容
   c．高成本和数据安全的风险　　d．高成本和场所的法律风险
7. 下面哪一个是混合云中的适当的组合？

a．私有云中的备份；公共云中的人力资源政策

b．私有云中的内部流程；公共云中的大数据

c．私有云中的客户通信；公共云中的财务合规性

d．私有云中的大数据；公共云中的备份

8．下列哪一个是小企业为了能在云上使用会计软件而必须选择的？

a．基础设施　　b．平台

c．基础设施和平台　　d．平台和数据

9．云如何能为计算资源提供具有成本效益的解决方案？

a．与云供应商谈判，以降低资源的价格

b．每个资源都有多个用户，分摊成本

c．所有的计算资源都位于低成本地区

d．分布式计算降低了每个资源的成本

10．一个拥有客户机密信息的企业，想要使用公共云来备份。企业必须确保下列哪一项？

a．云资源与业务的硬件和软件相兼容

b．在服务协议中，详细规定云的预期性能

c．云允许访问政府监管机构和授权的第三方

d．云仅允许业务指定的人员访问数据

标注你的答案（把正确答案涂黑）

1. ⓐ ⓑ ⓒ ⓓ　　6. ⓐ ⓑ ⓒ ⓓ
2. ⓐ ⓑ ⓒ ⓓ　　7. ⓐ ⓑ ⓒ ⓓ
3. ⓐ ⓑ ⓒ ⓓ　　8. ⓐ ⓑ ⓒ ⓓ
4. ⓐ ⓑ ⓒ ⓓ　　9. ⓐ ⓑ ⓒ ⓓ
5. ⓐ ⓑ ⓒ ⓓ　　10. ⓐ ⓑ ⓒ ⓓ

测试你的能力

美国政府的机构公布了大量数据。对于你感兴趣的任何城市或任何地区，审查从美国人口普查局、商务部、卫生部或其他你希望的机构那里得到的数据。首先，描述可用的数据类型并解释其重要性。接着，想想它的可能用途，描述企业如何分析数据以及他们可以期望从分析中学到什么。你不需要执行任何计算或做任何分析。

备忘单

- 分布式计算是一种在网络中连接计算资源并在资源中分布计算任务的方法。
  - 它可以更快地处理数据。
  - 它使组织能够在内部进行复杂的分析。
- 大数据应用很容易受延迟影响。
  - 延迟是执行单个任务的延时。这些延时增加了系统的延迟。
- 计算平台有以下 3 种主要类型。
  - 集群或网格，这是一种或多种网络中服务器连接的类型。
  - 大规模并行处理（MPP），这是以类似于网格的方式工作的单一机器。
  - 高性能计算（HPC），用于专业应用程序和定制应用程序开发。
- Hadoop 是一个设计用于从事大数据工作的开源平台。
  - 它可以在没有共享内存或磁盘的机器上工作。
  - 它将数据和计算任务分发给服务器。
  - 它处理大量的数据。
  - 它处理具有结构化和非结构化部分的数据。
- 云是一个集群或网格，把计算资源租给用户。
  - 云使中小企业的大数据分析变得更为容易。
  - 它是可伸缩的，这样用户可以根据自己的需要购买计算资源。
  - 云的类型——公共云、私有云和混合云。
  - 它将基础设施、平台、软件和数据作为服务提供。
  - 云提供商提供了专为大数据设计的资源。
  - 云的问题是数据安全、合规性、性能、成本以及法律方面的考虑。
- 内存计算（IMC）使用主存储器（RAM）中的数据。
  - 它使更快速的分析和实时分析成为可能。
- 大数据的非结构化部分存储在 NoSQL 数据库中。
  - 可以利用关键字进行检索。

第 4 讲

了解 Hadoop 生态系统

模块目标

学完本模块的内容，读者将能够：

- ⏭ 解释 Hadoop 生态系统各个组件的角色

本讲目标

学完本讲的内容，读者将能够：

⏭	列出 Hadoop 生态系统的各个组件
⏭	讨论在 Hadoop 分布式文件系统（HDFS）中存储文件的流程
⏭	解释 Hadoop MapReduce 的角色
⏭	解释利用 HBase 存储数据的流程
⏭	解释 Hive 是如何协助大数据挖掘的
⏭	解释 Hadoop 生态系统各个组件的角色，例如 ZooKeeper、Sqoop、Oozie 和 Flume

"在每一个精心编写的大程序里面，都有一个精心编写的小程序。"

——Charles Antony Richard Hoare

你有没有想过，Facebook 是如何为你找到和推荐这么多朋友的？这不是一个巧合，而是通过精心设计实现的。他们是怎么做到的呢？让我们了解一些完成这项工作的核心概念，以及用作此类解决方案的大数据技术。

当你需要处理大数据源（如拥有数十亿个人际关系的 Facebook）时，传统的方法难堪重任。大数据的数据量、速度和多样性令大多数的技术无能为力。必须创建新技术来解决这一新挑战——**Hadoop** 就是其中之一。

正如前几讲中提到的那样，**雅虎**和**谷歌**等搜索引擎创新者需要找到一种方法，使搜索引擎收集到的大量数据变得有意义，并可以为它们的业务所用。换句话说，这些公司需要了解它们收集了什么信息，以及它们如何将这些数据变现。开发 Hadoop 是因为它代表了使公司能轻松地管理和处理大数据的最实用的方式。

Hadoop 经常被比作一个**生态系统**，因为就像生态系统为所有生物提供了一个完美的环境，让它们在其中互动那样，Hadoop 也有开发和部署大数据解决方案所需的各种工具和技术。此外，Hadoop 最大限度地利用了可用资源，减少了浪费。本讲将详细描述 Hadoop 生态系统。

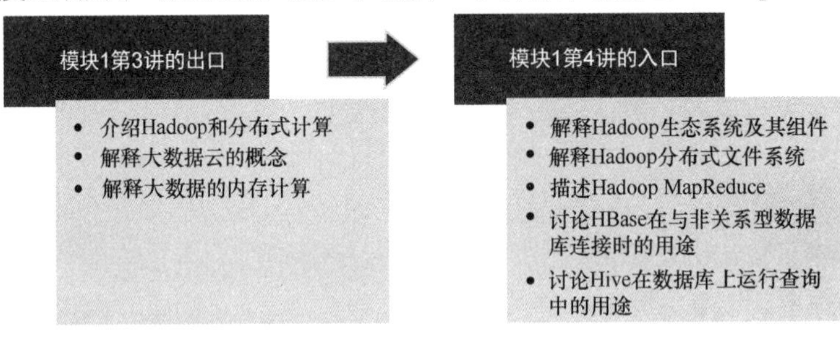

4.1 Hadoop 生态系统

预备知识 了解 Hadoop 大数据存储和管理流行的原因。

不使用充满了技术和服务的工具箱，赤手空拳地面对大数据的挑战，正如用勺子去把海洋舀空。作为 Hadoop 生态系统的核心组件，**Hadoop MapReduce** 和 **Hadoop 分布式文件系统**（HDFS）不断改善，提供了极好的起点；然而，仅有这两个工具是不足以管理大数据的。因此，Hadoop 生态系统提供了**一系列**专为大数据解决方案的开发、部署和支持而创建的**工具和技术**。

MapReduce 和 HDFS 提供了支持大数据解决方案核心需求所需的基本结构和服务。生态系统的其余部分提供了为现实世界建立和管理以目标为导向的大数据应用程序所需的组件。缺少了该生态系统，开发人员、数据库管理人员、系统和网络管理员以及其他人员需要确定构建和部署大数据解决方案所需的独立的技术集合，并达成一致。在企业想要采用新兴技术趋势的情况下，这往往是昂贵而且费时的。

这就是 Hadoop 生态系统对于大数据的成功如此重要的原因；它是当今针对大数据挑战的最全面的工具和技术集合。该生态系统有利于为大数据的广泛采用创造新的机会。

图 1-4-1 显示了 Hadoop 生态系统中包含的一些工具和技术。

下面是Hadoop生态系统中的一些工具和技术：

- HDFS；
- MapReduce；
- YARN；
- HBase；
- Hive；
- Pig；
- Sqoop；
- Zookeeper；
- Flume；
- Oozie。

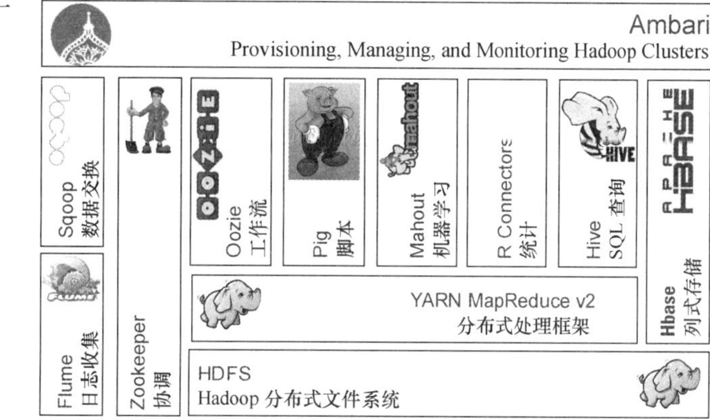

图 1-4-1 Hadoop 生态系统

下面是对 Hadoop 生态系统里的工具和技术的分析。

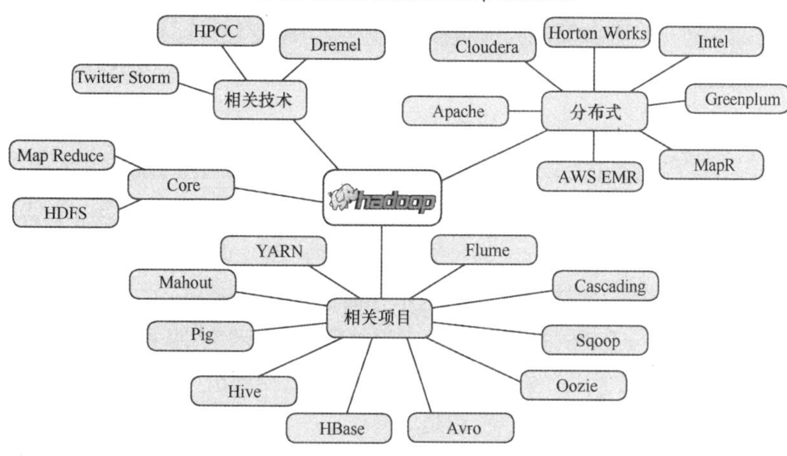

4.2 用 HDFS 存储数据

HDFS 是一种实用、稳定的集群化文件存储和管理方法。HDFS 不是文件的最终目的地，而是一个数据服务，它提供了一组处理大量高速数据的独特功能。和其他不断读写的文件系统不同，HDFS 仅写一次数据，然后多次读取。

技术材料

扇区是硬盘上可访问的最小单元，簇是用于组织和标识磁盘上文件的大一点儿的单元。

在 HDFS 中，每个文件仅能写一次，也就是说，只在文件创建的时候写入。这就避免了将存储在一个集群机器上的数据复制到其他机器上可能导致的一致性问题。HDFS 通过一次性写入数据，确保数据可以从任何复制到不同机器上的缓存文件副本中读出，而不需要验证该内容是否已被修改过。

这种做法使得 HDFS 成为支持大文件的极好选择。

HDFS 是有弹性的，所以这些数据块在集群中复制，以防服务器失效。HDFS 是如何跟踪所有的这些块的呢？简单地说，是用**文件系统元数据**。

元数据被定义为“关于数据的数据”。

可以将 HDFS 元数据视为提供了下列信息的具体描述的模板：

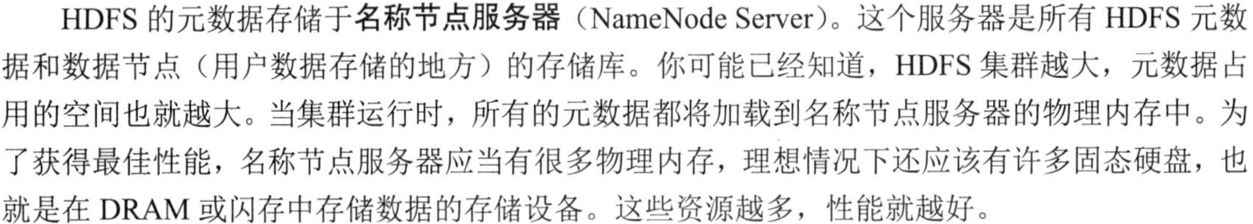

- 文件何时被创建、访问、修改、删除等？
- 文件块存储在集群的什么地方？
- 谁有权查看或修改文件？
- 集群中存储了多少文件？
- 集群中存在多少个数据节点？
- 集群中的事务日志位于何处？

HDFS 的元数据存储于**名称节点服务器**（NameNode Server）。这个服务器是所有 HDFS 元数据和数据节点（用户数据存储的地方）的存储库。你可能已经知道，HDFS 集群越大，元数据占用的空间也就越大。当集群运行时，所有的元数据都将加载到名称节点服务器的物理内存中。为了获得最佳性能，名称节点服务器应当有很多物理内存，理想情况下还应该有许多固态硬盘，也就是在 DRAM 或闪存中存储数据的存储设备。这些资源越多，性能就越好。

4.2.1 HDFS 架构

大数据带来了大的挑战。HDFS 通过将文件分解成一组更小的块，解决了这些难题。这些数据块分布在 HDFS 集群的数据节点上，通过名称节点来管理。块的大小是可配置的，通常是 128 MB 或者 256 MB，这意味着 1 GB 的文件的基本存储需求要消耗 8 个 128 MB 块。

HDFS 遵循主从架构，HDFS 集群包含单一的“**名称节点**”主服务器，和多个运行在 HDFS 集群上的“**数据节点**”。当整个集群位于数据中心的同一个物理机架上时，提供的性能水平最高。集群同时也包含了多个商品化服务器，它们是通常用于小型组织机构的专用服务器，为大规模计算或者文件访问服务。

HDFS 集群维护文件系统命名空间，并控制来自客户的文件访问。名称节点跟踪数据节点中数据的物理存储位置。在 HDFS 中，一个文件被划分成一个或多个块后存储于数据节点中。名称节点主服务器执行打开、重命名以及关闭文件和目录等操作，并将不同的文件块映射到数据节点中。除了在接收到名称节点的指令时创建、删除和复制块之外，数据节点还执行文件读写操作。

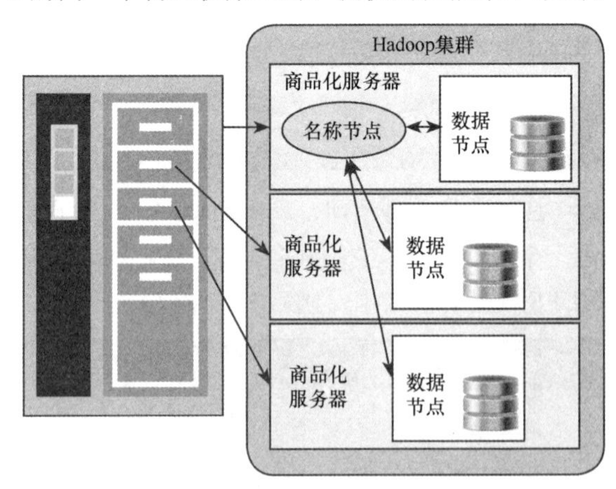

图 1-4-2　HDFS 的基本架构

图 1-4-2 描绘了 HDFS 的基本架构。

下面的例子可以帮助你理解上述概念的工作原理。

例　子

考虑一个用于存储生活在美国的联系人号码的文件。由于文件中包含的信息量巨大，因此，它被存储于 HDFS 集群中。姓氏以字母 A 开头的联系人的电话号码存储于服务器 1 上，B 开头的存储于服务器 2 上，以此类推。为了重构原始的电话号码簿，程序将从每个服务器收集文件块。

在一个或几个组件失去响应的情况下，为了实现数据可用性，HDFS 默认将文件块复制到两台服务器上。数据冗余提供了信息的高可用性。也可以根据每个文件的基本需求，增加或降低冗余度级别。

下面我们来详细讨论两个重要的 HDFS 组件。

名称节点

HDFS 通过将大文件分割成更小的被称作**块**的部分来进行工作。在 HDFS 集群中，当所有的数据节点被集中到一个机架中时，名称节点使用“机架 ID”来跟踪集群中的数据节点。

跟踪位于各种数据节点上、能组合成一个完整文件的数据块，是名称节点的职责。如果把块类比为汽车，那么数据节点就是停车场，而名称节点就是代客停车的司机。名称节点还扮演了“交通警察”的角色，管理所有的文件操作，如读、写、创建、删除和复制数据节点上的数据锁。正如停车员管理所有客人的车那样，**管理文件系统命名空间**就是名称节点的工作了。

文件系统命名空间是集群中的文件集合。

名称节点和数据节点之间有着密切的关系，但它们是“松耦合”的。集群元素可以动态地根据需求的增长（或减少）增加（或减少）服务器。在典型的配置中，我们有一个名称节点和一个可能的数据节点，它们运行在机架中的一个物理服务器上。其他服务器只运行数据节点。

数据节点不断地与名称节点交互，查看是否有需要数据节点做的事情。这种连续行为可以向名称节点发出关于数据节点可用性的警报。此外，数据节点自身也相互通信，使得它们可以在正常的文件系统操作时进行配合。这是必要的，因为一个文件的数据块很有可能存储于多个数据节点中。名称节点对于集群的正确操作十分重要，所以名称节点的数据应该复制以防止单点故障。

数据节点

数据节点提供“**心跳**”消息，以检测和确保名称节点和数据节点之间的连通性。当心跳不再存在时，名称节点从集群中取消该数据节点，就像没事发生过那样继续运行，如图 1-4-3 所示。

当心跳消息恢复或者新的心跳消息出现时，它会被添加到集群中。

数据安全性

与所有文件系统一样，保持数据安全是一个关键的特性。HDFS 支持许多为提供**数据完整性**而设计的功能。正如你期望的那样，当文件被分割成块，然后分布在集群中不同服务器上时，操作中的任何变化都可能会产生错误的数据。HDFS 采用下面的特性，以确保集群中不会出现错误数据。

- **事务日志**：事务日志是文件系统和数据库设计中非常普遍的做法。它们跟踪每一个操作，在出现任何错误时，都可以有效地审核或重建文件系统。

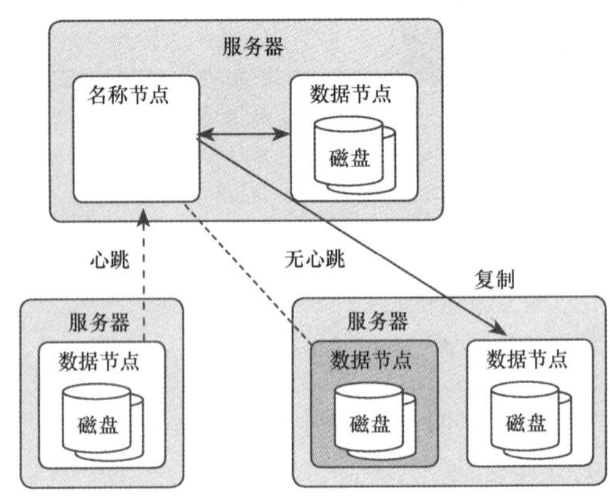

图 1-4-3 HDFS 心跳消息图解

- **校验和（Checksum）验证**：校验和用于验证 HDFS 中的文件内容。验证以如下方式进行。

  （1）当客户端请求一个文件时，可以通过检查其校验和进行验证。

  （2）如果发送消息的校验和与接收消息的校验和匹配，那么文件操作可以继续进行。如果不匹配，则报告错误。校验和是一种错误检测技术，基于二进制数，为每一个传输的消息分配一个数值。

  （3）随后消息接收者验证校验和，以确保该数字值与消息发送端发送的相同。

  在有任何不同的情况下，接收者可以认为收到的消息在传输过程中被篡改了。

  校验和文件是隐藏的，这样有助于避免篡改。

- **数据块**：数据块会被复制到多个数据节点上，所以一个服务器的失效，可能不一定会损坏文件。当实施集群时，复制的程度、数据节点的数量以及 HDFS 命名空间就被确定了。因为 HDFS 是动态的，所有的参数都可以在集群运行过程中调整。

把数据块看作**块服务器**是合理的，因为这是它们的主要功能。块服务器是指在文件系统和块元数据中存储数据的服务器。

块服务器执行以下功能。

- 在服务器本地文件系统存储（和检索）数据块。HDFS 可用于许多不同的操作系统，并且在所有的系统上（例如，Windows、Mac OS 或 Linux）都有类似的表现。
- 根据名称节点中的元数据模板，在本地文件系统上存储块的元数据。
- 执行文件校验和的周期性验证。
- 给名称节点发送关于哪些块可用于文件操作的定期报告。
- 为客户按需提供元数据和数据。HDFS 支持从客户应用程序到数据节点的直接访问。
- 在“管道”模型的基础上，将数据转发到其他数据节点。

定　义

管道是多个数据节点之间的连接，用于支持跨服务器的数据移动。

在数据节点上，块的放置对数据复制和对数据管道的支持至关重要。在 HDFS 中，文件块以下面的方式来维护：

（1）HDFS 保留每个块的本地副本。

（2）然后在不同机架上放置第二个副本，以防止整个机架失效。

（3）发送第三个副本给同一个远程机架，但是发送给机架上的不同的服务器。

（4）最后，发送额外的副本到本地或远程集群的随机位置。

4.2.2　HDFS 的一些特殊功能

HDFS 的两个关键特性是**数据复制**和**弹性**。幸运的是，客户端应用程序不需要跟踪所有块的位置。事实上，客户被导向最近的副本，以确保最高的性能。

此外，HDFS 支持创建**数据管道**的能力。客户端应用程序将一个块写到管道中的第一个数据节点。该数据节点接管数据，并将其发送到管道中的下一个节点；这一直持续到所有的数据以及它们的备份数据都被写入磁盘。此时，客户端在文件中写入下一个块，重复这一过程。**这是 Hadoop MapReduce 的重要特性**。

了解了这些文件、块和服务器，你可能想知道这一切是如何保持平衡的。如果不加干预，一个数据节点可能过载，而另一个可能是空的。

HDFS 有一个**再平衡**（Rebalancer）服务，它的设计目的就是解决这些可能出现的问题。其目标是，根据每组本地磁盘的空间占用率平衡数据节点。再平衡在集群活动且可以节流以避免网络流量拥塞时运行。毕竟，HDFS 首先需要管理文件和块，其次才关心集群需要的平衡程度。

再平衡是有效的，但它没有多少内置的智能。例如，你不能创建访问或加载模式，不能为那些条件进行再平衡优化。或许这些特性会在未来的 HDFS 版本中提供。

知识检测点 1

1. HDFS 中数据节点和名称节点的功能是什么？
2. 块服务器的确切功能是什么？

4.3　利用 Hadoop MapReduce 处理数据

我们将使用 Hadoop 来解决业务问题，因此我们有必要了解它的工作方式。

Hadoop MapReduce 由 Apache Hadoop 项目开发和维护的算法实现。我们可以将 MapReduce 比作一个引擎，因为这就是它工作的方式。你提供输入（燃油），引擎快速有效地将输入转化成输出（驱动车轮），得到你需要的答案（向前移动）。

MapReduce 是一种**并行编程框架**，用于处理存储在不同系统中的大量数据。MapReduce 简化了并行数据处理，并因其流行的 Hadoop 实现而广为人知。

Hadoop Reduce 包括了几个阶段，每个阶段都有一组重要操作，帮助你从大数据中获取需要的答案。这个流程从用户请求运行 MapReduce 程序开始，到结果被写回 HDFS 结束。

如前所述，当今的组织需要快速分析它们所产生的大量数据，以做出更好的决策。MapReduce 是一种可以帮助商业组织处理非结构化和半结构化数据源的工具，而传统工具是难以分析这些来源的。

总体情况

需要注意的是，MapReduce 既不是一个数据库，也不是数据库的直接竞争对手。它与现有技术是互补的，使得用户能够执行许多在关系型数据库中也能完成的任务。

MapReduce 提供了一个额外的好处：可以识别适用于给定情况的环境。你需要关注的是 MapReduce 在实践中最能发挥作用的方面，而不是理论上的能力，这样才能最大限度地利用 MapReduce 获益。

4.3.1 MapReduce 是如何工作的

除数据库中的关系型数据之外，大部分企业还要处理多种数据类型，包括文本、机器生成数据（如传感器数据、图像）等。组织机构需要快速有效地处理数据，以获取有意义的见解。利用 MapReduce，可以对存储于文件系统中的数据进行计算处理。没有必要先将它加载到数据库中。

MapReduce 包含由程序员构建的两个主要过程：**映射**（map）和**归约**（reduce）。这就是它名字的由来！这些程序在一组工作节点上并行运行。

MapReduce 遵循**主进程/工作者进程**（master/worker）方法，其中主进程负责控制整个活动，如识别数据，并将数据划分给不同的工作者进程。

MapReduce 以如下方式工作。

- MapReduce 的工作者进程处理主进程中收到的数据，并将结果重新发送给主进程。
- 每个 MapReduce 的工作者进程对自己部分的数据应用相同的代码；然而，工作者进程间没有交互，甚至一点都不了解对方。
- 然后，主进程把从不同工作者进程那里收到的结果整合起来，进行最后的数据处理，以获取最终结果。

如果有稳定的网络日志流进入，它们可能以大数据块的形式分发到不同的工作者节点。**轮询程序**是一种简单的方法，条目被反复地依次传递到节点。某种散列排序也很常见。在这种情况下，MapReduce 按照一定的公式将记录传递给工作者进程，以便把类似的记录发送到同一个工作者进程；例如，在客户的 ID 列上进行散列，就能将给定客户的所有记录发送给同一个工作者进程。如果计划按客户 ID 分析，那么这就至关重要了。

总体情况

MapReduce 环境的重要特质之一是其处理非结构化文本的特殊能力。在关系型数据库中，一切东西都已存在于表、行和列中，数据已经有了定义明确的关系。但对于原始数据流来说，事实并不总是如此。加载大块文本到数据库的“blob”字段中是可能的，但它不是数据库的最佳使用方式，也不是处理此类数据的最佳方法。

4.3.2 MapReduce 的优点和缺点

MapReduce 可以运行在商品化硬件上，因此，启动和运行的成本可能相当低，扩展也很经济。扩展性能很容易，因为所需要做的就是购买更多的服务器，并将它们连接到平台上。

MapReduce 的独特之处

- MapReduce 可以比关系型数据库更好地处理某些问题。例如解析文本、处理来自网络日志的大量信息和读取巨大的原始数据源。当所需数据很少时，不必浪费时间和空间去把一堆原始数据加载到企业数据仓库中。MapReduce 非常适合这种场合。在将数据加载到数据库之前，它将裁剪掉多余的数据。

- 在许多场合，MapReduce 被用作提取、加载和转换（ETL）工具。ETL 工具读取一组数据源，执行一组格式化或重组步骤，然后把结果加载到目标数据源中。为了支持分析，MapReduce 从运营系统中取得数据，将其加载到关系型数据库中，以便访问数据。同样，MapReduce 经常被用以处理大数据源，以有意义的方式进行总结，并将结果传递给分析过程或者是数据库。

MapReduce 的挑战

- MapReduce 不是一个数据库，所以缺乏安全、索引、查询或流程优化器、其他作业执行方面的历史视角，以及任何其他现有数据的知识。
- MapReduce 有精确定义每个进程所创建数据类型的责任。包括数据结构，一切都或多或少地需要自定义编码。
- MapReduce 将每个作业视为一个实体。它不知道其他可能同时进行的处理。
- MapReduce 是一个相对较新的概念。没有多少人知道该如何配置、编码或者很好地使用它。

随着时间的推移，MapReduce 将发展成熟，越来越多的人会了解其不断变化的优点和缺点。

交叉参考　第 5 讲会详细讨论 MapReduce。

总体情况

博客的容量巨大，并且包含了许多不相关的数据。MapReduce 可以用于“大海捞针”，寻找少数有价值的内容。想象一项 MapReduce 处理工作，它实时审阅日志以确定需要立即采取的行动；例如，找到所有查看产品却没有购买的顾客。MapReduce 进程可以识别那些需要后续电子邮件联系的顾客列表，并且立即向某个进程发送此信息以生成电子邮件。要完成这项工作，无须先将原始数据加载到关系数据库并运行查询，而是直接将任务的结果加载到数据库中。这样，在捕捉数据的同时也捕获了客户的历史记录，可以跨时间和跨业务单元执行更多的战略分析。在这个例子里，识别出的用户列表被加载到数据库中，以记录曾向其发送电子邮件的事实。这就能够同时跟踪和监控电子邮件历史，就像每次电子邮件营销活动中所做的那样。

4.3.3　利用 Hadoop YARN 管理资源和应用

作业调度与跟踪是 Hadoop MapReduce 的必要组成部分。Hadoop 的早期版本支持基本的作业和任务跟踪系统，但随着 Hadoop 所支持工作组合的改变，旧的调度程序已无法满足要求。特别是，旧调度程序无法管理非 MapReduce 作业，不能优化集群利用率。因此，研发人员设计了新功能来解决这些缺点，并提供更多的灵活性、效率和性能。

YARN（**Yet Another Resource Negotiator**，另一种资源协调程序）是 Hadoop 的核心服务，

它提供了两个主要的服务：

- 全局资源的管理；
- 每个应用程序的管理。

资源管理器（ResourceManager）是主服务，用于控制 Hadoop 集群中每个节点上的节点管理器。**调度器**（Scheduler）包含在资源管理器中，它的唯一任务就是把系统资源分配给运行中的特定应用程序（任务），但它不监控或跟踪应用程序的状态。

所需的所有系统信息存储于**资源容器**中。它包含了详细的 CPU、磁盘、网络和在节点及集群上运行应用程序所必需的其他重要资源属性。每个节点都有一个**节点管理器**（NodeManager），保存在集群的全局资源管理器中。节点管理器监视应用程序 CPU、磁盘、网络和内存的使用率，并将其报告给资源管理器。对于每一个运行在节点上的应用程序，都有一个对应的**应用程序主机**（ApplicationMaster）。如果需要更多的资源来支持运行中的应用程序，该应用程序主机会通知节点管理器，由节点管理器代表应用程序与资源管理器（调度器）协商额外的资源。节点管理器还负责在它的节点中跟踪作业状态和进程。

4.4 利用 HBase 存储数据

HBase 是 Apache 软件基金会的一个项目，按照 Apache 软件许可证 v2.0 发表。

HBase 是一个分布式的非关系型（列式）数据库，采用 HDFS 作为其持久化存储。它仿照**谷歌的 BigTable**（存储非关系型数据的一种有效形式）进行了修改，可以容纳非常大的表（有数十亿列/行），因为它是在 Hadoop 的商品化硬件（也叫**商品化服务器**）集群上的一个层次。HBase 提供了大数据的随机、实时读/写访问。它是高度可配置的，具有很高的灵活性，能高效地处理大量数据。HBase 可以在多个方面帮助你面对大数据的挑战。

技术材料

列式数据库是指以列形式（而不是行形式）存储数据的数据库管理系统。HBase 使用 Hadoop 文件系统和 MapReduce 引擎满足其核心数据存储需求。

由于 HBase 是一个列式数据库，所有的数据都以行和列形式存储在表中，这与关系型数据库管理系统相似。行和列的交叉点称为**单元格**。

HBase 表和关系型数据库表的重要区别之一是**版本控制**。每一个单元格的值包含了一个“版本”属性，这不过是一个唯一识别单元格的时间戳。版本控制跟踪单元格中的变化，使得在必要时检索任何版本的内容成为可能。

HBase 的实现为数据处理提供了多种有用的特性。它是可扩展、稀疏、分布式、持久化的，并支持多维映射。HBase 利用行和列的键值对和时间戳，对映射进行索引。连续的字节数组用于表示映射中的每一个值。当你的大数据实施需要随机、实时的读/写数据访问时，HBase 是一个很好的解决方案。它经常被用来为后续分析处理存储结果。

HBase 的特性

HBase 的重要特性包括了以下几个。

- **一致性**：虽然 HBase 不是**原子性、一致性、隔离性、持久性**（ACID）的实现，但提供了强一致性的读写操作。这意味着只要你不需要 RDBMS 支持的“额外特性”（如完整的事务支持或者有类型列），就可以将它用于高速的需求。
- **分片**：HBase 提供透明的、自动化分割以及内容的再分布，因为数据是由所支持的文件系统分布的。
- **高可用性**：通过区域服务器的实施，HBase 支持局域网和广域网的故障转移和恢复。其核心是一个主服务器，负责检测区域服务器和集群的所有元数据。
- **客户端 API**：通过 Java API，HBase 提供了编程访问。
- **IT 运营支持**：为了增进运营洞察力，HBase 提供了一套内置的网页。HBase 的实现最适合于：
  - 大容量、增量型数据采集和处理。
  - 实时信息交换（如消息等）。
  - 经常变化的内容服务。

技术材料

ACID 属性解释如下。

- **原子性**（atomicity）：确保数据库操作中的所有事务要么全部发生，要么全部不发生。
- **一致性**（consistency）：确保数据库中的修改遵循已定义的规则和约束。
- **隔离性**（isolation）：确保数据库操作中的并发事务是以隔离的方式执行的。
- **持久性**（durability）：确保完成数据库操作后，对数据库的变更得以体现并留存。

4.5　使用 Hive 查询大型数据库

Hive 是一个建立在 Hadoop 核心元素（HDFS 和 MapReduce）上的批处理数据仓库层。它为了解 SQL 的用户提供了一个简单的类 SQL 实现，称为 **HiveQL**，而且不牺牲通过 mapper 和 reducer 进行的访问。利用 Hive，你可以两者兼得：对结构化数据进行类 SQL 访问，以及利用 MapReduce 进行复杂的大数据分析。

与大多数数据仓库不同，Hive 不是设计用于快速响应查询的。事实上，查询可能需要几分钟甚至几小时，这取决于它的复杂性。因此，最好将 Hive 用于数据挖掘和不需要实时行为的深层次分析。因为它依赖于 Hadoop 的基础，所以非常具有扩展性、可伸缩性和弹性——这是普通数据仓库所不具备的特性。

Hive 使用以下 3 种数据组织的机制。

- **表**：Hive 表与 RDBMS 表是一样的，都由行和列组成。因为 Hive 是基于 Hadoop HDFS 层之上的，表被映射到文件系统的目录中。此外，Hive 支持在其他原生文件系统中存储的表。

- **分区**：一个 Hive 表可以支持一个或多个分区。这些分区映射到底层文件系统的子目录中，代表了整个表的数据分布；例如，如果表名叫作 **autos**（汽车），有一个键值 **12345** 和一个制造商值 Icon，分区的路径就会是/hivewh/autos/kv=12345/Icon。
- **桶**：把表中的数据划分成桶（bucket）。桶在底层文件系统的分区目录中存储为文件。桶基于表列的哈希值。在前面的例子中，你可能有一个被称为 **Focus** 的桶，包含了所有福特福克斯汽车的属性。

Hive 的元数据存储在外部的**元数据库**中。元数据库是一个包含了 Hive 模式详细描述的关系型数据库，包括列类型、所有者、键和值的数据、表统计信息等。元数据库能够将目录数据和 Hadoop 生态系统中其他元数据服务进行同步。

如前所述，Hive 支持一种叫作 HiveQL 的类 SQL 语言。通过在单个 HiveQL 语句中共享输入数据，它还支持多重查询和插入。Hive 可扩展支持用户自定义的聚合、列变换以及嵌入式 MapReduce 脚本。

知识检测点 2

选出下列哪个 Hadoop 组件提供了对结构化数据的类 SQL 访问，并利用 MapReduce 进行复杂的大数据分析。

a. Hive　　b. HDFS　　c. HBase　　d. MapReduce

4.6 与 Hadoop 生态系统的交互

Hadoop 的强大功能和灵活性对于软件开发人员是显而易见的，这主要是因为 Hadoop 生态系统是“开发人员为开发人员而构建的”；然而，并不是每个人都是软件开发者。

编写程序或使用专业查询语言不是与 Hadoop 生态系统交互的唯一途径。重要的是，软件开发人员之外的其他人（如 IT 基础设施团队）也使用 Hadoop。已经引入的各种工具和技术使得非软件开发人员团队也能访问 Hadoop 生态系统。Pig 和 Pig Latin、Sqoop、Zookeeper、Flume 和 Oozie 是这些工具和技术中的一部分。

4.6.1 Pig 和 Pig Latin

Pig 是为了让非开发人员更好地接近和使用 Hadoop 而设计的。Pig 是一个**交互式（基于脚本）的执行环境**，支持 **Pig Latin**——一种用来表达数据流的语言。Pig Latin 语言支持输入数据的加载和处理，通过一系列的操作，转换输入的数据并产生期望的输出。

Pig 的执行环境有以下两种模式。

- **本地**：所有的脚本都在单一的机器上运行。不需要 Hadoop MapReduce 和 HDFS。
- **Hadoop**：又称为 MapReduce 模式，所有的脚本运行在一个给定的 Hadoop 集群上。

Pig 会在后台建立一组映射和归约作业。用户无须关注代码的编写、编译、打包和提交到 RDBMS。Pig Latin 语言提供一种抽象的方式，将焦点放在数据上（而不是关注自定义的软件程序结构），从大数据中获取答案。Pig 还使原型制作变得非常简单；例如，你可以在大数据环境的一个小型表示上运行一个 Pig 脚本，以确保在将所有数据提交处理之前收到预期的结果。

Pig 程序可以以 3 种不同的方式运行，它们都与本地和 Hadoop 模式兼容。

- **脚本**：就是一个包含 Pig Latin 命令的文件，通过.pig 后缀（如 file.pig 或 myscript.pig）来识别。这些命令由 Pig 解释并顺序执行。
- **Grunt**：一种命令解释程序。可以在 Grunt 命令行上输入 Pig Latin，Grunt 将代表你执行该命令。这对于原型制作和因果分析来说是非常有用的。
- **嵌入式**：Pig 程序可以作为 Java 程序的一部分来执行。Pig Latin 有很丰富的语法。它支持操作者进行以下操作：
    - 数据加载和存储；
    - 数据流化；
    - 数据过滤；
    - 数据分组和连接；
    - 数据排序；
    - 数据合并和分离。

Pig Latin 还支持各种类型、表达式、函数、诊断操作、宏以及文件系统命令。如果想要获得更多的例子，可访问 Apache.org 中的 Pig 网站。这是一个丰富的资源网站，可以为你提供所有的细节。

4.6.2 Sqoop

许多企业将信息存储在关系型数据库管理系统和其他数据存储中。所以它们需要一种在这些数据存储和 Hadoop 之间移动数据的手段。虽然有时候必须实时移动数据，但在大多数情况下，需要整批地加载和卸载数据。

Sqoop（SQL-to-Hadoop）工具提供了**从非 Hadoop 数据存储中提取和转换数据**，使之成为 Hadoop 可用的形式，然后将**数据加载**到 HDFS 的能力。这个过程叫作 ETL。将数据送入 Hadoop 对于使用 MapReduce 处理是至关重要的，而从 Hadoop 抓取数据进入外部数据源供其他种类的应用程序使用也同样关键。Sqoop 可以完成这些工作。和 Pig 类似，Sqoop 是一个**命令行解释程序**。你可以在命令解释程序中输入 Sqoop 命令，由其逐条执行。Sqoop 中有以下 4 种关键功能。

- **批量导入**：Sqoop 可以将单个表或者整个数据库导入 HDFS。数据存储在本地目录中，文件存储在 HDFS 中。
- **直接输入**：Sqoop 可以将 SQL（关系型）数据库直接导入和映射到 Hive 和 HBase 中。
- **数据交互**：Sqoop 可以生成 Java 类，使你可以用编程的方式与数据进行交互。
- **数据导出**：在目标数据库特性的基础上，使用目标表的定义，Sqoop 可以从 HDFS 中直接导出数据到关系型数据库中。

Sqoop 的工作是通过查看想要导入的数据库，并为源数据选择恰当的导入功能进行的。在识别输入之后，它为表格（或数据库）读取元数据，并为你的输入需求创建类定义。你可以强制 Sqoop 进行非常有选择性的工作，这样可以在输入之前就获取你所寻找的列，而不是在完整的输入后再寻找数据，从而节省了相当多的时间。将数据从外部数据库导入至 HDFS，事实上是由 Sqoop 在后台所创建的 MapReduce 作业执行的。

Sqoop 是另一个适合非程序员的有效工具。另一个值得注意的重要方面是，它对 HDFS 和 MapReduce 等底层技术的依赖。

4.6.3 Zookeeper

在攻克大数据难题的方面，Hadoop 中最好的技术是其“分而治之”的能力。在问题被分解之后，问题的解决依赖于采用跨 Hadoop 集群的**分布式和并行处理技术**的能力。对于一些大数据问题，交互式工具无法提供做出业务决策所需的洞察力或时效性。在这种情况下，你需要创建分布式应用，以解决大数据问题。**Zookeeper** 是 Hadoop 协调这些分布式应用程序的**所有元素**的手段。

下面的例子将有助于理解 Zookeeper。建立一个大规模分布式系统要求不同的服务能够发现对方；例如，一个 Web 服务可能需要找到处理查询的缓存服务。此外，并不强制每一个服务都有一个固定的主 IP 地址。在这种情况下，你可以在 50 个节点上启动同一个服务，其中任何一个都可能被选为首先启动的主机。为了实现这样的通信，这些服务必须相互通信。一个服务的所有节点如何相互通信，并找到另一个服务的主机 IP 地址？单一服务的所有节点如何达成关于选举主机的共识？

Zookeeper 是管理上述问题并在一个中央位置存储少量信息的服务。它充当协调器，并提供对该信息的访问。Zookeeper 还提供了高可用性。

作为一种技术来说，Zookeeper 很简单，但使用了强大的特性。可以说，如果没有它，即便能够建立弹性、容错的分布式 Hadoop 应用程序，过程也将十分困难。下面是 Zookeeper 的一些功能。

- **进程同步**：Zookeeper 协调集群中多个节点的启动和停止。这确保所有的处理按预定的顺序发生。只有在整个进程组完成之后，才能进行后续处理。
- **配置管理**：Zookeeper 可以用来发送配置属性到集群中任何一个或所有节点。当处理依赖于在所有节点上可用的特定资源时，Zookeeper 确保了配置的一致性。
- **自我选举**：Zookeeper 了解集群的构造，可以将一个“领导”的角色分配给其中一个节点。这个领导/主节点代表集群处理所有的客户请求。如果领导节点失效，会从剩余节点中选举另一个领导。
- **可靠的消息传输**：尽管 Zookeeper 中的工作负载是松耦合的，你仍然需要在集群节点之中实现特定于分布式应用的通信。
- **队列/顺序一致性**：Zookeeper 提供了一个发布/订阅功能，允许创建队列。即使在节点失效的情况下，该队列也能保证消息的传递。

因为 Zookeeper 管理服务于单一分布式应用程序的节点组，所以最好跨机架实施。这与集群自身（机架内）的需求是完全不同的，原因很简单：Zookeeper 必须在集群以上的级别执行、实现弹性和容错。记住，Hadoop 集群已经具有容错性了。Zookeeper 只需要关心自身的容错性。

4.6.4 Flume

Apache Flume 是一个分布式系统，用于将不同来源上存储的**大量数据传输**到一个单一的集中式数据库。Flume 是可靠的系统，能够高效地收集、组织和移动数据。

Flume 可以用来传输各种数据，包括网络流量、通过社交网络产生的数据、商业交易数据和电子邮件等。

现有的数据嵌套工具值得考虑，而不是编写一个应用程序来将数据移动至 HDFS，因为它们涵盖了许多共同的需求。Apache Flume 是一个用于将大量数据流移动到 HDFS 的流行系统。非常常见的用例之一是，从一个系统（例如，一堆 Web 服务器）收集日志数据，将其聚集到 HDFS 中供今后分析。

4.6.5 Oozie

Oozie 是 Apache Hadoop 用来管理和处理已提交作业的开源服务。Oozie 基于**工作流/协调**，也支持**可扩展性**和**可伸缩性**。它是一个数据仓库服务，组织运行在 Hadoop 上的作业之间的依赖性，包括不同平台的 HDFS、Pig 和 MapReduce。

Apache Oozie 包括以下两个重要的组件。

- **工作流引擎**：工作流引擎可以存储和运行不同类型的 Hadoop 作业（包括 MapReduce、Pig 和 Hive）组成的工作流。
- **协调器引擎**：协调器引擎根据预定义日程和数据可用性运行工作流作业。

Oozie 的设计具有可伸缩性，可以在 Hadoop 集群中管理大量的工作流。Oozie 使得失败工作流的重新运行更易处理，因为不需要浪费时间运行工作流已完成的部分。Oozie 以集群中服务的形式运行，客户端提交工作流定义，可立即（或以后）运行。按照 Oozie 的说法，工作流是一个**动作节点**和**控制流节点**的有向无环图。

- **动作节点**执行工作流任务，如在 HDFS 中移动文件、运行 MapReduce、流化、Pig 或者 Hive 作业、执行 Sqoop 导入。
- **控制流节点**通过实现条件逻辑（依据早期动作节点的结果选择不同的执行分支）或并行执行等结构，管理操作之间的工作流执行。

当工作流完成时，Oozie 可以向客户端发起一个 HTTP 回调，通知工作流的状态。它也可能在每次工作流进入或退出动作节点时，收到回调。图 1-4-4 显示了 Oozie 的工作流。

工作流有 3 个控制节点和一个动作节点：一个开始（`start`）控制节点、一个**映射-归约**（map-reduce）**动作节点**、一个杀死（`kill`）控制节点和一个结束（end）控制节点。节点之间允许转换。

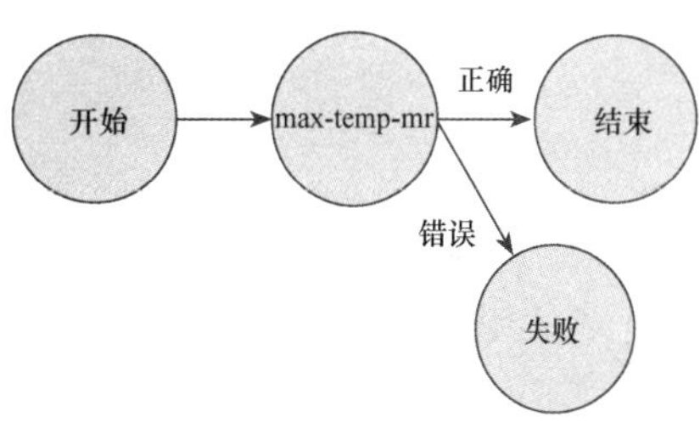

图 1-4-4 Oozie 工作流

总体情况

在不断变化的 Hadoop 生态系统和所支持的商业发行版中，新的工具和技术不断引入，现有的技术正在改善，还有一些技术由于更好的替代者出现而退役。这是开源技术最大的优势之一。

另一个优势是，商业公司采用开源技术。这些公司改进了产品，通过适度的成本提供支持和服务，使得它们更好地为每个人服务。这就是 Hadoop 生态系统进化的方式，也是它成为应对大数据挑战的出色选择的原因。

知识检测点 3

1. Sqoop 是如何工作的？
2. Zookeeper 有哪些能力？

练习

基于图的问题

下图给出了在 Hadoop 中使用 HBase 和 Hive 的订单处理周期。

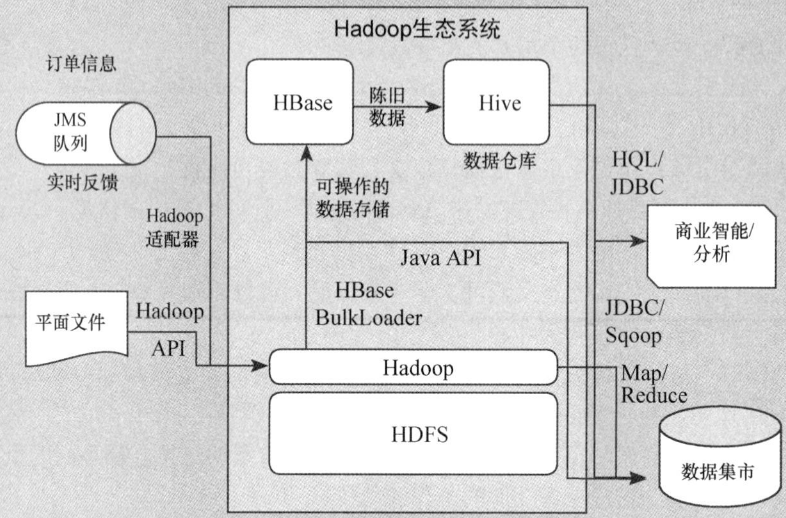

从上图中，确定必须运行哪些工具来过滤订单数据，并从中抽取出属于已交付订单的数据？

多项选择题

选择正确的答案。在下面给出的“标注你的答案”里将正确答案涂黑。

1. HDFS 通过将大文件分解成较小分片的方式进行工作。这些文件的较小分片被称为什么？
   a．块　　b．名称节点
   c．数据节点　　d．命名空间
2. 数据节点还提供什么消息来检测和保证名称节点和数据节点之间的连通性？
   a．管道　　b．分解　　c．心跳　　d．映射
3. 元数据被定义成什么？
   a．关于数据的数据　　b．模式框架
   c．链接分析　　d．文本挖掘
4. MapReduce 环境能专用于处理什么？
   a．非结构化文本　　b．结构化文本
   c．图像　　d．网络日志
5. “另一种资源协调者”（YARN）所提供的主要服务是什么？选择所有符合的答案。

a．全局资源管理　　b．记录阅读器

c．MapReduce 引擎　　d．按程序管理

6. Hive 用于数据组织的机制是以下哪个？选择所有符合的答案。

a．表　　b．分区

c．元数据　　d．桶

7. Pig 程序有哪些不同的运行方式？选择所有符合的答案。

a．脚本　　b．Grunt

c．嵌入式　　d．排序数据

8. Zookeeper 的功能是什么？选择所有符合的答案。

a．进程同步　　b．自我选举

c．数据交互　　d．数据导出

9. 数据分析师 Steve 需要一个 ETL 工具来读取源数据、格式化数据，并加载已提取和已格式化了的数据到目标数据源中。他应该使用下列哪种工具？

a．MapReduce　　b．HBase

c．Zookeeper　　d．Oozie

10. 为了分析数据，Jennifer 需要一个系统，从许多不同的来源收集、聚集和移动大量的日志数据到一个集中的数据存储中。你建议 Jennifer 使用下列哪个工具？

a．MapReduce　　b．Zookeeper

c．Oozie　　d．Flume

标注你的答案（把正确答案涂黑）

1. ⓐ ⓑ ⓒ ⓓ
2. ⓐ ⓑ ⓒ ⓓ
3. ⓐ ⓑ ⓒ ⓓ
4. ⓐ ⓑ ⓒ ⓓ
5. ⓐ ⓑ ⓒ ⓓ
6. ⓐ ⓑ ⓒ ⓓ
7. ⓐ ⓑ ⓒ ⓓ
8. ⓐ ⓑ ⓒ ⓓ
9. ⓐ ⓑ ⓒ ⓓ
10. ⓐ ⓑ ⓒ ⓓ

测试你的能力

1. 讨论 MapReduce 是如何工作的，并解释 MapReduce 的优势和劣势。
2. 区分 Oozie 与 Zookeeper，并讨论 Oozie 工作流。

备忘单

- ❍ Hadoop：Hadoop 的开发是因为它代表了使公司能轻松管理大量数据的最务实方式。
- ❍ Hadoop 分布式文件系统：一个可靠的、高带宽的、低成本的数据存储集群，便于跨机器的相关文件管理。
- ❍ MapReduce 引擎：MapReduce 算法的一个高性能并行/分布式数据处理实现。
- ❍ Hadoop MapReduce：Hadoop MapReduce 是由 Apache Hadoop 项目开发和维护的算法实现。
- ❍ 利用 Hadoop 生态系统，构建大数据基础设施。
- ❍ 利用 Hadoop YARN 管理资源和应用。
  - 全局资源的管理（Resource Manager）。
  - 每个应用程序的管理（Application Master）。
- ❍ 将 HBase 用于和非关系型数据库的连接。
  - 一致性：HBase 提供了强大的一致性读和写，并不基于最终的一致性模型。
  - 分片：HBase 提供了内容的透明、自动分割和重分布。
  - 高可用性：通过区域服务器的实施，HBase 支持局域网和广域网的故障转移和恢复。
  - 客户端 API：HBase 提供了通过 Java API 的可编程访问。
- ❍ 利用 Hive 查询大型数据库。
  - 表：Hive 构建在 Hadoop HDFS 层之上，表被映射到文件系统中的目录。
  - 分区：一个 Hive 表可以支持一个或多个分区。
  - 桶：数据可以划分成桶。在底层文件系统中，桶在分区目录中作为文件存储。
- ❍ 与 Hadoop 生态系统交互。
  - Pig 和 Pig Latin。
    - ♦ 脚本：就是一个含有 Pig Latin 命令的文件，该命令通过.pig 的后缀来识别。
    - ♦ Grunt：Grunt 是一个命令行解释器。
    - ♦ 嵌入式：Pig 程序可以作为 Java 程序的一部分来执行。
  - Sqoop。
  - ZooKeeper。
  - Flume。
  - Oozie。

第 5 讲 MapReduce 基础

模块目标

学完本模块的内容，读者将能够：

- 解释 MapReduce 的基础概念以及它在 Hadoop 生态系统中的使用

本讲目标

学完本讲的内容，读者将能够：

- 解释在 MapReduce 中，map 和 reduce 的角色
- 描述优化 MapReduce 任务的技术
- 讨论 MapReduce 的一些应用
- 讨论 HBase 和 Hive 在大数据处理中所扮演的角色

"数据太少，你将无法得出任何你确信的结论。随着数据的加载，你会发现虚假的关系……大数据与比特无关，而与人才相关。"

——Douglas Merrill

虽然大数据在过去一两年中才开始引起关注，但从计算机时代开始，大型计算问题就已经存在了。每当推出更新、更快、更高容量的计算机系统时，人们都发现对于这些系统来说，问题还是太大，令它们无法处理。随着局域网的出现，行业转而把网络上的系统计算和存储能力结合起来，以解决越来越大的问题。计算密集型和数据密集型应用的分布，是解决大数据挑战的核心。为了大规模实现可靠的分布，需要新的技术方法。MapReduce 是这类新方法之一。它是一个支持并行计算的软件框架。开发人员可以利用这个平台编写程序，该程序通过同时使用许多个分布式处理器，可以处理大量非结构化数据。

在第 4 讲中，介绍了 MapReduce 和 Hadoop 生态系统的其他组件。在本讲中，你会学到更多关于 MapReduce 的知识，以及它在大数据分析中的使用。

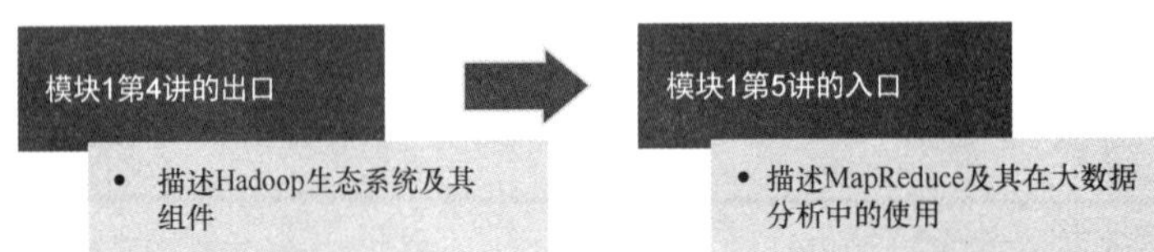

5.1 MapReduce 的起源

在 21 世纪初，谷歌工程师认定，由于网络用户越来越多，他们目前对于网络抓取以及查询频率的解决方案在未来将难堪重任。他们确定，如果工作可以分发到廉价的计算机上，然后通过网络连接形成**集群**，就可以解决这个问题了。

但是，仅仅分布并不是答案的全部。工作的分布必须并行执行：

- 自动扩展和收缩进程；
- 无论网络中还是单个系统中出现故障，进程都能继续工作；
- 假设有多个使用场景，确保开发人员能够使用其他开发人员创建的服务。

正在开发中的分布式计算新方法必须独立于数据的位置和处理数据的应用程序的位置。为了实现这种方法，工程师将 **MapReduce** 设计成了一个通用的编程模型。**MapReduce** 的名字来自现有函数型计算机语言中两种能力（**map** 和 **reduce**）的有效组合。

> **技术材料**
>
> 映射（map）和归约（reduce）函数是函数型语言上的运算，因此对大数据是一个很好的选择。它们不修改原始数据，而是创建新的数据结构作为其输出。所以映射函数不会影响存储的数据。

最初的一些 MapReduce 实现提供了并行计算、容错、负载均衡和数据操作的所有关键需求。多年来，其他的 MapReduce 实现也已经被创建出来，既有开源产品，也有商业化产品。

MapReduce 的特性

在 MapReduce 中，所有的操作是独立的。MapReduce 将一个非常大的问题分解为更小、更易于管理的块，在每个块上独立操作，然后把它们组合在一起。以下是 MapReduce 的基本行为。

- **调度**：MapReduce 将作业分解成单独的任务，提供给程序的映射（map）和归约（reduce）部分。映射结束之后，归约才能开始；因此，任务根据集群中节点的数量排定优先级。如果任务数量多于节点数量，执行框架管理映射任务，直到所有任务都被完成。然后，归约任务以同样的方式运行。当所有的归约任务都成功运行完成后，整个过程才结束。
- **同步**：当多个进程同时在一个集群上执行时，需要同步机制。执行框架知道该程序正在进行映射和归约。它跟踪任务及其时间，当所有的映射完成后，归约就开始了。中间数据通过网络复制，它是用一种叫作“**清洗**（shuffle）**和排序**（sort）”的机制生成的。这一机制收集所有映射后的数据，用于归约操作。
- **代码/数据同处一地**：当映射功能（代码）和该功能所需处理的数据位于同一台机器上时，数据处理的效率最高。换句话说，代码和数据同处一地。进程调度可以在执行之前，把代码和它相关的数据放置在同一个节点上。
- **错误/故障处理**：大多数 MapReduce 引擎具有非常强大的错误处理和容错机制，因为对集群中的所有节点和节点的所有部件而言，其失效的可能性是很高的，引擎必须能识别问题并做出必要的修正。设计错误/故障处理的目的是识别未完成的任务并自动将它们分配给不同的节点。

知识检测点 1

讨论如何创建业务数据分析任务，并应用 MapReduce 的概念。

a. 描述你所创建的业务情况，所要分析的数据，以及想要回答的问题
b. 描述 map 函数在处理过程中是如何工作的
c. 描述 reduce 函数在处理过程中是如何工作的
d. 与早期系统相比，解释 MapReduce 的优势

5.2　MapReduce 是如何工作的

有时候，生成一个输出列表就足够了。同样，有时候，在列表的每一个元素上执行操作就足够了。在大多数情况下，需要的是访问大量的输入数据，从数据中选择特定的元素，然后从数据的相关部分中进行一些有价值的计算。在这样做的时候，绝不能改变原始数据。用户并不总是能够控制输入数据，因此必须执行非破坏性的分析。绝不能改变原始列表，以便将其用于其他计算任务。

软件开发人员设计了基于**算法**的应用。算法是实现目标所需的一系列步骤。需要一个算法，才能使映射和归约函数高效地工作，该算法可以：

（1）以大量的数据或者记录开始；

（2）遍历数据；

（3）使用映射函数，抽取感兴趣的东西，并创建输出列表；

（4）组织输出列表，为进一步的处理对其进行优化；

（5）使用归约函数，计算结果集；

（6）产生最终输出。

程序员可以使用 MapReduce 方法，实现各种应用。当输入的数据非常大时（比如说 TB 级别），可以使用相同的算法处理数据。

如前所述，MapReduce 将数据分析划分为两部分——**映射**（map）和**归约**（reduce）。映射任务在数据分块上并行工作，每个任务返回一个输出。归约任务接收映射的输出作为自己的输入，并处理它以产生最终的结果。

MapReduce 的工作流程如图 1-5-1 所示。

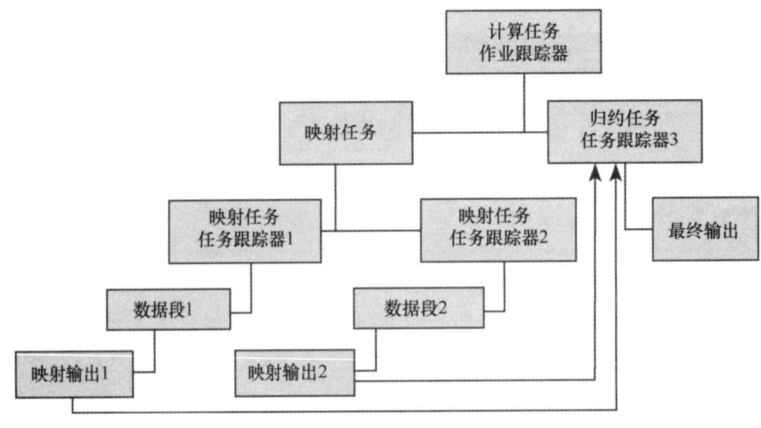

图 1-5-1　MapReduce 工作流程

在图 1-5-1 中可以看到，MapReduce 框架由 1 个**主节点**和 3 个**从节点**组成。主节点指**作业跟踪器**（JobTracker），从节点指**任务跟踪器**（TaskTracker）。主节点（或称之为作业跟踪器）为从节点规划作业任务，监控处理，并重新执行失败的任务。从节点执行由主节点分配的任务作为配合。

客户端应用程序为作业跟踪器提供作业，以处理大量的信息。接着，作业跟踪器将作业分配和提交给不同的任务跟踪器。任务跟踪器接着处理数据。这些已经处理过的数据（映射输出）接着被转发给归约任务，它从不同的任务跟踪器中整合数据，并提供最终的输出。

在集群中，节点存储在**商品化服务器**上。HDFS 和 MapReduce 工作在这些节点上处理数据。以下的步骤总结了 MapReduce 执行任务的方式。

（1）将输入分拆成多个数据块。

（2）创建主节点和工作者进程（worker），并远程执行工作者进程。

（3）不同映射任务同时工作，并读取分配给每个映射任务的数据块。映射工作者进程使用映射函数，仅提取相关的数据，并为提取的数据生成**键/值对**。

（4）映射工作者进程使用分区功能将数据划分为 R 个区域。

（5）当映射工作者进程完成它们的工作之后，主节点指令归约工作者进程开始它们的工作。归约工作者进程反过来联系映射工作者进程，获取分区的键/值数据。接收到的数据按各个键进行排序，这一过程也被称为**清洗（shuffle）过程**。

（6）在对数据进行排序之后，为每一个唯一键值调用归约函数。这个函数是用于将输出写入文件的。

（7）所有的归约工作者进程完成它们的工作之后，主节点把控制权转移给用户程序。

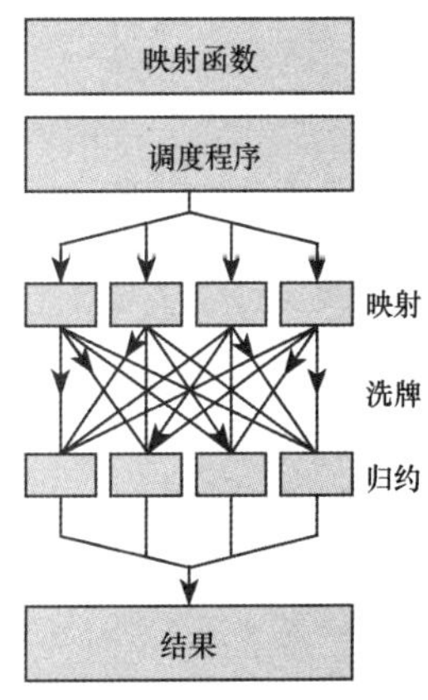

MapReduce将一个作业
分解成许多块，将其独立运行。

图 1-5-2　MapReduce 过程

上述过程的直观描述如图 1-5-2 所示。

下面的例子有助于理解 MapReduce 的工作。

例　子

假设某个项目有 20 TB 的数据，以及 20 个 MapReduce 服务器节点。第一步是使用简单的文件复制过程，为 20 个节点中的每个节点分配 1 TB 数据。注意，这些数据必须在 MapReduce 过程开始之前被分配好。此外要注意，文件的格式是由用户决定的，没有类似于关系型数据库中的标准格式。

接下来，程序员向调度程序提交两个程序：**映射程序和归约程序**。在这个两步骤过程中，映射程序在磁盘上找到数据，然后执行它包含的逻辑。在我们的例子中，这是在 20 台服务器中的每一台上独立发生的。然后，映射步骤的结果被传递到归约过程中，总结并汇总最终的答案。

你还可以将**映射和归约工作者进程**比作古罗马所进行的人口普查。负责人口普查的组织机构，向王国的不同地区派出志愿者。每个志愿者分配一个特定地区的人口普查任务，然后向组织机构报告。在从所有地方收集记录之后，人口普查的总部计算所有城市的人口总数。在不同城市同时进行的人口计算是**并行处理**，将其结合起来就是**归约**。与一个接一个地向所有城市派出普查人员相比，这个过程要有效得多。

例　子

现在，让我们再来看一个例子，其中现场数据从发生在一个组织机构网站上的在线客户服务聊天中流入。

一位分析专业人员创建一个映射步骤，解析聊天文字中出现的每一个单词。在这个例子中，映射函数将会很容易地找到每一个单词，从段落中将其解析出来，递增其计数。映射函数的最终结果是键值对的集合，如“`<my,1>,`”“`<product,1>,`”“`<broke,1>,`”。当每个工作节点结束映射时，就会通知调度程序。

一旦映射步骤完成，归约步骤就开始了。此时的目标是要找出每一个单词出现了多少次。接下来要进行的工作是**清洗**（shuffling）。在清洗过程中，来自映射步骤的答案会通过散列进行分布，因此，相同的关键词最终会在同一个归约节点上；例如，在一个简单的情形下，有26个归约节点，所有以A开头的单词进入一个节点，所有以B开头的进入另一个节点，所有以C开头的进入第三个节点，以此类推。

归约步骤简单地按照单词计数。依据我们的例子，图1-5-3对此进行了说明。这个过程最终以“<My,10>,”“<Product,25>,”“<Broke,10>,”结束，其中的数字代表这个单词被找到了多少次。一共发送了26个包含排序后单词计数的文件（每一个归约节点有一个文件）。请注意，需要另外一个进程来组合这26个输出文件。

一旦计算出单词数，就可以将结果反馈到分析当中去。可以识别特定产品名称的频度，也可以确定像“broken”或“angry”这样的单词的频度。要点是，完全非结构化的文本流现在以一种简单的方式结构化，以便对其进行分析。

MapReduce 的用法往往是一个起点，它的输出是另一个分析过程的输入。

可以在数千台机器上运行几千个映射和归约任务，这正是 MapReduce 的强大之处。当有大数据流时，可以将其分解——这就是 MapReduce 最有效的方面。如果工作者进程不需要知道另一个工作者进程的情况即可有效运行，就有可能实现全并行处理。在我们的例子中，每一个单词都可以独立解析，对于给定的映射工作者进程任务，其他单词的内容是不相关的。

预备知识 复习键值对的概念和它们的用法。

参考图1-5-3，理解 MapReduce 的详细过程。

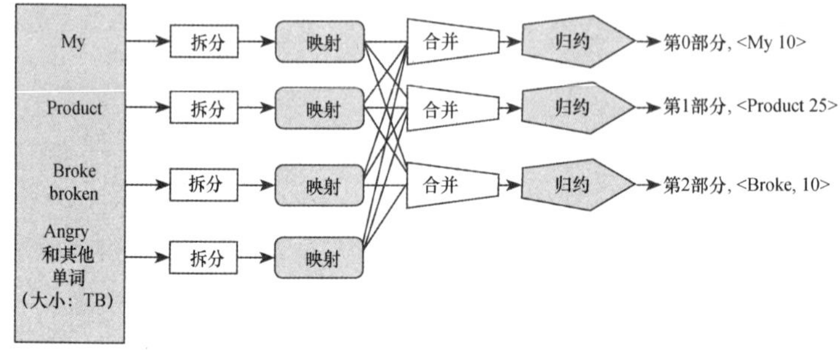

图 1-5-3 利用在线客服聊天的例子，阐明 MapReduce 的详细过程

总体情况

注意，前面的一个要点不能遗漏，因为它对于理解何时和如何应用 MapReduce 是至关重要的。当数据被移交给工作者进程时，每一个工作者进程只知道它所看到的数据。这可与人口普查类比：每个普查员只知道自己负责的人口数量。如果所需的处理包括了对其他工作者进程数据的认知，就需要用到 MapReduce 之外的其他框架。幸运的是，在很多情况下，数据都可以以这种方式处理。将一个博客或者一个 RFID 记录分解成片进行解析，不需要依赖任何其他东西。如果文本需要按照客户号进行解析，之后分发数据时，它就必须进行散列，使给定客户的所有记录最终在同一个工作者进程中被处理。

快速提示

MapReduce 和数据库所能完成的工作中，有一些是重叠的。数据库甚至可以为 MapReduce 进程提供输入数据，就像是 MapReduce 进程可以向数据库中提供输入。关键是要搞清楚对每个任务最适合的工具。其他工具集可能更加适合此类处理，数据库和 MapReducc 应该被用来干它们最适合做的事情。

在前面的例子中，将原始文本转换成了可以分析的单词数。该过程的结果可以输入数据库，以便将附加的信息与现有信息相结合。

从概念上讲，MapReduce 像并行关系数据库一样将问题分解。但是 MapReduce 不是数据库，没有定义好的结构，每一个进程都不知道之前和之后所发生的任何事情。

更多关于映射和归约函数的知识

MapReduce 框架使用**键值对**（KVP）作为输入和输出。无论数据是什么，映射函数提取其感兴趣的特征，并以 KVP 格式来呈现它们。归约函数接收 KVP 列表作为输入，并返回另一个 KVP 列表作为输出，但是归约函数的关键点往往与映射函数的关键点不同。

MapReduce 与 Hadoop 一起工作，自然地使用相同的语言。映射和归约函数可以用 Java 编写，因为 Hadoop 是用 Java 编写的。它们也可以用其他语言编写。

管道库使得 C++源代码可以作为映射和归约代码。被称作 Streaming 的通用 API 使大多数语言编写的程序可以作为 Hadoop 的映射和归约函数。Streaming 用文本方式表示输入和输出。任何使用文本输入的程序都可以使用 Streaming 来创建 MapReduce 的实现。输入和输出都是一些键值对，其中键和值是通过制表符（tab）来分割的。

输入的 KVP 写入 **stdin**（从文件读取的标准输入），输出的 KVP 写入 **stdout**（写入文件的标准输出）。在映射输出转换为归约输入的过程中，组织该列表，将每一个键的所有值归拢到一起。

假设你想创建一个程序，计算美国人口大于 5 万的县的个数。（注意以下不是编程代码，仅仅是问题解决方案的简单英文表示。）完成该任务的方法之一是识别输入数据并创建一个列表：

```
mylist = ("all counties in the US that participated in the most recent general
election")
```

利用映射函数，创建一个 howManyPeople 函数。该函数选择超过 5 万人口的县：

```
map howManyPeople (mylist) = [ howManyPeople "county 1";howManyPeople
"county 2"; howManyPeople "county 3"; howManyPeople "county 4"; . . . ]
```

现在，生成了一个表示人口超过 5 万的县的新输出列表：

```
(no, county 1; yes, county 2; no, county 3; yes, county 4; ?, county nnn)
```

该函数执行时，无需对原始列表进行任何更改。此外，你可以看到，输出列表的每一个元素映射到对应输入列表的元素中，并附加了“yes”或者“no”。如果该县满足了超过 5 万人口的要求，映射函数用“**yes**”标示它。如果不满足，则用“**no**”来标示它。

技术材料

映射函数多年来一直是许多函数型编程语言的一部分。它和被称为**列表处理**（LISP）的人工智能语言一起得到了普及，是今天处理数据元素（键和值）列表的核心技术。

由映射函数 howManyPeople 所创建的新列表被作为归约函数的输入。该函数处理列表中的每一个元素，并返回民主党获得多数票、人口超过 5 万的县的列表。

```
reduceisDemocrat (countylist)
```

现在，假设你想知道在哪些人口超过 5 万的县中共和党得到多数票。你所需要做的就是再次调用归约函数，但要改变操作符：

```
reduceisRepublican (countylist)
```

这时将返回一个大多数选民支持共和党候选人的所有县的列表。

由于县列表的元素不会在处理过程中被改变，在其他结果的输入上，归约函数可以重复执行；例如，也可以使用其他函数，用以识别独立参选人获得多数票的县，或者对特定地理区域细化结果。

定　义

映射函数将一个函数应用于数据库的每个元素，并返回结果列表。归约函数处理多个这样的结果列表，并产生最终结果。

知识检测点 2

1. 某卫生组织负责维护一个稀有血型人员的数据库。定期献血者和可能的受体都在数据库中标记。对于每一个人，该数据库包含其个人信息，如详细联络方式、教育程度、健康状况以及上次献血的日期。
   a. 举出使用该数据库的一个例子，详述分析的目的或必要性。
   b. 列出执行你的查询的 MapReduce 步骤。
2. 某图书、电影和音乐在线零售商有一个字幕数据库，以及结构化和非结构化的客户数据。
   a. 描述你想要做的分析，换句话说，就是你希望回答的问题。
   b. 描述该数据的映射函数。
   c. 描述用于映射函数的归约函数。
3. 史密斯先生在 5 个不同文件中记录了 4 个城市为期 5 个月的温度，每一个文件包含了一个月的记录。每个文件有两列，代表了城市名称和它们对应的温度。就 HDFS 而言，这些列代表键值对，其中键代表城市名字，值代表对应的温度。你必须从收集到的数据里，找到每个城市的最高温度。在 MapReduce 框架的帮助下，你可以将整个任务划分成 5 个较小的映射任务。每个映射任务工作于单一文件，并提供该文件中每个城市的最高温度。其中一个映射任务产生的结果如下：

   ```
   (City 1, 28), (City 2, 16), (City 3, 22), (City 4, 19)
   ```

   由其他 4 个映射任务生成的结果如下：

   ```
   (City 1, 25), (City 2, 18), (City 3, 23), (City 4, 25)
   (City 1, 23), (City 2, 17), (City 3, 20), (City 4, 22)
   (City 1, 26), (City 2, 19), (City 3, 20), (City 4, 23)
   (City 1, 20), (City 2, 21), (City 3, 23), (City 4, 20)
   ```

   现在，由 5 个映射任务生成的 5 个输出作为一项简单归约任务的输入，找出每个城市的最高温度。最终输出是什么？

附加知识　RDBMS 和大数据

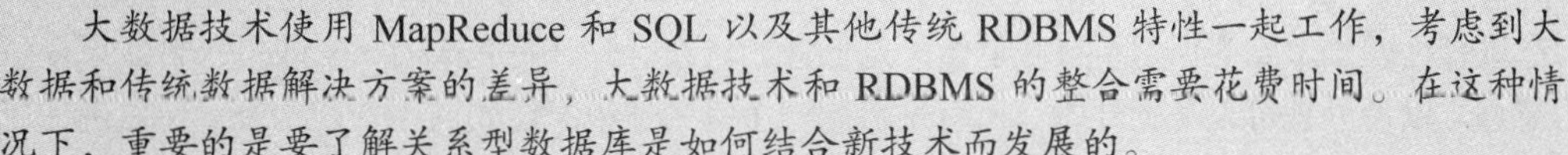

大数据技术使用 MapReduce 和 SQL 以及其他传统 RDBMS 特性一起工作，考虑到大数据和传统数据解决方案的差异，大数据技术和 RDBMS 的整合需要花费时间。在这种情况下，重要的是要了解关系型数据库是如何结合新技术而发展的。

纵观关系型数据库的历史，曾经出现过许多专业的数据库技术，专门用以解决早期 RDBMS 产品中的缺点。

对象数据库、内容数据库、数据仓库、数据集市等技术不断涌现。需要这些新功能的组织机构创建了独立的解决方案，并将它们整合到了现有的 RDBMS 应用中。这些工作乏味、缺乏灵活性且昂贵。随着时间的推移，RDBMS 整合了新技术，并将这些技术嵌入到核心产品中。类似地，新改进的技术也与大数据相整合，处理并深入了解大数据。

5.3　MapReduce 作业的优化技术

观察 MapReduce 的流程便可知道，MapReduce 作业分为不同阶段，其中每个阶段需要不同类型的资源。为了让 MapReduce 作业全速运行，必须确保没有资源瓶颈，从而最大限度地降低作业的响应时间。

在短作业的情况下，当用户需要快速的查询答案时，响应时间特别重要；例如，为实现监控和调试目的的日志数据查询。因此，优化 MapReduce 作业的性能是相当重要的。

作业调优的主要目标是确认作业及相关的所有资源（如 CPU、网络、I/O 和内存）都以平衡的方式使用。通常，当其中任意一个资源成为其他资源的瓶颈，从而导致其他资源等待时，作业运行速度就会下降。

某些技术可以优化实际的应用程序代码，以及 MapReduce 作业的可靠性和性能。这些优化技术分为 3 类：

- 硬件或网络拓扑；
- 同步；
- 文件系统。

5.3.1　硬件/网络拓扑

无论是什么应用，最快的硬件和网络都有希望使任何软件以最快的速度运行。MapReduce 的明显优势之一是能够在廉价的商品化硬件集群和标准网络上运行。服务器的物理位置影响支持大数据任务所必需的性能和容错能力。

商品化硬件通常存放在数据中心的机架上。与在机架间移动数据和/或代码相反，位于机架内的相邻硬件提供了性能优势。在执行过程中，可以配置 MapReduce 引擎，利用邻接性优势。将数据和代码放在一起，这是 MapReduce 性能优化最好的措施之一。从本质上说，硬件处理单元越是相互接近，延迟就越小。

5.3.2 同步

在进行处理的节点内保留所有映射结果是低效的。在计算任务完成后，立即将映射结果复制到归约节点，以便处理可以马上开始。所有来自同一个键的值被发送到同一个归约节点，以确保更好的性能和效率。归约的输出直接写入文件系统，因此文件系统必须做设计和调整以得到最好的结果。

5.3.3 文件系统

MapReduce 的实现是通过一个分布式文件系统来支持的。本地和分布式文件系统的重要区别在于**容量**。在大数据世界中，文件系统需要跨多台机器或网络节点传播，以处理大量的信息。MapReduce 的实现依赖于**主从式分布模型**，在这个模型中主节点存储所有的元数据、访问权限以及文件和块的映射和位置；从节点存储实际数据。所有的请求都进入主节点，然后由适当的从节点处理。

在设计一个文件以支持 MapReduce 实现时，考虑下列方面：

- **保持"温度"**：主节点会过载。如果主节点失效，整个文件系统在主节点恢复之前是无法访问的。优化的措施是建立一个"热备份"主节点，如果主节点发生问题，"热备份"主节点可以接管主节点工作。
- **越大越好**：应当避免小文件（小于 100MB）。在被适当数量的大文件填充时，支持 MapReduce 引擎的分布式文件系统工作得最好。
- **长远观点**：工作负载按批管理；因此，持续的高网络带宽比映射组件或归约组件的快速执行更重要。对代码而言，最佳的方法是在读写文件系统时一次处理大量数据。
- **合适的安全度**：在分布式文件系统中添加安全层，会降低其性能。文件权限是为了防止意外后果，而不是恶意行为。最佳的方法是，确保只有授权的用户访问数据中心环境，保护分布式文件系统免受外部侵害。

5.4 MapReduce 的应用

让我们回顾一下 MapReduce 的一些例子，理解它是如何工作的。

- **网页访问**：假设调查人员想知道某家特定报纸的网站被访问的次数。映射任务是读取网页请求的日志和制作一个完整列表。映射的输出可能看起来类似于如下的样子：

```
<emailURL, 1>
<newspaperURL, 1>
<socialmediaURL, 1>
<sportsnewsURL, 1>
<newspaperURL, 1>
<emailURL, 1>
<newspaperURL, 1>
```

  归约函数将寻找 newspaperURL 的结果，并添加它们。它将返回如下结果：

```
<newspaperURL, 3>
```

- **网页访问者路径**：假设一个宣传小组想知道访问者是如何到达它的网站的。包含链接的网页被称为“源”，链接所去往的网页称作“目标”。映射函数将扫描网页链接，以返回<目标、源>类型的结果。归约函数将扫描列表以找到结果，其中的“目标”是宣传小组的网页。它将汇编这些结果中的源。归约函数的输出是最终的输出，将是<宣传小组网页，列表（源）>的形式。
- **单词频率**：一位研究者想要找到关于地震的杂志文章；但是，他并不想要将地震作为次要话题的文章。他判断主要讨论地震的文章需提及“地壳构造板块”10 次以上。映射函数将计算该术语在每一篇文档中出现的次数，并以<文档，频率>的形式返回结果。归约函数将计数并选择频次大于 10 的那些结果，并将选定结果中的文档列表作为结果返回。
- **单词数**：假设一位研究者想要找到社会名流谈及当前某个畅销商品的次数。数据包括名流的著作和谈话。映射函数制作所有单词的列表。该列表是键值对的形式，其中的键是每个单词，值是该单词每一次的出现数 1。

  映射的输出可能类似于如下形式：

  ```
  <global warning, 1>
  <food, 1>
  <global warning, 1>
  <bestseller, 1>
  <Afghanistan, 1>
  <bestseller, 1>
  ```

  归约函数将其转换成如下形式：

  ```
  <global warning, 2>
  <food, 1>
  <bestseller, 2>
  <Afghanistan, 1>
  ```

尽管这个例子中的研究人员只对某一个特定单词或单词集合的出现感兴趣，但是函数还是索引了文档中的所有单词。例如，这样一个索引可以告诉我们感兴趣的话题或者词汇的相关情况。

知识检测点 3

一个组织机构将分散的计算资源汇集到某个位置。

a. 列出在这种情况下 MapReduce 优化的 5 个最重要考虑因素；

b. 推荐组织结构为 MapReduce 优化所要做的事情。

MapReduce 大数据处理得到了两个 Hadoop 生态环境关键组件的帮助——HBase 和 Hive，下面我们来了解它们是如何提供帮助的。

5.5 HBase 在大数据处理中的角色

大数据的庞大规模对存储和处理提出了挑战。在 MapReduce 改进大数据处理的同时，HBase 为存储和访问提供了帮助。HBase 是一个开源非关系型分布式数据库，是作为 Apache 软件基金会 Hadoop 项目的一部分而开发的。在需要频繁地存储、更新和处理大量数据且要求高速度时，HBase 十分有用。

- HBase 存储大量数据的方式为处理和更新操作提供了快速的数据访问。它以基于列的压缩和存储为基础进行工作。在存储数据时，可在列级压缩和存储数据；这替代了整表压缩，可将特定的列压缩并存储在数据库中。当更新数据时，无论该操作是顺序或批量写入、更新或删除，HBase 都能高效工作。
- HBase 在内存中存储数据，因此是低延迟的。这对于数据的查找和大规模扫描是很有用的。
- HBase 在单元格中以降序方式存储数据(使用时间戳)，所以读操作总是能首先找到最近的值。
- HBase 的列属于列簇。列簇的名字用来做前缀，以识别列簇成员；例如，“水果：苹果”和“水果：香蕉”是列簇“水果”的成员。
- HBase 的实现可以在列簇层面进行调整，所以重要的是要注意访问数据的方式和预计的列有多大。
- HBase 表中的行也有一个与之相关的键。键结构是非常灵活的。它可以是一个计算值，一个字符串甚至是另一个数据结构。使用键来控制行中单元格的访问，并将它们从小到大按序存储。所有这些特性组成了**模式**。在任何数据可以被存储之前，定义并创建该模式。即便如此，在数据库启动和运行之后，仍然可以修改表和添加列簇。

技术材料

HBase 运行在 Hadoop 分布式文件系统（HDFS）之上，并为 Hadoop 提供了类似于谷歌的 BigTable 的功能。HBase 也可以与 Amazon EMR 协同工作，将数据备份到 Amazon 简单存储服务（Amazon S3）上去。与 Hive 集成时，它启用类 SQL 查询。HBase 还能与 Java 数据库连接（JDBC）协同工作。

预备知识 回顾图数据库与空间数据库。某些类型的参考数据，如城市或国家的地图和 IP 地址的地理位置，可能采用图数据库或空间数据格式。

在处理大数据时，扩展性很有用，因为你不会总是知道数据流的种类。关系型数据库是面向行的，因为在表中每一行的数据是被存储在一起的。在列式或者是面向列式的数据库中，数据是跨行存储的。虽然这看起来是细微的区别，但这是列式数据库最重要的基本特征。很容易添加列，并且可以逐行添加它们，这提供了很大的灵活性、性能和可扩展性。当你有大量和多样的数据时，可能应该使用列式数据库。

HBase 可以处理两种类型的数据——缓慢变化的数据和快速变化的数据。

参考数据（如人口统计数据、IP 地址地理位置查询表和产品尺寸数据）变化缓慢。HBase 可以存储这类数据，用于 Hadoop 任务。无论数据存储在 Hadoop 任务集群上还是其他集群上，HBase 都可以提供数据的快速访问。

应用程序日志（点击流数据以及游戏中的使用率数据）创建速度很快，用于日志实时摄取和批量日志分析。HBase 可以接收这些数据并以足够快的速度更新数据库，允许在更新后立即处理。

附加知识 **HBase 集群先决条件**

为了运行 HBase，Amazon EMR 集群应当满足一定的要求。

- HBase 只能运行在持久化集群上，该集群由 Amazon EMR 命令行接口（CLI）和 Amazon EMR 控制台自动创建。
- Amazon 密钥对必须在创建 HBase 集群的时候设定。HBase 的 Shell 需要安全 Shell（SSH）网络协议来连接主节点。
- 目前只有 AMI 的 Beta 版本和 Hadoop 20.205 及更高版本支持 HBase 集群。命令行接口和 Amazon EMR 控制台自动在 HBase 集群上设定正确的 AMI。
- HBase 仅在下列实例类型上受到支持：m1.large、m1.xlarge、c1.xlarge、m2.2xlarge、m2.4xlarge、cc1.4xlarge、cc2.8xlarge、hi1.4xlarge 和 hs1.8xlarge。
- cc2.8xlarge 实例类型仅在美国东部（北弗吉尼亚）、美国西部（俄勒冈）和欧盟（爱尔兰）地区受到支持。cc1.4xlarge 和 hs1.8xlarge 实例类型仅在美国东部（北弗吉尼亚）地区受到支持。hi1.4xlarge 实例类型仅在美国东部（北弗吉尼亚）和欧盟（爱尔兰）地区受到支持。

虽然不是必要的，但是其他的一些考量能够改善性能。以下是这些可选的需求。

- 集群的主节点运行在 HBase 的主服务器和 Zookeeper 之上，从节点运行在 HBase 区域服务器之上。虽然 HBase 可以在单个节点上进行评估，但为了获得最佳性能，HBase 集群应该至少运行在两个 EC2 实例之上。
- 为了监控 HBase 性能指标，当创建集群的时候，使用引导动作安装 Ganglia。
- 可以在主节点上获得 HBase 日志。为了将日志复制到 Amazon S3，在创建集群时，指定一个 Amazon S3 桶（bucket）接收日志文件。
- Amazon EMR 命令行接口版本 2012-06-12 及更新的版本支持 HBase。或者，可以使用 Amazon EMR 控制台启动 HBase 集群。

5.6 利用 Hive 挖掘大数据

预备知识 回顾关系型数据库和非关系型数据库。

大数据有结构化和非结构化成分。拥有 SQL 查询能力的关系型数据库是处理结构化数据的最有效的方式，而 MapReduce 是处理非结构化部分的理想选择。**Hive** 是建立在 Hadoop 元素上的数据仓库，可处理大数据的结构化部分。所以 Hive 和 MapReduce 的组合能够满足大数据分析的需求。

Hive 使用称为 **HiveQL** 的类 SQL 查询处理数据。它将数据组织成类似 RDBMS 表那样的表，进一步组织了分区中和桶中的数据，这些数据与文件系统链接起来。Hive 元数据或关系型数据库模式的详细描述——列、键值、表格统计等——都存储在元存储中，元存储本身就是一个关系型数据库。

HiveQL 提供了 SQL 处理的大多数类型，如选择、聚合、单表联合以及多表联合。它为聚合提供了用户自定义的查询。HiveQL 最适用于数据挖掘和深度分析，而不是设计用于快速查询或是实时分析的。和其他数据仓库不同，Hive 具有可扩展性、可伸缩性以及弹性。

HiveQL 可以执行下列操作：

- 创建表和分区；
- 支持运算符，如算术运算、逻辑和关系；
- 评估函数；
- 将查询结果下载到 HDFS 目录中或是将表内容下载到本地目录中。

下面是 HiveQL 查询的一个简单例子：

```
SELECT lower(productname), productprice
FROM products;
```

细看这个查询就会发现，它与 SQL 查询非常相似。

知识检测点 4

考虑一个全球企业的雇员数据。HBase 和 Hive 将会如何处理这些数据呢？回答下列问题，对此做出解释。

a. 描述该数据的元素。企业可能拥有每个员工的什么信息？

b. 讨论 HBase 是如何存储数据的。

c. 写一个查询的例子，考虑管理者可能问的问题。

d. 讨论 Hive 将会如何处理你所创建的查询。

练习

基于图的问题

参考每个问题中所给出的图，回答下列问题。

1. 一个制造商的质量控制部门跟踪了在其生产线上的停顿数量和持续时间。生产线如下图显示。原材料和半成品依次通过步骤 1、步骤 2 和步骤 3。
   a. 编写经理发送的查询。
   b. 编写映射函数，并描述其预期的结果。
   c. 编写归约函数，并描述其预期的结果。

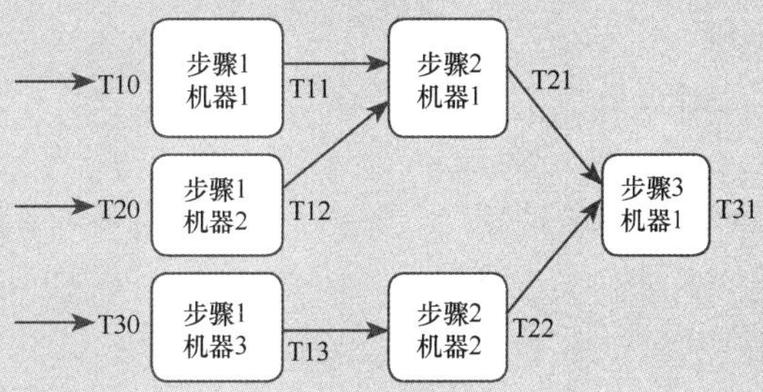

2. 假设你想知道美国的关键基础设施是否位于地理断层线或在附近，若是，将使得基础设施处于地震事件的风险之中。研究映射功能，并假设你有一个图数据库。
   a. 编写查询。
   b. 编写映射函数和归约函数。
   c. 解释为图形数据所编写的这些函数的不同之处。

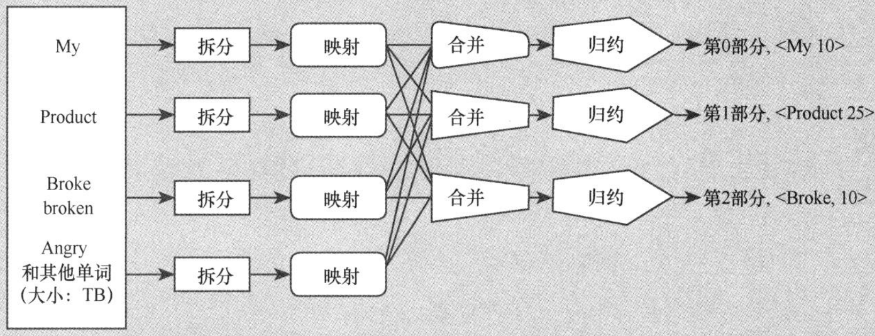

根据上面的图回答下列问题。

（1）映射节点映射了什么内容？

____

（2）哪个映射节点有名叫“broke”的键？

____

（3）列出任意一个键和值____________。

（4）第二部分的归约连接到了哪个映射节点？

____

多项选择题

选择正确的答案。在下面给出的“标注你的答案”里将正确答案涂黑。

1. 下列哪个选项是推动创立 MapReduce 的因素之一？选择所有的符合项。
   a. 提高新硬件的处理能力　b. 对结构化数据进行复杂分析的业务需求
   c. 越来越多的网络用户　d. 分布式计算的传播
2. 在设计 MapReduce 框架时，工程师要考虑下列哪些需求？选择所有的符合项。
   a. 它应该是廉价的或免费发行的
   b. 处理应该自动扩张和收缩
   c. 在网络失效的情况下，应停止处理
   d. 开发者应该能够创造新的语言
3. 下列哪个选项描述了映射（map）函数？选择所有的符合项。
   a. 它处理数据，以建立一个键值对列表
   b. 它索引数据，列出所有在其中出现的单词
   c. 它将关系型数据库转换成键值对
   d. 它跨多个表和多个 Hadoop 集群跟踪数据
4. 下列哪一项描述了归约函数？选择所有的符合项。
   a. 它分析映射函数的结果，显示最频繁出现的值
   b. 它结合了映射函数的结果，为查询返回最佳匹配的列表
   c. 它添加映射函数的结果，将 KVP 列表转换成列式数据库
   d. 它处理映射函数的结果，并创建一个新的 KVP 列表来回复查询
5. 在 MapReduce 框架中，映射和归约函数可以按任意顺序运行。你同意这个说法吗？为什么？
   a. 同意，因为在函数式编程中，执行顺序并不重要
   b. 同意，因为函数使用 KVP 作为输入和输出，顺序并不重要
   c. 不同意，因为映射函数的输出是归约函数的输入
   d. 不同意，因为归约函数的输出是映射函数的输入
6. MapReduce 如何实现协同定位？选择所有的符合项。
   a. 调度器将代码发送到相关数据所在的机器上
   b. 进程调度器将同一类型的数据分配给位于同一集群中的机器
   c. 主作业跟踪器将映射和归约函数发送到一个集群中的相同机器或节点上
   d. 在处理失效的情况下，从任务跟踪器复制相关数据和代码至相邻的集群中
7. 当主节点失效时，为什么用户不能直接去往从节点？选择所有的符合项。
   a. 主节点具有运行查询所需的元数据　b. 主节点具有包含数据的文件的位置

c. 主节点运行代码，从节点只有数据　　d. 主节点有从节点访问数据的权限

8. HBase 对实时分析有何帮助？选择所有的符合项。
   a. 它采用基于列的存储和适合于非结构化数据的压缩
   b. 它以足够快的速度来更新数据，可以处理最新的数据
   c. 作为一个非关系型数据库，它是灵活的，可用 Hive 进行类 SQL 的查询
   d. 可以顺序处理或者批处理写入和更新请求
9. 为什么 Hive 适合用于大数据？选择所有的符合项。
   a. 它有效地处理大数据的结构化部分
   b. 它有效地处理大数据的非结构化部分
   c. 它可以在谷歌的 BigTable 中快速处理大数据
   d. 它将大数据转换为一个 RDBMS 数据库后启用 SQL 查询
10. 在使用 MapReduce 的单词字数统计查询里，映射函数做了什么？选择所有的符合项。
   a. 它按字母顺序排序，并返回最常用单词的列表
   b. 它创建了一个列表，每个单词作为键，出现的次数作为值
   c. 它创建了一个列表，每个单词作为键，每一次的出现作为值 1
   d. 它返回一个列表，每一个文档作为键，单词在文档中的数量作为值

标注你的答案（把正确答案涂黑）

1. ⓐ ⓑ ⓒ ⓓ		6. ⓐ ⓑ ⓒ ⓓ
2. ⓐ ⓑ ⓒ ⓓ		7. ⓐ ⓑ ⓒ ⓓ
3. ⓐ ⓑ ⓒ ⓓ		8. ⓐ ⓑ ⓒ ⓓ
4. ⓐ ⓑ ⓒ ⓓ		9. ⓐ ⓑ ⓒ ⓓ
5. ⓐ ⓑ ⓒ ⓓ		10. ⓐ ⓑ ⓒ ⓓ

测试你的能力

为下面的场景编写映射和归约函数。如果了解代码可以编写代码。如果不了解，你可以简单地描述每个函数对于数据做了什么，以及它将产生什么结果。

1. 某企业想要了解在过去一年中售出的不同类型体育用品的各种统计数字。
2. 一位研究员想要知道不同年龄组的国内航空旅行的频率。
3. 呼叫中心想要知道在 C-SAT 调查中，“满意”或者“好”这两个单词的出现次数。

备忘单

- MapReduce 是一个软件框架，使开发人员可以编写能够在一组分布式处理器上并行处理大量非结构化数据的程序。
- MapReduce 将数据分析任务划分为两个部分：映射任务和归约任务。
  - 映射任务并行处理数据的不同部分，每一个任务返回一个输出。
  - 归约任务接收这些映射输出作为它们的输入，并处理它们产生最终的结果。
- MapReduce 框架使用键值对（KVP）作为输入和输出。
  - 映射函数处理数据并以 KVP 格式呈现感兴趣的特征。
  - 归约函数接收 KVP 列表作为输入，并返回另一个 KVP 列表，通常携带有不同的键或值。
- 某种算法（或一系列步骤），定义了映射和归约函数如何协调工作，以有效地完成处理任务。
- MapReduce 框架组织所有的跨节点工作。
  - 它将代码发送到数据所在的节点，换句话说，就是使数据和代码位于一处。
  - 主作业跟踪器将过程作为一个整体进行跟踪，并将工作分配至从任务跟踪器。
  - 每一个节点的从任务跟踪器跟踪分配给该节点的工作。
  - 该框架跨所有集群同步工作。
  - 它识别一个不完整的或失败的作业，并将其分配给一个不同的节点。
- 可以通过适当的硬件/网络拓扑、同步和文件系统优化 MapReduce 的性能。
- MapReduce 的应用实例是：
  - 计算网站或网页的访问者数量；
  - 列出到达一个网站或网页的路径；
  - 识别文档中经常使用的单词。
- MapReduce 原生使用 Java 作为其编程语言，但是几乎可以使用任何程序来编写。
  - 管道库使得可用 C++编写映射和归约代码。
  - 通用的 Streaming API 可以将用大多数语言编写的程序转换成为映射和归约代码。
- HBase 是一个开源非关系型分布式数据库，它高速地存储、更新和处理大量的数据。
  - 它具有基于列的存储，并为处理和更新提供快速的数据访问。
  - 它将数据存储于内存中，具有低延迟。
  - 由于快速的更新，更新过的数据库可以立即用于处理。
  - 它可以处理缓慢变化的参考数据和快速变化的日志数据。
- Hive 是一个处理结构化数据的数据仓库。
  - Hive 组织 RDBMS 表类型的数据，并使用称作 HiveQL 的类 SQL 查询。
  - HiveQL 提供大多数的 SQL 处理类型，如选择、聚合、单表或多表的联合。
  - Hive 最适用于数据挖掘和深度分析；它不是为快速响应或实时分析而设计的。

模块 2

管理大数据生态系统

引　言

模块 2

作为开发者，仅仅了解大数据的核心技术平台是不够的。对技术基础设施是如何助力业务环境和行业需求有所了解也是很重要的。模块 2 提供了关于在组织机构中有效实施大数据所必需的大数据技术基础设施的深刻认识，以及对该基础设施是如何转而支持不断变化的数据管理和数据处理需求的深刻认识。

- 第 1 讲揭示最佳大数据技术的栈结构。这一讲详细讨论物理基础设施的各种层次，谨记性能、可用性、可伸缩性、灵活性和成本的原则。这也包括接口的层次，从应用程序和互联网中提取或反馈内容。详细综述了各种虚拟化和它们在大数据基础设施中的角色。
- 第 2 讲处理大数据所需的数据库、数据存储和数据仓库，并揭示它与传统数据库和数据仓库的区别。这一讲讨论关系型数据库管理系统和一些关系型和非关系型数据管理系统的关联性，包括键值数据库、文档数据库、列式数据库、图数据库和空间数据库。这一讲会解释大数据相关的多语言持久性的概念。由于不能考虑将大数据与操作数据分离开来以供分析，这一讲揭示大数据如何与传统的数据仓库相集成。最后，这一讲讨论管理数据的各种部署模型。
- 第 3 讲在大数据环境下处理各种分析技术，并将它们与传统分析技术进行比较。这一讲讨论基本的和高级的分析方法、具有可操作性的分析方法，并通过分析来获利，讨论大数据的组成，主要是非结构化数据。它还深入研究非结构化数据分析的过程，叙述分析和提取技术。此外，它还讨论各种大数据的具体分析方法，以及大数据分析框架的特点。
- 第 4 讲处理大数据分析的各个阶段和大数据集成过程的基本法则，包括 ETL 和 ELT 工具，以及优先处理大数据质量的重要性。这一讲还讨论流的概念，大数据背景下复杂事件处理的技术，并解释使大数据成为业务流程一部分的各种方法。
- 第 5 讲概述如何将大数据功能用作商业策略的一种工具，特别是当实时分析数据以及需要动态数据的时候。使用几个不同行业不同业务环境下的实时数据应用相关的案例研究进行解释。

第1讲

大数据技术基础

模块目标

学完本模块的内容，读者将能够：

⏭	讨论大数据所需的关键技术基础

本讲目标

学完本讲的内容，读者将能够：

⏭	解释大数据技术栈的各种要素
⏭	解释如何将分析技术和应用程序与大数据相集成
⏭	描述虚拟化是如何影响大数据的

"计算机易变的本质就是这样，它可以像一个机器或像一种语言地去塑造和运用。"

——Alan Kay

大数据是关于大容量并且通常是高速的带有各种数据类型的数据流。许多经验丰富的软件架构师和开发人员能够以各种方式处理这样的数据。例如，当面对大容量的有容错要求的交易数据时，他们可能选择采用位于有非常快速网络基础设施的数据中心的、冗余的关系型数据库集群。类似地，如果要求集成来自各种已知和未知来源的不同的数据类型，我们可能选择构建一个可扩展的元模型，推动一个定制的数据仓库。

然而，他们可能不会奢侈地在大数据这个更动态的世界中建立这样专用的部署。

当你离开你能拥有并紧紧控制你的数据的这个世界的时候，你需要创建一个架构模型来处理这种混合环境的类型。这种新的环境要求这样的架构，这种架构能理解大数据动态本质并知晓将知识应用到业务解决方案所必需的东西。它还需要一个额外的效率层次来处理如此大量的数据，这可以使用**虚拟化**来实现。

虚拟化为在大容量的大数据环境中访问、存储、分析和管理分布式计算组件所需要的许多平台属性提供了基础。因为需要额外资源来处理这些数据，执行实施大数据的操作，而不预测用量需求，可能会导致基础设施成本的各种增加。为了避免这些开销，可以将环境与云服务集成，以使现有的环境在需要的时候提取来自云的额外资源，而你只需要按你的实际使用进行支付。

本讲审查了与大数据相关的各种架构上的考量，并更深入探索了大数据技术栈。除此之外，它还定义了虚拟化，提供了对虚拟环境的好处及其挑战的深入洞察，并牢记对大数据的需求。

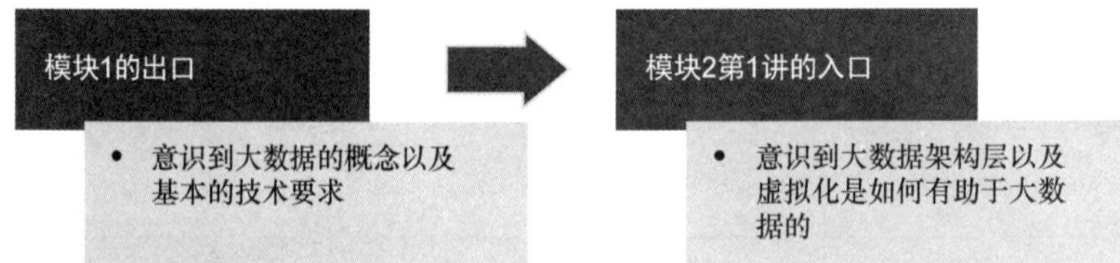

1.1 探索大数据栈

在设计任何重要的数据架构时，你应当创建一个模型，该模型可以从一个整体视图来看待所有的数据是如何需要归集到一起的。虽然在开始的时候，这需要花费一点时间，但它将节省许多开发的时间和在随后的实施过程中避免许多挫折感。你需要将大数据看作是一种**策略**而不是一个项目。

良好的设计原则在创建（或发展）一个环境去支持大数据时是关键的——它处理存储、分析、报告或应用程序。该环境必须包括对于硬件、基础设施软件、操作系统、管理软件、定义明确的编程接口（Application Programming Interface，API）、甚至对于软件开发工具的考量。你的架构将必须能够解决所有的基本要求：

- ❍ 捕捉；
- ❍ 集成；
- ❍ 组织；
- ❍ 分析；
- ❍ 行动。

图 2-1-1 呈现了实施大数据的分层参考架构。它可以被当作一种如何看待大数据技术的框架来使用，可以解决大数据项目的功能要求。

大数据技术栈

大数据技术栈
大数据应用程序
报告和可视化
分析（传统的和先进的）
分析数据仓库和数据集市
“组织”数据库和工具
可操作的数据库（结构化、非结构化、半结构化）
安全基础设施
冗余物理基础设施

接口以及来自于互联网并反馈至互联网

接口以及来自于内部应用程序并反馈至内部应用程序

图 2-1-1　大数据技术栈

总体情况

这是一个综合的栈，一开始你可以根据要着手解决的具体问题，专注于某些方面。然而，了解整个栈是重要的，以便你为未来做好准备。你毫无疑问地会使用不同的栈元素，这取决于你要解决的问题。

在接下来的几讲中，我们将讨论图 2-1-1 所示的技术栈中的不同层次。

1.2　冗余物理基础设施层

栈的最底层是物理基础设施——**硬件**和**网络**。

你的公司可能已经有了一个数据中心或者可能已经在物理基础设施上进行了投资，所以你想要找到一种方法来**使用现有的资产**。大数据实施对于参考架构中的所有元素有着非常特殊的要求，所以你需要逐层检查这些元素，以确保你的实施将会根据你的业务需求进行执行和缩放。

当开始思考自己的大数据实施时，一些总体的原则是很重要的，你可以将它们应用到方法中去。这些原则的优先列表应包括关于下列内容的声明。

- **性能**：你需要系统如何响应？性能，也称为**延迟**，通常根据一个单一的交易或查询请求，从端到端进行测量。非常快速的（高性能、低延迟）基础设施一向是非常昂贵的。
- **可用性**：你需要一个百分之百的正常运行的服务保障吗？在服务中断或失效的情况下，你的业务能等待多长时间？高度可用的基础设施也是非常昂贵的。
- **可伸缩性**：你对基础设施的需要有多大？今天和将来需要多大的磁盘空间？你需要多少计算能力？你应该决定你需要什么，接着为意想不到的挑战再增加一点规模。
- **灵活性**：你能以多快的速度为基础设施添加更多的资源？你的基础设施能以多快的速度从失效中恢复过来？灵活的基础设施会是昂贵的，但你可以利用云服务控制成本，在那里你只需按你的实际使用情况支付费用。

- **成本**：你可以负担得起吗？因为基础设施是一组组件，你可能可以购买“最佳的”网络和决定节省存储上的花费（反之亦然）。你需要在一个总体预算的背景下，为每一个领域确立需求，然后在必要的时候进行权衡。

总体情况

因为大数据是有关高速度、大容量和多数据种类的一切内容，所以物理基础设施真的会使实施“成功或者失败”。大数据的实施需要高可用性，所以网络、服务器和物理存储必须是**有弹性的**和**有冗余的**。

快速提示 随着更多的供应商提供基于云的平台产品，硬件基础设施的设计职责往往属于那些服务供应商。

弹性和冗余性是相互关联的。当有足够的冗余资源到位时，基础设施或系统对于失效或者变化是有弹性的，时刻准备好投入行动。从本质上说，即使是最先进的和最有恢复能力的网络也总是有失效的理由，如硬件故障。因此，冗余确保这样的故障不会导致中断。

在你的基础设施中，弹性有助于消除单点故障。例如，如果只有一个网络连接存在于你的企业和互联网之间的话，没有网络冗余的存在，该基础设施对于网络中断没有复原能力。在具有业务连续性要求的大型数据中心里，大多数的冗余是到位的，可以用来创建一个大数据环境。在新的实施中，设计人员有责任在成本和性能的基础上，将部署映射成业务需求。

这意味着，技术和操作的复杂性被一组服务所掩盖了，每一个具有特定的性能、可用性、可恢复性等的条款。这些条款描述在**服务级别协议**（Service-Level Agreement，SLA）中，并在服务提供商和客户之间经过了协商，对于违规具有处罚性。

总体情况

例如，如果和一个托管服务提供商签订了合同，从理论上讲，你无须为数据中心的物理环境和核心组件的具体细节而担忧。网络、服务器、操作系统、虚拟化结构、所需的管理工具以及日常的操作都包含在你的服务协议中了。事实上，这将创建一个虚拟的数据中心。即使采用了这种方法，你仍然应该知道构建和运行一个大数据部署所需要的东西，这样你就可以选择最适合的可用的服务产品了。尽管有了 SLA，你的组织机构还是需要对性能负责。

1.2.1 物理冗余网络

网络应当是冗余的，除了业务经历的“正常”网络流量之外，还必须有足够的容量以适应预期的数据量和入站出站数据的速度。当一个组织机构开始将大数据作为其计算策略的一个组成部分时，就有理由期待数据量和速度的增加。基础设施设计人员应当为这些预期的增长进行计划，并尝试创建**有弹性的**物理实现。

当网络流量起起落落时，与实施相关的一系列实物资产也会增减。该基础设施应当提供**监测能力**，以便运营商在需要更多资源去解决工作负载中的挑战时，可以做出反应。

1.2.2 管理硬件：存储和服务器

同样，硬件（存储和服务器）资产必须有足够的速度和容量去处理所有预期的大数据功能。拥有一个高速网络和低速的服务器几乎是无用的，因为服务器最有可能成为瓶颈。但是，一个非常快的存储和计算服务器的集合可以克服多变的网络性能。当然，如果网络性能不好或不可靠，那么没有什么东西可以正常工作。

1.2.3 基础设施的操作

另一个重要的设计注意事项是基础设施的运营管理。最大程度的性能水平和灵活性只会在一个管理良好的环境中出现。数据中心管理者需要能够预测和防止灾难性的失效，使数据完整性——并通过扩展，该业务流程——是可维护的。IT 组织机构常常忽视它，因此在这方面的投资也是不足的。

交叉参考 你会在模块 2 第 4 讲中学到更多关于组织大数据的知识。

1.3 安全基础设施层

大数据的安全和隐私要求类似于常规数据环境中的此类要求。安全要求必须与特定业务需求紧密结合。

下面是当大数据成为战略的一部分时出现的一些独特的挑战。

- **数据访问**：用户对原始的或经过计算的大数据的访问，与非大数据的实施有着相同的技术要求。数据应当只提供给那些具有合法业务需求，需要进行检查或与之交互的人员。最核心的数据存储平台有严格的安全模式，并经常增加关联身份的能力，提供跨多层架构的恰当的访问。
- **应用程序访问**：从技术观点来看，应用程序对数据的访问也相对简单。大多数 API 提供了防止非授权使用或访问的保护。这一保护层次对于大多数大数据实施而言可能是足够的。
- **数据加密**：数据加密是大数据环境的安全方面中最具挑战的。在传统环境下，加密和解密数据是对系统资源真正地产生了压力。考虑到大数据相关的数据量、速度和多样性，这个问题加剧了。最简单的（蛮力）方法是提供更多更快的计算能力。但是，这价格应该不低，特别是你不得不去适应弹性要求时。更为温和的方法是确定需要这个安全级别的数据元素，并仅对必要的项目进行加密。
- **威胁检测**：移动设备和社交网络的内容指数级地增加了数据量和安全威胁的机会。因此，组织机构采取多道警戒线的安全方法是很重要的。

知识检测点 1

考虑到日益普及的大数据分析，一家银行想要通过分析大数据获得竞争优势。在实施之前，该银行应该匹配哪种大数据网络架构的考量？

1.4 接口层以及与应用程序和互联网的双向反馈

在你的大数据环境中，物理基础设施启用了所有的内容，并且安全基础设施保护所有元素。

栈中的覆盖层是一个接口，它提供了对栈所有组件的双向访问——从企业应用程序到来自互联网的数据反馈。设计这些接口的一个重要组成部分是**创建一致的结构**，该结构可以在公司内部也或许可以在外部进行共享，还可以与技术合作伙伴和业务伙伴进行共享。几十年来，程序员都是用 **API** 来提供软件实施的来回访问。工具和技术供应商将不遗余力地确保它是一个相对简单的任务，以使用他们的产品来创建新的应用程序。

对 IT 专业人士来说，有时候有必要创建自定义或仅对公司可用的专有 API。你可能需要为了竞争优势、为了你组织机构的独特需求，或是一些其他业务需求，开发这些 API，并且这不是一个简单的任务。API 需要有良好的文档记录和维护，以保持其对业务的价值。

为此，一些公司为助力启动这一重要的活动而选择使用 API 工具箱。

API 工具箱相对于一些内部开发的 API 而言有一些优点。首先，该 API 工具箱是通过独立第三方创建、管理和维护的。其次，设计它们来解决一个特定的技术需求。如果你需要 Web 应用程序或移动应用程序的 API，你有许多可供的选择来开工。

附加知识 采用 **REST**

若不去探索一个叫作**表述性状态转移**（REST）的技术，那么大数据 API 的讨论就不是完整的。REST 是被设计专门用以互联网的，是连接 Web 资源（服务器）到另一端（客户机）的最常用的机制。REST 风格 API 提供了一种标准化的方式来在 Web 资源之间，创建一个临时的关系（也称为松耦合）。正如这个名字所暗示的，松耦合资源不是刚性连接的，对于网络中和在其他基础设施组件中出现的变化是具有弹性的。例如，如果你的冰箱在午夜损坏了，你需要买一个新的。你可能不得不等到零售店开门你才能购买。此外，你可能需要更长的时间等待送达。这与使用具有 REST 风格 API 的 Web 资源非常相似。你的请求可能在服务之前不会被回应。

技术材料

处理接口的一个方法是实现“连接器”工厂。这个连接器工厂为流程增加了一个抽象和预测层，它充分利用了许多应用在面向服务架构（SOA）中所使用的经验和技术。

大数据的挑战需要一个与 API 的开发或选用略有不同的方法。因为大部分数据是非结构化的，并且是在你的业务控制范围之外生成的，一种被称为**自然语言处理**（NLP）的新技术是新兴的首选方法，它为大数据和你的应用程序之间提供了交互。NLP 允许你利用自然语言的语法，而不是正式的类似于 SQL 那样的查询语言来制定查询。对于大多数大数据的用户来说，去询问“列出所有已婚男性消费者，并且年龄介于 30 至 40 岁之间，居住在美国东南部，并且是 NASCAR 的粉丝”比编写 30 行的 SQL 去查询答案要容易得多。

因为大多数的数据采集和移动都有非常相似的特性，所以可以设计一套服务去采集、清洗、转换、规范化和在你选择的存储系统中储存大数据项目。要按需创建灵活性，可以用**可扩展标记**

语言（XML）所编写的界面描述来驱动工厂。这一抽象层次允许简单快速地创建特定的接口，无须为每个数据源构建特定的服务。

在实践中，可以使用类似于 XML 的一些东西去创建 SAP 或 Oracle 应用程序接口的描述。每个接口都会使用相同的底层软件，在大数据环境以及独立于 SAP 或 Oracle 细节的和生产应用程序环境之间迁移数据。如果你需要从互联网的社交站点上采集数据（如 Facebook、Google+等），实践将是相同的。用 XML 描述站点的接口，然后从事来回移动数据的服务。通常情况下，这些接口都有文档供内部和外部技术专家来使用。

知识检测点 2

Airsoft Infosys 是一家在线零售商，他想要从新闻站点抓取反馈到自己的网站。说明他们如何才能做到这一点。

1.5　可操作数据库层

任何大数据环境的核心都是数据库引擎，包含了业务相关的数据元素的集合。这些引擎需要是快速的、可伸缩的以及绝对可靠的。它们不都是平等创建的，并且某些大数据环境中，一个引擎会比另一个进展更顺利，或者更可能是用数据库引擎的混合体。例如，虽然有可能在你所有的大数据实施中，使用**关系型数据库管理系统**（RDBMS），但由于性能、规模或者甚至成本，实践中不会这么做。许多不同的数据库技术都是可用的，你必须小心明智地进行选择。

关于数据库语言，不存在一个正确的选择。虽然 **SQL** 是当今使用中的最流行的数据库查询语言，但是其他语言可以提供一种更有用和更有效的方式来应对特定于组织机构的大数据的挑战。

交叉参考　你将在模块 2 第 2 讲中学到更多包括 NoSQL 在内的有关于可操作数据库的知识。

快速提示　把引擎和语言看作是“实施者的工具箱”中的工具是有用的。你的工作就是选择合适的工具。

例如，如果你使用一个关系模型，你可能会使用 SQL 进行查询。你也可以使用其他替代语言，如 Python 或 Java。了解什么类型的数据可以通过数据库进行操纵，以及它是否支持真正的事务行为，是非常重要的。数据库设计者用**原子性、一致性、隔离性**和**持久性**（ACID）的理念来描述这种行为。

附加知识

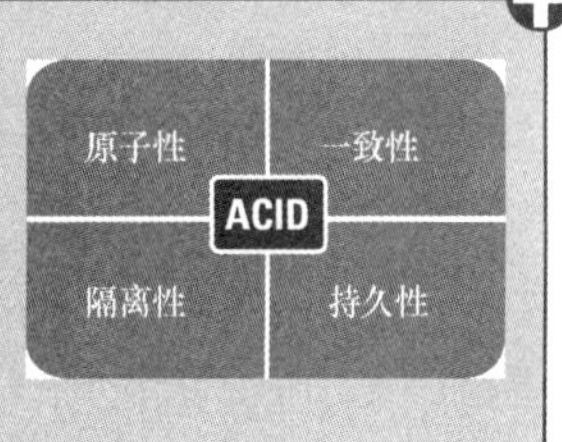

数据库设计中的 ACID 概念代表一下几个特性。

- **原子性**。当它是原子性的时候，事务是“全有或全无”。若事务的任意部分或基础系统失败了，整个事务失败。
- **一致性**。只有带有有效数据的事务会在数据库上执行。如果数据已损坏或是不正确的，则该事务不会执行，并且数据也不会被写入数据库。

- **隔离性**。多个同时进行的交易不会相互干扰。所有有效的交易将会执行完成，并且是按照它们被提交的顺序进行处理。
- **持久性**。当数据被写入数据库之后，它“永远”驻留在这里了。

表 2-1-1 提供了 SQL 和 NoSQL 数据库特性的比较。

表 2-1-1 SQL 和 NoSQL 数据库的重要特性

引擎	查询语言	MapReduce	数据类型	事　务	实　例
关系型	SQL，Python，C	无	有类型	ACID	PostgreSQL
列式	Ruby	Hadoop	预定义的，有类型的	若启用，则有事务	HBase
图形	Walking，Search，Cypher	无	无类型	ACID	Neo4J
文档	Commands	JavaScript	有类型	无	MongoDB、CouchDB
键/值	Lucene，Commands	JavaScript	BLOB，半类型	无	Riak、Redis

当你理解了自己的需求并了解自己所采集的数据、存放位置以及利用它可以做的事情之后，你需要组织它，以便用于分析、做报表或特定的应用程序。

1.6 组织数据服务层及工具

技术材料

远程过程调用（RPC）是服务器软件之间的通信协议。它允许位于一台计算机上的程序执行位于一台服务器计算机上的程序。

组织数据服务和工具，可以将各种大数据元素捕获、验证和汇编到上下文相关的集合中。因为大数据是海量的，技术已经发展到能够有效地无缝地处理数据了。MapReduce 是这样的一个常用技术。可以说，许多的组织数据服务都用了 **MapReduce** 引擎，专门设计用来优化大数据流的组织结构。

组织数据服务是一种工具和技术的生态系统，它可用于收集和汇编数据，准备进一步处理。因此，这些工具需要提供集成、转换、规范化和缩放的功能。这一层面的技术包括以下内容。

- **分布式文件系统**：对于适应数据流的分解以及提供缩放和存储的能力是必需的。
- **序列化服务**：对于持久性数据存储和多语言远程过程调用（RPC）是必需的。
- **协调服务**：对于构建分布式应用程序（锁定等）是必需的。
- **提取、转换和加载（Extract Transform and Load，ETL）工具**：对于将结构化和非结构化数据加载和转换到 Hadoop 而言是必需的。
- **工作流服务**：对于作业调度以及提供一个跨层的同步流程元素的结构而言是必需的。

知识检测点 3

数据加载和转换需要哪些服务/工具？

a. 分布式文件系统　　b. 提取，转换和加载（ETL）　　c. 工作流服务

1.7　分析数据仓库层

数据仓库和**数据集市**长期以来一直是一个基本概念，组织机构用它来优化数据帮助决策。通常情况下，数据仓库和集市包含了标准化的、采集自各种来源的数据，并将其组装以方便业务分析。

数据仓库和集市简化了报表的创建以及不同数据项的可视化。它们通常是创建自关系型数据库、多维数据库、平面文件以及对象数据库——基本上可以是任意一种存储架构。在传统环境下，不可能将性能作为最高优先级，底层技术的选择是由分析、报表和公司数据可视化来驱动的。

因为**数据组织**以及**为分析做好准备**是关键的，大多数数据仓库的实现都通过批处理来保持更新。问题在于批次加载的数据仓库和数据集市可能对于许多大数据应用程序来说是不足的。高速数据流所施加的压力可能需要一个更加**实时**的大数据仓库方法。这并不意味着企业利用批处理就不能够创建分析数据仓库或是给分析数据仓库提供反馈。相反，一个企业最后可能会有多个数据仓库或数据集市，性能和规模反映出了分析师和决策者的时间要求。因为许多数据仓库和数据集市包括了来自公司各种来源收集到的数据，所以必须解决与数据清理和规范化相关的成本。

与大数据相比，我们会发现一些关键的差异。

- 传统的数据流（来自交易、应用程序等）可以产生许多完全不同的数据。
- 也存在许多新的数据源，它们中的每一个在可以被及时有用地运用到业务中去之前，都需要某种程度的操作。
- 内容来源也需要被清洗，这可能需要使用与结构化数据不同的技术。

总体情况

从历史上来看，数据仓库和数据集市的内容被组织起来并交付给负责战略和规划的业务主管。有了大数据，我们看到了一组新的团队，利用数据进行决策。许多大数据的实施都提供了实时功能，因此，企业应该能够提供内容，使具有操作角色的个人得以使用近乎实时的方式解决如客户支持、销售机会和服务中断这样的问题。以这种方式，大数据有助于将行动从后台移到前台。

知识检测点 4

当为大数据实施建议数据仓库和数据集市时，什么是你应该做的关键的考量？

1.8　分析层

现有的分析工具和技术将对理解大数据非常有帮助。然而，这里有一点阻碍。作为这些工具

的组成部分的算法，必须能够与大量潜在的、实时的以及完全不同的数据协同工作。在本讲的前面部分我们所涉及的那些基础设施，需要就绪到位以提供支持。而且，供应商提供的分析工具也需要确保它们的算法可以在跨分布式实施上工作。由于这些复杂性，我们也期待新一类的工具来帮助我们了解大数据的意义。

我们在参考架构层中列出了 3 类工具，如图 2-1-1 所示。决策者可以单独或整体使用它们，帮助引导业务。下面具体介绍一下这 3 类工具。

- **分析和高级分析**。这些工具与数据仓库打交道，处理我们日常所需的数据。高级分析应该明确现有业务实践中的变革的、独特的或革命性的趋势或事件。预测分析和情感分析是很好的例子。
- **报表和仪表盘**。这些工具提供了用户友好的来自各种来源的信息呈现。虽然它是传统数据世界的中流砥柱，但这一领域仍然为大数据而发展着。一些正在使用的工具是传统的，现在它们可以访问新的统称为 **NoSQL** 的数据库类型了（不仅仅是 SQL）。
- **可视化**。在报表进化的下一步，输出往往在本质上是高度交互和动态的。报表和可视化输出的另一个重要区别是动画。商业用户可以使用各种不同的可视化技术，包括思维导图、热点图、图表和连接图，观察数据的变化。通常，报表和可视化都发生在业务活动结束时。虽然数据可以导入到另一个工具做进一步的计算或检查，但这是最后一步了。

交叉参考 你将在模块 2 第 3 讲中学到与分析相关的问题。

交叉参考 你将在模块 2 第 2 讲中学到更多有关 NoSQL 的知识。

1.9 大数据应用层

预备知识 了解大数据的应用和用例。

自定义和第三方应用程序提供了一种替代的方法来共享和研究大数据源。虽然站在它们自己的立场上，所有的参考架构层都是重要的，但是这一层才是大多数革新和创造力最显著的地方。

这些应用程序不是**水平的**就是**垂直的**。水平表示它们解决行业中的共性问题，垂直表示它们能帮助解决行业特定的问题。不用说，你有很多可供选择的应用程序，并且有更多的应用程序在研发中。

总体情况

商业可用的大数据应用程序的类别预计将和底层技术的采用率一样地快速增长，甚至会更快。最常见的类别是**日志数据应用程序**（Splunk, Loggly），**广告/媒体应用程序**（Bluefin, DataXu）以及**市场营销应用程序**（Bloomreach, Myrrix）。举几个例子，医疗保健行业、制造业和运输管理的解决方案也正在开发中。

像其他任何自定义应用程序开发的初始阶段一样，大数据应用程序的创建需要结构、标准、严谨和明确定义的 API。大多数希望利用大数据的商业应用需要跨整个栈订阅 API。它可能需要处理来自从最低级别数据存储的原始数据，并将原始数据同来自仓库的合成数据结合起来。正如你所料想的，该操作术语是**自定义**的，它在大数据的实施中，创建了一个不同的压力类型。

总体情况

在眨眼之间大数据就能快速移动和变化，所以软件开发团队需要能够快速创建与解决当下业务挑战相关的应用程序。企业可能需要考虑创建开发的“老虎团队”，它能在业务环境中，通过按需创建和部署应用程序，对变化做出快速响应。事实上，将这些应用程序看作是“半定制”的可能会更加合适，因为它们比低级别的编码涉及更多的组件。

知识检测点 5

举个你在你所在的行业中已经关注到的水平和垂直应用的例子。

总体情况

随着时间的推移，我们期望某些类型的应用程序将在特定背景下由最终用户创建，最终用户可以从组件面板中组装解决方案。不用说，在这里，结构和标准化是最有必要的。软件开发者需要创建一致性的、标准化的软件开发环境，并为大数据应用的快速部署设计新的开发实践。

1.10 虚拟化和大数据

虚拟化将资源和服务从底层物理交付环境中分离，使你在一个单一的物理系统中创建许多虚拟系统。图 2-1-2 展示了一个典型的虚拟化环境。

企业实施虚拟化的一个主要原因是提高处理不同混合工作负载的性能和效率。在所有的工作负载中，可以快速按需分配一组共用的虚拟资源，而不是给每一组任务分配一套专用的物理资源。对虚拟资源池的依赖，使企业改善了延迟。服务交付速度和效率的提升是虚拟化环境分布式本质的一个功能，并有助于提高整体时间价值。

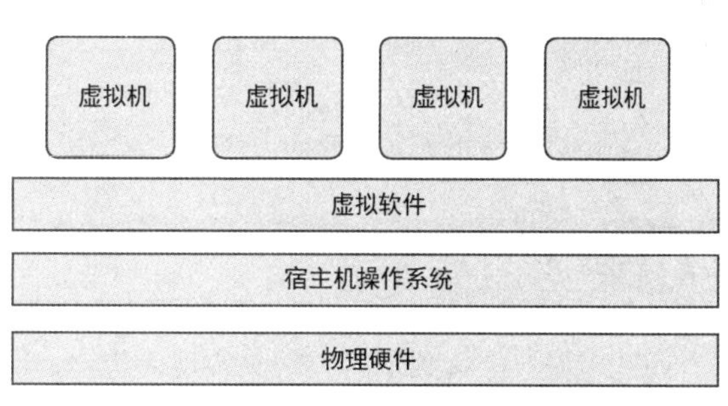

图 2-1-2 在单一物理系统中，使用虚拟化软件来创建多个虚拟化系统

以更灵活更高效的方式使用一组分布式物理资源（如服务器、存储和网络）就成本节约和生产力提高而言，提供了明显的好处。虚拟化有许多好处，包括以下几点：

- 使这些资源的利用率**得以大幅度改善**；
- 使你的 IT 资源的利用率和性能**得以更好地控制**；
- 可以**提供一个自动化和标准化的水平**，以优化你的计算环境；

❍ 为云计算提供基础。

虽然资源的虚拟化提高了效率，但它也是有缺点的。必须管理虚拟资源，以确保它们是安全的，因为一个镜像可以成为入侵者获得对关键系统的直接访问的途径。此外，如果公司没有一个删除未使用镜像的流程，系统将不会再有效地工作。

虚拟化对大数据的重要性

解决大数据的挑战需要管理大量**高度分布式的数据的存储**，以及**管理计算和数据密集型应用程序**的使用。因此，你需要一个高度有效的 IT 环境来支撑大数据。虚拟化提供了额外的效率层，使大数据平台成为现实。虽然虚拟化不是一个技术上的大数据分析的需求，但是如 MapReduce 这样的，用在大数据环境下的软件框架，在虚拟化环境中会更加有效。

如果需要大数据环境具有伸缩性（几乎没有界限），应该对环境中的元素进行虚拟化。

虚拟化有 3 个用以支撑大数据环境所需的可伸缩性以及操作效率的特性。

分区

在虚拟化中，通过将可用资源分区（分离），在一个单一物理系统中，支持多个应用程序和操作系统。

隔离

每一个虚拟机都与它的物理系统和其他虚拟机相隔离。由于这样的隔离，如果一个虚拟机实例崩溃了，其他虚拟机和主机系统不会受影响。此外，数据不会在虚拟实例之间共享。

封装

虚拟机可以表示为（甚至存储成）单个文件，因此可以很容易地根据它所提供的服务来识别它。例如包含已封装流程的文件可能是一个完整的业务服务，这个封装的虚拟机可以作为一个完整的实体呈现给应用程序；因此，封装可以保护每一个应用程序不受其他应用程序的干扰。

大数据取得成功的最重要的要求之一是有恰当的性能级别，支持大容量和不同类型的数据分析。当你开始利用如 Hadoop 和 MapReduce 这样的环境时，拥有一个可以伸缩的提供支持的基础设施是关键的。虚拟化在 IT 基础设施的每一层上都增加了效率。在你的环境中应用虚拟化将有助于实现大数据分析所需的可伸缩性。

1.11 虚拟化方法

通过遵循一个**端到端**的方法来实现虚拟化，会在你的环境中为大数据及其他类型的工作负载提供益处。一个端到端的方法意味着错误可以更快地得到修正——这是大数据环境中的一个基本要求。当与大数据协同工作时，需要准备好你的基础设施，管理潜在的非常大（数据量）、非常快（速度）和高度非结构化（多样性）的数据。

其结果是，你整个 IT 环境需要在每一层进行优化，从网络到数据库、存储和服务器。如果你只是虚拟化你的服务器，你可能会体会到来自其他基础设施元素的瓶颈，如存储和网络。如果你只专注于虚拟化你的基础设施中的一个元素，你不太可能达到你需要的延迟和效率，更有可能将你公司暴露在更高成本和安全风险之中。

大多数组织机构没有尝试在同一时间去虚拟化其基础设施中的所有元素。许多组织机构从服务器虚拟化开始，并实现了一定程度的效率提升。当需要继续提升整体系统的性能和效率时，虚拟化其他元素。下面描述了在 IT 环境中的每一个元素——服务器、存储、应用程序、数据、网络、处理器、内存和服务——的虚拟化是如何对大数据分析产生积极影响的。

1.11.1　服务器虚拟化

在服务器虚拟化中，**一个物理服务器被划分成多个虚拟服务器**。一台机器的硬件和资源——包括随机存取存储器（RAM）、CPU、硬盘和网络控制器——可以被虚拟化（逻辑上拆分）成一系列的虚拟机，每个虚拟机运行它自己的应用程序和操作系统。实际上薄薄一层软件被插入了硬件，它包含了一个虚拟机监视器或**管理程序**。管理程序可以被认为是管理虚拟机和物理机之间的流量的一种技术。

定　义

虚拟机（VM）是一种可以执行或运行同物理机一样功能的物理机的软件表现形式。

服务器虚拟化使用管理程序来给物理资源的使用**提供效率**。当然，安装、配置和管理任务是与设置这些虚拟机相关联的。这包括了**许可证管理**、**网络管理**、**工作负载管理**和**容量规划**。

服务器虚拟化如何提供帮助

服务器虚拟化有助于确保你的平台可以**按需伸缩**，处理你的大数据分析中所包含的大容量的和各种类型的数据。在你开始你的分析之前，你可能不知道所需的结构化和非结构化数据的数量或种类。这种不确定性使对服务器虚拟化的需求会更大，为你的环境提供满足不可预料的需求的能力，以处理非常大的数据集。

此外，服务器虚拟化提供了使许多云服务可以被用作大数据分析的数据来源的基础。虚拟化增加了云的效率，它使许多复杂的系统变得更容易优化。其结果是，组织机构拥有了性能和优化，能够访问以前不可用或是难以收集的数据。大数据平台越来越多地成为有关客户喜好、情绪和行为的大量数据的来源。公司可以把这个信息与内部销售和产品数据整合起来，以深入了解客户的喜好，制作更多的有针对性和个性化的报价。

1.11.2　应用程序虚拟化

应用程序基础设施的虚拟化提供了一种有效的方式，在客户需求的场景下**管理应用程序**。

应用程序以一种消除对底层物理计算机系统依赖的方式进行封装。这有助于提高应用程序的可管理性和可移植性。此外，应用程序基础设施虚拟化软件通常允许编纂业务和技术的使用政策，确保你的每一个应用程序都能以一种可预见的方式利用虚拟的和物理的资源。因为你可以更容易地根据自己的应用程序的相关商业价值来分配 IT 资源，以获得效率。换句话说，你最关键的应用程序可以按需从可用的计算池和存储容量池中得到最高优先级。

应用程序基础设施虚拟化与服务器虚拟化相结合使用，可以有助于确保满足业务的 SLA。

> **快速提示** 服务器虚拟化监视 CPU 和内存的使用率，但是在分配资源时不考虑业务优先级的变化。例如，你可能希望将所有的应用程序都以相同的业务优先级别对待。除服务器虚拟化之外，通过实施应用程序基础设施虚拟化，可以确保最高优先级的应用程序具有最高的访问资源的优先级。

应用程序虚拟化如何提供帮助

由于庞大的数据量或是数据生成速度，你的大数据应用程序可能有很大的 IT 资源需求。你的大数据环境需要有恰当的可预见性和可重复性级别，以确保应用程序可以访问所需的资源。应用程序基础设施虚拟化可以确保大数据分析所部署的每一个应用程序可以在其相对优先级的基础上，在恰当的时机访问所需的计算能力。此外，应用程序基础设施虚拟化使在不同计算机上运行应用程序更加容易，并且以前不兼容的或遗留的应用程序可以在同一台物理机器上一起运行。你将不需要创建 Windows、Linux 等多个版本。被设计用作支持高度分布式的、数据密集型应用程序的大数据平台，在虚拟环境中会运行得更好更快。这并不意味着你要虚拟化所有大数据相关的应用程序。例如，一个文本分析应用程序可能在一个独立环境中运行得最好，虚拟化并不增加任何好处。

1.11.3　网络虚拟化

网络虚拟化——软件定义的网络——提供了一种有效的方式**将网络作为连接资源池来使用。**网络以与其他物理技术类似的方式进行虚拟化，而不是依靠物理网络来管理连接之间的流量，可以创建多个虚拟网络，所有的虚拟网络都利用相同的物理实现。

网络虚拟化如何提供帮助

如果你需要定义一个网络，去采集特定的性能特征和能力集合的数据，并为具有不同性能和能力的应用程序去定义另一个网络，网络虚拟化就是有用的。在网络层的限制可能会导致瓶颈，这反过来导致大数据环境中的不可接受的延迟。网络虚拟化有助于减少这些障碍物，并提高管理大数据分析所需的大型分布式数据的能力。

1.11.4　处理器和内存虚拟化

处理器虚拟化有助于**优化处理器，并最大限度地提高性能**，内存虚拟化将内存从服务器中**分离开来**。

处理器和内存虚拟化如何提供帮助

在大数据分析中，你可能会有大量数据集的重复查询以及要创建高级分析算法，它们全都被设计用来寻找未被理解的模式和趋势。这些高级分析需要大量的处理能力（CPU） 和内存（RAM）。对于其中一些计算，若没有足够的 CPU 和内存资源，可能需要很长的时间。处理器和内存虚拟化有助于快速处理并更快获得你的分析结果。

1.11.5　数据和存储虚拟化

数据虚拟化可以用来创建一个动态链接数据服务的平台。这允许数据可以**被很容易地搜索到**，并通过一个统一的参考源进行连接。结果，数据虚拟化提供了一种抽象服务，它不管底层的物理数据库，以一致的形式交付数据。此外，数据虚拟化对所有应用程序公开了缓存数据，以提高性能。

存储虚拟化将物理存储资源组合起来，以便它们被**更有效地共享**。这**降低了存储成本**，使**更加容易地管理**大数据分析所需的数据存储。

数据和存储虚拟化如何提供帮助

数据和存储虚拟化发挥了显著的作用，使其更容易和更低廉地进行存储、检索并分析大量的快速和种类多变的数据。记住一些大数据可能是非结构化的，使用传统方法不容易进行存储。存储虚拟化使存储大型的和非结构化的数据类型变得更加容易。在大数据环境中，有利于按需访问各种运营数据存储。例如，你可能只需要偶尔访问一个列式数据库。有了虚拟化，数据库可以作为一个虚拟镜像进行存储，无论何时需要，都可以被调用，而无须消耗宝贵的数据中心的资源或能力。

附加知识　虚拟化的管理和安全挑战

虚拟化环境需要充分地管理和治理，以实现成本节约和效率效益。如果你依靠大数据服务来节约你的分析挑战，你需要确保虚拟环境和物理环境一样地被良好管理和受到保护了。如果没有恰当的监督，一些虚拟化的好处，包括易于配置，会很容易地导致管理和安全问题。虚拟化使开发人员很容易地创建一个虚拟镜像，或是一个资源副本。其结果是，许多公司已经实施了虚拟化，却发现虚拟镜像的数量急剧增加。要注意的问题包括以下方面。

- 创建了太多的虚拟镜像，导致服务器和内存性能的急剧下降。
- 缺乏虚拟镜像生命周期的控制，导致安全漏洞的引入。
- 过多的虚拟镜像增加了存储成本并不利于成本节约。
- 管理员对虚拟镜像进行恶意或无知的管理，可能增加安全风险。
- 如果你不能准确地检测虚拟基础设施日志的话，合规性要求可能会遭到损害。

知识检测点 6

为什么大企业选择虚拟化的数据存储服务是合理的决定？结合实例进行解释。

1.11.6　用管理程序进行虚拟化管理

在一个理想的世界中，你不想担心底层操作系统和物理硬件。

管理程序是负责确保资源共享以有序和可重复方式发生的一种技术。它是允许多个操作系统共享一台主机的交通警察。它创建和运行虚拟机。

管理程序位于硬件环境的最底层，使用薄薄的一层代码（通常被称为框架）使动态资源得以共享，所有的一切都使它看上去像是每一个操作系统自己拥有全部的物理资源。

在大数据的世界中，你可能需要支持许多不同的操作环境。虚拟机管理程序成为一个理想的大数据栈技术组件的传递机制。它可以让你在许多系统中显示相同的应用程序，而无须在每一个系统上物理地复制应用程序。一个额外的好处是，由于架构的原因，管理程序可以加载任何（或多个）不同的操作系统，仿佛它们仅仅是另外一个应用程序而已。所以，管理程序是非常实用的，使事情快速有效地虚拟化的办法。

附加知识

你需要了解管理程序的本质。它的设计就像是一个服务器操作系统，而不是 Windows 操作系统。运行在物理机上的每一个虚拟机被称为“客户机”。因此虚拟机管理程序调度客户操作系统需要访问的一切内容，包括 CPU、内存、磁盘 I/O 以及其他的 I/O 机制。客户操作系统运行在虚拟机之上。利用虚拟化技术，可以设置虚拟机管理程序，分割物理计算机的资源。例如，资源可以在两个客户机操作系统中按 50/50 分割，或者按 80/20 分割。这种安排的好处是虚拟机管理程序处理了所有的繁重工作。客户机操作系统不关心（或意识不到），它是运行在一个虚拟分区上的；它认为它独占了一台计算机。

基本上，可以找到以下两种类型的虚拟机管理程序。

- 虚拟机管理程序类型一：直接运行在硬件平台上。因为它们直接运行在平台上，可以实现更高的效率。
- 虚拟机管理程序类型二：运行在主机操作系统上。通常当存在支持广泛 I/O 设备的需求时使用。

1.11.7　抽象与虚拟化

为了虚拟化 IT 资源和服务，它们从底层物理传输环境中被分离出来。这个分离行为的技术术语是**抽象**。抽象是大数据中的一个关键概念。MapReduce 和 Hadoop 是分布式计算环境，在这里一切都是抽象的。细节被抽象出来，以便开发人员或分析师不需要去关心数据元素实际所处的位置。

抽象通过隐藏细节和仅仅提供相关的信息，最大限度地减少了复杂的东西。举例来说，如果你是去接一个从未谋面的人，此人可能会提供给你接头地点的细节，他或她的身高，头发颜色和服装。这个人不需要告诉你他或她的出生地、银行储蓄情况、生日等。这是抽象的概念——提供高层次的规范而不是进入到某些东西如何工作的细节中去。例如，在云计算的基础设施即服务的交付模式中，物理和虚拟的基础设施的细节抽象自用户。

1.11.8　实施虚拟化来处理大数据

虚拟化有助于你的 IT 环境足够智能地处理大数据分析。通过优化基础设施的所有元素，包括硬件、软件和存储，可以获得所需的效率去处理和管理大量的结构化和非结构化数据。有了大数据，你需要在分布式环境中访问、管理和分析结构化和非结构化数据。

大数据以分布式呈现。在实践中，任何一种 MapReduce 都将会在虚拟环境中工作得更好。

在计算和存储能力需求的基础上，你还需要有到处移动工作负载的能力。

虚拟化使你能够解决尚未仔细研究的更大的课题。你可能不会事先知道你需要多快的速度去调节规模。

虚拟化使你能够支持各种运营大数据的存储。例如，图数据库可以作为一个镜像。

来自虚拟化的最直接的好处是确保 MapReduce 引擎更好地工作。虚拟化将给 MapReduce 带来更好的伸缩性和更佳的性能。每一个 map 和 reduce 都需要独立地执行。如果 MapReduce 引擎是并行的且被配置运行在一个虚拟环境中，可以减少管理开销，并允许在任务工作负载中进行扩展和收缩。MapReduce 本身就是平行和分布式的。通过在虚拟容器中封装 MapReduce 引擎，无论你何时需要它，你都可以运行你需要的东西。有了虚拟化，你提高了你已经支付了的资产的利用率，把它们变成了通用的资源池。

知识检测点 7

一家银行已经意识到了他们的硬件成本正在增加。他们如何才能利用虚拟化来降低硬件成本？

练习

基于图的问题

以正确的顺序在方框中填入组件：硬件、操作系统、虚拟化层、虚拟机。

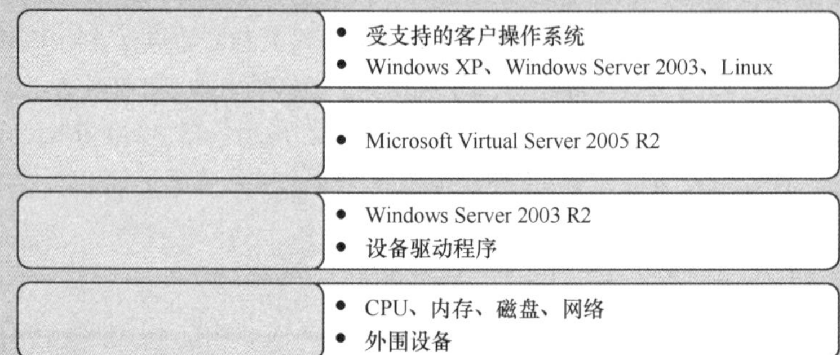

多项选择题

选择正确的答案。在下面给出的“标注你的答案”里将正确答案涂黑。

1. 数据和应用程序的访问指的是大数据技术栈的哪一层？
   a．应用程序层　　b．冗余物理基础设施层
   c．安全基础设施层　　d．可操作数据库层
2. 下列哪一个是日志数据分析所使用的大数据应用程序？
   a．DataXu　　b．Bluefin
   c．Splunk　　d．Myrrix
3. 在大数据应用程序中，哪个是最常见的 API？
   a．SOA　　b．Web API
   c．REST API　　d．.NET API
4. ETL 工具属于大数据栈的哪一层？
   a．应用程序层　　b．网络层
   c．安全层　　d．组织数据服务和工具层
5. 只有带有有效数据的事务才能在数据库上执行。如果数据是损坏的或是不恰当的，则不会完成该事务，并且数据也不会被写入到数据库中。这里指的是 RDBMS 的哪个特性？
   a．一致性　　b．原子性
   c．隔离性　　d．持久性
6. 大数据栈中的可操作数据库层所使用的数据库引擎的两个主要类别是什么？
   a．列式和键/值对　　b．RDBMS 和 NoSQL

c. 列式和文档数据库　　d. Riak 和 MongoDB

7. 下列哪种虚拟化特性指的是虚拟机可以使用一个单一文件来表示？
   a. 分区　　b. 隔离
   c. 封装　　d. 应用程序虚拟化
8. 下列哪一项可以帮助加快处理，并更快地获得你的分析结果？
   a. 网络虚拟化　　b. 处理器和内存虚拟化
   c. 数据和存储虚拟化　　d. 应用程序虚拟化
9. 管理虚拟机和物理机之间流量的技术是什么？
   a. ETL 工具　　b. 客户端-服务器
   c. 虚拟机管理程序　　d. 虚拟化
10. 你使用下列哪个虚拟机管理程序来实现完全虚拟化？
   a. PR/SM　　b. CP-40
   c. CP-67　　d. 以上都不是

标注你的答案（把正确答案涂黑）

1. ⓐ ⓑ ⓒ ⓓ
2. ⓐ ⓑ ⓒ ⓓ
3. ⓐ ⓑ ⓒ ⓓ
4. ⓐ ⓑ ⓒ ⓓ
5. ⓐ ⓑ ⓒ ⓓ
6. ⓐ ⓑ ⓒ ⓓ
7. ⓐ ⓑ ⓒ ⓓ
8. ⓐ ⓑ ⓒ ⓓ
9. ⓐ ⓑ ⓒ ⓓ
10. ⓐ ⓑ ⓒ ⓓ

测试你的能力

1. 描述大数据技术栈的各层。
2. 描述在大数据背景下虚拟化的意义。
3. 比较和对比两种主要的可操作数据库的类型——RDBMS 和 NoSQL 数据库。

备忘单

- 虚拟化为多个平台属性提供了基础，在大容量的大数据环境下，这些平台属性是访问、存储、分析和管理分布式计算组件所需要的。
- 建立一个可视化环境的基本要求是：
  - 捕捉；
  - 集成；
  - 组织；
  - 分析；
  - 行动。
- 在栈的最低层次是物理基础设施——硬件和网络。
- 可以应用于大数据实现的一些首要原则是：
  - 性能；
  - 可用性；
  - 可伸缩性；
  - 灵活性；
  - 成本。
- 大多数大数据的实现需要高度可用性，所以网络、服务器和物理存储必须是弹性的和冗余的。
- 网络应该是冗余的，必须有足够的容量去适应预期的流入和流出数据的数据量和速度。
- 硬件（存储和服务器）资产必须有足够的速度和能力去处理所有预期的大数据的容量。
- 一个重要的设计考量是基础设施的运营管理。
- 当大数据成为战略的一部分时，出现了一些独特的挑战：
  - 数据访问；
  - 应用程序访问；
  - 数据加密；
  - 威胁检测。
- 物理基础设施启用了所有的东西，并且安全基础设施保护了大数据环境下的所有元素。
- 因为大部分的数据是非结构化的，并且是在业务控制之外生成的，一种新的称作自然语言处理（NLP）的技术出现了，它可以作为大数据和应用程序之间接口的首选方法。
- 虽然有可能在所有你的大数据实施中，使用关系型数据库管理系统（RDBMS），但是由于性能、规模和成本等原因，所以不太实用。
- 组织数据服务和工具将各种大数据元素捕捉、验证和组装进上下文相关的集合中。
- 数据仓库和数据集市长期以来一直是组织机构用来帮助决策者优化数据的主要概念。
- 分析层使用的 3 类工具如下：
  - 报表和仪表盘；
  - 可视化；
  - 分析和高级分析。
- 自定义和第三方应用程序提供了一种可选的替代方法，共享和审查大数据的来源。
- 类似于任何其他自定义应用程序开发的初始阶段一样，大数据应用程序的创建需要结构、标准、严谨和明确定义的 API。
- 虚拟化将资源和服务从底层物理传输环境中分离出来。
- 虚拟化有许多好处，包括以下几点：
  - 使这些资源的利用率得以大幅度改善；
  - 使你的 IT 资源的利用率和性能得以更好地控制；
  - 可以提供一个自动化和标准化的水平，以优化你的计算环境；
  - 为云计算提供基础。
- 在服务器虚拟化中，一个物理服务器被划分成多个虚拟服务器。
- 应用程序基础设施虚拟化提供了一种有效的办法在客户需求的背景下管理应用程序。
- 网络虚拟化——软件定义的网络——提供了一种有效的方式将网络作为连接资源池来使用。
- 处理器虚拟化有助于优化处理器，并最大限度地提高性能。
- 内存虚拟化将内存从服务器中分离开来。
- 数据虚拟化可以用来创建一个动态链接数据服务的平台。

第2讲

大数据管理系统——数据库和数据仓库

模块目标

学完本模块的内容，读者将能够：

⏭	将传统数据管理系统与大数据管理系统作比较

本讲目标

学完本讲的内容，读者将能够：

⏭	解释各种数据库系统以及它们与大数据的相关性
⏭	描述数据仓库在大数据管理中的相关性
⏭	解释大数据管理系统的混合模式

"技术必须被发明或被采纳。"

——Jared Diamond

大数据在组织机构利用大容量的数据，以所需的速度解决特定的数据问题方面，正在成为一个重要的因素。然而当孤立使用时，它不是有效的。对于商业目的而言，不能从营运数据源中将大数据隔离开来。为了有效使用，公司往往需要能够将大数据分析结果与运营数据或与存在于业务之中的数据相结合。本讲提供了对各种重要的数据源和服务的解释，以便读者可以了解如何连同大数据解决方案来使用它们。

由可操作数据库（也称为**数据存储**）提供的最重要的服务之一是**持久性**。持久性保证存储于数据库中的数据在无授权的情况下不会（和不能）被更改，只要是重要的业务，它就是可用的。如果它不能被信任来保护你所输入的数据，那么该数据库有什么好处？鉴于这个最重要的要求，你必须考虑一下你想要持久化的数据类型，你如何能够访问和更新它，以及如何利用它来制定商业决策。在这个最基本的层面上，你数据库引擎的选择对整体的大数据实施的成功至关重要。

连同数据存储一道，**数据仓库**是最常用的可操作的系统，用于解决客户的孤立操作系统的大问题。越来越多的管理层希望用更多的简化模型来替代低效的决策支持系统。公司希望能够有一个单一的架构模型来简化商业决策。这种方法，无论以一种完整的数据仓库的形式还是以更为有限的数据集市的形式呈现，都已是一种常态。

然而，随着大数据的出现，数据仓库的概念正在发生变化，以便它可以应用于新的用例。传统的数据仓库将继续生存和发展，因为它在分析历史运营数据以供决策时，是非常有用的。然而，为了适应大数据世界，将对新类型的数据仓库进行优化。本讲给你提供了一个关于数据仓库如何演化以支持大数据特性的透视图。

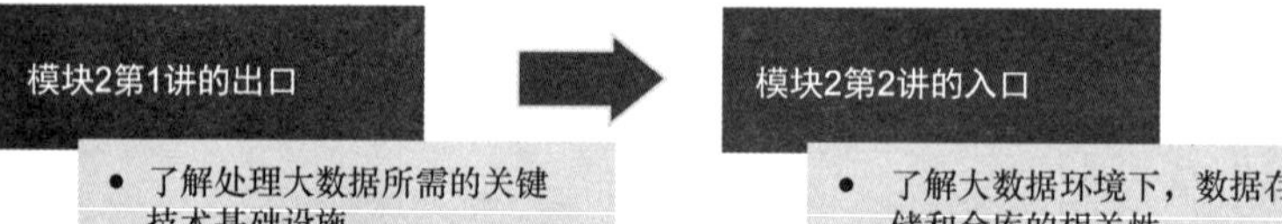
模块2第1讲的出口
了解处理大数据所需的关键技术基础设施
模块2第2讲的入口
了解大数据环境下，数据存储和仓库的相关性

2.1 RDBMS 和大数据环境

在小型和大型组织机构中，大多数重要的运营信息主要是存储在**关系型数据库管理系统**（RDBMS）中。许多组织机构为其不同的业务领域有不同的 RDBMS——传统数据可能存在于供应商的数据库中；客户信息可以存储在另一个数据库中。知道**什么数据被存储了**以及**它们被存储在何处**，是你大数据实施中的关键构件块。

预备知识 了解数据库的需求和基本概念。

附加知识

持久性数据存储的祖先是关系型数据库管理系统，即 RDBMS。在其起步阶段，计算机行业使用现在看起来很原始的技术进行数据持久化。从本质上说，这些都是记录系统，是公司如何存储从来自客户交易，到经营业务细节的一切有关数据的基础。尽管底层技术已经存在相当一段时间了，许多这样的系统到今天才运作，这是因为它们所支持的业务是高度依赖于数据的。替代它们就类似于改变越洋飞行的飞机的引擎。你可能会回想起 1980 年以前所流行的**平面文件**或**网络数据**存储。虽然这些机制是有用的，但是它们很难被掌握，并总是要求系统程序员编写自定义程序来操纵数据。关系模型在当今仍然被广泛地使用，对大数据的演化起着重要的作用。

你不可能会使用 RDBMS 作为大数据实施的核心，但你肯定需要依靠存储在 RDBMS 中的数据，去给大数据相关的业务创造最大级别的价值。虽然许多强大的和可靠的商业关系型数据库可以从 Oracle、IBM 和微软等公司得到，但是我们将详细讨论一个开源的被叫作 **PostgreSQL** 的关系型数据库。

PostgreSQL 关系型数据库

预备知识　了解 SQL 所支持的数据库操作。

PostgreSQL 是最广泛使用的开源数据库。它本来是在**加州大学伯克利分校**开发的，并作为一个开源项目一直处于积极的开发当中，已经超过 15 年了。

几个因素促成了 PostgreSQL 的普及。作为一个支持 SQL 标准的 RDBMS，它实现了数据库产品所预期的所有东西。它被长期和广泛地使用，使它经受住了“战斗考验”。它也可以安装在每一种操作系统上，从 PC 机到大型机。

PostgreSQL 也支持许多昂贵的专有 RDBMS 中才有的特性，包括以下内容：

- 在关系模式下，有直接处理“对象”的能力；
- 外键（在一个表中引用来自一个表的键）；
- 触发器（用于自动触发存储过程的事件）；
- 复杂查询（跨离散表格的子查询和连接）；
- 事务完整性；
- 多版本并发控制。

PostgreSQL 的真正能力在于它的**可扩展性**。这意味着用户和数据库程序员可以添加新的功能，而不影响数据库的基本操作或数据库可靠性。可能的扩展性包括：

- 数据类型；
- 运算符；
- 函数；
- 索引方法；
- 过程式语言。

当严格死板的专利产品完不成工作时，这种高层次的定制使 PostgreSQL 很有效。

PostgreSQL 许可证也允许任何形式的修改和分发——开源或闭源。任何修改都可以与你所希望的社区保持私有或共享。虽然关系型数据库（包括 PostgreSQL）在大数据“企业”中起到了关键的作用，但是你也有一些可供选择的替代方法，其中一些会在下面的章节中讨论。

2.2　非关系型数据库

非关系型数据库无须依赖于 RDBMS 特有的表/键模型。大数据世界中的特殊数据，需要专门的持久性和数据处理技术。非关系型数据库给大数据的挑战提供了一些答案，但它们并不是去往终点线的特快票。

一个新兴的、流行的非关系型数据库的类别是**“不仅仅是 SQL”**（Not Only SQL，**NoSQL**）。其创始人设想这种数据库无须关系型的模型和 SQL。随着这些产品被引入进市场，这个定义有些许松动了，现在被认为是**“不仅仅是 SQL”**，再次顺从于无处不在的 SQL。

另一类的数据库不支持关系模型，但却依赖 SQL 作为操纵数据的主要方式。

尽管关系型和非关系型数据库具有相似的基础，但这些基础是如何完成差异性创建的呢？

非关系型数据库技术有下列共同的特性。

- **可伸缩性**：这是指在多个数据存储中同时写入数据的能力，而无须考虑底层基础设施的物理限制。它们的一个重要方面是无缝。数据库必须能够扩展和收缩，以响应数据流，最终用户对这些都是不可见的。
- **数据和查询模型**：与行、列和键结构不同，非关系型数据库使用专门的框架去存储数据，利用必要的专业查询 API 集去智能地访问数据。
- **持久化设计**：持久化是非关系型数据库中的一个关键要素。由于大数据的高速性、多样性和数据量，这些数据库使用不同的机制来保持数据的持久性。性能最高的选择是放在**内存中**，此时整个数据库保存在非常快的服务器的内存系统中。
- **接口多样性**：虽然大多数这些技术支持 REST 风格的 API 作为它们“去”的接口，但它们也为程序员和数据库管理员提供了各种各样的连接机制，包括分析工具，以及报表/可视化。
- **最终一致性**：当 RDBMS 使用 **ACID**（原子性、一致性、隔离性、持久性）作为确保数据一致性的机制时，非关系型 DBMS 使用了 **BASE**（基本可用、软状态和最终一致性）。其中，**最终一致性**是最重要的，因为当数据在一个分布式实施的节点之间运动时，它负责冲突解决。数据状态由软件维护，访问模型依赖于基本可用性。

附加知识

表述性状态转移（REST）是被设计专门用以互联网的，是连接 Web 资源（服务器）到另一端（客户机）的最常用的机制。REST 风格的 API 提供了一种标准化的方式来在 Web 资源之间，创建一个临时的关系（也称为松耦合）。顾名思义，松耦合资源不是刚性连接的，对于网络中和在其他基础设施组件中出现的变化是具有弹性的。

一些最流行的非关系型数据库的风格和开源实现如下：

- 键值数据库；
- 文档数据库；
- 列式数据库；
- 图数据库；
- 空间数据库。

知识检测点 1

比较关系型和非关系型数据库之间的异同。

2.2.1 键值数据库

到目前为止，最简单的 NoSQL 数据库是使用键/值对（Key-Value Pair，KVP）模型。

KVP 数据库不需要像 RDBMS 那样的模式。虽然这些数据库提供了巨大的灵活性和可伸缩性，但是它们没有 ACID 的能力，需要实施者来考虑数据的布局、复制和容错性，因为它们没有被技术本身明确地控制。KVP 数据库是无类型的，因为其大部分数据被存储为字符串。

表 2-2-1 列出了 KVP 的一些样本。

表 2-2-1　键/值对的样本

键	值
Color	Blue
Libation	Beer
Hero	Soldier

表 2-2-1 给出了非常简单的一组键/值。在大数据实施中，许多人可能有关于颜色、酒类和英雄的不同想法，如表 2-2-2 所示。

表 2-2-2　大数据键/值对

键	值
FacebookUser12345_Color	Red
TwitterUser67890_Color	Brownish
FoursquareUser45678_Libation	"White wine"
Google+User24356_Libation	"Dry martini with a twist"
LinkdinUser87654_Hero	"Top sales performer"

随着用户数量的增加，保持精确的键和相关的值是具有挑战性的。如果你需要跟踪数以百万用户的意见，与之相关的 KVP 的数量会成倍地增加。如果你不想对值的选择做出限制，一般的 KVP 的字符串的表示提供了灵活性和可读性。你可能需要一些额外的帮助在键值数据库中进行数据组织。

大多数键值数据库提供了将键（和其相关的值）聚合到**集合**中的能力。集合可以包含任意数量的 KVP，无须要求控制个体的 KVP 元素。

Riak 键值数据库

一个广泛使用的开源键值数据库是 **Riak**。这是由一家叫作 **Basho 技术**的公司开发和提供支持的，在 **Apache 软件许可协议 2.0 版本**下可用。

Riak 是一个非常快速和具有可伸缩性的键值数据库的实现。因为它是轻量级的，所以它支持大容量的，带有快速变化数据的环境。Riak 在金融服务的实时交易分析中尤其有效。它使用**桶**作为键和值的集合的组织机制。

Riak 实现是以对等方式分布的**物理或虚拟节点**的集群。没有主节点的存在，因此该集群具有弹性和高度可扩展性。所有的数据和操作都分布在集群中。

Riak 集群有一个**有趣的性能现象**。更大的集群（拥有更多的节点）比节点较少的集群执行得更好更快。通过一种叫作 Gossip 的特殊协议可以实现集群通信，Gossip 协议存储了关于集群的状态信息并分享了关于桶的信息。

Riak 有很多特点，是由如下内容组成的生态系统的一部分。

- **并行处理**：使用 **MapReduce**，Riak 支持整个集群的查询的分解和重构的能力，进行实时分析和计算。
- **链接和链接行走**：可以使用链接，构造 Riak 以模拟图数据库。链接行走是 KVP 之间的单向连接。**行走**（跟随）链接将提供一个 KVP 间的地图关系。
- **搜索**：Riak 搜索具有容错性，分布式全文检索能力。可以索引桶，为键更快地解析值。
- **二级索引**：开发人员可以用一个或多个关键字段值来标记值。应用程序可以查询索引并返回一个匹配关键字的列表。这可能在大数据实施中非常有用，因为操作是原子性的，并将支持实时行为。

Riak 实现最适合于：

- 社交网络、社区或游戏的用户数据；
- 大容量、富媒体的数据采集和存储；
- 连接 RDBMS 和 NoSQL 数据库的缓存层；
- 需要灵活和可靠的移动应用程序。

知识检测点 2

> 一个领先的快速消费品公司想要开发一种快速响应的 CRM 应用程序，创建潜在客户和机会。他们应该使用 RDBMS 还是 NoSQL 数据库？

2.2.2 文档数据库

你找到了两种文档数据库。

一种通常被描述为**一个完整的文档样式的内容库**（例如，文字文件和完整的网页），另一种是用于**存储文档组件的数据库**，将其作为静态实体或文档一部分的动态组件来永久存储。

该文件及它们部件的结构是由 **JavaScript 对象**表示（JSON）和/或**二进制 JSON**（BSON）提供的。

当你需要产生许多报表和它们需要被从变化频繁的元素中动态组装时，文档数据库是最有用的。一个很好的例子是医疗保健中使用的文档，在那里内容组成会根据成员资料（年龄、居住地、收入水平等）、保健计划和政府项目的资格而变化。对于大数据的实施，两种风格都很重要，所以你需要了解每一个细节。

在其核心中，**JSON 是一种数据交换格式**，基于 JavaScript 编程语言的一个子集。虽然是编程语言的一部分，它本质上是文本的，非常易于读写。它还具有易于计算机处理的优点。JSON 存在两种基本结构，它们受到许多（甚至全部）现代编程语言的支持。第一个基本结构是**名称/值对的集合**，以及它们在编程上被表示为的对象、记录、有序关键值的列表等。第二个基本结构是**一个有序值列表**，以及它们在编程上被表示为的数组、列表或序列。

BSON 是一个 JSON 结构的二进制序列，被设计来提高性能和可伸缩性。

文档数据库正在成为大数据所采用的黄金标准，所以我们研究下两个最流行的实现的例子。

MongoDB

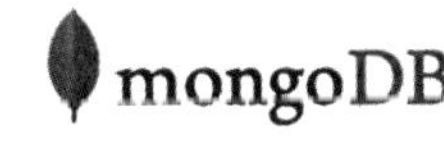

MongoDB 是“hu（mongo）us database”系统的项目名称。它由一家叫作 **10gen** 的公司维护的，作为一个开源数据库，是在 **GNU AGPL v3.0** 许可证下免费提供的。商业许可证具有来自 10gen 的完全支持。

MongoDB 正在变得越来越受欢迎，可能对于支持大数据实施的数据存储来说是一个不错的选择。它是由包含**集合**的数据库组成。集合是由**文档**组成的，而每个文档是由**字段**组成的。正如在关系型数据库中的那样，我们可以索引一个集合。这样做会增加数据查找的性能。

然而，不像其他的数据库，MongoDB 返回一个叫作**光标**的东西，它作为一个数据的指针。这是一个非常有用的能力，因为它提供了计数或分类数据的选项，而不需要解压它。MongoDB 生来支持了 BSON，JSON 文件的二进制实现。

MongoDB 也是一个包含以下要素的生态系统。

- **高可用性和复制服务**，可以用于跨局域网和广域网缩放。
- **一个网格文件系统**（GridFS），通过在多个文件中将对象划分的方式，启用了大对象存储。
- MapReduce 支持分析和不同集合/文档的聚合。
- **分片服务**，在一个或多个数据中心的服务器集群中，分布一个单一的数据库。服务是由一个**分片字段**驱动的，用于跨多个实例智能地分发文件。
- 查询服务支持随机查询、分布式查询和全文检索的查询服务。

有效的 MongoDB 实现包括：

- 大容量的内容管理；
- 社交网络；
- 归档；
- 实时分析。

知识检测点 3

AirSoft Infosys 是一家初创公司。最终他们的数据有 2 GB，两年之后，他们的数据已经增长到 20 GB，它以每月 10 GB 的速度快速增长。建议他们应该实施哪种类型的数据库。

CouchDB

另一个非常受欢迎的非关系型数据库是 CouchDB。

类似于 MongoDB，CouchDB 也是开源的，它由 **Apache 软件基金会**维护，并在 **Apache License 2.0** 下可用。

不像 MongoDB 那样，CouchDB 被设计于在各方面都模仿网络。例如，CouchDB 对于网络丢包具有弹性，并继续在有问题的网络连接领域中良好地工作。它也位于家庭的智能手机或数据中心之上。这一切都带有一些权衡。由于底层的网络模拟，CouchDB 具有高延迟，导致偏向于本地数据存储使用。虽然能够以非分布式的方式工作，CouchDB 并不适合较小的实现。你必须在你开始你的大数据实施时，确定这些权衡是否可以被忽略。

CouchDB 数据库是由文档组成，而该文档是由字段、附件和**元数据**形式的文档描述组成的，元数据是由系统自动维护的。底层技术使得 CouchDB 拥有了我们所熟悉的来自 RDBMS 的 ACID 特性。CouchDB 与关系型数据相比的优势在于数据是打包的，准备提供给操作或存储的，而不是分散于行和表之间。

CouchDB 也是一个生态系统，它具有以下功能。

- **压缩**：在空耗达到一定程度时，数据库被压缩以消除浪费的空间。这有助于为持久性提供性能和效率。
- **视图模型**：过滤、组织和数据报告的机制，利用了数据库中存储成文档的一组定义。你会发现一对多的数据库视图的对应关系，所以你可以创建不同的方法来表示你进行了**数据切片**和**切块**。
- **复制和分布式服务**：文档存储被设计来提供双向复制。可以维护部分副本，支持根据标准的分布式或用有限的连接迁移至设备。原生的复制是根据点到点的，但你可以实现主/从、主/主和其他类型的复制方式。

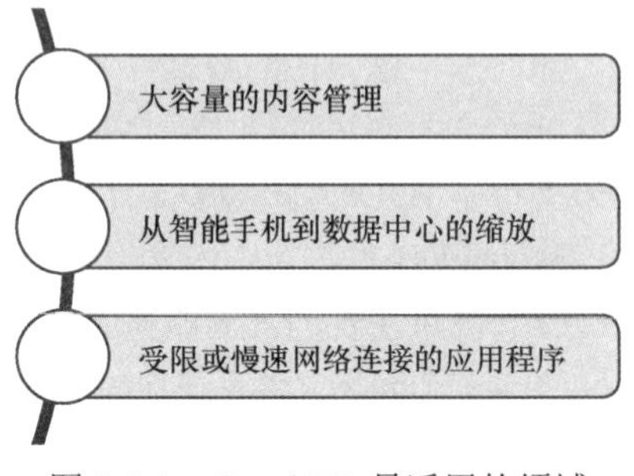

图 2-2-1 CouchDB 最适用的领域

图 2-2-1 展示了有效的 CouchDB 实施领域。

2.2.3 列式数据库

关系型数据库是**面向行的**，因为在表中的每一行数据都被存储在一起。在列式或是面向列的数据库中，数据是**跨行存储的**。虽然这似乎是一个微不足道的区别，但这是列式数据库最重要的底层特征。添加列很容易，而且可以逐行添加，提供了极大的灵活性、多性能和可扩展性。当你有一定的数据量和数据种类时，你可能想要使用一个列数据库。它是非常适合的——你可以简单地继续添加列。

HBase 列式数据库

最受欢迎的列式数据库之一是 HBase。它也是 **Apache 软件基金会**在 **Apache 软件许可证 2.0 版本**下发布的项目。

为满足其核心数据存储需求，HBase 使用 **Hadoop 文件系统**和 **MapReduce** 引擎。

HBase 的设计是仿照谷歌的 **BigTable**（存储非关系型数据的一种有效方式）。因此，HBase 的实现是高度可伸缩的、稀疏的、分布式的、持久性的**多维排序图**。每个图按**行键**、**列键**和**时间戳**进行索引。图中的每个值都是一个未经解释的字节数组。

当大数据的实现需要随机、实时的读/写数据访问时，HBase 是一个很好的解决方案。它经常被用来存储结果，用于后面的分析处理。

HBase 的重要特征包括以下内容。

- **一致性**：虽然不是一种 ACID 实现，HBase 提供了强一致性的读和写，HBase 并不是基于一个最终一致性模型的。这意味着你可以用它满足高速的要求，只要你不需要 RDBMS 提供的“额外的功能”，如完整的事务支持或类型列。

- **分片**：因为数据是由支持的文件系统进行分布的，HBase 提供透明的、自动的拆分和其内容的重新分配。
- **高可用性**：通过区域服务器的实施，HBase 支持局域网和广域网的故障转移和恢复。在其核心，有一个主服务器，负责监控区域服务器和集群的所有元数据。
- **客户端 API**：HBase 通过 Java API 提供可编程的访问。
- **IT 运营支持**：实施者可以通过一套内置的网页，公开性能和其他指标。

图 2-2-2 展示了最适合实施 HBase 的领域。

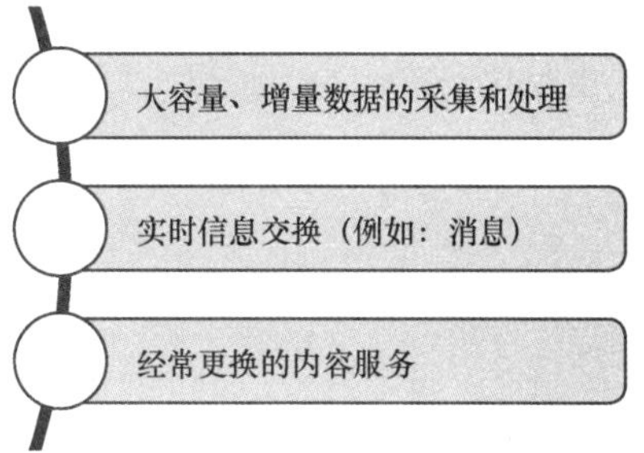

图 2-2-2　HBase 最适合的领域

与现实生活的联系

Dropbox 为其档案系统使用 HBase，因为这样可以得到以下好处：

- 高的写吞吐量；
- 用于分布式计算的大量成套的现有工具；
- 更容易执行大型处理任务。

知识检测点 4

摩根教育管理有限公司是一个有 20 个雇员的教育管理机构，自从 10 年前成立以来，保存了它的大部分数据。这些数据包括他们的客户、雇员、供应商、合作伙伴、所提供的服务、完成的项目以及所分析项目的详细信息。现在，其他公司正在提升其服务，组织机构设想能够使用他们现有的数据和数据管理系统。为此，公司想要保存其 100%的数据，并做一些大数据分析。但是，教育管理机构发现保存增长的数据量是具有挑战性的。

在数据存储方面，该组织机构面临哪些限制？

2.2.4　图数据库

图数据库是另一种非关系型数据库的形式，它采用图结构来存储数据。图数据库的基本结构被称为**节点关系**。当你必须处理高度互联的数据时，这种结构是最有用的。

节点和关系支持**属性**，数据存储在 KVP 中。这些数据库是靠下列关系进行导航的。由于刚性的表结构和无法遵循数据之间可以引导我们的连接，这种类型的存储和导航在 RDBMS 中是不可能的。

图数据库是用来管理地理数据的，石油勘探或建模和优化电信供应商的网络，如图 2-2-3 所示。

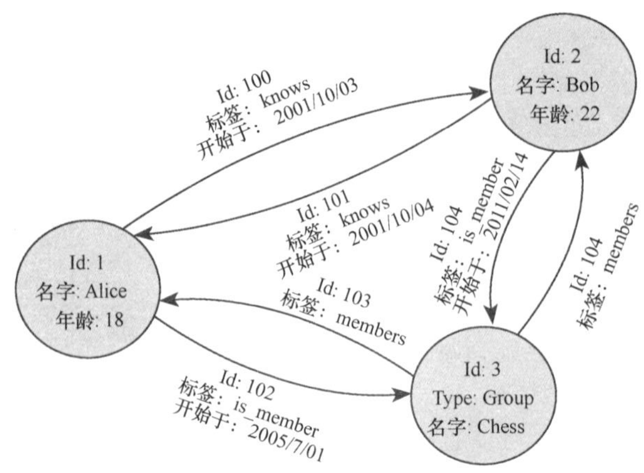

图 2-2-3　图数据库关系的样例

在其最简单的形式中，图是一个**节点**的集合（一个实体，例如，一个人、一个部分或是一家公司），连接它们的线称为**边**（这代表了两个实体之间的关系，如连接相互认识的两个人）。图之所以令人感兴趣，是因为用它们来表示概念可以比关系型数据库更加有效，如关系。社交媒体是第一时间想到的应用。事实上，今天占据领导地位的社交网络（**Facebook**、**Twitter**、**LinkedIn** 和 **Pinterest**）都在大量使用图存储和处理引擎来映射他们的用户之间的连接和关系。

图数据库是数据库存储技术的一大主要类别。今天，一种设计于工作在 Hadoop 的图形处理引擎——**Apache Giraph**，其使用正在快速增长。据报道，**Facebook** 是世界上最大的 **Giraph** 商店，拥有一个巨大的有数万亿边的图形。

图可以表示任何类别的关系，不仅仅是人与人之间的关系。当今最常见的图应用之一是**映射互联网**。你仔细考虑下的话，图是存储这类数据最完美的方式，因为互联网本身从本质上就是一个图，其中它的网站是节点，网站之间的超链接是边。大多数的 PageRank 算法使用一种图形处理的方式来计算每个网页的权重，这是一个有多少其他页面指向它的函数。

Neo4J 图数据库

应用最广泛的图数据库之一是 **Neo4J**。它是一个 **GNU 公共许可证 v3.0** 授权的开源项目，是由 Neo 技术按 **GNU AGPL v3.0** 和商业许可证提供支持的商业版本。Neo4J 是一个 ACID 事务数据库，通过集群提供高可用性。这是一个可靠和可伸缩的数据库，由于节点关系属性的基本结构和它自然映射我们自己人际关系的方式，因此很容易建模。它不需要模式，也不需要数据模型，所以它在本质上是非常灵活的。

有了这种灵活性，随之而来了一些限制。节点不能直接引用自己。例如，你（作为一个节点）不能成为你自己的父亲或母亲（作为关系），但是你可以是一个父亲或母亲。然而，有可能在真实世界的情况下，自我引用是必需的。在这种情况下，图数据库并不是最好的解决方案，因为其严格执行关于自我引用的规则。同时，虽然复制能力很好，Neo4J 只能复制整个图形，限制了图形整体尺寸（约 340 亿个节点和 340 个关系）。

Neo4J 的重要特征包括以下几点。

- **与其他数据库的集成**：Neo4J 支持带回滚的事务管理，允许与非图形数据存储的无缝的互操作性。
- **同步服务**：Neo4J 通过一个事件总线支持事件驱动的行为，使用本身或将一个 RDBMS 作为主节点的周期性同步，还有传统的批处理同步。
- **弹性**：Neo4J 支持冷（数据库未运行时）和热（数据库运行时）的备份，以及高可用性的集群模式。标准的警报可用于和现有业务管理系统的集成。
- **查询语言**：Neo4J 支持称作 Cypher 的声明式语言，专门设计用于查询图形及其组件。Cypher 命令松散地根据 SQL 语法，并有针对性地应对图形数据的随机查询。

图 2-2-4 展示了 Neo4J 实施最适用的领域。

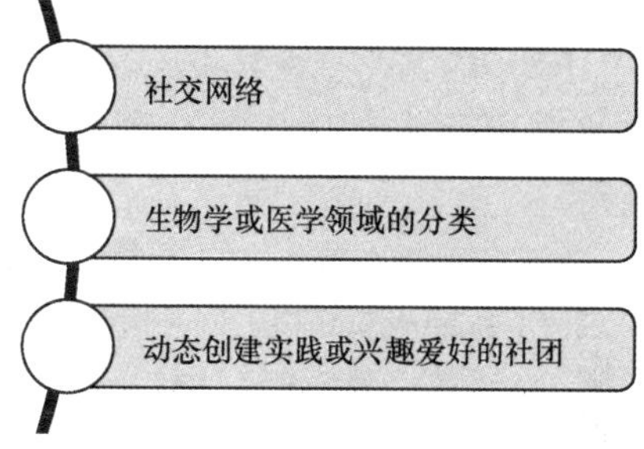

图 2-2-4　Neo4J 实施最适用的领域

知识检测点 5

Marketbuzz 分析，是一家营销公司，想要开发一款社交网络应用程序。他们应该使用哪种类型的 NoSQL 数据库？为什么？

2.2.5　空间数据库

无论你是否意识到了，你每天都在与空间数据库进行交互。如果你使用智能手机或**全球定位系统**（GPS）定位到一个特定的地方，或者你询问搜索引擎一个物理地址附近的海鲜餐馆的位置或地标，你就是在使用依赖于空间数据的应用程序。通过**开放地理空间联盟**（OGC）的努力，空间数据库本身是标准化的，它建立了 **OpenGIS**（地理信息系统）和空间数据的许多其他标准。

这是很重要的，因为空间数据库是 OGC 标准的实现，你的公司可能会有特定的遵循（或不遵循）标准的需求。当组织利用不同维度的数据帮助其作出决策时，空间数据库就变得重要了；例如，一个气象学家可能想要存储和评估与一个飓风相关的数据，包括温度、风力和湿度，并在 3 个维度中将这些结果建模。

空间数据库以最简单的形式存储数据的 2D、2.5D 和 3D 的对象。

附加知识

你可能熟悉 2D 和 3D 的对象，因为我们总是在与它们做交互。一个 2D 物体有长度和宽度。一个 3D 物理在长度和宽度上增加了深度。来自书本的一页是 2D 对象，而整本书则是一个 3D 对象。什么是 2.5D？2.5D 对象是一种特殊类型的空间数据。它们是带有额外**半维**的 2D 对象。大多数 2.5D 空间数据库包含了映射信息，通常被称作地理信息系统（GIS）。

空间数据库的原子元素是线、点和多边形。它们可以以任何方式结合，来表示任何由 2D、2.5D 或 3D 约束的对象。由于空间数据对象的特殊本质，设计师创建了索引机制（空间指数），支持随机查询和数据库内容的可视化表示。例如，一个空间索引会回答这样的查询“一个点到另一个点之间的距离是多少？”或者是“一条特定的线是否与特定的多边形集合相交？”

这似乎是一个很大的问题，那是因为它确实是。空间数据可能代表了所有大数据挑战中最大的一个。

PostGIS/OpenGEO 套件

PostGIS 是一个由 **Refractions 研究所**维护的开源项目，使用 **GNU 通用公共许可证**（GPL）。PostGIS 还被作为 OpenGEO 套件社区版的一部分来提供，由 **OpenGEO** 在企业许可证下提供并支持。

PostGIS 与本讲讨论的其他数据库有一些不同。这是一个专门的，分层的实施，运行在重载的 RDBMS PostgreSQL 之上。这种方法提供了两个最好的世界。你得到了一个 SQL RDBMS 的所有好处（如事务完整性和 ACID），并支持空间所需的专业化操作（再投影、测量支持、几何变换等）。虽然数据库本身是非常重要的，你还是需要其他的技术组合来解决空间应用的需求。

幸运的是，PostGIS 是生态系统的一部分，这个生态系统的组件旨在设计用来协同工作，解决这些需求。除了 PostGIS，OpenGEO 套件还包括下列内容。

- **GeoServer**：用 Java 实现的，GeoServer 可以利用来自几个主要的空间数据源，在网上发布空间信息。它可以与谷歌地图相整合，并有一个优秀的基于网络的管理前端。
- **OpenLayers**：一个 JavaScript 库，对于在 Web 浏览器中显示地图和其他空间数据的表现形式，是有用的。它可以操作大多数来自网络映射源的图像，包括必应地图、谷歌地图、雅虎地图、OpenStreetMap 等。
- **GeoExt**：旨在使来自 OpenLayers 的地理信息对于 Web 应用程序开发人员随时可用。可以使用 GeoExt 小工具来创建编辑、查看、风格化和其他交互式的 Web 体验。
- **GeoWebCache**：在服务器上有数据之后，可以在浏览器中显示它，你需要找到一种途径使它加速。GeoWebCache 是加速器。它缓存了图像数据块（称作层），使它们可以快速地交付到显示设备上。

虽然许多空间数据的使用都涉及了地图和位置，空间数据有许多其他当下和未来的应用，如图 2-2-5 所示。

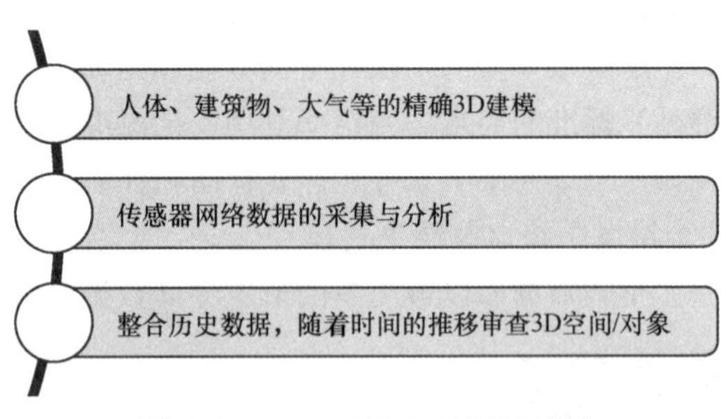

图 2-2-5　PostGIS 最适用的领域

知识检测点 6

分享使用了文档、空间和图形非关系型数据库的企业实例。

2.3　混合持久化

让我们假设对于消费级优质产品来说，你需要确定所有的顾客都曾经：

- 在过去 12 个月内有过购买；
- 在社交网站上，评论过他们的经历，关于
    - 他们所需的任何支持（何时、为什么以及如何得到了解决）；
    - 他们获取产品的地方；
    - 交货方式，交付的路径对于能源消耗来说是否是成本有效的；
    - 支付金额；
    - 付款方式；
    - 浏览本公司的网站（浏览的频率、在网站上的活动），或者任何其他的内容。

现在假设顾客进入你（或你合作伙伴之一）的一家零售店时，你想要为这些顾客提供他们智能手机的促销折扣。

这是一个巨大的大数据挑战，需要收集和分析具有非常不同结构的多个数据源，以便可以得到这些问题的答案，还需要确定是否有顾客有资格获得促销，而且实时地向他们推送优惠券，为他们提供新的和让他们感兴趣的东西。

只用一种数据库技术不能轻易或低成本地解决这样的问题。一些基本信息是事务性的，很有可能位于 RDBMS 中，但是其余的部分是非关系型的，至少需要两种类型的持久性引擎（空间和图形）。你现在有了**混合持久化**。

附加知识

混合的官方定义是“会说或写多种语言的人”。

这个词是借用在这个场景下的，并重新定义为一组使用多个核心数据库技术的应用程序，这是大数据实施规划最有可能的结果。不管你的大数据方案范围有多小，要选择一个持久化的风格，也是很困难的。

当需要通过**将问题分片和应用不同数据库模型**来解决一个复杂的问题时，就可以使用混合持久化数据库。然后，有必要将结果汇总到混合数据存储中和分析解决方案里。

有些因素会影响这个决定。

你可能已经在你的工作场所使用了混合持久性。如果你是个大型企业或组织，你可能使用多个 RDBMS、数据仓库、数据集市、平面文件、内容管理服务器等。这种混合环境是很常见的，你需要理解它，这样你可以做出正确的关于集成、分析、数据时效性、数据可视化等的决策，并搞清楚它是如何去适应你的大数据实现的。

根据你收集到的大数据的种类和速度，你可能需要考虑不同的数据库去支持一个实现。你还应该考虑你对事务完整性的要求。你是否需要支持 ACID 合规性或者 BASE 合规性是否足够？

2.4 将大数据与传统数据仓库相集成

与传统的操作数据库系统和应用程序不同，数据仓库是由业务和金融分析师所使用的，以帮助做出关于经营战略方向的决策。在数据仓库中，必须从各种关系型数据库来源中收集数据，然后确保元数据是一致的，数据本身是干净且良好集成的。

Bill Inmon 被认为是现代数据仓库之父，他建立了一套数据仓库的原则，其中包括以下特点：

- 它应该是面向主题的；
- 它应该是有组织的，使相关的事件联系在一起；
- 信息应该是非易失性的，所以它不能在不经意间被改变；
- 仓库中的信息应该包括所有适用的操作源；
- 信息应该以具有一致定义和最新值的方式来存储。

2.4.1 优化数据仓库

传统上数据仓库支持结构化的数据，并与企业的运营和交易系统密切相关。这些精心构造的系统现在正处于重大变革的过程中，因为组织机构试图扩展和修改数据仓库，以便它可以在大数据的新世界里保持相关性。

虽然大数据和数据仓库的世界是有交叉的，但是它们不可能很快地合并。你可以认为传统的数据仓库是一种商业智能记录系统，这与客户关系管理（CRM）系统或会计系统非常类似。这些系统是高度结构化的，并为特定用途进行过优化。此外，这些记录系统往往是高度集中的。

图 2-2-6 展示了仓库和集市数据流的一种典型方法。

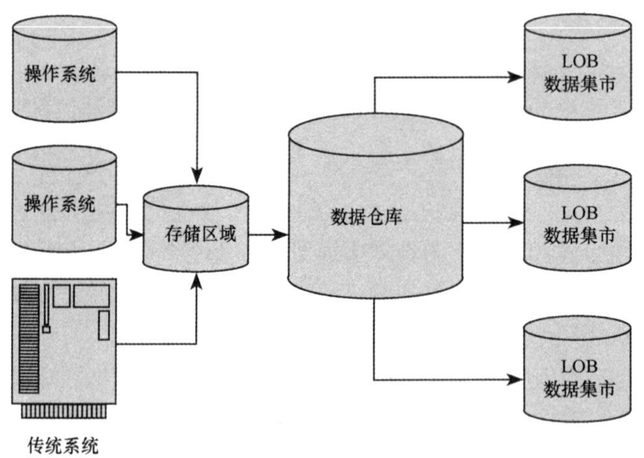

图 2-2-6 传统数据仓库和数据集市的数据流

2.4.2 大数据结构与数据仓库的区别

组织机构将不可避免地继续使用数据仓库来管理结构化和操作数据的类型，以它们的记录系统为特征。这些数据仓库将继续给业务分析师提供分析关键数据的能力、趋势等。然而，大数据的出现既挑战了数据仓库的传统地位，又提供了一个补充方法。你可能要考虑数据仓库和大数据之间的关系，因为两者都融合成了一个混合结构。

在这种混合模式中，**高度的结构化优化了仍然位于严格控制中的数据仓库中里操作数据，而高度分布的，会实时自行变更的数据受到根据 Hadoop 的（或是类似 NoSQL 的）基础设施的控制。**

在大数据的世界中，操作和结构化数据的相互交织是不可避免的，其中的信息来源没有（必然没有）被清洗或被整形。越来越多的组织开始了解业务员需求，以便能够结合传统的数据仓库，其中包括了他们的历史业务数据源，以及更少的结构化的和检视过的大数据源。支持传统和大数据源的混合方法可以帮助实现这些业务目标。

一种混合过程的案例研究

Dream Travels 公司是一家在线旅游网站，它提供了广泛的服务，包括航空旅游、游轮、酒店、度假和其他相关的安排。

该公司以多种不同方式提供这些服务：

- 通过它的网站，Dream Travels 可以分享各种旅游、酒店、目的地、周末出游、特别行程、度假以及其他旅游项目的评论；
- 它与各关联公司合作，这些公司可以通过同一网站提供旅游保险、本地旅游等服务；
- 此外，网站已按不同国家划分成专门的站点；
- 另外，它还为大型公司提供定制的企业旅行服务。

这家旅行公司必须管理一个庞大的数据量，需要能够按照与它互动的人，以不同的方式去呈现它。

该公司使用数据仓库来跟踪它的交易和操作数据；但是，数据仓库不跟踪网络流量。因此，该公司使用网络分析解决方案去捕捉客户的交互，如：

- 客户点击了什么？
- 针对不同的客户，有哪些产品是可用的？他们选择了哪些？
- 价格是否是最重要的因素？
- 客户是希望能够设计自己的旅游产品套装，还是更愿意购买预先设计好的旅游产品？
- 是否一些地区比其他地区吸引更多的客户？
- 哪些合作伙伴吸引到了最多的收入？

虽然大部分的数据对于未来的规划可能是非常有价值的，但是公司将所有或者大部分的数据都存储在数据仓库中的话，是不实际的也是不可行的。其结果是，大多数的数据在被检视之后就丢弃了。很快公司意识到保留尽可能多的数据，以了解业务的变化和细微差别并作出更好的决策和决定将是有价值的。

心里有了这个目标，信息管理团队决定，与其建立一个定制的数据仓库去存储数据，不如利用根据商品服务器的 Hadoop 分布式计算方法。

通过采用这种方法，并使基础设施可用，该公司能够保留所有的来自网络交互的数据。这些数据现在被存储在大量的运行 Hadoop 和 MapReduce 的服务器组上。利用 **Flume** 和 **Sqoop** 这样的工具，团队能够从 Hadoop 中移入和移出数据，并将其注入关系型模型中，以使用熟悉的 SQL 工具去查询它。

这部分数据保留在 Hadoop 框架环境中，并以接近实时的方式更新。其他数据元素被清洗干净，然后被转移到数据仓库中去，以便将这些数据用于将客户和合作伙伴的历史信息与新的数据做比较。现有仓库提供了业务背景，而 Hadoop 环境跟踪了每一分钟所发生的事情。

简而言之，将现有的数据仓库和新的大数据管理技术混合，帮助 Dream Travels 按特定的客户群人口统计要求，迅速地定制其业务产品。公司还可以预测机票价格变化以及其他影响打包产品定价的因素。数据仓库的系统记录方法以及动态大数据系统的组合给公司提供了巨大的机会，在分析大量由其网络环境产生的数据的基础上，可以继续发展其业务。

数据仓库记录系统的方法与动态大数据系统的结合，基于对其 Web 环境所生成的海量数据的分析，为公司业务的继续发展提供了巨大的机会。

图 2-2-7 描述了混合传统和大数据仓库的方法的实例。

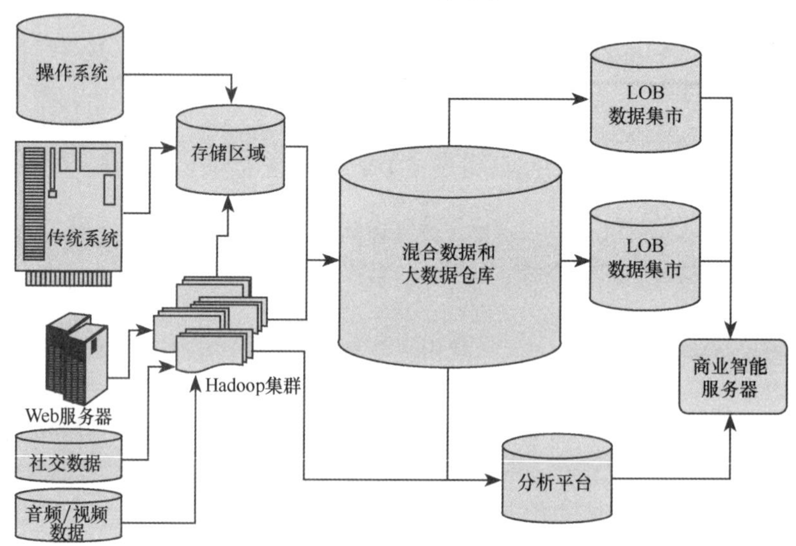

图 2-2-7　大数据仓库和数据集市中的数据流

知识检测点 7

Lexal 集团有 7 个部门，每个部门都有自己独立的数据库。集团负责人现在想要来自其所有部门的综合数据。建议他们能做到这些的方法。

2.5　大数据分析和数据仓库

从前面的例子中，你发现将数据仓库的能力和大数据环境相结合所带来的价值。你需要创建一个混合的，大数据可以与数据仓库协同工作的环境。

首先，重要的是要认识到，由于它今天的设计，数据仓库在短期内是不会改变的。仓库可能包含某一特定公司产品线、它的客户、它的供应商以及每年交易额细节的信息。数据仓库或是一个部门的数据集市所管理的信息已被仔细地构建了，以便元数据是精确的。因此，按照其设计的目的去**使用数据仓库**是现实的，提供了一个良好审查过的符合事实的，与企业想要分析的主题相关的版本。

随着新的根据网络的信息的增长，在历史数据的背景下分析大量的数据是可行的通常也是必要的。这是混合型的模式的切入点。某些方面，数据仓库与大数据的联姻可能是相对容易的。例如，许多大数据源来自包含了它们自己精心设计的元数据的源头。因为复杂的电子商务网站包括了明确定义的数据元素（客户、价格等），在仓库和此类大数据源之间进行分析时，信息管理组织机构将这两种数据集协同工作，两者都辅以精心设计的、必须合理化的元数据模型。

当然，在某些情况下，信息员缺乏明确的元数据。在一个分析师可以将历史交易数据与非结构化大数据相结合之前，工作也必须开展！PB 级数据的初步分析将揭示令人感兴趣的模式，该模式可以帮助在业务中预测微妙的变化，或预测对病人诊断的潜在解决方案。利用 MapReduce 这样的工具和 Hadoop 分布式文件系统框架，可以完成初步的分析。在这一点上，你将开始了解它是否能够帮助评估所需解决的问题。

在分析过程中，**消除不必要的数据**是同样重要的，因为它将识别与业务场景相关的数据。当这个阶段完成之后，剩余的数据需要进行转换，以便元数据定义是精确的。以这种方式，当大数据与传统的来自仓库的历史数据相结合时，结果将是准确的和有意义的。

交叉参考　模块 2 第 4 讲中将会介绍更多有关数据集成的知识。

反思提取、转换和加载

实施前述的过程需要一个明确的**数据集成策略**。

数据集成是管理大数据的关键，因为它是利用数据仓库创建了一个混合分析。在一个混合的环境中，提取数据并转换的过程与传统数据仓库中执行的过程是非常相似的。在数据仓库中，数据是从传统源系统中提取的，如 CRM 或 ERP 系统。正确匹配来自这些不同的系统的元素是至关重要的。

在融合混合系统时，必须牢记以下几点。

- 数据仓库通常有**关系型数据库表**、**平面文件**和**非关系型来源**的组合。架构一个构建良好的数据仓库，将数据转换成一个**共同的格式**，允许准确地和一致性地处理查询。
- 提取的文件**必须转换**，以匹配数据仓库所设计用来分析的主题领域的**业务规则**和**流程**。例如，在一个数据仓库中，以购买价格作为一个计算字段的概念是很常见的，因为它将被用于管理所使用的许多查询之中。
- 存在于仓库内的许多过程可能会在业务规则的基础上**验证计算是否准确**。虽然这些理念是数据仓库的基础，但是它们同样是联姻仓库与大数据的关键原则。换句话说，数据必须从大数据源中提取，以便这些源可以安全地协同工作，并产生有意义的结果。此外，源必须被转化，以便它们有助于分析历史数据和来自大数据源的更动态实时数据之间的关系。

- 然而，在大数据模型中**加载信息**与你在传统数据仓库模型中所期待的不同。在数据仓库中，在数据被编码后，它是永远都不会改变的。一个典型的数据仓库在需要分析一个特定的需要监控的业务问题的基础上，如库存和销售配额，为企业提供一个数据快照。然而，信息的加载与大数据可以大为不同。大数据的分布式结构往往导致组织机构第一次要将数据加载到一系列的节点中去，然后进行提取和转换。

当创建一个传统数据仓库和大数据环境的混合体时，大数据环境的分布式性质可以极大地改变了组织机构在业务背景下分析大量数据的能力。

总体情况

思考传统数据仓库和当仓库与大数据结合时，管理数据方式的相似性和差异性是有用的。

两种数据管理方式之间的相似性包括：

- 通用数据定义的要求；
- 对关键数据源提取和转换的要求；
- 符合所需业务流程和规则的需求。

在混合模型中，下面是处理传统数据仓库和大数据的方式：

- 大数据的分布式计算模型是混合模型运营的关键；
- 大数据分析是努力的主要焦点，而传统的数据仓库将用于添加历史的和事务的业务环境。

知识检测点 8

Gbook，一家电子商务公司，当前正在基于 RDBMS 运营。由于数据量的更快增长，他们想要迁移到 NoSQL 数据库。解释产生这种改变所需的步骤。

2.6 改变大数据时代的部署模式

随着大数据的出现，管理数据的部署模式正在改变。传统数据仓库通常实施在数据中心的一个单一的大型系统中。这个模型的成本导致了组织机构去优化这些仓库，并限制被管理数据的范围和规模。然而，当组织机构想要利用大量由大数据源生成的信息时，传统模式的局限性就出来了。这就是数据仓库应用已经成为一种实用方法的原因，该方法创建一个优化的环境以支持过渡到新的信息管理中去。

2.6.1 设备模型

当企业需要将他们的数据仓库结构与大数据相结合时，该设备模型可以是对缩放问题的很好回答。该设备是一个集成的系统，集成了硬件（在一个机架上），优化了数据存储和管理。因为它们是自成一体的，设备可以被相对容易和快速地实施，以及为运营和维护提供了更低的成本。因此，系统预加载了一个关系型数据库、Hadoop 框架、MapReduce 和许多有助于消化和组织来自各种来源的数据的工具。它还集成了分析引擎和工具，以简化来自多个数据源的数据的分析过程。所有这些都使该设备成为一个单一目标的系统，其中包括了使它更容易地连接到现有数据仓库的接口。

2.6.2 云模型

云正在变成一个引人入胜的管理大数据的平台，可以连同公司营业场所环境一起在一个混合环境中使用。一些加载和传输数据方面的创新已经改变了云作为一个大数据仓库平台的潜在活力。

与现实生活的联系

Aspera，一家专门从事网络间快速数据传输的公司，与 **Amazon.com** 合作提供云数据管理服务。其他的供应商，如 **FileCatalyst** 和 **Data Expedition** 也专注于这个市场。从本质上说，这种技术类别利用网络并为文件移动进行了优化，减少了延迟。由于数据传输中的延迟不断地改进，将大数据系统存储在云中，这将是一个标准，可以与根据云的数据仓库或位于数据中心中的数据仓库进行交互。

附加知识 数据仓库的未来

随着大数据的出现，数据仓库的市场的确开始改变和发展了。在过去，对于企业来说存储大量来自大量记录系统的数据是根本不经济的。缺乏成本效益和实用的分布式计算架构意味着不得不设计一个数据仓库，以便可以优化它来操作一个单一的系统。因此，专门建造数据仓库以解决一个单一的课题。此外，必须仔细审查仓库以便数据是被精确定义和管理的。这种方法已经使数据仓库对于企业查询这些数据源而言是准确和有用的。但是，同样的控制和精度水平使它难以给业务提供一个可以利用更加动态的大数据源的环境。

将继续为业务分析优化数据仓库和数据集市。然而，新一代的产品将结合历史的和高度结构化的数据以及不同阶段的大数据进行存储。首先，大数据存储将提供近乎实时地分析大量数据的能力。其次，大数据存储将采用分析的结果，并提供一种机制来将大数据分析的元数据与数据仓库的要求相匹配。

知识检测点 9

摩根教育管理公司是一家全球性的教育公司，分支机构遍布于 16 个国家。考虑到摩根教育管理公司的规模，你认为哪种数据集成模型更适合其增长的数据管理要求？用恰当的理由支持你的回应。

练习

基于图的问题

1.

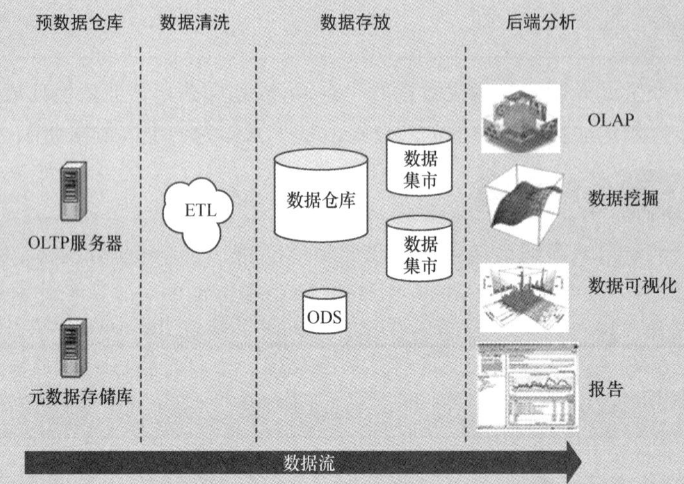

a. 解释过程之间的相互关系

b. 解释不同模块间的数据流机制

c. 命名两个数据可视化工具

2.

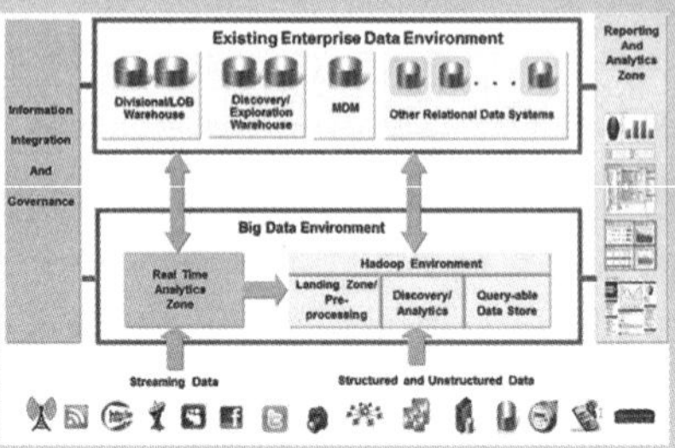

a. 传统数据是如何与大数据环境集成的？

b. 将大数据与传统环境集成的好处是什么？

多项选择题

选择正确的答案。在下面给出的“标注你的答案”里将正确答案涂黑。

1. 一家公司跟踪股票价格，从股票交易中获取数据。它需要实现一个轻量级的，高度可伸缩的，没有主节点的 NoSQL 数据库。他们应该实施哪种类型的 NoSQL 数据库？

   a. 文档类型　　b. 列式　　c. 键值对　　d. 图形

2. Mosfet 系统想要实现人力资源应用程序，在本质上该程序是高度事务性的。应该使用下列哪个数据库？

a. MongoDB　b. CouchDB　c. RIAK　d. PostgreSQL

3. 下列哪个数据库将返回一个游标？

a. Riak DB　b. HBase　c. MongoDB　d. CouchDB

4. PostgreSQL 最强大的功能之一是什么？

a. 可伸缩性　b. 安全性　c. 多语言的支持　d. 可扩展性

5. NoSQL 数据库的查询和更新使用了什么？

a. 一组 API　b. 查询语言　c. PL/SQL　d. 以上都不是

6. RDBMS 使用 ACID（原子性、一致性、隔离性、持久性）作为一种确保数据一致性的机制。对于 NoSQL 数据库而言其等价物是什么？

a. BASE　b. No ACID　c. 最终一致性　d. 可用性

7. 当数据在分布式实现的节点中移动时，下列哪种 NoSQL 特性负责冲突解决方案？

a. 原子性　b. 一致性　c. 可伸缩性　d. 最终一致性

8. 开发者可以用一个或多个关键字段值去标记值。然后应用程序可以查询索引并返回匹配的关键字列表。这是指 RIAK 数据库的哪种特性？

a. 并行处理　b. 链接和链接行走　c. 搜索　d. 二级索引

9. Sonet 系统收集来自不同服务器的大量的传感器数据。你推荐下列哪个数据库？

a. MySQL　b. PL/SQL　c. Oracle DB　d. MongoDB

10. 哪个是最流行的模仿了谷歌 BigTable 的列式数据库？

a. MongoDB　b. CouchDB　c. Riak　d. HBase

标注你的答案（把正确答案涂黑）

1.	a	b	c	d	6.	a	b	c	d
2.	a	b	c	d	7.	a	b	c	d
3.	a	b	c	d	8.	a	b	c	d
4.	a	b	c	d	9.	a	b	c	d
5.	a	b	c	d	10.	a	b	c	d

测试你的能力

1. NoSQL 数据库与传统的 RDBMS 有什么不同？
2. 描述 NoSQL 数据库的 5 个共同特点。
3. DataSmart Analytics 要去实施一个类似于 Facebook 的社交媒体平台。讨论他们选择合适的 NoSQL 数据库而需要考虑的标准是什么？你会选择哪种数据库？为什么？你会考虑混合持久性吗？
4. 比较和对比两个流行的文档数据库——MongoDB 和 CouchDB。

备忘单

- 操作数据库（也称为数据存储）提供的最重要的服务之一是持久性。
- PostgreSQL 是最广泛使用的开源的关系型数据库。
- PostgreSQL 也支持许多昂贵的专有 RDBMS 中才有的特性，包括以下内容：
  - 在关系模式下，有直接处理“对象”的能力；
  - 外键（在一个表中引用来自一个表的键）；
  - 触发器（用于自动触发存储过程的事件）；
  - 复杂查询（跨离散表格的子查询和连接）；
  - 事务完整性；
  - 多版本并发控制。
- PostgreSQL 的真正能力在于它的可扩展性。可能的扩展性包括：
  - 数据类型；
  - 运算符；
  - 函数；
  - 索引方法；
  - 过程式语言。
- 种新兴的、流行的非关系型数据库的类别是 NoSQL（Not Only SQL）。
- 关系型和非关系型数据库技术拥有以下共同的特点：
  - 可伸缩性；
  - 数据和查询模型；
  - 持久化设计；
  - 接口多样性；
  - 最终一致性。
- 一些最流行的非关系型数据库的风格和开源实现如下：
  - 键值数据库；
  - 文档数据库；
  - 列式数据库；
  - 图数据库；
  - 空间数据库。
- Riak 有很多特性，是生态系统的一部分，由如下内容组成：
  - 并行处理；
  - 链接和链接行走；
  - 搜索；
  - 二级索引。
- 两种文档数据库是：
  - 存储库——应用于完整的文档样式内容；
  - 存储——应用于文档组件的永久存储。
- MongoDB 是“hu（mongo）us 数据库”系统的项目名称。
- 另一个流行的非关系型数据库是 CouchDB。
- 在一个列或面向列的数据库中，数据是跨行存储的。
- 最受欢迎的一种列式数据库是 HBase。
- 图数据库的基本结构被称作节点关系。
- 最广泛使用的图数据库之一是 Neo4J。
- 空间数据库本身是通过开放地理空间联盟的努力进行标准化的。该联盟建立了 OpenGIS 和空间数据的一些其他标准。
- 空间数据库的原子元素是线、点和多边形。
- PostGIS 是一个由 Refractions Research 维护的开源项目，使用 GNU 通用公共许可证（GPL）。
- 数据仓库，包括以下特性：
  - 它是面向主题的；
  - 它是有组织的，相关的事件联系在一起；
  - 信息是非易失性的，所以它不会在不经意间被改变；
  - 仓库中的信息应该包括所有适用的操作源；
  - 信息应该以具有一致定义和最新值的方式来存储。
- 在一个混合环境中，大数据可以与数据仓库一起工作。

第3讲

分析与大数据

模块目标

学完本模块的内容，读者将能够：

⏭ 评估大数据分析的关键需求

本讲目标

学完本讲的内容，读者将能够：

⏭	解释各种分析方法
⏭	解释大数据的组成
⏭	解释大数据文本分析的应用
⏭	解释支持大数据分析的各种模型和方法

"数据结构是下一代中间件。"

——Todd Papaioannou

至此，我们已经审视了支持大数据启动所需的基础设施。因为如果你能从中获取洞察力，那么大数据是最有用的。然而，问题出现了，你如何来分析大数据？

像**亚马逊**和**谷歌**这样的公司在分析大数据时都是高手，他们利用所获得的知识来获取竞争优势。只要想想亚马逊的推荐引擎！这家公司把你所有的购买历史，连同它对你的了解、你的购买模式以及类似于你的人群的购买模式——提出一些非常好的建议。这是一个营销机器，它的大数据分析能力已经使之极为成功了。

分析大数据的能力可以为组织机构提供独特的机会。它可以扩展它可做的分析种类。现在它可以利用更详细完整的数据去做分析，而不是被限制在大数据集的采样中。

然而，大数据分析也可能是具有挑战性的。不断变化的算法技术，即使是基本的数据分析也往往要用到大数据处理。因此在本讲中，我们将介绍**大数据分析**。我们把重点放在你能用大数据做的分析种类上。我们还讨论了你需要考虑的大数据分析和传统分析之间的差异，尽管是由开发者支持和促进分析框架的。

在本讲中，首先我们主要集中于结构化数据分析的解释，虽然非结构化数据是大数据中非常重要的一部分。我们将在本讲的后半部分进行描述。

根据一些该领域专家所说，围绕分析大数据的思维方式与传统数据是不同的。它更多的是一个**探索**和**实验**——去往数据带你去的地方。现实情况是，大数据分析生态系统需要一些新的技术平台、算法和技能集，以支持这种分析——特别是当它超过它所能达到的性能范围时。因为我们是在大数据使用和采用的早期阶段，大比例的分析需要以“定制”或“专用”应用程序的形式交付，你作为开发商需要设计和开发它。本讲还探讨了一些这样的变化，并描述了如何去解决这些问题。

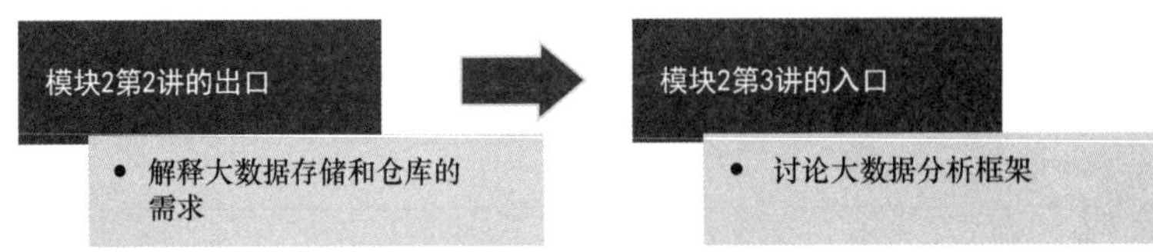

3.1 使用大数据以获取结果

在探索大数据分析之前，你需要确定待解决的问题，并处理所有的预处理问题。

预备知识 参阅本讲的预备知识，了解更多的关于商业分析的基础知识。

在寻找商业问题时，很多时候我们可能除了知道可以从大量现有数据中获得宝贵见解外，并没有明确的搜索目标。更有甚者，甚至在有明确的为何模式存在于此的结论之前，模式就可以从数据中浮现出来了。

然而，看一下业务流程、组织机构的目标和手头的问题，你肯定会得到一个关于你所寻找的内容的想法——或许如果你不十分确定待解决的业务问题，那么试着看一下业务中能改善的领域。下面是一些你可能会发现的指标实例：

- 组织是否有兴趣预测客户的行为，以防止客户流失？
- 你是否应该为保险费的目的去分析客户的驾驶模式？

- ❍ 公司想要预测问题的发生吗？
- ❍ 组织机构是否处于意想不到的扩张的边缘？
- ❍ 能预见到的未来 2 至 5 年的趋势是什么？
- ❍ 经济是否会有另一场衰退？组织是否能够采取预防措施，而不受经济衰退的影响？

注意，在本次调查中，你可能无法确定待解决问题的太多细节，但是一个系统的方法肯定能揭示重要的启动建议。

记住，大数据分析的高层次目标推动了分析类型的实现。一些常用的分析策略在表 2-3-1 中列出。

表 2-3-1　大数据分析策略

分 析 类 型	描　　述
基本分析获取洞察力	分片和数据切割、报表、简单的可视化、基本监控
高级分析获取洞察力	更复杂的分析，如预测建模和其他模式匹配技术
可操作性分析	分析成为业务流程的一部分
货币化分析	利用分析直接驱动收入

在分析过程开始之前，你的团队需要确保所有的预处理问题都得到了关照。

与现实生活的联系

下面是一些已经成功地使用了大数据分析的全球组织。

Orbitz

寻找合算的在线旅游交易，你最有可能访问 Orbitz 这样的网站，它是一家成立于 1999 年的在线旅行公司。自从 2001 年它的网站上线开始，在线游客每天都进行了超过 100 万次的搜索，公司每天都从这些搜索中收集了数百 GB 的原始数据。Orbitz 意识到以这种方式收集的网络日志可能具有有用的信息。由于昂贵的存储费用，在过去不可能利用这些数据。

特别的地方在于，它对于确定是否可以识别消费者的偏好以呈现给用户最好的酒店列表怀有兴趣，这将反过来提升了转换率（预订）。

Orbitz 实现了在商品硬件上运行的 Hadoop 和 Hive，来存储其大数据。Hadoop 提供了分布式文件系统，Hive 提供了 SQL 类型的接口。它采取了一系列的步骤，将数据放置于 Hive 中。当数据位于 Hive 中之后，公司使用机器学习——一种数据驱动的方式来挖掘模式和执行深层次的分析。特别地，公司有兴趣看看它是否能够识别消费者的喜好，以确定展示给用户的表现最佳的酒店，以便它可以提升预订量。这个策略奏效了，公司获得了显著的酒店预订的增长。

诺基亚

诺基亚是最大的电信组织机构之一，相信它的数据成为一项战略性资产。它的大数据分析服务包括了一个拥有数个 PB 数据的平台，该平台每天都要执行超过 100 万个作业。这包括了在超过 TB 字节的流数据上，使用了高级分析。诺基亚对于了解人们在手机上与应用程序交互的方式是认真严肃的，这包括了人们最常用的功能，使用功能的方式，以及功能之间的导航。公司还热衷于确定是否消费者在切换安装在移动设备和智能电话上的应用程序的时候，容易迷失方向。这个层次的细节有助于公司为其应用程序设计新的功能并改善客户保持率。

NASA（美国航空航天局）

美国航空航天局利用预测模型分析飞机的安全数据。例如，了解新技术的引入对飞机安全相关的影响。不用说，美国航空航天局正在处理大量的数据。每架飞机在每次飞行中，每秒都要记录一千个参数。这些数据中的一些是流数据。美国航空航天局也收到来自飞行员和其他机组成员所撰写报告的文本数据。它还将天气数据（随着时间和空间而变化）集成到混合体中。科学家们用这些数据来预测结果，例如，特定的模式可能表征可能事故或事件。

3.1.1 基本分析

在有大量不同数据的情况下，基本分析是一种理想的解决方案——但是分析师并不确定他/她有什么，却又觉察到它是有价值的。基本分析可能包括简单的可视化或简单的统计。

基本分析的常见实现包括以下几种。

- **切片和切块**：切片和切块是指将数据分割成更小的、更容易探索的数据集。例如，一个水污染整治服务组织可能有一个来自不同地点的科学的水柱数据集。这些数据含有来自多个用于信息收集的传感器所捕获到的众多变量。经过一段确定时间的收集，这些数据可能包括温度、压力、透明度、溶解氧、pH 值、盐分等内容。你可能还需要基本的统计数据，如每个属性的平均值或范围，发生数据收集行为所持续的时间等。在给定的问题空间中，对这种类型的基本数据的探索有助于回答特定的问题。

  这种分析的类别和在一个基本的商业智能（BI）系统中所发生的事情之间的区别是，在这种分析中，你将处理大量的数据，其中你可能不知道需检查的查询空间，也不知道可能需要实时计算的情形。
- **基本监测**：基本检测对于确保持续的过程与目标的调整是有用的。为了战略的目的，企业往往想要监控大量的实时数据。继续先前用以解释数据切割和切块的例子，水污染整治服务组织可能希望在一个较长的时间段中，从数百个地点在不同水柱高度，监测水柱每一秒的属性。这将产生大量的相对结构化的时间敏感的数据。另外，广告和媒体组织可能对监测每次新的广告宣传活动之后与产品相关的低声交谈感兴趣。这种社会化媒体活动更可能在互联网上产生大量的来自多个来源的不同数据。
- **异常识别**：异常识别又是另一个领域，其中基本分析是有价值的。顾名思义，异常识别有助于组织识别业务中的差异。在分析过程中，当实际观察不同于预期结果时，异常情况就变得很明显。例如，对制造操作的分析可能揭示了某一特定的机器或操作有着较高的某一特定类别的问题发生率。这种类型的分析可能包括简单的统计，例如由来自有问题机器的警报所触发的移动平均值。

知识检测点 1

指出在制造过程中，基本分析是如何用于异常识别的。

3.1.2　高级分析

高级分析对于结构化和非结构化数据的复杂分析使用了算法。这种类型的深层次分析需要使用复杂的统计模型、机器学习、神经网络、文本分析和其他高级的数据挖掘技术。在其许多的用例当中，可以部署高级分析，在数据中寻找模式，用以预测、预报和处理复杂事件。

附加知识

虽然几十年来，统计人员和数学家们经常使用高级的分析方法，但是最初它并不和当前一样，是分析环境的一个重要组成部分。

20 年前，统计人员能够使用分析技术来确定最有可能终止服务的用户。但是，他们很难说服组织机构中的其他人员去准确理解这意味着什么，以及如何使用它来提供一种竞争优势，也很难获得所需的计算能力，去解释随着时间不断变化的数据。

今天，高级的分析技术正变得越来越主流。随着计算能力的增加，改进的数据基础设施，新算法的开发，以及从越来越多数据量中获取更佳洞察力的需求，公司正努力使用高级分析作为决策过程的一部分。企业认识到，数据可以帮他们获得更好的洞察力，这反过来可以提供更加优势的竞争地位。

下面是大数据高级分析的一些例子。

预测模型

预测模型是最流行的大数据高级分析用例之一。预测模型是一个统计或数据挖掘的解决方案，包含了可以用于结构化和非结构化数据（一起或单独）的算法和技术，以确定未来的结果。例如，电信公司可能使用一个预测模型来预测可能放弃其服务的客户。在大数据世界中，通过大量的观察，你可能有大量的预测属性。然而在过去，在台式机上需要花费数小时（或更长的时间）来运行一个预测模型，如今利用现有的大数据基础设施。你可以在巨大的数据量上，迭代运行一个预测模型。

文本分析

文本分析是分析非结构化文本，提取相关信息并将其转换成多种用途的结构化信息的过程。非结构化数据是大数据的一个重要组成部分。因此，文本分析已经成为大数据生态系统的一个重要组成部分。文本分析中所使用的分析和提取过程受到了起源于计算语言学、统计学、计算机科学学科的技术的影响。文本分析被用于各种分析，从预测客户流失到欺诈和社交媒体分析。

注意：大数据主要是非结构化数据。考虑到文本分析在理解大数据分析中的极端重要性，我们稍后将投入本讲相当大的篇幅给文本分析。

其他统计和数据挖掘算法

这些可能包括高级预测、优化、分段聚类分析（甚至微分段）和亲和力分析。

附加知识　什么是数据挖掘

数据挖掘包括探索和分析大量的数据来发现模式。这一技术是从统计和人工智能（AI）领域中演变而成的，是一种带有一点数据库管理的混合体。一般而言，数据挖掘的目标不是**分类**就是**预测**。

在**分类**中，这个观点是将数据分类成组。例如，一个市场营销人员可能对促销有回应以及没有回应的人员的特征感兴趣。这些将构成两种类别。在**预测**中，这个观点是预测连续的（也就是说非离散）值。举例来说，一个市场营销人员可能对预测那些对促销有回应的人群感兴趣。

在数据挖掘中，使用的典型算法包括以下几种。

- **分类树**：一种流行的数据挖掘技术，在对一个或多个预测变量的测量的基础上，用于对一个相关类别变量进行分类。结果是一棵包含节点及其连接关系的树，可以由此形成 if-then 规则。
- **逻辑回归**：一种统计技术，它是一个标准回归的变种，但其扩展了处理分类的概念。它生成了一个公式，作为一个独立变量的函数，可以预测事件发生的概率。
- **神经网络**：一种软件算法，仿照了动物的中枢神经系统的并行结构。网络由输入节点、隐藏层和输出节点组成。每个单元都有一个权重。将数据提供给输入节点，并通过一个试验和错误系统，该算法调整权重值，直到其符合一定的终止标准。有些人将其与黑盒（你不一定知道内部正在发生的事情）方法作比较。
- **如 K 最近邻的聚类技术**：这些技术有助于用户识别相似记录的组。K 最近邻技术，可以计算出按历史数据所绘制的图中点之间的距离。然后将此记录分配给数据集中其最近的邻居类。

知识检测点 2

1. 切割和切块、基本检测和异常识别是哪种类别分析的一部分？
2. 为什么当今高级分析变得更加主流？

3.1.3　可操作性分析

通常情况下，大多数组织机构只在需要的时候执行数据分析。然而，在一些业务中，分析练习可以成为业务流程的一部分。这样的数据分析被称为可操作性分析。

例如，保险公司可以定期使用数据分析来预测欺诈性索赔的可能性。由于模型是可靠的，它具有可操作性且是公司索赔处理系统的一个必要组成部分，以标识潜在的欺诈性索赔。接着这些标记可以被用作进一步的复查。本实例中的操作性分析对于最终用户，也就是对保险公司中处理索赔的人员是可见的。

在其他情况下，可操作的分析模型对于最终用户来说可能不那么明显。例如，一个开发用作预测潜在销售增长目标的模型，会在代理和顾客对话的过程当中，可能会不断地给呼叫中心代理提供额外相关产品的建议。在这种情况下，呼叫中心代理可能并不知道是后台工作着的预测模型提出了这些建议。

3.1.4　货币化分析

人数据分析不仅仅可以被用来获取对更好策略的洞察力，也被用来获得收入。该业务可能能够组装一个独特的数据集，这对其他的公司也是有价值的。例如，信用卡提供商会使用这些数据，这些数据原本是组装起来作为增值产品而提供给其他公司的。同样，电信公司经常将根据地理位置获取的信息给零售商。这种想法认为，各种来源的数据，如账单数据、位置数据、文本消息数据或网络浏览数据，可以被整合或单独使用，对客户行为模式做出推论，各种类型的零售商会发现这种推论是有用的。然而，重要的是要注意，作为一个规范的行业，数据和分析必须以遵循符合立法和隐私政策的方式来赚钱。

3.2　是什么构成了大数据

传统的 BI 产品被设计用作与高度结构化的、定义良好的数据协同工作，这些数据通常存储于关系型数据存储中且显示在最终用户台式机或笔记本上。这种类型的 BI 分析通常应用于数据快照或数据样本，而不是整个可用的数据量。

这些传统的 BI 系统不适合于进行大数据分析，仅仅是因为它们并不是被设计用于处理大数据的数据量、多样性和速度的。为了能够定义分析大数据所需的各种参数，我们必须对什么构成了大数据、能处理大数据的算法种类以及管理大数据所需要的基础设施支持有清晰的理念。我们来了解一些不同的大数据分析的基本方法。

3.2.1　构成大数据的数据

正如你可能所知道的那样，大数据是由**结构化**、**半结构化**和**非结构化**数据所组成的。它通常是极其大的量，并可以是相当复杂的。在考虑对它进行分析的时候，你需要知道这类数据的潜在特征。

- **它可以来自不受信任的来源**。大数据分析往往涉及从各种来源汇总数据——内部数据源以及外部数据源，如社交网站或其他未经证实的来源。这些外部的信息来源有多可靠？例如，社交媒体的数据，如推文，有多可靠？这种来源的情绪或信息的表达可能是未经证实的。在分析过程中，需要考虑数据的完整性。
- **它可以是脏的**。脏数据是指不准确的、不完整的或错误的数据。这可能包括单词的拼写错误，来自损坏的、没有适当校准的或以某种方式被损坏了的传感器的数据，甚至是重复的数据。数据科学家们讨论关于何处着手去清理这些数据——不是在接近源头处就是实时去处理。当然有个学派说，脏数据一点都不应该被清洗，因为它可能包含了令人感兴趣的异常值。清洗策略取决于数据源，数据类型和分析的目的。例如，恶意元素的检测强调开发一个垃圾邮件过滤器。所以在这个特定的任务中，清洗数据不是必需的。
- **信噪比可以是很低的**。换句话说，**信号**（有用的信息）可能只是数据的一小部分，其余的都是噪声。能够从噪声数据中提取出一个小的信号是大数据分析优点的一部分，但是你需要知道实际的信号可能确实很小。

- **它可以是实时的**：大数据分析通常包括分析实时数据，这要求一种特殊的基础设施和算法。

交叉参考 在模块 2 第 4 讲中，你将了解到更多关于数据分析相关的复杂集的知识。

技术材料

大数据治理是分析方程式的重要组成部分。在商业分析中，需要作出强化以治理解决方案，确保来自新数据源的真实性，特别当其与现有的存储于仓库中的可信数据相整合的时候。还需要加强数据安全和隐私解决方案，以支持对利用新技术所存储的大数据进行管理/治理。

3.2.2 大数据分析算法

大数据分析是台式机所不能达成的，这意味着需要**重构**算法。换句话说，算法的内部代码需要变更，而不能影响其外部的功能。这是因为算法必须是数据感知的。

大数据基础架构之美在于，你可以花几分钟来运行一个模型，否则会花上数小时或数天。这还让你迭代了上百次的模型。但是，如果你正在分布式环境中，对十亿行数据进行回归统计，你需要考虑与数据量相关的资源需求以及数据在集群中的位置。

此外，供应商现在提供了一种新的分析类别，分析被设计放置在靠近大数据源头的地方，以分析准备就绪的数据，而不是先存储它，然后再分析它。这种运行分析的方法，通过只保留高价值数据的方式，最大限度地减少了数据存储量。它也使得数据分析地更快，以寻找关键事件，这对于实时决策是至关重要的。

交叉参考 在本讲后，你将了解到更多关于“理解不同的大数据分析方法”的知识。

总体情况

随着时间的推移，对于大数据分析的需求将会继续发展，对于更多进化算法的需求将增加。例如，你需要实时的可视化功能，以显示不断变化着的实时数据。实际上，你如何在一个图表中绘制十亿个点？或者说，你如何与预测算法协同工作，才能使它们执行一个足够快、足够深入的分析，去利用一个不断扩大的、复杂的数据集？这是一个活跃的研究领域。

3.2.3 大数据基础设施支持

在本讲中，我们已经花费了大量篇幅来讨论支持大数据所需的基础设施，所以我们在此不再作详细说明。可以说，如果你正在寻找一个大数据平台，它需要实现以下内容。

- **集成技术**：基础设施需要将新的大数据技术与传统技术相整合，使能够处理所有类型的大数据，并使它能够被传统分析所使用。
- **存储大量完全不同的数据**：可能需要一个企业强化的 Hadoop 系统，它可以处理/存储/管理大量的静止数据，无论它是结构化、半结构化或非结构化的。
- **处理运动中的数据**：流式计算能力可能需要处理运动中的数据以支持实时决策，这些数据是由传感器、智能设备、视频、音频和日志持续生成的。

- **仓库数据**：你可能需要一个为操作或深度分析的工作负载所优化的解决方案，以存储和管理越来越多的可信数据。

当然，你需要有能力把你组织机构中现有的数据与大数据分析的结果整合起来。

知识检测点 3

为了医学研究和战略，医疗机构想要进军大数据分析领域。为了分析大数据，医疗机构需要知道哪些潜在的数据特性？

预备知识　了解关于分析工具的不同类型。

与现实生活的联系：一些大数据分析的解决方案

一些厂商已经在市场上拿出了创新的大数据解决方案。下面是你可能感兴趣的一些解决方案列表。

- **IBM**：IBM 将企业方法带给了大数据，跨平台集成，并包括其分析的嵌入/捆绑。其产品包括仓库（InfoSphere 仓库），其有自己内置的数据挖掘和切割能力。新的 PureData 系统（将高级分析技术打包进一个综合性系统平台中）包括了许多已打包的分析集成产品。其 InfoSphere Streams 产品与 SPSS 的统计包紧密集成，以支持实时预测分析，包括了根据实时数据的基础上，动态更新模型的能力。它已经将有限使用的 Cognos 商业智能许可证与其关键的大数据平台能力（企业级 Hadoop、流式计算和仓库解决方案）捆绑起来了。
- **SAS**：通过其高性能的分析基础设施及其统计软件，SAS 提供了许多方法来预测大数据。它还提供了几个分布式处理选项。这些包括了数据库内分析、内存分析以及网格计算。可以部署在网站上或云中。
- **Tableau**：Tableau 是一个商业分析和数据可视化软件公司，它提供其可视化功能，运行在顶级设备以及由一系列大数据合作伙伴所提供的其他基础设施之上，包括 Cirro、EMC Greenplum、Karmasphere、Teradata/Aster、HP Vertica、Hortonworks、ParAccel、IBM Netezza 以及许多其他设施。Tableau 软件的仪表板如下图所示。

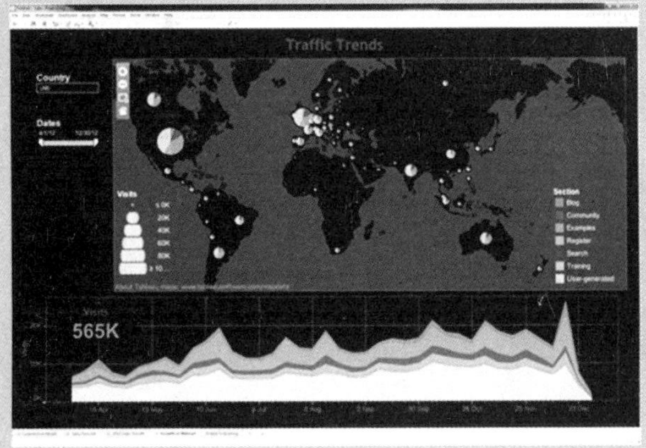

- **Oracle**：Oracle 提供了一系列的工具，以补充其大数据平台，叫作 Oracle Exadata。这些工具包括通过 R 编程语言进行的高级分析，以及与 Oracle Exalytics 内存机一起的内存数据库选项，还有 Oracle 的数据仓库。Exadata 与其硬件平台是整合的。
- **Pentaho**：通过社区和企业版本，Pentaho 提供开源商业分析。Pentaho 支持领先的基于 Hadoop 的发行版，支持原生的能力，如 MapR 的 NFS 高性能可挂载文件系统。下图中展示了一个 MapR 应用的运行实例。

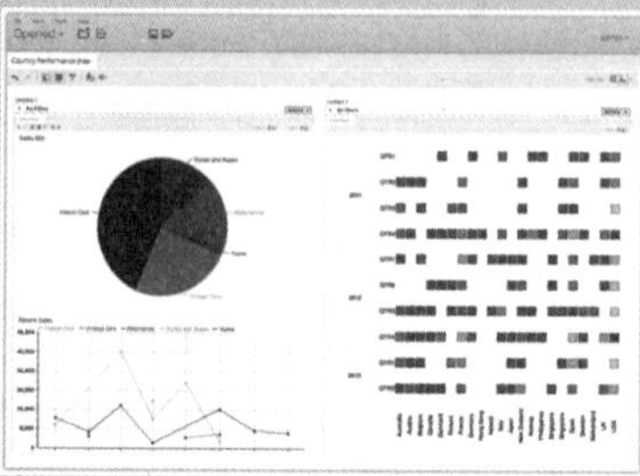

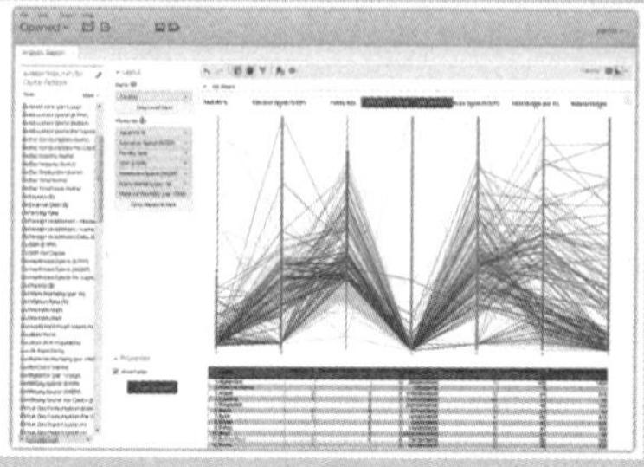

3.3 探索非结构化数据

将非结构化数据从结构化数据中区分开来的特征是其结构是**不可预测的**。有些人认为，“非结构化数据”的术语会是个误导，因为根据生成数据的软件，每个文本源可能包含了它自己特定的结构或格式。事实上，真正非结构化的东西是文本的内容。阐明这点的例子如下。

- **文档**。详细介绍了银行贷款的条款和条件的文档可以是这样撰写的：

  作为对于我已收到的贷款的回报，按照贷款人的指示，我承诺支付 2000 美元（这一数额被称作本金），并加上利息。贷款人是第一银行。我会以现金、支票或汇票的形式支付协议中的所有款项。我理解贷款人可以转让该协议。

  贷款人或协议受让人以及有权利人……
- **电子邮件**。一个简单的电子邮件可能是这样的：

  Hi, Sam，你对本书大数据这一讲的工作进行得怎么样啦？周五是截稿日。Joanne
- **日志文件**。

  222.222.222.222- - [08/Oct/2012:11:11:54 -0400] “GET / HTTP/1.1” 200

  10801 “http://www.google.com/search?q=log+analyzer&ie=…
- Tweets。

  #大数据是数据的未来！
- Facebook 帖子。

  LOL. 稍后你要做什么？BFF

显然，这些例子中的某些要比其他一些有更多的结构。例如，一家银行的贷款协议有一些可以遵循的句子结构和模板。一封电子邮件或许没有什么结构可言。一条 Tweet 或 Facebook 的帖子可能有奇怪的缩略语或字符。日志文件可能有其自己的结构。

所以，问题是，你如何分析这些不同类型的非结构化文本的数据？

3.4　理解文本分析

非机构化数据分析中存在许多方法。从历史上看，这些技术产生于如**自然语言处理**（NLP）、知识发现、数据挖掘、信息检索和统计这样的技术领域。

定　义

文本分析是分析非结构化文本、提取相关信息，并将其转换为结构化信息的过程。然后该结构化信息可以用不同的方式来加以利用。分析和提取的过程利用了起源于计算语言学、统计学和其他计算机科学学科的技术。

例　子

假设你在一家无线电话公司的市场部工作。你刚启动了两个新的通话计划——**计划 A** 和**计划 B**——你没有得到你期待的计划 A 的预期。来自呼叫中心记录的非结构化文本可能给你一些关于为什么会发生这样的事情的见解。下图展示了呼叫中心的一些记载。

顾客 XYZ 打电话进来询问计划 A 的促销。解释了该计划。
顾客认为应该包含累计通话时间。
顾客 ABC 打电话进来询问计划 A 的促销。顾客认为计划中没有累计通话时间是可笑的。
潜在顾客打电话进来询问计划 A 的促销。说该计划太贵了。
潜在顾客打电话进来询问计划 A 的促销。说 4 GB 数据不够用。
顾客 XYT 打电话进来询问计划 A 的促销。说数据计划是不足的，而且是愚蠢的。

下划线的单词为我们提供了理解计划 A 为何没有被迅速地采用可能需要的信息。例如：

- 该实体**计划 A** 在整个呼叫中心的记载中通篇出现，表明该报告提及了该计划；
- **累计通话时间**、**4 GB 数据**、**数据计划**和**昂贵**的措辞证明了问题存在于累计通话时间、数据计划和价格；
- 诸如**奇怪的**和**愚蠢的**这样的字眼，提供了对呼叫者**情绪的洞察**，这在这个案例中是**负面的**。

文本分析的过程中使用了各种算法，如理解句子结构，去分析非结构化的文本，然后提取信息，并稍后将信息转换为结构化数据。

从非结构化文本中提取到的结构化数据如表 2-3-2 所示。

表 2-3-2　提取自非结构化数据的结构化数据

标识符	实体	问题	情感
客户 XYZ	计划 A	累计通话时间	中性
客户 ABC	计划 A	累计通话时间	负面
XXXX	计划 A	昂贵	中性
XXXX	计划 A	数据计划	中性
客户 XYT	计划 A	数据计划	负面

总体情况

你可以看一下上面的分析说："但是我可以通过查看呼叫中心的记录来计算得出。"然而，这些只是由数以千计的呼叫中心代理所记录的信息的一小部分。每个单独的代理不可能觉察到一个广泛的，关于公司所提出的每一个计划的问题的趋势。代理没有时间或需求去将该信息与所有其他的呼叫中心代理去分享，其他的代理可能获得了类似数量的关于计划 A 的呼叫。然而，使用文本分析算法，将该信息汇总和处理之后，这种非结构化的数据可能会产生一个趋势。是什么使文本分析变得如此强大？

附加知识 文本分析和搜索之间的差别

注意，我们关注于提取文本，而不是关键字搜索。

搜索是根据最终用户所已知的搜索内容，检索文档。

文本分析是关于发现信息的。

虽然文本分析不同于搜索，但它可以提升搜索技术。例如，结合了搜索的文本分析，可以被用来提供更好的分类或文档分级，并制作文档的摘要或总结。下一页的表展示了 4 种技术的说明：**查询**、**数据挖掘**、**搜索**和**文本分析**。

在表的左侧是查询和搜索，两者都是关于检索的。例如，一个最终用户可以查询一个数据库，以了解在过去的一个月里，有多少客户终止使用了该公司的服务。查询将返回一个单独的数字。只有通过进行更多的和不同的查询，最终用户才能获取所需的信息，以确定客户要离开的原因。同样地，关键字搜索允许最终用户找到包含公司竞争对手名称的文件。搜索将返回一组文档。只有通过阅读这些文档，最终用户才会得到他的问题的相关答案。

	检　索	洞　察　力
结构化	查询：返回数据	数据挖掘：来自结构化数据的洞察力
非结构化	搜索：返回文档	文本分析：来自文本的洞察力

在表左侧的技术返回了信息的条目，并要求人的交互，以合成和分析该信息。位于右侧的信息（数据挖掘和文本分析）更快地传递了洞察力。

3.4.1 分析和提取技术

一般情况下，文本分析的解决方案综合使用了**统计**和 **NLP** 技术，从非结构化数据中提取信息。

更多关于 NLP

NLP 是一个广泛而复杂的，在过去 20 年里发展起来的领域。NLP 的一个主要目标是从文本中获得有意义的内容。NLP 通常会使用语言的概念，如语法结构和词性。通常，这种类型分析的背后的想法是要去确定**谁对谁做了什么，什么时候、在哪里、如何以及为什么做**。

NLP 平台的文本分析有不同的层级。

- **词法/形态分析**：它检查了一个**独立单词的特征**——包括前缀、后缀、根和词性（名词、动词、形容词等）——这些信息有助于理解在提供的文本的上下文中单词所指的含义。

词汇分析取决于字典、词典或任何提供单词信息的单词列表。

在无线通信公司的促销的情形下，字典可以提供这样的信息，“promotion”是一个名词，它可以意味着排名的提升、广告或宣传的努力，或是努力鼓励某人的成长。词法分析也将启用一个应用程序来识别 promotion、promotion 的复数形式和 promotion 的现在分词形式是同一个单词和意思的所有版本。

- **句法分析**：这是用语法结构来剖析文本，并把单个的单词融入语境之中去。在这里，你把你的目光从一个单一的单词扩展到短语或**整个句子**之上。

  这一步可能绘制了**单词**（或语法）**之间的关系图**或是寻找构成正确句子的**单词顺序**或是寻找了代表日期或货币价值的数字序列。

  例如，无线通信公司的呼叫中心记录包括了这样的投诉：“顾客认为没有把累计通话时间包含在计划中，是荒谬的”。除了词性标记之外，句法分析应该标记这个名词短语。
- **语义分析**：这决定了**句子可能的含义**。这可以包括检查单词顺序和句子结构，以及通过关联在短语、句子和段落中找到的语法，消除歧义单词。
- **语篇层次分析**：这一尝试**超越句子层次**，确定了**文本的含义**。

  在实践中，从各种文档来源中提取信息，组织机构有时候需要制定规则。这些规则可以很简单：

  - 一个人的名字必须以大写字母开头；
  - 在学院网站上的每门课程遵循 3 位数的课程号和一个分号的规则；
  - 一个标志必须出现在每个页面的特定位置上。

当然，规则可以更加复杂。组织机构可以手动、自动或通过这两种方式的组合去生成规则。

- **手工方法**：在手工方法中，有人使用专用的语言来**构建一系列提取的规则**。此人还可以建立字典和/或同义词列表。虽然人工的方法可能是耗时的，但它可以提供非常准确的结果。
- **自动方法**：它们可以使用机器学习或其他的统计技术。根据一组训练和文本数据，该软件生成了规则。首先，系统处理了一组类似的文档（如报纸文章）去开发——也就是去学习——规则。然后，用户运行一组测试数据去测试规则的准确性。

3.4.2 理解提取的信息

在先前描述的各种分析技术一般会与其他统计或语言技术相结合，实现文本文档的打标和标记的自动化，以提取以下种类的信息。

- **术语**：它们是关键字的另一个名字。
- **实体**：通常被称为**命名实体**，这些都是抽象的**具体**实例（有形的或无形的）。例子是人名、公司名称、地理位置、联系信息、日期、时间、货币、标题和职位等。例如，文本分析软件可以将 Jane Doe 作为一个正在分析的文本中所涉及的人进行实体提取。该实体 2007 年 3 月 3 日可以按照日期进行提取等。许多供应商都提供了开箱即用的实体提取。
- **事实**：也被称为关系。事实表明两个实体之间的谁/什么/哪里的关系。**John Smith 是 Y 公司的 CEO** 和**阿司匹林降低了发热**都是事实的例子。

- **事件**：虽然一些专家互换地使用**事实**、**关系**和**事件**这些术语，但是其他专家还是在事件和事实之间进行了区分，规定事实通常包含了一个时间维度，经常造成了事实的改变。例如，包括了一家公司内部管理的改变或是销售流程状态的改变。
- **概念**：这是一组单词和短语的集合，表示一个特定的用户关注的想法或主题。这一分析可以通过手工或者使用统计、根据规则的或者是混合的方法去进行归类。例如，**不满意的客户**的概念可以包括了**生气**、**失望**和**困惑**的词语，以及**断开服务**、**不回拨**和**浪费钱**这样的短语——还有许多其他短语。因此，**不满意的客户**的概念可以被提取出来，甚至不需要**不满意**或**顾客**这样的单词出现在文本中。概念可以被用户所定义，以满足他们的特殊需求。
- **情绪**：情绪分析是用来识别带有下划线的文本的观点或情绪的。一些技术是使用机器学习或 NLP 技术，通过将文本分类成**主观**（意见）或**客观**（事实），来完成这项工作的。情绪分析在“客户的声音”这类应用中变得非常流行。

3.4.3 分类法

分类法往往是文本分析的关键。

定　义

分类法是将信息组织成层次关系的一种方法。它有时候被指代成一种组织类别的方式。

因为一个分类法定义了一家公司所使用的术语之间的关系，所以使之更容易地找到并随后分析文本。

例如，电信服务提供商提供有线和无线的服务。在无线服务中，该公司可能要支持手机和互联网接入。公司随后可能有两种或更多的归类移动电话服务的方式，如**计划**和**电话类型**。

快速提示

有些厂商会在使用其产品时，不需要分类法，而企业用户可以将已提取的信息进行归类。这实际上取决于你感情去的科目。通常，主题可以是很复杂的、微妙的，或是具体到某一个特定行业的。这将需要一个集中的分类法。

分类法可以到达所有去往电话本身部分的路径。分类法也可以使用**同义词**和可**替换的表示**，识别到 cellphone、cellular phone 和 mobile phone 是一个意思。这些分类法可以是非常复杂的，会花费很长的时间去开发。

知识检测点 4

讨论两种可以被文本分析解决方案所使用的技术，用以分析最近上映电影的成功之处。

与现实生活的联系

Klout 是一个著名的社交媒体分析工具。它可以被用作衡量你在各种社交媒体网站上的影响力（影响）。这是根据有多少人在各种社交媒体网站上与你的帖子/评论进行互动。

3.4.4 将结果与结构化数据放在一起

当非结构化数据变成结构化之后，可以将其与其他可能存在于你的数据仓库中的结构化信息整合起来，然后应用商业智能或数据挖掘工具，以收集进一步的洞察力。

例如，在表 2-3-3 中，文本分析的结果与结构化的计费信息合并。可以看到表 2-3-3 和表 2-3-2 的内容是基本相同的，只是我们在右侧添加了**一列**。从本质上讲，可以将存在于你计费系统中的客户信息与来自呼叫中心记录中的信息相匹配。

表 2-3-3 文本分析结果连同结构化的账单信息

标识符	实体	问题	情绪	段
顾客 XYZ	计划 A	累计通话时间	中性	金
顾客 ABC	计划 A	累计通话时间	负面	银
XXXX	计划 A	昂贵	中性	XXX
XXXX	计划 A	数据计划	中性	XXX
顾客 XYT	计划 A	数据计划	负面	铜

当然，做前景展望的时候，没有可用的匹配信息，这就是“XXXX”出现在表 2-3-3 的那几行中的原因。

在表 2-3-3 中，结构化数据连同非结构化数据展示了至少有一个客户是**金牌客户**，所以对于公司做出额外的努力去挽留他或她是值得的。当然，在现实中，你会利用比这更多的数据去工作。

与现实生活的联系

“云”这一词对于如何以有趣和有效的方式去使用文本分析而言，是一个很好的例子。

总体情况：将大数据投入使用

先前使用过的无线促销的用例仅仅只是一个文本分析是如何用来帮助获取对数据的洞察的例子。当数据是大数据时，大数据用例将意味着正在被分析的非结构化数据是高容量的、高速度的或者两者兼而有之。

下面是几种将文本分析应用于大数据的方式。

理解客户的声音

优化客户体验，提高客户的保留率是许多服务行业的主要驱动因素。关心这些问题的组织机构可能会提出一些问题，例如：

- 客户抱怨的主要领域是什么？随着时间的推移，这些都是如何变化的？
- 客户对特定服务的客户满意度的水平是多少？
- 客户流失的最常见的问题是什么？
- 哪些重点客户群提供了更高的潜在的提升销售的机会？

发往公司的电子邮件、客户满意度调查、呼叫中心的记载和其他的内部文件，持有了关于客户关注和情绪的大量信息。文本分析可以及时地帮助识别和解决客户的不满意。在问题成为客户的大症结之前，通过主动解决问题，它可以帮助改善品牌形象。这是一个大数据问题吗？它可以是。这取决于信息的数量。在批处理模式中，可以交付给你大量的信息。公司可能想要将这些数据与结构化数据合并，正如我们在本节前面讨论的那样。

解密社交媒体分析

另一种形式的客户声音或者说是客户体验管理，社交媒体分析，近来已经获得了许多的知名度，并且事实上，是有助于推动文本分析市场的。在社交媒体分析中，互联网上的数据是聚集在一起的。这包括了来自博客、微博、新闻、在线论坛的文字，以及其他的在线门户网站等的非结构化的文本。

然后要分析这些巨大的数据流——通常使用文本分析——以获得问题的答案，例如：

- 人们对我品牌的评论是什么？
- 他们喜欢我品牌的什么？
- 他们不喜欢我品牌的什么？
- 我的品牌与我的竞争对手相比如何？
- 客户有多忠诚？

社交媒体不只是被关注其品牌的营销人员所使用，政府用它来寻找恐怖分子的谈话，卫生机构用它来识别世界各地的公共卫生威胁，教育、时尚、旅游和 IT 产业用它来识别趋势，传媒娱乐业用它来开发故事情节。

这是一个大数据的用例，特别是可以与服务提供商协同工作时，它可以将所有的来自 Twitter 的推文，连同所有的其他数据整合起来。

知识检测点 5

航空业是如何有效地利用大数据文本分析的？

附加知识 大数据的文本分析工具

让我们熟悉下这个市场的一些成员。有些是小名，而且其他的一些是家庭的名字。有些人把自己所做的称作**大数据文本分析**，而有些人只是把它称为**文本分析**。

Attensity

Attensity 是最早从事文本分析的公司之一，它在十年前就开始开发和销售产品。目前它拥有超过 150 个企业客户，是全球最大的 NLP 开发组之一。

Attensity 为文本分析提供了多个引擎，包括**自动分类、实体提取和详尽提取**。

详尽提取是 Attensity 的旗舰技术，它自动从被解析了的文本中提取事实（谁对谁做了什么，何时，何地，在什么条件下）并组织这方面的信息。

该公司通过对来自内部和外部来源的报表进行文本分析，专注于社交和多渠道的分析和参与，然后将其路由给业务用户进行参与。它最近收购了 **Biz360**，一家聚集了巨大的社交媒体流的社交媒体公司。它已经开发出了一种网格计算系统，提供了高性能的处理大量实时文本的能力。

Attensity 使用了一种 **Hadoop 框架**（MapReduce、Hadoop 分布式文件系统（HDFS）和 HBase）来存储数据。它还具有一个数据队列系统，它创建了一个业务流程，识别入站数据中的尖峰，并在需要的时候跨越更多/更少的服务器进行处理的调整。

Clarabridge

一家纯粹的文本分析供应商，Clarabridge 实际上是由一家名叫 **Claraview** 咨询公司分拆而成的，Claraview 意识到了处理非结构化数据的需求。它的目标是，通过全局地审视客户，准确定位关键性的经验和问题，帮助企业驱动可衡量的商业价值，并帮助组织机构中的每一个人实时采取行动和协作。

Clarabridge 包括了情感的实时检测和客户反馈数据/文本的归类，并将逐字翻译进行分段，供 Clarabridge 系统的进一步的处理。

目前，Clarabridge 为其顾客提供了一些复杂的和有趣的特性，包括单击根本原因分析以确定是什么造成了文本反馈、情绪或与新出现的问题相关的满意度的数量的变化。它还将其解决方案作为软件即服务（SaaS）来提供。

IBM

软件巨头 IBM 在其智能行星的伞式战略中的文本分析领域里提供了多种解决方案。除了沃森和 IBM 的 SPSS 之外，连同企业搜索（ICAES），IBM 还提供了 IBM 内容分析。IBM 内容分析的开发是基于 IBM 研究院所进行的工作的。

IBM 内容分析被用来将内容转换成已分析的信息，该信息对于详细的分析是可用的，并类似于将结构化数据在 BI 工具集中进行分析的方式。IBM 内容分析和企业搜索是曾经是两个独立的产品。融合的 ICAES 解决方案，同时加强了利用文本分析和独立内容分析需求的企业搜索。ICAES 与 **IBM InfoSphere BigInsights** 平台有着紧密的集成，启用了非常大的搜索和内容分析的集合。

OpenText

OpenText 是一家位于加拿大的公司，可能是由于其企业信息管理（EIM）解决方案而闻名。它的愿景围绕着管理、安全和从企业的非结构化数据中提取价值。它提供了它用术语称之为的“语义中间件”。

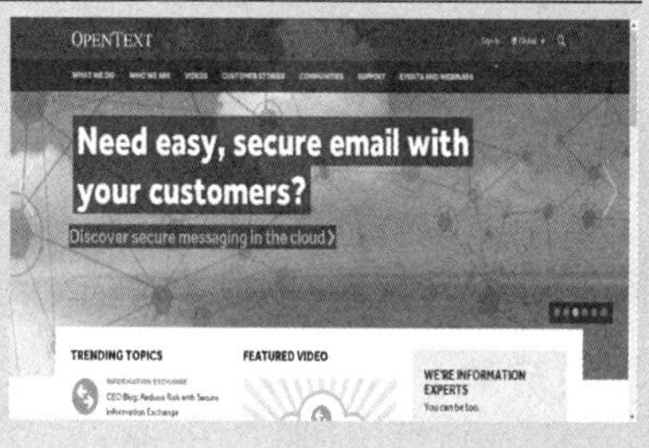

根据该公司所说，它的语义技术的演进是根植于其能力“启用跨语言、格式和行业领域的高精度的基于大型数据集（如内容）的实时分析”的能力的。语义中间件背后的思想是，语义可以暴露在不同的层次中，可以和不同的技术（如文档管理、

预测分析）协同工作，以解决业务问题。换句话说，可以在任何需要的地方启用和使用文本分析。OpenText 将其中间件作为一个独立的产品来提供，可以用于各种解决方案，以及在其产品中作为一种嵌入式特性。

注意：可插拔的语义推动者这一概念开始获得了更多的推动力，更小的参与者也正在看着推动者可以给大数据应用提供价值的方式。

SAS

SAS 长期以来一直在解决负责的大数据问题。几年前，它收购了一家文本分析供应商 **Teragram**，以提升其在分析中共同使用结构化和非结构化数据的战略，并为描述和预测模型集成数据。

现在，它的文本分析功能是其整体分析平台的一部分，文本数据被视为简单的另一个数据的来源。SAS 在高性能分析领域继续创新，以确保性能符合客户的期望。目标是选出过去需要几周才能解决问题，在几天内将其解决，或者选取过去需要几天才能解决的问题，现在在几分钟内将其解决。例如，SAS 高性能分析服务器是一种内存解决方案，它允许你使用完整的数据来开发分析模型，而不仅仅是聚合数据的子集。SAS 表示，可以使用数千个变量和数以百万个文档作为分析的一部分。解决方案运行在 EMC Greenplum 或 Teradata 设备以及使用 HDFS 的商品硬件之上。

3.5 建立新的模式和方法以支持大数据

大数据分析最近得到了大量蓄意的炒作。许多公司都很高兴能够访问和分析他们一直在收集着的数据，或是想要从这些数据中获取洞察力，但是还未能有效地管理和分析。这些公司知道，有些东西就在那儿，但直到最近，还是没有能开采它。

这个“越过底线”的分析是大数据分析运动的一个令人振奋的方面。它可能涉及将大量的不同数据进行可视化，或者涉及先进的实时分析流。它在某些方面是进化的，在其他方面是革命性的。

3.5.1 大数据分析的特征

那么当你的公司利用大数据分析正在越过底线时，有什么是不同的呢？我们所描述的支持大数据分析的基础设施是不同的，而且算法也已变成基础设施能感知的了。

从两个视角看待大数据分析：

- 面向决策；
- 面向行为。

快速提示 通过创建分析应用程序，寻找和利用大数据可以抓住关键点，以更早而不是更晚地提取价值。要完成这项任务，就要更有效地建立这些自定义的应用，要么从零开始或是利用平台和/或组件。本节稍后会涵盖这个主题。

面向决策的分析

面向决策的分析更接近于传统的商业智能。我们审视可选择的子集和具有代表性的更大的数据源，并尝试将其结果应用到商业决策的制定流程上来。

当然，这些决策可能会导致某种行为或流程的改变，但是分析的目的是增强决策的制定。

面向行动的分析

当模式出现或特定的数据被检测到而且需要采取行动时，**面向行动的分析**就被用于快速响应了。通过分析利用大数据，并导致主动或响应的行为，为早期采用者提供了巨大的潜力。

首先，让我们看一下大数据分析的附加特性，这将其与传统类型的分析区分开来，暂且不谈3V（即数据量、速度和多样性）。

- **它可以是纲领性的：**就分析而言，最大的变化之一是，过去处理数据集时，可以将其手动加载到应用程序中，进行可视化和探索。有了大数据分析，企业可能会面临这样的情况，由于数据的规模，你可能要以原始数据开始，经常需要以**编程的方式**（使用代码）来处理原始数据，操纵它或者任何类型的探索。
- **它可以是数据驱动的：**许多数据科学家使用一个假设驱动的方法来做数据分析（开发一个前提并收集数据，看看是否该前提是正确的），你也看以使用数据来驱动分析——特别是如果你已经收集了大量的数据。例如，可以使用机器学习算法来做这种自由假设的分析。
- **它可以有很多属性：**在过去，你可能一致在处理数以百计的属性或数据源的特征。现在，你可能要处理数百兆字节的数据，这些数据由成千上万的数据和数以百万计的观测所组成。现在的一切都在更大的范围中发生。
- **它可以是迭代的：**更多的计算能力意味着可以迭代分析模型直到得到所希望的方式。几年前你可能没有那么多的内存来使你的模型有效地工作，你将需要大量的物理内存去完成训练算法所需的必要的迭代。它也可能需要使用先进的计算技术，如自然语言处理（NLP）或神经网络，根据添加了更多数据的学习，这些技术自动进化了该模型。
- **通过利用根据云的基础设施即服务**（Infrastructure as a Service，**IaaS**），它可以快速地得到你所需的计算循环。利用IaaS平台，如亚马逊Web服务（Amazon Web Service，AWS），可以快速地提供机器集群去消化大型的数据集并快速地分析它们。

现在你对大数据分析的一些特点有了更好的理解，审视下你分析大数据的一些处理方式。

3.5.2　大数据分析的应用

在许多情况下，大数据分析将通过报表和可视化呈现给最终用户。因为原始数据可以被全面地改变，所以你将不得不依赖分析工具和技术以帮助用有意义的方式去呈现数据。传统生成的报表是熟悉的，但它们可能不能提供新的洞察力或创建决策者正在寻找的未曾预料到的结果。数据可视化技术将是有帮助的，但它们也需要被加强或得到更加复杂的工具的支持以处理大数据。

总体情况

虽然传统的报告和可视化是熟悉的，但它们是不足的；所以，为大数据分析创造新的应用程序和方法成为必要。否则，你将处于等待航线中，直到供应商赶上了需求。即使当它们赶上了，所得到的解决方案可能并没有做了你需要的。大数据的早期采用要求建立新的应用程序，程序被设计用来解决分析需求和时间框架。为什么这是如此重要的？因为一个来自传统数据分析的使用良好的表示将是不够的。

大数据应用大体上分为两类：

- 自定义应用程序，从零开始编码；
- 半定制应用程序，根据框架或组件。

让我们来研究一些例子，来帮助理解为什么以及你如何使用这些方法来使大数据更加有用。

大数据分析的自定义程序

一般情况下，为特定的目的或相关的目的集而创建自定义的应用程序。特定的业务领域或者组织机构总是需要一组定制的技术，以支持独特的活动或提供竞争优势。例如，一个提供金融服务的机构总是希望其交易应用程序比竞争对手的更快更准确。相比之下，计费应用程序不需要过度的专业化。因此，一个打包的系统就可以将其完成。

对于大数据分析，自定义应用程序开发的目的是要加快**决定的时间**或是**行动的时间**。随着大数据作为一门科学和一个市场的发展，传统解决方案的软件供应商将要慢慢地把新技术推向市场。如果由于缺少与业务领域相关的分析能力，导致很少有可供选择的机会来决定或采取行动，那么几乎没有什么价值会存在于大数据的基础设施中。正如前面所讨论的那样，一些软件包支持各种各样的大数据分析技术。本讲讨论的供应商可以利用他们的技术组件来帮助自己的客户建立解决方案。然而，现实是没有这样的东西可以完整地封装应用程序，可以按照开箱即用的复杂的大数据解决方案来使用。

R 环境

R 是一套集成的软件工具和技术套件，旨在创建自定义的应用程序，便于进行数据处理、计算、分析和可视化显示。

在其他高级功能中，它支持：

- 有效的数据处理和操作组件；
- 计算阵列和其他类型的有序数据的运算符；
- 专门用于各种各样的数据分析的工具；
- 高级可视化能力；
- S 编程语言是由程序员设计的，对于程序来说有很多熟悉的结构，包括条件、循环、用户自定义的递归函数和广泛的输入和输出设备，系统提供的大多数功能是用 S 语言编写的。

R 是一种开发新的交互式分析方法的工具。它已经被迅速地发展起来了，并以已通过大量的包进行了扩展。它非常适合于单一的、用于分析大数据源的自定义的应用程序。

附加知识

R 环境是根据 20 世纪 90 年代由贝尔实验室开发的 S 统计和分析语言的。它是由 GNU 项目维护的，并在 GNU 许可证下可用，多年来，S 和 R 的许多用户对基础系统做出了巨大的贡献，增强和扩展了它的能力。虽然完全理解它是一种挑战，但是其深度和灵活性使其对分析应用程序开发人员和高级用户来说，成了一个吸引人的选择。此外，综合性的 R 档案网络（CRAN）R 项目通过最新的 R 环境版本，维护着全球的文件传输协议（FTP）和 Web 服务器。一个商业支持的 R 的企业版本也可以通过 Palo Alto，CA 获得。

谷歌预测应用程序编程接口（API）

谷歌预测 API 是一个新兴的大数据分析应用工具类别的例子。在谷歌开发者网站上可以查到。它是有完善文档的，并提供了几种机制来通过不同的编程语言来访问。为了帮助开始使用它，它在 6 个月内是免费（有一些限制）提供的。随后的许可证是价格适中的并是根据项目的。

预测 API 是简单的。它寻找模式并将它们与预防、规范或其他现有模式相匹配。在进行其模式匹配时，它也在“学习”。换句话说，你越经常使用它，它就会变得越聪明。

假设你想了解消费者的行为。为了做到这一点，你可能要从 Facebook、Twitter、amazon 和/或 Foursquare 社交网站上为特定的行为模式搜索原始帖子。如果你是一个消费类产品公司，你可能想要根据社交网站的信息，推荐新的或现有的产品。如果你是一家好莱坞制作公司，你可能想要用他们最喜欢的明星之一，通知人们有新的电影。预测 API 给你有机会通过分析习惯和先前的行为，来预测（或者甚至是鼓励）未来的行为。

作为一种 REST 风格的 API 来实施预测 API 的，带有对.NET、Java、PHP、JavaScript、Python、Ruby 和许多其他语言的支持。谷歌还提供了访问 API 的脚本以及 R 的客户端库。

预测分析是大数据最强大潜在的能力，谷歌预测 API 是一个非常有用的工具，用于创建自定义的应用程序。

总体情况

随着大数据的发展，许多新的自定义程序类型将被引入到市场中去。有些类似于 R 的，以及其他的一些内容（如谷歌预测 API）将作为 API 或库被引入，程序员可以使用它们创建新的方法来计算和分析大数据。在现实世界中，那些没有软件开发背景和不熟悉自定义程序编码的人有其他可用的方法和手段，可以用来解决分析的需求。

与现实生活的联系

谷歌预测 API 最好的用例之一可以在一家叫做 Pondera 解决方案的初创公司所做的事情中看到-它提供了欺诈检测方案作为一种服务，完全建立在谷歌服务套件的使用之上——预测 API。

大数据分析的半定制应用程序

事实上，很多人认为半定制应用程序实际上是**通过“打包”或如类库这样的第三方组件**（如库）来创建的。不总是有必要来完全编码一个新的应用程序。（必要时，不存在任何替代品。）

使用打包的应用程序或组件需要开发或分析人员来编写代码，以“编织”这些组件，在一个自定义应用程序中工作。

下面是为什么这是一种有效方法的原因。

- **快速部署**：因为你不必编写应用程序的每一个部分，开发时间将大大减少。
- **稳定性**：使用优良构建的、可靠的第三方组件有助于自定义应用程序的弹性。
- **更佳的质量**：打包的组件更会是高质量的标准，因为它们会被部署到广泛的各种各样的环境和领域中去。
- **更多的灵活性**：如果出现了一个更好的组件，它可以被替换进应用程序中去，扩展了寿命、适应性和自定义应用程序的用处。

另一种类型的半定制程序处于**源代码可用**以及**为特殊用途进行修改**的情形中。这可以是一个有效的方法，因为有不少可用的应用程序构件块的实例，可以融入你的半定制应用程序之中。

主要包括以下几种。

- **TA-Lib**：该技术分析库是由需要进行金融市场数据技术分析的软件开发人员广泛使用的。它在 BSD 许可证在作为开源可用，允许它被集成到半定制的应用程序中去。
- **JUNG**：Java 通用网络图（JUNG）框架是一个类库，提供了一个共同的框架进行数据的分析和可视化，它可以通过图或者网络进行呈现。它对于社交网络分析、重要性度量（PageRank、hits）和数据挖掘是有用的。它在 BSD 许可证下，是开源可用的。
- **GeoTools**：一种开源的、操纵多种形式 GIS 数据的地理空间工具包，可以分析空间和非空间的属性或是 GIS 数据，并创建数据图和网络。它在 GPL2 许可证下可用，允许集成进半定制的应用程序中去。

与现实生活的联系：走向移动

这是真实的，许多（如果不是全部的话）移动应用程序都是定制的。一些第三方的包提供了移动接入，通常通过移动应用程序，但是它们在供应商兴趣点之外通常是无用的。结果，许多新兴的自定义的组件开发者正在提供可以帮助更容易地创建大数据移动应用程序的技术。

总体情况

大数据的速度，再加上其种类，将导致朝着实时观察更进一步，允许更好的决策或快速行动。随着市场的发展，观测中的大部分可能是自定义程序的结果，这些程序被设计用来增强其应对环境变化的能力。分析框架和组件将有助于更容易和更有效地创建、修改、共享和维护这些应用程序。

3.5.3　大数据分析框架的特性

即使新的工具集继续可用，以帮助组织机构更有效地管理和分析大数据，你也可能无法从现有的东西里获得你所需要的东西。此外，在本模块前面所讨论的一系列的技术可以支持大数据分析，也能支持如可用性、可扩展性和高性能这样的需求。

这些技术包括大数据设备、柱状数据库、内存数据库、非关系型数据库和大规模并行处理引擎。在本模块的其他几讲里，我们对大多数概念已经比较熟悉了。

那么，当涉及大数据分析时，什么才是企业用户要寻找的？这个问题的答案取决于他们试图解决的商业问题的类型。正如前面讨论的那样，决策方向和行动方向是两大业务挑战的类型。许多特点对于两者是共同的，因为决定常常导致行动，因此共同性是必需的。

当你选择一个大数据应用分析框架时，你需要考虑的重要因素包括以下几点。

- **支持多种数据类型**。许多组织机构正在合并或期望合并，所有类型的数据作为其大数据部署的一部分，这包括了结构化、非结构化和半结构化的数据。
- **处理批处理和/或实时数据流的能力**。行动方向是实时数据流分析的产物，而决策方向可以充分地由批处理提供服务。有些用户两者都需要，因为随着他们的发展，包括了不同形式的分析。
- **善于利用你环境中现存的东西**。要获得正确的环境，在大数据分析框架中，利用现有的数据和算法可能是重要的。
- **支持 NoSQL 以及用于访问数据的其他更新的形式**。当组织机构继续使用 SQL 时，许多组织机构也正在寻找更新的数据访问形式，以支持更快的响应时间或更快的决策时间。
- **克服低延迟的能力**。当处理高速数据时，组织机构需要一个可以支持高速和性能相关需求的框架。
- **提供廉价存储**。大数据意味着潜在的大量存储——这取决于你想要处理和保留多少数据。这意味着存储管理和由此产生的存储成本是重要的考虑因素。
- **整合云部署的能力**。云可以按需提供存储和计算能力。越来越多的公司正在使用“云”作为一个分析的“沙盒”。越来越多的云正在成为一个重要的部署模型，将云部署（无论是公共的或私有的）在混合模式中与现有的系统相整合。此外，大数据云服务正在开始出现，这将有利于客户。

与现实生活的联系

虽然上述的所有特性是重要的，从一个框架中创建应用程序的所觉察到的和实际的价值在于其更快的部署时间。思想中有了这些能力，我们就可以看一看来自一个叫作 **Continuity** 公司的一个大数据分析应用框架的例子。

Continuity 的 AppFabric 是一个**支持大数据应用程序开发和部署**的框架。部署可以作为一个单一的实例、私有或公共的云，而无须目标环境所需的任何记录。AppFabric 本身是一套专门设计用来从底层的大数据技术中提取预测的技术。应用程序生成器是一个 Eclipse 插件，允许开发者在本地或在熟悉的环境中构建、测试和调试。

AppFabric 的功能包括以下内容：

- 实时分析的响应的流支持；
- 统一的 API，消除编写大数据基础设施的需求；
- 简单结果的查询接口，以及对可插拔查询处理器的支持；
- 数据集代表了可查询的数据和表格，其可以通过统一 API 来访问；
- 阅读和编写独立于输入或输出格式的数据，或是底层的组件细节（如 Hadoop 的数据操作）；
- 根据事物的事件处理；
- 多模式部署到一个单一的节点或云上。

这种方法将获取大数据应用程序开发的牵动力，主要是因为需要大量的工具和技术，来创建一个大数据环境。如果开发者可以编写一个更高级别的接口，要求“编织物”或抽象层管理底层组件的细节，你应该期望高品质、可靠的应用程序，可以很容易地被修改和部署。

另一个应用程序框架的很好的例子是 OpenChorus。除了大数据分析应用程序的快速开发之外，它还支持协作和提供许多其他功能，它们对于软件开发人员很重要，如工具集成、版本控制和配置管理。

总体情况

这是一个很少见的公司，可以提供从零开始建立大数据分析的能力。因此，最好是将你的大数据部署看作人、过程和技术组成的一个生态系统。大数据分析不是一个孤岛，它被连接到许多其他的贯穿你企业的数据环境和业务流程环境中去。虽然这些内容都处于大数据活动的早期阶段，许多项目都在试验大数据分析，将其从它们整体计算环境中隔离开来，你需要将整合考虑成一种需求。随着大数据分析变得越来越主流，它应该从其他的数据管理环境中隔离开来。

软件开发人员很少是单独工作的。同样，数据科学家和分析专家喜欢分享发现和利用现有资产。合作和分享的需求在一个新兴的技术领域中是更为显著的。事实上，在许多方面缺乏合作可能是成本高昂的。大型的组织结构可以从推动合作的工具中受益。做类似工作的人往往不知道其他人的工作，这导致了重复的工作。这在金钱和生产力方面的开销是非常大的。

利用现有的解决方案去启动一个项目，会影响质量和上市时间。

随着大数据的发展，你会看到新的种类的应用程序框架的引入。其中许多将支持移动应用程序的开发，而其他人将致力于解决垂直应用程序的领域。在任何情况下，它们都是早期采用大数据的时候的重要工具。

知识检测点 6

解释为大数据分析使用自定义和半定制应用程序的优点。

基于图的问题

1.

研究并回答以下问题。

a．参考上述图像，所谓的文本上下文分析指的是什么？

b．如何使用这个应用程序？

c．这幅图像中的各种文字的字体大小的意义是什么？

d．有哪些在线服务可以用来创建这种分析？

2.

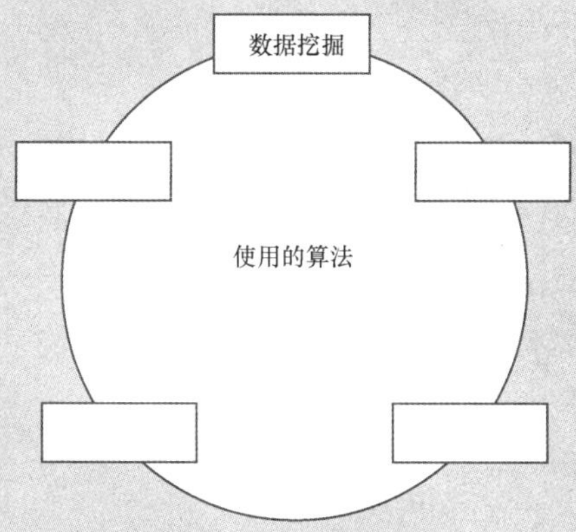

a．区分分类树和聚类技术。

b．命名动物脑的并行结构的模型化的算法。

c．定义数据挖掘。

多项选择题

选择正确的答案。在下面给出的“标注你的答案”里将正确答案涂黑。

1．哪种类型成为业务流程的一部分？

a．货币化分析　　b．高级分析　　c．基本分析　　d．可操作性分析

2．异常识别是哪种类型分析的一部分？

a．基本分析 b．高级分析 c．可操作性分析 d．货币化分析

3. Tableau 提供了下列哪种应用程序？

a．CRM b．ERP c．高级分析 d．可视化分析

4. 下列哪一项不构成非结构化数据？

a．订单表头 b．Twitter 数据 c．Facebook 评论 d．博客

5. Attensity 主要开发和销售哪类应用程序？

a．高级分享 b．可视化 c．商业智能平台 d．文本分析

6. 在市场上最好的和最常见的统计分析工具之一是哪个？

a．SAS b．SaaS c．IBM 的沃森 d．Google Analytics

7. 大数据应用程序的两个主要类别是什么？

a．结构化和非结构化 b．自定义和半定制

c．SaaS 和 IaaS d．云和前置

8. 什么是物流回归？

a．供应链算法 b．供应链业务流程

c．文本分析算法 d．数据挖掘算法

9. 什么是地理工具？

a．地理空间工具套件 b．全球定位系统应用

c．Google Analytics API d．地图软件

10. 如果你要实现一个分析应用程序去了解客户的声音，它会是什么类型的分析程序？

a．回归分析 b．CRM 分析 c．基本分析 d．社交媒体分析

标注你的答案（把正确答案涂黑）

1. ⓐ ⓑ ⓒ ⓓ
2. ⓐ ⓑ ⓒ ⓓ
3. ⓐ ⓑ ⓒ ⓓ
4. ⓐ ⓑ ⓒ ⓓ
5. ⓐ ⓑ ⓒ ⓓ
6. ⓐ ⓑ ⓒ ⓓ
7. ⓐ ⓑ ⓒ ⓓ
8. ⓐ ⓑ ⓒ ⓓ
9. ⓐ ⓑ ⓒ ⓓ
10. ⓐ ⓑ ⓒ ⓓ

测试你的能力

1. 一家网上商店 ispeak 想要实现一个大数据应用，以捕获和分析客户的声音。他们能通过实施这个 Tableau 工具来实现这个应用程序吗？如果能，说明是如何实现的。如果不能，给出理由。
2. 在为金融服务公司实施大数据分析时，要注意什么？
3. 什么是分类法？企业通过实施分类法可以获得什么好处？用具体实例说明。

备忘单

- 当有大量不同数据时，基本分析是一种理想的解决方案——但分析师不确定他/她所拥有的东西，但会认为它是有价值的。
- 基本分析可以包括简单的可视化或简单的统计。基本分析的经常性实现包括：
  - 切片和切块；
  - 基本监测；
  - 异常识别。
- 高级分析为结构化还有非结构化数据，使用算法进行复杂分析。这种类型的深入分析需要使用先进的统计模型、机器学习、神经网络、文本分析和其他先进的数据挖掘技术。
- 大数据的先进分析的几个例子是：
  - 预测模型；
  - 文本分析。
- 通常情况下，大多数组织只在需要的时候执行数据分析。然而，在一些业务线中，分析练习可以成为业务流程的一部分。这样的数据分析也被称为可操作性分析。
- 大数据分析不仅仅是为了获得更好的策略，也是为了推动收入。该业务可能会组装出一个独特的数据集，这对于其他公司也是有价值的。
- 大数据平台需要实现下列内容：
  - 集成技术；
  - 存储大量完全不同的数据；
  - 处理运动中的数据；
  - 仓库数据。
- 文本分析师分析非结构化文本、提取相关信息，并把它转换为结构化信息的过程，然后可以用不同的方式来加以利用。
- 在过去的 20 年发展起来的 NLP 是一个广泛而复杂的领域。NLP 的一个主要目标是从文本中获得意义。NLP 通常会使用语言的概念，如语法结构和词性。
- NLP 执行不同层次的文本分析：
  - 词法/形态分析；
  - 句法分析；
  - 语义分析；
  - 语篇层次分析。
- 各种分析技术一般都与其他统计或语言技术相结合，以自动标记和打标文本文档，以提取以下类型的信息：
  - 术语；
  - 实体；
  - 事实；
  - 事件；
  - 概念；

- 情绪。

- 分类法是一种将信息组织成层次关系的方法。它有时候被称之为组织类别的方法。
- 从两个视角看大数据分析：
    - 面向决策；
    - 面向行动。
- 大数据应用大体上分为两类：
    - 自定义应用程序，从零开始编码；
    - 半定制应用程序，根据框架或组件。
- R 是种集成的软件工具和技术的套件，用于创建自定义的应用程序，以方便数据处理、计算、分析和可视化显示。在其他的高级功能中，它支持：
    - 有效的数据处理和操作组件；
    - 计算阵列和其他类型的有序数据的运算符；
    - 专门用于各种各样的数据分析的工具；
    - 高级可视化能力；
    - S 编程语言。
- 谷歌预测 API 是一种新兴的一种大数据分析应用工具的例子。
- 使用打包的应用程序或组件需要开发或分析人员编写代码，将这些组件“编制”到一个工作的自定义应用程序中。下面是为何这是一种正确方法的原因：
    - 迅速部署；
    - 稳定性；
    - 更好的质量；
    - 更加灵活。
- 在你选择大数据应用分析框架时，需要考虑的重要因素包括如下几项：
    - 支持多种数据类型；
    - 处理批处理和/或实时数据流的能力；
    - 善于利用你环境中现存的东西；
    - 支持 NoSQL 和其他新型的数据访问形式；
    - 克服低延迟的能力；
    - 提供廉价存储；
    - 整合云部署的能力。

附录

IBM 沃森

查找一个叫做 **Jeopardy!**的视频秀的例子。在这个受欢迎的节目中，使用了一台叫作“**沃森**”的机器。

IBM 沃森是一整套技术，以一种独特的方式处理和分析海量的结构化和非结构化数据。沃森可以在短短 3 秒的时间里，处理和分析来自 2 亿本书中的信息！虽然沃森是高度先进的，但是它只是采用了一些 IBM 研究院增强或开发的“秘诀”技术来使用了商业上可用的技术。它将来自大数据、内容和预测分析的软件技术与特定行业的软件，使之运转起来。

IBM 与医疗行业协同工作，为该行业开发了一个叫作沃森的东西。它只是 IBM 与其合作伙伴一起开发的沃森系列的第一个产品。

那么这个秘密的关键是什么呢？

沃森理解自然语言，生成和评估假设，并适应和学习。首先，沃森使用**自然语言处理**（NLP）。IBM 使用一套注解来提取信息，如症状、年龄、位置等。沃森使用为此目的所设计的架构，能快速地处理大量的这种非结构化数据。

其次，沃森通过生成假设的方式进行工作，其假设是对问题的潜在回答。通过输入问题和答案（Q/A）到系统中的方式来训练它。换句话说，通过展示给它有代表性的问题，并且它从所供给的答案中进行学习。这就是所谓的**根据证据的学习**。目标是产生一个模型，可以产生一个置信度（认为是带有许多属性的逻辑回归）。沃森开始会用一个通用的统计模型，然后查看第一个 Q/A，并使其来调整系数。随着它获得了更多的证据，它继续调整系数，直到它可以“说”其置信度是高的。

训练沃森是关键，因为真正所发生的是其训练人建立了被评分了的统计模型。在训练结束时，沃森具有了一个拥有特征向量和模型的系统，最终它可以使用该模型来对答案进行概率性的评分。

这里的关键是 **Jeopardy!**未展示的一些东西，这就是说沃森并不是确定性的（是使用了规则的）。沃森是概率性的，这使它更有活力。当沃森产生一个假设的时候，它会根据证据来对假设进行评分。它的目标是为了正当的理由，获得正确的答案。（所以，从理论上讲，如果针对一个疾病，5 个症状必须是正的，而 4 个症状必须是负的，而沃森只有 9 个信息中的 4 个，那么它可以要求更多的信息。）拥有最高得分的假设被提出了。当分析结束时，当沃森知道答案时，它是确定的，当它不知道答案时，它就是不确定的。

这里就是一个例子。假设你去看医生，因为你感觉不舒服。具体而言，你可能有心悸、乏力、脱发和肌肉无力。你决定去看医生，以确定你的甲状腺是否有问题或者有其他的问题。如果你的医生可以访问沃森系统，他可以用它来给你的诊断提出建议。在这种情况下，沃森可能已经调查和规划了书和期刊中所有与甲状腺疾病相关的信息。它还有来自该医院和其他临床医生的诊断和相关信息，这些诊断和相关信息来自存在其数据银行中的先前案例的电子病历记录。根据你报告的第一组症状，它会产生一个假设，以及与该假设相关的概率（例如，60%的甲状腺功能亢进症，40%的焦虑等）。它可能会要求更多的信息，如病人的历史。随着信息的输入，沃森将继续完善其假设以及假设正确的概率。在给它提供了所有信息之后，它遍历了所有的信息，并按照最高置信度提出诊断，医生会使用这个信息来进行诊断和指定治疗方案。如果沃森不知道答案，它会说明它没有答案或没有足够的信息来提供答案。

IBM 将训练沃森的过程比作教孩子如何去学习。一个孩子能通过读书来学习。然而，他也可以通过一个老师的提问和强化关于这些问题的回答来学习！

第4讲

整合数据、实时数据和实施大数据

模块目标

学完本模块的内容，读者将能够：

⏭	讨论整合数据的过程
⏭	解释实时数据的相关性
⏭	在组织机构中，评估实时大数据的要求

本讲目标

学完本讲的内容，读者将能够：

⏭	讨论数据分析阶段
⏭	解释整合各种数据源的过程
⏭	解释流数据和复杂事件处理的相关性
⏭	了解操作大数据的相关性
⏭	了解刻画大数据工作流的关键因素

"我们相信上帝，但其他人请数据说话。"

——W. Edwards Demi

要从大数据中获取最大的商业价值，就需要将其整合到业务流程中去。如果一个组织无法在其操作数据的上下文中理解该结果，该如何根据它的大数据分析制定决策或做出决定呢？

通过制定好的商业策略来使一家公司获得竞争优势取决于许多因素。正变得越来越重要的因素之一是该组织的整合内部和外部数据源的能力，包括传统的关系型数据和新形式的非结构化数据。

虽然整合各种形式的数据可能看起来像是一个艰巨的任务，但现实是，一个企业最有可能已经有很多的数据集成的经验。在提供数据作为信任源这方面的经验是不能被忽略的。

企业应当将数据质量放在首位，因为它们将使大数据分析具有可操作性。然而，要把大数据环境和企业数据环境放在一起，组织机构需要包含新的数据集成的方法，这些方法支持 Hadoop 和其他非传统的大数据环境。

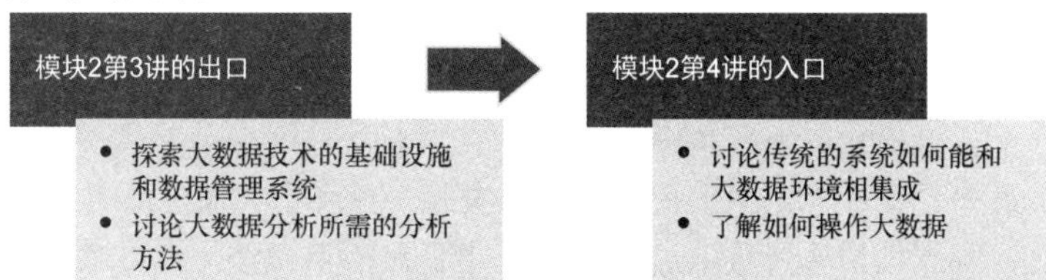

为了使组织机构能以精简的方式和按业务的需求去整合数据，作为一个大数据开发人员应该彻底了解这些数据集成的技术。因此，本讲解释了**大数据整合**的两个主要类别：

❍　大数据环境下多个大数据源的集成；

❍　非结构化大数据源与结构化企业数据的集成。

通过本讲，你将探索传统的整合形式，如提取、转换和加载（ETL）和新的专为大数据平台设计的解决方案。

由于集成需要**数据流的管理**，本讲还结合了两种管理数据流的技术：

❍　**流技术**与数据量紧密联系在一起；

❍　数据量的**复杂事件处理**是次要的，将数据与规则相匹配的能力更为重要。

在大数据分析中，数据流和复杂事件处理正变得越来越重要。这些技术是一个组织机构中最重要的。对条件或情况的响应时间会影响成败的企业来说，这些技术也是最重要的。

此外，你将学习到大数据如何能成为一个组织机构整体业务流程的一部分，以便它是具有可操作性的。一个组织机构需要做什么才能够将传统的决策过程与大数据分析组合起来？组合可以是一个强有力的方法来改变业务。如何将大数据提供给决策者，使他们从可以改变业务流程的无数的数据来源中受益？

4.1　大数据分析的各个阶段

评估组织机构中的现有系统可能会揭示这个系统需要汇集几个内部和外部的数据源。要完成分析，你可能需要从日志文件、Twitter 源、RFID（射频识别）标签和天气数据源中移动大量的数据，并将所有这些元素集成到高度分布式的系统中去。分析完成后，你可能需要将大数据与业务数据整合。

例如，医疗研究人员从病人记录和传统医学记录的病人数据，如测试结果中探索非结构化信息，以开始改善病人的护理。大数据来源，如医疗设备和临床试验的信息也可能会被纳入分析。

在大数据分析开始的时候，你可能不能精确地知道自己会发现什么。当分析经历了几个阶段之后，随着模式的出现，结果的范围可能会缩小。

下面是 3 个阶段，这对于大数据分析来说是最常见的，如图 2-4-1 所示。

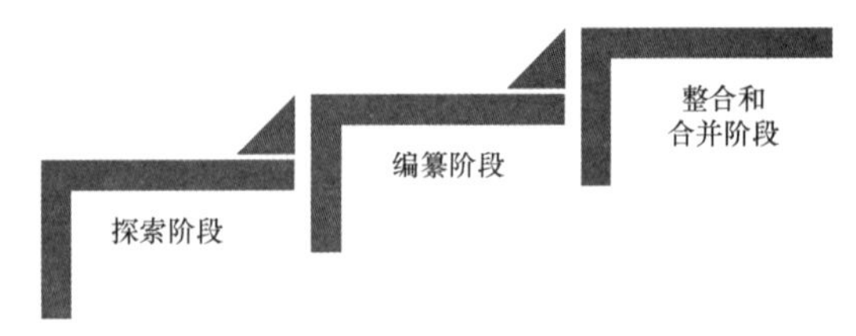

图 2-4-1　大数据分析的各个阶段

在图 2-4-1 中，可以看到大数据分析的各个阶段为：

- ❍ 探索阶段；
- ❍ 编纂阶段；
- ❍ 整合和合并阶段。

让我们一个个地学习这些阶段。

附加知识

在一个组织机构中规划大数据整合之前，你需要考虑一下你正在处理的数据类型。许多组织机构都认识到，在过去，很多内部产生的数据还没有被用来发挥其全部的潜力。通过利用新的工具，组织机构从先前未曾开发的存在于如电子邮件、客户服务记录、传感器数据和安全日志这样的非结构化数据源中获得了新的洞察力。

此外，根据主要是组织机构外部的数据分析去寻找新的洞察力也会有很多利益。这样的数据包括但不仅限于社交媒体、移动电话位置、交通和天气。

4.1.1　探索阶段

在大数据分析的早期阶段，分析师希望在数据中搜索模式。只有检查了数个 TB 和 PB 的数据之后，这些数据元素间的新的和意料之外的关系和相关性才会变得很明显。例如，这些模式可以提供一个洞察客户喜好的新的产品。要做到这些，组织机构需要巨大的数据存储、处理能力和速度。

与现实生活的联系：将 FlumeNG 用于大数据的整合

在大数据中搜索隐藏的模式，在探索阶段，有必要收集、汇总并移动非常大量的流数据。如你所知，传统的集成工具，如 **ETL**，对于移动如此大量的数据并为分析及时交付结果而言，是不够快的。**FlumeNG** 是 Flume 的改进版本，它可以通过将数据流导入 Hadoop 的方式，有效地实时加载大数据。

通常情况下，Flume 用来从分布式服务器中收集大量的日志数据。它可以在一个 Flume 安装中，跟踪所有的物理和逻辑节点。代理节点安装在服务器上，负责管理一个单一的数据流的传输和处理的方式，从它的起点到终点。此外，收集器用作将数据流分组成更大的流，可以写到 Hadoop 文件系统或大数据存储容器中去。

FlumeNG 的其他优点如下。

- ❍ 它专为可扩展性设计的，并可以不断地将更多的资源添加到系统中去，用一个有效的方式去处理非常大量的数据。
- ❍ 其输出可以与 Hadoop 和 Hive 整合，执行数据分析。
- ❍ 它在数据上可使用变换元件，并可以把 Hadoop 基础设施转换成非结构化数据流的源头。

与现实生活的联系：在大数据中搜索模式 

这是一个社交媒体的数据流如何日益成为数字营销战略的一个组成部分的例子。

沃尔玛分析客户基于位置的数据、tweets 和其他社交媒体流，为客户推荐更具有针对性的产品，并根据客户的需要对商店中的商品选择进行定制。在 2011 年沃尔玛收购社交媒体公司 Kosmix，获得了对其技术平台的访问，可以搜索和分析实时的数据流。

在探索阶段，这项技术可以用于快速搜索大量的流数据，并导出涉及特定的产品或客户的趋势模型。此外，根据特定于地理的客户偏好，结果可以用来优化库存。

当公司在大数据中搜索模式时，大量的数据被缩小，就像是它们经过了一个漏斗一样。可以从 TB 字节的数据着手，然后，当寻找具有相似特征的数据或形成了特定模式的数据时，就消除了不匹配的数据。

4.1.2　编纂阶段

要使从确定一个模式跨越到将这一趋势整合进业务流程中去，需要遵循一些流程。

例如，如果一个大型零售商监控社交媒体并识别到了很多关于即将到来的在其一个商店附近所举办的大学足球活动的谈论，公司该如何利用这些信息？企业如何能从关于在其一个位置附近的即将到来事件的增长的社交媒体消息和谈论中受益？与数百家商店和成千上万名客户一起，你需要一个可重复的过程，完成从模式识别到新产品的实施选择的跨越，具有更针对性的营销。有了这一过程，零售商可以迅速地采取行动，用带有球队标识的衣服和配饰给本地商店备货。

分析如何成为一个过程或是过程的一部分？通过编纂。

当你在大数据分析中找到令人感兴趣的内容后，你需要编纂它，并使之成为业务流程的一部分。组织机构应该能使大数据分析和现有系统链接起来，包括库存和产品相关的内容。

为了将大数据分析和可操作数据之间的关系编纂起来，数据集成是重要的。

4.1.3　整合和合并阶段

大数据对数据管理的很多方面都有很大的影响，包括数据整合。传统上，数据集成主要集中在通过中间件的数据移动，包括消息传递的规范和应用程序编程接口（API）的需求。

现有的数据集成的概念更适合管理静态数据而非动态数据。面对新式的非结构化数据和流数据，传统的数据集成概念发生了改变。为了将流数据分析合并到一个业务流程中，组织机构需要一种先进的技术，使你足够快速地实时做出决策。

大数据分析的一个重要目标是寻找重商（pro-business）模式，并根据商务语境缩小数据集。因此，大数据分析只是整体大数据实施的一步。

在大数据分析完成之后，需要一个将大数据分析结果整合到业务流程和实时业务操作中去的方法。

将传统资源与大数据连接起来，是一个多阶段的过程，你审查了所有来自流式大数据源的数据，并确定了相关模式之后的过程。一开始你可能不知道你在寻找什么，但是现在你已经有了一些业务的重要信息。

使用大数据来预测客户兴趣需求的公司需要在大数据和营运数据之间进行连接。如果公司想利用这些信息来改变它的流程，那就需要将其营运数据与其大数据分析的结果相整合。

零售业是另一个市场，公司正在开始使用大数据分析来深化其与客户关系并创造更多的个性化和有针对性的优惠。大数据和营运数据的整合是这些努力取得成功的关键。

公司对大数据分析中获得真正的商业价值有很高的期望。事实上，许多公司希望对内部生成的大数据进行更深层次的分析，如安全日志数据，由于技术局限性，这在以前是不可能实现的。非常大和非常快的数据的高速传输技术对于整合分布式大数据源以及整合大数据与运营数据都是必需的。为了无处不在的共享和协作，非结构化数据源往往需要在大范围的地理距离之间快速移动，从重大科研项目到娱乐业的发展和内容交付。

与现实生活的联系

科学研究人员通常使用大数据集。通过综合使用大数据分析和云，研究人员能够比以往更加容易地共享数据和协作。科学研究人员跨越全球所共享的大型数据集的一个例子是**1000 个基因组计划**。

研究人员研究人类基因组，来确定和编纂各种变种以帮助理解和治疗疾病。来自 1000 个基因组计划的数据——人类遗传变异的最大和最详细的目录保存在**亚马逊网络服务**（**Amazon Web Services，AWS**）中。这些数据是提供给国际科研界的。利用称作**快速和安全协议**（FASP）的高速的文件传输技术，AWS 能够以较快的（700 MB/s）互联网速度来支持非常大的文件传输。该技术以比基于传输控制协议（TCP）的文件传输技术，如文件传输协议（FTP）和超文本传输协议（HTTP）快许多倍的速度来传输大数据。这样的速度可以通过较大的文件尺寸、较长的距离以及跨越地理边界来保证。

当你逐渐远离探索阶段而更接近真实的商业问题时，你需要开始思考**元数据**、**规则**和**数据结构**。在缩小了你需要管理和分析的数据量之后，你现在需要考虑整合。

总体情况

考虑某顾客在零售商的网站上注册时提供了她的手机号码和电子邮件地址。今天，该客户收到了关于销售和折扣券奖励的电子邮件以刺激其在实体店或网店购物。未来，零售商计划利用客户移动设备提供的基于地理位置的服务来确定客户在商店中的位置，并发送带有折扣券的短信使其即刻就能使用。换句话说，当顾客走进商店的娱乐区时，可能收到一条短信，告诉其购买蓝光光盘播放器可以有折扣。为了做到这一点，零售商需要实时将大数据源（根据位置的信息）与关于客户历史和商店库存的运营数据相集成。分析需要立即进行，与客户的通信需要同时发生。即使是 10 min 的延迟也太长了，与客户的互动时机将会丢失。

知识检测点 1

LearnToFly 有限公司是针对有志成为空姐的年轻人的培训学校。该组织迎接来自二线和三线城市的年轻人。除了训练他们融入角色，该学校还重点培养和提升他们的语言技能。虽然该公司已经运作了 5 年，它经历了来自目标客户的平均响应，但它经历了来自大城市的特殊响应。

一个初步的研究强调了一些问题，是造成较小城市低参与率的原因。在采取了纠正措施之后，LearnToFly 缓慢地但稳步地接收了来自预订客户群的更多的申请。

在这一趋势的明确变化和伟大布局年的支持下，该公司预计在未来数月里能取得前所未有的响应。可以理解，它希望准备好能处理大量的参与。同时，要探索一些硬数据而无须投入巨资建立必要的基础设施。LearnToFly 还希望能够用数据的要求来扩展它的资源。

鉴于商业场景，你会提出什么样的建议？

4.2　大数据集成的基础

预备知识　*参考本讲的预备知识，来理解结构化和非结构化数据的概念*

与传统的关系型数据库相比，大数据平台的元素以新的方式来管理数据。这是因为有可扩展性和高性能的需求，以管理结构化和非结构化的数据。大数据生态系统的组成部分，从 Hadoop 到 NoSQL 数据库、Mongo 数据库、Cassandra 和 HBase，所有数据库都有自己的用于提取和加载数据的方法。因此，团队可能需要开发新的技能来管理跨平台的整合过程。

随着公司进入大数据领域，其数据管理最佳实践就变得更加重要了。虽然大数据引入了新的整合复杂程度层次，但基本的基础原则仍适用。一个大数据开发者需要专注于以下两点。

- 在正确的时间和正确的情况下，向组织机构**提供有质量的和可信的数据**。为了确保这种可信度，你需要建立数据质量的共同规则，着重于数据的准确性和完整性。
- 有一个全面的方法来**开发企业元数据**，跟踪数据的谱系，以及支持数据集成的治理方式。

同时，传统的数据集成工具正在不断地发展，以处理日益多样化的非结构化数据和大数据不断增长的容量和速度。虽然传统的整合形式在大数据世界中呈现了新的意义，但数据集成技术需要一个支持数据质量和简要介绍的公共平台。

为了在大数据分析的基础上做出合理的商业决策，这些信息需要在组织机构的各个层面上被信任和被理解。

虽然在大数据分析的探索阶段过分地关注数据质量，可能不是成本或时间有效的，但如果将结果纳入业务流程的话，质量和信任最终必须发挥作用。在企业中，无论单个系统或是应用程序的特定要求如何，信息都需要以一种受信任、受控、一致和灵活的方式交付给业务部分。

要完成这个目标，需要应用 3 个基本准则。

- **必须创建一个通用的对数据定义的理解**：在大数据分析的初始阶段，你对数据定义的控制程度不太可能达到对操作数据的控制程度。然而，一旦确定了与业务相关的模式，你需要能够将数据元素映射到一个共同定义。然后，将这个共同的定义用于操作数据、数据仓库、报告和业务流程。

- **必须开发一组数据服务来使数据达标，并使其一致和最终可信任**：当非结构化的和大数据的源与结构化运营数据集成时，你需要确信结果是有意义的。
- **需要一个精简的方式来整合大数据源和记录系统**：为了根据大数据分析的结果做出好的决策，你需要在正确的时间和正确的上下文中交付信息。因此，大数据整合过程应当确保一致性和可靠性。

要在跨混合应用环境中整合数据，你需要从一个数据环境（源）向另一个数据环境（目标）传递数据。**ETL 技术**已经被用来在传统的数据仓库环境中完成这样的任务。正如你所知道的那样，ETL 的作用正在变化以处理新的数据管理环境，如 Hadoop。在大数据环境中，你可能需要跨多个来源，将支持批处理集成过程（使用 ETL）的工具与实时集成及联合相结合起来。例如，一家制药公司可能需要将存储在**主数据管理**（Master Data Management，MDM）系统中的数据与来源于客户用药的医疗结果的大数据相结合起来。公司使用 MDM 来促进整个企业以受控的方式收集、聚集、整合以及交付一致的和可靠的数据。

此外，新的工具（如 **Sqoop** 和 **Scribe**）被用来支持大数据环境的整合。你也会发现越来越强调使用 ELT 技术。下一节会描述这些技术。

知识检测点 2

一家电子商务公司需要分析通过其公司服务器的网络流量。如何利用大数据技术来实现这一需求呢？

4.2.1 传统 ETL

ETL 工具结合了从一个数据环境中获取数据并把它放进另一个数据环境中去所需的 3 个重要的功能。传统上，ETL 已经应用于数据仓库环境中的批处理了。

数据仓库为企业用户提供了一种整合不同来源的信息的方法，如**企业资源计划**（Enterprise Resource Planning，ERP）和**客户关系管理**（Customer Relationship Management，CRM），以分析和报告与其具体核心业务有关的数据。ETL 工具用于把数据转换成数据仓库所需要的格式。转换实际上是在数据被加载进数据仓库之前，在一个中间位置完成的。许多软件厂商，包括 IBM、Informatica、Pervasive、Talend 和 Pentaho，提供了 ETL 软件工具。

ETL 提供了底层的基础设施架构，通过执行 3 个重要的功能来提供集成。

- **提取**：从源数据库读取数据。
- **转换**：将所提取的数据转换格式，以使其符合目标数据库的要求。转换是通过使用规则或合并其他数据来完成的。
- **加载**：将数据写入目标数据库。

然而，ETL 进化成支持比传统数据仓库更多的整合。ETL 可以支持跨传统系统、运营数据存储、BI 平台、MDM 集线器、云和 Hadoop 平台的集成。ETL 软件厂商都在扩展自己的解决方案，以提供在 Hadoop 和传统数据管理平台之间的大数据的提取、转换和加载。

ETL 和其他数据集成过程的软件工具，如数据清洗、分析和审计，都工作在不同的数据层面，以确保数据将被认为是值得信赖的。

ETL 工具与数据质量工具和许多合并工具相集成，提供数据清洗、数据映射和数据谱系识别的功能。有了 ETL，你只需要提取所需的数据并进行整合。

总体情况

加载和转换结构化和非结构化数据进 Hadoop，是需要 ETL 工具的。高级的 ETL 工具可以从 Hadoop 并行读写多个文件，也可以并行写入 Hadoop 中的多个文件，以简化数据合并到一个共同的转换过程的方式。一些解决方案包含了预制的 ETL 转换库，提供给运行在 Hadoop 或传统网格基础设施上的交易数据和交互数据。

数据转换

数据转换是改变数据格式，以便数据可以用在不同的应用程序中的过程。这可能意味着将数据存储格式转换为使用该数据的应用程序所需的格式。这个过程还包括映射指令，以便告知应用程序如何获得它们要处理所需的数据。

虽然它可能听上去很简单，但是由于非结构化数据惊人的增长，数据转换要复杂得多。商业应用，如 CRM 或销售管理系统通常具有特定的数据存储要求。数据很有可能按组织的关系型数据库的行或列来进行结构化的。然而，公司最重要信息里面有一部分是非结构化和半结构化的，如文件，电子邮件消息，复杂的消息格式，来自社交网络和印刷媒体的信息，客户支持的互动、交易和来自封装的应用程序（如 ERP 和 CRM 的信息）。

数据转换工具不是设计用于非结构化数据的。因此，需要将非结构化信息纳入其业务流程决策的公司已经面临了手工编码的大量工作，以完成所需的数据集成。鉴于非结构化数据的增长和其对于决策的重要性，来自主要厂商的 ETL 解决方案开始提供标准化的方法来转换非结构化数据，以便它可以更容易地集成运营的结构化数据。

4.2.2　ELT——提取、加载和转换

ELT 代表提取、加载和转换。它执行与 ETL 相同的功能，但是按照不同顺序进行。早期的数据库没有技术能力来转换数据。因此，ETL 工具将数据提取到一个中间位置，以便在将数据加载到数据仓库之前进行转换。然而，随着大规模并行处理系统和列式数据库等技术的进步，这种限制已不再是问题。因此，ELT 工具可以转换源数据库或目标数据库中的数据，而无须 ETL 服务器。为什么对于大数据要用 ELT？因为性能更快，更具有伸缩性。ELT 使用结构化查询语言（SQL）来转换数据。许多传统的 ETL 工具也提供了 ELT，所以可以根据哪个选择最适合你的情况来使用它们。

4.2.3　优先处理大数据质量

在大数据的世界中，用正确的角度看待数据质量可以是非常具有挑战性的。有了绝大多数的

大数据源，你需要假设你是与脏数据一起工作的。事实上，在社交媒体数据流中，看似随机和非关联的数据是压倒性地多的，这是使它对企业如此有用的因素之一。

如前所述，你开始寻找 PB 字节的数据，在你开始寻找数据中存在的模式后，而不知道你可能会发现什么。你需要接受的事实是，大量的噪声将存在于数据中。只有通过搜索和模式匹配，你才能够在一些非常脏的数据中找到一些真相的火花。

当然，一些大数据源，如来自 RFID 标签或传感器的数据会比社交媒体数据更为规范。传感器数据应该是相当干净的，虽然你可能会发现一些错误。当分析大量的数据来规划数据的质量水平，这总是你的责任。

应该遵循一个两阶段的方法来确保数据质量。

- **阶段 1**：在大数据中寻找模式，而无须关心数据质量。
- **阶段 2**：在你找到模式并建立业务相关的结果后，对于组织机构的传统数据源，应用相同的数据质量标准。你想要避免收集和管理对业务不重要，而且可能会损坏大数据平台中其他数据元素的大数据。

当你开始将大数据分析结果融入业务流程中去时，要认识到高质量的数据对于一家公司做出稳健经营的决策是关键的。这对于大数据以及传统的数据都是一个真理。**数据质量**是指带有**特性**的**数据**，如图 2-4-2 所示。

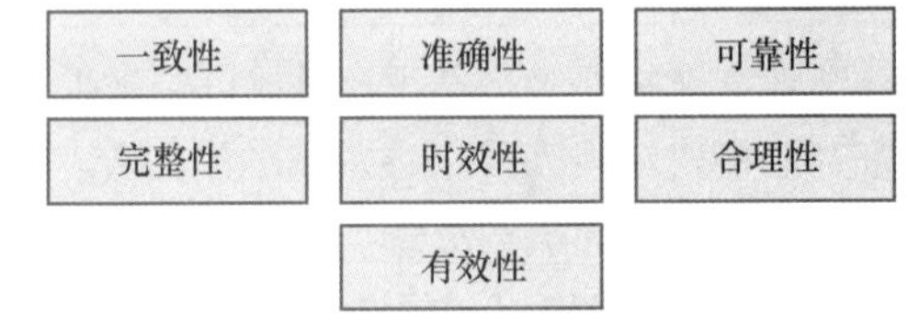

图 2-4-2　数据特性

数据质量软件确保数据元素跨不同的数据存储或系统，以相同的方式来呈现，提升数据的一致性。例如，一个数据存储可能使用两行来保存客户的地址，另一个数据存储可能使用一行。这种数据呈现方式的差异可能会导致客户信息不准确，例如，一个客户可能会被识别成两个不同的客户。

买家或是公司在它购买产品时，可能会使用几十个不同的公司名字。数据质量软件可以用来识别在不同数据存储中的公司名字的不同变种，并确保你知道该客户从你公司购买的一切产品。这个过程被称为**客户或产品的单一视图**。数据质量软件跨越不同的系统进行匹配，并清理或删除冗余数据。数据质量过程给业务提供了更易使用、解释和理解的信息。

4.2.4　数据性能分析工具

在数据质量过程中使用**数据性能分析**工具，可以帮你了解内容、结构和数据条件。它们收集关于给定数据特点的信息，开始了将其转化成更受信任的形式的过程。然后该工具分析这些数据以确定错误和不一致。它们可以对这些问题做出调整并纠正错误。它们检查可接受的值、模式和范围，并帮助识别重叠的数据。数据分析过程，例如，检查查看是否该数据是所期望的字母或数字。该工具还检查依赖关系，以评估数据是如何关联到来自其他数据库的数据的。

大数据性能分析工具有一种类似于传统数据性能分析工具的功能。例如，Hadoop 数据性能分析工具给你提供了关于 Hadoop 集群中的数据的重要信息。这些工具可以被用来寻找匹配以及消除非常大的数据集中的重复。因此，可以确保大数据是完整且一致的。

Hadoop 工具，如 **HiveQL** 和 **Pig Latin**，可以用于转换的过程。

知识检测点 3

一家公司正计划将大数据与运营数据相整合。编制完整整合所需的步骤的清单。

4.2.5　将 Hadoop 用作 ETL

许多使用大数据平台的组织机构担忧，在使用大量数据的时候，ETL 工具太慢太烦琐了。有人发现，Hadoop 可以用来处理一些转换过程，另外提高了 ETL 和数据分级的过程。无论初始的数据结构是什么，都可以通过直接加载非结构化数据和传统运营和交易数据到 Hadoop 中去的方式，加速数据融合的过程。当数据加载到 Hadoop 之后，它可以进一步综合利用传统的 ETL 工具。当 Hadoop 用作 ETL 过程的一种协助，它加速了分析的过程。

Hadoop 作为一种集成工具来使用是一个开展中的工作。传统 ETL 解决方案的供应商，如 **IBM**、**Informatica**、**Talend**、**Pentaho** 和 **Datameer**，正在将 Hadoop 融合进他们的一体化产品中去。依托 Hadoop 作为一个大规模并行系统的能力，开发人员可以执行在先前是不可能做到的数据质量和转换的功能。然而，Hadoop 并不将自己放置于 ETL 替代者的位置。

附加知识　数据集成最佳实践

世界各地的企业发现了大量的使用大数据的潜能，以新的方式看待一系列商业和科学问题，找到未解问题的答案，并开始立即采取行动来交付显著的结果。

下面是一些原则，这些原则在组织机构开始他们的大数据之旅后会很好地服务于这些组织结构。同样的原则也适用于传统的数据管理和大数据管理。

- **保持数据质量的视角**：强调数据质量取决于大数据分析的阶段。在最初的大量数据分析中，你不应该期望能够控制数据质量。然而，当你缩小数据以确定一个对组织机构最有意义的子集时，这就是你需要关注数据质量的时候了。最终，如果你希望得到的结果在组织机构历史数据的上下文环境中是可以被理解的，那么数据质量就变得重要了。作为一家公司越来越多地依赖于分析，作为一个重要的规划工具，数据质量可以意味着成功和失败之间的差异。
- **考虑实时数据的要求**：大数据将流数据带到了最前沿。因此，为了预测的目的，你必须对将运动的数据整合到组织机构的环境中去有一个明确的理解。
- **不创建新的信息孤岛**：虽然围绕大数据的大量的着重点是在 Hadoop 和其他非结构化和半结构化的来源之上，但你必须记住，你必须要在业务的上下文中管理数据。因此，你需要将这些来源与组织机构的业务数据线以及数据仓库相整合。

知识检测点 4

为何用 Hadoop 来协助 ETL？Hadoop 可以替代 ETL 吗？

4.3　流数据和复杂的事件处理

到现在为止，本讲的重点是从许多不同的来源中收集大量的数据，并处理这些信息，以获得洞察力。在一般情况下，这被认为是静态的数据。

因此，数据是不是静态的呢？当大量的数据需要被准实时地快速处理以获得洞察力时，**动态的数据**是有用的。

流和**复杂事件处理**（CEP）是用来管理动态数据的。由于动态数据成了组织机构的大数据的很大一部分，你作为一个大数据开发人员，去理解如何处理它，知道做这些事所需要的工具和技术，是很重要的。因此本节阐述了流数据和 CEP。

设计**流式计算**来处理大量的非结构化数据的连续流。

与此相反，**CEP** 通常涉及几个需要与特定业务流程相关的变量。

总体情况

通常情况下，在一个组织中，有管理活动事务的系统，因此需要具有持久性。在这种情况下，数据将被存储在运营数据的存储中。然而，在其他情况下，这些交易已经被执行，并且数据分析通常在数据仓库或数据集市中被分析了。这意味着信息是被批处理的，并不是实时的。

当组织机构计划他们的未来时，他们需要计划能够分析各种数据，范围从他们客户所说的信息一直到客户买了什么以及为什么买。重要的是要了解领先指标的变化。换句话说，什么正在改变？如果客户的购买偏好正在发生变化，将如何影响该组织机构明年甚至未来 3 天所提供的产品和服务？许多研究组织正在使用这种类型的大数据分析以发现新的药物。保险公司可能想要比较跨越广大地区的交通事故的模式与天气统计之间的关系。在这些用例中，不存在任何效益以实时的速度来管理这些信息。显然，分析必须足够快才是实用的。此外，组织机构也经常多次分析数据，看看是否有新的模式出现。

当大量的数据不得不以准实时的方式处理以获得洞察力时，以流数据形式运动的数据将是最好的回答。

4.3.1 流数据

流数据是一个专注于速度的分析计算平台，这样的平台需要连续的、通常由非结构化数据构成的流。在被存储到磁盘之前，数据在内存中**不断地被分析和转换**。跨越服务器集群，通过在内存中处理数据的“时间窗口”，处理数据流就工作了。这是与管理静态数据影响 Hadoop 时类似的方法。主要的区别在于输入数据的速度。在 Hadoop 集群中，**数据以批量模式被收集然后被处理**。与数据流相比而言，在 Hadoop 中数据问题不那么大。

下面的情形定义了何时使用数据流是最恰当的：

- 洽谈时有必要确定一个零售购买机会的时候，无论是通过社交媒体还是通过根据权限的消息；
- 收集围绕安全站点移动的信息的时候；
- 有必要对需要立即响应的事件作出反应的时候，如服务中断或病人医疗条件的变化；
- 执行实时计算的成本依赖于利用率和可用资源这样的变量的时候。

事实上，在某些情况下，分析的值（通常是数据）随着时间而减少。例如，如果不能立即分析和采取行动，可能会丧失销售机会或者威胁就会不被发现了。都不用说，企业处理大量的需要实时处理和分析的数据。因此，支持这一级别相应的物理环境是至关重要的。

流数据环境通常需要一个**集群的硬件解决方案**，有时候需要一个**大规模并行处理的方法**。

流数据分析的一个重要因素是，它是一种**单向流通的分析**。换句话说，当数据被流式化之后，分析师不能重新分析该数据。这在你寻找丢失的数据的应用程序中，是很常见的。在电信网络中，一个心跳的损失需要尽快得以解决。如果需要多次通过，数据不得不被放入某种数据仓库中，在那里可以进行额外的分析。例如，它往往有必要建立上下文。这个流数据要如何与历史数据去进行比较？这种关系可以告诉你很多关于什么已经改变了的信息，以及这些改变对企业意味着什么。

与现实生活的联系

下面是更多的几个例子来解释流数据分析的实用性。

- 发电厂需要一个高度安全的环境。为了防止任何未经授权的访问，企业通常将传感器放置在站点的周围，来侦测移动。但是，当一只兔子跑过时，传感器就会觉察到移动，当有人带着隐秘的动机驶过的时候，也会觉察到。不识别这两种移动来源之间的差异，传感器继续将流数据发回到控制室。问题可能会存在。匆忙奔过站点的一只兔子和快速且故意地驶过的汽车之间，是存在巨大差异的。在这种情况下，因此，有必要对来自传感器的大量数据进行实时分析，以便仅当实际威胁存在时，警报才立刻响起。
- 在竞争激烈的市场中，电信公司想要仔细检测停机时间，以便可以立即把服务水平的下降升级发给适当的组。在检测一个错误时的延迟可能会严重影响客户满意度。要维持高水平的服务，从而使客户满意，通信系统产生了巨大的，需要实时分析并迅速采取行动的数据量。
- 在海上钻井的一家石油勘探公司需要知道石油来源的精确位置以及可能会影响他们行动的环境因素。因此，它需要访问与天气有关的细节，如水深、温度、冰流、风向、任何即将到来的风暴、降水或其他任何的自然灾害。需要对大量的数据进行分析和计算，以避免错误。
- 一个医学诊断小组需要能够从大脑扫描中获取大量的数据，并对其结果进行实时分析以确定问题的根源在哪里，需要采取什么样的行动来帮助病人。

知识检测点 5

指出定义最合适采用流的时间的两个原则。

元数据在流中的重要性

大多数数据管理专业人员熟悉在结构化数据管理环境中管理元数据的重要性。这些数据源是强类型的（例如，前 10 个字符是人的名），并被设计用来操作元数据。假设元数据不存在于非结构化数据中，看上去是安全的，但是这是不真实的。通常情况下，你发现结构存在于任何类型的数据中。

以一个视频为例。虽然你可能无法准确知道特定视频的内容，但很多结构存在于根据视频的数据的格式中。如果你在查看非结构化文本，你知道，这些文字使用英文书写的，如果你应用了正确的工具和算法，你就可以真正地解读文本了。

由于来自非结构化数据的隐式元数据，就有可能使用**可扩展标记语言**（eXtensible Markup Language，XML）来解析信息。

常用的处理流数据的产品包括 IBM 的 **InfoSphere Streams**、Twitter 的 **Storm** 和**雅虎的 S4**。

交叉参考 学习模块 2 第 3 讲中的管理非结构化数据的内容。

技术材料

XML 是用有含义的标签来呈现非结构化文本文件的技术。底层的技术并不新颖，是实现面向服务的基本技术之一。

IBM InfoSphere Streams

InfoSphere Streams 提供了海量数据的连续分析。它的目的是实现异构数据类型的复杂分析，包括文本、图像、音频、视频、语音、VoIP、网络流量、电子邮件、GPS 数据、金融交易数据、卫星数据和传感器。

InfoSphere Streams 可以支持所有的数据类型。使用数字滤波、模式/相关性分析、分解以及地理空间分析，它可以对有规律地生成的数据执行实时和前瞻性的分析。图 2-4-3 展示了 IBM InfoSphere Streams 的主页和聚类汇总页。

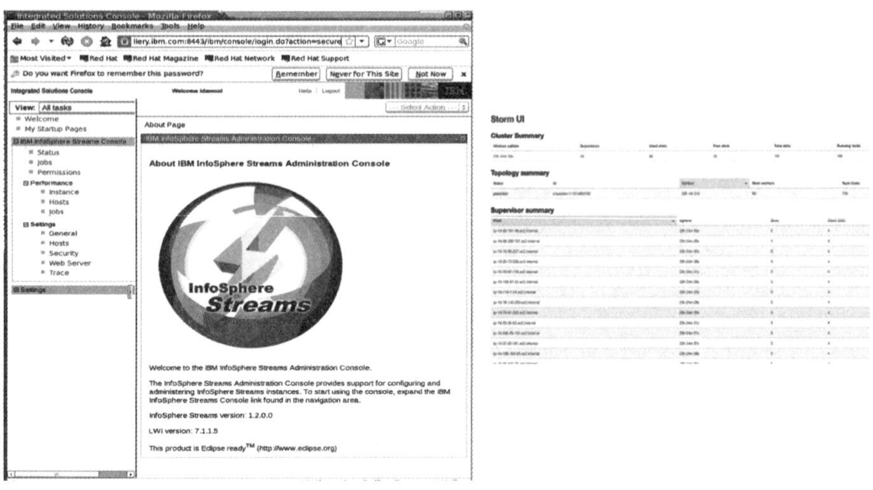

图 2-4-3　IBM InfoSphere Streams 截屏

Twitter 的 Storm

Twitter 的 **Storm** 是一个名叫 **BackType** 的公司开发的，开源的、实时的分析引擎，由于 Twitter 在内部使用 Storm，所以于 2011 年部分收购了 BackType。它也是作为一个开源的技术来使用的，并且已经在新兴企业中获得了巨大的牵引力。

任何编程语言都可以将 Storm 用以应用程序，如实时分析、连续计算、分布式远程过程调用（RPC）与整合。它的设计目的是与现有的队列和数据库技术协同工作。在其大数据实施中使用 Storm 的公司包括 **Groupon**、**RocketFuel**、**Navisite** 和 **Oolgala**。

Apache S4

S4 中的 4 个 S 代表**简单的可扩展的流式系统**（Simple Scalable Streaming System）。**雅虎**开发了 Apache S4，将其作为通用的、分布式的、可扩展的、部分容错的、可插拔的平台，它使程序员可以很容易地为处理连续的数据流来开发应用程序。核心平台是由 Java 编写的，并由雅虎在 2010 年发布。一年之后，按照 Apache 2.0 的许可证，被移交给 Apache。发送和接收事件的客户端可以用任何编程语言来编写。S4 是被设计成一个高度分布式的系统。通过往集群中添加节点的方式，可以线性地增加吞吐量。

S4 distributed stream computing platform

S4 的设计最适合于大规模的数据挖掘应用，以及在生产环境中的机器学习。

知识检测点 6

解释 S4 是如何填充复杂专有系统和面向批处理的开源计算平台之间的差距的。

4.3.2　复杂事件处理

现在，让我们探索**复杂事件处理**（Complex Event Processing，CEP），另一种用以处理动态数据的方法。虽然流和 CEP 这两者都管理动态数据，但是这两种技术的使用有着很大的不同。

虽然流的目的是实时分析大量的数据，但 CEP 被用来**在事件发生的时候跟踪、分析和处理数据**，然后根据业务规则和流程对信息进行处理和传送。CEP 身后的理念是要能够在信息流之间建立联系，并将产生的模式与已定义行为之间相匹配，如减轻威胁或抓住机会。

在许多情况下，CEP 是依赖于数据流的。然而，对于流数据而言，CEP 并不是必需的。类似于流数据，CEP 依赖于对动态数据的分析。事实上，如果数据是静态的，它不适合流数据或 CEP 的范畴。

定　义

CEP 是根据简单事件处理的高级方法，它从不同的相关来源中收集和融合数据，发现可以导致行为的事件和模式。

让我们来考虑一个例子。

例　子

一家零售连锁店创建了一个分层的忠诚度计划，以增加重复销售——特别是针对年消费超过 1000 美元的客户。重要的是，该公司创建了一个平台以保持这些关键客户的再次光临并有更多的消费。使用 CEP 平台，只要高价值的客户使用了这个忠诚度计划，系统就会触发一个流程提供给客户相关产品的额外折扣。

另一个流程规则可以给客户一个意想不到的惊喜——一个额外的折扣或是新品的样品。该公司还可以添加一个新的程序，将忠诚度计划链接到移动应用程序上去。一旦有了这样的程序，当一名忠实的顾客走近一家商店时，就会有条文本信息给他/她提供一个折扣价。同时，如果那个忠诚的顾客在社交媒体站点上写了些负面的评论，客户关怀部门就会得到通知，并调查此事，如果有必要的话就发出道歉声明。这意味着，为了实现其商业目标，该零售商应该能够执行某些过程以响应分析的结果。

显然，简单地将数据流式化并分析它是不足够的。根据分析的结果，企业需要采取纠正或预防措施，以实现其业务目标。

总体情况

许多行业都利用 CEP。信用卡公司使用 CEP 更好地管理欺诈。当欺诈的模式出现时，公司可以在损失产生之前作废该卡。底层系统将关联传入的事务，跟踪事件数据流，并触发一个进程。CEP 同样也实施于：

- 金融交易应用；
- 气象报告应用；
- 销售管理应用。

所有的 CEP 应用的共同之处是它们对于所使用的变量有预定义的规范。这些变量可能是温度、压力、交易的尺寸或销售的价值。它们状态的改变将触发一个动作。

附加知识

许多供应商提供 CEP 解决方案，允许实时的、事件驱动的应用程序的创建。这些应用程序可能使用来自流的数据，但它们也可以从传统数据库来源中获取数据。这些产品中的大多数支持通用功能（包括一个通常是根据 Eclipse 的图形化的开发环境），连接到实时数据流，还有访问历史数据源的 API。这些产品中的大多数包括一个图形化的事件流语言，并支持 SQL。

这个空间中的主要供应商包括：

- Esper，一家开源的供应商；
- 出品了 IBM 运营决策管理器的 IBM；
- 出品了 RulePoint 的 Informatica；
- 出品了其复杂事件处理解决方案的 Oracle；
- 微软的 StreamInsights；
- SAS 的 DataFlux 事件流处理引擎；
- Streambase 的 CEP。

许多初创公司也正出现在这个市场上。

交叉参考 在第 2 模块第 5 讲，动态解决方案中的真实世界的数据，你将了解到在各种行业的例子，关于在各行业中实际的数据是如何提升战略的例子。

知识检测点 7

解释信用卡公司是如何使用 CEP 的。

4.3.3 区分 CEP 和流

所以，CEP 与流式计算的区别是什么呢？虽然流式计算通常适用于实时分析大量的数据，但 CEP 更多地关注于解决一个具体的基于事件和行为的用例。

表 2-4-1 展示了流计算和 CEP 之间常见的区别。

表 2-4-1 流式计算和 CEP 之间的区别

流 式 计 算	CEP
用于实时分析大量的数据	根据事件和行为的具体的用例
流媒体应用程序管理大量的数据，并以高速度来处理它	不要管理尽可能多的数据
数据通常是在一个高度分布的集群环境中被管理的	数据通常是在一个不太复杂的硬件环境中被管理的

4.3.4 流数据和 CEP 对业务的影响

流数据和 CEP 都会对企业如何战略地运用大数据产生巨大的影响。有了数据流，公司能够实时处理和分析这些数据，以获得即时的洞察力。它往往需要一个两步骤的过程来继续分析可能在过去被忽视的关键结果。

有了 CEP 的方法，企业可以流式化数据，然后利用企业流程引擎将业务规则应用到流数据分析的结果上去。获取能导致新的创新和新的行动的洞察力的机会是流数据方法的基础价值。

4.4 使大数据成为运营流程的一部分

现在知道了各种数据处理程序。

问题出现了，大数据只能辅助业务流程吗？答案是肯定的，但是只有当很少或者没有依赖存在于传统数据和大数据中间才可以。

然而，如果企业想要从大数据中得到最多，他们需要把它整合进现有的业务操作流程中去。

开始将大数据作为业务流程的一部分的最佳方式是由规划一个集成策略开始。数据（无论是传统的数据还是大数据）需要被无缝整合成为流程的内部运作的一部分。那么，让我们来看一下如何来完成这项任务。在下一讲中，我们会讨论在大数据运营中数据集成的重要性。

整合大数据——案例学习

仅仅能访问大数据源是不够的。很快对于一个企业就会有数以 PB 的数据和数百个访问机制可供选择了。

但是，业务需要哪种流和什么样的数据？对**数据的正确来源的识别**与过去开展的业务可能是相似的：

- 了解你正在试图解决的问题；
- 确定涉及的过程；
- 确定解决问题所需的信息；
- 收集数据，处理它，并分析该结果。

这个过程可能听起来很熟悉，因为企业已经做了几十年的该算法的变种了。那么大数据有什么不同吗？是的，因为大数据引入了新的数据类型，包括 Twitter 流、Facebook 帖子、传感器数据、RFID 数据、安全日志、视频数据，以及许多其他的新的来源。

组织机构正在寻找方法来使用这些数据来预测未来，并采取更好的行动。考虑**医疗行业的案例研究**。

医疗保健是当今最重要和最复杂的投资领域之一。这也是越来越多地产生着更多数据的领域，比大多数行业有着更多的形式。因此，医疗保健很有可能会大大受益于新的大数据形式。医疗保健提供者、保险公司、研究人员和医疗保健的从业人员经常利用不完全的数据或与特定疾病不相关的数据做出关于治疗决策的方案。这种差距的部分原因是为个体患者有效地收集和处理数据是非常困难的。数据元素经常在不同的位置由不同的组织机构存储和管理。此外，在世界各地正在开展的临床研究可以有助于确定如何去接触和管理具体的传染病或疾病这样的内容。

大数据可以帮助改变这个问题。

实时数据集成的业务案例

下面我们将前面提到的步骤应用到一个标准的数据医疗方案中去。

（1）**理解要解决的问题：**

a．需要治疗一个患有特定类型癌症的病人。

（2）**确定涉及的流程：**

a．诊断和测试； b．结果分析，包括研究治疗方案；

c．治疗方案的定义； d．监测病人并根据需要进行调整。

（3）**确定解决问题所需的信息：**

a．病史； b．血液、组织、测试结果等； c．治疗方案的统计结果。

（4）**收集数据、处理它，并分析该结果：**

a．开始治疗； b．监测病人并按需调整。

图 2-4-4 说明了这个过程在医疗保健行业的应用。

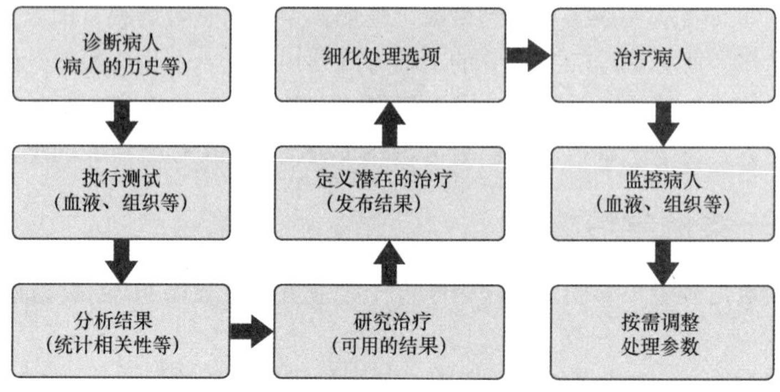

图 2-4-4 医疗保健行业中的过程流

这就是今医务从业人员与病人的工作方式。大多数数据是存在于当地的医疗保健网络中的，医生很少有时间去往外面的网络寻找最新的信息或实践。

将大数据纳入医学诊断

在世界各地，医疗保健的大数据源正在创建中，并可用来**集成到现有的流程**中。临床试验数据、遗传学和基因突变数据、蛋白质疗法数据，还有许多其他新的信息源可以获取来改进提高日常的医疗保健流程。社交媒体可以并将被用来增加现有的数据和流程，以提供更加个性化的治疗和疗法的视角。新的医疗设备控制着治疗并实时传输遥测数据以及其他类型的分析。未来的任务是了解这些新的数据源，并用新的大数据类型来补充现有的数据和流程。

将大数据引入到用以识别和管理病人健康的操作过程中去，医疗保健的过程看上去会像是什么？下面是一个未来会是怎样的例子。

（1）**理解要解决的问题：**

a．治疗一个患有特定类型癌症的病人。

（2）**确定涉及的流程：**

a．诊断和测试（识别基因突变）；

b．结果分析，包括研究治疗方案，临床试验分析，遗传分析和蛋白质分析；

c．治疗方案的定义，可能包括基因或蛋白质疗法；

d．使用新式的无线设备进行个性化的治疗和监测，监控病人并按需调整治疗。患者使用社交媒体来记录整体体验。

（3）**确定解决问题所需的信息：**

a．病史；　b．血液、组织、测试结果等；

c．治疗方案的统计结果；　d．临床试验数据；

e．遗传学数据；　f．蛋白质数据；　g．社交媒体数据。

（4）**收集数据、处理它，并分析该结果：**

a．开始治疗；　b．监测病人并按需调整。

图 2-4-5 表示了用大数据集成做了与先前同样的操作流程。

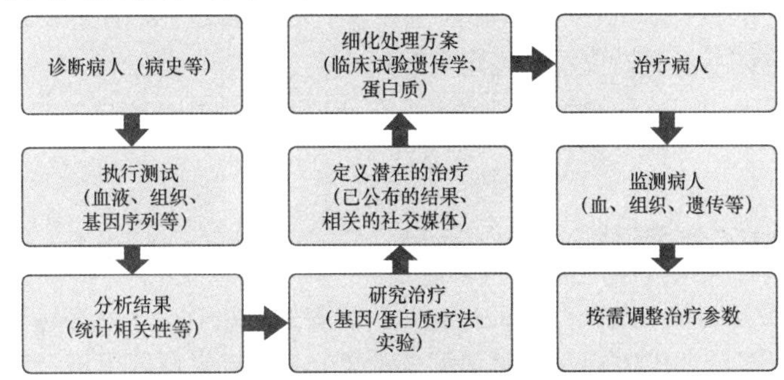

图 2-4-5　大数据实施的医疗保健操作流程

这代表了**没有新的流程需要被创建**以支持大数据集成的最优情况。虽然流程是相对不变的，但底层的技术包括应用程序需要被改变来适应大数据特性的影响，包括数据量、数据来源的多样性以及处理该数据所需的速度或速率。

将大数据引入到医疗保健的管理过程中去会在未来的医疗卫生的诊断和管理的效益中产生很大的不同。同样的操作方法流程可以应用到各种行业，从石油天然气到金融市场和零售业，在此仅举几例。

总体情况

成功将大数据应用于操作流程的关键是什么？下面是一些最重要的需要考虑的问题：

- 充分了解当前的流程；
- 充分了解信息中存在的差距；

- 确定相关的大数据源；
- 设计一个当下能无缝整合数据的流程，并能随它变化而变化；
- 修改分析和决策的过程，以包含大数据的使用。

4.5 了解大数据的工作流

要了解**大数据的工作流**，必须了解流程是什么，以及它是如何涉及数据密集环境中的工作流的。

- **过程**往往被设计为高层次的、端到端的结构，并对制定决策和规范公司或组织机构中如何做事是有用的。
- **工作流**是面向任务的，往往需要比过程更加具体的数据。过程是由一个或多个与过程的总体目标相关的工作流组成的。

在许多方面，大数据的工作流类似于标准的工作流。事实上，在任何工作流中，数据在各种阶段对于任务的完成都是必要的。考虑前面医疗保健案例研究中的工作流。一个基本的工作流就是“抽血”的过程。

抽血是完成整个诊断过程所必需的任务。如果发生了某些事情，血液没有被提取出来，或者是血液检测的数据丢失，这将直接影响到整体活动的准确性。

引入一个依赖于大数据源的工作流程时，会发生什么？虽然你可能能够以大数据的方式使用现有的工作流程，但你不能假设仅仅通过用大数据源去替代一个标准源，一个过程或工作流程就可以正确地工作了。因为标准的数据处理方法没有处理大数据复杂变化的方法或性能，所以这不一定可行。

业务问题场景的工作负载

医疗保健案例研究的重点是在给病人抽血后，需要引导进行分析。在标准数据工作流中，测定血型，然后根据医生的要求进行某些化学测试。这个工作流去理解用于识别特定生物标志物或基因突变所需的测试是不可能的。如果你提供了生物标志物和突变的大数据源，该工作流就会失败。它不是大数据感知的，需要被修改或者重写以支持大数据。

了解工作流和大数据效果的最佳实践是做以下的工作：

- 确定你需要使用的大数据源；
- 将大数据类型映射到工作流的数据类型上；
- 确保你有相应的处理速度和存储访问来支持工作流；
- 选择最适合数据类型的数据存储；
- 修改现有工作流程，以适应大数据或创建一个新的大数据工作流。

在确定大数据工作流程之后，需要对这些工作流程进行微调，使它们不会压垮或污染该分析。例如，许多大数据源不包括明确的数据定义和关于这些来源要素的元数据。在某些情况下，这些数据源没有被清洗。你需要有正确的，关于使用大数据源的知识水平。

4.6 确保大数据有效性、准确性和时效性

大容量、多品种和高速度是大数据的本质特征。

但是大数据的其他特征同样重要，特别当你将大数据应用到操作流程中去的时候。这第二组对于操作大数据很关键的“V”的特征包括以下 3 个。

- **有效性**（validity）：对于有目的性的用法，数据是正确和准确的吗？
- **准确性**（veracity）：对于给定的问题空间，结果是有意义的吗？
- **时效性**（volatility）：数据需要被存储多久？

4.6.1 数据的有效性和准确性

在分析数据的初始阶段，很可能你无须担心每个数据元素的有效性。这是因为，在初始阶段，查看在这个庞大的数据源的元素之间是否存在关系比确保是否所有的元素都是有效的要来的更重要。

在组织机构确定初始数据的哪部分是重要的之后，大数据的子集需要经过验证，因为它现在被应用到了一个操作条件中去了。如果要使用这些结果进行决策或任何其他的合理目的，那么大数据源的有效性和后续的分析必须是准确的。

有了大数据，你必须对有效性格外警惕，这是由于组成大数据的高度非结构化的数据本质。

总体情况

Twitter 数据流和气象卫星遥感数据之间存在着相当大的差异。为什么你想要整合看上去无关的数据源？设想一下，气象卫星预示着风暴正在世界的某个角落里酝酿。风暴将如何影响那些生活在风暴路径上的人？拥有大约有 5 亿的用户，就有可能去分析 Twitter 流以确定风暴对当地居民的影响。因此，利用 Twitter 并结合来自气象卫星的数据，可以帮助研究人员了解天气预报的准确性。

只是因为有来自气象卫星的数据并不意味着数据真实地代表了特定地理位置的地面的天气。如果你想得到一个真实的天气预报，你可能要和 Twitter 这样的社交媒体流以及来自特定区域的卫星数据产生联系。如果人们在该地区发布了关于天气的观测结果，这些观测与来自卫星的数据一致，你就已经确定了当前天气的准确性。虽然准确性和有效性是相关的，但它们是数据效力和过程效力的独立指标。

4.6.2 数据的时效性

如果你有有效的数据，并能证明结果的准确性，数据需要多长的“存活”时间才能满足业务需求？在一个标准的数据设置中，可以将数据保存几十年，因为随着时间的推移，你已经建立了哪些数据对于你做哪些事情才是重要的理解。你已经建立了数据流转和可用性的规则，它们映射到了工作流程中。例如，一些组织机构可能在自己的业务系统中仅留存了最近几年的客户的数据

和交易。这确保了在需要的时候能快速检索信息。如果要再往前看一年，为了答应这样的请求，IT 团队可能需要从离线存储中恢复数据。

有了大数据，这个问题就被放大了。如果存储空间是受限的，你必须查看大数据源，以确定需要收集的内容以及需要将它保存多长时间。有了一些大数据源，你可能只需要收集数据进行快速分析。例如，如果你对混合动力车主的经验感兴趣，你可能想要利用 Facebook 和 Twitter 的评论来收集所有的关于混合动力车的帖子/Tweets。然后可以将信息存储在本地进行进一步的处理。

在存储空间不足以存储所有数据的情况下，当正在收集的时候，可以用"即时生成"的方式来处理数据，并仅将相关的信息保存在本地。大数据保持多久的可用时间取决于下面这几个因素。

- 在来源中保留了多少数据。
- 你是否需要反复处理这些数据。
- 你是否需要处理这些数据，收集额外的数据，并做更多的处理。
- 你是否有需要数据存储的规则或规章。
- 你的客户是否是靠你的数据来工作的。
- 数据是否还有价值，或者说它们不再是相关的。

总体情况

由于大数据的数据量、种类和速度，你需要了解时效性。对于某些来源，数据将永远存在；对于其他来源，情况就不是这样了。了解是什么数据在那里，你需要多少时间来帮你确定大数据留存的要求和政策。

知识检测点 8

当分析与选举投票相关的数据时，如何确保数据的有效性和准确性。

练习

基于图的问题

1. 考虑下面的图：

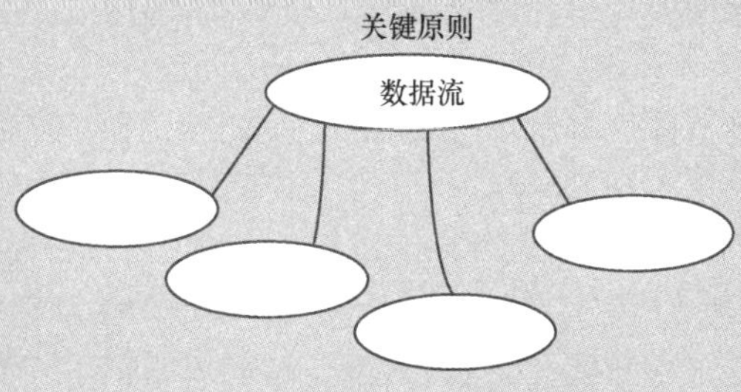

   a. 用适当的原则来填充图中空白。

   b. 数据流的主要焦点是什么？

   c. 指出 Hadoop 和数据流的主要区别。

2. 考虑下面的图：

   a. 在上面的图中，质量数据的特点显示在方框中。其中两只方框是空白的，将另外两个质量数据的特点填入空白方框中。

多项选择题

选择正确的答案。在下面给出的“标注你的答案”里将正确答案涂黑。

1. Shaun 是一家公司的大数据分析师。在分析的哪个阶段，他需要在数据中寻找模式？

   a. 编纂阶段　b. 整合和合并阶段　c. 探索阶段　d. Pig

2. 一家公司正计划捕捉实时 Twitter 数据。使用哪种工具最好？

   a. Hive　b. ETL 工具　c. Flume　d. Pig

3. 由于公司已经经历了 Hadoop 的实验阶段，许多人提出需要额外的功能，包括哪些？

   a. 改进的数据存储和信息检索

   b. 改进的数据集成的提取、转换和加载特性

   c. 改进的数据仓库功能

   d. 改进的安全性、工作负载管理和 SQL 支持

4. 数据的特性，如一致性、准确性和可靠性是指什么？
   a. 数据准确性　　b. 数据质量
   c. 数据有效性　　d. 数据量
5. 流的目的是实时分析大量的数据，用什么来跟踪、分析和处理数据？
   a. ETL　　b. ELT　　c. CEP　　d. HDFS
6. 核电站需要高度的安全性，确保未经授权的人无法获得访问。可以用什么种类的大数据分析来实现这一点？
   a. 基本报告　　b. 对大量历史数据的数据挖掘
   c. 回归分析　　d. 准实时的流数据分析
7. 一家公司正使用数据性能分析工具。他们试图实现下面的哪个过程？
   a. 数据质量管理　　b. 数据分析
   c. 数据集成　　d. 数据可视化
8. 有助于确定该数据对于预期的用途是否精确的特性被称为什么？
   a. 有效性　　b. 准确性　　c. 时效性　　d. 质量
9. 大数据技术，如 Hadoop 与传统数据库的整合，提供了下列哪一项？
   a. 大数据管理与数据挖掘　　b. 数据仓库和商业智能
   c. Hadoop 集群管理　　d. 非结构化数据的采集和存储
10. 下面哪一项需要流数据？
   a. 对近 10 年来人口增长的分析　　b. 在过去一周内网络攻击的模式
   c. 退出投票的分析　　d. 过去 10 年的天气模式

标注你的答案（把正确答案涂黑）

1. ⓐ ⓑ ⓒ ⓓ
2. ⓐ ⓑ ⓒ ⓓ
3. ⓐ ⓑ ⓒ ⓓ
4. ⓐ ⓑ ⓒ ⓓ
5. ⓐ ⓑ ⓒ ⓓ
6. ⓐ ⓑ ⓒ ⓓ
7. ⓐ ⓑ ⓒ ⓓ
8. ⓐ ⓑ ⓒ ⓓ
9. ⓐ ⓑ ⓒ ⓓ
10. ⓐ ⓑ ⓒ ⓓ

测试你的能力

1. 解释一家旅游公司的数据整合阶段，这家公司决定将大数据整合到它的过程中。
2. ETL 与 ELT 在大数据集成过程中的意义是什么？
3. 用一个例子来解释，组织机构如何使用流数据来获得准实时的洞察力。

备忘单

- 下面是所有大数据分析共有的 3 个阶段：
  - 探索阶段；
  - 编纂阶段；
  - 整合和合并阶段。
- 与传统的关系型数据库相比，大数据平台的元素以新的方式来管理数据。这是因为有管理结构化和非结构化数据所需的可扩展性和高性能。
- 作为一个大数据开发人员，你需要关注于：
  - 在正确的时间和正确的情况下，向组织机构提供有质量的和可靠的数据。
- ETL 工具结合了 3 个从一个数据环境中获取数据并将其放到另一个数据环境中去的所需功能。
- 数据仓库为企业用户提供了一种整合不同信息的方法，对于与他们的具体业务密切相关的数据进行分析和报告。
- ETL 提供了底层的基础设施，通过执行 3 个重要的功能进行整合：
  - 提取；
  - 转换；
  - 加载。
- 数据的质量涉及具有下列特点的数据：
  - 一致性；
  - 准确性；
  - 可靠性；
  - 完整性；
  - 时效性；
  - 合理性；
  - 有效性。
- 下面是当组织机构开始大数据之旅时会很好地服务于该组织机构的一些原则。
  - 保持数据质量的视角；
  - 考虑实时数据的要求；
  - 不创建新的信息孤岛。
- 流数据是一种以速度为重点的分析计算平台，它需要一个连续的流，通常是对非结构化数据进行处理。
- 在使用数据流的时候下列情况的定义是最为合适的：
  - 洽谈时有必要确定一个零售购买机会的时候，无论是通过社交媒体还是通过基于权限的消息；
  - 收集围绕安全站点移动的信息的时候；
  - 有必要对需要立即响应的事件作出反应的时候，如服务中断或病人医疗条件的变化；
  - 执行实时计算的成本依赖于利用率和可用资源这样的变量的时候。
- 常用的用于处理流数据的产品，包括 IBM 的 InfoSphere Streams、Twitter 的 Storm 和雅虎的 S4。
- 复杂的事件处理（CEP），是用于处理动态数据的其他方式。虽然流和 CEP 两者都是管理动态数据的，但这两种技术的使用有很大的不同。
- 过程往往被设计为一个高层次的、端到端的结构，用于在一家公司或组织机构中做决策和对于如何做事进行规范。
- 工作流是面向任务的，往往需要比过程更具体的数据。过程是由一个或多个与过程的总体目标相关的工作流所组成的。

第 5 讲

大数据解决方案和动态数据

模块目标

学完本模块的内容，读者将能够：

- ⏭ 解释如何将大数据和实时数据用作一种商业计划工具

本讲目标

学完本讲的内容，读者将能够：

⏭	解释当利用大数据分析和实时数据时，企业需要记住的步骤
⏭	解释在各行业中实时数据的使用

"软件开发是人类进行的技
活动。"

——Niklaus Wi

大数据不再只是炒作。许多跨越多个行业的组织机构使用它来解决现实世界的问题。直到几年前，组织机构都满足于查询大型的数据集并在一夜之间获得结果。现在不再是这个情况了。越来越多的企业想要使用流数据实时分析大型的数据集，进行即时的业务决策。这对于机器和自动化的过程是至关重要的。

到目前为止，我们已经了解了组织机构为了将大数据实施并集成到自己的业务中所需要做的事情，也对使用实时数据进行分析有了一个概要的了解。本节强调了一些真实世界中的大数据解决方案，以及实时数据，还有跨不同行业的具体例子。

但是在此之前，我们简要地查看一下业务使用大数据，特别是实时数据分析，所要采取的步骤。

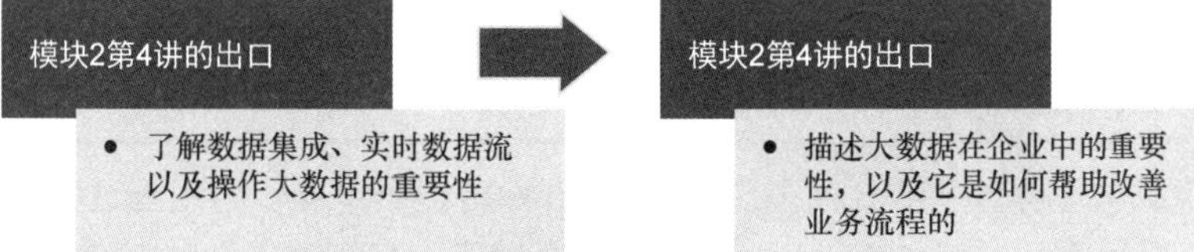

5.1　大数据作为企业战略工具

不同行业的不同企业都需要对其数据进行管理。但是计划和执行业务策略时，在考虑大数据的方式上还是有一些共同的核心业务问题的。大多数企业都有现成的具体机制来跟踪客户的互动，但是很难确定大量的数据源之间的关系，以了解变化中的客户需求。

一个企业最大的挑战是能够展望未来，并预测什么可能会发生改变以及为什么会发生改变。公司希望能够更快更有效率的方式做出明智的决策。他们想应用这方面的知识来采取行动，这可以改变业务成果。领导还需要了解业务对不同产品线和他们的合作伙伴生态系统影响的细微差别。最佳的企业了解数据的价值，并对数据采用一种全面的方法。因此，他们在真正实施大数据之前经过了一个规划的过程。

以下 4 个阶段是适用于大量的大数据的规划过程的一部分。

图 2-5-1 展示了规划过程的 4 个阶段。

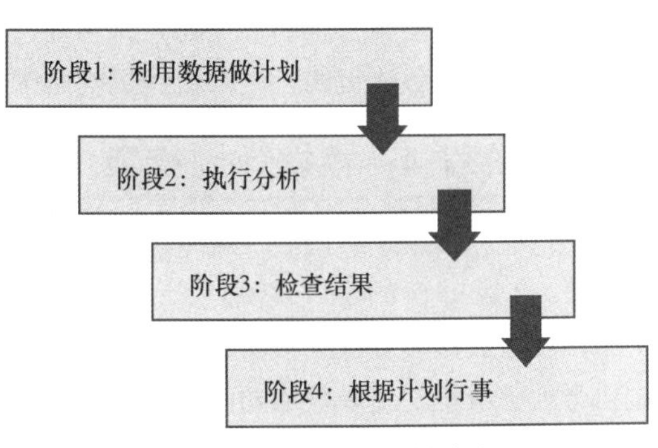

图 2-5-1　规划过程的阶段

5.1.1　阶段 1：利用数据做计划

有了业务可用的数据量，在数据的单一视图的基础上进行假设是危险的。唯一的方法是确保领导对企业的所有元素采取平衡的视角，以便对这些数据来源是如何相关的有个清楚的了解。然而，企业事实上仅需要少量的数据就可以做出决策。该业务需要一个路线图，用于确定哪些数据是需要用来规划新的战略和新的方向的。

例如，如果一家公司想要扩大其服务包，它需要分析尽可能多的数据，包括：

- 顾客偏好；
- 顾客对现有服务的喜欢和不喜欢；
- 竞争对手的产品；
- 顾客对产品的反应和对竞争对手产品的反应；
- 新出现的，改变客户需求的宏观趋势。

如果企业能够找到有效管理数据的方法，他们可能会有一个强大的规划工具。虽然数据可能会确认一个现有的策略，它可能将业务发送到新的意想不到的方向。作为规划过程的一部分，需要使用各种数据来检验假设，并进行业务可能性的不同思考。

5.1.2 阶段 2：执行分析

在你的组织机构理解了业务目标之后，就可以开始将数据本身作为规划过程的一部分进行分析了。这不是一个独立的过程。执行大数据分析需要学习一套新的工具和新的技能。许多组织机构需要聘请大数据分析师、科学家和开发人员，他们可以采用这么大量的不同的数据，并开始了解如何将所有的数据元素关联在业务问题或者机会的背景下。

5.1.3 阶段 3：检查结果

很容易被卷入到分析数据的过程中去，而忘记做一个真实性检查。分析是否真实地反映了商业结果？你正在使用的数据是否足够准确或是否有问题存在？数据源真正地有助于规划吗？对于大数据实施团队来说，是时候来确保正在使用的数据源不会误导分析。

许多公司使用第三方的数据源，并可能没有时间来审核数据的质量。在基于分析的基础上，进行规划和做业务决策的时候，组织机构必须确保他们是在一个强大的基础上进行的。

5.1.4 阶段 4：根据计划行事

在这一分析周期结束后，是时候把计划付诸行动了。但是，行动必须是一个总体规划周期的一部分，这是一个迭代——特别当市场变得更加动态的时候。每次当一个企业发起一个新的战略，不断地创造大数据业务评估周期是很关键的。这个方法是在大数据分析的基础上执行的，然后测试执行业务战略的结果是成功的关键。大数据增加了关键的元素，能够利用实际结果来验证一个策略是否按照目的来工作的。

有时候，一个新的战略的结果不符合预期。在某些情况下，这意味着重置策略。在其他情况下，意想不到的后果可能会把一家公司导向一个新的方向，这可能会有一个更好的结果。

5.2 实时分析：把新的维度添加到周期

随着大数据的出现，一些变化可能会影响你的业务规划方法。随着越来越多的企业开始使用云作为一种部署新的和创新的客户服务的方法，数据分析的作用将会激增。因此，你可能要考虑规划过程中的附加部分。

在制定初始路线图和策略之后，你可能想要将 3 个更多的阶段添加到规划周期中去。

图 2-5-2 展示了后期的阶段，它们因大数据而产生。

5.2.1　阶段 5：实时监控

大数据分析使你能够近乎实时地主动监测数据。这可能会对业务产生深远的影响。例如，通过实时监控数据，一家正在进行临床试验的制药公司可能会调整或取消某个试验以避免诉讼。一家制药公司可能能够检测设备上的传感器的结果，以便在产生更大影响之前解决在制造过程中的缺陷。

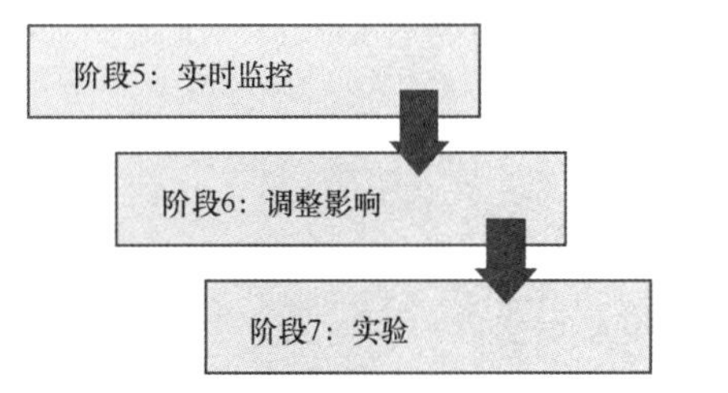

图 2-5-2　后期策略将新的维度添加到了业务计划中

5.2.2　阶段 6：调整影响

当一家公司有恰当的工具来持续监控时，就有可能在数据分析的基础上来调整过程和策略。能够快速地监测意味着过程可能快速改变，从而导致更好的整体质量。

这种类型的大数据快速调整对于大多数公司都是新的。在过去，大数据团队可能经常分析监测流程的结果，但是这都发生在问题已经变得非常明显之后。因此，这样的分析被用来找出为什么一个问题会发生，为什么一个产品会失败或是一个服务没有满足客户的期望。理解失败的原因是重要的，但更好的是要能在一开始就避免错误。

5.2.3　阶段 7：实验

在一个越来越实时的数据世界里，能够尝试新的产品和服务内容是非常重要的。但是，这不是没有风险的。没有能力去理解结果的实验很快就使客户和合作伙伴迷惑了。然而，当你把试验和实时监控以及快速调整综合起来时，可以敏捷地改变商业策略，并不断地灵活变通。有了正确的数据，你会有更少的风险，因为你可能更容易地改变方向和结果。

你是如何开始在旅途中创建正确的环境的，以便你准备好用大数据来进行试验，并准备在你一切就绪的时候扩展大数据的使用？你要为数据中心投资新技术吗？你能利用云计算服务器吗？你需要做出改变来支持大数据。首先，你需要深入了解对你组织机构重要的各种类型的数据。你还需要了解可供使用的新型的数据管理环境。每一个新的选择都有助于不同类型的情况。例如，如果你需要快速处理数据，你可能想要在内存数据库中进行评估。如果你有大量的数据需要实时处理，流数据产品是值得去评估的。许多不同的产品可以处理空间数据。此外，你可能想要评估基于云的、允许低成本存储大量信息的产品。一些基于云的分析服务正在改变公司访问和使用那些过去从来负担不起的复杂工具的方式。

总体情况：保持数据分析的视角

直到现在，我们知道了大数据可以对企业战略有着重要的影响。当公司把大数据战略准备就绪时，管理层开始意识到，他们可以开始在整个规划周期中利用数据，而不是在结束的时候利用数据。

随着大数据市场开始走向成熟，公司可以在以数据为中心的观点的基础上，经营他们的业务。例如，预测使公司能够理解客户购买模式的细微变化，从而使他们可以更早地改变策略。再如，一个零售公司很难改变已经上架了的产品。然而，提前 6 个月预测购买偏好变化的能力，对于业务有着巨大的影响。

沃尔玛，一家美国的连锁百货商店，恰好做的就是这些内容，并使用社交媒体数据在周期的更早时刻来确定客户开始需求的新产品。

在这一点上假设公司的所有需求是要建立一个大数据平台是容易的，战略也才出现。当然，现实是更为复杂的。大数据是一个重要的商业工具，但危险在于过分地依赖数据。企业需要明白，如果大数据分析的结果孤立于其他不能被编入算法的因素，他们就不需要信任这个结果。他们可能会发现新的趋势或变化中的，并没有出现在分析中的竞争格局。高级领导的经验和直觉也可以添加到分析中。因此，在假设大数据对于所有的业务战略问题是万能的之前，确保采取了一个平衡的方法。

知识检测点 1

LightUp 公司是一家专业生产发光二极管（Light Emitting Diodes，LED）的制造单位。正如你所知道的，LED 用于一般的照明用途和用作指示灯。由于 LED 多方面的优势，制造单位享有良好的业务。然而，注意到每个人都选择了大数据分析，LightUp 也希望利用这一新兴技术的好处。

为了在大数据的帮助下取得进展，该组织机构已经聘请了你作为一个大数据开发者。加入公司后的几天，你意识到管理层盲目地相信大数据的概念，并认为单独进行分析将使他们更加有利可图。

作为一个大数据开发人员，你很好地理解到大数据分析本身对于整体增长是不足的。你如何对管理层解释这一问题？为了向他们展示完整的情况，你会强调什么？

5.3 对动态数据的需求

要完成信用卡的交易，完成一个股票交易，或是发送一封电子邮件，数据需要被从一个位置传送到另一个位置。数据被存储在数据中心的数据库中或是存在云中时，数据是静止的。相反，当它是被从一个静态的位置传输到另一个静态位置时，数据就是动态的。必须近乎实时地处理大量的数据，以获得业务洞察力的公司可能会在数据运动的时候策划数据。如果你必须对数据的当前状态做出快速反应，你就需要动态数据了。

动态数据和大量的数据携手合作。今天，真实世界的许多大量数据的持续流的例子正在被使用。

- **传感器**被连接到高度敏感的医疗设备上，以监测性能并给技术人员发送任何偏离预期性能的警告。记录的数据是持续动态的，以确保技术人员收到了关于潜在故障的信息，并有足够的时间对设备进行校正，并避免对患者的潜在损害。

- **电信设备**用来监测大量的通信数据，以确保服务水平能满足客户的期望。
- **销售点的数据**在被创建的时候被分析，以求影响客户的决策。数据在接触点得到处理和分析——或许连同位置数据或社交媒体数据。
- **消息**，包括金融付款或股票交易的细节，都是在金融机构之间不断地交换的。为了确保这些消息的安全性，经常会用到标准协议，如高级消息队列协议（Advanced Message Queuing Protocol，AMQP）或 IBM 的 MQSeries。这两种消息传递方法将安全服务嵌入在框架内。
- **信息**可以从位于安全敏感地区的传感器中收集，以便一个组织机构可以区分一只无害的兔子运动和一辆快速驶向设备的汽车之间的差别。
- **医疗设备**可以提供大量的、关于病人情况的不同方面的详细数据，并将这些结果与关键条件或其他异常指标做匹配。

流数据的价值

如果公司需要对情况快速做出反应，有能力实时分析数据可能意味着能够根据结果的改变做出反应或分析以阻止一个差的结果之间的区别。

如果流数据能够在**创建数据**或**数据到达业务**的时候利用数据，那它对业务是非常有价值的。流数据的挑战性在于，你必须在其**被创建并且传输到其他位置之前处理和提取有用的信息。**

你还需要一些数据背景，以及它是如何联系到历史表现方面的知识。而且，你需要能够将此信息与传统的运营数据相集成。

总体情况

要记住的关键问题是，你需要对流数据的本质以及你正在寻找的结果有一个清晰的理解；例如，如果你的公司是制造业，那么使用来自传感器的数据来监测生产过程中的化学物质的纯度是非常重要的。这是一个利用流数据的具体原因；但是，在其他情况下，它有可能捕捉到大量的数据，但是没有什么业务需求是压倒一切的。换句话说，只是因为可以将数据流式化并不意味着总该这么做。

在下面的几节中，让我们来看看不同行业的组织机构如何找到从动态数据中获得价值的方法。在某些情况下，这些公司能够采用他们现有的数据，并开始更有效地利用它。在其他情况下，他们正在收集以前无法收集的数据。

有时候组织机构可以收集更多的而以前只能收集快照的数据。这些组织机构正在使用流数据，为客户、病人、城市居民或许是人类改善结果。企业正在使用流数据，以在销售点影响客户的决策。

知识检测点 2

印度电力是一家发电公司。他们正在探索提高他们电厂效率的方法。利用流数据，他们可以收集什么样的数据？

你现在清楚地认识到大数据的不同方面，它的好处，它与传统数据的整合，实施的考虑，以及它作为完整商业策略一部分的重要性。为了帮助读者进一步巩固这一新的学习，在随后的章节中呈现的是真实的商业世界的场景，演示了组织机构如何成功地使用大数据。

5.4 案例 1：针对环境影响使用流数据

为了有效地节约用水，科学家测量和监测湖泊、河流、海洋、泉以及其他水环境的属性，以支持环境研究。水保护和可持续性的重要研究取决于水下环境的跟踪和理解，并要知道它们是如何改变的。

5.4.1 这是怎么做到的

自然环境中的变化，可以对世界各地个人和社区的经济、身体和文化福祉有着巨大的影响。为了提高预测环境影响的能力，全球研究人员开始将动态数据分析纳入到他们的研究中去。

这是怎么做到的？

- 科学研究包括大量的关于水资源和天气的具有时效性的信息。这有助于保护社区免受风险，使其能够对自然资源造成的灾害做出适当的反应。
- 数学模型用来预测洪水在一个给定位置上的严重程度，或是预测石油泄漏对海洋生物及周边生态系统的影响。
- 可以使用的数据类型包括测量不同参数，从温度到水中的化学物质、盐度、降水程度，直到测量电流流量。
- 这有助于能够将这一新获得的数据与同一水体的历史信息进行比较。

通过为这些研究项目添加实时组件，科学家希望对人们的生活产生重大的影响。

5.4.2 利用传感器提供实时信息

例　子

在美国的一个研究中心，利用传感器从河流中收集物理、化学和生物数据。这些传感器检测温度、压力、盐度、浑浊度和水化学的空间变化。目标是为河流和河口建立一个实时监控网络。研究人员预计，在未来，他们能够以和今天天气预报同样的方式预测河流中的变化。

例　子

在欧洲的另一个研究中心，使用无线电装备，包括收集海洋数据的传感器。在其他的读数中，所收集的数据还包括波浪高度和波浪作用的测量。该流数据与其他环境和天气数据的结合，可以为渔民和海洋研究人员提供实时的海洋条件信息。

正如例子中所提到的那样，传感器是在事件发生时用来收集大量的数据的。虽然基础设施平台不同，典型地它会包括一个中间件层，以将传感器收集到的数据与数据仓库中的数据相集成。研究机构也使用外部来源，如地图数据库和来自其他位置的传感器以及地理信息。当它从不同的来源流入时，对数据进行分析和处理。一个组织机构建立一个综合的传感器、机器人和移动监控的网络，以建立复杂的实时多参数建模系统。该模型被用来查看当地河流和河口生态系统的动态交互作用。

5.4.3　利用实时数据进行研究

通过将实时数据分析纳入环境研究，科学家们正在推进他们对生态挑战的理解。虽然研究人员可以通过监测变化中的变量了解很多，如水温和水化学在设定的时间推移间隔的变化，在缺少实时数据采集的情况下，他们可能会错过识别到重要的变化或模式。

流技术开辟了新的研究领域，并以科学数据收集和分析的概念为新的方向。科学家正以新的方式来研究他们在过去收集的数据，也能够收集新的数据类型的来源。有了流数据，科学家们有机会随着它们的发展分析天气条件。这种可以选择模式的方式，往往在早期被忽视了。

如果数据科学家能够采用他们已经收集到的数据，他们可以将其与实时数据以更加有效的方式组合起来。他们也有能力做更深入的分析，并把预测未来结果的工作做得更好。因为这样的分析是完整的，所以它允许其他需要相同结果的组能够以新的方式来使用结果，以分析不同问题的影响。这些数据可以存储在数据云环境中供全球范围内的研究人员访问，这些研究人员可以将新的数据添加到混合体中，并解决其他环境问题。

与现实生活的联系

河流运动和天气的实时数据被用来预测和管理河流的变化。科学家们希望以类似天气预报的方式预测环境影响。他们正在进一步研究全球变暖的影响。他们询问从观察迁徙中的鱼的运动可以了解什么。调查污染物的传播如何有助于清理未来的环境污染?

知识检测点 3

讨论流数据如何用来预测环境灾害。

5.5　案例 2：为了公共政策使用大数据

发展世界上最好的城市是一项艰苦的工作。

创建可行的政策，使城市更安全、更高效，有更多令人满意的地方去生活和工作，这需要来自各种来源的大量数据的收集和分析。这样的来源也许是这样的形式：

- 税收；
- 建筑物或桥梁上的传感器；
- 交通模式监控；
- 位置数据；
- 关于犯罪活动的数据。

许多与公共政策改进有关的研究数据是由不同的城市机构所收集的，以每年人口普查数据、警方记录和城市税收记录等的形式组成的。

5.5.1 问题

从历史角度看，已经花费了几个月或数年的时间来分析这个过程了。即使在一个特定的机构中，数据也可能是由独立的地区所收集的，跨城市和其周围的社区所分享是并不容易的。

由于传统的耗时数据的收集过程，城市的领导们有着大量的关于在过去几年中政策是如何影响城市里的人们的信息，但是去**分享和利用快速变化的数据以作出实时的、可能改善城市生活的决策**，已经非常具有挑战性了。

使利用这些数据变得更为复杂的是，**数据被管理和存储于不同的仓库中**。因为一个直接的关联可以存在于城市经营的不同方面，所以这样会导致问题。决策者们开始意识到，如果他们可以利用现有的数据和来自最佳实践的数据来改变他们的环境的目前状态，改变才能发生。一个城市越复杂，利用数据进行更好的改变的需求就越高。

5.5.2 使用流数据

现在，政策制定者、科学家、技术创新者联手实施根据动态数据的政策。例如，设计和实施一个项目以改善城市交通拥堵，你可能需要收集关于人口、就业、道路状况和天气的数据。虽然存在有大量的相关数据，但是它仅代表了历史信息的静态视图。为了在当前流式信息的基础上提出建议，你需要一个新的方法。

欧洲的一家技术大学的研究人员从各种来源收集实时交通数据，例如：

- 来自行驶车辆的全球定位系统；
- 道路上的雷达传感器；
- 天气数据。

他们整合和分析流数据，以减少交通拥堵和改善交通流。当事件发生时，通过分析结构化和非结构化的数据，系统可以评估当前的交通条件，并提出可供选择的路线建议，以减少交通流量。最终，其目标是对城市的交通流产生影响。显然，动态数据与历史数据一同进行评估，使建议在实际条件下有意义。

流数据还可以减低城市犯罪率。例如，警察可以使用预测分析，通过时间和地点来确定犯罪模式。如果在一个新的位置，一个已识别的模式中产生了突然的变化，警察就可以派人员在正确的时间去往正确的位置。之后，这些数据可以进一步用来分析犯罪行为模式的变化。

知识检测点 4

说明大数据和流数据是如何用来改善城市生活条件的。

5.6 案例 3：在医疗保健行业使用流数据

大数据对于医疗保健行业具有巨大的意义，包括其在各方面的使用，从基因研究到先进的医疗成像和提高护理质量的研究。虽然在每个领域进行的大数据分析，在进一步的研究中都是重要的，但是一个主要的好处是将该信息应用到临床医学中去。如果捕获到了足够的数据，此数据可以在正确的时间获得实际和迅速的应用以帮助挽救生命。医学临床医生和研究人员使用流数据来加速医院关于环境和医疗保健提升方面的决策。

5.6.1 问题

医生在照料病人时，使用大量的有时效性的数据，包括实验室检查、病理学、X 射线和数字影像学报告的结果。他们也使用医疗器械来检测病人的生命体征，如血压、心率和体温。当读数超越正常范围时，这些设备就发出了警报，在某些情况下，如果医生能够收到一个早期警报的话，就可以采取预防措施。病人病情的微妙变化通常很难用一个物理检查来发现，但是他们可以通过监测装置来获得，如果存在有更直接地获取数据的方法的话。

5.6.2 使用流数据

在重症监护病房的监测设备每秒都会产生成千上万的读数。在过去，这些读数被归并成每 30～60 min 一次的读数。这些设备监测的数据量非常大，但是由于技术的限制，大部分的数据不被用作分析。

使用流媒体技术，一个医科大学的研究小组能够从病床边的监测器中捕捉到数据流，并使用为寻找严重感染的早期预警迹象而设计的算法来处理它。这些数据实时提供病人病情变化的早期警告。在某些情况下，医生可以采取纠正行动，比没有数据流技术的情况下要早 24～36 h 来帮助病人。

另一个好处是医生能够将分析与医疗成效数据库进行比较，以获取额外的洞察力。

知识检测点 5

流数据的介入如何来帮助医生？

5.7 案例 4：在能源行业使用流数据

减少能源消耗，寻找新的可再生的来源，提高能源效率，是保护环境和维持经济增长的所有重要目标。大量的动态数据正在更多地被实时监控和分析，以帮助实现这些目标。

许多大型的组织机构都在使用各式各样的措施，以确保它们有现在和未来所需的能源资源。这些组织机构正在生成和存储他们自己的能源，并需要良好的实时信息，以匹配供需。它们使用流数据来衡量和监测能源需求和供应，以提高它们对能源需求的理解，并对能耗进行实时决策。

5.7.1 利用流数据提高能源效率

组织机构开始使用流数据，提高能源效率，下面两个例子强调了这点。

例 子

一个大型的大学监测其能耗的流数据，并将其与天气数据集成，对能源使用和生产做出实时的调整。

例　子

企业团体的成员全体共享和分析流式的能源使用数据。这使团体中的公司更加有效地消耗能源并降低能源成本。流数据使他们能够监控供给和需求，并确保需求的变化可以被预先考虑到，并保持供应平衡。

5.7.2　流数据的使用推进了可替代能源的生产

组织机构也开始使用流数据来帮助推进研究和可替代能源生产的效率，下面两个例子证明了这一点。

例　子

一个研究机构正在使用流数据，以了解使用波能量作为可再生能源来源的可行性。要实现这一点，关于不同参数的信息，如温度、地理空间数据和月球潮汐数据，需要被收集。组织机构使用监控设备，通信技术，云计算和流式分析来监测和分析由波能量技术产生的噪音。该小组正在研究噪音水平对鱼类和其他海洋生物的影响。

例　子

一个风电厂使用流数据对能源生产进行每小时和每天的预测。公司搜集涡轮机的数据、温度、气压、湿度、降水、风向和从地面到 300100 m 高度的速度。数据来自世界各地的数千个气象站，以及来自它自己的公司的涡轮机。公司利用数据做了哪些事情？它创建了一个风模式，以提高对于风模型和现有涡轮附近的湍流的了解。由此产生的分析是用来为其风力涡轮机选择最佳的位置，并降低能源每千瓦时的生产成本。

知识检测点 6

给出你自己如何在现实生活中使用流数据的例子。考虑任何未在此涵盖的行业。

5.8　案例 5：用实时文本分析提高客户体验

大多数公司了解非结构化数据的价值，并认识到如果数据在正确的时间得以分析，它可能有助于识别客户不满或潜在产品缺陷的模式，以便可以在为时已晚之前采取纠正行动。公司将增长中的文本分析复杂度视为一个主要优势，启用了大量非结构化数据的实时或准实时的深入分析，使结果可以被用作决策。

文字分析是如何在现实世界中工作的？

让我们以一个庞大的客户群为基础，以一个完善的汽车租赁公司为例。除了提供标准的汽车租赁服务外，公司还出租豪华汽车，还有一些该组织的竞争对手没有在他们的业务中提供的内容。与此同时，许多新的预算汽车租赁服务正在市场上出现。显然，已成立的汽车租赁有更充裕的客户，而在同一细分市场的新兴业务中有些客户对性价比高的服务感兴趣。

尽管两家汽车租赁服务的目标客户细分市场有一个明确的划分，但现有的组织机构正经历着来自新公司的巨大竞争。这是显而易见的，为已成立的公司所担忧的原因。

一个简单的研究表明，他们的豪华轿车的车队会带来额外的开销，因为他们给客户带来的成本是高的。他们还注意到，客户对新兴的汽车租赁服务会有很多的反馈。顾客情绪的文本分析显示，除了成本开销较高外，他们还存在服务低劣、与客户缺乏联系等问题。

提高反应能力似乎是成功的关键。

- 因此，汽车租赁鼓励客户通过电子邮件或文本，在网上调查中提供关于其服务的反馈。
- 该公司还进行了调查，以确定客户的喜好。
- 客户使用这些通信方法来提供有关服务问题的评论，如比预期更长的等待时间、低劣的代理人服务或者没有获得他们订购的车。
- 最初，该公司对于这些评论的反应和解释已经是不一致的了。公司采取了正确的方法，但是反应太慢，而且分析不一致。管理者在网络调查和短信中，阅读电子邮件和评论。管理者阅读网上的评论，并将它们放置在未来需关注的类别中。不幸的是，这种方法需要很长的时间，每个经理遵循一个不同的分类评论的方法。
- 管理者实现了一个文本分析的解决方案，使他们能够跨所有的来源类型，快速分析文本以获取洞察力，包括结构化和非结构化数据。他们还实施了情感分析解决方案，使得自动化分析来识别可能需要立即关注的沟通形式。他们能够实时捕捉到大量的客户体验信息，并快速分析和采取行动。
- 最后，这种反馈是用来提供临时性政策、更新网站和培训员工，提出一个具有吸引力的组织形象的。

就**商业价值和大数据实施**而言，公司能够提高客户满意度。它能够更好地跟踪性能水平，发现问题并在早期解决问题。现在，它已经获得了更准确的理解定位，并能快得多地识别问题。新的分析为管理者提供了一个存在于某处的问题的早期识别。因此，他们能够做出改变，并在这个位置上提高客户满意度。

知识检测点 7

确定两种公司可以利用文本分析来提升客户体验的方法。

5.9　案例 6：在金融业使用实时数据

当涉及进行如何与服务提供商进行互动选择的时候，今天的客户是位于统领地位的。买方有更多的渠道选择，并越来越多地进行购买决策的调研，并在一个移动设备上做出购买的决策。

为了在快节奏的、移动驱动的市场上进行竞争，企业需要深层次管理客户的互动，并对每个单个客户进行知识的个性化定制。

- 当他/她在做采购决定时，向买方提供什么样的适当的条件？

- 如何确保你的客户代表拥有关于你客户对公司价值的个性化知识，以及他或她的具体要求？
- 如何整合和分析多个结构化和非结构化信息的来源，这样你就可以在签订合同的时候为客户提供最合适的手段？
- 如何快速评估客户的价值，确定客户需要的报价，这样你就可以让客户满意并完成销售？

让我们看一看金融服务行业中真实的公司例子，他们以新的方式大量投资来了解和回应客户。

5.9.1 保险

一家保险公司要提高其呼叫中心代表的效率和效益。代理商无法充分地快速识别客户业务组合，因此，很难确定最需要特别关注的客户。此外，代理商发现搜索在电话呼叫的特定客户被捕获的电话记录是非常耗时的，当找到可能有助于解决这个问题的信息时，为时已晚。不幸的是，越来越多的客户交互导致了客户不满。

公司实施了一个解决方案，将记录下的对话转换成文本。对关键词进行鉴定和分析。这一数据与客户的历史数据相结合，识别高优先级的客户，他们需要立即关注并向所有客户提供及时和适当的响应。

5.9.2 银行

一个全球性的银行关注访问客户信息的时间。它希望给呼叫中心代表提供更多关于客户的信息，并对客户关系的网络有一个更好的理解，包括家庭、企业和社交网络。管理人员有大量的关于客户的结构化和非结构化信息，包括电子邮件、信件、呼叫中心笔记、聊天记录和录音记录。

银行实施了一个大数据分析的解决方案，通过在他们拿起电话之前，给代表提供每个客户需求的早期指示，改进了代表支持客户的方式。该平台利用社交媒体数据来了解关系，并可确定客户连接到了谁。该解决方案结合了多种来源的数据，包括内部和外部的。嵌入了这些数据，一些迹象表明可能存在了发生在客户生活中的主要生活事件。因此，代理商能够采取下一个最佳行动。例如，客户有可能有一个孩子准备从高中毕业。如果银行有这个信息，对于代理商来说这是一个与客户接触讨论大学贷款的好时机。

5.9.3 信用卡公司

一家信用卡公司希望提高监控客户体验的能力，并在基于每个客户独特情况采取行动。它想把它的解决方案按照每个个体客户而不是整个群体进行裁剪。

作为回应，该公司开发了一个大数据分析解决方案，它将传统结构化来源的信息，如客户交易信息，与非结构化的和流式的数据，如点击流数据、Twitter 评论和其他社交媒体数据，进行了集成。其直接目的是建立详细的客户的微分区，能够提供针对性的报价。该解决方案给公司提供了一个有效的方法来迅速分析大量的信息，以确定客户的购买意图，并为该客户创建下一个最佳的个性化报价。

知识检测点 8

在线零售商想要提高交叉销售和促销的能力。如何利用下一个最佳行动技术来实现这一点?

5.10 案例 7：使用实时数据防止保险欺诈

许多人估计，至少有 10%的保险公司支付的款项是欺诈性索赔，而全球范围内这些欺诈性支付的总额已经达到了数十亿甚或数万亿美元。保险诈骗罪虽然不是一个新问题，但问题的严重性正在日益增多，保险诈骗犯罪者正变得越来越老练了。

欺诈发生在保险业务的所有业务线中，包括汽车、健康、工人的赔偿、残疾和商业保险等。它可能是由一个在购物中心摔倒后假装了断了手臂的人提出的，或是由任意数量的与在事故中修复破损、处理医疗伤害或处理索赔流程的其他方面有着某种关联的企业工人提出的。例如，个人伤害索赔可能潜在地包括了伪造的医疗索赔或是一次分级的事故。公司看到了犯罪团伙实施的复杂的汽车保险或医疗欺诈行为的增加。这些团伙可能有着类似的操作手段，在全国的不同地区使用不同的申请者别名。保险欺诈的做法很普遍，可能包括有组织的犯罪集团参与了汽车修理、医疗、法律工作、家庭维修或其他与索赔有关的职能。

大数据分析在帮助保险公司找到方法来检测欺诈方面的作用

保险公司想要在卷入索赔处理之前就阻止欺诈。

公司基于历史和实时的工资、医疗索赔、律师费用、人口统计、天气、呼叫中心记录和语音录音的数据开发了预测模型，可以在交互的早期识别可疑的欺诈性索赔方面处于更加有利的位置。大数据分析可以快速地查找历史索赔中的模式，在新的索赔流程走得太远之前识别相似点或提出疑问。

保险公司的风险和欺诈专家，以及精算和承销高管和保险业务经理，认为大数据分析通过帮助预测和减少欺诈企图，可能给公司带来巨大的好处。其目标是在第一次损失通知时识别欺诈性索赔——在你需要保险人或精算师的第一时刻。

与现实生活的联系

一家知名的保险公司希望提高其对处理索赔的实时决策的能力。该公司的成本支出包括涉及欺诈性索赔的诉讼费用正在稳步上升。虽然公司有广泛的政策以帮助承销商评估索赔的合法性，但承销商往往不能在正确的时间获得所需的数据从而作出明智的决定。

为了使其员工能够做出最恰当的决定，公司实施了一个大数据分析平台，以提供来自多个来源的数据的集成和分析。该平台采用了广泛使用的社交媒体数据和流数据，以帮助提供一个实时的视图。因此，呼叫中心代理能够在客户呼入的时候，更加深入了解其他索赔人和服务提供商之间的可能的行为模式和关系。

例如，一个代理可能会收到一个关于新索赔的警告，表明索赔人是一个 6 个月前的类似索赔的证人。在发现其他不寻常的行为模式以及向索赔人提交此信息之后，索赔过程可能就会在其真正开始之前就停止了。在其他情况下，社交媒体可能表明，在索赔中描述的条件并没有在问题产生的那一天发生。例如，索赔人可能表明，他的车是在洪水中被完全毁坏了，但是社交媒体的更新可能表明，当洪水发生的那一天，该车实际上位于另一个城市。

总体情况

保险欺诈对公司来说是一个巨大的成本。企业管理人员正迅速地融合进大数据分析和其他先进的技术，以解决保险欺诈问题。不仅保险公司受到了这些高成本的影响，这些成本对被收取更高费用以平衡损失的客户也是不利的。使用大数据分析，在大量非结构化和结构化的索赔相关的数据中寻找欺诈行为的模式，公司就能实时检测欺诈了。对这些公司的投资回报可能是巨大的。它们能够在几分钟内分析复杂的信息和事故的情况，相比较而言，在实施大数据平台之前，需要花费几天或几个月的时间。

知识检测点 9

什么类型的保险欺诈可以利用大数据来监测？

基于图的问题

1. 考虑下面的图：

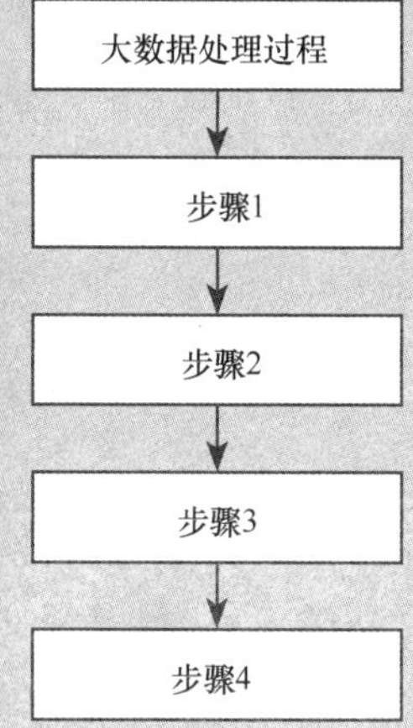

   a. 勾勒出所有这 4 个阶段。
   b. 大数据在第二个阶段扮演什么角色？
   c. 命名已经添加到规划过程中的 3 个新的阶段。

2. 考虑下面的图：

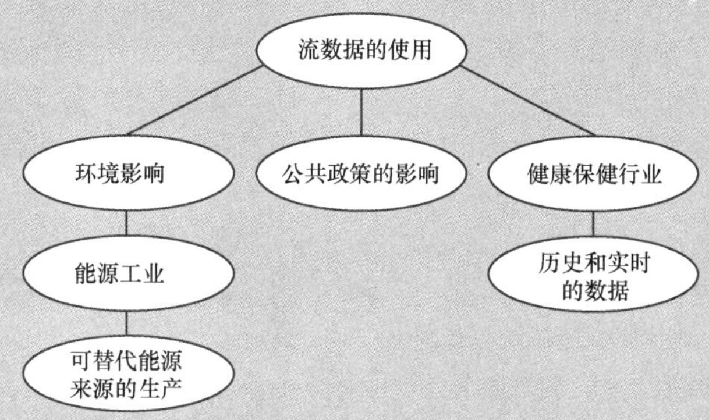

   a. 在上述情况下如何使用流？
   b. 如何在医疗保健行业中使用流数据？

多项选择题

选择正确的答案。在下面给出的“标注你的答案”里将正确答案涂黑。

1. 重型设备的公司正计划实施一项大数据解决方案。在规划阶段，应该遵循下列哪个过程？

a．存储数据　　b．采集数据

c．根据计划行事　　d．可视化数据

2. 很容易迷失在分析数据的过程中，并忘记做一个真实性检查。这是指代哪个阶段的业务规划？

a．计划数据　　b．根据计划行事

c．做分析　　d．检查结果

3. 大型的解决方案想要实现一个解决方案，以分析其客户来自 Twitter 的反馈。它需要收集什么类型的数据？

a．结构化数据　　b．非结构化数据

c．传感器数据　　d．日志数据

4. 在业务流程中引入大数据分析

a．公司牵涉到了不必要的开支　　b．使企业成为大数据公司

c．使企业盈利　　d．使公司做出预测性决定

5. 一家 GIS 公司正在使用传感器收集来自河流和海洋的数据。下面哪个实时信息是由传感器收集的？

a．地块的地势　　b．浑浊度

c．即将到来的洪水预报　　d．水流的速度

6. 保险公司想要在他们陷入处理之前就要停止诈骗，要通过：

a．雇用更多的员工　　b．使用大数据和预测模型

c．进行长时间的尽职调查　　d．使用标准的报表仪表盘

7. 日志订阅系统想要实现其客户数据的微分段。应该使用下列哪项技巧/技术？

a．传统的 BI 工具　　b．将客户交易信息与非结构化数据相合并

c．综合性的统计分析　　d．只有文本分析

8. 为了在移动世界中成功交付客户结果，报价应该是：

a．非常有吸引力　　b．真的很便宜

c．良好的宣传　　d．尽可能地有针对性并个性化

9. 下面哪一个不是流数据的例子？

a．连接到高度敏感的医疗设备的传感器

b．用于监控通信数据的电信设备

c．自动提款机的 CCTV 摄像机

d．顾客对于一个人工调查的反应

10. 一家在线零售商想要使用大数据来实施下一个最佳的行动。下列哪一个不是下一个最佳行动的一部分？

a．复杂的机器学习工具

b．大容量的非结构数据的集成与分析

c．进行客户调查

d．提交正确的报价，以便最有可能被客户所接受

标注你的答案（把正确答案涂黑）

1. ⓐ ⓑ ⓒ ⓓ
2. ⓐ ⓑ ⓒ ⓓ
3. ⓐ ⓑ ⓒ ⓓ
4. ⓐ ⓑ ⓒ ⓓ
5. ⓐ ⓑ ⓒ ⓓ
6. ⓐ ⓑ ⓒ ⓓ
7. ⓐ ⓑ ⓒ ⓓ
8. ⓐ ⓑ ⓒ ⓓ
9. ⓐ ⓑ ⓒ ⓓ
10. ⓐ ⓑ ⓒ ⓓ

测试你的能力

1. 一家航空公司想要提升它的性能。解释它是如何利用实时数据来完成这些的。
2. 如何在娱乐和体育产业中使用流数据？

备忘单

- 下面 4 个阶段是适用于大数据量的大数据的规划过程的一部分。
  - 阶段 1：利用数据做计划。
  - 阶段 2：执行分析。
  - 阶段 3：检查结果。
  - 阶段 4：根据计划行事。
- 由于大数据而存在的后期阶段有以下几个。
  - 阶段 5：实时监控。
  - 阶段 6：调整影响。
  - 阶段 7：实验。
- 真实世界中许多连续的大数据流当前正在使用，例如：
  - 传感器被连接到高度敏感的医疗设备上，以监测性能并给技术人员发送任何偏离预期性能的警告；
  - 电信设备用来监测大量的通信数据，以确保服务水平能满足客户的期望；
  - 销售点数据在创建的时候被分析，以求影响客户的决策；
  - 消息，包括金融付款或股票交易的细节，都是在金融机构之间不断地交换的；
  - 信息可以从位于安全敏感地区的传感器中收集，以便一个组织机构可以区分一只无害的兔子运动和一辆快速驶向设备的汽车之间的差别；
  - 医疗设备可以提供大量的、关于病人情况的不同方面的详细数据，并将这些结果与关键条件或其他异常指标做匹配。
- 如果可以在流数据被创建的时候或它到达企业的时候就能利用，对于企业是具有非常大的价值的。
- 流数据可以用在下面的例子中以改善策略：
  - 环境影响；
  - 提供河流和海洋的实时信息；
  - 公共政策；
  - 医疗保健行业；
  - 能源行业；
  - 实时文本分析；
  - 金融行业；
  - 防止保险欺诈。

模块 3

存储和处理数据：HDFS 和 MapReduce

引　言

模块 3

模块 3 进一步说明了 Hadoop、HBase 和 HDFS 的存储基础设施，同时也让读者掌握 MapReduce 细节编程的技巧。对于大数据开发人员来说，这是一个重要的模块。

- 第 1 讲介绍 HDFS 和 HBase、HDFS 架构和 Hadoop 存储大数据的流程。它讨论了 HDFS 的文件、HBase 的架构设计，以及结合 HBase 和 HDFS 进行有效的存储数据的方式。
- 第 2 讲介绍 MapReduce 框架和执行流水线。它通过不同的例子，解释如何来创建和执行 MapReduce 应用程序，如何使用 MapReduce 框架进行并行编程，以及建立交互式的 MapReduce 应用程序。这一讲还包括一般性的设计技巧，帮助读者磨炼编程技能。
- 第 3 讲讨论自定义 MapReduce 程序执行的方式，使用不同的类（如 `InputFormat` 类）来控制执行，用 `RecordReader` 类来读取数据，以及用自定义的 `OutputFormat` 类的不同版本来组织输出。本节还解释如何利用计划来控制 reducer 的执行。
- 第 4 讲处理 MapReduce 应用程序的单元测试。这一讲还描述用于测试 MapReduce 应用程序的各种技术，包括使用 Eclipse 和 Hadoop，通过利用日志进行本地应用程序的测试。本节还讨论 MapReduce 应用程序中的防御性编程方法。
- 第 5 讲目的是给读者一个使用 MapReduce 框架来理解问题及其解决方案的业务场景。这一讲采用步进式的方法讨论了问题的场景、所用到的数据的解释、方法论以及解决方案所遵循的方法。

第1讲

在 Hadoop 中存储数据

模块目标

学完本模块的内容，读者将能够：

⏭	利用 HDFS 和 HBase，分析 Hadoop 的数据存储模型

本讲目标

学完本讲的内容，读者将能够：

⏭	解释 Hadoop 分布式文件系统（HDFS）
⏭	讨论如何使用 HDFS 文件来工作
⏭	解释 HDFS 联盟的作用
⏭	解释 HBase 的架构和角色
⏭	解释 HBase 模式设计的特征
⏭	实现 HBase 的基本编程
⏭	结合 HBase 和 HDFS 的最佳能力进行最有效的数据存储

“随着人口的增长，对于供水和存储的需求越来越多。”

——Joe Baca

Hadoop 有效数据处理的基础是其数据存储模式。本节讨论了在 Hadoop 中存储数据的不同选项——特别是在 Hadoop **分布式文件系统**（HDFS）和 **HBase** 中的存储。本节还讨论了每个选项的优缺点，并概述了决策树，针对一个给定的问题选择最佳的选项。

模块2的出口

- 讨论了大数据所需的技术和基础设施

模块3第1讲的入口

- 连同HDFS和HBase，讨论了Hadoop的模型

1.1 HDFS

HDFS 是分布式文件系统的 Hadoop 实现。它的目的是保持大量的数据，并对分布在网络上的许多客户，提供对该数据的访问。为了能够成功地利用 HDFS，你必须首先了解它是如何实现的以及它是如何工作的。

1.1.1 HDFS 的架构

HDFS 是基于**谷歌文件系统**（Google File System，GFS）设计的。它的实施解决了一些在许多其他分布式文件系统中普遍存在的问题，如**网络文件系统**（Network File System，NFS）。

在详细了解 HDFS 架构之前，让我们快速浏览一遍它所提供的优势以及它的一些局限性。

实施 HDFS 的优势

HDFS 被设计成具有以下优点。

- 能够存储非常大量的数据（TB 或 PB），支持相对于分布式文件系统（如 NFS）更大的文件尺寸，HDFS 被设计来将数据分散到大量的机器和文件系统上。
- 为了可靠地存储数据和应对集群中单个机器的故障或损失，HDFS 采用了数据复制。
- 为了更好地与 Hadoop 的 MapReduce 集成，HDFS 允许数据在本地被读取和处理。

交叉参考 *你将会在模块 3 第 3 讲中学到更多关于数据局部性的知识。*

HDFS 的可扩展性和高性能的设计是有代价的。HDFS 是局限于某一类应用的——它不是一个通用的分布式文件系统。大量额外的决策和权衡管理了 HDFS 的架构和实现，包括了那些在下一节中所给出的内容。

HDFS 的局限性

- 优化 HDFS 以支持高流量的读取性能，而这是以**随机搜索性能**为代价的。这意味着，如果应用程序从 HDFS 读取数据，它应该避免（或至少要减少）搜索的数量。连续读取是访问 HDFS 文件的首选方式。
- HDFS 只支持**有限的一组文件操作**（写、删除、添加和读取），但不支持更新。它假定该数据会一次写入 HDFS 中，然后多次读取。

- **HDFS 不提供本地数据缓存的机制**。缓存的开销足够大以至于数据应该被简单地从来源中重复读取，这对于大多是做大型数据文件的连续读取的应用程序来说是没有问题的。

HDFS 中的数据存储

HDFS 是一个块结构的文件系统的实现。如图 3-1-1 所示，单个文件被分成固定大小的块，这跨越整个 **Hadoop 集群**而存储。

由若干块组成的文件存储在不同的 **DataNode**（集群中的单个机器）中，DataNode 是以块为基础随机选择的。因此，对文件的访问通常需要访问多个 DataNode，这意味着 HDFS 支持的文件尺寸远大于单台机器的磁盘容量。

图 3-1-1 固定尺寸的块

DataNode将每个HDFS数据块存储在其本地文件系统中的一个单独的文件中，而没有关于 HDFS 文件系统本身的信息。为了进一步提高吞吐量，DataNode 并不在同一个目录中创建所有的文件。相反，它使用启发式来确定每个目录的最佳文件数量，并恰当地创建子目录。

这种块结构文件系统的要求之一是其可靠地存储、管理和访问文件元数据（有关文件和块的信息）的能力，并提供对元数据存储区的快速访问。不像 HDFS 文件本身那样（它是一次写入多次读取的访问模型），元数据结构可以被大量的客户同时修改。

图 3-1-2 展示了 HDFS 的架构。

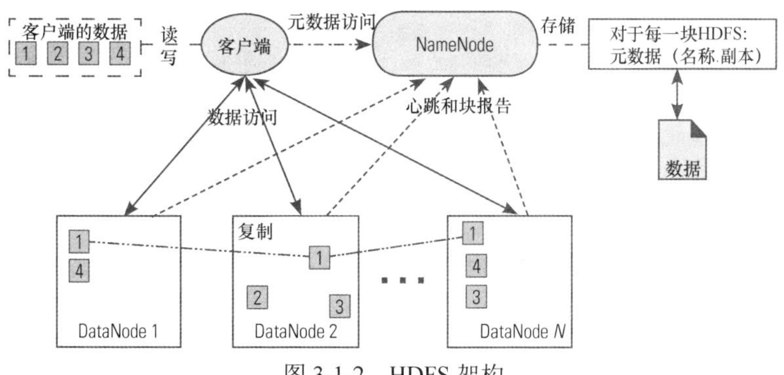

图 3-1-2 HDFS 架构

重要的是，元数据信息永远是不会同步的。HDFS 通过引入一个叫 **NameNode** 的特殊机制，解决了这个问题，NameNode 存储了跨集群（图 3-1-2）的文件系统的所有元数据。这意味着 HDFS 实现了**主/从架构**。

一个单一的节点（这是一个主服务器）管理文件系统命令空间并**调节客户对文件的访问**。这个集群中的单一主节点的存在大大地简化了系统的体系结构。NameNode 作为 HDFS 所有元数据的单一仲裁者和存储库。

因为每个文件的元数据量相对较低（只跟踪文件名、权限和每一个块的位置），NameNode 在内存中存储所有的元数据，从而使**快速的随机访问**成为可能。元数据存储被设计成紧凑的。因此，具有 4 GB 内存的 NameNode 能够支持数量庞大的文件和目录。

元数据存储也是**持久的**。整个文件系统命名空间（包括将块映射到文件和文件系统属性）是包含在一个叫 **FsImage** 的文件之中的，该文件作为一个文件存储于 NameNode 本地文件系统中。NameNode 也使用事物日志来持久化地存储发生在文件系统元数据（元数据存储）中的每一次变化。该日志存储在 NameNode 本地文件系统中的 `EditLog` 文件中。

附加知识 **辅助 NameNode**

如前所述，HDFS 的实现是根据主/从式架构的。一方面，这种方法大大地简化了 HDFS 的整体架构。另一方面，它也造成了单点失效——失去了有效的 NameNode 意味着失去了 HDFS。Hadoop 实现了辅助 NameNode，稍微缓解了下这一问题。

注意，辅助 NameNode 并不是真正意义上的“备份 NameNode”。它不能接管主节点的功能。它只能为主 NameNode 起着检查点机制的作用。除了存储 HDFS NameNode 的状态，它还维持了两个磁盘上的数据结构，它保存着目前的文件系统状态：一个镜像文件和一个编辑日志。镜像文件代表了一个时间点的 HDFS 元数据状态，编辑日志是一个事务日志（与数据库架构中的日志相比较），因为每个文件系统的元数据都在镜像文件被创建时进行更改。

在（重）启动节点时，通过读取镜像文件，重建目前的状态，然后重放编辑日志。显然，编辑日志越大，它就需要更长的时间去重放，因此，启动一个 NameNode 也需要更长的时间，为了提高 NameNode 的启动性能，需要定期滚动编辑日志，并通过将一个编辑日志应用到现有的镜像中去的方法，创建一个新的镜像文件。这是资源高度密集型的操作。为了减少建立检查点的和 NameNode 运作的影响，检查点是由辅助 NameNode 守护进程来执行的，通常是在一台单独机器中执行。

由于检查点的存在，辅助 NameNode 以最后一个镜像文件的形式，包含了主要持久状态的一个副本（过时的）。当编辑文件相对较小的情况下，可以使用辅助 NameNode 来恢复文件系统的状态。在这种情况下，你必须知道一个元数据（和相应的数据）损失的所确定的量，因为在编辑日志中存储的最新的变化是不可用的。

目前正在进行的工作是创建一个真正的备份 NameNode，从而能够在主节点故障的时候进行接管。

为了保持 NameNode 的内存占用空间是可控的，一个 HDFS 块的默认大小是 64 MB——比大多数其他块结构文件系统的大多块尺寸的数量级要大。大数据块的额外好处是，它允许 HDFS 将大量的数据按磁盘顺序进行存储，这支持了快速的流数据读取。

附加知识 **HDFS 上更小的块**

关于 Hadoop 的误解之一是假设更小的块（小于块尺寸）仍将使用文件系统中的整个块。这不是个案。较小的块根据其需求仍占据完全一样多的磁盘空间。

但这并不意味着，有许多小文件会有效地使用 HDFS 而不管块的尺寸，其元数据在 NameNode 中占据了完全相同的内存量。因此，大量的小的 HDFS 文件（小于 HDFS 块的大小）会使用很多的 NameNode 内存，从而对 HDFS 的扩展性和性能有负面的影响。在实际系统中避免有更小的 HDFS 块，几乎是不可能的。一个给定的 HDFS 文件会占用大量的完整块和较小块的可能性非常高。这会是一个问题吗？考虑到大部分 HDFS 文件是相当大的，在整个系统中这样的较小块的数目是相对少的，这通常是很好的。

HDFS 中的数据复制

HDFS 文件组织的缺点是，许多 DataNode 参与了文件服务，这意味着当任何一台机器损坏时，一个文件就会变得不可用。为了避免这个问题，HDFS 跨多台机器（默认情况下 3 台）复制每一个块。

HDFS 的数据复制作为一个写操作的一部分，以**数据管道**的形式实现的。当客户端将数据写入 HDFS 文件中去时，数据首先写入本地文件。当本地文件累积满一个数据块的时候，客户询问 NameNode 以获得分配给主机的那块复制品的 DataNode 的列表。然后客户端将来自其本地存储的数据块以 4 KB 分区写入到第一个 DataNode（见图 3-1-1）中。DataNode 将接收到的块存储到本地文件，并转发那部分的数据至列表中的下一个 DataNode。

下一个接收 DataNode 重复同样的操作，直到副本集中的最后一个节点接收到了数据。最后一个 DataNode 在本地存储数据，而不进一步发送。

如果正在写块的时候 DataNode 失效了，该 DataNode 就被从管道中移除。在这种情况下，当目前块的写操作完成时，NameNode 再次复制它，以弥补由于失效 DataNode 所导致的缺失的副本。当一个文件被关闭时，临时本地的剩余数据流水线进入 DataNode。然后客户端通知 NameNode 该文件被关闭了。在这一点上，NameNode 将文件创建操作提交到持久存储。如果 NameNode 在文件关闭之前消失，那么文件就会丢失。

默认的块尺寸和复制因子是由 Hadoop 配置所指定的，但是可以按文件为基础进行覆盖。一个应用程序可以在其创建的时候，为特定的文件指定块尺寸，复本数量，以及复制因子。

最强大的 HDFS 特性之一是**副本位置优化**，这是 HDFS 可靠性和性能的关键。关于块复制的所有决定都是由 NameNode 作出的，它定期（每 3 秒）从每个 NameNode 接收一个**心跳**和**块报告**。心跳是用来确保 DataNode 的正常运转的，块报告可以验证 DataNode 上的块列表对应了 NameNode 的信息。DataNode 在启动的时候首先做的一件事情是将块报告发送给 NameNode。这使它能够快速地形成整个集群的块分布的情景。

机架感知

HDFS 数据复制的一个重要特性是**机架感知**。大型 HDFS 实例是运行在计算机集群上的，通常蔓延到了多个机架。通常情况下，同一机架的上机器之间的网络带宽（所以也就是网络性能）比不同机架的机器之间的网络带宽要大。

定　义

机架是存储在一个单一位置的 DataNode 的物理集合。在一个单一位置可以有多个机架。

NameNode 确定了每个 DataNode 通过 **Hadoop 机架感知**进程所属的机架 ID。一个简单的策略是将副本放置在唯一的机架上。该策略可以在整个机架失效的时候防止数据丢失，并将副本均匀地分布于集群中。当读取数据时，它也允许使用来自多个机架的带宽。但是，在这种情况下，因为写必须将块传输到多个机架中去，所以写的性能就变糟了。

机架感知策略的一个优化是使用少于副本数量的机架的数量来减少机架间的写流量（从而提高写的性能）。例如，当一个复制因子是 3 时，两个副本放置在一个机架上，第三个放置在不同的机架上。

为了减少全局的带宽消耗和读取延迟，HDFS 试图满足从最接近阅读器的副本的读取请求。

如前所述，每个节点周期性地给 NameNode 发送心跳消息（见图 3-1-1），这被 NameNode 用来发现 DataNode 的失效（根据缺失的心跳）。NameNode 将没有最近心跳的 DataNode 标记成死亡的 DataNode，不再分配任何新的 I/O 请求给它们。因为位于死亡的 DataNode 上的数据对于 HDFS 不再可用，DataNode 的死亡可能会使某些块的复制因子低于它们的指定值。NameNode 持续跟踪必须重新复制的块并在必要时启动复制。

类似于大多数其他现有的文件系统，HDFS 支持传统的**分级文件组织**。它支持在一个目录中**创建和删除文件**，在目录之间**移动文件**等。它还支持**用户的配额**和**读/写权限**。

知识检测点 1

由于在 HDFS 中数据是被复制 3 次的，这是否意味着在一个节点中的任何计算也会被复制到其余两个节点？讨论。

1.1.2 使用 HDFS 文件

现在你知道 HDFS 是如何工作的了，这一部分着眼于如何利用 HDFS 文件进行工作。用户应用程序使用 **HDFS 客户端**访问了 HDFS 文件系统，公开了 HDFS 文件系统接口的库在前文已经介绍过了，而这些接口隐藏了 HDFS 实现的大部分的复杂性。

用户的应用程序不需要知道文件系统的元数据库和存储是位于不同的服务器上的，或者是这些块具有多个副本。

通过文件系统对象的实例来访问 HDFS。一个文件系统类是一个抽象的基类，用于一个通用的文件系统。(除了 HDFS，Apache 还为其他系统提供了文件系统对象的实现，包括 `KosmosFile` 系统、`NativeS3File` 系统、RawLocalFile 系统和 S3File 系统。)

它可以被实现为一个**分布式文件系统**或实现为一个使用本地连接磁盘的“本地”文件系统。本地的版本为小型 Hadoop 实例和测试目的而存在。应该编写所有可能使用 HDFS 的用户代码来使用文件系统对象。

技术材料：访问 HDFS

Hadoop 提供了多种访问 HDFS 的方法。文件系统的 shell 命令提供了丰富的操作来支持对 HDFS 文件的访问和操作。这些操作包括了查看 HDFS 的目录、创建文件、删除文件、复制文件等。此外，一个典型的 HDFS 安装配置了 Web 服务器，通过一个可配置的 TCP 端口暴露了 HDFS 命名空间。这允许用户浏览 HDFS 命名空间并使用 Web 浏览器查看其文件的内容。因为本课程的重点是编写 Hadoop 应用，重点讨论了 HDFS 的 Java API。

可以通过将一个新的配置对象传递到构造函数中去的方法，创建一个文件系统对象的实例。假设 Hadoop 配置文件（`hadoop-default.xml` 和 `hadoopsite.xml`）在类路径上可用，代码清单 3-1-1 显示的代码段创建了文件系统对象的一个实例。

（注意，如果在 Hadoop 集群的一个节点上的执行完成了，那么配置文件始终是可用的。如果是在远程机器上执行的，则必须显式地将配置文件添加到应用程序类路径中去。）

代码清单 3-1-1　创建一个文件系统对象

```
Configuration conf = new Configuration();
FileSystem fs = FileSystem.get(conf);
```

代码清单 3-1-1 的解释

	创建一个配置对象 conf 和一个文件系统对象 fs，配置对象在 get 函数中被使用

另一个重要的 HDFS 对象是路径，它代表了文件系统中的文件或目录名称。一个路径对象可以从一个代表了 HDFS 文件/目录的位置的字符串中创建。结合文件系统和路径对象允许在 HDFS 文件和目录中进行许多编程操作。代码清单 3-1-2 展示了一个例子。

代码清单 3-1-2　操作 HDFS 对象

1	`Path filePath = new Path(file name);`
	`if(fs.exists(filePath))`
	`//do something`
	`if(fs.isFile(filePath))`
	`//do something`
	`Boolean result = fs.createNewFile(filePath);`
	`Boolean result = fs.delete(filePath);`

2	`FSDataInputStream in = fs.open(filePath);`
3	`FSDataOutputStream out = fs.create(filePath);`

代码清单 3-1-2 的解释

1	给出路径对象 filePath 的建立
2 和 3	说明如何根据文件路径创建 FSDataInputStream 和 FSDataOutputStream 对象。这两个对象是来自 Java I/O 包的 DataInputStream 和 DataOutputStream 的子类，这意味着它们支持标准的 I/O 操作

这些都准备就绪后，应用程序按照与本地数据系统一样的读/写方法，从/向 HDFS 进行数据读/写。

技术材料

除了 DataInput 流，FSDataInput 流也实现了 Seekable 和 PositionedReadable 接口，因此，实现了进行搜索和从一个给定的位置进行读取的方法。

附加知识　写租约

当打开文件进行写操作时，打开的客户端被授予了独占的文件写租约。这意味着没有其他客户端可以写此文件，直到这个客户端完成了操作。为了确保没有“失去控制”的客户端持有租约，租约会周期性地过期。使用租约能有效地确保没有两个应用程序可以同时写入一个给定的文件（可以比作数据库中的写操作锁）。

> 租约期限由软限制和硬限制来限定。在一个软限制的持续期间中，写操作拥有对文件的独占访问。如果软限制过期了，而客户端无法关闭该文件或更新租约（通过将心跳发送给 NameNode）时，另一个客户端可以抢占租约。如果硬限制（一小时）过期了，而客户未能续租，HDFS 假设该客户端已经退出了并代表写操作自动关闭这个文件，然后恢复租约。写租约不妨碍其他客户端读取文件。一个文件可能有很多并发的读操作。

知识检测点 2

> Novasoft 有个 10 节点的 Hadoop 集群。NameNode 以一种不稳定的方式启动，因此管理员不得不去格式化 NameNode。管理员需要采取哪些预防措施？

1.1.3　Hadoop 特有的文件类型

除了“普通”文件，HDFS 还引入了几个专门的文件类型（如 SequenceFile、MapFile、SetFile、ArrayFile 和 BloomMapFile），它们提供了更加丰富的功能，它们通常能简化数据处理。

SequenceFile 为二进制的键/值对提供了持久的数据结构。在这里，键和值的不同实例必须代表相同的 Java 类，但可以有不同的尺寸。类似于其他的 Hadoop 文件，SequenceFile 也是只能被追加的。

当使用一个普通文件（不是文本文件就是二进制文件）来存储键/值对时（典型的 MapReduce 数据结构），数据存储是觉察不到键和值的布局的，必须在通用存储顶部的阅读器中得以实现。SequenceFile 的使用提供了原生的存储机制来支持键/值结构，从而使利用该数据布局的实现要简单得多。

SequenceFile 有 3 种可用的格式：

- 未经压缩的；
- 记录压缩；
- 块压缩。

前面两种是以基于记录的格式进行存储的（如图 3-1-3 所示），而第三种使用基于块的格式（如图 3-1-4 所示）。

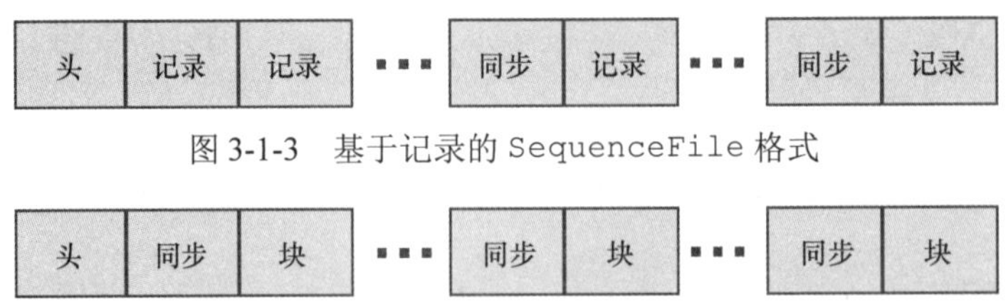

图 3-1-3　基于记录的 SequenceFile 格式

图 3-1-4　基于块的 SequenceFile 格式

序列文件具体格式的选择规定了硬盘上文件的长度。根据块压缩的文件通常是最小的，而未经压缩的文件是最大的。

在图 3-1-3 和图 3-1-4 中，“头”包含了关于序列文件的一般信息，如表 3-1-1 所示。

表 3-1-1　序列文件头

字　段	描　述
Version	4 字节的数据，包含了 3 个字母（SEQ）和序列文件版本号（4 或 6）。目前使用的版本是 6。版本 4 支持向后兼容性
Key Class	一个密钥类的名称，这和由阅读器提供的密钥类的名称一起被验证
Value Class	值类的名称，这和由阅读器提供的值类的名称一起被验证
Compression	键/值压缩标识符
Block Compression	块压缩标识符
Compression Codec	CompressionCodec 类。仅当键/值或块压缩标志为真的时候，才使用该类；否则，这个值被忽略
Metadata	元数据（可选）是键/值对的列表，可以被用来添加用户定义的信息到文件中去
Sync	一个同步标志

技术材料

同步是一个专门的标记，它是用来在顺序文件中进行更快的搜索。一个同步标志也在 MapReduce 实现中有着特殊的用途——仅在同步边界上进行数据分割。

如表 3-1-2 所示，记录中包含了键的值的实际数据，以及它们的长度。

表 3-1-2　记录布局

字　段	描　述
Record length	记录的长度（字节）
Key Length	键的长度（字节）
Key	字节数组，包含该记录的键
Value	字节数组，包含该记录的值

在这种情况下，“头”和“同步”服务于相同的目的，如表 3-1-3 中基于记录的 SequenceFile 格式例子所示。

表 3-1-3　块布局

字　段	描　述
Keys lengths length	在这种情况下，给定块的所有键都存储在一起。该字段指定了压缩过的键的长度尺寸（以字节为单位）
Keys Lengths	字节数组，包含压缩过的键长度的块
Keys length	压缩过的键尺寸（以字节为单位）
Keys	字节数组，包含压缩过的块的键
Values lengths length	在这种情况下，一个给定块的所有值被存储在一起。这个字段指定了压缩过的值长度的块大小（以字节为单位）
Values Lengths	字节数组，包含压缩过的值长度的块
Values Length	压缩过的值的尺寸（以字节为单位）
Values	字节数组，包含压缩过的块的值

所有的格式都使用了相同的头，它包含了允许阅读器识别的信息。“头”包含了键和值的名字，被阅读器用来实例化这些类、版本号和压缩信息。如果启用压缩，则将 Compression Codec

类名字段添加到“头”中。

SequenceFile 的元数据是一组键/值文本对，可以包含关于 SequenceFile 的额外信息，这些信息可以被文件读/写所使用。

对未压缩和记录压缩格式的写操作实现是非常类似的。每次调用 append() 方法都添加了一条记录到 SequenceFile 中去，它包含了整个记录（键的长度加上值的长度）的长度，键的长度，以及键和值的原始数据。压缩和未压缩过的版本之间的区别在于是否该原始数据用特定的编码器压缩过了。

块压缩格式适用于更高比率的压缩。数据不会被写入直到其达到一个阈值（块大小），在该点所有的键被压缩在一起。值和值长度也做同样的处理。

Hadoop 提供了一个特殊的阅读器（SequenceFile.Reader）和写入器（SequenceFile.Writer），可以被 SequenceFile 所使用。

代码清单 3-1-3 展示了一小段使用了 SequenceFile.Writer 的代码。

代码清单 3-1-3　使用 SequenceFile.Writer

```
1  Configuration conf = new Configuration();
   FileSystem fs = FileSystem.get(conf);
2  Path path = new Path("fileName");
3  SequenceFile.Writer sequenceWriter = new SequenceFile.Writer(fs,
       conf, path, Key.class,value.class,fs.getConf().getInt("io.file.
       buffer.size", 4096),fs.getDefaultReplication(), 1073741824, null, new
       Metadata());
   sequenceWriter.append(bytesWritable, bytesWritable);
   IOUtils.closeStream(sequenceWriter);
```

代码清单 3-1-3 的解释

1	创建 FileSystem object fs 的实例
2	展示了路径对象 filePath 的创建
3	展示了 SequenceFile 写入器的构造器

一个最小型的 SequenceFile 写入器构造函数 SequenceFile.Writer(FileSystem fs, Configuration conf, Path name, Class keyClass, Class valClass) 需要文件系统的规格、Hadoop 配置、路径（文件路径）和键和值类的定义。在前面示例中使用的构造函数可以使你能指定额外的文件参数、包括下列参数。

- **int bufferSize**：如果没有指定则使用默认的缓冲区大小（4096）。
- **short replication**：使用默认的复制。
- **long blockSize**：使用值 1073741824（1024 MB）。
- **Progressable progress**：不使用。
- **SequenceFile.Metadata metadata**：使用一个空的元数据类。

一旦创建了写入器，它就可以用来添加键/记录对到文件中。

SequenceFile 的限制之一是无法根据键值进行查找。额外的 Hadoop 文件类型（MapFile、SetFile、ArrayFile 和 BloomMapFile）使你能够通过在 SequenceFile 的顶部添加一个

基于键的索引来克服这一局限性。

如图 3-1-5 所示，MapFile 不是真正的一个文件，而是一个目录，该目录包含了两个文件——在 map 中包含了所有键和值的数据（序列）文件，以及包括了一部分键的较小的索引文件。

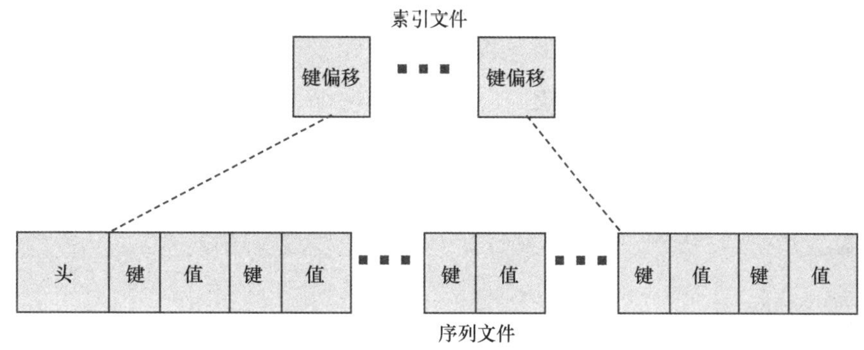

图 3-1-5　MapFile

你要通过按顺序添加条目的方式来创建 MapFile。MapFile 通常被用来进行高效的搜索并通过检索它们的索引来检索该文件的内容。图 3-1-5 展示了 Map 文件。

技术材料

> 虽然冒有假阳性的风险，但是过滤器在表现集合方面，与其他数据结构相比具有很强的空间优势，如自平衡二叉搜索树、Trie 树、散列表或条目的简单数组或链表。大多数这些数据结构要求至少要存储数据项本身，这有可能需要少量比特或任意数量的比特，如字符串。（Trie 树是一个例外，因为它们可以在具有相同前缀的元素之间共享存储。）这种过滤器的优点是来自它的紧凑性（继承于数组），部分来自它的概率性质。

索引文件是由键和 LongWritable 填充的，它包含了对应于该键的记录的起始字节位置。索引文件不包含所有的密钥，而只包含了其中的一小部分。可以使用写入器的 setIndexInterval() 方法来设置 indexInterval。该索引是完全读入内存的，因此对于大型的 map，有必要设置索引跳跃值，使索引文件足够小，以便其完全适应内存。

类似于 SequenceFile，Hadoop 提供了一个特殊的阅读器（MapFile.Reader）和一个写入器（MapFile.Writer）供 MapFile 协同使用。

SetFile 和 ArrayFile 是 MapFile 的变种，是专门化的键/值类型的实现。SetFile 是一种 MapFile，供表示为一组无值键的集合的数据使用（一个由 NullWritable 实例所代表的值）。ArrayFile 处理键/值对，键仅仅是一个连续的长度。它使用一个内部计数器，这作为每次添加调用的一部分而递增。该计数器的值被用作键。

这两种文件类型对于存储键而不是值是有用的。最后，通过添加动态布隆过滤器，为键提供了快速成员检测，使 BloomMapFile 扩展了 MapFile 的实现。它还提供了键搜索操作的快速版本，特别是在稀疏填充的 MapFile 的例子中。

定义：布隆过滤器

布隆过滤器是一个空间有效的、概率的数据结构，用于测试是否一个元素是集合的成员。测试的结果是，该元素要么绝对不在集合中，要么可能在集合中。

布隆过滤器的基础数据结构是位向量。假阳性的概率取决于元素集合的大小和位向量的大小。

一个写入器的 append()操作更新了 DynamicBloomFilter，然后当写入器关闭时它被序列化。当一个读写器被创建时，该过滤器被载入内存。阅读器的 get()操作首先为键成员检查了过滤器，如果键缺失，它立即返回 null 而不做任何进一步的 I/O。

交叉参考 在模块 3 第 2 讲中，你将学到更多关于不可拆分的压缩文件的知识。

附加知识 数据压缩

在 HDFS 文件中存储数据的一个重要的考虑因素是数据压缩——在数据处理过程中，将计算负载从 I/O 转移到 CPU 上，当为 MapReduce 实现使用压缩的时候，针对 I/O 交换，提供了系统的计算评估。数据压缩的好处取决于数据处理作业的类型。对于读密集型（I/O 密集型）的应用（例如，文本数据处理），压缩提供了 35%～60%的性能节省。然后对于计算密集型（CPU 密集型）的应用，从数据压缩中获得的性能提升可以忽略不计。

这并不意味着数据压缩对于这些应用来说是没有好处的。Hadoop 集群是共享的资源，其结果是，一个应用程序的 I/O 减少能增加其他应用程序使用该 I/O 的能力。

这是否意味着数据压缩总是令人满意的？其答案是“不”。例如，如果你是用文本或自定义的二进制输入文件，那么数据压缩可能是不可取的，因为压缩文件时不可拆分的。

然而，在 SequenceFile 及其衍生物的情形下，压缩始终是可取的。最后，为清洗和排序操作而去压缩中间文件始终是有意义的。

记住，数据压缩的结果在很大程度上依赖于被压缩的数据类型和压缩算法。

知识检测点 3

用 Java 写一段代码去打开存储于 HDFS 中位于 hadoop/log/weblog.txt 路径上的 weblog.txt 文件。

1.1.4 HDFS 联盟和高可用性

当前 HDFS 实现的主要限制是其单一的 NameNode。因为所有的文件元数据都存储在内存中，NameNode 内存量决定了 Hadoop 集群上可用的文件数量。为了克服单一 NameNode 内存的限制，为了能够水平扩展名称服务，**Hadoop 0.23** 引入了 **HDFS 联盟**，该联盟基于多个独立的 NameNode/命名空间。下面是 HDFS 联盟的两大主要好处。

- **命名空间的可扩展性**：HDFS 集群存储的可以水平扩展，但命名空间不可以。大型的部署（或使用大量的小文件进行部署）可以通过将更多的 NameNode 添加到集群中去的方式，从扩展命名空间中受益。

- **性能**：文件系统的操作吞吐量被单个 NameNode 限制。将更多的 NameNode 添加到集群中去，可扩展文件系统读/写操作的吞吐量。
- **隔离**：单个 NameNode 在多用户环境中没有提供隔离性。实验性的应用程序可以重载 NameNode 和减缓生产线的关键应用。拥有多个 NameNode 的不同类别的应用程序和用户可以被隔离到不同的命名空间中去。

如图 3-1-6 所示，HDFS 联盟的实现基于独立的不需要彼此协调节点的集合。DataNode 被所有 NameNode 用作公用存储。每个 DataNode 与集群中所有的 NameNode 进行注册。DataNode 发送周期性的心跳和块的报告，并处理来自 NameNode 的命令。

HDFS 联盟的实现如图 3-1-6 所示。

命名空间在块集合——**块池**上进行操作。虽然池专用于某一特定的命名空间，但实际的数据可以被分配到集群中的任意 DataNode 上。每个块池是独立管理的，它允许一个命名空间为新的块产生块 ID，而无须与其他命名空间相协调。一个 NameNode 故障不会阻止 DataNode 为集群中其他节点提供服务。

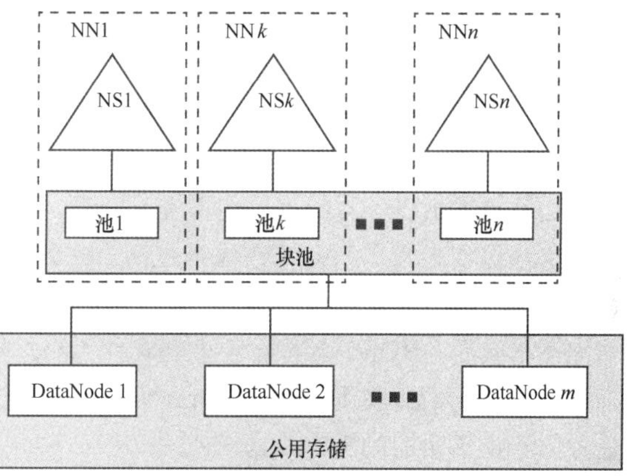

图 3-1-6　HDFS 联盟 NameNode 架构

命名空间及其块池一同被称为**命名空间卷**，这是一个自包含的管理单元。当一个 NameNode/命名空间被删除时，DataNode 的对应的块池也被删除了。在集群升级时，每个命名空间卷作为整体进行升级。

HDFS 联盟配置是向后兼容的，允许现有的单 NameNode 的配置无须任何变更就能工作。新的配置设计成这样，以使集群中的所有节点拥有相同的配置，而无须根据集群中节点的类型部署不同的配置。

虽然 HDFS 联盟解决了 HDFS 可扩展性的问题，但它不能解决 NameNode 可靠性的问题。（在现实中，它会使其变得更糟糕——在这种情形下，一个 NameNode 节点失效的概率会更高。）

图 3-1-7 展示了一个新的 HDFS 的高可用性架构，包括两个单独的配置成 NameNode 的机器，在任何时刻都只有一台处于活跃状态。

活跃的 NameNode 负责集群中所有的客户端操作，而另一台（备用）仅仅扮演一个从

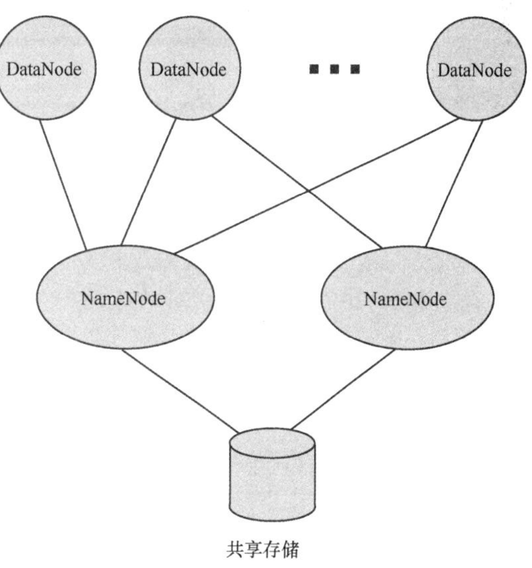

图 3-1-7　HDFS 故障转移架构

节点的角色，维持足够的状态，在必要的时候提供快速故障转移。为了保持两个节点的同步，实现要求两个节点都可以在一个共享存储设备上访问目录。

当活跃节点修改任何命名空间时，它将修改的记录持续写入位于共享目录上的日志文件中。备用节点正在不断地监视目录的变化，并将它们应用到其自己的命名空间中。在发生故障转移的时候，备用机确保了它在过渡到活跃状态前读到了所有的变化。

一个 HDFS 故障转移架构如图 3-1-7 所示。

为了提供一种快速的故障转移，对备用节点来说还有必要拥有最新的关于集群中块位置的信息。通过配置 DataNode，实现了将块位置信息和心跳发送给两个 DataNode。

HDFS 提供了非常强大和灵活的对于存储大量数据的支持。特殊类型的文件，如 `SequenceFile` 非常适合于支持 MapReduce 的实现。`MapFile` 及其衍生物（集合、数组和布隆图）对于快速数据访问，工作地很好。不过，HDFS 只支持访问模式的有限集合——写、删除和添加。

虽然从技术上讲，更新可以用覆盖来实现，但是在大多数情况下，这种方法的颗粒度（覆盖只能在文件级别上工作）会导致成本过高。此外，HDFS 的设计是为了支持大型连续读取，即随机数据访问会导致显著的性能开销。

然而，最后，HDFS 不适合较小的文件大小。虽然从技术上来说，这些文件是由 HDFS 提供支持的，但是它们的使用导致了 NameNode 内存需求的很大开销，从而对于 Hadoop 集群的内存容量上限产生了负面的影响。

为了克服这些限制，一个更加灵活的数据存储和访问模型以 HBase 的形式被引入了。

知识检测点 4

Mojo 系统要保证高可用性。他们应当采取什么措施来实现这一步？

1.2 HBase

HBase 是一个分布式的、版本化的、面向列式的、多维的存储系统，专为高性能和高可用性设计。为了能够成功地使用 HBase，你首先必须了解它是如何实现的以及它是如何工作的。

技术材料

虽然 HBase 不支持实时的连接和查询，但是通过 MapReduce 的批量连接或查询可以很容易地实现。事实上，它们受到更高级别系统（如 Pig 和 Hive）的良好支持，它们使用有限的 SQL 方言来执行这些操作。

1.2.1 HBase 的架构

HBase 是**谷歌 BigTable** 架构的一个开源的实现。类似于传统的关系型数据库管理系统（RDBMS），在 HBase 中的数据是以表的形式来组织的。而与 RDBMS 不同的是，HBase 支持非常松散的模式定义，不提供任何连接、查询语言或 SQL。

研究的主要焦点是在宽稀疏表上进行**创建**、**读取**、**更新**和**删除**（CRUD）操作。目前，HBase不支持事务（但提供有限的锁支持和一些原子操作）和二级索引（有几个社区项目都在尝试实现该功能，但它们不是 HBase 实现的核心部分）。因此，大多数的基于 HBase 的实现使用了高度非规范化的数据。

类似于 HDFS，HBase 实现了主/从（HMaster/区域服务器）架构，如图 3-1-8 所示。

HBase 使用 HDFS 作为其持久性数据存储。这使 HBase 能够利用 HDFS 所提供的所有先进功能，包括校验、复制和故障转移。HBase 的数据管理是由分布式区域服务器实现的，它是由 **HBase 主节点**（HMaster）管理的。

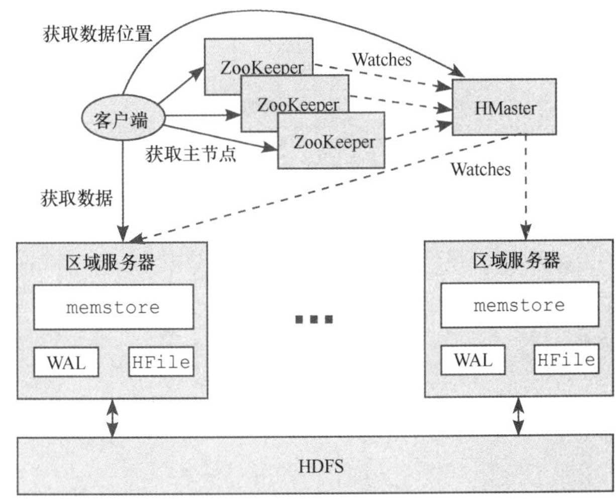

图 3-1-8　高层的 HBase 架构

区域服务器的实现由以下几个主要部分组成。

（1）`memstore` 是内存数据缓存的 HBase 实现，通过提供尽可能多的直接来自内存的数据，使 HBase 的整体性能得到了提高。`memstore` 将内存中的修改以键/值对的形式保存到该存储中。一个**预写式日志**（WAL）记录了所有更改过的数据。这在主存储有事发生的情形下，是很重要的。如果服务器崩溃，它可以有效地重放日志，让所有的事情恢复到服务器崩溃之前的样子。这也意味着，如果将记录写入 WAL 的操作失败了，整个操作必须被视为失败。

（2）`HFile` 是 HBase 的一个专门化的 HDFS 文件格式。在区域服务器中的 `HFile` 实现负责从 HDFS 读取和向 HDFS 写入 `HFile` 文件。

分布式的 HBase 的实例依赖于运行中的 **ZooKeeper** 集群。

所有的参与节点和客户端必须能够访问运行中的 ZooKeeper 实例。默认情况下，HBase 管理一个 ZooKeeper 集群——它把 ZooKeeper 的启动和停止过程作为 HBase 启动/停止过程的一部分。由于 HBase 主节点可能会被重新分配，客户端想要 ZooKeeper 提供 HBase 主节点的当前位置及根表，并自行引导。

技术材料

> HBase 的优化技术之一是禁止写入 WAL。这是一个性能和可靠性之间的权衡。禁止写入 WAL，阻止了当区域服务器在写操作完成之前就失效的恢复。你应该小心并只有在数据损失是可接受的或写操作可以根据额外数据源“重放”的情形下使用这样的优化。

如图 3-1-9 所示，HBase 使用自动切分和分配的方式来应对大数据量（与 HDFS 根据块的设计和快速数据访问相比较而言）。

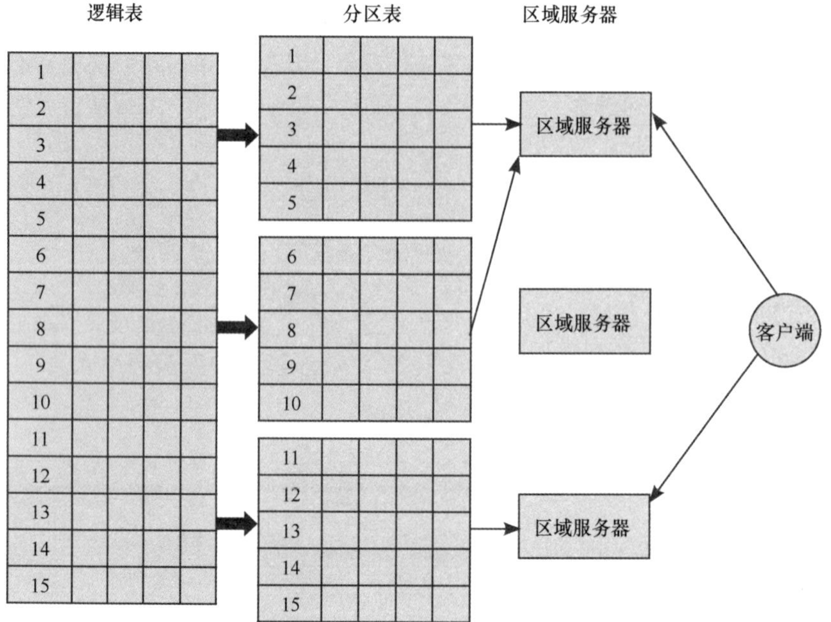

图 3-1-9　表分片和分布

为了存储一个任意长度的表，HBase 对表进行分区，每个区域包含一个排序的（按主键）、连续的行范围。“连续”这个术语并不意味着一个区域包含来自给定间隔的所有键。相反，它意味着来自一个间隔的所有键保证被划分到同一区域，可以在一个键空间中有任意数量的空位。

区域被分割的方式不依赖于键空间，而是依赖于数据尺寸。给定表的数据分区的大小可以在表创建期间进行配置。这些区域是“随机”跨区域服务器传播的。（一个单区域的服务器可以为给定表的任意数量的区域提供服务。）它们还可以为负载平衡和故障转移进行移动。

当一条新记录插入表中的时候，HBase 决定它应当去往哪个区域服务器（根据键值）并将其插入那里。如果该区域的尺寸超越了预定的大小，该区域自动分割。区域的分割是一个相当耗费资源的操作。为了避免一些区域分割，表也可以在创建的时候预先分割或在任何时点手动分割。

当一条记录（或记录集）被读取/更新时，HBase 决定哪些区域应该包含数据并将客户导向恰当的数据。从这一点上来说，区域服务器实现了实际的读/更新操作。

如图 3-1-10 所示，HBase 利用专门的表（.META.）来解析特定区域服务器中的特定的键/表对。此表包含了可用区域服务器的列表以及用户表的一个描述符列表。每个描述符指定了一个给定区域中所包含的一个给定表的键范围。

.META.表是要通过另一种专门的 HBase 表（-ROOT-）来了解的，它包含了针对.META.表的描述符列表。-ROOT-表的位置存在于 ZooKeeper 中。

如图 3-1-11 所示，HBase 表是一个稀疏的、分布式的、持久的多维排序图。第一个图的级别是一个键/行的值。如上所述，行键总是被排过序的，这是表分片和高效读取和扫描的基础——按序读取键/值对。

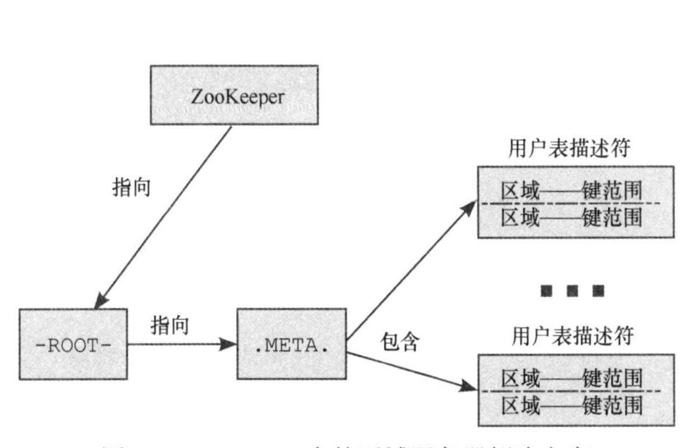

图 3-1-10　HBase 中的区域服务器解决方案

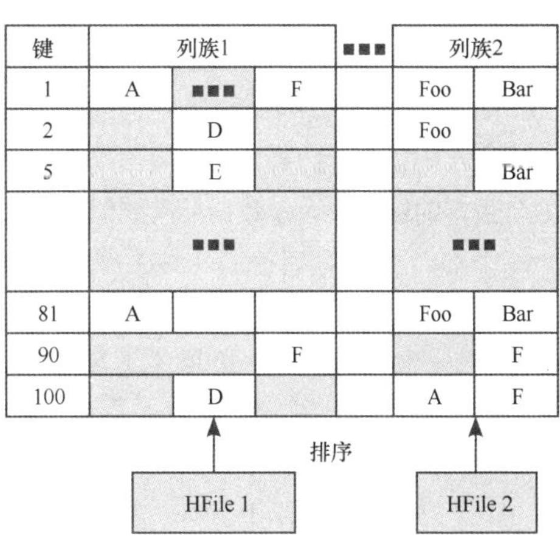

图 3-1-11　行、列族和列

由 HBase 所使用的第二层图的级别是根据**列族**的。（列族最初是为了快速分析查询的目的而被列式数据库所引入的。在这种情况下，数据不是像传统 RDBMS 那样，按行连续存储的，而是按列族的方式存储的。）HBase 使用列族是为了根据访问模式（和尺寸）来实现数据分离。

列族在 HBase 的实现中起着特殊的作用。它们定义了 HBase 的数据存储和访问的方式。每一个列族都存储在一个单独的 HFILE 中的。这是一个在表设计时需要时刻牢记的重要的考虑因素。建议你为每种数据访问类型创建一个列族——换句话说，通常一起被读/写的数据应该放在同样的列族中。

一组列族是在表创建的时候被定义的（虽然它可以在之后的时点被更改）。不同的列族也可以使用不同的压缩机制，这可能是一个重要的因素，例如，当单独的列族为元数据和数据创建时（一种常见的设计模式）。在这种情况下，元数据往往是比较小的，并不需要压缩，而数据可以是足够大的，压缩往往允许提升 HBase 的吞吐量。

因为这样的存储组织，HBase 实现了**合并读取**。对于一个给定的行，它读取所有的列族文件，并在将它们发回客户端之前，把它们结合在一起。其结果是，如果整个行总是在一起处理的话，一个单一的列族通常提供了最佳的性能。

最后一个图级别是根据列的。HBase 将列作为一个动态图的键/值对来处理。这意味着在表创建的过程中没有定义列，但在写/更新操作的过程中动态填充。因此，在 HBase 表中每行/列族可以包含任意一组列的集合。列包含实际的值。

从技术上讲，还有一个由 HBase 支持的图的级别——每一个列值的版本。

快速提示

有一个需要注意的事实是 HBase 运行在字节数组上的。HBase 数据的所有组件（键、列族名称和列名）都被视为未解释的字节数组。这意味着所有的内部值的比较和相应的排序是按照字典顺序进行排序的。记得避免不好的意外状况是非常重要的，特别是对于行键的设计。一个典型的例子是整数键的使用。如果它们没有在左侧填充成相同的长度，那么 HBase 排序的结果会使键 11 出现在 5 之前。

HBase 中的数据操作

HBase 不区分写和更新——更新对于新版本来说是一种有效的写。默认情况下，对于一个给定的列值，HBase 存储最后 3 个版本（自动删除旧版本）。版本的深度可以在表创建的时候进行控制。这个版本的默认实现是数据插入的**时间戳**，但它通过一个自定义的版本值可以很容易地被覆盖。

下面是 HBase 支持的 4 种主要的数据操作。

- **Get**：为指定的行（或多行）返回列族/列/版本的值。它可以进一步缩小，以适用于一个特定的列族/列/版本。如果 Get 被缩小到一个单列族的话，HBase 就没有必要来实施合并读，意识到这点是很重要的。
- **Put**：如果键不存在就添加新行（或多个新行）或者是当键存在的时候更新存在的行（或多行）。类似于 Get，可以限制 Put 以应用到一个特定的列族/列。
- **Scan**：允许为指定的值在多行中迭代（一个键范围），它可以包括整行或其子集的任意部分。
- **Delete**：从表中删除一行（或多行）或表的任意部分。HBase 不修改恰当的数据，因此，Delete 是通过创建新的称作墓碑的标记来处理的。这些墓碑，连同失效的值，在完整文件合并执行的时候被清除。

HBase 的 Get 和 Scan 操作在应用于区域服务器的**过滤器**时是可选的配置。它们提供了一个 HBase 读优化技术，使你能够改善 Get/Scan 操作的性能。

定　义

过滤器是有效的条件，适用于在区域服务器上读取数据，只有通过了过滤的行（或行的部分）被传回给客户端。

HBase 支持广泛的过滤器，从行键到列族和列以及到值过滤器。另外，使用布尔运算，可以将过滤器合并到链中。请记住，过滤并没有减少数据读取量（而且还经常需要全表扫描），但可以显著减少网络流量。

过滤器的实现必须部署在服务器上，并要求其重新启动。

除了通用的 Put/Get 操作，HBase 支持下列专门的操作。

- **原子条件操作**（包括原子比较和集合）允许执行服务器端的更新，通过检查和原子的比较和删除（执行服务器端保护的 Delete）来进行保护。
- **原子“计数器”增量操作**，它保证了在它们之上的同步操作。在这种情况下，同步是在一个区域服务器内完成的，而不是在客户端。

表 3-1-4 描述了 HBase 用来存储表数据的格式。

表 3-1-4　文件中表数据布局

键	时　间　戳	列族：列名	值
行键	最后一次更新的时间戳	族: 列	值

表 3-1-4 揭示了 HBase 用来处理稀疏填充表和任意列名的机制。HBase 显式地存储了每一列，在一个适当的列族文件中为特定的键作了定义。

合并

由于 HBase 使用 HDFS 作为持久化机制，所以它不会覆盖数据。（HDFS 不支持更新。）因此，每次 memstore 被刷新到磁盘，它不会覆盖现有的存储文件，而是创造一个新的。为了避免存储文件的增殖，HBase 实现了称为**合并**的过程。

存在两种类型的合并，即**部分合并**和**完整合并**。

部分合并通常挑选几个较小的相邻的存储文件并一次性地重写它们。部分合并不会删除 Delete 或过期的单元格——只有**完整合并**才会这样做。有时候，一个小型的合并会把所有的存储文件都挑选出来，在这种情况下，它实际上把它自身升级成了完整合并。

在一个完整合并运行之后，每个存储都会有一个单一的存储文件，这通常会提高性能。合并不会进行区域融合。

为了文件内更快的关键词搜索，HBase 利用布隆过滤器，使你能够检查行或行/列的级别，并可能从读取中过滤了整个存储文件。在稀疏键的情况下，过滤尤其有用。当一个文件被持久化并存储在每个文件的末尾时，会生成布隆过滤器。

交叉参考　本讲后面部分将会介绍更多关于行键设计的最佳实践。

1.2.2　HBase 模式设计准则

当设计一个 HBase 模式时，你应该考虑以下的一般准则。

（1）访问 HBase 数据的最有效的方法是根据行键来使用 Get 或 Scan 操作。HBase 不支持任何二级的键/索引：这意味着，理想情况下，行键应该被设计来适应一个特定的表所需的所有访问模式。这通常意味着使用组合行键来适应更多的数据访问模式。

（2）一般准则是限制每个表的列族行数不超过 10～15 行。（记住，由 HBase 存储的每个列族位于独立的文件中，所以需要大量的列族来读取和合并多个文件。）此外，考虑到列族名字显式地与每个列名一起存储（见表 3-1-3），你应该最大限度地减少列族的大小。如果列中的数据量小，通常建议使用单字母的名称。

（3）虽然 HBase 在一个给定的行上不对列的大小施加任何限制，但是你应该考虑以下事实。

- 行不可拆分。因此，一个巨大的列数据尺寸（接近区域大小）通常表明这种类型的数据不应该存储在 HBase。
- 每一列的值都与其元数据一起存储（行键、列族名称、列名称），这意味着一个非常小的列数据大小导致了一个非常低效的存储使用（即，元数据比实际的表数据占用了更多的空间）。这也意味着你不应该使用长的列名称。

（4）当决定在高而窄（百万个键与有限数量的列）和扁而宽（数量有限的键与数以百万计的列）的表设计之间作出抉择时，通常是推荐前者。这是因为以下原因。

- 在极端情况下，一个扁而宽的表最终可能会每个区域有一行，这对于性能和可扩展性是不好的。
- 与大规模的读取相比，表扫描通常更具有效率。因此，假设只需要行数据的一个子集，高而窄的设计提供了更好的整体性能。

HBase 设计的一个主要优势是**多个区域服务器之间的分布式执行**的请求。然而，利用这一设计的优势并确保在应用程序执行的过程中没有“热”（过载）的服务器，可能针对行键需要特殊的设计方法。一个通常的建议是避免将单调递增的序列（例如，1、2、3 或时间戳）作为大规模 Put 操作的行的键。可以通过随机化键值使键不按有序排列的方式来减轻由单调增加键所带来的单一区域的拥塞。

数据局部性也是针对 HBase `Get/Scan` 操作的重要的设计考量。经常一起被检索的行应该位于同一位置，这意味着它们必须有相邻的键。

一般规则是在重度扫描的情形下使用顺序键，特别是当你能为数据分布而利用大量导入的时候。针对大规模并行随机写和单一键访问，推荐使用随机键。

下面是一些特定的行键设计模式。

- **键“散布”**：这需要用随机值前缀顺序键，它使跨多个区域的顺序键“成组”。
- **键字段的交换/升级（如“反向域”）**：在网络分析中的一种常见的设计模式是使用域名作为行键。在这种情况下，通过保持彼此靠近的每个站点上的页面信息，使用反向域名作为一个键是有益的。
- **键完全随机化**：一个例子是使用 MD5 散列。

对于键设计的最后考量是键的尺寸。根据表 3-1-4 所示的信息，一个键值是连同每一列的值被存储的，这意味着一个键的尺寸应当足以进行有效搜索，但不能再长。过长的键尺寸对 HBase 存储文件的大小有负面的影响。

知识检测点 5

对于每个表的列族的数量限制的一般准则是什么？

1.3 HBase 编程

HBase 提供了原生的 Java、REST 和 Thrift 的 API。此外，HBase 支持命令行界面和通过 HBase 主页的 Web 访问。这里只讨论 Java 接口（可拆分成两个主要部分——数据操作和管理）。

所有访问 HBase 的可编程的数据操作不是通过 `HTableInterface` 就是通过实现了 `HTableInterface` 的 `HTable` 类完成的。两者都支持所有的前面描述过的 HBase 的主要操作，包括 `Get`、`Scan`、`Put` 和 `Delete`。

快速提示 要记住的一点是，`HTable` 的实现是单线程的。如果有需要从多个线程中访问 HBase，每个线程必须创建自己的 `HTable` 类实例。

代码清单 3-1-4 展示了 `HTable` 类的一个实例可以根据表名来创建。

代码清单 3-1-4　创建一个 HTable 实例

```
Configuration configuration = new Configuration();
HTable table = new HTable(configuration, "Table");
```

代码清单 3-1-4 的解释

1	根据表名创建 HTable 类的实例

代码清单 3-1-5 中的小例子展示了在表 table 中针对键 key 的 Get 操作的实现。

代码清单 3-1-5　实现 Get 操作

```
1  HTable table = new HTable(configuration, "table");
   Get get = new Get(Bytes.toBytes("key"));
   Result result = table.get(get);
   NavigableMap<byte[], byte[]> familyValues =
       result.getFamilyMap(Bytes.toBytes "columnFamily"));
   for(Map.Entry<byte[], byte[]> entry : familyValues.entrySet()){
       String column = Bytes.toString(entry.getKey);
       Byte[] value = entry.getValue();
   }
```

代码清单 3-1-5 的解释

1	演示了如何在该表上针对键 key 实现 Get 操作

在这里，在获取整行之后，只有列族 columnFamily 的内容是必需的。该内容由 HBase 以导航图的形式返回，可以迭代它以获取连同它们名字的单个列的值。

Put 和 Delete 是利用同样的模式来实现的。

HBase 也提供了一个多 Get/Put 形式的重要的优化技术，如代码清单 3-1-6 所示。

代码清单 3-1-6　实现 Multi-Put 操作

```
1  Map<String, byte[]> rows = ...;
   HTable table = new HTable(configuration, "table");
   List<Put> puts = new ArrayList<Put>();
   for(Map.Entry<String, byte[]> row : rows.entrySet()){
       byte[] bkey = Bytes.toBytes(row.getKey());
       Put put = new Put(bkey);
2      put.add(Bytes.toBytes("family"), Bytes.toBytes("column"),row.getValue());
       puts.add(put);
   }
3  table.put(puts);
```

代码清单 3-1-6 的解释

1	创建一个用于执行多 Put 操作的列表输入
2	将指定的列添加到 Put 操作中
3	用更改去更新表 Put 操作的列表的创建和发送是作为一个单一的请求，而不是发送单独的 Put 请求

在上面的代码片段中，假定输入以包含键和值的形式出现，这应该被写到名为 family 的族和名为 column 的列中。Put 操作的列表的创建和发送是作为一个单一的请求，而不是发送单独的 Put 请求。来自多 Get/Put 的实际性能的改善是可以有很大不同的，但在一般情况下，这种

方法似乎总是能达到一个更好的性能。

HBase 提供的最强有力的操作之一是扫描，它允许在一组连续键上进行迭代。扫描能使用户可以指定参数的多样性，包括开始和结束键，一组将被检索的列族和列，以及将应用于数据的筛选器。

代码清单 3-1-7（代码文件：`class BoundinBoxFilterExample`）给出了如何使用 `Scan` 的例子。

代码清单 3-1-7　实现扫描操作

```
1  Put put = new Put(Bytes.toBytes("b")); put.add(famA, coll1,
       Bytes.toBytes("0.,0."));
2  put.add(famA, coll2, Bytes.toBytes("hello world!"));
   hTable.put(put);
3  put = new Put(Bytes.toBytes("d"));
   put.add(famA, coll1, Bytes.toBytes("0.,1."));
   put.add(famA, coll2, Bytes.toBytes("hello HBase!"));
   hTable.put(put);
   put = new Put(Bytes.toBytes("f"));
   put.add(famA, coll1, Bytes.toBytes("0.,2."));
   put.add(famA, coll2, Bytes.toBytes("blahblah"));
   hTable.put(put);
   // Scan data
4  Scan scan = new Scan(Bytes.toBytes("a"), Bytes.toBytes("z"));
   scan.addColumn(famA, coll1);
5  scan.addColumn(famA, coll2);
   WritableByteArrayComparable customFilter = new
       BoundingBoxFilter("-1., -1., 1.5, 1.5");
6  SingleColumnValueFilter singleColumnValueFilterA = new
       SingleColumnValueFilter(famA, coll1, CompareOp.EQUAL, customFilter);
   singleColumnValueFilterA.setFilterIfMissing(true);
   SingleColumnValueFilter singleColumnValueFilterB = new
       SingleColumnValueFilter(famA, coll2, CompareOp.EQUAL,
       Bytes.toBytes("hello HBase!"));
   singleColumnValueFilterB.setFilterIfMissing(true);
   FilterList filter = new FilterList(Operator.MUST_PASS_ALL,
       Arrays.asList((Filter) singleColumnValueFilterA,
       singleColumnValueFilterB));
7  scan.setFilter(filter);
   ResultScanner scanner = hTable.getScanner(scan);
   for (Result result : scanner) {
       System.out.println(Bytes.toString(result.getValue(famA, coll1)) + " , "
       + Bytes.toString(result.getValue(famA, coll2)));
   }
```

代码清单 3-1-7 的解释

1	创建一个新的扫描对象
2	将 coll2 列添加到列族 famA 中

3	根据字符串筛选器中指定的每个条件设置筛选器
4	创建扫描对象，然后创建扫描的启动和结束键
5	在这里，开始键适用于一个通用性的目的，而结束键适用于专用性的目的
6	过滤器列表包含两个过滤器——一个自定义的包围框和一个“标准的”字符串比较过滤器
7	一旦所有的代码完成了，该代码创建了一个 ResultScanner，可以列出以获取结果

技术材料

如图所示，HBase 的读取可以通过 Get、多 Get 和 Scan 来实现。Get 仅仅在同一时刻有真正的一个单独的行从表中被读取的情形下被使用。首选的实现是多 Get 和 Scan。当使用 Scan 时，使用扫描来设置缓存值。设置缓存值（HBASECASHING）（其中 HBASECASHING 指定了需缓存的行数）可以显著提高性能。缓存的大小很大程度上取决于数据上所做的处理。如果客户端在返回区域服务器获取下一组数据之前，需要更长的时间来处理一批记录的话，就会产生超时（如 UnknownScannerException）。如果数据处理得很快，就可以设置更高的缓存。

在上面的代码片段中，首先用样本数据来填充表。当填充完成时，创建 Scan 对象。然后，创建了扫描的开始和结束键。这里要记住的是，开始键是通用性的，而结束键是专用性的。然后，显式指定扫描将只从列族 famA 中读取 coll1 和 coll2 列。

过滤是一种非常强大的机制，但是正如所提到的那样，它并不仅仅用于性能的提升。一个非常大的表，即使有过滤（针对过滤条件，每一个记录仍然必须进行读取和测试），扫描起来还是很慢。过滤更多是关于提升网络利用率。过滤在该区域服务器中完成，并且作为结果，只有通过过滤标准的记录才能被返回到客户端。

HBase 提供了相当多的**过滤类**，从列值过滤（测试特定列的值），到列名过滤（基于列名过滤），到列族过滤（基于列族名称过滤），到行键过滤（基于行键值或总量进行过滤）。

关于自定义筛选器的一个事实是，它们需要服务器部署。这意味着，要使用它的话，自定义过滤必须是用 jar 格式压缩在一起，并添加到 HBase 的类路径中。

如前所述，HBase API 提供了对于数据访问和 HBase 管理的支持。

对于所有管理功能的访问是通过 HBaseAdmin 类来完成的，它可以使用一个配置对象来创建。该对象提供了一个广泛的接口，从获得对 HBase 主节点的访问，到检查特定的表是否存在和是否被启用，以便创建和删除表。

可以创建基于 HTableDescriptor 的表。该类允许操作特定于表的参数，包括表名、最大文件大小等。它还包括了 HColumnDescriptor 类的列表——每个列族一个。该类允许设置列族特定的参数，包括名称、版本号的最大数量、布隆过滤器等。

附加知识　异步 HBase API

另一个 HBase API 的实现——异步 HBase——可以从 StumbleUpon 获得。该实现与 HBase 自有客户端（HTable）完全不同。异步 HBase 的核心是一个 HBaseClient，它不仅是线程安全的而且也提供了对于任意 HBase 表的访问（与 HTable 相比，它只能每表访问）。

该实现允许以一个完全异步/非阻塞的方式来访问 HBase。这显著地改善了吞吐量，特别是对于 Put 操作。Get/Scan 操作不会表现出这样戏剧性的改善，但仍然会快一点。

此外，异步 HBase 产生了较小的锁争用（对于输入密集型负载技术少了 4 倍），同时使用了更少的内存和少得多的线程。（标准 HBase 客户端需要大量的线程才能做到性能良好，由于过度的上下文切换，会导致 CPU 利用率的低下。）

最后，异步 HBase 也力图工作在任意 HBase 版本之上。使用标准的客户端，你的应用程序必须使用与服务器完全相同的 HBase jar 版本。任何小的升级都需要用更新过的 jar 来重启你的应用程序。异步 HBase 支持目前所有发布的高于 0.20.6（或更早的版本或许也可以）的 HBase 版本。到目前为止，在 0.90 版本（它引入了 Get 远程过程调用（RPC）的向后不兼容）首次发布的时候，它需要对应用程序进行一次更新。

尽管异步 HBase 全是优点，但它尚未在 HBase 开发社区中被广泛采用，这是因为以下原因。

- 它是异步的。许多程序员仍然觉得使用这个编程范式不舒服。虽然从技术上讲，这些 API 可以用来编写同步调用，这也必须在完全异步的接口上进行。
- 这些 API 只有非常有限的文档。因此，要使用它们就必须要通读源代码。

技术材料

如上所述，表分割是一个相当消耗资源的操作，如果可能的话，应该避免。在这种情况下，当表中的键分布是预先已知的，使用以下方法，HBaseAdmin 类使用户可以创建一个预拆分表：admin. create Table(desc, splitKeys); admin. create Table(desc, startkey, endkey, nregions);。第一种方法是用表描述符和键的字节数组，而每个键指定了区域的开始键。第二种方法需要一个表描述符，开始和结束键以及区域的数量。这两种方法都能创建可预拆分进多个区域的表，可以提高使用表的性能。

HBase 提供了带有丰富访问语义和丰富功能的非常强大的**数据存储机制**。然而，这不是一种对于每一个问题都适合的解决方案。当决定使用 HBase 或传统 RDBMS 时，应该考虑以下特性。

- **数据大小**：如果你有数亿（甚至数十亿）的行，HBase 是一个很好的选择。如果你只有几千/几百万行，使用传统的 RDBMS 可能是一个更好的选择，因为你所有的数据可能会在一个（或两个）节点上出现，而集群的剩余部分可能闲置在那里。
- **可移植性**：你的应用程序可能不需要所有的 RDBMS 提供的额外功能（如类型列、次级索引、事务、高级查询语言）。一个建立在 RDBMS 上的应用程序不能通过简单改变 Java 数据库连接（JDBC）驱动而被“移植”到 HBase 上。从 RDBMS 移植到 HBase 需要完全重新设计应用程序。

知识检测点 6

哪个类被用于 HBase 中的主要数据访问操作？

1.4　为有效的数据存储结合 HDFS 和 HBase

本讲到目前为止已经介绍了两个基本的存储机制（HDFS 和 HBase），包括它们操作的方式以及它们用于数据存储的方式。HDFS 可以用以存储大量的数据，主要是以顺序存取，而 HBase 的主要长处是数据的快速随机访问。两者都有它们的最佳适用的地方，但是没有一个独自有能力去解决常见的业务问题——快速访问大型（MB 或 GB 规模）的数据项。

当 Hadoop 用以存储和检索大型项目，如 PDF 文件、大数据样本、图像、电影或其他多媒体数据时，这样的问题经常会发生。在这样的情况下，使用 HBase 的直接实现可能会低于最优的效果，因为 HBase 不是很适合于非常大的数据项（由于拆分、区域服务器内存不足等）。从技术上讲，HDFS 提供了快读访问特定数据项的机制——`MapFile`，但其不能随着键数量的增长而很好地扩展。

这些问题类型的解决方案在于结合了 HDFS 和 HBase 的**最佳能力**。

该方法是基于包含大数据项的 `SequenceFile` 而创建的。在将数据写入文件的时候，一个执行特定数据项的指针，连同所有所需的 HBase 元数据，一起被存储了。现在，数据读取需要检索来自 HBase 的元数据，用于访问实际的数据。

1.5　为应用程序选择恰当的 Hadoop 数据组织

选择合适的数据存储是 Hadoop 整体应用程序设计中最重要的部分。要正确地做这件事情，你必须了解哪些应用程序将访问数据，以及它们的访问模式是什么。让我们在这里讨论一些案例。

1.5.1　数据被 MapReduce 独占访问时

如果**数据是被 MapReduce 的实现独占访问的**，那么 **HDFS** 可能是最佳选择——需要顺序访问数据，数据局部性在整体性能中起着重要的作用。HDFS 对这些特性有着良好的支持。

一旦确定了数据存储机制，下一个任务就是选择实际的文件格式。通常情况下，`SequenceFile` 是最佳的选择——它们的语义还有 MapReduce 的处理，它们允许灵活的可扩展的数据模型，并且它们支持独立的值压缩（在大尺寸值的数据类型的情况下，这就显得尤为重要）。当然，可以使用其他的文件类型，特别是如果与其他应用程序集成的时候，期望特定的数据格式是必要的。然而，要知道使用自定义格式（特别是二进制）可能会导致额外的读、分割和写数据的复杂性。

然而，决策过程并没有在此停止，还必须考虑你所做的计算类型。如果所有的计算都使用了所有的数据，那么就无须额外的考虑。但这是一种罕见的情况。通常情况下，一个特定的计算只是用数据的一个子集，这往往要求数据分区，以避免不必要的数据读取。实际的分区模式取决于应用程序的数据使用模式。例如，在空间应用程序的情形下，一个共同的分区模式是根据瓦片的分区。对于日志处理，一种常见的方法是两层分区——通过时间（天）和服务器。这两种级别根据计算需求，可以有不同的顺序。创建一个恰当的分区模式的一般方式是评估计算的数据需求。

1.5.2 创建新数据时

这种选择数据存储的方法工作地相当不错，但**在新数据创建的情况下除外**。当数据应当作为计算结果被更新时，你应当考虑不同的设计。Hadoop 提供的唯一的可更新的存储机制是 **HBase**。所以，如果 MapReduce 计算更新了（而不是创建了）数据，HBase 通常是你数据存储的最佳选择。做出这样一个决定，额外需要注意的是数据尺寸。

1.5.3 数据尺寸太大时

如前所述，在**数据尺寸（列值）太大**的情形下，HBase 不是最佳的选择。在这些情况下，一个典型的解决方案是联合使用 HBase/HDFS——HDFS 负责实际数据的存储，HBase 负责其索引。在这种情况下，一个应用程序将输出结果写入到新的 HDFS 文件中，而同时更新了基于 HBase 的元数据（索引）。这种实现通常需要**自定义的数据合并**。

HBase 作为数据存储机制来使用，一般不需要应用程序级别的数据分区——HBase 提供给你的数据分区。然而，在使用 HBase/HDFS 合并的情形下，HDFS 数据分区通常是需要的，可以由和之前描述的常规的 HDFS 数据分区一样的原则提供指导。

1.5.4 数据用于实时访问时

如果提供实时的数据访问，根据数据的大小，Hadoop 提供了一些**可用的解决方案**。如果数据键空间比较小，且数据不经常改变，`SequenceFile` 可以是一个相当不错的解决方案。在需要较大键的空间以及数据更新的情况下，HBase 或 HBase/HDFS 的组合通常是最合适的解决方案。

一旦你有了一个数据存储的决定，你必须选择一种方式来将你的数据转换成字节流——即 Hadoop/HBase 内部存储数据所使用的格式。虽然存在不同的封装/解封装特定应用程序数据至字节流（从标准的 Java 序列化至自定义的封装方法）的潜在选项。

预备知识 了解网格计算的基本知识。网格计算是实时数据访问的另一种方法。

选择恰当数据存储的另一个考虑是**安全性**。

HDFS 和 HBase 都有相当多的安全风险，尽管其中一些正在被修复，整体安全实施目前需要应用程序/企业所特定的解决方案，以确保数据安全。

例如，这些可能包括以下的方法。

- 数据加密，限制数据暴露，防止其受到错误的操作。
- 自定义防火墙，限制 Hadoop 的数据和执行被企业中的其余部分所访问。
- 客户端服务层，集中访问 Hadoop 的数据和执行，并实施服务水平所需的安全性。

作为每一个软件的实现，当你使用 Hadoop 的时候，有必要确保你数据的安全。然而，你必须仅仅实现你真正所需的安全性。你引入越多的安全性，它就会变得更加复杂（且昂贵）。

知识检测点 7

当选择 Hadoop 数据组织的时候，需要牢记的考虑因素是什么？

练习

基于图的问题

1. 考虑下面的图：

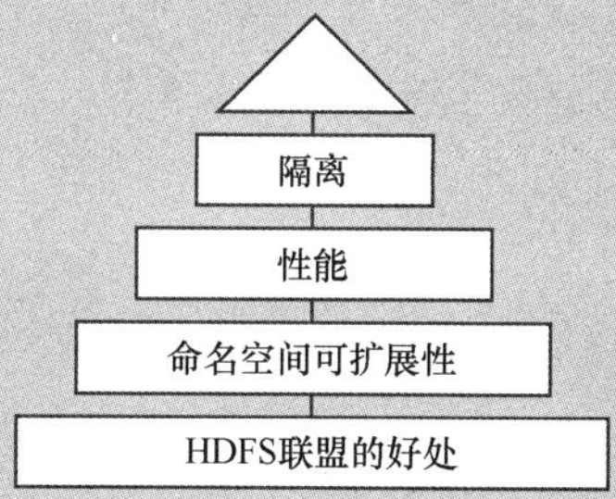

a. 为何要引入 HDFS 联盟？

b. 大型部署如何从命名空间可扩展性中获益？

c. 为什么在多用户环境中，单一 NameNode 不提供任何隔离？

2. HBase 中的区域服务器解析图如下：

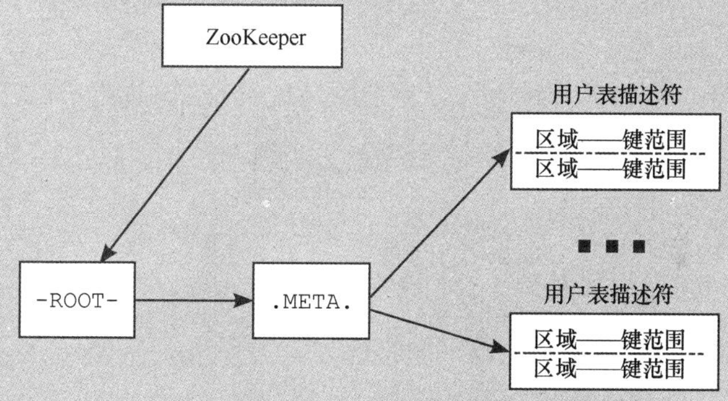

a. 如何发现.META.表？

b. -ROOT-表的位置是什么？

c. 指出表描述符的功能。

多项选择题

选择正确的答案。在下面给出的“标注你的答案”里将正确答案涂黑。

1. 第二个 NameNode 的功能是什么？

a. 作为一个 NameNode 的备份节点

b. 作为一个主 NameNode 的检查机制

c. 继续维持 NameNode 的功能

d. 与主 NameNode 相比较，提供先进的技术

2. 当编译文件时，租约时间是由什么界定的？

a．无限制　　b．本地限制　　c．软限制　　d．临时限制

3．使用基于块格式的序列文件是：

a．未经压缩的格式　　b．记录压缩

c．块压缩　　d．块降级

4．布隆过滤器的基础数据结构是：

a．标量　　b．矢量　　c．位标量　　d．位矢量

5．命名空间及其块池一起被称作：

a．命名空间卷　　b．命名空间池　　c．空间池　　d．名称块

6．HBase 主要致力于：

a．支持交易　　b．更新

c．支持二级索引　　d．升级大数据

7．一个高层次的使用有限的 SQL，以支持 HBase 的系统是：

a．Pig　　b．Cobra　　c．Java　　d．MySQL

8．HBase 使用列族是：

a．为了创建数据库　　b．为了删除数据库

c．为了增强数据库　　d．为了分离数据库

9．为了避免存储文件的增殖，HBase 实现的过程被称为：

a．收缩　　b．消除

c．合并　　d．膨胀

10．应当尽量避免表拆分操作，这是因为：

a．它拆分表　　b．它是冗长乏味的

c．少数技术人员才了解它　　d．这是非常消耗资源的

标注你的答案（把正确答案涂黑）

1. ⓐ ⓑ ⓒ ⓓ
2. ⓐ ⓑ ⓒ ⓓ
3. ⓐ ⓑ ⓒ ⓓ
4. ⓐ ⓑ ⓒ ⓓ
5. ⓐ ⓑ ⓒ ⓓ
6. ⓐ ⓑ ⓒ ⓓ
7. ⓐ ⓑ ⓒ ⓓ
8. ⓐ ⓑ ⓒ ⓓ
9. ⓐ ⓑ ⓒ ⓓ
10. ⓐ ⓑ ⓒ ⓓ

测试你的能力

1．为了引入 HDFS 联盟，需要引入什么？列出其好处。

2．简要描述 HBase 的架构。

备忘单

- HDFS 是 Hadoop 分布式文件系统的实现。它被设计来保有大量的数据并对分布在网络上的许多客户提供对数据的访问。
- HDFS 的实现解决了一些在许多其他分布式文件系统中常见的问题，如网络文件系统（NFS）。
- HDFS 被设计具有以下优点：
  - 能够存储非常大量的数据（TB 或 PB），支持比与分布式文件系统（如 NFS）更大的文件尺寸，HDFS 被设计来将数据分散到大量的机器和文件系统上；
  - 为了可靠地存储数据和应对集群中单个机器的故障或损失，HDFS 采用了数据复制；
  - 为了更好地与 Hadoop 的 MapReduce 集成，HDFS 允许数据在本地被读取和处理。
- HDFS 具有以下局限性：
  - 优化 HDFS 以支持更流量的读取性能，这是以随机搜索性能的开销为代价的；
  - HDFS 只支持一组有限的文件操作——写、删除、添加和读取，但不支持更新；
  - HDFS 不提供本地数据缓存机制。
- DataNode 将每个 HDFS 数据块存储在其本地文件系统的单个文件上，不知道关于 HDFS 文件本身的信息。
- 在 HDFS 中，NameNode 将文件系统的所有元数据跨集群存储。
- HDFS 的数据复制作为写操作的一部分，以数据管道的形式实现。
- 如果出现当正在写入块的时候，而 DataNode 却失效的情形，它就会被移出管道。
- 机架是存在于单一位置的 DataNode 的物理集合。在单一位置中可以有许多个机架。
- HDFS 引入了多种专用的文件类型，如 SequenceFile、MapFile、SetFile、ArrayFile 和 BloomMapFile。
- 当前 HDFS 实现的主要限制是单一的节点。因为所有的文件元数据存储在内存中，NameNode 的内存量决定了 Hadoop 集群中可用的文件数量。
- HBase 是谷歌 BigTable 架构的开源实现。类似于传统关系型数据库管理系统（RDBMS），HBase 中的数据被组织到表中。
- HBase 主要致力于在宽稀疏表中的创建、读取、更新和删除（CRUD）操作。
- HBase 不区分写和更新——更新是一个新版本的有效率的写入。
- 下面是 HBase 所支持的 4 种主要的数据操作：
  - Get；
  - Put；
  - Delete；
  - Scan。
- HBase 支持下面专有的操作：
  - 原子条件操作；
  - 原子“计数器”增量操作。
- 过滤器是有效的，应用于区域服务器上读取数据的条件，并且只有通过了过滤器的行（或行的一部分）才能传递回客户端。
- HBase 支持各种不同的过滤器，从行键到列族和列，再到值过滤器。
- HBase 设计的主要优势是多个区域服务器之间的分布式执行的请求。
- HBase 提供了原生 Java、REST 和 Thrift API。此外，HBase 支持命令行界面以及通过 HBase 主页的网页访问。

第 2 讲

利用 MapReduce 处理数据

模块目标

学完本模块的内容，读者将能够：

- 开发基本的 MapReduce 程序

本讲目标

学完本讲的内容，读者将能够：

- 解释 MapReduce 框架
- 应用步骤来建立和执行基本的 MapReduce 程序
- 运用各种技术来设计 MapReduce 的实现
- 解释利用 MapReduce 建立连接的过程
- 应用该技术来构建迭代的 MapReduce 应用

"控制复杂度是计算机编程的本质。"

——Brian Kernigha

截至目前，我们已经学习了如何在 Hadoop 中存储数据。但是 Hadoop 不仅仅是一种高度可用的，海量数据的存储引擎。使用 Hadoop 的一个主要优点是可以将数据存储和处理结合起来。

Hadoop 的主要处理引擎是 MapReduce，也是目前最流行的可用的大数据处理框架之一。它：

- 可以将现有的 Hadoop 数据存储无缝集成到处理中去；
- 提供简单性和功能性的独特组合。

MapReduce 已经解决很多实际问题（从日志分析到数据排序、到文字处理、到根据模式的搜索、到图形处理、到机器学习及更多）。

似乎每周都会有 MapReduce 相关的新应用出现。作为一个开发者，MapReduce 是处理大数据的关键工具。

在本节中，你将学习 MapReduce 的基础知识，包括其主要组件和 MapReduce 应用程序的执行方式，以及了解设计 MapReduce 应用程序的基础。

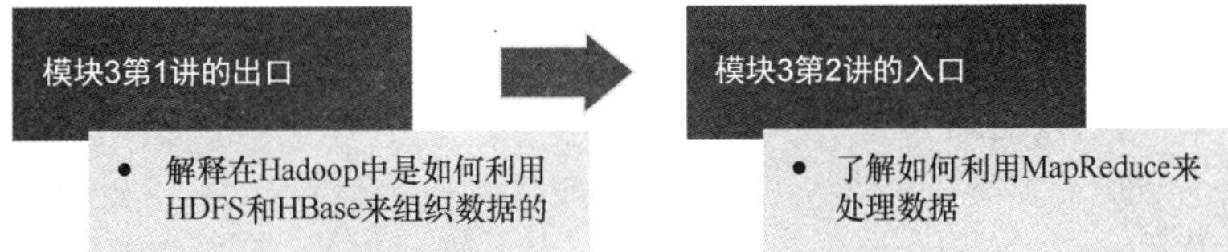

2.1　开始了解 MapReduce

MapReduce 是一种使用大量普通计算机的，对**大规模数据集**进行**高并发的分布式的算法**处理框架。

MapReduce 模型起源于功能性编程语言，如 **Lisp** 中的 **map** 和 **reduce** 的组合概念。

在 Lisp 中，**map** 的作用是输入一个函数与一系列值。然后，然后利用该函数连续处理每一个值。**reduce** 使用二进制操作将序列中所有的元素相结合。

技术材料

MapReduce 框架的灵感来自这些概念，在 2004 年谷歌公司使用它进行分布式计算，处理分布在多个计算机集群上的大数据集。从此，该框架被广泛用于许多软件平台，现在是 Hadoop 生态系统中不可缺少的一部分。

附加知识

组合子（combinator）是一个利用程序片段构建程序片段的函数。组合子有助于在更高的抽象层次上进行编程，并且能够使你从实现当中区分出策略。在函数式编程中，由于组合子可以直接支持一等公民，使用它们可以自动地构建大多数程序。

2.1.1　MapReduce 框架

MapReduce 用于解决大规模计算问题，它经过特殊设计可以运行在普通的硬件设备上。它根据**分而治之**的原则——输入的数据集被切分成独立的块，同时被 mapper 模块处理。另外，map 执行通常与数据搭配（在第 4 讲在讨论数据本地性时将会了解更多）。MapReduce 会对所有 map 的输出结果排序，它们将作为 reducer 的一种输入。

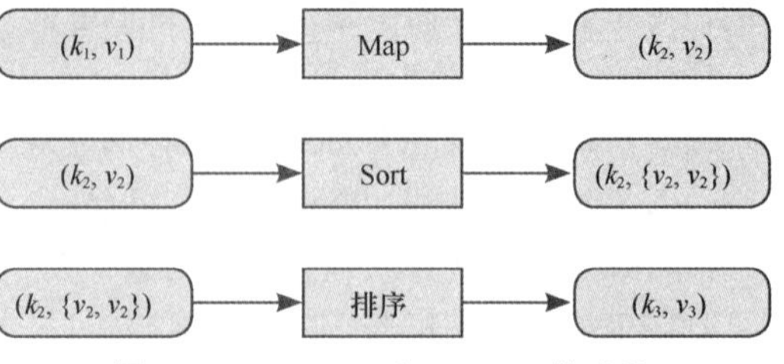

图 3-2-1 mapper 和 reducer 的功能

用户的任务是**实现 mapper 和 reducer**，这两个类会继承 Hadoop 提供的基础类来解决特殊的问题。如图 3-2-1 所示，mapper 将键/值对(k_1, v_1)形式的数据作为输入，并将最小值转换成另一个键/值对(k_2, v_2)。

预备知识 参阅本讲的预备知识，学习关于在函数编程中的 map 和 reduce 方法。

MapReduce 框架排序 mapper 输出的键/值对，并将每个唯一值与所有它的值$(k_2, \{v_2, v_2, \cdots\})$相结合。这些键/值组合被传递给 reducer，它将最小值转成另一个键/值对(k_3,v_3)。mapper 和 reducer 共同构成了一个**单一的 Hadoop 作业**。

mapper 是作业的一个必要部分，可以产生零个或更多的键/值对$(\mathrm{k}_2, \mathrm{v}_2)$。Reducer 是作业的一个可选部分，可以产生零个或更多的键/值对(k_3, v_3)。用户的另一个任务是**实现驱动程序**（即控制一些执行方面的主要应用）。

总体情况

MapReduce 框架的主要任务（根据用户提供的代码）是统筹所有任务的协调执行。这包括：

- 选择恰当的运行 mapper 的设备（节点）；
- 启动和监控 mapper 的执行；
- 为 reducer 的执行，选择合适的节点；
- 对 mapper 的输出进行排序和清洗，并且将该输出传送给 reducer 节点；
- 启动和监控 reducer 的执行。

现在我们对 MapReduce 有了一些了解，下面让我们进一步看看 MapReduce 作业是如何执行的。

2.1.2 MapReduce 执行管道

任何存储在 Hadoop 中的数据，包括 Hadoop 分布式文件系统（HDFS）和 HBase，甚至存储在 Hadoop 之外（如在数据库中）的数据，可以被用作 MapReduce 作业的输入。同样，作业的输出可以被存储在 Hadoop 中（HDFS 或 HBase）或 Hadoop 之外。框架负责调度和监控任务，再次执行失败的任务。

图 3-2-2 从较高的层次展示 MapReduce 执行框架。

交叉参考 在模块 3 第 3 讲中，我们会遇见如何实现自定义 `InputFormat` 的例子。`InputFormat` 是由作业的驱动直接调用，以决定（根据 `InputSplit`）map 任务执行的数量和位置。

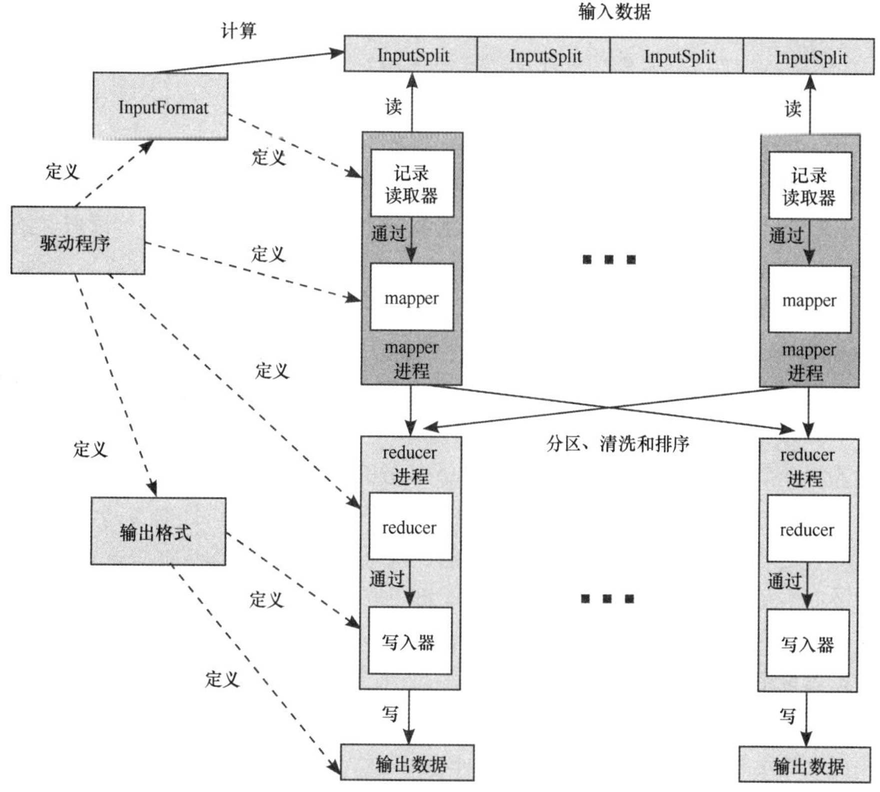

图 3-2-2　高层 Hadoop 执行架构

下面是 MapReduce 执行管道的主要组件。

- **驱动程序（driver）**：这是初始化 MapReduce 作业的主程序。它定义了特定作业的配置并标注了其所有组件（包括输入和输出格式、mapper 和 reducer、使用结合器、使用定制的分片器等）。驱动程序也可以恢复作业执行的状态。
- **`context`**（上下文）：驱动程序、mapper 和 reducer 在不同的进程中执行，一般情况下是在多台机器上执行。`context` 对象在 MapReduce 执行的任何阶段都可以被使用。它为交换所需的系统和广泛的作业信息提供了一种方便的机制。要注意，仅仅当 MapReduce 作业开始后的合适阶段，`context` 协调才发生。这意味着，例如，在一个 mapper 中设定的值不可以在另一个 mapper（即使另一个 mapper 在第一个 mapper 完成后才开始）中使用，但是在任何 reducer 都是有效的。
- **输入数据**：这是 MapReduce 任务数据初始存储的位置。这些程序可以驻留在 HDFS、HBase 或其他存储中。通常情况下，输入的数据是非常大的——数 GB 或更多。
- **`InputFormat`**：这定义了输入数据是如何被读取和切分的。输入格式是一个类，它定义了输入分割，输入分割将输入数据分到任务中去，并且提供一个用于读取文件的 `RecordReader` 的工厂方法。Hadoop 提供了多个 `InputFormat`。
- **`InputSplit`**：`InputSplit` 确定一个在 MapReduce 中 map 任务的作业单元。处理一

个数据集的 MapReduce 程序是由多个（也可能是数百个）map 任务所组成的。InputFormat（直接被作业驱动程序所调用）确定了组成 mapping 阶段的 map 任务的数量。每个 map 任务操作一个单独的 InputSplit。完成 InputSplit 的计算后，MapReduce 框架会在合适的节点启动期望数目的 map 任务。

- **RecordReader**：虽然 InputSplit 为 map 任务定义了数据子集，但它没有描述如何获取数据。RecordReader 是真正从数据源中（在 mapper 任务中）读取数据的类，并将它转换成适合于 mapper 处理的键/值对，并将它们传递给 map 方法。InputFormat 定义了 RecordReader 类。
- **mapper**：mapper 负责在 MapReduce 程序中第一个阶段用户自定义作业的执行。从实现的视角看，mapper 实现采用键/值对(k_1, v_2)系列形式的输入数据，这些键/值对将被用于单个 map 的执行。Map 通常将输入对转换成一个输出对(k_2, v_2)，这被用作清洗和排序的输入。一个新的 mapper 实例在每个 map 任务的单独的 JVM 实体中被实例化，这些 map 任务构成所有作业输出的一部分。独立的 mapper 是不会提供任何与其他 mapper 通信的机制。这一点保证每个 map 任务的可靠性仅仅由本地节点的可靠性决定。
- **分区**：由每个独立的 mapper 生成的中间键空间(k_2, v_2)的子集被分配给每一个 reducer。这些子集（或分区）是 reduce 任务的输入。每个 map 任务可能会将键/值对发送到任何分区中。具备相同键的数值总是在一起减少，而不会考虑它们由哪个 mapper 产生。这样的结果是，所有的 map 节点必须就中间数据将由哪个 reducer 执行达成协议。Partitioner 类决定特定的键/值对会去往哪个 reducer。默认 Partitioner 计算键的散列值，并根据这个值作为分配的依据。第 4 讲提供了关于如何实现一个自定义 Partitioner 的例子。
- **清洗**：Hadoop 集群中的每个节点针对一个给定的作业，可能会执行多个 map 任务。对于一个给定的节点，一旦至少有一个 map 函数完成了，并划分了键的空间，运行时间开始将中间输出从 map 任务发送到需要它们的 reducer。将 map 输出移动到 reducer 的过程被称为清洗（shuffling）。
- **排序（sort）**：每个 reduce 任务都负责处理与多个中间键相对应的值。对于一个给定 reducer 的中间键/值对的集合会被 Hadoop 自动排序，以在它们被传递给 reducer 之前形成键/值$(k_2,\{v_2,v_2,\ldots\})$。
- **reducer**：reducer 负责执行由用户提供的用于完成某个作业第二阶段任务的代码。对于分配给指定的 reducer 的每个键，reducer 的 reduce() 方法都会被调用一次。该方法接收一个键，由迭代器遍历与它绑定在一起的所有值。迭代器并无序返回一个与键相关的值。reducer 通常将输入的键/值对转换成输出对(k_3,v_3)。
- **OutputFormat**：作业输出（作业输出可以由 reducer 产生，如果 reducer 不存在，则由 mapper 产生）的记录方式由 OutputFormat 管理。OutputFormat 的职责是定义输出数据以及存储结果数据所使用的 RecordWriter 的位置。
- **RecordWriter**：RecordWriter 定义了单个输出记录的写入方式。

交叉参考 模块 3 第 3 讲中将会介绍如何实现自定义 RecordReader 的方法。

交叉参考　模块 3 第 3 讲中将会介绍如何实现自定义 OutputFormat 的方法。

下面将介绍 MapReduce 执行时两个可选的组件。

- **Combiner**：这是一个可以优化 MapReduce 作业执行的可选执行步骤。如果存在的话，Combiner 运行在 mapper 之后，reducer 执行之前。Combiner 的实例会运行在每个 map 任务中与部分 reduce 任务中。Combiner 接收由 mapper 实例输出的所有数据作为输入，并且尝试将具有相同键的值组合，以此来减少键的存储空间和减少必须存储的（不一定是数据）键的数目。Combiner 的输出会被排序并发送给 reducer。
- **分布式缓存**：经常在 MapReduce 的作业中使用的额外工具是分布式缓存。这个组件可以使集群中所有节点共享数据。分布式缓存可以是一个被每个任务所访问的共享库，可以是拥有键/值对的一个全局查找文件，可以是包含可执行代码的 jar 文件（或档案文件）等。缓存将文件复制到实际执行发生的机器上去，并使其可供本地使用。

交叉参考　模块 3 第 3 讲中将会介绍更多关于 Combiners 的知识。

交叉参考　模块 3 第 3 讲中将会介绍如何在 MapReduce 执行中使用分布式缓存，以包含现有原生代码的例子。

总体情况

最重要的 MapReduce 特性之一是这样一个事实，它完全隐藏管理大型分布式机器集群以及协调这些节点之间作业执行的复杂性。一个开发者的编程模型是非常简单的——他或她仅仅负责 mapper 和 reducer 功能以及驱动程序的实现，将它们结合在一起作为一个单一的作业并配置所需的参数。然后所有的用户代码被打包成一个单一的 jar 文件（在现实中，MapReduce 框架可以在多个 jar 文件中操作），可以在 MapReduce 集群中交付执行。

2.1.3　MapReduce 的运行协调和任务管理

一旦 jar 文件被提交到集群，MapReduce 框架就已经准备好所有事情。它可以在只有一台节点的集群，也可以是拥有几千个节点的集群中，掌控分布式代码执行的各个方面。

MapReduce 框架为应用开发提供了以下支持。

- **调度**：框架确保来自多个作业的多个任务在一个集群上执行。不同的调度器提供不同的调度策略，有“先来先服务”的调度策略，也有保证让来自不同用户的作业公平共享集群执行资源的调度策略。调度的另一方面是推测执行，这是一种由 MapReduce 实现的优化。如果 JobTracker 发现其中一个任务花费了太长的执行时间，它就会启动另一个实例执行相同的任务（使用不同的 TaskTracker）。在推测执行背后的理论基础是确保一台给定机器的非预期的缓慢程度不会拖累任务的执行。

  推测执行是默认启用的，但可以通过将 mapred.map.tasks.speculative.execution 和 mapred. reduce.tasks. speculative.execution job options 设置为 false，来分别禁用 mapper 和 reducer 任务。

- **同步**：MapReduce 的执行需要 map 和 reduce 处理阶段之间的同步。（reduce 只有在所有的 map 的键/值对提交后才能启动。）在这一点上，中间键/值对会基于键进行分组，这是通过大型分布式排序完成的，涉及执行 map 任务的所有节点以及将执行 reduce 任务的所有节点。
- **错误和故障处理**：为了在错误和故障是常态的环境中完成作业执行，JobTracker 尝试重启执行失败的任务。

交叉参考 第 5 讲中将介绍更多的关于编写可靠 MapReduce 应用程序的知识。

MapReduce 的协调机制

技术材料

心跳在此有双重功能——它们告诉 JobTracker，TaskTracker 是活着的，作为一个通信信道。作为心跳的一部分，TaskTracker 表明它何时能准备好来运行一个新的任务。

如图 3-2-3 所示，Hadoop MapReduce 使用一种非常简单的协调机制。

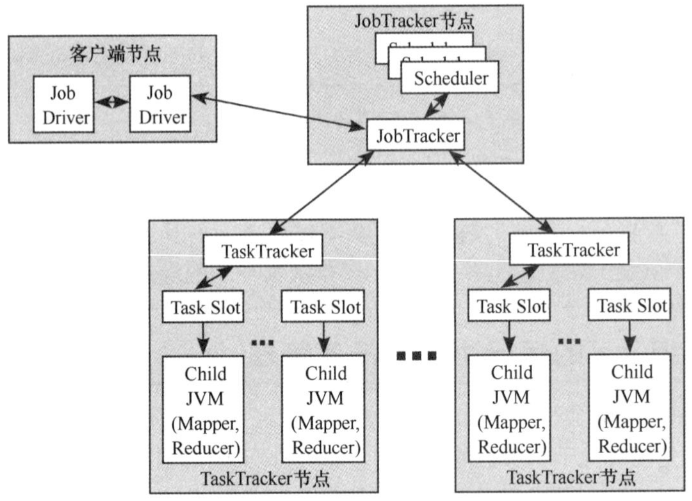

图 3-2-3 MapReduce 的协调机制

- 作业驱动使用 InputFormat 来划分 map 的执行（根据数据分割）并初始化一个作业客户端。
- 作业客户端与 JobTracker 通信，并提交作业供执行。
- 一旦作业被提交，作业客户端可以裁剪正在等待作业完成的 JobTracker。
- JobTracker 为每一个分割以及每一个 reducer 任务的组合创建一个 map 任务。（创建的 reduce 任务数量是由作业配置来决定的。）
- 该任务的实际执行是由 **TaskTracker** 控制的，它代表了集群中的一个节点。TaskTracker 启动了 map 作业，并运行了一个简单的循环，它周期性地将**心跳消息**发送给 JobTracker。
- 在这一点上，JobTracker 使用调度程序来分配任务以供其在特定节点上执行，并通过心跳的返回值将其内容发送给 TaskTracker。Hadoop 伴随有一个调度器的范围（公平调度器是目前应用最为广泛的一种）。

- 一旦任务分配到 TaskTracker，控制其任务槽（目前每个节点可以运行多个 map 和 reduce 任务，并有多个分配给它的 map 和 reduce 槽），下一步就是为其运行任务。
- 首先，通过将其复制到 TaskTracker 的文件系统中，它定位了作业的 `jar` 文件。它也复制任何应用程序所需的文件到本地磁盘上，并创建一个任务的实例来运行该任务。
- 从分布式缓存中，任务运行器启动了一个新的 JVM，供任务执行。子进程（任务执行）与其父进程（TaskTracker）通过脐带接口进行通信。通过这种途径，子进程每个几秒钟就向父进程报告任务的进度，直到任务结束。
- 当 JobTracker 接收到最后的作业任务已经完成的通知的时候，它将作业状态改变为"已完成"。作业客户端通过周期性的作业状态轮询，来发现作业已经完成。

附加知识

默认情况下，Hadoop 在其自己的 JVM 中运行每一项任务，将它们彼此隔离。启动一个新的 JVM 的开销大约是一秒，在大多数情况下，这是微不足道的（将其与 map 任务本身执行的几分钟的时间作比较）。但在非常小、快速运行的 map 任务中（它们需要在几秒钟内执行完毕），Hadoop 允许多个任务通过指定作业配置 `mapreduce.job.jvm.numtasks` 的方式，对 JVM 进行重用。如果该值为 1（默认值），那么 JVM 就不可重用。如果该值为-1，那么对 JVM 可以运行的任务（相同作业的任务）的数量就没有限制。它也可能会使用 `Job. getConfiguration().setInt (Job.JVM_NUM_TASKS_TO_RUN,int)API`，来将该值设置为大于 1 的数。

知识检测点 1

应该在哪里应用 MapReduce 的协调机制？

2.2 第一个 MapReduce 应用程序

现在你知道了 MapReduce 是什么，以及其主要的组件，接下来你会看到这些组件在特定应用程序的执行过程中是如何被使用和交互的。以下部分使用了 `WordCount` 的例子，它非常简单并且用 MapReduce 的文字作了详细的解释。这里我们将撇开任何额外的解释，只专注于应用程序和 MapReduce 管道之间的交互。

代码清单 3-2-1 展示了一个非常简单的 `WordCount` 的 MapReduce 作业的实现。

代码清单 3-2-1 Hadoop WordCount 实现

```
import java.io.IOException;
import java.util.Iterator;
import java.util.StringTokenizer;
import org.apache.hadoop.conf.Configuration;
import org.apache.hadoop.conf.Configured;
```

```
import org.apache.hadoop.fs.Path;
import org.apache.hadoop.io.IntWritable;
import org.apache.hadoop.io.LongWritable;
import org.apache.hadoop.io.Text;
import org.apache.hadoop.mapreduce.Job;
import org.apache.hadoop.mapreduce.Mapper;
import org.apache.hadoop.mapreduce.Reducer;
import org.apache.hadoop.mapreduce.lib.input.TextInputFormat;
import org.apache.hadoop.mapreduce.lib.output.TextOutputFormat;
import org.apache.hadoop.util.Tool;
import org.apache.hadoop.util.ToolRunner;
public class WordCount extends Configured implements Tool{
    public static class Map extends Mapper<LongWritable, Text, Text,
        IntWritable> {
        private final static IntWritable one = new IntWritable(1);
        private Text word = new Text();
        @Override
        public void map(LongWritable key, Text value, Context context)
2       throws IOException, InterruptedException {
            String line = value.toString();
            StringTokenizer tokenizer = new StringTokenizer(line);
            while (tokenizer.hasMoreTokens()) {
                word.set(tokenizer.nextToken()); context.write(word, one);
            }
        }
    }
3   public static class Reduce extends Reducer<Text, IntWritable,
        Text, IntWritable>{
        @Override
        public void reduce(Text key, Iterable<IntWritable> val, Context
        context)
        throws IOException, InterruptedException {
            int sum = 0;
            Iterator<IntWritable> values = val.iterator();
            while (values.hasNext()) {
                sum += values.next().get();
            }
            context.write(key, new IntWritable(sum));
        }
    }
    public int run(String[] args) throws Exception {
        Configuration conf = new Configuration();
        Job job = new Job(conf, "WordCount");
        job.setJarByClass(WordCount.class);
        // Set up the input job.setInputFormatClass(TextInputFormat.class);
```

```
        TextInputFormat.addInputPath(job, new Path(args[0]));
        // Mapper job.setMapperClass(Map.class);
        // Reducer job.setReducerClass(Reduce.class);
        // Output job.setOutputFormatClass(TextOutputFormat.class);
        job.setOutputKeyClass(Text.class);
        job.setOutputValueClass(IntWritable.class);
        TextOutputFormat.setOutputPath(job, new Path(args[1]));
        //Execute
        boolean res = job.waitForCompletion(true);
        if (res)
            return 0;
        else
    }
    return -1;
    public static void main(String[] args) throws Exception {
4       int res = ToolRunner.run(new WordCount(), args);
5       System.exit(res);
    }
}
```

代码清单 3-2-1 的解释

1	WordCount 是一个类，它扩展了已配置的，拥有两个方法的类，setconf()和 getconf()，并实现了工具的接口
2	mapper 将输入键/值对 map 到中间键/值对的集合中
3	reducer 将共享一个键的中间值的集合 reduce 到更小的值集合中
4	运行方法的值被分配给 rest
5	退出程序

技术材料

Hadoop 提供的两个 MapReduce API 的版本——新的（包含在 org.apache.hadoop.mapreduce 包中）和旧的（包含在 org.apache.hadoop.mapred 包中）。在整个课程中，我们只用新的 API。

Hadoop 的 WordCount 实现有两个内部类——Map 和 Reduce——它们分别扩展了 Hadoop 的 Mapper 和 Reducer 类。

Mapper 类有 3 个重要的方法（可以复写它们）：setup、cleanup 和 map（唯一一个在此实现的方法）。setup 和 cleanup 方法只在特定 mapper 生命周期的过程中被调用一次——分别在 mapper 执行的开始和结束时。setup 方法被用来实现 mapper 的初始化（例如，阅读共享资源、连接到 HBase 表），而 cleanup 用于清理 mapper 的资源，作为一个可选项，如果 mapper 实现了一个关联数组或计数器的话，可用来写出该信息。

mapper 的业务功能（如特定应用程序的逻辑）实现在 map 函数中。通常情况下，给定一个键/值对，该方法处理对并写出（使用 context 对象）一个或多个结果键/值对。传给该方法的 context 对象允许 map 方法得到关于执行环境的额外信息，并报告其执行。值的注意的重要事项是，map 函数不读取数据。每一次被调用（根据“好莱坞原则”）的时候，阅读器读取（并可选地解析）新记录的数据，而这些数据是由阅读器（通过 context）传递给它的。

技术材料

好莱坞原则——“不要联系我们，我们联系你”——是一个有用的软件开发技术，其中一个对象的（或组件的）初始条件和正在进行的生命周期由其环境来处理，而不是由对象自身来处理。这个原则通常用于必须符合现有框架的约束实现一个类/组件。

让我们再看一个基本 mapper 类中的（未广泛宣传的）方法，如代码清单 3-2-2 所示。

代码清单 3-2-2　基本 mapper 类的 run 方法

```
1  /**
    * Expert users can override this method for more complete control
    over the
    * execution of the Mapper.
    * @param context
    * @throws IOException
    */
   public void run(Context context) throws IOException,
   InterruptedException { setup(context);
       while (context.nextKeyValue()) {
           map(context.getCurrentKey(), context.getCurrentValue(), context);
       }
       cleanup(context);
   }
```

代码清单 3-2-2 的解释

1	while 循环处理每一行直到到达文件的末尾

交叉参考　模块 3 第 3 讲中将会介绍更多的描述 RecordReader 初始化的例子。

快速提示　Hadoop 的 Tool 接口是实现任何支持通用命令行处理选项的 Java MapReduce 应用程序驱动的标准方法。Tool 接口的使用也使驱动程序的实现更具有可测试性，让你能使用已配置的 setConf() 方法来注入任意的配置。

这是位于大多数 mapper 类执行背后的方法。MapReduce 管道首先设置了执行，即完成所有必要的初始化。然后，当输入记录对于 mapper 存在的时候，调用带有传递给它键和值的 map 方法。一旦所有的输入记录被处理了，就调用 cleanup，包括 mapper 类本身的 cleanup 方法的调用。

类似于 mapper，reducer 类有 3 个重要方法（setup、cleanup 和 reduce），还有一个 run 方法（类似于代码清单 3-2-2 中所示的 mapper 类的 run 方法）。从功能上说，reducer 类的方法类似于 mapper 类的方法。所不同的是，与一个用单独键/值对调用的 map 方法不同，reduce 方法由一个单独的键和一个可迭代值的集合（记住，reducer 在清洗和排序执行之后才调用，此时所有的输入键/值对被排过序了，相同键的所有值被分区到一个单一的 reducer 中，并归集到一起）来调用。reduce 方法的典型实现迭代了值的集合，将所有的键/值对转换成新的，并将它们写到输出。

WordCount 类本身实现了 Tool 接口，这意味着它必须实现 run 方法，负责配置 MapReduce 作业。该方法首先创建了一个配置对象，该对象用于创建作业对象。

一个默认的配置对象构造函数（在示例代码中使用）只简单地读取了集群的默认配置。如果需要一些特定的配置，就有可能重写默认值（一旦配置被创建）或设置额外的、被配置构造函数用来定义附加参数的配置资源。

作业对象体现了作业提交者的作业视角。它允许用户配置作业的参数（它们被存储在配置对象中），提交它，控制其执行，并查询它的状态。

作业设置主要由以下部分所组成。

- **输入设置**：这被设置为 InputFormat，它负责作业输入拆分的计算和数据阅读器的创建。这个例子中使用了 TextInputFormat，它利用其基类（FileInputFormat）来计算拆分（默认情况下，这将是 HDFS 块），并创建 LineRecordReader 作为其阅读器。一些额外的 InputFormat 支持 HDFS、HBase，甚至于 Hadoop 所提供的数据库，涵盖了 MapReduce 作业所使用的大多数场景。由于在这种情形下，使用了基于 HDFS 文件的 InputFormat，有必要指定输入数据的位置。可以通过将输入路径添加到 TextInputFormat 类的方式来完成。有可能将多条路径添加至基于 HDFS 的输入格式，每条路径可以指定一个特定的文件或目录。在稍后的情形下，目录中所有的文件都包含在作业的输入中。
- **mapper 设置**：它设置了作业所使用的 mapper 类。
- **reducer 设置**：它设置了作业所使用的 reducer 类。此外，可以设置作业所使用的 reducer 的数量。（在 Hadoop 设置中，有一定的不对称。mapper 的数量取决于输入数据和分割的大小，然而 reducer 的数量是显式设定的。）如果该值未被设置，作业就使用单一的 reducer。对于特别不想用 reducer 的 MapReduce 应用程序来说，reducer 的数量必须设置为零。
- **输出设置**：它设置了输出格式，它负责执行结果的输出。该类的主要功能是创建一个 OutputWriter。在这种情形下，使用 TextOutputFormat（它为输出数据创建一个 LineRecordWriter）。一些额外的 OutputFormat 支持了 HDFS、HBase 甚至于 Hadoop 所支持的数据库，涵盖了 MapReduce 作业所使用的大多数场景。除了输出格式，有必要指定键/值对（在这种情况下，文本和 IntWritable）输出所使用的数据类型，以及输出目录（输出写入器所使用的）。Hadoop 还定义了一种特殊的输出格式——NullOutputFormat，它应当在作业不使用输出（例如，它会将其直接来自 map 或 reduce 的输出写入到 HBase 中）的情形下被使用。在这种情况下，你也应该使用 NullWritable 类作为键/值对类型的输出。

最后，当作业对象被配置时，可以提交作业进行执行。两个主要的 API 使用 Job 对象来提交作业。

- submit 方法提交了作业进行执行并立即返回。在这种情况下，如果某些时候，执行必须与作业的完成同步，可以在 Job 对象上使用一个 isComplete() 方法，来检查是否该作业已经完成了。此外，可以在 Job 对象上使用 isSuccessful() 方法来检查是否一个作业已经成功地完成了。

- waitForCompletion()方法提交了一个作业，监督其执行，仅当作业完成时才返回。

快速提示 如果在输出格式中所指定的输出目录已经存在了，那么 MapReduce 的执行就会抛出一个错误。因此，“最佳实践”之一就是在作业执行之前移除该目录。

技术材料

Maven 是一个自动化工具，主要用于 Java 项目。

建立和执行 MapReduce 程序

Hadoop 的开发基本上就是 Java 的开发，所以你应该使用一个 Java IDE。在此，我们已经讨论了 **Eclipse** 针对 Hadoop 开发的用法。

使用 **Eclipse** 开发 Hadoop 的代码是简单的。假设你的 Eclipse 实例是由 **Maven** 配置的，首先为你的实施创建一个 Maven 项目。因为没有 Hadoop Maven 的原型，利用“简单”Maven 项目来开始，并手工添加 pom.xml 文件，类似代码清单 3-2-3 所示。

代码清单 3-2-3　Hadoop 2.0 的 pom.xml

```
<project xmlns="http://maven.apache.org/POM/4.0.0"
xmlns:xsi="http://www.w3.org/2001/XMLSchema-instance"
xsi:schemaLocation="http://maven.apache.org/POM/4.0.0
http://maven.apache.org/xsd/maven-4.0.0.xsd">
<modelVersion>4.0.0</modelVersion>
<groupId>com.nokia.lib</groupId>
<artifactId>nokia-cgnr-sparse</artifactId>
<version>0.0.1-SNAPSHOT</version>
<name>cgnr-sparse</name>
<properties>
<hadoop.version>2.0.0-mr1-cdh4.1.0</hadoop.version>
<hadoop.common.version>2.0.0-cdh4.1.0</hadoop.common.version>
<hbase.version>0.92.1-cdh4.1.0</hbase.version>
</properties>
<repositories>
<repository>
<id>CDH Releases and RCs Repositories</id>
<url>https://repository.cloudera.com/content/groups/cdh- releasesrcs</
url>
</repository>
</repositories>
<build>
<plugins>
<plugin>
<groupId>org.apache.maven.plugins</groupId>
<artifactId>maven-compiler-plugin</artifactId>
<version>2.3.2</version>
<configuration>
<source>1.6</source>
<target>1.6</target>
```

```
</configuration>
</plugin>
</plugins>
</build>
<dependencies>
<dependency>
<groupId>org.apache.hadoop</groupId>
<artifactId>hadoop-core</artifactId>
<version>${hadoop.version}</version>
<scope>provided</scope>
</dependency>
<dependency>
<groupId>org.apache.hbase</groupId>
<artifactId>hbase</artifactId>
<version>${hbase.version}</version>
<scope>provided</scope>
</dependency>
<dependency>
<groupId>org.apache.hadoop</groupId>
<artifactId>hadoop-common</artifactId>
<version>${hadoop.common.version}</version>
<scope>provided</scope>
</dependency>
<dependency>
<groupId>junit</groupId>
<artifactId>junit</artifactId>
<version>4.10</version>
</dependency>
</dependencies>
</project>
```

代码清单 3-2-3 所示的 pom 文件是针对 Cloudera CDH4.1 的（注意，所包含的 Cloudera 存在于 pom 文件中）。它包括了一个开发 Hadoop MapReduce 作业所需的最小依赖集——hadoop-core 和 hadoop-common。此外，如果你为应用程序使用 Hadoop，你应该包含一个 HBase 的依赖。它也包含支持基本单元测试所需的 junit。也要注意到所有 Hadoop 相关的依赖都按规定指定了。这意味着它们不包含在 Maven 所生成的最终的 jar 文件中。

一旦创建了 Eclipse Maven 项目，你的 MapReduce 实现的所有代码都会加入到这个项目中。Eclipse 负责加载所需的库，编译你的 Java 代码等。

技术材料

存在有很多的 Hadoop 版本，包括不同的 Cloudera 发行版（CDH3 和 CDH4）、Hortonworks 发行版、MapR 发行版、Amazon EMR 等。它们中的有些是兼容的而有些是不兼容的。你应该使用不同的 Maven pom 文件为特定的运行时间来构建有针对性的可执行目标。另外，Hadoop 目前只支持 Java 版本 6，所以在此使用 Maven 编译器插件，以确保使用了正确的版本。

现在你知道了如何编写一个 MapReduce 作业，接下来我们将学习如何执行。可以使用 Maven install 命令去生成一个包含所有所需代码的 jar 文件。一旦创建了一个 jar 文件，可以用 FTP 将其上传到集群的边缘节点，并利用代码清单 3-2-4 所示的命令来执行它。

代码清单 3-2-4　Hadoop 执行命令

```
1 hadoop jar your.jar mainClass inputpath outputpath
```

代码清单 3-2-4 的解释

1	Hadoop 执行命令

Hadoop 提供了许多 JavaServer 页（**JSP**），使用户可以可视化 MapReduce 的执行。MapReduce 管理 JSP 使你能够查看集群的整个状态以及特定的作业执行细节。MapReduce 管理主页如图 3-2-4 所示，它展示了集群的整体状态，以及当时正在运行、已完成的和已失败的作业列表。每个列表中的每项作业（运行中、已完成、已失败）是“可点击”的，这使用户可以获取作业执行的额外信息。

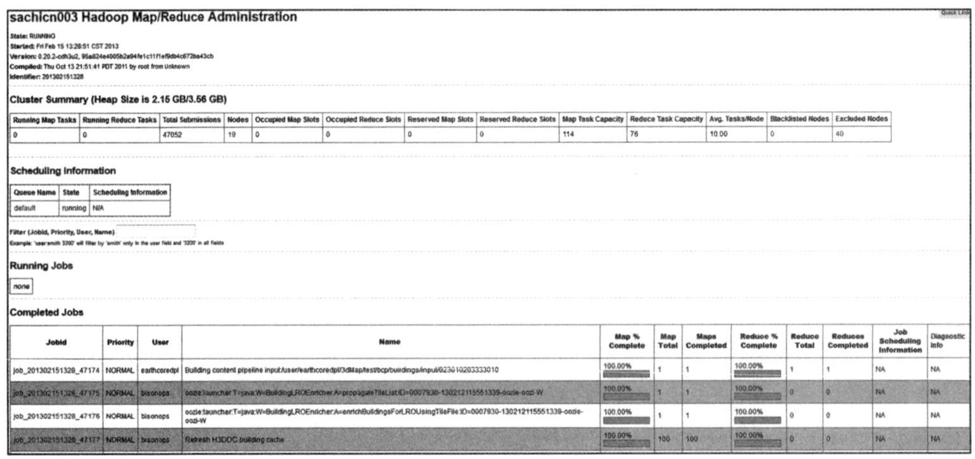

图 3-2-4　MapReduce 管理主页

图 3-2-5 所示的作业详细页面提供了关于执行的（动态）信息。从 JobTracker 接受作业时，这个页面就开始存在，并在作业执行期间跟踪所有的变化。你也可以使用它来进行作业执行的事后分析。本页有 4 个主要的部分（第四部分没有显示在图 3-2-5 中）。

- 第一部分（页面顶部）展示了有关作业的综合信息，包括作业名称、用户、提交主机、开始和结束时间、执行时间等。
- 第二部分包含了关于一个给定作业 mapper/reducer 的摘要信息。它告诉了一个作业有多少个 mapper 和 reducer，并根据它们挂起、运行、完成和死亡的状态进行划分。
- 第三部分展示了由命名空间所划分的作业计数器。因为这个例子的实现不使用自定义的计数器，仅仅出现了一个标准的计数器。
- 第四部分提供了很好的直方图，展示了 mapper 和 reducer 的执行细节。

交叉参考　你将在模块 3 第 3 讲中了解更多关于计数器的知识。

Hadoop job_201212061101_37666 on sachicn003

User: blublins
Job Name: Word Count
Job File: hdfs://sachicn001/tmp/hadoop-mapred/mapred/staging/blublins/.staging/job_201212061101_37666/job.xml
Submit Host: sachidn003.hq.navteq.com
Submit Host Address: 10.8.120.40
Job-ACLs:
mapreduce.job.acl-view-job: No users are allowed
mapreduce.job.acl-modify-job: No users are allowed
Job Setup: Successful
Status: Succeeded
Started at: Thu Dec 27 09:26:02 CST 2012
Finished at: Thu Dec 27 09:26:19 CST 2012
Finished in: 17sec
Job Cleanup: Successful

Kind	% Complete	Num Tasks	Pending	Running	Complete	Killed	Failed/Killed Task Attempts
map	100.00%	1	0	0	1	0	0 / 0
reduce	100.00%	1	0	0	1	0	0 / 0

	Counter	Map	Reduce	Total
Job Counters	SLOTS_MILLIS_MAPS	0	0	3,796
	Launched reduce tasks	0	0	1
	Total time spent by all reduces waiting after reserving slots (ms)	0	0	0
	Rack-local map tasks	0	0	1
	Total time spent by all maps waiting after reserving slots (ms)	0	0	0
	Launched map tasks	0	0	1
	SLOTS_MILLIS_REDUCES	0	0	8,504
FileSystemCounters	FILE_BYTES_READ	0	337,824	337,824
	HDFS_BYTES_READ	189,986	0	189,986
	FILE_BYTES_WRITTEN	388,640	388,536	777,176
	HDFS_BYTES_WRITTEN	0	76,043	76,043
Map-Reduce Framework	Reduce input groups	0	5,527	5,527
	Combine output records	0	0	0
	Map input records	2,676	0	2,676
	Reduce shuffle bytes	0	0	0
	Reduce output records	0	5,527	5,527
	Spilled Records	25,741	25,741	51,482
	Map output bytes	286,336	0	286,336
	SPLIT_RAW_BYTES	111	0	111
	Map output records	25,741	0	25,741
	Combine input records	0	0	0
	Reduce input records	0	25,741	25,741

图 3-2-5　WordCount 作业页面

交叉参考　模块 3 第 4 讲中将介绍更多关于这些页面的知识。

作业细节页面提供了更多的信息（通过“可点击的链接”），这有助于你进一步分析作业的执行。接下来，看一下 MapReduce 应用程序的设计。

知识检测点 2

对于 MapReduce，Eclipse 的功能是什么？

2.3　设计 MapReduce 的实现

正如讨论的那样，MapReduce 的魅力来自它的简单。除了准备输入数据之外，程序员仅仅需要实现 mapper 和 reducer。许多现实生活中的问题都可以用这种方法来解决。

在大多数情况下，MapReduce 可以被认为是一种通用的并行执行框架，可以充分利用数据局部性。但是这种简单性是有代价的：设计者必须从以特定的方式组合在一起的一小部分组件的角度决定如何表达他的业务问题。

重新制定 MapReduce 的初始问题，通常有必要回答以下问题。

- 如何把一个大问题分解成多个小任务？更具体地说明如何分解这个问题以便更小的任务可以被并行执行？
- 可以使用哪个键/值对作为每个任务的输入/输出？
- 如何把计算所需的所有的数据汇总到一起？更具体地说，你怎么安排处理的方式，使所有必要的计算中的数据都同时位于内存中？

技术材料

尽管大量的著作描述了 MapReduce API 的使用，但是很少有用实际方法来设计一个 MapReduce 实现的描述。

重要的是要意识到，许多算法不能被简单地表示为一个单一的 MapReduce 作业。有必要将复杂算法分解成为一系列的作业，其中一个作业的数据输出成为下一个作业的输入。

本讲中看一下几个为不同的实际问题（从非常简单到到更加复杂的）设计 MapReduce 应用程序的例子。所有的例子都以相同的格式来描述。

- 问题的短描述。
- MapReduce 作业的描述。包括下列描述：
  - mapper 描述；
  - reducer 描述。

2.3.1 使用 MapReduce 作为并行处理的框架

在最简单的情况下，源数据被组织成为一组独立的记录，并可以按任意顺序来指定结果。这类问题需要将相同的处理以相当独立的方式应用到每个数据元素——换句话说，不需要合并或聚合各自的结果。一个经典的例子是处理数千个 PDF 文件，提取一些关键文本，放入 CSV 文件中，然后导入到数据库。

在这种情况下，MapReduce 的实现非常简单——唯一需要的是 mapper，独立处理每一条记录并输出结果。在这种情况下，MapReduce 控制 mapper 的分配并提供调度和错误处理所需的所有支持。下面的例子展示了如何设计这种类型的应用程序。

人脸识别的例子

虽然不经常作为 Hadoop 相关的问题来讨论，图像处理的实现非常符合 MapReduce 的范式。假设有一个人脸识别算法的实现，需要一个图像，识别一系列想要的特性，并产生一组识别结果。再假设需要在上百万张图片上运行脸部识别。

如果所有的图片都以序列文件的形式被存储于 Hadoop 中，那么可以使用一个简单的只用到了 map 的作业来并行执行。在这种情况下，一组输入的键/值对是 `imageID/Image`，一组输出的键/值对是 `imageID/list of recognized features`。此外，一组可识别的特征必须分发给所有的 mapper（例如，使用分布式缓存）。

表 3-2-1 展示了该例子的 MapReduce 作业的实现。

表 3-2-1　脸部识别作业

过程阶段	描　述
Mapper	在该作业中，首先用可识别的特性来初始化 mapper。对于每一幅图像，map 函数调用了一个人脸识别算法的实现，将其连同一个可识别的特性列表一起传递给图像本身，识别结果，连同原始 imageID 一起作为 map 的输出
结果	作业执行的结果是原始图像中所包含的所有图像的识别

附加知识

为了实现完全独立的 mapper/reducer 的执行，MapReduce 实现中的每一个 mapper/reducer 都创建了其自己的输出文件。这意味着，作为人脸识别的结果，作业执行会是一组文件（在同一目录），每个都包含了一个独立 mapper 的输出。如果有需要将它们放在一个单独的文件中，必须将一个单独的 reducer 添加到人脸识别的作业中去。这将是一个非常简单的 reducer。因为在这种情况下，每个 reducer 的输入键都有一个单独的值（这里假设 imageID 是唯一的），reducer 仅仅将输入键/值直接写入到输出。在这个例子中，需要意识到的一件重要事情是，虽然一个 reducer 是极其简单的，但它加入作业后可以显著增加作业的整体执行时间。这是因为 reducer 的加入调用了清洗和排序（reducer 在只用到了 map 的作业中是不存在的），如果图像的数目是非常巨大的，将消耗大量的时间。

2.3.2　MapReduce 的简单数据处理

现在，看一个更加复杂的情况，map 执行的结果必须组合在一起（即以某种方式排序）。许多实际的实现（包括过滤、解析、数据转换、归纳总结等）都可以用这种类型的 MapReduce 作业来解决。

倒排索引的例子

在计算机科学中，倒排索引是一种数据结构，该数据结构存储了从内容（如字符或数字）到其在一个或一组文档中的位置的映射，如图 3-2-6 所示。倒排索引的目的是在文档添加的时候，以增加处理成本为代价，允许快速的全文检索。倒排索引数据结构是一个典型的搜索引擎的核心组件，使你能够优化在文档中查找一个特定发生单词的速度。

文档

ID	标题	内容
1	受欢迎的运动	橄榄球在美国是受欢迎的
2	常见的运动	足球在欧洲是很常见的
3	民族运动	印度举国都是玩板球的
	…	

倒排索引

术语	值	文档	文档	文档
标题	受欢迎	1		
标题	运动	1	2	3
标题	常见	2		
标题	民族	3		
内容	橄榄球	1		
内容	是	1	2	3
内容	欢迎	1		
…	…			

图 3-2-6　倒排索引

为了建立倒排索引，可能将每个文档（或文档内的行）输入给 mapper。mapper 将解析文档中的单词，输出[单词,描述]对。该 reducer 可以是一个简单的识别函数，只写出了列表，也可以执行一些每个单词的统计汇总。

表 3-2-2 展示了该例子的 MapReduce 作业的实现。

表 3-2-2 倒排索引作业的计算

过程阶段	描述
mapper	在该作业中，mapper 的作用是建立一个唯一记录，它包含了一个单词索引，以及描述了文档中单词出现的信息。它读取每一个输入文件，解析它，针对文档中的每一个独特单词，构建索引描述符。该描述符包含了一个文档 ID，索引在文档中出现的次数，以及任何附加信息（例如，索引位置从文档开始的偏移量）。记下每个索引描述符对
清洗和排序	MapReduce 的清洗和排序将对所有基于索引值的记录进行排序，这保证了 reducer 将所有的索引与给定的键放置在一起
reducer	在该作业中，reducer 的角色是建一个倒排索引结构。根据系统的要求，可以有一个或多个 reducer。reducer 得到了一个给定索引的所有描述符，并建立一个索引记录，它被写到了所需的索引存储中
结果	该作业的执行结果是一组原始文档的倒排索引

更复杂的 MapReduce 应用程序需要提取自于多个来源（换句话说说，连接数据）的数据进行处理。下一步，你审视如何利用 MapReduce 来设计、实现和使用数据连接。

知识检测点 3

在使用 MapReduce 作为框架的脸部识别的例子中，如何实现并行处理？

2.3.3 构建与 MapReduce 的连接

一个一般的连接问题可以描述如下。给出多个数据集（S_1～S_n），共享相同的键（一个连接键），你希望建立包含一个键和来自每条记录的所有所需数据的记录。

有两个在 MapReduce 中连接数据的“标准”实现——**reduce 端连接**和 **map 端连接**。

一个最常见的连接实现是 reduce 端连接。在这种情况下，mapper 处理所有的数据集，并将连接键作为中间键发出，将值作为中间记录来发出，它能够保持该集合中每一个的值。因为 MapReduce 保证了具有相同键的所有值被归并在一起，所以所有的中间记录都将由连接键来分组，这正是执行连接操作所必需的。在一对一连接的情况下，它工作得很好，来自每个数据集的记录最多有一条有着相同的键。

虽然从理论上讲，这种方法也能在一对多和多对多连接的情况下工作，但在这种情形下会有额外的困难。在 reducer 中处理每个键的时候，可以有任意数量的，拥有连接键的记录条目。最显而易见的解决方案是在内存中缓存所有的值，但是这会产生可扩展性的瓶颈，因为可能没有足够的内存来容纳拥有同样连接键的所有记录。在这种情况下通常需要进行二次排序，这可以用值到键的转换设计模式来实现。

道路聚集的例子

道路富集算法的核心是根据节点 ID，将节点数据集（包含节点 ID 和一些额外的节点信息）

与链路数据集（包含链接标识，链路所连接的节点标识，以及关于链路的一些额外信息，包括链路通道的数量）连接起来。

图 3-2-7 展示了一个节点和一个链路数据集。

利用了 reduce 端连接的一种简化的道路聚集算法可能包括了以下的步骤。

（1）找到连接到给定节点的所有链路，如图 3-2-7 所示，节点 N_1 有链路 L_1、L_2、L_3 和 L_4，而节点 N_2 有链路 L_4、L_5 和 L_6。

（2）根据节点处每条链路的道路数目，计算出交叉口的道路宽度。

（3）根据道路的宽度，计算交叉口的几何形状。

（4）根据交叉口的几何形状，移动道路的终点，以匹配它交叉口的几何形状。

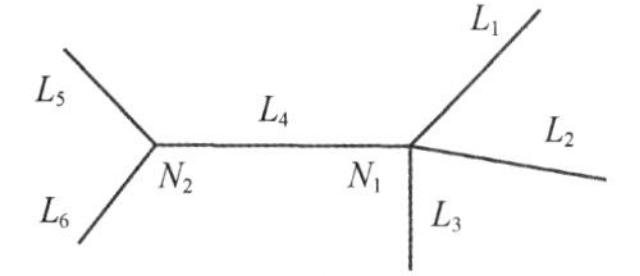

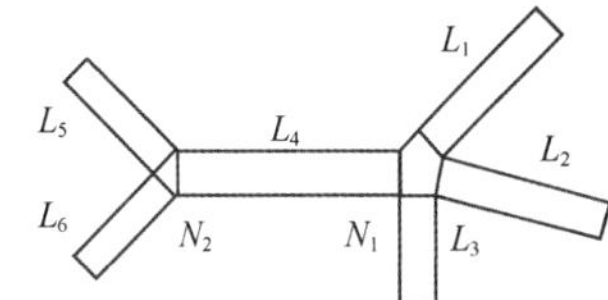

图 3-2-7　节点和链路数据集

对于该算法的实现，假设如下。

- 用对象 N 和键 N_{N_1}，…，N_{N_m} 来描述一个节点。例如，节点 N_1 可以被描述成 N_{N_1}，N_2 可被描述成 N_{N_2}。所有的节点被存储在节点的输入文件中。
- 用对象 L 和键 L_{L_1}，…，L_{L_m} 来描述一个链路。例如，链路 L_1 可以被描述成 L_{L_1}，L_2 可被描述成 L_{L_2} 等。所有的链路被存储在链路的源文件中。
- 此外，引入一个类型链路或节点的对象（LN），它可以有任意的键。
- 最后，有必要定义两个更多的类型——交叉点（S）和道路（R）。

这些就绪后，道路聚集 MapReduce 的实现是由两个 MapReduce 作业所组成的：

表 3-2-3 展示了该例子的第一个 MapReduce 作业的实现。

表 3-2-3　交叉几何的计算和移动道路终点的作业

过程阶段	描　　述
mapper	在该作业中，mapper 的作用是从源记录——N_{N_i} 和 L_{L_i} 中构建 LN_{N_i} 记录。它从源文件中读取每一条输入记录，然后审视对象类型。如果它是带有键 N_{ni} 的节点，一条类型为 LN_{N_i} 的新记录被写入到输出中。如果它是一条链路，邻接节点（N_{N_i} 和 N_{N_j}）的键被从链路中提取出来，并编写两条记录（LN_{N_i} 和 LN_{N_j}）
清洗和排序	MapReduce 的清洗和排序将根据节点的键对所有的记录进行排序，这保证了带有所有邻接链路的每个节点都会被单个 reducer 处理，每个 reducer 将获取给定键的所有 LN 记录
reducer	在这个作业中，reducer 的作用是计算交叉口的几何形状，并移动道路的终点。它获取一个给定节点键的所有 LN 记录，并将它们存储到内存中。一旦它们都在内存中，就可以计算交叉口的几何形状，并编写一条带有节点键 S_{N_i} 的交叉记录。同时，所有连接到一个给定节点的链路记录可以被转换成道路记录，并连同链路键 R_{L_i} 一同写入
结果	作业执行的结果是一组随时可用的交叉记录和必须合并的道路记录（每条连接到双交叉口的道路和死胡同通常采用了一个节点，该节点有单一的连接到它的链路）。有必要实施第二个 MapReduce 作业来合并它们（默认情况下，MapReduce 作业的输出写入了道路和交叉口的混合物，这是不理想的。为了这里的目的，你想要单独的已完成的交叉口以及需要额外处理到不同文件去的道路。第 4 讲审查了实现多路输出格式的方法）

表 3-2-4 展示了该例子的第二个 MapReduce 作业的实现。

表 3-2-4　合并道路作业

过程阶段	描　述
mapper	该作业中的mapper的作用是非常简单的。它仅仅起到传递作用（或是Hadoop术语中的恒等映射）。它读取道路记录，并将它们直接写入到输出中去
清洗和排序	MapReduce 的清洗和排序根据链路的键对所有的记录进行排序，它保证了拥有相同键的道路记录会一同去往同样的 reducer
reducer	在这个作业中，reducer 的作用是将拥有相同 ID 的道路合并起来。一旦 reducer 读取了给定道路的记录，它将它们合并在一起，并作为单一的道路记录将它们写入
结果	这项作业执行的结果是一组随时可用的道路记录

知识检测点 4

reduce 端连接与 map 端连接有什么不同？

现在，看一下一种特殊的 reducer 连接的情形，称为**桶连接**。在这种情况下，数据集可能没有公共键，但支持相近的概念（例如，地理位置相近）。在这种情况下，相近值可以被用作为数据集的连接键。一个典型的例子是下面例子中讨论的基于边界框的地理空间处理。

链路标高的例子

该问题可以定义如下。给定一个链路图和一个地形模型，将二维(x,y)链路转换为三维(x,y,z)链路。该过程被称为链路标高。

假设如下。

- 每个链路指定为两个连接点——开始和结束。
- 地形模型存储在 HBase 中。（虽然到目前为止 HDFS 已应用于实例中了，但是前面所述的所有方法也与HBase存储的数据相关。但是这有一个严重的限制。当前表的输入格式仅限于处理一个表。你将会在第 4 讲中学到如何实现表连接。）该模型针对输入的瓦片，通过瓦片标识符以高度网格的形式存储。（瓦片是空间的分区——在这种情况下整个世界——划分成不同形状的有限个数量。在这里，大小相等的边界框被当作瓦片使用。）

图 3-2-8 展示了该模型。

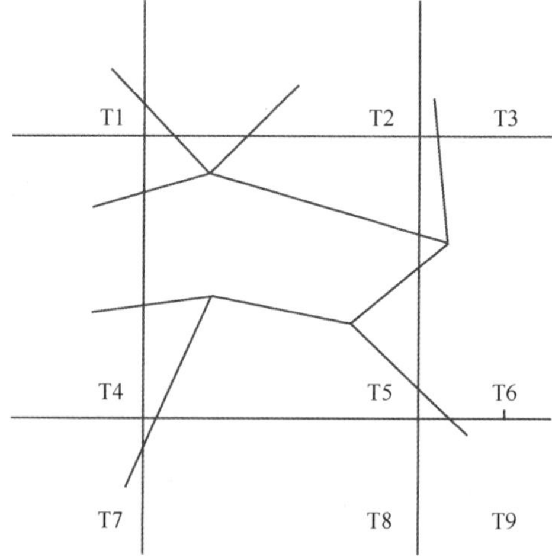

图 3-2-8　将道路映射成瓦片

一个简单的链路标高算法是根据将链路“分组成”瓦片，然后将每个链路的瓦片与标高瓦片连接起来，并处理包含链路和标高数据的完整瓦片。算法看起来如下所示.

（1）将每个链路分割成固定长度的片段（如 10 m）。

（2）对于每一片，计算每个链路起始点和终点的高度（从地形模型）。

（3）将片段组合到一起，成为原始链路。

实际的实现由两个 MapReduce 作业组成。表 3-2-5 展示了该例子的第一个 MapReduce 作业的实现。

表 3-2-5　将链路拆分成分片并标高每一个作业

过 程 阶 段	描　　述
mapper	在该作业中，mapper 的作用是建立链路分片，并将它们分配给单个瓦片。它读取每一个链路的记录，并将它们拆分成固定长度的片段，这有效地将链路 ID 转换成一组点。对于每一个点，它计算该点所属的瓦片，并生成一个或多个链路分片记录，它可以表示为(tid, {lid [points array]})，其中 tid 是瓦片标识符，lid 是原始链路标识符，points array 是来自原有链路的点数组，它属于一个给定的瓦片
清洗和排序	MapReduce 的清洗和排序根据瓦片的 ID，将所有的记录进行排序，这保证了属于同样瓦片的所有链路分片将被一个单独的 reducer 所处理
reducer	在作业中，reducer 的作用是计算每个链路分片的标高。对于每个瓦片的 ID，它为每个来自 HBase 的给定瓦片，加载了地形信息，然后读取所有的链路分片，并计算每一个点的标高。它将记录输出为(lid, [points array])，其中 lid 是原始链路标识符，points array 是三维点数组
结果	作业执行的结果完整包含了标高了的链路分片。有必要实施第二个 MapReduce 作业来合并它们

表 3-2-6 展示了该例子的第二个 MapReduce 作业的实现。

表 3-2-6　把链路分片组合成原始链路作业

过 程 阶 段	描　　述
mapper	在作业中，mapper 的作用是非常简单的。它是一个标识 mapper。它读取链路分片记录，并以键/值对的形式(lid,[points array])将它们直接写入到输出中
清洗和排序	MapReduce 的清洗和排序将对所有根据链路值的记录进行排序，这确保了拥有相同键的所有链路分片将会一起去往同一个 reducer
reducer	在作业中，reducer 的作用是合并拥有相同 ID 的链路分片。一旦 reducer 将它们全部读取了，就将它们合并在一起，并将它们作为一个单一链路记录写出来
结果	作业执行的结果包含了准备使用的标高链路

尽管有了 reducer 端连接的能力，但它的执行仍可能是相当昂贵的——大数据集的清洗和排序是非常资源密集型的。当数据集之一是足够小（“婴儿”连接）以适应内存的情形下，可以使用 memory 端的 map。在这种情况下，小型数据集以基于键的散列形式被载入内存，提供快速的查询。现在，可以在更大的数据集上进行迭代，在内存中做所有的连接，并输出所产生的记录。

对于执行这样的工作，一个较小的数据集必须分发给运行 mapper 的所有机器。虽然把较小的数据集放到 HDFS 并在 mapper 启动时读取它，是足够简单的，但是 Hadoop 对该问题提供了更好的解决方案——分布式缓存。

到目前为止所讨论的问题都需要 MapReduce 作业预定义数量的实现。许多实际的算法（例如，图形处理或数学计算）在本质上是迭代的，需要重复执行，直到满足了某些收敛准则。接下来，你将看到如何来设计迭代的 MapReduce 应用程序。

交叉参考 模块 3 第 3 讲中讨论的原生代码集成提供了关于使用分布式缓存的更多细节。

知识检测点 5

链路标高的作用是什么？我们应该在哪里应用它？

2.3.4 构建迭代的 MapReduce 应用程序

在迭代的 MapReduce 应用程序的情况下，一个或多个 MapReduce 作业通常是在循环中实现的。这意味着，这样的应用程序可以使用内部实现了迭代逻辑并在这样的迭代循环内调用所需 MapReduce 作业的驱动或在循环中运行 MapReduce 作业和检查转换标准的外部脚本来实现。另一个选择是使用工作流引擎。

交叉参考 模块 4 中将介绍关于 Apache Oozie Hadoop 工作流引擎的更多知识。

使用迭代逻辑执行的驱动通常提供了一个更加灵活的解决方案，使你能够利用内部变量以及 Java 的全部功能来实现迭代和转换检查。

迭代算法的一个典型例子是求解一个线性方程组。接下来，看一下如何使用 MapReduce 设计这样的算法。

求解线性方程组的例子

许多实际问题可以用解决线性方程组的方式来表示，或至少要简化到这样的一个系统。下面是一些例子：

- 可以利用线性方程解决的最优化问题；
- 逼近问题（如多项式曲线）。

当问题规模是重要因素时，有效求解线性方程组——估算大约有成百上千或更多变量——是具有挑战性的。在这种情况下，另一个方法是使用带有百万兆字节内存的超级计算机或使用允许零碎计算而不需要将完整矩阵载入至内存的算法。遵循这些要求的算法类是迭代的方法，它提供了近似的解决方案，以及与找到所需精度的解决方案所必需的迭代数量联系在一起的性能。

有了这些类型的算法，当系统矩阵正确时，共轭梯度（CG）方法提供了最佳的性能。线性方程组系统的基本方程如下：

$$Ax = b$$

有了 CG，可以实现如下应用到 R^n 中二次曲面的最速下降方法：

$$f(x) = ½x^{\mathrm{T}}Ax-x^{\mathrm{T}}b,\ x \in R^n$$

每一步都在极值点的方向上提高了解向量。每一步的增量是关于 A 同前面步骤找到的所有向量共轭的向量。

CG 算法包括了以下步骤。

（1）选择初始向量 x_0。为了简单起见，它总是可以被设置成零。

（2）计算初始残差向量（如 $r_0=b-Ax_0$）。

（3）选择初始搜索方向 p_0–r_0。

（4）进行如下循环。

a．计算系数：$a_k=(r_k^{\mathrm{T}}r_k)/(p_k^{\mathrm{T}}Ap_k)$。

b．为 x 找到下一个近似值：$x_{k+1}=x_k+a_kp_k$。

c．计算新的残差向量：$r_{k+1}=r_k+a_kAp_k$。

d．如果 abs(r_k+1)降到公差之内，则退出循环。

e．计算标量，以计算下一个搜索方向：$b_k=(r_k{+}1^{\mathrm{T}}r_{k+1})/(r_k^{\mathrm{T}}r_k)$。

f．计算下一个搜索方向：$p_{k+1}=r_{k+1}+b_kp_k$。

（5）循环结束。

结果就是 x_{k+1}。

在上述算法实现中，唯一的“昂贵”操作是剩余向量的计算（步骤 2 和 4c），这就需要矩阵向量乘法。此操作可以使用 MapReduce 来实现。

假设你有两个 HBase 表——一个给矩阵 **A**，另一个给所有的向量。如果矩阵 **A** 是稀疏的，那么合理的 HBase 数据布局应该如下：

- 每个表行代表了一个单独的矩阵行；
- 给定矩阵行的所有元素连同列名、值和列的值都存储在一个单列族中，其列名对应于给定矩阵元素的列，值对应于该行该列中的矩阵值；考虑到矩阵是稀疏的，列的数目比行的数目明显要少。

虽然对于向量乘法的实现，不需要矩阵列的显式列，但如果需要设置/更新单个矩阵元素，则表布局可能就方便了。

代表向量的合理的 HBase 数据布局如下：

- 每个表行代表了一个单独的向量；
- 一个给定向量的所有元素连同列名和值被存储在一个单一列的族中，列名对应于向量指数，值对应于指数的向量值。

虽然在技术上讲，将向量索引作为行键，就有可能针对不同的向量使用不同的表，但是推荐的布局使读/写向量要快很多（单行读/写），并最大程度减少了 HBase 同时打开的连接数量。

有了准备就绪的 HBase 表设计，MapReduce 矩阵向量的实现是相当简单的。一个单一的 mapper 会做这项工作。表 3-2-7 展示了矩阵向量乘法的 MapReduce 作业实现。

表 3-2-7　矩阵向量乘法作业

过程阶段	描　述
mapper	在这项作业中，mapper 首先用向量值进行初始化。对于矩阵的每一行（r），计算了源向量和矩阵行的向量乘法。所得到的值（非零）被存储在结果向量的索引 r 中

在这个实现中，MapReduce 驱动执行了先前描述的算法，当每次需要乘法时，调用矩阵乘法的 MapReduce 作业。

虽然这里介绍的算法是相当简单的也容易实现，但为了让 CG 工作，必须满足以下条件。

- 矩阵 **A** 必须是正定的。这提供了一个凸面和单一的极值点。这意味着该方法用任意选

择的初始向量 x_0 都能收敛。

- 矩阵 **A** 必须是对称的。这确保了在过程的每一步中都有与 **A** 相互垂直的向量的存在。

如果矩阵 **A** 是非对称的，可以用下面的某个方法来置换初始方程，使其对称：

$$A^{T}Ax = A^{T}b$$

$A^{T}A$ 是对称且正定的。因此，前面描述的算法可以照原样来应用。在这种情况下，原算法的实现导致了计算新系统矩阵 $A^{T}A$ 显著的性能损害。此外，由于 $k(A^{T}A) = k(A)^2$，该方法的收敛性也将受到影响。

幸运的是，有不首先计算 $A^{T}A$ 的选择，而是能修改先前的算法步骤 2、4a 和 4c，如下所示。

- 步骤 2：为了计算 $A^{T}Ax_0$，执行两个矩阵向量的乘法：$A^{T}(Ax_0)$。
- 步骤 4a：为了计算分母 $pk^{T}A^{T}Ap_k$，注意到它等价于$(Ap_k)^2$，它的计算可归结为一个矩阵向量的乘法以及该结果与其本身的内部乘积。
- 步骤 4c：类似于步骤二，执行两个矩阵向量的乘法：$A^{T}(Ap_k)$。

因此，整体算法的实现首先必须检查矩阵 **A** 是否是对称的。如果是，那么就使用原来的算法，否则，使用改进的算法。

除了第一个作业，整体算法的实现还需要一个额外的 MapReduce 作业——矩阵转置。表 3-2-8 展示了矩阵的 MapReduce 作业实现。

表 3-2-8　矩阵转置作业

过程阶段	描　述
mapper	在作业中，对于矩阵（r）的每一行，每一个元素(r, j)作为元素(j, r)写入结果矩阵中

请注意，在这个例子中，算法转换标准是算法计算本身的一个组成部分。在下面的例子中，转换标准计算使用了特定于 Hadoop 的技术。

滞留二价连接的例子

一个相当普遍的映射问题是滞留二价连接问题。

如果两个连接的链路是通过一个二价节点连接，则被称为二价的。一个二价节点是一个只有两条连接的节点。例如，在图 3-2-9 中，节点 N_6、N_7、N_8 和 N_9 是二价的。链路 L_5、L_6、L_7、L_8 和 L_9 也是二价的。二价链路的退化例子是链路 L_4。

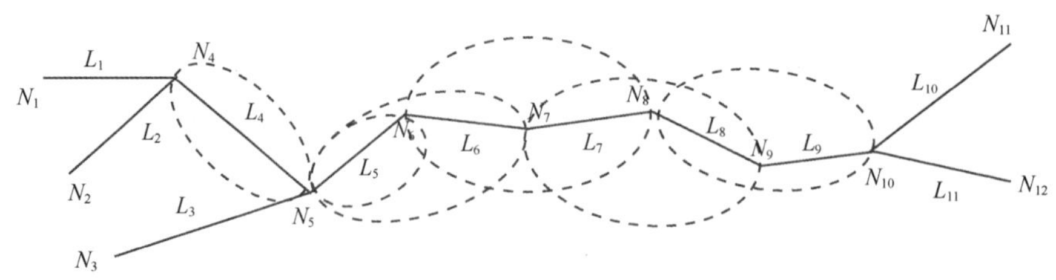

图 3-2-9　二价链路的例子

如图 3-2-9 所示，计算二价链路延伸的算法看起来是很直接的——两个非二价节点之间的链路延伸是二价链路的延伸。

为了该算法的实现，做了如下假设。

- 节点被描述为对象 N，键为 N_i-N^{N_i}。例如，节点 N_1 可被描述为 N^{N1}，N_2 描述为 N^{N2}。
- 链路被描述为对象 L，键为 L_i-L^{L_i}。例如链路 L_1 被描述为 L^{L1}，L_2 描述为 L^{L2} 等。链路对象包含了对于其起始点和终点（N^{N_i}, N^{N_i}）的引用。
- 此外，引入类型链路或节点（LN）对象，它可以拥有任何键，并可以包含节点或一个或多个的链路。
- 最后，再定义一个类型——链路的串（S）。该数据类型包含了串中的链路链表。

当有了这些，二价链路的算法看上去如下所示。

（1）构建一个局部的二价串集合。

（2）进行以下循环：

a．结合局部串；

b．如果没有结合部分股，则跳出循环。

（3）循环结束。

实际的实现过程是由两个 MapReduce 作业组成的。第一个准备了初始的串，另一个（在循环中执行）合并部分的串。在这个例子中。串的合并是作为 MapReduce 作业执行的一部分完成的。因此，这些作业（不是驱动程序）知道在执行过程中合并了多少个局部串。幸运的是，Hadoop 在驱动和 MapReduce 执行中间提供了一个简单的机制——计数器。

快速提示 Hadoop 提供轻量级的对象（计数器）去收集和作业相关的权值/统计信息。这些东西在 MapReduce 作业中的任何地方是可以设置和访问的。

这个例子的第一个 MapReduce 作业的实现如表 3-2-9 所示。

表 3-2-9 无二价节点作业的清除

过 程 阶 段	描 述
mapper	作业中，mapper 的任务是创建不属于源记录的 LN^{N_i}——N^{N_i} 和 L^{L_i}。它读取每一个输入的记录，然后查看对象类型。如果它是具有键 N_i 的节点，一个类型 LN^{N_i} 的新记录会被输出。如果它是一个链路，所有的邻接节点（N_i 和 N_j）会从链路中提取出来，两个记录（LN^{N_i} 和 LN^{N_j}）会被写出来
清洗和排序	MapReduce 的清洗和排序会把根据节点键值的所有记录进行排序，确保每个节点相邻的所有链路只被一个单独的 reducer 处理，对于指定的键值，每个 reducer 将会得到所有的 LN 记录
reducer	在作业中，reducer 的任务是删除无二价性的节点，然后创建部分链路的链接。对于给定的节点键值，reducer 读取所有的 LN 记录然后把它们存储到内存中。如果这个节点的链路的数量是 2，那么这就是个 2 价节点，一个新的链（合并这两个节点）会写到输出文件中（例如，看 L_5、L_6 和 L_7、L_8 链路对）。如果链路的数量不是 2（它可能是一个终结点或是多个链路相交的节点），那么它就是非二价节点。对于这种类型的节点，一个包含唯一一个链路的特殊的串被创建，连接到这个非二价节点（如 L_4 或 L_5），这种节点的链的数量同连接到这个节点的链路是相等的
结果	这个作业的执行结果包括部分串记录，一些这样的记录可以被重复（例如，L_4 可以出现两次，从过程 N_4 到 N_5）

这个例子的第二个 MapReduce 作业的实现如表 3-2-10 所示。

表 3-2-10 合并部分串作业

过程阶段	描述
mapper	作业中，mapper 的任务是把拥有相同链路的串放到一块。对于它读取的每一个串，产生了一些键/值对。键的值是在串中链路的键，值是串本身
清洗和排序	MapReduce 的清洗和排序会把所有来自终链路键的记录进行排序，确保相同链路 ID 的所有串记录同时去往相同的 reducer
reducer	在作业中，reducer 的任务是把拥有相同链路 ID 的串进行合并。对于每一个链路 ID，所有的串被载入内存中，然后按照串的类型进行处理。 如果两个串包含相同的链路，产生的串是完整的，可以直接写入到最终结果目录。 否则生成的串（包含所有独特链路的串）被创建，然后写入到输出文件中做进一步处理。这种情况下，“待处理的”计数器会增加
结果	该作业的执行结果是在一个单独的目录中包含的所有完整的串。它还包含了所有二价节点部分串的目录，以及“待处理的”计数器的值

这里给出的例子开始接触潜在的 MapReduce 来解决现实世界的问题。接下来，仔细看看哪些情况下使用 MapReduce 是合理的，哪些是不合理的。

2.3.5 用还是不用 MapReduce

如上面讨论的那样，MapReduce 是在大量数据的情况下解决简单问题的技术，而且必须以并行的方式处理（最好是多台机器）。这个概念的整体思路是在现实的时间框架上对大规模数据集进行计算。

另外，MapReduce 可以用来做**并行密集型的计算**，并不是和数据量相关，而是和整体的计算时间（一般是“高度并行”情况下的计算）有关。

为了能使 MapReduce 可以适用，必须符合下面内容。

- 要运行的计算必须可以组合，它指的是必须能对数据集下的小数据集进行计算。然后对部分结果合并。
- 数据集的大小要足够大（或者计算时间要足够长），为独立计算和合并结果进行分割的基础设施的开销不会对整体性能造成影响。
- 计算主要取决于正在处理的数据集。用 HBase、分布式缓存或者一些其他的技术可以额外添加小的数据集。

然而，**当数据集必须以随机访问的方式去执行操作的情境下**（例如，如果一个给定的数据集记录必须加上额外的记录来执行操作），MapReduce 是**不适用的**。但是在这种情况下，有时候可以运行额外的 MapReduce 作业来“准备”计算的数据。

另外一些**不适用** MapReduce 的问题是**递归问题**（如斐波那契问题）。在这种情况下，MapReduce 不适用是因为当前值的计算需要前面的知识。这就意味着你不能把它们分解成为可以单独运行的子计算。

如果一个数据足够的小，小到可以放到一个机器的内存里，作为一个独立的应用程序可能会处理的更快。在这种情况下，使用 MapReduce，会使执行变得不必要地复杂，通常会更慢。

总体情况

注意，虽然有一大类的算法不能直接应用在 MapReduce 的实施上。但是对于同样的基本问题，往往存在可以通过利用 MapReduce 解决的替代解决方案。这种情况下，使用 MapReduce 通常是有利的，因为 MapReduce 是在有丰富的 Hadoop 生态系统中执行的（支持更容易的改进的实施，并与其他应用程序集成。）

最后 你应该记住 MapReduce 本质上是一个批处理实现。决不能用于在线计算（比如在线用户请求的实时计算）。

2.3.6　常见的 MapReduce 设计提示

当你设计 MapReduce 应用的时候，下面列举的是需要注意和避免的。

（1）当 map 任务中对数据分片的时候，要确保没有创建过多（通常情况下，mapper 的数量应该在数百，而不是数千）或者过少的分片。正确数量的 mapper 对应用程序有以下优势。

a．拥有过多的 mapper 会造成调度和基础设施的开销，在极端情况下，甚至会杀死一个 JobTracker。另外，过多的 mapper 通常会提高整体资源的利用率（因为创建过多的 JVM）和执行时间（因为执行插槽的数量是有限的）。

b．mapper 太少会导致集群不能充分利用，给一些节点（实现运行 mapper 的节点）造成过度负载。此外，在有大型 map 任务情况下，重试和推测执行的代价会变得非常大且会花费更长的时间。

c．清洗 map 输出给 reducer 的结果时，大量小型的 mapper 会造成大量的搜索。当把 map 的输出结果传递给 reducer 时，它也会造成过多的连接。

（2）为应用程序配置 Reducer 的数量是另一个重要因素，reducer 太多（通常是成千）或太少都会使效率降低。

a．除了调度和基础设施的开销外，大量的 reducer 会创建太多的输出文件（记住，每个 reducer 创建自己的输出文件），对 NameNode 有负面的影响。当有其他作业利用该 MapReduce 作业的结果时，它会变得更为复杂。

b．太少的 reducer 和太少的 mapper 一样，造成同样的负面影响——不能充分利用集群和重试代价非常大。

（3）合理利用作业计数器。

a．计数器在跟踪少量的、重要的、全局的信息是适用的（在第 5 讲中可了解更多关于使用计数器的详情）。它们绝对不是只是整合了非常细粒度统计的应用程序。

b．计数器的代价非常高，因为 JobTracker 在应用程序的整个持续时间内，必须维持每个 map/reduce 任务的每一个计数器。

（4）考虑压缩应用程序的输出，选择一个合适的压缩机制来改善写性能（压缩速度 vs 压缩效率）。

（5）为 MapReduce 作业的输出选择一个合适的文件格式。利用序列化文件通常是最好的选择，因为它们可以被压缩和分片。

（6）当单个输入/输出文件很大的时候，考虑使用更大的输出块尺寸（几 GB）

（7）尽量避免在 map 和 `reduce` 方法中添加新的类的实例。这些方法在执行过程中会循环执行多次。也就是说类的创建和处理将增加执行的时间，为垃圾收集器增加额外的工作。比较好的方法是在相应的 `setup` 方法中创建大量的中间类，然后重写 `map` 和 `reduce` 方法。

（8）不要用分布式缓存来移动大数量的工件或者非常大的工件（每个几百 MB）。分布式缓存的设计是用来分布少部分中等大小的工件，几兆到几十兆大小。

（9）处理少量的数据时，不要创建成百上千个小作业构成的工作流。

（10）不直接从 reducer 或者 mapper 直接写入用户自定义的文件。Hadoop 中当前实现文件写的功能是单线程的（从第 2 讲获取更多细节），这意味着当多个 mapper/reducer 试图写文件时，这个执行将被序列化。

（11）不要创建这样的 MapReduce 功能，扫描一个 HBase 表来创建一个新的 HBase 表（或者写入同样的表中）。`TableInputFormat` 是为基于具有时间敏感性的表扫描的 HBase MapReduce 的实现。另外，HBase 写功能会因为 HBase 表的分割而产生重大的写延迟。结果是 Region 服务器会挂掉，而你甚至可能会失去一些数据。最好的解决方案是把作业分割成两个作业。一个扫描表并向 HDFS 中写入中间结果。另一个从 HDFS 读取数据并写入到 HBase 中。

（12）不要试图重新实现现有的 Hadoop 类——扩展它们并在你的配置中明确指定你的实现。不同于应用服务器，Hadoop 命令最后才指定用户类，这意味着现有的 Hadoop 可以总是具有优先权。

知识检测点 6

为了 MapReduce 具有可用性，需要达成的条件是什么？

练习

基于图的问题

1. 考虑下面的图：

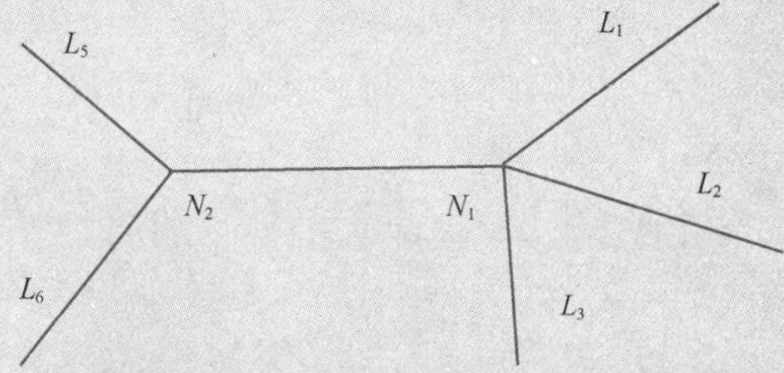

   a. 找到所有连接 N_2 和 N_1 的链路。
   b. 根据节点每条链路上的车道数量，计算出道路宽度。
   c. 根据道路的宽度，计算焦点的几何形状。

2. 考虑下面的图：

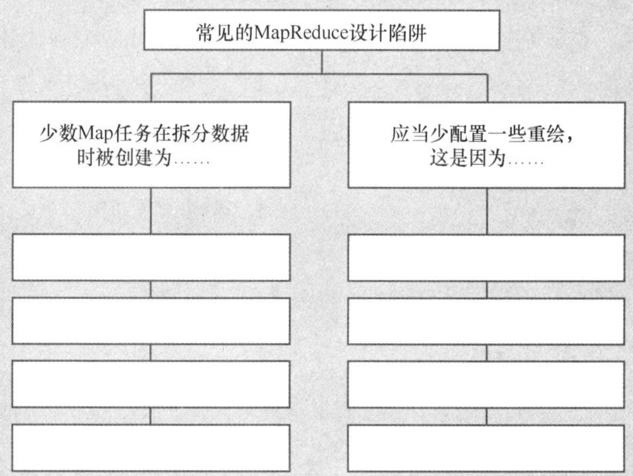

   a. 当 MapReduce 内容变得太大时，公司面临的主要问题是什么？
   b. 除了已被提及的之外，再记下 MapReduce 设计中另外 3 个“不要”。

多项选择题

选择正确的答案。在下面给出的“标注你的答案”里将正确答案涂黑。

1. 在 MapReduce 模型中，Lisp 语言的作用是：
   a. 使用 reduce 来 reduce 元素
   b. 通过 3 次操作，使用 reduce 来合并所有的元素
   c. 使用 reduce 来合并所有二进制操作

d．使用 reduce 来消除错误

2. MapReduce 中接合器的功能是：

a．构建程序片段　　b．汇编程序片段

c．有助于分割程序　　d．从程序片段中构建程序

3. MapReduce 执行中的两个可选组件是：

a．清洗和排序　　b．mapper 和 partition

c．接合器和分布式缓存　　d．RecordReader 和 RecordWriter

4. MapReduce 框架通过什么来支持应用程序的开发？

a．调度器　　b．重新调度

c．Reducing　　d．Mapping

5. Hadoop Tool 接口是实现什么样的标准方法？

a．Hadoop MapReduce 应用程序驱动器

b．具体的 Java MapReduce 应用程序驱动器

c．Lisp MapReduce 应用程序驱动器

d．任意 Java MapReduce 应用程序驱动器

6. 如果输出格式中所指定的输出目录已经存在，那么 MapReduce 的执行会怎样？

a．抛出一个错误　　b．完全关闭

c．搜寻进一步的指令　　d．继续执行

7. Hadoop 的执行目前只支持：

a．Amazon EMR　　b．MapR 发行版

c．Java 版本 6　　d．Hortonworks

8. MapReduce 中存在的连接数据的两个标准实现是：

a．reduce 端连接和尺寸 reduce 连接

b．map 端连接和尺寸 map 连接

c．map 端连接和 reduce 端连接

d．map 尺寸连接和 reduce 尺寸连接

9. 在 MapReduce 的作业中，你想要你的每个输入文件都由一个单一的 map 任务来处理。你该如何配置 MapReduce 作业，使单一的 map 任务可以处理每一个输入文件，而不管输入文件占用了多少块？

a．增加在作业配置中控制最小拆分大小的参数。

b．编写一个自定义的 MapRunner，遍历整个文件中所有的键-值对。

c．将 mapper 的数目设定成与你想要处理的输入文件数目相等。

d．编写一个自定义 FileInputFormat 并重写 isSplittable 的方法，以便始终返回 false。

10. 如果 mapper 输出不匹配 reducer 的输入，会发生什么？

a．Hadoop API 将数据转换成 reducer 所需的类型。

b．不能发生数据输入/输出的不一致。作业的完整执行之前先执行一个初步的验证检查以确保具有一致性。

c．Java 编译器在编译时报告错误，但作业会以带有异常的状态完成。

d．抛出一个实时的异常，MapReduce 作业会失败。

标注你的答案（把正确答案涂黑）

1. ⓐ ⓑ ⓒ ⓓ
2. ⓐ ⓑ ⓒ ⓓ
3. ⓐ ⓑ ⓒ ⓓ
4. ⓐ ⓑ ⓒ ⓓ
5. ⓐ ⓑ ⓒ ⓓ
6. ⓐ ⓑ ⓒ ⓓ
7. ⓐ ⓑ ⓒ ⓓ
8. ⓐ ⓑ ⓒ ⓓ
9. ⓐ ⓑ ⓒ ⓓ
10. ⓐ ⓑ ⓒ ⓓ

测试你的能力

1．描述作业设置的主要部分。

2．MapReduce 可以用来解决所有问题吗？如果不能，解释何时 MapReduce 是不适用的。

备忘单

- MapReduce 是一种执行高度并行且跨巨大数据集的分布式算法，利用了大量商品化的计算机。
- MapReduce 框架对 mapper 的输出键/值对进行排序，并将每个单一键与其所有值进行合并。
- Reducer 是作业的可选部分，不产生或产生多个键/值对。
- 存储在 Hadoop 中甚至存储在 Hadoop 之外的所有数据可以作为 MapReduce 作业的输入。
- 下面是 MapReduce 执行管道的主要部分：
  - 驱动程序；
  - 上下文；
  - 输入数据；
  - `InputFormat`；
  - `InputSplit`；
  - `RecordReader`；
  - mapper；
  - 分区；
  - 清洗；
  - 排序；
  - reducer。
- 下面是 MapReduce 执行的两个可选组件：
  - Combiner；
  - 分布式缓存。
- MapReduce 框架提供了对应用程序开发的下列支持：
  - 调度；
  - 同步；
  - 错误和故障处理。
- 作业对象体现了作业提交者的作业视角。作业设置由下列的主要部分组成：
  - 输入设置；
  - Mapper 设置；
  - Reducer 设置；
  - 输出设置。
- MapReduce 可以认为是一个通用的并行执行框架，可以充分利用数据局部性的优势。
- 在迭代的 MapReduce 应用程序的情况下，一个或多个的 MapReduce 作业通常是在循环中实现的。
- HBase 数据的合理布局，呈现了如下向量：
  - 每个表行代表了单一的向量；
  - 一个给定向量的所有元素，连同一个向量索引对应的列名以及一个索引向量值对应的值，被存储在一个单一列族中。

第3讲

自定义 MapReduce 执行

模块目标

学完本模块的内容，读者将能够：

⏭	利用 MapReduce 的可扩展性定制执行

本讲目标

学完本讲的内容，读者将能够：

⏭	用 InputFormat 实现 MapReduce 执行的控制
⏭	用自定义 RecordReader 实现数据读取
⏭	用自定义 OutputFormat 组织输出数据
⏭	用自定义 RecordWriter 写数据
⏭	用组合器优化 MapReduce 执行
⏭	用 partitioner 实施对 reducer 执行的控制

“计算机科学家的主要挑战是不被他自己制造的复杂性所迷惑。”

——E. W. Dijkstra

在前面的几讲中，我们已经了解了 MapReduce 是什么，它的主要组件以及它们在 MapReduce 执行中的作用。这些组件中的每一个都由继承特定接口的 Java 类所实现的，且通过 MapReduce 框架所定义的。Hadoop 提供了每个组件的许多不同的实现，但有时候，你需要一个特定的组件来完成稍微有点不同的事情。最强大的 Hadoop 特性之一是它的**可扩展性**，所以你总是可以推出你自己的实现。

在本节中，你将学习到如何利用可扩展性来定制 MapReduce 的执行，以更好地适应特定应用的要求。本节中呈现的例子考虑到了每一个主要的 MapReduce 组件，并展示了如何创建其自定义的实现，并准确地满足你的需求。

一些例子可以直接在你的应用程序中使用，而一些仅仅可以作为一个例子来说明“奇迹”是如何发生的，以及如何着手你自己的定制。

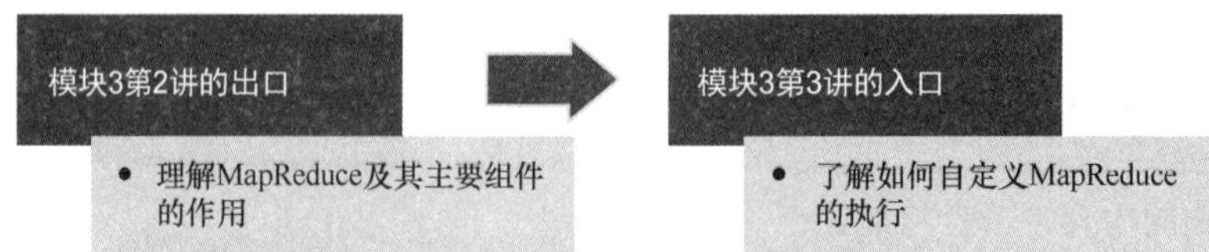

3.1 用 InputFormat 控制 MapReduce 的执行

我们从使用 `InputFormat` 控制 map 的数目和 map 的执行位置开始展开讨论。

正如在前面小节中所讨论的那样，`InputFormat` 类是 MapReduce 框架的基础类之一。它负责定义两个主要的东西：`InputSplit` 和 `RecordReader`。

`InputSplit` 定义了单个 map 任务的大小（因此，也定义了 map 任务的数目）以及它们“理想的”执行服务器（位置）。`RecordReader` 负责从输入文件中实际读取记录，并将它们（如键/值对）提交给 mapper。本节稍后会详细讨论 `RecordReader`。首先，我们将了解拆分是什么，如何为了具体用途来实现自定义拆分和输入格式。

技术材料

这里所描述的算法在总体上来讲是过于简化的，其目的只是为了解释 map 分配的基本机制。真正的调度算法明显要复杂得多，要将更多的参数纳入考虑范围，而不仅仅是拆分位置。

通过定义**拆分长度**和**拆分位置**，拆分的实现扩展了 Hadoop 的基础抽象类——`InputSplit`。拆分的位置提示调度器，以决定何处放置拆分的执行（即特定的 TaskTracker）。一个基本 JobTracker 算法的操作如下。

（1）从 TaskTracker 接收心跳，报告 map 插槽的可用性。

（2）查找可用节点为“本地”的队列拆分。

（3）将拆分提交给 TaskTracker 来执行。

拆分尺寸和拆分位置可以根据存储机制和整体执行策略来表示不同的事情。以 HDFS 为例，拆分通常对应于一个物理数据块，位置是块在物理上所处的一组机器（规模大小是由复制因子定义的）。

这是 `FileInputFormat` 为文件计算拆分的方式。

（1）扩展 InputSplit 来捕获关于文件位置、文件块起始位置以及块长度的信息。

（2）为文件获取文件块的列表。

（3）对于每一个块，创建一个拆分，拆分长度与块尺寸相等，拆分位置与给定块的位置相等。文件位置、块偏移和长度也保存在拆分中。

附加知识

虽然将输入文件拆分是并行化 map 执行的主要技术之一，但是有些文件是无法拆分的。例如，压缩的文本在 Hadoop 中是不可分割的。不可拆分文件的另一个例子是自定义的二进制文件，它们没有一个明确的标记来分离记录。Hadoop 的 FileInputFormat（它是一个用于 HDFS 文件的 Hadoop InputFormat 实现的大多数类的基类）提供了一种显式的方法来检查输入文件是否是可分割的。这个方法可以通过从它派生出来的 InputFormat 类来复写。例如，TextInputFormat 通过对于未压缩文件返回 true，对于其他情况返回 false 的方式，复写了这个方法。记住，“不可分割文件”并不意味着 MapReduce 执行无法并行。在多文件输入的情况下，FileInputFormat 为每个文件每个块创建了一个分割。这意味着，在不可分割文件的情况下，分割的数目等同于文件的数量。

交叉参考　模块 3 第 1 讲中已介绍过 HBase 的工作方式。

另一种方法被 **HBase 实施者**所采用。

对于 HBase 来说，拆分对应于属于表区域的一组表键，位置是区域服务器所运行的机器。对于 TableInputFormat 类中的拆分大小没有明确的控制方法。在 HBase 的情形下，控制拆分尺寸的最简单的方式是改变表在区域之间的分割方式，如指定表区域文件尺寸或以一定的方式预分裂表。

下一部分通过几个例子介绍如何构建自定义 InputSplit 计算的 InputFormat 的例子。前面的两个例子处理 HDFS 的自定义 InputFormat，第三个例子处理 HBase。

快速提示　不要将 MapReduce InputSplit（将数据执行分区以便并行化的方式）与 HBase 区域分割（在区域服务器之间为了数据的并行访问而划分表的方式）相混淆。

3.1.1　为计算密集型应用程序实施 InputFormat

一类特殊的 MapReduce 应用程序是计算密集型的应用。这种应用的一个常见例子是主要使用 MapReduce 进行并行化的应用以及为每个键/值使用复杂计算算法处理的应用，例如前面小节所讨论的人脸识别应用程序的例子。

这类应用的主要特点是 map() 函数的执行比数据访问的时间明显要长（至少长一个数量级）。

从技术上讲，这样的应用仍然可以使用一个“标准”输入格式的实现。然而，过度使用数据所在的节点，却使集群内其他节点未被充分利用，这可能会产生一个问题。

预备知识　参考本讲的预备知识，了解 Avro 的特性和数据类型。Avro 是独立于语言的读写数据的应用程序。

图 3-3-1（由 Hadoop 的神经中枢监测工具所产生）表明，利用计算密集型应用的“**标准**”数

据局部性会导致节点利用率的巨大变化。屏幕底部的 3 行图形数据表明了某些节点的过载（实际屏幕中以红色显示，图 3-3-1 中是阴影部分）以及其他节点的欠载（实际屏幕中以黄色和浅绿色表示，图 3-3-1 中的非阴影部分）。

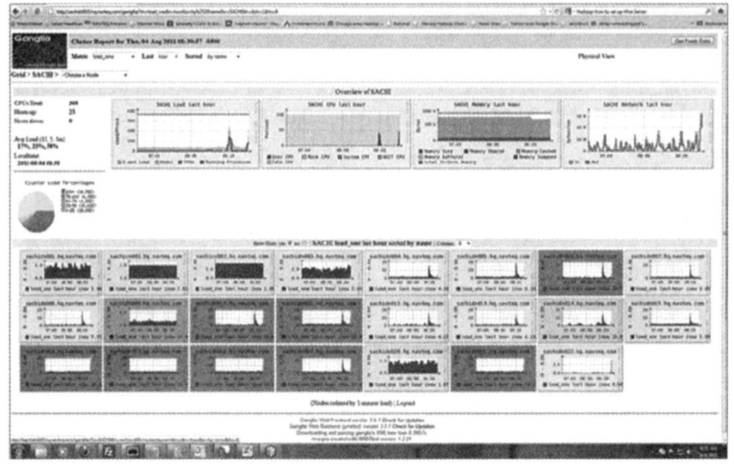

图 3-3-1　传统数据局部性情形下的节点利用率

对于计算密集型应用程序，这意味着，必须要反思**局部性**的概念。在这种情况下，理想的分布是最大限度地利用集群机器的计算能力，**局部性**意味着所有可用节点之间 map 执行的平均分布。

代码清单 3-3-1（代码文件：类 ComputeIntensiveSequenceFileInputFormat）展示了这样的一个例子。这里，一个简单的 ComputeIntensiveSequenceFileInputFormat 类（它假设源数据以一组序列文件的形式提供）实现了拆分的生成，它们在集群的所有服务器上均匀分布。

代码清单 3-3-1　ComputeIntensiveSequenceFileInputFormat 类

```
public class ComputeIntensiveSequenceFileInputFormat<K, V> extends
SequenceFileInputFormat<K, V> {
    @Override
    public List<InputSplit> getSplits(JobContext job) throws
    IOException {
        String[] servers = getActiveServersList(job);
        if(servers == null) return null;
        List<InputSplit> splits = new ArrayList<InputSplit>();
        List<FileStatus>files = listStatus(job);
        int currentServer = 0;
        for (FileStatus file: files) {
            Path path = file.getPath();
            long length = file.getLen();
            if ((length != 0) && isSplitable(job, path)) {
               long blockSize = file.getBlockSize();
               long splitSize = computeSplitSize(blockSize, minSize, maxSize);
               long bytesRemaining = length;
               while (((double) bytesRemaining)/splitSize > SPLIT_SLOP) {
                   splits.add(new FileSplit(path, length-bytesRemaining,
                       splitSize, new String[] {servers[currentServer]}));
```

```
                currentServer = getNextServer(currentServer,
                    servers.length);
                bytesRemaining -= splitSize;
            }
2           else if (length != 0) {
                splits.add(new FileSplit(path, 0, length, new String[]
                    {servers[currentServer]}));
                currentServer = getNextServer(currentServer, servers.length);
            }
        }
        // Save the number of input files in the job-conf job.
        getConfiguration().setLong(NUM_INPUT_FILES, files.size());
        return splits;
    }
3   private String[] getActiveServersList(JobContext context){
        String [] servers = null;
        try {
            JobClient jc = new JobClient((JobConf)context.getConfiguration());
            ClusterStatus status = jc.getClusterStatus(true);
            Collection<String> atc = status.getActiveTrackerNames();
            servers = new String[atc.size()];
            int s = 0;
            for(String serverInfo : atc){
                StringTokenizer st = new StringTokenizer(serverInfo, ":");
                String trackerName = st.nextToken();
                StringTokenizer st1 = new StringTokenizer(trackerName, "_");
                st1.nextToken();
                servers[s++] = st1.nextToken();
            }
        } catch (IOException e) {
            e.printStackTrace();
        }
        return servers;
    }
4   private static int getNextServer(int current, int max){
        current++; if(current >= max)
        current = 0; return current;
    }
}
```

代码清单 3-3-1 的解释

1	穿越文件列表
2	为零长度文件创建空主机数组
3	是一种计算目前在集群中活跃的服务器（名称）阵列的方法
4	计算服务器阵列中的下一台服务器，当服务器阵列耗尽时周而复始

该类扩展了 SequenceFileInputFormat 并覆盖了 getSplits()方法，以与 Hadoop 的 FileInputFormat 同样的方式计算了拆分。然而，它以不同的方式来分配分割局部性。局部性

在这里分配给集群中任何可用服务器，而不是将块的物理位置作为一个“首选的”拆分执行位置。

该实现利用了两个支撑方法。

（1）getActiveServersList()方法查询集群状态，计算目前集群中可用的服务器阵列（名称）。

（2）getNextServer()方法是一个可用服务器阵列的外覆迭代器。

如果想要结合上述两个方法，可以放置尽可能多的本地数据，然后将其余部分分发给集群。

技术材料

当创建自定义事件时，扩展现有 Hadoop 类是一种常见的做法，这种做法贯穿于本节始终。它使用户可以重用现有的实现，同时增加必要的特性。例如，通过利用大量的 Hadoop 提供的代码，用 ComputeIntensiveSequenceFileInputFormat，扩展 SequenceFileInputFormat 还有 FileInputFormat，极大地简化了它们的实现。

技术材料

虽然在某些实现中，数据局部性对执行性能没有影响或只有非常小的影响，但它总是对网络利用率有影响——如果数据不是本地的，会有更多的数据通过网络来传输。

代码清单 3-3-2（代码文件：类 ComputeIntensiveLocalizedSequenceFileInputFormat）展示了这样的一个例子。如果网络利用率成了一个问题，那么可以使用这个方法。

代码清单 3-3-2　优化 getSplits 方法

```
1  public List<InputSplit> getSplits(JobContext job) throws IOException {
       List<InputSplit> originalSplits = super.getSplits(job);
       String[] servers = getActiveServersList(job);
       if(servers == null) return null;
       List<InputSplit> splits = new ArrayList<InputSplit>(originalSplits.size());
       int numSplits = originalSplits.size();
       int currentServer = 0;
       for(int i = 0; i < numSplits; i++, currentServer =
           getNextServer(currentServer,servers.length)){
           String server = servers[currentServer];
       // Current server boolean replaced = false;
2      for(InputSplit split : originalSplits){
           FileSplit fs = (FileSplit)split;
           for(String l : fs.getLocations()){
           if(l.equals(server)){
               splits.add(new FileSplit(fs.getPath(),fs.getStart(),fs.getLength(),
                   new String[] {server}));
               originalSplits.remove(split); replaced = true;
               break;
           }
       }
       if(replaced)
```

```
                break;
            }
            if(!replaced){
                FileSplit fs = (FileSplit)splits.get(0);
                splits.add(new FileSplit(fs.getPath(), fs.getStart(),
                    fs.getLength(), new String[] {server}));
                originalSplits.remove(0);
            }
        }
        return splits;
    }
```

代码清单 3-3-2 的解释

1	getSplits()方法试图通过放置尽可能多的本地数据，然后将其余部分在集群中进行平衡的方式，对每一个分割位置合并两种策略
2	如果没有找到服务器的本地分割，给它分配第一个可用的拆分

以上的实现首先利用父类（FileInputFormat）得到计算出的位置拆分，以确保数据局部性。然后，对于每一台现有的服务器，它试图分配一个带有服务器本地数据的分片。对于没有“本地”分片的服务器，剩下的分片是随机分配的（图 3-3-2）。

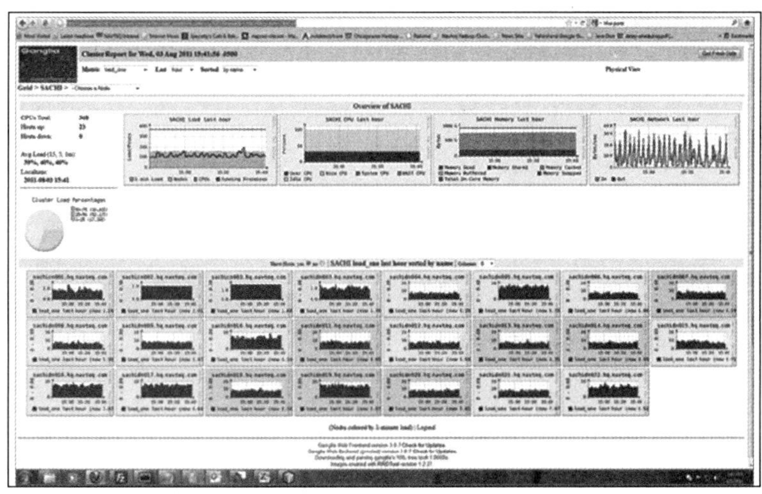

图 3-3-2　执行局部性情形下节点的利用率

利用 IntensiveSequenceFileInputFormat 类，你获得了集群更好的利用率。DataNode 之间的处理会分布地更加均匀，没有 CPU 热点存在。

在现实中，在一个满载集群上，差异可能不会像这里显示的那样极端，一个“标准的”InputFormat 也可能工作地很好。

这个例子的目的不是要提出一个不同的 InputFormat 实现，而是大部分展示了 InputFormat 内部运作原理，并证明了其变化的纲领性方法。

MapReduce 实现中的另一个常见情况是访问 Hadoop 集群（如数据库连接、HTTP 连接）之外的资源（从 map 代码获得）。这通常需要显式控制 maps 数量。

3.1.2 实现 InputFormat 控制 map 的数量

考虑复制将一组文件从 HDFS 复制到另一个位置的例子，假设这种复制是通过该位置所提供的 Web 服务来完成的。如果在这种情况下，你使用一个标准的 FileInputFormat，假设文件是不可分割的，使用的 mapper 数量就与文件数量相同。例如，如果你想要传输 1000 个文件，这将意味着要建立 1000 个 mapper。这不是最佳的解决方案，因为以下原因。

（1）为了它的执行，每个 mapper 执行都需要创建和销毁一个 Java 虚拟机（JVM）的开销。与单个文件的执行相比而言，这种开销是显著的。

（2）大量的分片可以“压垮”JobTracker。

（3）根据给定集群上所使用的调度程序，这么大量的 map 任务会给集群利用率造成负面的影响。

让我们通过创建一个特殊 InputSplit.来开始。

代码清单 3-3-3（代码文件：类 MultiFileSplit）展示了包含文件列表和关于执行“局部性”信息的多文件分片。（这段代码只展示了相关方法的实现）。

代码清单 3-3-3　MultiFileSplit 类

```
1 public class MultiFileSplit extends InputSplit implements Writable{
      private long length;
      private String[] hosts;
      private List<String> files = null;
      public MultiFileSplit(){
      }
      public MultiFileSplit(long l, String[] locations){
      }
      @Override
2     public long getLength() throws IOException, InterruptedException {
          return files.size();
      }
      @Override
3     public String[] getLocations() throws IOException, InterruptedException {
          return hosts;
      }
      @Override
      public void write(DataOutput out) throws IOException {
      }
      @Override
      public void readFields(DataInput in) throws IOException {
      }
  }
```

代码清单 3-3-3 的解释

1	是一个拥有两个参数的构造器
2	返回包含文件长度的数组
3	获取主机的位置

知识检测点 1

> 在所有的 mapper 完成 mapping 进程之前，reducer 不会启动，但是 MapReduce 作业的进程展示了类似于 Map(50%) Reduce(10%)这样的东西。现在 reducer 尚未启动，为什么 reducer 显示的百分比会跟 mapper 的百分比一起出现?

必须从 InputSplit 类中派生出一个自定义的分片类，并实现 Writable 接口。必须实现在这个类和接口中所定义的方法。此外，必须实现无参的构造函数（由 mapper 使用）。

技术材料

> Hadoop 实现中的 InputSplit 类是一个数据容器，为 JobTracker 提供信息——作业执行位置和输入数据的 RecordReader。为了正确地初始化给定 mapper 的 RecordReader，这个信息是必需的。因此，此处不能添加任何执行逻辑。这样的逻辑必须实现在 RecordReader 中。

有了准备就绪的自定义的分片类，InputFormat 的实现是相当简单的，如代码清单 3-3-4 所示（代码文件：类 FileListInputFormat）。

代码清单 3-3-4　FileListInputFormat 类

```
1  public class FileListInputFormat extends FileInputFormat<Text, Text>{
       private static final String MAPCOUNT = "map.reduce.map.count";
       private static final String INPUTPATH = "mapred.input.dir";
       @Override
       public List<InputSplit> getSplits(JobContext context) throws
           IOException {
           Configuration conf = context.getConfiguration();
           String fileName = conf.get(INPUTPATH, "");
2          String[] hosts = getActiveServersList(context);
           Path p = new Path(StringUtils.unEscapeString(fileName));
3          List<InputSplit> splits = new LinkedList<InputSplit>();
           FileSystem fs = p.getFileSystem(conf);
           int mappers = 0;
           try{
               mappers = Integer.parseInt(conf.get(MAPCOUNT));
           }
           catch(Exception e){}
           if(mappers == 0)
               throw new IOException("Number of mappers is not specified");
           FileStatus[] files = fs.globStatus(p);
           int nfiles = files.length;
           if(nfiles < mappers) mappers = nfiles;
```

```
        for(int i = 0; i < mappers; i++) splits.add(new MultiFIleSplit(0,hosts));
        Iterator<InputSplit> siter = splits.iterator();
4       for(FileStatus f : files){
            if(!siter.hasNext())
                siter = splits.iterator();
            ((MultiFIleSplit)(siter.next())).addFile(f.getPath().toUri()
            .getPath());
        }
        return splits;
    }
    public static void setMapCount(Job job, int mappers){
        Configuration conf = job.getConfiguration();
        conf.set(MAPCOUNT, new Integer(mappers).toString());
    }
    }
```

代码清单 3-3-4 的解释

1	获取内容的分片
2	是一种计算集群中目前活跃的服务器（名称）阵列，并分配给主机的方法
3	创建常见分片对象的列表
4	遍历每一个文件

这里的静态 setMapCount 提供了一个 API 来设置作业驱动器中所需的 maps 数量的值。它的实现利用了标准的 Hadoop 方法，在分布式 Hadoop 组件中传递参数——为组件添加一个值，该值可以通过给定作业的每个组件来访问。

getSplits 方法的实际实现也相当简单。它首先试图得到所需的 mapper 数量，并为每个 map 创建一个拆分。然后，它遍历所有可用的文件，并将每个文件添加到每个拆分中去。

虽然当文件都是差不多大小时，FileListInputFormat 会工作地非常好，但是在文件大小差异明显的情况下，单个 mapper 的执行时间也会不同。问题是，拆分是根据文件数目完成的，而不是根据数据大小。此外，对于某些 MapReduce 作业，它不仅仅是数据大小本身，也是数据的复杂性（因为它是由 map 处理调用的）。因此，在 InputFormat 中实现平均拆分（就执行时间而言）是相当复杂的。

图 3-3-3 实现了如何使用队列作为一种通用的方法，平均多个工作进程的执行时间。

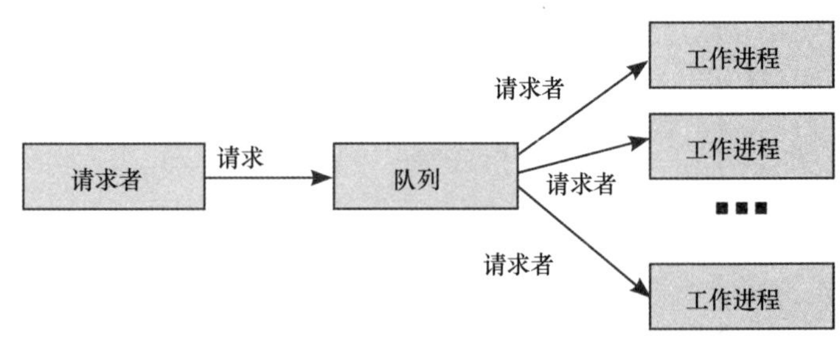

图 3-3-3　使用队列进行负载均衡

在这种情况下，所有的执行请求都被写入队列。每个工作进程都试图从队列中读取一个新的请求，然后执行它。一旦执行完成，工作进程试图读取下一个请求。这种类型的负载均衡被称为**工作进程驱动的负载均衡**。在这种情况下，请求者不知道关于执行能力的任何事情，甚至是工作进程的数量。只有当前请求完成后，工作进程才会读取一个新请求，从而确保有效的资源利用。

让我们来看看如何将这种方法应用于作业执行。在 Hadoop 环境中创建队列的一个简单方法是使用 HBase，如代码清单 3-3-5 所示（代码文件：类 HdQueue）。

代码清单 3-3-5　利用 HBase 实现一个队列

```
1   public class HdQueue {
        ..............................................................................
        public void enqueue(byte[] data) throws IOException{
            long messageKey = 0;
            //
            while ((messageKey = table.incrementColumnValue (COUNTER_KEY,
            MESSAGE_FAMILY, COUNTER_COLUMN, 1)) < 0)
            // Put the message
2           String sKey = Long.toString(messageKey);
3           Put put = new Put(Bytes.toBytes(sKey));
4           put.add(MESSAGE_FAMILY, MESSAGE_COLUMN, data);
            table.put(put);
        }
        public long getCurrentQueueSize() throws IOException{
            return table.incrementColumnValue(COUNTER_KEY, MESSAGE_FAMILY,
                COUNTER_COLUMN, 0);
        }
        .......................................................................
        public byte[] dequeue() throws IOException{
            long messageKey = table.incrementColumnValue(COUNTER_KEY, MESSAGE_
            FAMILY, COUNTER_COLUMN, -1);
5           if (messageKey < 0){
                messageKey = table.incrementColumnValue (COUNTER_KEY, MESSAGE_
                    FAMILY, COUNTER_COLUMN, 1);
                return null;
            }
            String sKey = Long.toString(++messageKey);
            Get get = new Get(Bytes.toBytes(sKey));
            get.addColumn(MESSAGE_FAMILY, MESSAGE_COLUMN);
            Result result = table.get(get);
            return result.value();
        }
        ..............................................................................................
    }
```

代码清单 3-3-5 的解释

1	确认指针大于等于零，如果指针小于零，就什么也不做
2	按字符串形式读取 messageKey
3	转换成字节，并存储在变量'put'中
4	将转换好的字节加到表中
5	验证输出队列到达最后的值

在这个实现中，一个单表代表一个队列。实现根据原子 HBase 增量操作，应用到队列指针的位置。入列操作增长了指针，并使用其当前的位置作为键。出列方法递减了指针并使用其原先的值作为检索数据的键。实际的数据，连同与队列中数据位置相等的行键，存储于表中。一个特殊的行键是专门用来跟踪队列指针的。

有了准备就绪的简单队列的实现，现在可以修改 InputFormat 的实现了，如代码清单 3-3-4 所示来使用它。

首先，有必要简化 InputSplit 类的实现。因为，在这种情况下，文件列表存储于队列中，而不是存储于它自身的拆分中，可以从 MultiFileSplit 类（代码清单 3-3-3）中删除文件队列和与文件列表处理相关的所有方法。这种拆分叫作 SimpleSplit 类。有了这个类之后，你的 InputFormat 实现将如代码清单 3-3-6 所示（代码文件：类 FileListQueueInputFormat）。

代码清单 3-3-6　FileListQueueInputFormat 类

```
1   public class FileListQueueInputFormat extends
        FileInputFormat<Text, Text>{
        ……………………………………………………………………………………………….
        @Override
        public List<InputSplit> getSplits(JobContext context) throws IOException {
            Configuration conf = context.getConfiguration();
2           String fileName = conf.get(INPUTPATH, "");
            String[] hosts = getActiveServersList(context);
            Path p = new Path(StringUtils.unEscapeString(fileName));
            List<InputSplit> splits = new LinkedList<InputSplit>();
            FileSystem fs = p.getFileSystem(conf);
            int mappers = 0;
            try{
                mappers = Integer.parseInt(conf.get(MAPCOUNT));
            }
            catch(Exception e){}
            if(mappers == 0)
                throw new IOException("Number of mappers is not specified");
            HdQueue queue = HdQueue.getQueue(conf.get(QUEUE));
            FileStatus[] files = fs.globStatus(p);
            int nfiles = files.length;
            if(nfiles < mappers) mappers = nfiles;
3           for(FileStatus f : files)
                queue.enqueue(Bytes.toBytes(f.getPath().toUri().getPath()));
            queue.close();
            for(int i = 0; i < mappers; i++)
4               splits.add(new SimpleInputSplit(0,hosts));
            return splits;
        }
        public static void setInputQueue(Job job, String queue) throws
            IOException {
                Configuration conf = job.getConfiguration();
            conf.set(QUEUE, queue);
        }
```

```
5       public static void setMapCount(Job job, int mappers){
            Configuration conf = job.getConfiguration(); conf.set(MAPCOUNT, new
            Integer(mappers).toString());
        }
    }
```

代码清单 3-3-6 的解释

1	`getSplits()`是获取参数上下文并拆分输入的函数
2	配置输入路径并将其指派给文件名变量
3	用多次迭代，在文件中检查文件的'f'状态
4	拆分主机值，将其添加到 add 函数的拆分类中
5	`setMapCount()`是一个用来设定 mapper 数量并配置它的函数

该实现与代码清单 3-3-4 中的很类似，所不同的是，它不是把文件名存储在拆分中，而是将文件存储在队列中。该实现提供了一个额外的静态方法，提供输入队列名。

根据具体要求，可以使用 `FileListInputFormat` 和 `FileListQueueInputFormat` 来显式地控制 MapReduce 作业中 map 的数量。`FileListInputFormat` 更加简单，所以如果不需要 map 执行的均衡负载，你就应该使用它。

在这里所讨论的自定义 `InputFormat` 类的最后一个例子是支持多 HBase 表的。

交叉参考　我们已经学习了模块 3 第 2 讲中讨论的 MapReduce 作业的知识。

3.1.3　为多 HBase 表实现 InputFormat

对于基于 HBase 数据源的 MapReduce 作业，Hadoop 提供了 `TableInputFormat`。这种实现的局限性在于它仅支持单个表。许多实际应用程序（如表连接）需要多个表作为作业的输入。这样的输入格式的实现是相当简单的。

你必须先定义一个类，可以留存定义一个单独表的信息，如代码清单 3-3-7 所示（代码文件：类 `TableDefinition`）。该类使你能够完全确定一个表，进行表自身的完整的 MapReduce 处理，扫描定义了你感兴趣表的行范围，以及一组列族（特定问题的相关列）。

代码清单 3-3-7　TableDefinition 类

```
public class TableDefinition implements Writable {
    private Scan _ scan = null;
    private HTable _table = null;
    private String _tableName = null;
}
```

代码清单 3-3-7 的解释

	`TableDefinition` 是一个类，在其内部，`Scan_scan`、`HTable_table` 和 `string tableName` 变量被赋值为 `null` 值

由于 Hadoop 的 `TableInputFormat` 实现支持单表/扫描，所以所有关于表和扫描的信息都包含在 `TableInputFormat` 的实现中，而不需要在 `InputSplit` 类中进行定义。在这种情况

下，不同的拆分是指不同的表/扫描对。因此，你必须扩展表拆分的类以不仅包含表相关的信息（名称、开始和结束行，区域服务器位置），还要包含给定表的扫描。代码清单 3-3-8（代码文件：类 MultiTableSplit）展示了如何去做。

代码清单 3-3-8　MultiTableSplit 类

```
public class MultiTableSplit extends TableSplit {
    private Scan scan;
    public MultiTableSplit() {
    ...
    }
    public MultiTableSplit(byte [] tableName, byte [] startRow, byte [] endRow,
    final String location, Scan scan) {
        ...
    }
    ...
}
```

代码清单 3-3-8 的解释

1	MutiTableSplit 是一个类，在其内部声明了变量 Scan _scan，调用了两个构造函数，即 MultiTableSplit()（默认构造函数）和另一个参数化的构造函数

有了准备好的两个支持类，MultiTableInputFormat 类的实现看上去如代码清单 3-3-9（类文件：类 MultiTableInputFormat）所示。

代码清单 3-3-9　MultiTableInputFormat 类

```
public class MultiTableInputFormat extends InputFormat<ImmutableBy
    tesWritable, Result> implements Configurable{
        ...
            protected void setTableRecordReader(TableRecordReader
            tableRecordReader) {
                this.tableRecordReader = tableRecordReader;
            }
            @Override
            public List<InputSplit> getSplits(JobContext context) throws
            IOException, InterruptedException {
                List<InputSplit> splits = new LinkedList<InputSplit>();
                int count = 0;
                for(TableDefinition t : tables){
                HTable table = t.getTable();
                if (table == null) {
                    continue;
            }
            Pair<byte[][], byte[][]> keys = table.getStartEndKeys();
            if(keys==null || keys.getFirst()==null || keys.getFirst().length==0){
            continue;
    }
    Scan scan = t.getScan();
```

```
    for (int i = 0; i < keys.getFirst().length; i++) {
        String regionLocation =
            table.getRegionLocation(keys.getFirst()[i]).getServerAddress().
            getHostname();
        byte[] startRow = scan.getStartRow();
        byte[] stopRow = scan.getStopRow();
        if ((startRow.length == 0 || keys.getSecond()[i].length == 0 ||
            Bytes.compareTo(startRow,keys.getSecond()[i])<0)&&(stopRow.length==0||
            Bytes.compareTo(stopRow, keys.getFirst()[i]) > 0)) {
            byte[] splitStart = startRow.length == 0 || Bytes.compareTo(keys.
            getFirst()[i], startRow) >= 0 ?
            keys.getFirst()[i] : startRow;
            byte[] splitStop = (stopRow.length == 0 || Bytes.compareTo(keys.
            getSecond()[i], stopRow) <= 0) &&
            keys.getSecond()[i].length > 0 ? keys.getSecond()[i] : stopRow;
            InputSplit split = new
                MultiTableSplit(table.getTableName(), splitStart, splitStop,
                regionLocation, scan);
            splits.add(split);
            }
        }
        if(splits.size() == 0){
            throw new IOException("Expecting at least one region.");
        }
        return splits;
    }
    @Override
    public RecordReader<ImmutableBytesWritable, Result>
        createRecordReader(InputSplit split, TaskAttemptContext context)
        throws IOException, InterruptedException {
        MultiTableSplit tSplit = (MultiTableSplit) split;
        TableRecordReader trr = this.tableRecordReader;
        if (trr == null) {
            trr = new TableRecordReader();
        }
        Scan sc = tSplit.getScan();
        sc.setStartRow(tSplit.getStartRow());
        sc.setStopRow(tSplit.getEndRow());
        trr.setScan(sc);
        byte[] tName = tSplit.getTableName();
        trr.setHTable(new HTable(HBaseConfiguration.create(conf), tName));
        trr.init();
        return trr;
    }
        ...
    public static void initTableMapperJob(List<TableDefinition> tables,
        Class<? extends TableMapper> mapper,
        Class<? extends WritableComparable> outputKeyClass,
        Class<? extends Writable> outputValueClass, Job job) throws
        IOException {
```

```
            job.setInputFormatClass(MultiTableInputFormat.class);
            if (outputValueClass != null)
                job.setMapOutputValueClass(outputValueClass);
            if (outputKeyClass != null)
                job.setMapOutputKeyClass(outputKeyCla ss);
            job.setMapperClass(mapper);
            job.getConfiguration().set(INPUT_TABLES,
                convertTablesToString(tables));
    }
}
```

代码清单 3-3-9 的解释

1	获得根据区域的划分并将其存储到列表中
2	迭代地获得关于 RegionLocation.hostname、startrow 和 stoprow 的信息
3	创建基于从 startrow、stoprow 和 Regionlocation 获得的值的多表划分
4	为 RecordReader 创建和设定值
5	用作设定 MapReduce 作业的 initTableMapperJob

该类包含了下列的主要方法。

- getSplits 方法遍历了表的列表，并为每一个表，用扫描边界内的一组键，计算区域的列表。对于每一个区域，该实现创建了一个新的分割，并用恰当的信息填充了 MultiTable Split 类。
- CreateRecordReader 方法根据表和扫描信息，创建了一个新的记录读取器。默认情况下，InputFormat 使用由 Hadoop 提供的默认实现——TableRecordReader。此外，setTableRecord Reader 方法允许 InputFormat 类的子类重写 RecordReader 的实现。
- 最后，initTableMapperJob 是简化 MapReduce 作业设置的一个辅助方法。它接受表定义的列表、mapper 类、输出键和值及作业，并设置正确的作业参数。它还对表定义列表进行“字符串化”，并根据上下文对象设置结果字符串，使其对 InputFormat 实现可用。

现在知道了如何编写自定义的 InputFormat 以控制 mapper 的执行，下一节介绍如何实现一个自定义的 RecordReader，以便可以控制输入数据的读取、处理和交付给 mapper 的方式。

3.2 用你自定义 RecordReader 的方式读取数据

可以将 MapReduce 作业的输入数据按许多不同（依赖于应用程序）的格式进行存储。为了该作业能够读取特定的数据格式，往往需要实现一个自定义的 RecordReader。

本节中的许多例子演示了如何构建自定义的 RecordReader。

> **快速提示** 良好开发实践的特征之一是关注分离。根据这一原则，mapper 的实现者不应该知道实际的数据布局。它们应该在键/值对的流上进行操作。读取输入数据和将其转换成键/值对的所有逻辑应当被封装在 RecordReader 中。

实现基于队列的 RecordReader

在上一节中，你学到了如何实现基于队列的 InputFormat，使用户可以控制 mapper 的数量，并对执行进行负载均衡。InputFormat 在队列中存储了文件名，并为了它的使用，要求自定义队列 RecordReader 的实现。

代码清单 3-3-10（代码：类 FileListReader）展示了这样的一个自定义 RecordReader 的实现。该实现基于这样一个假设，mapper 的 map 方法接收了作为文本的键和值，其中键不被使用，值包含了一个文件名。

代码清单 3-3-10　QueueDataReader 类

```
public class FileListReader extends RecordReader<Text, Text> {
    private HdQueue _queue;
    private Configuration _conf;
    private Text key = new Text("key");
    private Text value = new Text();
    @Override
    public void initialize(InputSplit split, TaskAttemptContext context)
    throws IOException, InterruptedException {
        _conf = context.getConfiguration();
        _queue = HdQueue.getQueue(_conf.get(QUEUE));
    }
    @Override
    public boolean nextKeyValue() throws IOException, InterruptedException {
        return getNextFile();
    }
    @Override
    public Text getCurrentKey() throws IOException, InterruptedException {
        return key;
    }
    @Override
    public Text getCurrentValue() throws IOException, InterruptedException {
        return value;
    }
    @Override
    public float getProgress() throws IOException, InterruptedException {
        return 0;
    }
    @Override
    public void close() throws IOException {
        _queue.close();
    }
    private boolean getNextFile(){
        byte[] f = null;
        try {
            f = _queue.dequeue();
        } catch (IOException e) {
            e.printStackTrace();
        }
        if(f == null)
```

```
                return true;
            value.set(new String(f));
            return false;
        }
    }
```

下面是代码中实现的关键方法。

- `initialize`：该方法实现了适当的 RecordReader 功能所需的所有初始化。在这种情况下，初始化就相当于连接到队列。
- `nextKeyValue`：由 mapper 调用的方法，检查了是否有更多的数据要处理。在这个实现中，你调用了一个单独的方法——`getNextFile`——它在值类变量中存储了文件名，如果在队列中有文件，则返回真，否则返回假。调用的结果被返回给 mapper。
- `getCurrentKey` 和 `getCurrentValue`：这两个方法用以访问当前的键和值。在这个实现中，你仅返回值，它被存储于类中。可以在类创建的时候预分配这些值，并在每次从队列中读取新的文件名时更新该值。这种方法可以大大节省内存的分配/释放，这是在前面小节中讨论过的 MapReduce 实现中的一个重要的优化技术。
- `getProgress`：Hadoop 使用这个方式来报告 mapper 执行的进度。因为，在这种情况下，你不知道在队列中还有多少文件待你处理，在此你总是返回“0”。
- `close`：在 `RecordReader` 执行结束时，用该方法来清理资源。在这种情况下，你正在关闭队列。

根据该 mapper 的功能，如代码清单 3-3-10 所示的实现可能有问题。如果 mapper 实例被 Hadoop 以任何理由给杀掉了，由该实例所处理的队列元素也就丢失了。

为了避免这种情况，你必须做以下的事情。

（1）使用带有禁止预测执行的 `RecordReader` 来运行作业。

（2）实现一个恰当的关闭钩子，如果作业以任何理由被杀掉的话，确保可以恢复队列元素（重新进入队列）。该实现可以把出队列的文件名存储在内存中，并在关闭钩子的实现中将它们重新放回队列。可以使用 mapper `cleanup` 方法被调用这一事实，在这种情况下，作为一个指标，mapper 的步骤已经被成功地完成了，出队列的文件名列表可以被清理了。

现在，知道如何去分割输入数据并读取它了，下一节将看一下如何自定义写出执行结果的方式。

交叉参考 你已经在模块 3 第 2 讲中学习了预测执行的定义以及禁用它的方法。

知识检测点 2

有家公司需要将文件输入至 MapReduce 程序中。但是文件不能被拆分，要作为一个整体传递给 map 函数。解释他们如何才能达到这一目标。

3.3 用自定义 OutputFormat 组织输出数据

正如先前所讨论的那样，`OutputFormat` 接口确定了 MapReduce 作业结果所存在的位置和方式。针对不同的 OutputFormat 类型，Hadoop 自带了一组类和接口，但有时，这些实现不足以应对手头的问题。

你可能想要创建自定义 OutputFormat 类的两个主要原因是，为了改变数据存储位置和数据写入方式。这部分演示了如何控制数据存储的位置。

在你深入到具体实现细节之前，看一眼 MapReduce 框架是如何将输出文件写入到 HDFS 以及流程中所涉及的组件中去的。（如果你是要写入到 HBase 或自定义存储的话，这些组件会略有不同。）

正如你在图 3-3-4 中所看到的那样，一旦作业被分割成多个任务，任务控制器就启动“尝试”任务执行。执行也创建了 FileOutputFormat 的一个子类，它反过来，创建一个 FileCommitter 类，并在 FileOutputFormat 所指定的输出目录中创建一个临时目录。这允许多个任务和每个任务的多次尝试，相互独立地写出它们的输出。

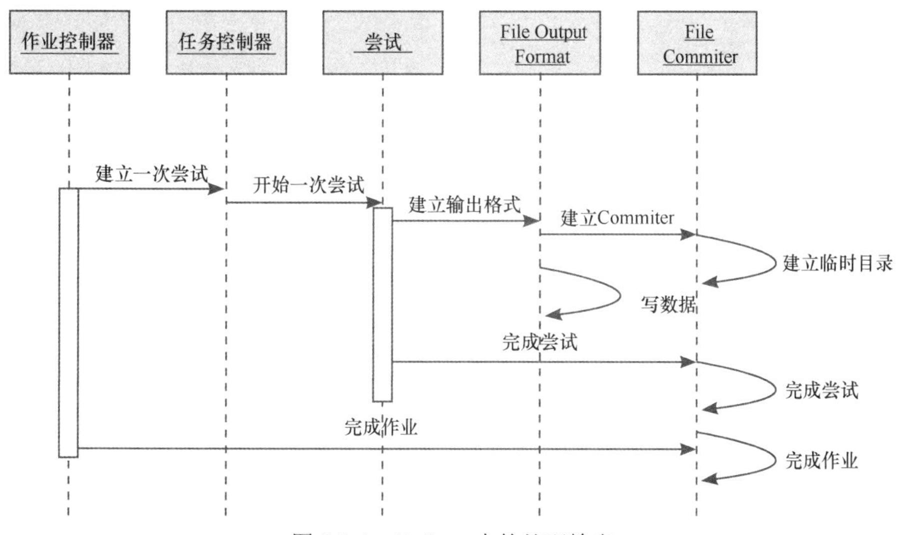

图 3-3-4　Hadoop 中的处理输出

一旦完成了一次尝试，就再次调用 FileOutputCommitter。如果某次尝试失败了，就删除相应的临时目录。如果该尝试成功了，则输出从临时目录复制到主目录，并移除临时目录。当整个作业完成后，还要再次调用 FileCommitter 以完成输出数据。

3.4　自定义 RecordWriter 以你的方式写数据

在输入输出支持的 MapReduce 实现中，有一定的对称性。例如，OutputFormat 作为一个工厂给自定义的 RecordWriter 提供服务（类似于 InputFormat 创建 RecordReader）。

另一个相似之处是关注分离——reducer（或 mapper）输出键/值对，而通知键/值对并按需要的形式输出它们，则是自定义 RecordWriter 的职责。

Hadoop 提供了相当多的 RecordWriter 实现，以支持将数据写入到 HDFS（按不同格式），HBase，甚至一些外部系统中去。但如果你需要一些特定专有格式的输出数据，你必须实现一个自定义的 RecordWriter。在下面我们来了解如何实现一个自定义的 RecordWriter。

实现 RecordWriter 以产生输出 tar 文件

假设你有一个 mapper，它在每一个 map 函数调用中生成一个完整的输出文件。将该文件直接写入到 HDFS 中将创建大量相当小的文件。所以，一个更好的选择是把所有的这些文件合并起来。

一种典型的方法是创建一个序列文件，将每一个 map 输出作为一个值，将 map 生成的键用作一个键。进一步假设，处理作业结果的应用程序不能读取一个序列文件，但是可以消费序列文件，如 tar 文件。

定　义

> tar（衍生自磁带归档）是一种文件格式，创建于 UNIX 的早期。通过 POSIX.1-1988，稍后通过 POSIX.1-2001 进行标准化。tar 文件通常用作数据归档和分发。

代码清单 3-3-11（代码文件：类 TarOutputWriter）展示了一个自定义 RecordWriter，创建一个 tar 输出文件，扩展 Hadoop 的抽象 RecordWriter 类并实现所需的所有方法。

代码清单 3-3-11　自定义 TarOutputWriter

```
1  class TarOutputWriter extends RecordWriter<BytesWritable, Text> {
       public TarOutputWriter(Configuration conf, Path output) throws
       FileNotFoundException, IOException {
           FileSystem fs = output.getFileSystem(conf);
           FSDataOutputStream fsOutStream = fs.create(output, REWRITE_FILES,
               BUFFER_SIZE);
           tarOutStream = new TarArchiveOutputStream(fsOutStream);
       }
       @Override
2      public void write(BytesWritable key, Text value) throws IOException {
           if (key == null || value == null ) {
               return;
           }
           TarArchiveEntry mtd = new TarArchiveEntry(key.toString());
           mtd.setSize(value.getLength());
           tarOutStream.putArchiveEntry(mtd);
           IOUtils.copy(new ByteArrayInputStream(value.getBytes()), tarOutStream);
       }
       @Override
       public void close(TaskAttemptContext context) throws IOException {
           if (tarOutStream != null) {
               tarOutStream.flush();
               tarOutStream. close();
           }
       }
   }
```

代码清单 3-3-11 的解释

1	把每个阅读器加入到输出流
2	这将根据键和值来创建 tar 条目

该类的工作负载位于 write 方法，它根据键和值创建了一个 tar 条目。然后该条目被加入到由阅读器构造函数所创建的 OutputStream 中。Close 方法清空输出流并关闭它。

为了使用这个自定义的写入器，你必须创建一个自定义的 OutputFormat 来建立 Record Writer。

因为，在这种情况下，你唯一要做的是创建一个自定义的 RecordWriter（换句话说，你不需要更改文件存储的位置，只需更改其格式），最简单的实现一个自定义 OutputFormat 的方式，是扩展 Hadoop 的 FileOutputFormat 并重写 getRecordWriter 方法，如代码清单 3-3-12 所示。

代码清单 3-3-12　TarOutputFormat 使用自定义的 RecordWriter

```
1  public class TarOutputFormat extends FileOutputFormat<BytesWritable, Text> {
       public static final String EXTENSION = ".tar";
       @Override
       public RecordWriter<BytesWritable, Text> getRecordWriter(TaskAttem
           ptContext job) throws IOException, InterruptedException {
           Path outpath = getDefaultWorkFile(job, EXTENSION);
           return new TarOutputWriter(job.getConfiguration(), outpath);
       }
   }
```

代码清单 3-3-12 的解释

1	获取输出的位置

该实现的一个重要组成部分是调用 getDefaultWorkFile 方法（由父类实现），得到输出的位置。在这种情况下，该位置处于对应于给定尝试的临时目录中。

现在，你知道了如何自定义输入和输出数据的处理，让我们看一下可以引入 MapReduce 执行中的优化技术。

3.5　利用结合器优化 MapReduce 执行

正如前面小节中所讨论的那样，使用结合器是一项重要的 Hadoop 优化技术。结合器的主要目的是通过最小化 mapper 和 reducer 之间跨网络清洗的键/值对数量来尽可能地节省带宽。

交叉参考　你会在本节稍后学到更多关于分区器的知识。

技术材料

在 Hadoop 的实现中，分区器通常先于结合器执行，所以虽然图 3-3-5 在概念上是准确的，但并不精确地描述了 Hadoop 的实现。

图 3-3-5 展示了扩展的 Hadoop 的处理管道，包括结合器和分区器。

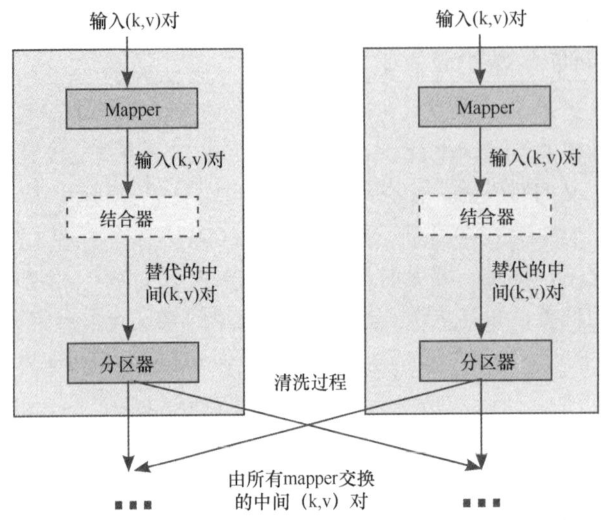

图 3-3-5　额外的 MapReduce 组件——结合器和分区器

在前一节中，你学到了关于链路标高的例子。表 3-3-1 分解了第一个 MapReduce 作业，其中 mapper 生成了键/值对——`(tid, {lid [points array]})`。

表 3-3-1　将链路分解并为每片作业标高

过程阶段	描述
mapper	在该作业中，mapper 的角色是构建链路分片，并将它们分配给单个瓦片。mapper 读取每条链路记录，并将其划分成固定长度的片段，这有效地将链路表示转换为一组点。对于每个点，它计算每个点所属的瓦片，并产生一个或多个链路分片记录，它看起来像这样：`(tid, {lid [points array]})`，其中 `tid` 是瓦片 ID，`lid` 是原始链路 ID，`points array` 是属于给定瓦片的点的阵列（来自原始链路）
清洗和排序	MapReduce 的清洗和排序将对根据瓦片 ID 的所有记录进行排序，这将保证属于同一瓦片的链路分片将由同一个 reducer 处理
reducer	在作业中，reducer 的作用是计算每一个链路分片的标高。根据每个瓦片 ID，为每个来自 HBase 的瓦片，reducer 载入地形信息，然后读取所有的链路分片，为每个点计算标高。它输出记录 `(lid, [points array])`，其中 `lid` 是原始链路 ID，`points array` 是三维点的数组
结果	作业执行的结果包含了完整的高层的链路分片。这对于实施第二次的 MapReduce 作业来合并它们是必需的

如果处理了数以百万个链路，map 步骤将产生更多的对。（记住，一个单一链路可以属于好几个瓦片。）利用结合器，就有可能发送更少键/值形式对`(tid,{lid [points access]}, …, {lid [points access]})`。

结合器可以被看作是一种“迷你的 reducer”，在把新的一组（有希望减少的）键/值对发送给 reducer 之前，在 map 阶段应用于单个 map 输出。这也是结合器的实现必须扩展 reducer 类的原因。

相当多的结合器的例子在其他地方也是可用的，所以在本课程中我们没有包含任何例子。

> **快速提示**　要注意到的是，引入结合器通常需要改变 reducer 的接口。由结合器所生成的键/值对与 mapper 所产生的键/值对往往是不同的。

附加知识　in-mapper 结合器设计模式

鉴于结合器在 MapReduce 框架内提供了常规机制，以减少由 mapper 生成的中间数据量，那么 in-mapper 结合器是另一种流行的设计模式，通常可以被用来服务于相同的目的。

这种模式是使用内存中的散列图累计中间结果的方式来实现的。不同于为每个 mapper 输入发出一个键/值对，in-mapper 结合器为每个单一输出键发出一个键/值列表对（类似于一个“标准”结合器）。

简而言之，这种模式直接把结合器的功能融入至 mapper 中。这消除了运行一个独立结合器的必要性，因为本地聚合已经由 mapper 实现了。

使用这种设计模式的两个主要优点如下。

- 当本地聚合发生时，它提供了更精确的控制。
- 一个实现可以利用不同的、特定于应用程序的聚合技术。

使用一个 in-mapper 结合器比使用实际的结合器更加有效——没有额外的键/值对读取和实例化的开销。下面是使用 in-mapper 结合器的额外好处。

- 没有中间数据的读/写。
- 没有额外的对象创建和销毁（垃圾收集）。
- 没有对象的序列化或反序列化（内存和处理）。

然而，这种模式有几个缺点。它跨多个输入键/值对保留状态，违反了 MapReduce 的函数编程模型，这意味着算法的行为可能取决于执行的顺序。它还引入了一个基本的可扩展的与内存中存储额外（潜在地显著的）数据量相关的瓶颈。它非常依赖于足够的内存来存储中间结果，直到 mapper 在输入分片中完全地处理了所有的键/值对。

一个常见的使用 in-mapper 结合器时的限制内存使用量的解决方案是周期性地“刷新”内存数据结构，而不是仅在所有键/值对被处理完成时发出数据。另外，mapper 可以跟踪它自己的内存使用率，一旦内存使用量越过了一定的阈值，就“刷新”中间的键/值对。在这两种方法中，无论是块大小还是内存使用量的阈值必须由经验来决定。值太大的话，mapper 可能会耗尽内存，但是值太小的话，本地聚合的机会可能会丧失。

虽然结合器通常可以提高性能和 MapReduce 程序的可扩展性，但是如果没有正确地使用它的话，它们可以对应用程序的性能产生负面的影响。

让我们回到上一节的链路标高的例子，看一下第二个 MapReduce 的作业，如表 3-3-2 所示。在这里，mapper 发出了一组`(lid, [points array])`对。

表 3-3-2　合并链路分片到原始链路作业中

过程阶段	描　　述
mapper	作用中，mapper 的作用是非常简单的。它是 Hadoop 中的身份 mapper。它读取链路分片的记录，并将它们以键/值对`(lid,[points access])`的形式，直接写入到输出中
清洗和排序	MapReduce 的清洗和排序将根据链路的键，排序所有的记录，这保证了拥有相同键的所有链路分片的记录将一同去往同一个 reducer
reducer	在该作业中，reducer 的作用是合并具有相同 ID 的链路分片。一旦 reducer 读取了所有的链路分片，就将它们合并起来，并将它们作为一个单一的链路记录写出来
结果	这项工作的执行结果包含了可用的高层链路

然而，因为由单一 mapper 处理多个键的可能性是比较小的；所以在这种情况下，结合器生成的键/值对的数量不会有明显的减少，而额外的结合器处理时间会对整体执行时间产生负面的影响。

决定结合器使用的一个简单规则如下：**如果有多个具有相同键的键/值对的可能性比较高的话，结合器可以提高性能。否则，它们的使用不会带来任何好处。**

在本节的先前部分，你已学会了如何使用 `InputFormat` 来控制 mapper 任务的数量和首选位置。当涉及 reducer 时，就没有办法控制它们的数量或位置了（它们的数量在作业配置中显式指定，JobTracker 决定了它们的位置）。在 reducer 行为中可控的一件事情是，reducer 之间的数据分布。下一节说明了如何利用自定义分区器来完成这些事情。

3.6 用分区器来控制 reducer 的执行

正如在前面小节中所定义的那样，分区是划分中间键空间的过程，并决定了哪个 reducer 实例将收到哪个中间键和值。Hadoop 架构的重要组成部分是 mapper 能够独立分区数据（见图 3-3-5）。它们从不需要为了某个特定键而相互交换信息来确定分区。

这种方法提高了整体性能，并允许 mapper 完全地独立操作。对于其所有的输出键/值对，每个 mapper 确定了将由哪个 reducer 收到它们。因为所有的 mapper 对任意键都使用相同的分区，而不论是哪个 mapper 实例生成它的，目标分区是相同的。

Hadoop 使用一个叫作 `Partitioner` 的接口来决定一个键/值对会去往哪个分区。一个单一的分区是指被发送到一个单一 reduce 任务的所有键/值对。可以通过设置作业对象中 reducer 的数量（`job.setNumReduceTasks`），来配置作业驱动程序中 reducer 的数量。

Hadoop 自带一个默认的**分区器实现**（`HashPartitioner`），它根据它们的散列代码对键进行分区。这对于许多有着均匀分布键的应用程序来说是足够好的。在非均匀键分布的情形下，使用 HashPartitioner 可能导致意想不到的结果。例如，假设下面的整型值是键：

12, 22, 32, 42, 52, 62, 72, 82, 92, 102

另外假定你利用默认的 `HashPartitioner`，运行具有 10 个 reducer 的作业。如果看一下你的执行结果，你将会发现第二个 reducer 正在处理所有的 10 个键，而其他 9 个 reducer 是空闲的。原因是，`HashPartitioner` 按照键值的模除以 reducer 数量的方式来计算分区，在这个例子中是 10。这个例子表明，即使在简单键的情形下，根据它们的分布，也可能需要编写一个自定义分区器以确保 reducer 之间的负载均匀分布。

通常需要分区器专门化实现的另一个情形是当你使用一个复合键的时候，例如模块 3 第 3 讲所描述的值-键转换模型的实现。

知识检测点 3

一家初创公司想要将 MapReduce 用作云环境中的计算框架以执行一个数据匿名项目。他们如何才能建立这个项目？他们需要什么工具来实现 Windows 机器上的设置？

基于图的问题

1. 考虑下面的图：

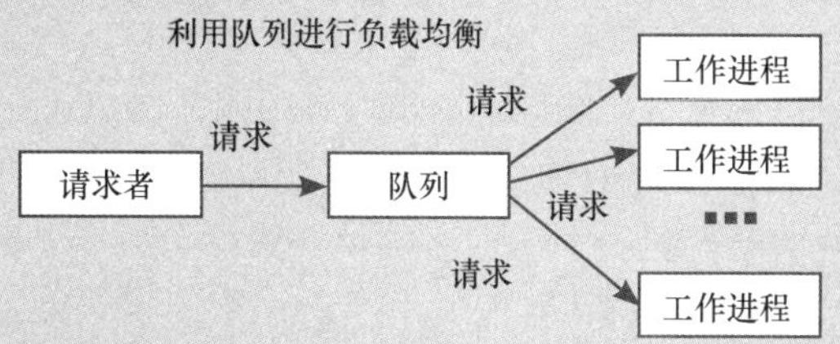

   a. 陈述工作驱动均衡负载的限制是什么？

   b. 编写一个简单的程序，使用 HBase（代码文件：`HdQueue` 类）实现上述队列。

   c. 区分入队和出对操作。

   d. 一个特殊行键的功能是什么？

2. 考虑下面的图：

队列数据阅读器类中所实现的关键方法

初始化	新的键值	获取当前的键并获取当前的值	取得进展	关闭

   a. 描述上面给出的每一个方法。

   b. 区分 getProgress 和 getCurrentKey 方法。

   c. 使用上面提及的所有关键方法，编写一个队列数据阅读器类的小程序。

多项选择题

选择正确的答案。在下面给出的“标注你的答案”里将正确答案涂黑。

1. 一个 10 GB 文件被拆分为 100MB 的块，并在 Hadoop 集群的节点之间分布。由于电源故障，系统被关闭，当重新来电后，系统管理员重启了进程。NameNode 将如何知道哪种类型的处理正在哪个文件中执行？

   a. 通过输入列表　　　　b. 通过结合器

   c. 通过 DataNode　　　　d. 通过调度器

2. Softrix Solutions 是一家大数据公司，正从其中心导入大量的数据，突然他们的进程停止了。在诊断时，他们发现，他们的 HDFS 已经变得不可用了，因此数据无法被装载。下列哪项会造成 HDFS 的失效？

   a. TaskTracker 失效　　　　b. NameNode 失效

   c. JobTracker 失效　　　　d. 输入数据失效

3. Sistern，一家大数据公司，正在运行 Hadoop 集群，所有的监控设施都被正确地配置了。下列哪一个场景是未被发现的？

a．困在无限循环中的 Map 或 reduce 任务中

b．HDFS 几乎要满了

c．NameNode 出现故障

d．导致过度内存交换的 MapReduce 作业

4. 下面的代码片段将返回什么？

```
public abstract float getProgress()
throws IOException,
InterruptedException
```

a．一个小于 0 的数字　　b．一个大于 0 的数字

c．一个介于 0 和 1 之间的数字　　d．不是 0 就是 1

5. 有一家公司每天都需要将关系型数据库的一部分作为文件来导入 HDFS，并生成 Java 类与导入的数据做交互。他们应该使用下列哪一个工具来完成这项任务？

a．Hive　　b．Flume　　c．MapReduce

d．Pig　　e．Sqoop

6. 有一家公司想要找出数据集中每个属性的最大值和最小值。他们使用叫作 in-mapper 结合器的 MR 设计模式。以下哪种 MapReduce 方法被用来给 reducer 指派 mapper 的最大和最小值？

a．Combiner 方法　　b．Cleanup 方法

c．Mapper 方法　　d．Reducer 方法

7. 在使用队列的负载平衡过程中，请求流是什么？

a．Worker→队列→请求者　　b．队列→worker→请求者

c．请求者→worker→队列　　d．请求者→队列→worker

8. 下面哪个静态方法的实现提供了在作业驱动器中设置 maps 值的 API，并利用一个标准的 Hadoop 方法在 Hadoop 组件中传递参数？

a．setMapCount　　b．getShifts

c．FileListInputFormat　　d．cleanup 方法

9. 开发人员设计一个 MapReduce 程序，将 1～500 作为 kv1 的键值——每个键值代表了一批 100 万条记录。Kv2 键值代表了雇员的薪水。这可以通过以下函数来实现：

```
function Map is
input: integer Kv1 between 1 and 500, representing a batch
of 1 million employee.HR records
for each employee.HR record in the kv1 batch do
assume A be the employee salary
assume B be the number of experience the person has
produce one output record (A,(B,1))
repeat
end function
```

输出是什么？

a．MapReduce 系统会排队 500 个 Map 处理器，map 步骤将产生 5 亿个（A,(B,1)）记录。

b．Map 系统不会计算这个函数，由于错误的逻辑。

c．MapReduce 系统将启用 500 个 Map 处理器，但不会产生任何记录。

d．以上都不是。

10．下列哪一个框架被用来运行较慢任务的多个实例，并且输出是由第一个完成该任务的实例来确定/使用的。

a．压缩　　b．推测执行

c．Scalding　　d．Scroobi

标注你的答案（把正确答案涂黑）

1. ⓐ ⓑ ⓒ ⓓ
2. ⓐ ⓑ ⓒ ⓓ
3. ⓐ ⓑ ⓒ ⓓ
4. ⓐ ⓑ ⓒ ⓓ
5. ⓐ ⓑ ⓒ ⓓ
6. ⓐ ⓑ ⓒ ⓓ
7. ⓐ ⓑ ⓒ ⓓ
8. ⓐ ⓑ ⓒ ⓓ
9. ⓐ ⓑ ⓒ ⓓ
10. ⓐ ⓑ ⓒ ⓓ

测试你的能力

1．给你提供了一个来源于电信公司的 CDR 数据集，具有以下细节：

a．邮政编码

b．移动电话号码

c．订阅者的名字

编写一个 MapReduce 程序，通过邮政编码来查找用户。

2．一家零售企业在实施应用程序之后，面临一些 MapReduce 应用程序的性能问题。他们如何来克服这个问题，而无须改变基础设施？

备忘单

- InputFormat 类是 MapReduce 框架的基础类之一。它定义了：
  - InputSplit；
  - RecordReader。
- InputSplit 定义了单个 map 任务的大小和它们“理想的”执行服务器。
- RecordReader 负责实际地从输入文件中读取记录，并将它们提交给 mapper。
- 一个基本的 JobTracker 算法操作如下：
  - 从 TaskTracker 接收心跳，报告 map 槽的可用性；
  - 查找可用节点为“本地”的排队拆分；
  - 将拆分提交给 TaskTracker 进行执行。
- FileInputFormat 以如下方式计算文件的拆分：
  - 扩展 InputSplit，以关于文件位置的信息、文件中块的起始位置以及块的长度；
  - 获取文件的文件块的列表；
  - 对于每一个块，创建分块长度与块大小相同，且分块位置与给定块位置相同的块。
- 计算密集型应用程序，例如人脸识别，是一类特殊的 MapReduce 应用程序，它使用 MapReduce 进行并行化，并使用复杂的计算算法处理每一个键/值。
- 在计算密集型应用程序中，map()函数的执行比数据访问时间明显要长。
- 在 MapReduce 实现中，访问 Hadoop 集群的外部资源，通常需要明确对于 maps 数量的控制。
- 静态方法 setMapCount 提供了一个 API 来设置作业驱动器中 maps 数量所需的值。
- getSplits 方法的实现首先尝试获取所需 mapper 的数量，并为每个 map 创建拆分。然后，它遍历所有可用的文件，并将它们中的每一个添加至每个拆分中去。
- 当文件都是差不多大小的时候，FileListInputFormat 工作地很好，在文件尺寸明显不同的时候，单个 mapper 的执行时间也会不同。
- InputFormat 和 RecordReader 可以按每个用户的需求，以自定义的格式写入。
- 根据队列的 InputFormat 使用户可以控制 mapper 的数量，以及平衡它们执行的负载。
- 自定义的 InputFormat 在队列中存储文件名，并要求自定义队列 RecordReader 的实现以供其使用。
- OutputFormat 接口确定了在何处以及如何留存 MapReduce 作业的结果。
- 一个自定义的 OutputFormat 类可以改变位置，以便存储数据还能定义输入写入的方式。
- Hadoop 提供了一些 RecordWriter 的实现，支持把数据写入至 HDFS、HBase，甚至写入一些外部系统中去。
- 一个典型的方法是创建一个序列文件，将每一个 map 的输出作为一个值进行存储，并将 map 生成的键作为一个键来使用。
- 使用组合器是一个重要的 Hadoop 优化技术。
- 在 MapReduce 作业中，将链路拆分成碎片和提升每份作业是按以下步骤发生的：
  - mapper；
  - 清洗和排序；
  - Reducer；
  - 结果。
- 分区是划分中间键空间以及决定哪个 reducer 实例将收到哪个中间键和值的过程。
- 分区提高了整体性能，并允许 mapper 独立地操作。

第 4 讲

测试和调试 MapReduce 应用程序

模块目标

学完本模块的内容，读者将能够：

- 在设计阶段测试和调试 MapReduce 程序

本讲目标

学完本讲的内容，读者将能够：

- 使用 MRUnit 进行 MapReduce 应用程序的单元测试
- 执行 MapReduce 应用程序的本地测试
- 为 Hadoop 测试使用日志
- 用作业计数器报告度量
- 实现防错性的 MapReduce 编程

"被删除的代码是被调试过的代码。"

——Jeff Sickel

到目前为止，你应该对 MapReduce 体系结构、应用程序设计过程和定制 MapReduce 扩展程序很熟悉了。本讲将讨论如何利用单元测试和 Hadoop 所提供的应用程序测试工具来构建可靠的 MapReduce 代码。你也会了解到不同的防错性编程技术，让你的代码能应付部分损坏了的数据。

模块3第3讲的出口

- 利用MapReduce的可扩展性，进行自定义的执行

模块3第4讲的入口

- 执行MapReduce应用程序的测试和调试过程

4.1 MapReduce 应用程序的单元测试

代码中存在缺陷，这是一个不争的事实——你写的代码越多，你也会遇到越多的缺陷。即使是最伟大的程序员也极少写没有缺陷的代码。这就是为什么测试成为整个**代码开发**中的一部分，因此许多开发人员越来越倾向于**测试性驱动程序开发**。

定　义

测试性驱动程序开发（Test Driver Development，TDD）是一种基于开发实际代码的同时编写自动化测试代码的编程技术。这保证了你即时地测试你的代码，并保证你快速而容易地重复测试你的代码，因为这个过程是自动的。

TDD 的奠基石之一是**单元测试**。虽然有了足够的模拟类，使用 **JUnit 框架**来测试 MapReduce 的多数实现从技术上讲是可行的，但有另外一种选择，可以提供额外的覆盖水平。

MRUnit 是一种专为 Hadoop 设计的单元测试框架。它期初是作为一个包含在 Cloudera 的 Hadoop 发行版中的开源产品，现在是一个 Apache 孵化器项目。

MRUnit 基于 JUnit，允许 mapper、reducer 和 mapper-reducer 的单元测试以及 mapper-reducer、结合器、自定义计数器和分区器交互的有限的集成测试。

正如模块 3 第 2 讲《利用 MapReduce 来处理你的数据》中解释的那样，**Eclipse** 提供了一个很好的 MapReduce 应用程序的开发平台。在讨论中，你学会了如何创建一个包含 MapReduce 应用程序所需的所有依赖的 pom.xml 文件。Eclipse 还提供了一个优秀的基于 MRUnit 的单元测试平台。

为了使用 MRUnit，你必须通过添加代码清单 3-4-1 所示的 MRUnit 依赖项，扩展在模块 3 第 2 讲中介绍的标准 MapReduce Maven pom 文件。

代码清单 3-4-1　Maven pom 文件的 MRUnit 依赖项

```
<project xmlns="http://maven.apache.org/POM/4.0.0"
xmlns:xsi="http://www.w3.org/2001/XMLSchema-instance"
xsi:schemaLocation="http://maven.apache.org/POM/4.0.0
http://maven.apache.org/xsd/maven-4.0.0.xsd">
<modelVersion>4.0.0</modelVersion>
<groupId>com.nokia.lib</groupId>
<artifactId>nokia-cgnr-sparse</artifactId>
```

```
<version>0.0.1-SNAPSHOT</version>
<name>cgnr-sparse</name>
<properties>
<hadoop.version>2.0.0-mr1-cdh4.1.0</hadoop.version>
<hadoop.common.version>2.0.0-cdh4.1.0</hadoop.common.version>
<hbase.version>0.92.1-cdh4.1.0</hbase.version>
</properties>
<repositories>
<repository>
<id>CDH Releases and RCs Repositories</id>
<url>https://repository.cloudera.com/content/groups/cdh-releasesrcs
</url>
</repository>
</repositories>
<build>
<plugins>
<plugin>
<groupId>org.apache.maven.plugins</groupId>
<artifactId>maven-compiler-plugin</artifactId>
<version>2.3.2</version>
<configuration>
<source>1.6</source>
<target>1.6</target>
</configuration>
</plugin>
</plugins>
</build>
<dependencies>
<dependency>
<groupId>org.apache.hadoop</groupId>
<artifactId>hadoop-core</artifactId>
<version>${hadoop.version}</version>
<scope>provided</scope>
</dependency>
<dependency>
<groupId>org.apache.hbase</groupId>
<artifactId>hbase</artifactId>
<version>${hbase.version}</version>
<scope>provided</scope>
</dependency>
<dependency>
<groupId>org.apache.hadoop</groupId>
<artifactId>hadoop-common</artifactId>
<version>${hadoop.common.version}</version>
<scope>provided</scope>
</dependency>
```

```
<dependency>
<groupId>junit</groupId>
<artifactId>junit</artifactId>
<version>4.10</version>
</dependency>
<dependency>
<groupId>org.apache.mrunit</groupId>
<artifactId>mrunit</artifactId>
<version>0.9.0-incubating</version>
<classifier>hadoop2</classifier>
</dependency>
</dependencies>
</project>
```

有了这个工具，可以实现 MapReduce 应用的主要元素的单元测试。模块 3 第 2 讲的单词计数的实例在这里用作测试的实例。这意味着这个实例中的 mapper 和 reducer 会作为参数传递给测试程序。

技术材料

MRUnit 的 jar 文件，以及与 Maven 的依赖项，有如下两个版本：mrunit-0.9.0-incubating-hadoop1.jar 是 Hadoop 的 MapReduce 的第一个版本，而 mrunit-0.9.0-incubating-hadoop2.jar 是工作在 Hadoop 的 MapReduce 新的版本下的。这个新版本是指从 Cloudera 的 CDH 4 而来的 hadoop-2.0 版本。

4.1.1 测试 mapper

使用 MRUnit 测试 mapper 非常简单，代码清单 3-4-2 展示了实际代码。

技术材料

MRUnit 支持老的（从 mapred 包而来）和新的（从 MapReduce 包而来）MapReduce API。当测试你的代码时，注意保证应用合适的 MapDriver 对象的实例。相同的事情作用于 ReduceDriver 和 MapReduceDriver 对象，在以后的章节中描述它们。

代码清单 3-4-2 测试 mapper

```
1  @Test
   public void testMapper() throws Exception{
       new MapDriver<LongWritable, Text, Text, IntWritable>()
2      .withMapper(new WordCount.Map())
3      .withConfiguration(new Configuration())
4      .withInput(new LongWritable(1), new Text("cat cat dog"))
       .withOutput(new Text("cat"), new IntWritable(1))
5      .withOutput(new Text("cat"), new IntWritable(1))
6      .withOutput(new Text("dog"), new IntWritable(1))
7      .runTest();
   }
```

代码清单 3-4-2 的解释

1	在测试 map 程序中安装 `MapDriver` 类作为 map 确切的参数
2	使用 `withMapper` 调用来增加一个你正在测试的实例。模块 3 第 2 讲单词计数的程序的 mapper 程序应用在了这里
3	可以使用一个可选的 `withConfiguration` 方法，将所需的配置传递给 mapper
4	该 `withInput` 调用，可以通过所需的键和输入值——在这种情况下，用一个任意值，并且包含一个长文本对象如"cat cat dog"
5	使用 `withOutput` 调用，得到预计的输出。在这个例子中，是"cat,"、"cat,"和"dog"3 个文本对象与其出现的对应 i 的 `intWritable` 值——所有的值都为 1
6	如果 mapper 是可选的递增计数器。`withCounter(组,名,期望值)`（代码清单 3-4-2 中没有显示），使你能够指定计数器的期望值
7	最后一次调用，`runTest`，反馈进入 mapper 中指定的输入值，比较实际的输出和通过 `withOutput` 方法得到的期望输出值

编写根据 MRUnit 的 mapper 单元测试是非常简单的。流畅的应用程序编程接口（API）风格显著地增强了这种简单性。

对于 `MapDriver` 类的缺陷是对于每个测试你最后有单个的输入和输出。如果你想，可以多次调用 `withInput` 和 `withOutput`，但是 `MapDriver` 的实现将会用新值来覆盖现有的值，所以你在任何时候只能测试一组输入/输出。为了指定多个输入，你必须使用 `MapReduceDriver` 对象。

交叉参考　本讲后面会给出更多的关于 `MapReduceDriver` 对象的信息。

4.1.2　测试 reducer

测试 reducer 遵循 mapper 测试同样的模式。再看一下代码清单 3-4-3 所示的代码例子。

代码清单 3-4-3　测试 reducer

```
1  @Test
   public void testReducer() throws Exception {
       List<IntWritable>
       values = new ArrayList<IntWritable>();
       values.add(new IntWritable(1));
       values.add(new IntWritable(1));
2      new ReduceDriver<Text, IntWritable, Text, IntWritable>()
3          .withReducer(new WordCount.Reduce())
4          .withConfiguration(new Configuration())
5          .withInput(new Text("cat"), values)
6          .withOutput(new Text("cat"), new IntWritable(2))
8          .runTest();
   }
```

代码清单 3-4-3 的解释

1	reducer 被创建的时候，一个 `IntWritable` 对象列表作为输入对象

2	一个 `ReducerDriver` 需要被实例化。它就像是测试中的 reducer 那样被准确地作为参数在 reducer 中测试
3	你想要的一个 reducer 的实例是通过 `withReducer` 调用的。这个在模块 3 第 2 讲中描述的 WordCount 实例中的 reducer，将在这里被使用
4	一个可选的 `withConfiguration` 方法，使你能够将所需的配置传递给 reducer
5	`withInput` 调用允许你传入输入值给 reducer。这里，你传入了"cat"的键以及在一开始时通过 `IntWritable` 创建的列表
6	可以调用 `withOutput` 来指定预期的 reducer 输出。这里，你指定相同的"cat"的键和代表了你预期的单词"cat"个数（2）的 `IntWritable`
7	如果一个 reducer 是一个递增计数器，一个可选的 `withCounter(组,名,期望值)`（在代码清单 3-4-3 中未列出）可以让你指定希望得到的计数值
8	最后，你调用 `runTest`，它把指定输出反馈给 reducer，并将 reducer 输出与期望输出做对比

`ReducerDriver` 和 `MapperDriver` 存在相同的限制，不能接受超过一个的输入/输出对。

到目前为止，这一节已经展示了如何分开测试 mapper 和 reducer 的方法，但是，也可能需要一起对它们进行交叉测试。可以利用 `MapReduceDriver` 类来实现。`MapReduceDriver` 类也被用来测试联合使用的问题。

4.1.3 集成测试

MRUnit 提供了 `MapReducerDriver` 类来让你测试 mapper 和 reducer 如何共同使用的情况。`MapReduceDriver` 类以不同于 `MapperDriver` 和 `ReducerDriver` 的方式被参数化。

首先，你参数化 mapper 类的输入和输出类型，然后是 Reducer 的输入和输出类型。因为 mapper 的输出类型通常是和 reducer 的输入类型相互匹配的，你最终得到 3 对参数对。此外，可以提供多组的输入和指定多组的期望输出。

代码清单 3-4-4 列出了一些样例代码。

代码清单 3-4-4　mapper 和 reducer 一起测试

```
1  @Test
   public void testMapReduce() throws Exception {
       new MapReduceDriver<LongWritable, Text, Text, IntWritable, Text,
       IntWritable>()
       .withMapper(new WordCount.Map())
2      .withReducer(new WordCount.Reduce())
3      .withConfiguration(new Configuration())
4      .withInput(new LongWritable(1), new Text("dog cat dog"))
       .withInput(new LongWritable(2), new Text("cat mouse"))
5      .withOutput(new Text("cat"), new IntWritable(2))
       .withOutput(new Text("dog"), new IntWritable(2))
       .withOutput(new Text("mouse"), new IntWritable(1))
       .runTest();
   }
```

代码清单 3-4-4 的解释

1	这是一个叫作 MapReduceDriver 的驱动器，接收了诸如 LongWritable、text 和 IntWritable 这样的对象列表
2	通过调用 Map() 和 Reducer() 函数，驱动器连接 mapper 和 reducer
3	驱动器也被用于配置 mapper 和 reducer 类
4	withInput 调用允许你传入输入值给 reducer。这里，你传入了"cat"的键以及在开始时通过 IntWritable 创建的列表
5	可以调用 withOutput 来指定预期的 reducer 输出。这里，你指定相同的"cat"的键和代表了你预期的单词"cat"个数（2）的 IntWritable

交叉参考 这里使用了模块 2 第 3 讲所描述的 WordCount 例子中的 mapper 和 reducer。

正如你在上面的代码中所看到的，这个安装程序和 MapDriver/ReduceDriver 用到的类是很相似的。你传递实例到 mapper 和 reducer 中。（第 3 讲涉及的单词计数的实例在这里也用到了。）可选的是，可以利用 withConfiguration 和 withCombiner 来测试配置和需要的合并。

MapReduceDrive 类让你能够传递多个不同的键。这里，你传递两个记录——第一个含有一个 LongWritable 的任意值和以一个文本对象包含的一行 dog cat dog，第二个 LongWritable 对象包含一个任意值和一个文本对象包含的一行 cat mouse。

你也可以利用 withOutput 方法指定一个期望的输出。这里，你指定 3 个键——cat、dog 和 mouse——伴随着一致的计数 2、2 和 1。最后，如果 mapper/reducer 是一个递增的计数器，一个可选的是，withCounter(group, name, experctedValue，在代码清单 3-4-4 中没有列出来）可以让你指定这个计数器期望的值。

如果一个测试失败了，MRUnit 会产生一个和代码清单 3-4-5 类似的特定输出，告诉你出现了什么错误。

代码清单 3-4-5　未成功的 MRUnit 执行的结果

```
13/01/05 09:56:30 ERROR mrunit.TestDriver: Missing expected output (mouse, 2) at position 2.
13/01/05 09:56:30 ERROR mrunit.TestDriver: Received unexpected output (mouse, 1) at position 2.
```

如果测试结果是成功的，你会知道 mapper 和 reducer 协同工作是成功的。

尽管 MRUnit 使 mapper 和 reducer 代码的单元测试变得简单了，在这里涉及的 mapper 和 reducer 实例是比较简单的。如果你的 map 和/或者 reduce 代码开始变得很复杂，从 Hadoop 框架获得支持进行分开处理，并且单独测试业务逻辑是一个好的设计方法（也就是说，需要应用程序定制）。就像在交叉测试中使用 MapReduceDriver 一样，很容易地达到不再测试你的代码的那个点，而不是已经完成这件事的 Hadoop 框架本身。

这里所设计的单元测试是一种典型的在实现发现 bug 的方法，但是这些测试不会真正地用 Hadoop 测试你完整的 MapReduce 作业。在下一节中描述的本地作业运行，能让你在本地运行 Hadoop 程序，在一个 Java 虚拟机（JVM）中，当作业失败时，使 MapReduce 作业的调试更加容易一些。

知识检测点 1

讨论大数据/Hadoop 开发人员所面临的一些测试挑战，并与其他 IT 领域中的测试挑战作比较。

4.2 用 Eclipse 进行本地程序测试

利用 Eclipse 进行 Hadoop 开发提供了运行完整的 MapReduce 本地应用程序的能力——在一个单例模式下。Hadoop 分布式（`Hadoop-core`）伴随着本地任务运行，能让你在本地计算机上运行 Hadoop，在单个的 JVM 中。在这种情况下，你能在 `map` 或者 `reduce` 方法内部设置断点，利用 Eclipse 调试器和单步执行代码来检验程序的错误。

在本地的 Eclipse 中运行 MapReduce 程序不需要一些特别的配置或者设置。如图 3-4-1 所示，只需要右键类，选择 **Run As**（或者 **Debug As**）再选择 **Java Application** 就行了。

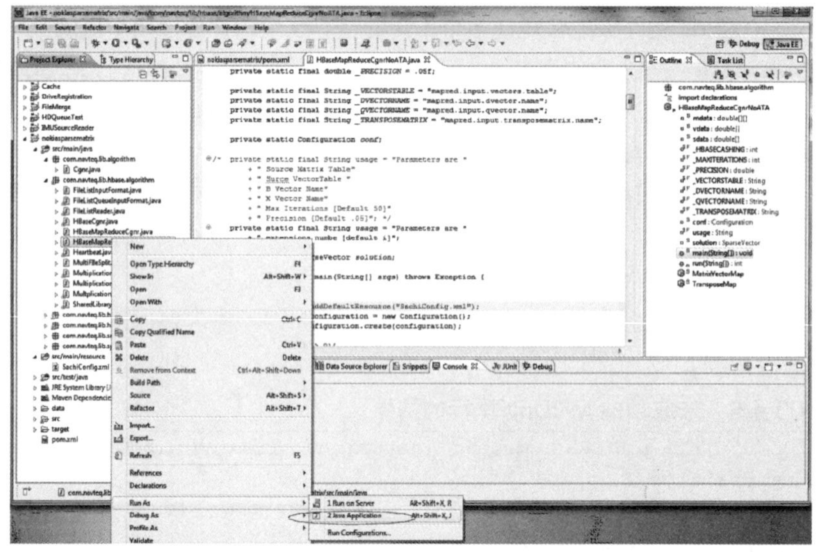

图 3-4-1　在本地 Eclipse 中运行 MapReduce 程序

技术材料

尽管一个本地的任务执行可以运行完整的程序，但是它也有很多限制。例如，它不能运行超过一个的 Reducer。（它不支持 0 个 reducer 的情况。）通常，这不是问题，因为许多程序能够只用一个 reducer 执行。需要注意的问题是，即使你设定了多个 reducer，本地任务也会忽略这些设置，并用单个的 reducer。也要注意所有的本地 mapper 是顺序执行的。

一个基于 Eclipse 的本地可执行任务可以在 Linux 和 Windows 中执行。（如果在 Windows 中使用 MapReduce 程序，你需要安装 Cygwin。）

默认情况下，一个本地运行的任务会使用本地的文件系统进行数据读写。

记住，默认情况，本地 Hadoop 执行程序使用本地文件系统。（如同在模块 3 第 1 讲中描述的，HDFS 的实现对本地文件系统提供了支持。）这意味着，所有用于测试的数据都需要拷贝到本地，产生的结果也是本地的。

如果这个是不可选的，可以配置本地运行程序去操作集群数据（包括 HBase）。为了通过本地执行程序进入集群，必须要使用一个配置文件，如代码清单 3-4-6 中所示。

代码清单 3-4-6　Hadoop 访问集群数据的配置文件

```
<?xml version="1.0" encoding="UTF-8"?>
<configuration>
  <!-- hbase access -->
  <property>
    <name>hbase.zookeeper.quorum</name>
    <value>Comma separated list of zookeeper nodes</value>
  </property>
  <property>
    <name>hbase.zookeeper.property.clientPort</name>
    <value>zookeeper port</value>
  </property>
  <!-- hdfs -->
  <property>
    <name>fs.default.name</name>
    <value>hdfs://<url>/</value>
  </property>
  <!-- impersonation -->
  <property>
    <name>hadoop.job.ugi</name>
    <value>hadoop, hadoop</value>
  </property>
</configuration>
```

这个配置文件定义了 3 个主要的组件。

- HBase 访问（由指向 Zookeeper 的连接数定义）；
- HDFS 访问（由 HBase 的 URL 定义）；
- 安全模拟（如果你的开发机器和 Hadoop 集群属于不同的安全域，或者在你本机和 Hadoop 集群中使用不同的登录名，就需要它了）。

将这个配置文件加到可执行的应用中是相当简单的，如代码清单 3-4-7 中所示。

代码清单 3-4-7　加载集群信息的配置文件

```
Configuration.addDefaultResource("Hadoop properiies");
Configuration conf = new Configuration();
```

尽管利用本地执行任务进行测试相对于单元测试来说会比较彻底，一个你必须记住的就是测试 Hadoop 程序必须关注计算规模，不论你在本地运行 Hadoop 程序多少次，直到你使用真实的数据测试代码的时候，你都不会确定它是正确工作的。

实际上，许多测验都不能被验证，包括下面几项。

- 在程序运行的时候有多少的 mapper 被创建，数据在它们之间是如何被拆分的？
- 多少真实的清洗和排序？是否有必要去实现一个结合器？是否一个驻内存的结合器是可选的？
- 是什么样的硬件/软件/网络环境？是否需要调整应用程序/集群的参数？

这意味着为了保证应用程序正常工作，测试本地任务必须在 Hadoop 集群上用真实的数据测试。

MapReduce 可执行程序的天生的高度分布特性和它对大量数据的依赖，使测试 MapReduce 代码变得比较具有挑战性。在下一节，你会学到如何利用 Hadoop 的日志来加强 Hadoop 执行程序的调试。

4.3 利用日志文件做 Hadoop 测试

日志文件被软件工程广泛地使用，并包含如下几个重要的目标。

- 创建一个可执行的测试应用，例如，为了执行分析，或者得到潜在的提升。
- 收集执行的各项指标，能够用来进行实时的和事后的分析，并且能自动测试、错误校验等。

MapReduce 本身已经记录了程序执行过程中的各项日志。本地的这些文件是受 Hadoop 的配置文件控制的。默认情况下，它们存放在 Hadoop 版本文件夹下的 `logs` 子目录下。对于单个程序最重要的日志文件是 TaskTracker 的日志。MapReduce 任务抛出的任何异常信息都会记载到这些日志文件中。

这个 `log` 文件目录下还有一个 `userlogs` 的子目录，它包含了每个任务的日志。每个任务都会记录它的 `stdout` 和 `stderr` 信息到在这个目录下的这两个文件中。每一个应用指定的日志信息包括用户的代码也存放在这些文件里。在一个多节点的 Hadoop 集群上，这些日志文件没有集中汇总，你必须为其内容查看每个任务节点下的 `logs/userlosgs` 目录。

访问同一个任务的所有日志的方便方法是通过 JobTracker 的网页，如图 3-4-2 所示。它能让你看到这个任务的 mapper 和 reducer 的所有日志。

所有任务的日志信息可以通过 TaskTracker 的任务网页进入（任务的设置和清除日志，也包括链接到相应日志页面的 mapper 和 reducer 的页面）。从这些页面，可以导航到任务的配置页面，如图 3-4-3 所示。

图 3-4-2　作业网页

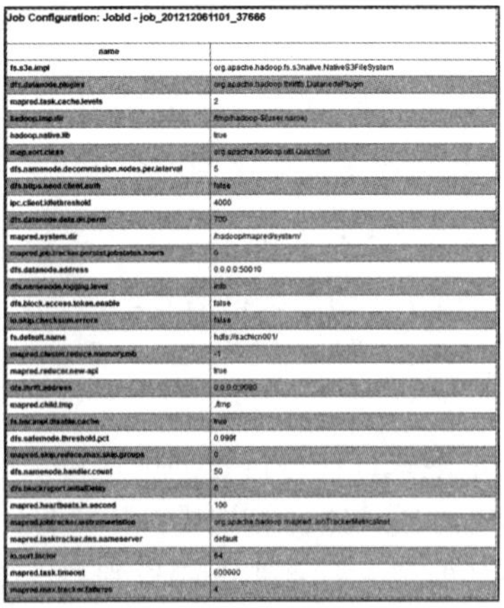

图 3-4-3　作业配置页面

这个任务配置文件包含了配置对象的文本。如果你使用了大量自定义配置文件（例如，当你从你的驱动器传递参数到 mapper 和 reducer 的时候），那么对你来说，检查这个页面就显得尤为重要。这些页面允许你配置它们期望的值。

另外，任务的安装和清理日志，包括 mapper 和 reducer 的页面，被链接到统一的日志文件页面。如图 3-4-4 所示，日志文件包括 stdout、stderr 和 syslog 这 3 个日志文件。

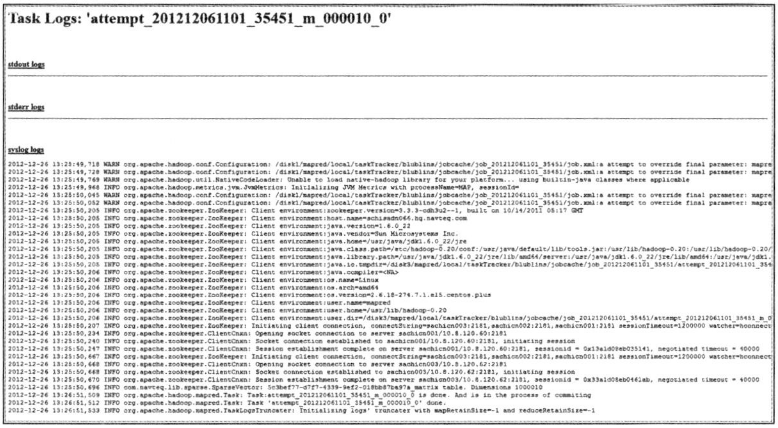

Task Logs: 'attempt_201212061101_35451_m_000010_0'

stdout logs

stderr logs

syslog logs

```
2012-12-26 13:25:49,718 WARN org.apache.hadoop.conf.Configuration: /disk1/mapred/local/taskTracker/blublins/jobcache/job_201212061101_35451/job.xml:a attempt to override final parameter: mapre
2012-12-26 13:25:49,728 WARN org.apache.hadoop.conf.Configuration: /disk1/mapred/local/taskTracker/blublins/jobcache/job_201212061101_35451/job.xml:a attempt to override final parameter: mapre
2012-12-26 13:25:49,769 WARN org.apache.hadoop.util.NativeCodeLoader: Unable to load native-hadoop library for your platform... using builtin-java classes where applicable
2012-12-26 13:25:49,968 INFO org.apache.hadoop.metrics.jvm.JvmMetrics: Initializing JVM Metrics with processName=MAP, sessionId=
2012-12-26 13:25:50,045 WARN org.apache.hadoop.conf.Configuration: /disk1/mapred/local/taskTracker/blublins/jobcache/job_201212061101_35451/job.xml:a attempt to override final parameter: mapre
2012-12-26 13:25:50,052 WARN org.apache.hadoop.conf.Configuration: /disk1/mapred/local/taskTracker/blublins/jobcache/job_201212061101_35451/job.xml:a attempt to override final parameter: mapre
2012-12-26 13:25:50,205 INFO org.apache.zookeeper.ZooKeeper: Client environment:zookeeper.version=3.3.3-cdh3u2--1, built on 10/14/2011 05:17 GMT
2012-12-26 13:25:50,205 INFO org.apache.zookeeper.ZooKeeper: Client environment:host.name=schisadn066.hq.navteq.com
2012-12-26 13:25:50,205 INFO org.apache.zookeeper.ZooKeeper: Client environment:java.version=1.6.0_22
2012-12-26 13:25:50,205 INFO org.apache.zookeeper.ZooKeeper: Client environment:java.vendor=Sun Microsystems Inc.
2012-12-26 13:25:50,205 INFO org.apache.zookeeper.ZooKeeper: Client environment:java.home=/usr/java/jdk1.6.0_22/jre
2012-12-26 13:25:50,205 INFO org.apache.zookeeper.ZooKeeper: Client environment:java.class.path=/etc/hadoop-0.20/conf:/usr/java/default/lib/tools.jar:/usr/lib/hadoop-0.20:/usr/lib/hadoop-0.20/
2012-12-26 13:25:50,205 INFO org.apache.zookeeper.ZooKeeper: Client environment:java.library.path=/usr/java/jdk1.6.0_22/jre/lib/amd64/server:/usr/java/jdk1.6.0_22/jre/lib/amd64:/usr/java/jdk1.
2012-12-26 13:25:50,205 INFO org.apache.zookeeper.ZooKeeper: Client environment:java.io.tmpdir=/disk3/mapred/local/taskTracker/blublins/jobcache/job_201212061101_35451/attempt_201212061101_354
2012-12-26 13:25:50,206 INFO org.apache.zookeeper.ZooKeeper: Client environment:java.compiler=<NA>
2012-12-26 13:25:50,206 INFO org.apache.zookeeper.ZooKeeper: Client environment:os.name=Linux
2012-12-26 13:25:50,206 INFO org.apache.zookeeper.ZooKeeper: Client environment:os.arch=amd64
2012-12-26 13:25:50,206 INFO org.apache.zookeeper.ZooKeeper: Client environment:os.version=2.6.18-274.7.1.el5.centos.plus
2012-12-26 13:25:50,206 INFO org.apache.zookeeper.ZooKeeper: Client environment:user.name=mapred
2012-12-26 13:25:50,206 INFO org.apache.zookeeper.ZooKeeper: Client environment:user.home=/usr/lib/hadoop-0.20
2012-12-26 13:25:50,206 INFO org.apache.zookeeper.ZooKeeper: Client environment:user.dir=/disk3/mapred/local/taskTracker/blublins/jobcache/job_201212061101_35451/attempt_201212061101_35451_m_0
2012-12-26 13:25:50,207 INFO org.apache.zookeeper.ZooKeeper: Initiating client connection, connectString=sachicn003:2181,sachicn002:2181,sachicn001:2181 sessionTimeout=1200000 watcher=hconnect
2012-12-26 13:25:50,234 INFO org.apache.zookeeper.ClientCnxn: Opening socket connection to server sachicn001/10.8.120.60:2181
2012-12-26 13:25:50,240 INFO org.apache.zookeeper.ClientCnxn: Socket connection established to sachicn001/10.8.120.60:2181, initiating session
2012-12-26 13:25:50,247 INFO org.apache.zookeeper.ClientCnxn: Session establishment complete on server sachicn001/10.8.120.60:2181, sessionid = 0x13a1d08eb035141, negotiated timeout = 40000
2012-12-26 13:25:50,667 INFO org.apache.zookeeper.ZooKeeper: Initiating client connection, connectString=sachicn003:2181,sachicn002:2181,sachicn001:2181 sessionTimeout=1200000 watcher=hconnect
2012-12-26 13:25:50,668 INFO org.apache.zookeeper.ClientCnxn: Opening socket connection to server sachicn003/10.8.120.62:2181
2012-12-26 13:25:50,668 INFO org.apache.zookeeper.ClientCnxn: Socket connection established to sachicn003/10.8.120.62:2181, initiating session
2012-12-26 13:25:50,670 INFO org.apache.zookeeper.ClientCnxn: Session establishment complete on server sachicn003/10.8.120.62:2181, sessionid = 0x33a1d08eb0461ab, negotiated timeout = 40000
2012-12-26 13:25:50,696 INFO com.navteq.lib.sparse.SparseVector: 5c3bef77-d7f7-4339-9ef2-018bb87ba97a_matrix table. Dimensions 1000010
2012-12-26 13:26:51,509 INFO org.apache.hadoop.mapred.Task: Task:attempt_201212061101_35451_m_000010_0 is done. And is in the process of commiting
2012-12-26 13:26:51,512 INFO org.apache.hadoop.mapred.Task: Task 'attempt_201212061101_35451_m_000010_0' done.
2012-12-26 13:26:51,533 INFO org.apache.hadoop.mapred.TaskLogsTruncater: Initializing logs' truncater with mapRetainSize=-1 and reduceRetainSize=-1
```

图 3-4-4　map 的日志文件

任何应用程序指定的日志都应该在这个页面上显示。因为这个页面可以实时刷新。它可以有效地查看单个执行任务的进程（假设你的日志文件记录了合适的信息）。

使用 MapReduce 框架来运行用户提供的调试脚本会使日志运行得更加有效。这些用户定义的脚本输出日志处理用来提取信息，对理解手头问题信息来说是很重要的。这些脚本允许从任务的输出文件（stdout 和 stderr）、系统日志文件和任务配置文件中挖掘数据。可以通过作业用户界面来获取这些来自调试脚本的标准输出和标准错误的输出内容。

可以为失败的 map 和 reduce 任务提供不同的脚本。可以通过对 mapred.map.task.debug.script（为了调试 map 任务）和 mapred.reduce.task.debug.script（为了调试 reduce 任务）属性设置合适的值来提交调试脚本。可以通过 API 来设置这些属性。对于这些脚本的参数就是任务的 stdout、stderr、syslog 和 jobconf 文件。

总体情况

当决定什么样的东西需要记录在 MapReduce 作业中时，以目的明确的方式做出决策。对于设计有用的日志有如下几点建议。

- 异常或者错误代码信息应该一直输出异常信息。
- 任何不期望的变量的值（如空值）应该在执行的过程中记录日志。
- 不可预料的执行路径应该记录日志。
- 如果执行性能是需要被关注的，那么应该记录主代码块的执行时间。
- 太多的日志文件反而使日志无效。这会让我们不可能在日志中找到相关的信息。

尽管利用 JobTracker 可以很方便地查看指定任务的日志文件，但它不适合自动记录日志和挖掘数据。

下一节将描述适合自动记录日志的方法。

处理应用程序日志

可以使用广泛的方法来解决日志文件的问题，从利用指定的软件（例如，适合 HadoopOps 的 **Splunk**）到一个定制的日志处理程序。为了实现定制的日志处理程序，所有 map 和 reduce 产生的日志文件都应该集中到一个文件中来。你可利用代码清单 3-4-8（代码文件：HadoopJobLogScraper 类）所展示的那样来处理，它允许你将所有相关于特定作业的任务日志集中起来，并将它们存放到单个的文件中去进行后续处理。

代码清单 3-4-8　简单的日志屏幕爬虫

```
1   public class HadoopJobLogScraper{
        private String _trackerURL = null;
        public static void main(String[] args) throws IOException{
            if
            (args.length != 2){
                System.err.println("usage: <JobTracker URL>, <job id>");
            }
            String jobId = args[1]; String trackerURL = args[0];
            HadoopJobLogScraper scraper = new HadoopJobLogScraper(trackerURL);
            scraper.scrape(jobId, JobType.MAP);
            scraper.scrape(jobId, JobType.REDUCE); System.out.println("done");
        }
2       public enum JobType{
            MAP("map"), REDUCE("reduce");
            private String urlName;
            private JobType(String urlName){
                this.urlName = urlName;
            }
            public String getUrlName(){
                return urlName;
            }
        }
        private Pattern taskDetailsUrlPattern = Pattern.compile("<a href=\"
            (taskdetails\\.jsp.*?)\">(.*?)</a>");
        private Pattern logUrlPattern = Pattern.compile("<a href=\"([^\"]*)\">All</a>");
        public HadoopJobLogScraper (String trackerURL){
            _trackerURL = trackerURL;
        }
        public void scrape(String jobId, JobType type) throws IOException{
            System.out.println("scraping " + jobId + " - " + type);
            String jobTasksUrl = _trackerURL + "/jobtasks.jsp?jobid=" + jobId
                + "&type=" + type.getUrlName() + "&pagenum=1";
            String jobTasksHtml =IOUtils.toString(new URL(jobTasksUrl).openStream());
            Matcher taskDetailsUrlMatcher=taskDetailsUrlPattern.matcher(jobTasksHtml);
```

```
            File dir = new File(jobId); if (!dir.exists()){
                dir.mkdir();
            }
            File outFile = new File(dir, type.getUrlName());
            BufferedWriter out = new BufferedWriter(new FileWriter(outFile));
            while (taskDetailsUrlMatcher.find()){
                out.write(taskDetailsUrlMatcher.group(2) + ":\n");
                String taskDetailsUrl = new String(_trackerURL + "/" +
                    taskDetailsUrlMatcher.group(1));
                String taskDetailsHtml = IOUtils.toString(new URL(taskDetailsUrl).
                    openStream());
                Matcher logUrlMatcher = logUrlPattern.matcher(taskDetailsHtml);
                while (logUrlMatcher.find()){
                    String logUrl = logUrlMatcher.group(1) +
                       "&plaintext=true&filter=stdout";
                    out.write(IOUtils.toString(new URL(logUrl).openStream()));
                }
            }
            out.flush();
            out.close();
        }
    }
```

代码清单 3-4-8 的解释

1	HadoopJobLogScraper 是一个拥有 scraper 方法的类，用以归拢 mapper 和 reducer 的所有日志数据
2	通过 Scraper 方法，用作业 ID 来指定作业的类型

从 JobTracker URL 和作业 ID，main 方法可以为这个作业构建屏幕抓取程序。然后利用它从 mapper 和 reducer 中抓取日志文件。这个抓取程序利用正则表达式来解析所有的 mapper 和 reducer 页面，读取这些页面，并打印出它们的内容。

日志不是获取 MapReduce 执行情况的唯一方式。

接下来，可以找到另外一种方式来获取执行情况——**工作计数器**。

技术材料

这个解决方案是基于屏幕抓取的，本质上是不可靠的。在页面布局上的任何改动都有可能“打破”上述实现。

知识检测点 2

一般情况下，日志数据是数据的来源之一，但它在大数据语境下起着重要的作用。探索和讨论可用于分析日志数据的各种大数据解决方案。

4.4 利用工作计数器进行报表度量

另外一个 hadoop 特定的调试和测试的方法是利用定制度量——工作计数器。正如模块 3 第 2 讲《利用 MapReduce 来处理你的数据》中解释的那样，计数器是在 Hadoop 中轻量级的对象可以让你在 map 和 reduce 的处理阶段中追踪你所感兴趣的事件。

MapReduce 自身为它所运行的它运行的每个作业记录了一套度量计数器，包括由 mapper 和 reducer 消费的输入记录的个数，以及从 HDFS 中读取的或者写入的字节数等。因为作业页面（图 3-4-2）自动更新（默认值，每 30 秒），这个计数器能够用来追踪执行的情况。例如，这个计数器也能被用于确认所有输入的记录都被读取和处理了。

表 3-4-1 展示了分组名和计数器名，以及目前 Hadoop 支持的，包含了它们的各个分组。

表 3-4-1　Hadoop 的内置计数器

组　　名	计数器名
org.apache.hadoop.mapred.Task$Counter	MAP_INPUT_RECORDS
org.apache.hadoop.mapred.Task$Counter	MAP_OUTPUT_RECORDS
org.apache.hadoop.mapred.Task$Counter	MAP_SKIPPED_RECORDS
org.apache.hadoop.mapred.Task$Counter	MAP_INPUT_BYTES
org.apache.hadoop.mapred.Task$Counter	MAP_OUTPUT_BYTES
org.apache.hadoop.mapred.Task$Counter	COMBINE_INPUT_RECORDS
org.apache.hadoop.mapred.Task$Counter	COMBINE_OUTPUT_RECORDS
org.apache.hadoop.mapred.Task$Counter	REDUCE_INPUT_GROUPS
org.apache.hadoop.mapred.Task$Counter	REDUCE_SHUFFLE_BYTES
org.apache.hadoop.mapred.Task$Counter	REDUCE_INPUT_RECORDS
org.apache.hadoop.mapred.Task$Counter	REDUCE_OUTPUT_RECORDS
org.apache.hadoop.mapred.Task$Counter	REDUCE_SKIPPED_GROUPS
org.apache.hadoop.mapred.Task$Counter	REDUCE_SKIPPED_RECORDS
org.apache.hadoop.mapred.JobInProgress$Counter	TOTAL_LAUNCHED_MAPS
org.apache.hadoop.mapred.JobInProgress$Counter	RACK_LOCAL_MAPS
org.apache.hadoop.mapred.JobInProgress$Counter	DATA_LOCAL_MAPS
org.apache.hadoop.mapred.JobInProgress$Counter	TOTAL_LAUNCHED_REDUCES
FileSystemCounters	FILE_BYTES_READ
FileSystemCounters	HDFS_BYTES_READ
FileSystemCounters	FILE_BYTES_WRITTEN
FileSystemCounters	HDFS_BYTES_WRITTEN

预备知识　HDFS 还支持配额，以限制文件和目录的物理大小。参考本讲的预备知识材料，学习关于实现 HDFS 配额的常用命令的知识。

可以通过这些计数器来获得更多任务执行情况的信息。例如，mapper 的输入/输出计数（MAP_INPUT_RECORDS/MAP_INPUT_RECORDS）、HDFS 读写的字节数（HDFS_BYTES_ READ/HDFS_BYTES_WRITTEN）等。此外，你可定制应用程序的计数器（指定值），如中间计算的数值或者代码分支的数量（可以在以后程序的测试和调试过程中有进一步的作用）。

传入 mapper 和 reducer 类的 `context` 对象可以被用来更新计数器。相同的计数器变量（根据名称）被所有的 mapper 和 reducer 实例，并且通过集群的主节点合并计数，因此在这种方法下它们是“线程安全的”。代码清单 3-4-9 展示了简单的代码片段，显示如何来创建和使用定制计数器。

代码清单 3-4-9　更新计数器

1	`private static String COUNTERGROUP = "debugGroup";` `private static String DEBUG1 = "debug1";`
2	`context.getCounter(COUNTERGROUP, DEBUG1).increment(1);`

代码清单 3-4-9 的解释

1	COUNTERGROUP 和 DEBUG1 分别被分配给"debugGroup"和"debug1"
2	每一次，都利用两个参数 COUNTERGROUP 和 DEBUG1 来增加值的方式更新计数器

上述代码解释了如何更新计数器。在代码清单 3-4-9 中，如果这是第一次使用计数器，恰当的计数器对象会在创建时置初始值为零。

附加知识　每个作业的计数器个数

计数器存放在 JobTracker 中，这意味着如果一个作业尝试创建数百万的计数器，JobTracker 将会生成“内存溢出”的错误。为了避免这个错误，每个作业可以创建的计数器个数被 Hadoop 框架所限制。下面是 Hadoop 1.0 的计数器类的一些代码片段：

```
/** limit on the size of the name of the group **/
private static final int GROUP_NAME_LIMIT = 128;
/** limit on the size of the counter name **/
private static final int COUNTER_NAME_LIMIT = 64;
private static final JobConf conf = new JobConf();
/** limit on counters **/
public static int MAX_COUNTER_LIMIT =
    conf.getInt("mapreduce.job.counters.limit", 120);
/** the max groups allowed **/
static final int MAX_GROUP_LIMIT = 50;
```

注意每个计数器组是没有配置的，然而计数器是配置的（在基本的 cluster-wide 中）。在 Hadoop 2.0 中，所有的参数都是配置的。下面是 MRJobconfig 类的代码片段：

```
public static final String COUNTERS_MAX_KEY =
    "mapreduce.job.counters.max";
public static final int COUNTERS_MAX_DEFAULT = 120;
public static final String COUNTER_GROUP_NAME_MAX_KEY =
    "mapreduce.job.counters.group.name.max";
public static final int COUNTER_GROUP_NAME_MAX_DEFAULT = 128;
public static final String COUNTER_NAME_MAX_KEY =
    "mapreduce.job.counters.counter.name.max";
public static final int COUNTER_NAME_MAX_DEFAULT = 64;
public static final String COUNTER_GROUPS_MAX_KEY =
    "mapreduce.job.counters.groups.max";
public static final int COUNTER_GROUPS_MAX_DEFAULT = 50;
```

> 如果一个工作尝试创建比指定的更多的计数器，如下的一个异常将会在运行的时候抛出：
>
> ```
> org.apache.hadoop.mapred.Counters$CountersExceededException:
> Error: Exceeded limits on number of counters - Counters=xxx
> Limit=xxx
> ```

定制的计数器可以通过 JobTracker 的配置页面来指定（如图 3-4-2 所示），代码清单 3-4-10 展示了简单的代码片段演示了如何打印出计数器的文本，无论它是已完成的还是运行中的作业。

代码清单 3-4-10　打印作业计数器

```
1   // Now lets get the counters put them in order by job_id and then
    // print them out.
    Counters c = job.getCounters();
    // now walk through counters adding them to a sorted list.
    Iterator<CounterGroup> i = c.iterator();
    while (i.hasNext()){
        CounterGroup cg = i.next();
2       System.out.println("Counter Group =:"+cg.getName());
        Iterator<Counter> j = cg.iterator();
        while (j.hasNext()){
            Counter cnt = j.next(); System.out.println("\tCounter: "+cnt.
            getName()+"=:"+cnt.getValue());
        }
    }
```

代码清单 3-4-10 的解释

1	getCounters() 函数用以获取作业计数器的数据
2	在遍历所有的工作之后，每个作业的名称连同值都被打印出来

本讲中介绍的日志文件和计数器都提供了工作任务执行的概况信息。它们对于你查找哪里出现了问题是有力的工具。它们被用来测试和调试用户代码，不幸的是，即使是完全正确的 Hadoop 应用程序也可能因为数据的损坏而失败。防御式编程帮助我们提供能够应对部分损坏了的代码的方法。

4.5　在 MapReduce 中的防御式编程

因为 Hadoop 工作在一个大量数据输入的环境中（许多数据可以中断），当每次 mapper 不能处理输入的数据时或者因为数据本身中断时，或者因为 map 函数的 bug（例如，在第三方库中源代码是不可见的），经常会杀掉一个工作进程。在这种情况下，一个标准的 Hadoop 恢复机制将会非常有帮助。不论你多少次尝试着阅读坏的记录，最后的结果将是相同的——map 执行程序将会失败。

如果一个应用程序可以接受略过某些输入数据，像这样正确执行解决方案从而使整个应用程序更加稳健和可维护。不幸的是，这样的一个应用程序不是普通的一个应用程序。在这种情况下，一个异常可能发生在 reader 负责读取数据的过程中，也可能发生在 mapper 处理数据的过程中。想正确地处理这个情况需要如下的几点要求。

- 注意在读取数据时候的错误，让所有读取时候的错误都能正确处理，然后文件指针移动到下一个位置。

- 一种向 mapper 发送 reader 错误信息的机制，保证 mapper 能正确输出信息。
- 注意在 mapper 中的错误信息，保证所有的错误都能正确地处理。
- 一个定制的 `OutPutFormat`（类似于第 4 讲描述的内容）能够将错误信息输出到一个错误字典中。

幸运的是，Hadoop 在你确信它会引起任务崩溃的时候，允许你实现一个单纯的应用来略过一些记录。如果这个略过模式开启的话，一个任务在这种模式下会被尝试执行多次。一旦在这种略过模式下，TaskTracker 确定是由哪条记录引起了这个失败。TaskTracker 然后重启这个任务，但是会略过这些坏的记录。

应用程序可以通过 `SkipBadRecords` 类来控制这种特性，这个类提供了许多静态方法。工作驱动必须调用下面一个或者两个方法来为 map 和 reduce 任务打开略过记录的功能。

- `setMapperMaxSkipRecords(Configuration conf,long maxSkipRecs)`
- `setReducerMaxSkipGroups(Configuration conf,long maxSkipGrps)`

如果最大略过数设置为 0（默认情况），略过记录功能不可用。

略过记录数依赖于程序中计数器的自增记录数。你应当在每次记录被处理之后来增加计数器。如果这个不能做到（许多程序会分开来进行处理），这个框架可能会围绕坏记录来增加记录。

Hadoop 利用**分治法**找到需要略过的记录。

它每次分开执行被分成两半的带有省略范围的任务，并确定包含坏的记录的另一半。这个过程会迭代进行直到略过的范围在可接受的之内。这是一个相当耗费资源的操作，尤其是略过的最大值非常小的时候。它有可能有必要增加最大值的设定来让正常的 Hadoop 任务恢复机制接受额外的尝试。

如果略过功能是开启的，当任务失败的时候任务会把正在处理的记录报告回 TaskTracker，然后 TaskTracker 会再次尝试这个任务，并略过引起失败的记录。由于网络故障或者是对错误记录处理的失败，略过模式会在任务两次错误之后开启。

对于在坏记录上持续失败的任务，TaskTracker 运行多次任务尝试，得到如下结果。

- 没有指定动作的失败的尝试（两次）。
- 被 TaskTracker 存储的，有失败记录的失败的尝试。
- 新的尝试略过在先前尝试中失败的坏记录。

利用 SkipBadRecords 类中的 `setAttmptsToStartSkippint(int attemps)`方法，你能修改任务失败记录的数量来触发略过模式。

Hadoop 会将略过的记录存储在 HDFS 中，以便以后的分析使用。它们在`_log/skip` 文件下以序列的方式写入。

知识检测点 3

Hadoop 是一个新的领域，测试驱动仍然是在不断发展中的，你认为流程可以被改进吗？讨论。

练习

基于图的问题

1. 考虑下面的图：

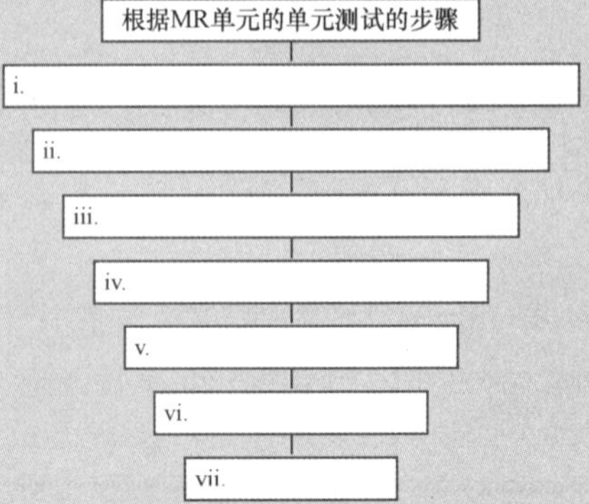

a. MRUnit 的作用是什么？
b. 给出 MarDriver 类的一种局限性。
c. 整齐地列出上述步骤。
d. 区分“withMapper”和“withConfiguration”。

2. 考虑下面的图：

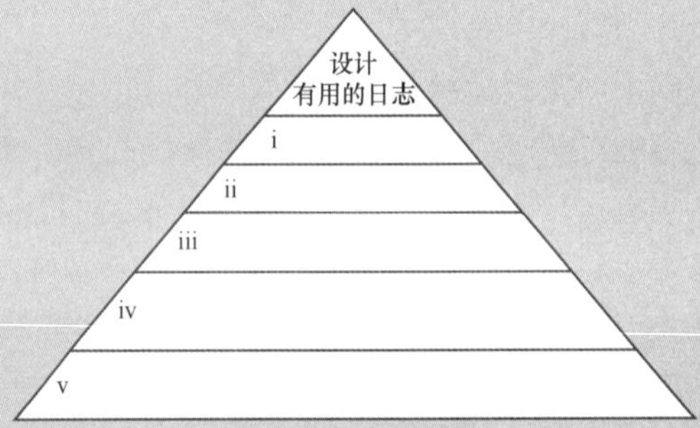

a. 在锥体中列出恰当的设计。
b. 通过日志记录，你了解了什么？
c. 屏幕爬虫的目的是什么？举一个例子。
d. JobTracker 的局限性是什么？

多项选择题

选择正确的答案。在下面给出的“标注你的答案”里将正确答案涂黑。

1. 对于一个持续在坏的记录上失败的任务，TaskTracker 给出结果是：
   a. 运行一个错误的消息
   b. 没有特殊行为的失败尝试（一次）
   c. 有特殊行为的失败尝试（两次）
   d. 没有特殊行为的失败尝试（两次）
2. MRUnit jar 文件和 Maven 依赖版本 mrunit-0.9.0-incubating hadoop2.jar 来自：
   a. Hadoop 的 MapReduce 版本 1
   b. COBRA 的 CDH4
   c. Cloudera 的 CDH4
   d. Hadoop 的 MapReduce 的新版本
3. 利用 Eclipse 进行的本地应用程序的测试有助于 MapReduce：
   a. 使调试更容易
   b. 创建 maps

c．减少片段 d．在 10 个 Java 虚拟机上运行 Hadoop

4. 为了在 Windows 上运行 MapReduce，必须安装：

a．LISP b．Cloudera 的 CDH4 c．Cygwin d．Window 14

5. TDD 是：

a．一种测试技术，要求你同步编写实际的代码和自动化代码测试。

b．一种编程技术，要求你同步编写现有的代码和自动化代码测试。

c．一种测试技术，要求你同步编写实际的代码和手动代码测试。

d．一种编程技术，要求你同步编写实际的代码和自动化代码测试。

6. MapReduce 中的文件位置是由谁控制的：

a．Hadoop 文件管理器 b．MapReduce 文件列表

c．Hadoop 配置文件 d．Hadoop 集群

7. 同时拥有子目录的日志目录被称为：

a．日志用户 b．目录用户 c．用户日志 d．有用日志

8. 设计有用日志的一个建议是：

a．意外变量的值应当在执行后被记录

b．意外执行路径的侦测不应该被记录

c．错误处理代码总是应该记录接收信息

d．应当避免太多的日志

9. 用作一种日志解决方案的一种专门化软件是：

a．HadoopOps 的 Splunk 应用 b．HadoopOps 的 Flunk 应用

c．HadoopOps 的日志应用 d．HadoopOps 的解决方案应用

10. 如果一个作业创建数以百万计的计数器，JobTracker 将产生：

a．“内存丢失”错误 b．“内存溢出”错误

c．“过期”错误 d．一个错误消息

标注你的答案（把正确答案涂黑）

1. ⓐ ⓑ ⓒ ⓓ　　6. ⓐ ⓑ ⓒ ⓓ

2. ⓐ ⓑ ⓒ ⓓ　　7. ⓐ ⓑ ⓒ ⓓ

3. ⓐ ⓑ ⓒ ⓓ　　8. ⓐ ⓑ ⓒ ⓓ

4. ⓐ ⓑ ⓒ ⓓ　　9. ⓐ ⓑ ⓒ ⓓ

5. ⓐ ⓑ ⓒ ⓓ　　10. ⓐ ⓑ ⓒ ⓓ

测试你的能力

1. 编写代码，执行 MapReduce 应用程序的测试。
2. 使用根据 MRUnit 的单元，编写用于实现 mapper 测试的代码。

备忘单

- 你代码编写的越多，你所创造的错误也就越多。因此越来越多的程序员倾向于代码测试和驱动测试的开发。
- TDD 的奠基石之一是单元测试。MapReduce 实现的主要部分可以用 JUnit 框架来进行测试。
- MRUnit 是专为 Hadoop 设计的单元测试框架。它也可被用于测试 mapper 和 reducer。
- MRUnit 提供了 MapReduceDriver 类，使用户可以测试 mapper 和 reducer 是如何来协同工作的。MapReduceDriver 类的参数化与 MapperDriver 和 ReducerDriver 的参数化是不同的。
- 集成测试包括了 mapper 和 reducer 的协同测试。
- 利用 Eclipse 进行 Hadoop 开发，提供了本地运行完整 MapReduce 应用程序的能力——在“单例”模式。
- 在 Eclipse 中以本地模式运行 MapReduce，不需要任何特殊的配置或安装。
- 日志被广泛使用在大多数软件项目中，并且有很多重要的用途，包括如下方面。
  - 使用执行审计跟踪的创建，例如，用于执行分析或识别潜在的改进。
  - 执行标准集可用于实时和事后的分析，以及测试自动化、错误识别等。
- 起源于专业软件的大量解决方案，类似于 Splunk 应用程序，可以用于 HadoopOps 日志。
- 为了实现自定义的日志处理，来自所有 mapper 和 reducer 的所有的日志数据必须汇集到一个单一文件中。
- Hadoop 的特定的调试和测试方法是使用自定义的度量——作业计数器。
- 自定义计数器对于编程和特定作业相关的 JobTracker 页面可用。
- Hadoop 使用分而治之的方法，寻找跳跃范围。
- 对于经常失败于坏记录的任务，TaskTracker 利用下面的结果运行多次任务尝试：
  - 失败的尝试，无特别行动（两次）；
  - 失败的尝试，TaskTracker 存储失败的记录；
  - 新的尝试略过坏的在先前尝试中失败的记录。

第5讲

实现 MapReduce WordCount 程序——案例学习

模块目标

学完本模块的内容，读者将能够：

⏭ 针对给定的场景实现一个 MapReduce 程序

本讲目标

学完本讲的内容，读者将能够：

⏭	为 MapReduce WordCount 程序开发代码
⏭	执行 MapReduce WordCount 程序进行情绪分析

"当人们听说有家公司有关于1亿8500万美国人的数据文件时，都惊呆了。"

——Ralph Nader

本案例研究的目标是帮助读者理解 MapReduce 应用程序的框架，以建立有助于进行情感分析的程序，开发出更好的商业策略。在这个案例研究中，我们将考虑 FindPro 公司的情形，了解他们是如何实施 MapReduce 程序进行实时情感分析服务的。

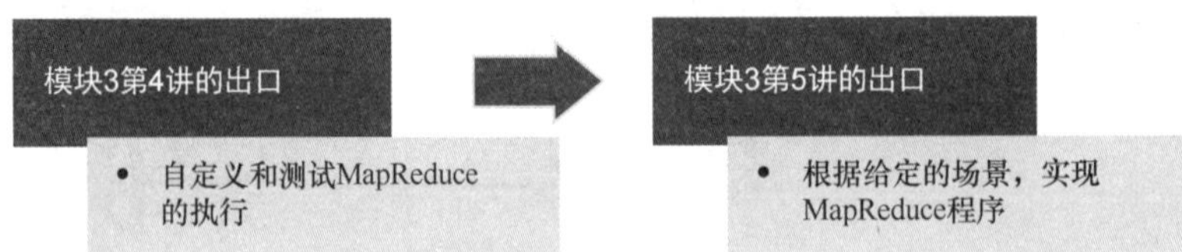

5.1 背景

情感分析是案例学习中解释的 WordCount 程序的一种应用。因此，让我们了解一下情感分析是什么，企业是如何使用它的。

收集和分析客户关于各种商业营销，如营销活动、产品或服务意见的过程被看作是情感分析或意见挖掘。客户经常发表关于他们对于他们所遇到的产品或服务或营销活动的评论或意见。这样的评论也可能是“赞”或“推特”的形式。对于这种反馈的认真分析可以给企业增加巨大的价值，并可能在未来的发展战略或预测转型中提供具体的方向。

情感分析经常被这样地用作于分析各行业中的客户反馈和产品销售之间的关系。

今天，如果一个客户购买一个新产品，他或她通常先看一下他人在各种网站上所表达的对产品的评论和意见。因此，这样的评论或反馈确实能影响销售，要么是积极的要么是消极的，这取决于广大客户的反馈。客户对产品的反馈越好，其销售量也就越高，反之亦然。

FindPro 的分析师研究了大量的源自社交媒体的“情感”，如 **Twitter**、**Facebook**、**留言板**、**博客**、**用户论坛**，以分析反馈和提供给客户相关的解决方案。他们通过可用的统计包，如 Statistical SAS（Analysis System）和 SPSS（Statistical Package for the Social Sciences），实现了客户情感分析解决方案和专用的解决方案模块的融合。

技术材料

长期的监督学习是一个涉及机器学习的术语，起源于这样一个事实，我们假设我们可以利用的例子已经被导师或老师加上了恰当的标签。这与无监督的学习形成了鲜明的对比，其中有很多可用的对象例子，但是对象所属的类是未知的。也有其他的机器学习问题的形式，如半监督学习和强化学习，以及许多其他的与统计、计算机科学和其他领域相关的问题。

通常由 FindPro 实现的情感分析的各种类型如下：

（1）句子层级的情感分析；
（2）情感词法采集；
（3）文档级别的情感分析；
（4）比较情感分析；
（5）基于外观的情感分析

让我们了解一下每种类型的含义。

5.1.1　句子层级的情感分析

当需要产生包含多个关于同一实体意见的特定源的细颗粒度分析时，可以实现句子层级的情感分析。句子层级的情感分析**将句子划分成短语**，每个短语只包含一个意见。

句子层级的情感分析可以分析主观句子。因此，确定句子的极性是必要的。对于大多数句子层级的情感分析方法而言，可以实现**监督学习方法**，分组成积极或消极的类。

5.1.2　情感词法采集

获得情感词汇的 3 个选项具体如下。

- 手动方法：这些都是以用户为中心的方法。用户必须以这些方法来手动编码词汇。
- 基于字典的方法：它们部署了自动化的资源，如 WordNet——大型英语词汇数据库。在这些资源的帮助下，基于字典的方法扩展了一组种子单词以供分析。
- 基于文集的方法：它们采用了大型的文档文集。文档形成了单个域，用于扩展一组种子单词。

5.1.3　文档级别的情感分析

当进行情感分析时，一个近乎完美的情况是客户仅提供了关于产品的一个因素评论。这样，文档级别的情感分析是最简单的情感分析形式。它一口气分析了整个文档，而在句子层级的情感分析中，文档中的每个句子是作为一个单独实体来对待的。

文档级别的情感分析的主要方法讨论如下。

- **监督学习**：当使用监督学习来实施文档级别的情感分析时，分析假设文档被归类为一组有限的类。它也假设用作分析的数据可用于每个类。

  最简单的是当有两个类的情况：积极的情绪和消极的情绪。可以添加中性类或一些离散的数值范围，为监督学习案例提供简单的扩展。

  研究表明，即使当每个文档被表示为一个简单的单词包，也可以达到良好的精度。
- **无监督的学习**：使用无监督学习的文档级别的情感分析是根据语义方向（SO）确认或是根据文档中特定的短语结构。对于分析中的文档，计算平均的 SOs，然后与预定义的阈值相比较。如果平均的 SO 大于阈值，那么文档就被归类为积极的；否则，它被归类为消极的。短语选择的两种方法如下。
  - **谈话的预定义部分（POS）的模式**：可以使用一组预定义的 POS 模式来选择短语。
  - **情感单词的词汇和短语**：可以使用情感单词的词汇和短语来选择短语。

文档级别的情感分析不局限于英语书写的文档。研究人员使用机器翻译来执行其他语言的文档级别的情感分析，如汉语和西班牙语，它们缺少像英语那样巨大的语言资源。

5.1.4　比较情感分析

有时候，用户不提供直接的关于产品的意见。相反，他们提供相比较的意见。比较情感分析，是在这种情况下实施的。Jindal 和 Liu 完成了一篇开创性的比较情感分析的论文。该论文提出，使用相对较少的单词，我们可以覆盖 98%的比较意见。这些单词是：

- 比较性的形容词副词，如“更多”“更少”，以及以-er 结尾的单词（如 lighter）；
- 最高级的形容词和副词，如“最多”“最少”，以及以-est 结尾的单词（如 finest）；
- 额外的短语，如“青睐”“超过”“优于”“偏爱”“比”“较好的”“低劣的”“第一的”和“面临”。

5.1.5 基于外观的情感分析

客户对大多数产品的审查都不止一个方面。当客户提供关于有多个外观的实体的评论时，就实现了基于外观的情感分析，并呈现了关于每个方面的不同意见。

这种情况的例子可以是产品的讨论论坛，如车和相机。当客户提供车的评论时，他们对性能、车身类型、内饰等发表了意见。

基于外观的情感分析，也被称为**基于特征的情感分析**，是专注于识别给定文档中的所有的情感表达，以及它们所指的外观。

当实施基于外观的情感分析时，大多数组织机构在产品评论的文库中，通过识别外观来提取所有的**名词短语**（Noun Phrase，NP）。一旦确定了 NP，组织机构接着就考虑频率高于一些实验确定阈值的 NP。

另一种使用基于外观的情感分析的方法，是使用短语依赖的解析器，该解析器利用已知的情感表达来寻找其他的方面。

5.2 场景

在这个案例中，**FindPro** 服务的客户包括了主要的希望对客户的产品反馈有更好的实时了解的制造商，以便他们能够做出相应的反应。

FindPro 公司给其用户提供了实时的情感分析。为了优化客户的反馈和评论，FindPro 的分析师实现了一个 **WordCount 程序**。使用这个程序，分析师确定了关键字在文中出现的频率。该文本包括了收集自各种互联网来源，如粉丝页面、博客和推特等用户的评论和反馈。优化 WordCount 程序的结果，以产生一般的客户对于由 FindPro 代理所生产和销售的产品的情绪。

5.3 数据解释

该数据包括了来自各种社交网站和其他站点，如在线讨论组、博客和评论门户网站的文本意见或评论。输入数据文件中的每一行都是一条文本意见。

5.4 方法论

一个大数据分析师的作用是定义和设计情感分析框架。然后开发人员按照框架开发所需的代码。

FindPro 公司情感分析的分析框架的开发流程有以下步骤。

（1）设计一种方法，有能力处理作为输入文件的大量数据。

（2）扫描数据集中的数据，寻找重复的单词。

（3）用 WordCount 程序，实现 Hadoop。使用 WordCount 程序，读取文本文件并计算词汇出现的次数。输出文件也是一个文本文件，它包含了单词的列表和它出现的次数，由 tab 标签分割。

Hadoop 的实现涉及了 MapReduce 技术的、开发 WordCount 程序的应用程序。实现的 MapReduce 算法如下。

- 每个 mapper 以行作为输入，并将其拆分成词，然后它发出一个单词的键/值对和 1。
- 每个 reducer 计算每个单词次数的总和，并发出一个单一的包含单词和总和的键/值。

作为一种优化，reducer 也可以用作 map 输出的组合器。通过把每一个单词组合成一条记录，这就减少了跨越网络所发出的数据量。

5.5　方法

在编写代码之前，开发人员要执行的首要步骤如下。

（1）开发人员利用编辑器，创建一个输入文本文件，例如用 **gedit**，创建一个叫作 `worddcount.txt` 的 **gedit** 文件。图 3-5-1 展示了 gedit 编辑器中的样本 `worddcount.txt` 文件。

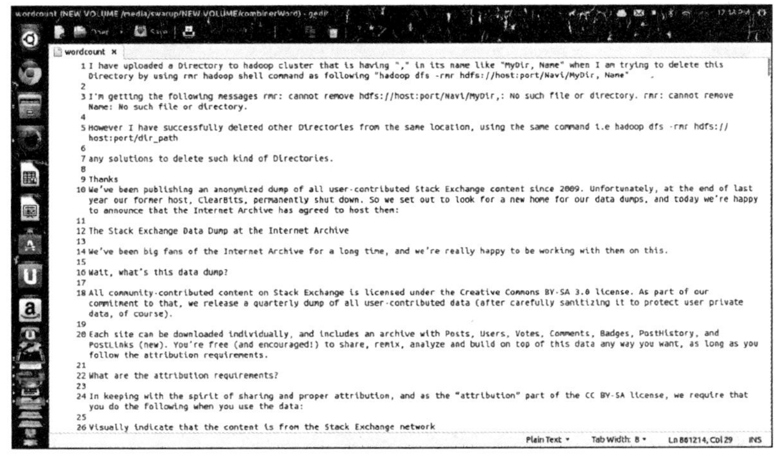

图 3-5-1　在 gedit 文件中显示 worddcount.txt

（2）开发者通过点击目录列表中的 **Eclipse** 图标启动一个 **Eclipse** 实例。

（3）一旦 **Eclipse** 实例完成了初始化，开发人员就创建一个工作区来存储该项目，如图 3-5-2 所示。

（4）一旦指定了工作区，就会出现一个屏幕，如图 3-5-3 所示。

（5）开发者右击 **project explore space**，如图 3-5-4 所示。

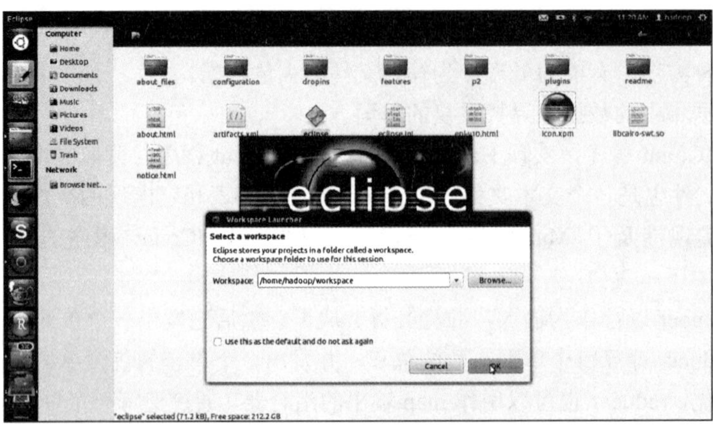

图 3-5-2　初始化一个新的 Eclipse 实例

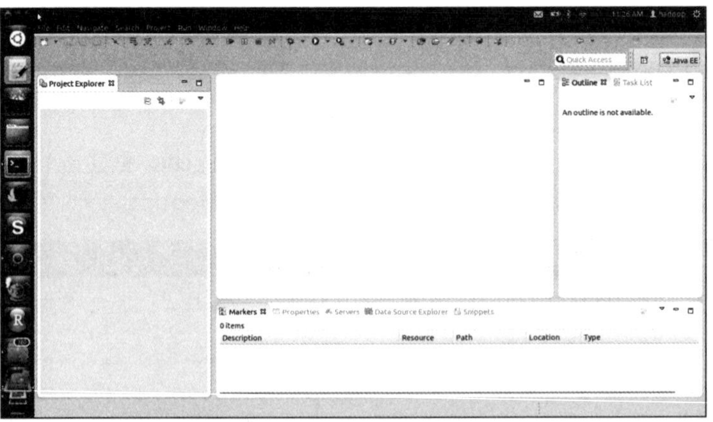

图 3-5-3　初始化新的 Eclipse 实例

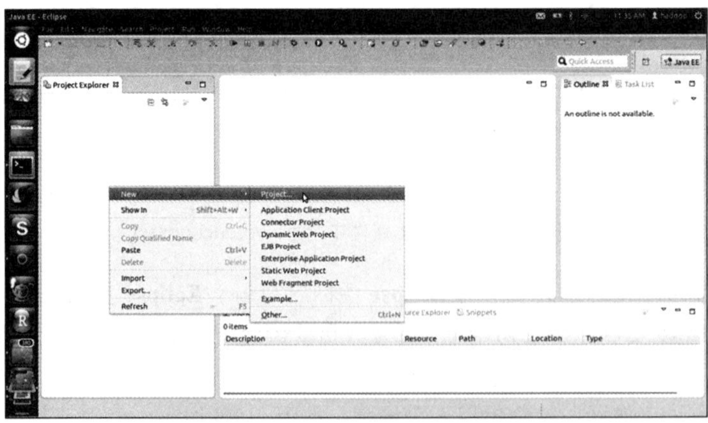

图 3-5-4　创建一个新的 Eclipse 项目

（6）为了通过所需名称来存储项目，选中“**Java Project**”选项，如图 3-5-5 所示。

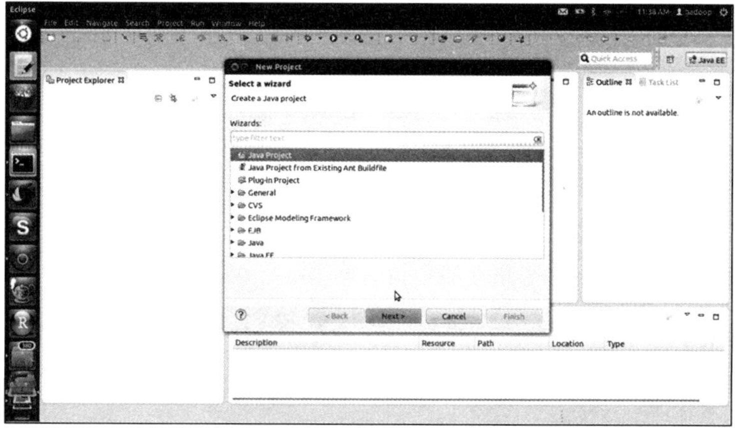

图 3-5-5　选中 Java Project

（7）最后，开发者进入所需的项目名称（在这里选择 **wordcount**）并点击完成按钮，如图 3-5-6 所示。

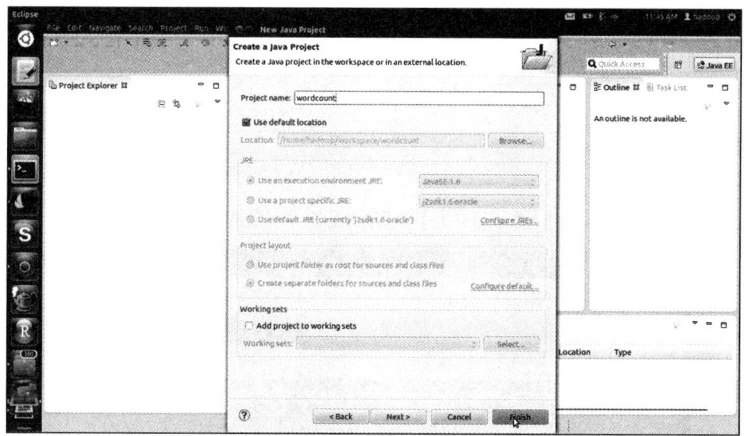

图 3-5-6　提供项目名称

（8）保存项目之后，开发者右击项目标题，并选择**编译路径**。完成这些之后，开发人员选择 **Configure build path** 选项。

（9）开发人员选择 **Add External jar option**。在弹出式菜单中，选中 **select jars** 选项，然后点击 **ok** 按钮。

（10）开发人员确保下列设置有选中了的值。

属　性	值
commons-collections	3.2.1.jar
commons-configuration	1.6.jar
commons-httpclient	3.0.1.jar
commons-lang	2.4.jar
commons-logging	1.1.1.jar

续表

属　性	值
commons-logging-api	1.0.4.jar
jackson-core-asl	1.8.8.jar
jackson-mapper-asl	1.8.8.jar
log4j	1.2.15.jar
hadoop-core	1.0.4.jar

图 3-5-7 展示了在 Eclipse 中导出库的步骤。

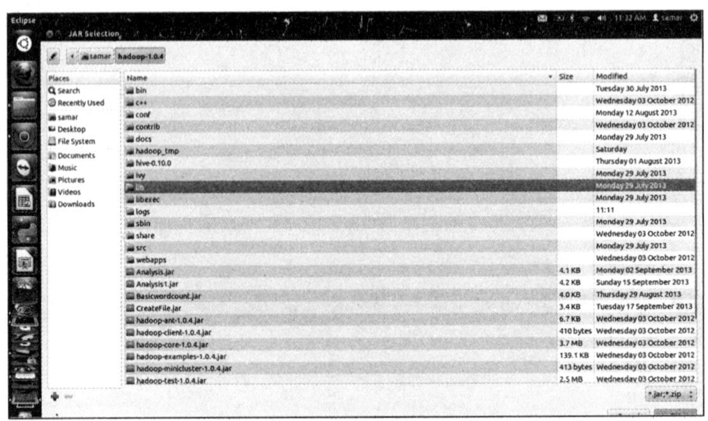

图 3-5-7　在 Eclipse 中导出库

图 3-5-8 展示了在 Eclipse 的 lib 文件夹内选择属性和值的步骤。

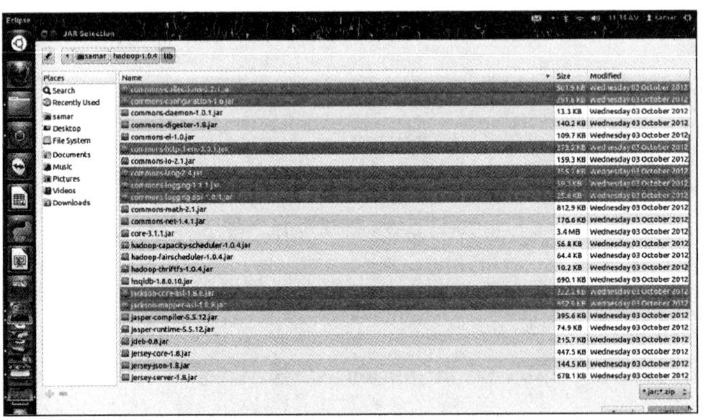

图 3-5-8　选择 Eclipse 中库的属性和值

图 3-5-9 展示了 Eclipse 的 Hadoop 文件夹中选择特征 hadoop-core 的步骤。

图 3-5-10 展示了 Eclipse 中库的属性列表。

（11）这就完成了项目配置的过程。让我们假设开发人员保存了叫 **SimpleWordCount** 的项目。

开发人员右击项目名称并删除源文件夹，因为有时候不需要的文件将被驻留；因此，为了摆脱文件之间的冲突，最好是删除它。

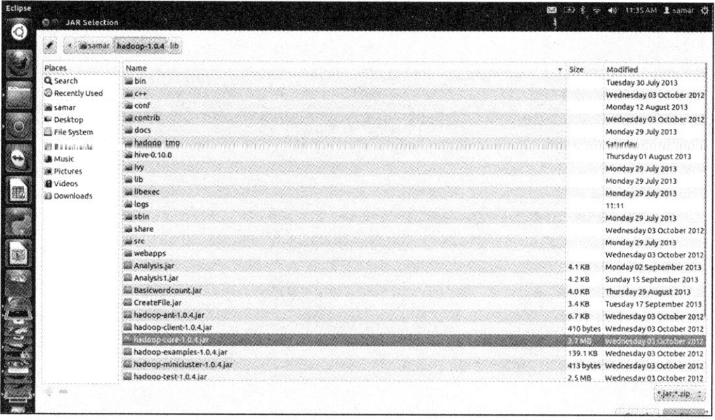

图 3-5-9　操纵 Eclipse 的 Hadoop 文件夹

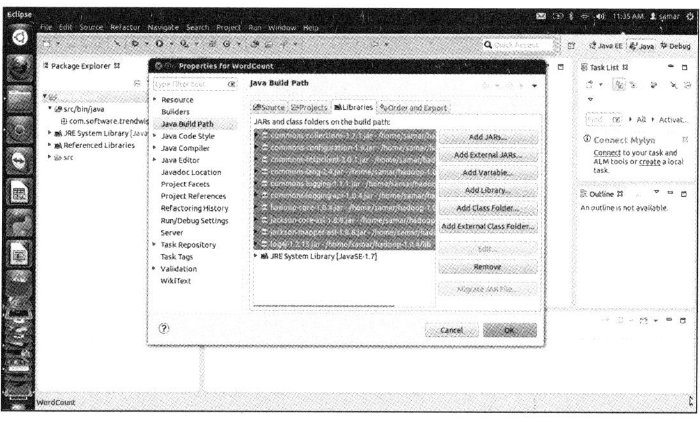

图 3-5-10　显示 Eclipse 的库属性

（12）要创建一个新的源文件夹，开发人员右击该**项目**。为了创建一个新的源文件，开发者选择 **New** 选项，然后选择 **Source Folder** 选项，如图 3-5-11 所示。

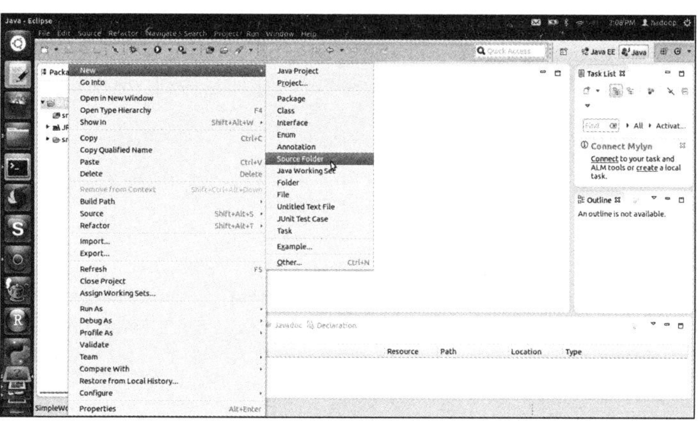

图 3-5-11　为项目创建一个新的源文件夹

（13）开发者在 src/main/java 中创建一个叫作 com.trendwise.software 的包，如图 3-5-12 所示。

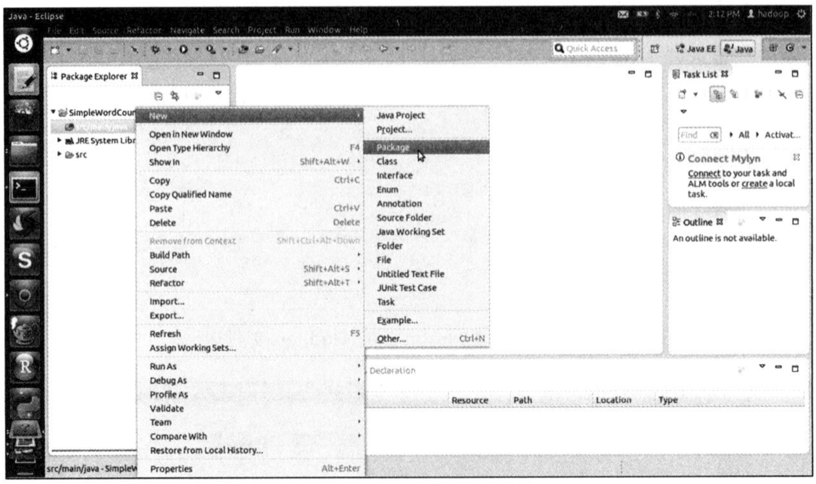

图 3-5-12　在 Eclipse 中创建一个新的包

（14）代码清单 3-5-1 至代码清单 3-5-3 所示的步骤涉及了 Map 和 Reduce 程序的创建。

代码清单 3-5-1　Hadoop MapReduce 的 Mapper part-WordCount 程序

```
public static class Map extends MapReduceBase implements
    Mapper<LongWritable, Text, Text, IntWritable> {
    static enum Counters { INPUT_WORDS }
    private long numRecords = 0;
    private String inp;
    private boolean caseSensitive = true;
    private Set<String> Skippedpattern = new HashSet<String>();
    private final static IntWritable two = new IntWritable(1);
    private Text words = new Text();
    private void parseSkipFile(Path patternsFile) {
        try {
            @SuppressWarnings("resource")
            BufferedReader fis = new BufferedReader(new FileReader(patternsFile.
            toString()));
            String pat = null;
            while ((pat = fis.readLine()) != null) {
                Skippedpattern.add(pat);
            }
        } catch (IOException ioe) {
            System.err.println("Caught exception while parsing the cached file
            '" + patternsFile + "' : " + StringUtils.stringifyException(ioe));
        }
    }
    public void config(JobConf job) {
        caseSensitive = job.getBoolean("wordcount.case.sensitive", true);
```

```
2           inp = job.get("map.input.file");
            if (job.getBoolean("wordcount.skip.patterns", false)) {
                Path[] pat = new Path[0];
                try {
                    pat = DistributedCache.getLocalCacheFiles(job);
                } catch (IOException ioe) {
                    System.err.println("Caught exception while getting cached files:"
                    + StringUtils.stringifyException(ioe));
                }
                for (Path pattern : pat) {
                    parseSkipFile(pattern);
                }
            }
        }
        public void mapper(LongWritable key, Text value,
            OutputCollector<Text, IntWritable> output, Reporter reporter)
            throws IOException {
            String line = (caseSensitive) ? value.toString() : value.
            toString().toLowerCase();
            for (String pattern : Skippedpattern) {
                line = line.replaceAll(pattern, "");
            }
3           StringTokenizer token = new StringTokenizer(line);
4           while (token.hasMoreTokens()) {
                words.set(token.nextToken());
                output.collect(words, two);
                reporter.incrCounter(Counters.INPUT_WORDS, 1);
            }
            if ((++numRecords % 100) == 0) {
                reporter.setStatus("Finished processing " + numRecords + " records
                " + "from the input file: " + inp);
            }
        }
    }
```

代码清单 3-5-1 的解释

1	用值 1 创建一个 IntWritable 变量 one
2	将 Text 类型的输入行转换成字符串类型
3	使用 tokenizer 将行拆分成单词
4	遍历每个单词，并以如下形式形成键/值对： a. 将来自每个记号的每项工作分配给文本"words" b. 为每一个单词，形成这样的键/值对(words,two)，并将其推出至输出收集器

代码清单 3-5-2 Hadoop MapReduce 中的 Reducer part-WordCount 程序

```
public static class Reduce extends MapReduceBase implements
Reducer<Text, IntWritable, Text, IntWritable> {
```

```
    public void reduce(Text key, Iterator<IntWritable> values,
        OutputCollector<Text, IntWritable> output, Reporter reporter)
        throws IOException {
1       int totalsum = 0;
2       while (values.hasNext()) {
            totalsum += values.next().get();
        }
3       output.collect(key, new IntWritable(totalsum));
    }
}
```

代码清单 3-5-2 的解释

1	将变量 totalsum 初始化为 0
2	遍历有关某个键的所有值，并计算它们的总和
3	将键和获取的总和作为值，推入输出收集器

代码清单 3-5-3　Hadoop MapReduce Driver 类中的 Driver part-WordCount 程序

```
1 public int run(String[] args) throws Exception {
      JobConf config = new JobConf(getConf(), WordMapper.class);
      config.setJobName("wordcount");
      config.setOutputKeyClass(Text.class);
2     config.setOutputValueClass(IntWritable.class);
      config.setMapperClass(Map.class);
      config.setCombinerClass(Reduce.class);
      config.setReducerClass(Reduce.class);
      config.setInputFormat(TextInputFormat.class);
      config.setOutputFormat(TextOutputFormat.class);
      List<String> oargs = new ArrayList<String>();
      for (int i=0; i < args.length; ++i) {
          if ("-skip".equals(args[i])) {
             DistributedCache.addCacheFile(new Path(args[++i]).toUri(),config);
             config.setBoolean("wordcount.skip.patterns", true);
          } else {
             oargs.add(args[i]);
          }
      }
      FileInputFormat.setInputPaths(config, new Path(oargs.get(0)));
      FileOutputFormat.setOutputPath(config, new Path(oargs.get(1)));
      JobClient.runJob(config);
      return 0;
      }
      public static void main(String[] args) throws Exception {
3         int result = ToolRunner.run(new Configuration(), new WordMapper(),
          args);
          System.exit(result);
      }
}
```

代码清单 3-5-3 的解释

1	对于输入和输出文件，完成配置
2	接下来，配置 mapper、combiner 和 reducer
3	把主函数结果变量分配给 ToolRunner.run 函数所返回的值

完整的类显示如下：

```
package com.combiner.source;
import org.apache.hadoop.filecache.DistributedCache;
import org.apache.hadoop.conf.*;
import org.apache.hadoop.mapred.*;
import org.apache.hadoop.util.*;
import java.io.*;
import java.util.*;
import org.apache.hadoop.fs.Path;
import org.apache.hadoop.io.*;
public class WordMapper extends Configured implements Tool {
    public static class Map extends MapReduceBase implements
    Mapper<LongWritable, Text, Text, IntWritable> {
        static enum Counters { INPUT_WORDS }
    private long numRecords = 0;
    private String inp;
    private boolean caseSensitive = true;
    private Set<String> Skippedpattern = new HashSet<String>();
    private final static IntWritable two = new IntWritable(1);
    private Text words = new Text();
    private void parseSkipFile(Path patternsFile) {
        try {
            @SuppressWarnings("resource")
            BufferedReader fis = new BufferedReader(new FileReader(patternsFile.
            toString()));
            String pat = null;
            while ((pat = fis.readLine()) != null) {
                Skippedpattern.add(pat);
            }
        }
        catch (IOException ioe) {
            System.err.println("Caught exception while parsing the cached file
            '" + patternsFile + "' : " + StringUtils.stringifyException(ioe));
        }
    }
    public void config(JobConf job) {
        caseSensitive = job.getBoolean("wordcount.case.sensitive", true);
        inp = job.get("map.input.file");
        if (job.getBoolean("wordcount.skip.patterns", false)) {
            Path[] pat = new Path[0];
            try {
                pat = DistributedCache.getLocalCacheFiles(job);
            } catch (IOException ioe) {
                System.err.println("Caught exception while getting cached files: " +
                StringUtils.stringifyException(ioe));
            }
```

```
                for (Path pattern : pat) {
                    parseSkipFile(pattern);
                }
            }
        }
        public void mapper(LongWritable key, Text value,
            OutputCollector<Text, IntWritable> output, Reporter reporter)
            throws IOException {
            String line = (caseSensitive) ? value.toString() : value.
            toString().toLowerCase();
            for (String pattern : Skippedpattern) {
                line = line.replaceAll(pattern, "");
            }
            StringTokenizer token = new StringTokenizer(line);
            while (token.hasMoreTokens()) {
                words.set(token.nextToken());
                output.collect(words, two);
                reporter.incrCounter(Counters.INPUT_WORDS, 1);
            }
            if ((++numRecords % 100) == 0) {
                reporter.setStatus("Finished processing " + numRecords + " records
                " + "from the input file: " + inp);
            }
        }
    }
    public static class Reduce extends MapReduceBase implements
    Reducer<Text, IntWritable, Text, IntWritable> {
        public void reduce(Text key, Iterator<IntWritable> values,
        OutputCollector<Text, IntWritable> output, Reporter reporter)
        throws IOException {
            int totalsum = 0;
            while (values.hasNext()) {
                totalsum += values.next().get();
            }
            output.collect(key, new IntWritable(totalsum));
        }
    }
    public int run(String[] args) throws Exception {
        JobConf config = new JobConf(getConf(), WordMapper.class);
        config.setJobName("wordcount");
        config.setOutputKeyClass(Text.class);
        config.setOutputValueClass(IntWritable.class);
        config.setMapperClass(Map.class);
        config.setCombinerClass(Reduce.class);
        config.setReducerClass(Reduce.class);
        config.setInputFormat(TextInputFormat.class);
        config.setOutputFormat(TextOutputFormat.class);
        List<String> oargs = new ArrayList<String>();
        for (int i=0; i < args.length; ++i) {
            if ("-skip".equals(args[i])) {
                DistributedCache.addCacheFile(new Path(args[++i]).toUri(), config);
                config.setBoolean("wordcount.skip.patterns", true);
```

```
            } else {
                oargs.add(args[i]);
            }
        }
        FileInputFormat.setInputPaths(config, new Path(oargs.get(0)));
        FileOutputFormat.setOutputPath(config, new Path(oargs.get(1)));
        JobClient.runJob(config);
        return 0;
    }
    public static void main(String[] args) throws Exception {
        int result = ToolRunner.run(new Configuration(), new WordMapper(),args);
        System.exit(result);
    }
}
```

（15）为了执行开发的脚本，开发人员接着通过右击项目并选择 **Export** 选项来创建**项目**的 jar 文件，如图 3-5-13 所示。

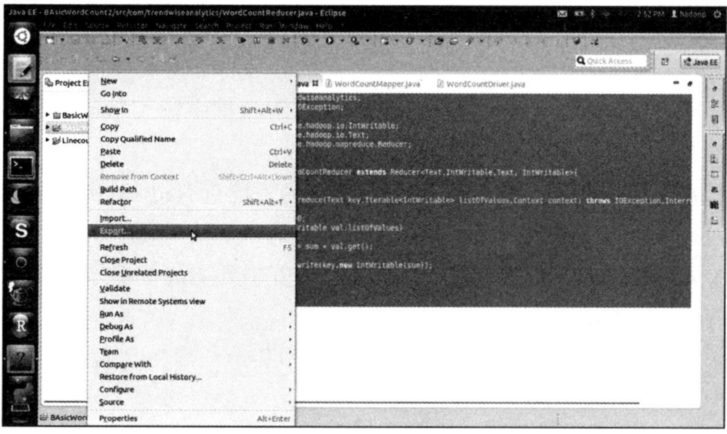

图 3-5-13　选择输出选项，以建立一个 jar 文件

（16）然后，开发人员选择 **JAR File** 选项，并点击 **Next** 的按钮，如图 3-5-14 所示。

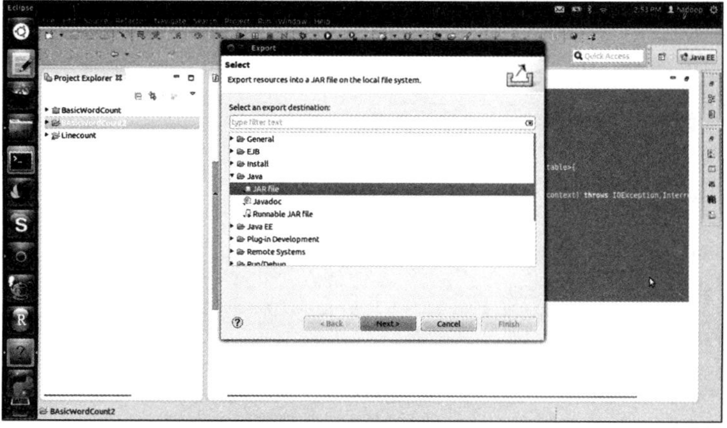

图 3-5-14　创建 jar 文件

图 3-5-15 展示了在 Eclipse 中保存 jar 文件所涉及路径的步骤。

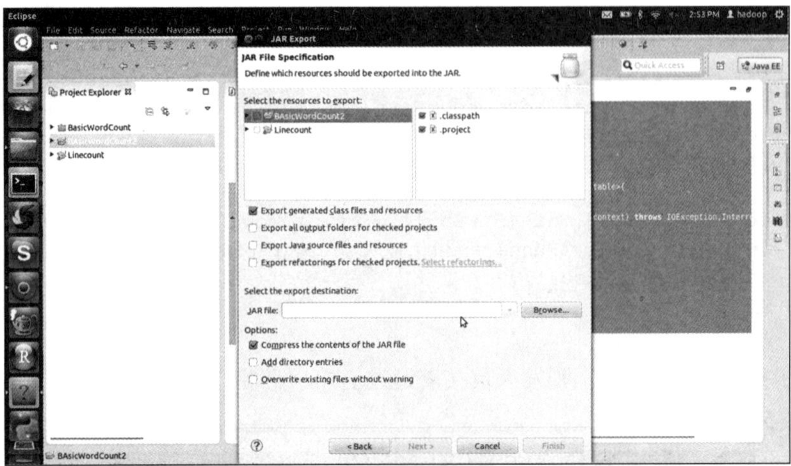

图 3-5-15　在 Eclipse 中存储 jar 文件

（17）要完成保存这个 jar 文件的过程，开发人员在对话框中输入 jar 文件名并点击 **Finish** 按钮。稍后 Jar 文件在一个新的 Hadoop 终端里被执行。

（18）开发人员接着启动一个新的 Hadoop 实例。为了检查 Hadoop 实例是否在运行，开发商需要在终端上键入“jps”。

（19）开发人员接着通过下面的命令，将输入文件复制到 **Hadoop 分布式文件系统**（Hadoop Distributed File System，HDFS）上：

```
bin/hadoop dfs -copyFromLocal /home/swaroop/Desktop/wordcount/word24
bin/hadoop dfs -ls hdfs:/
```

图 3-5-16 展示了 HDFS 中数据集存储的快照。

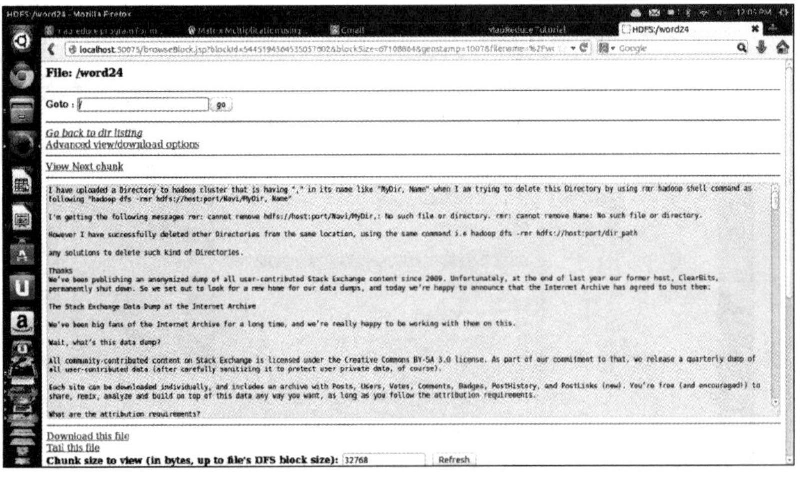

图 3-5-16　显示 HDFS 中的数据集存储

（20）开发者最后使用下面的命令，执行 MapReduce 程序：

```
bin/hadoop jar jarfilename DriverClassname(path-to-driver class or
package path) inputfilename outputfilename
```

图 3-5-17 展示了 MapReduce 程序的执行快照。

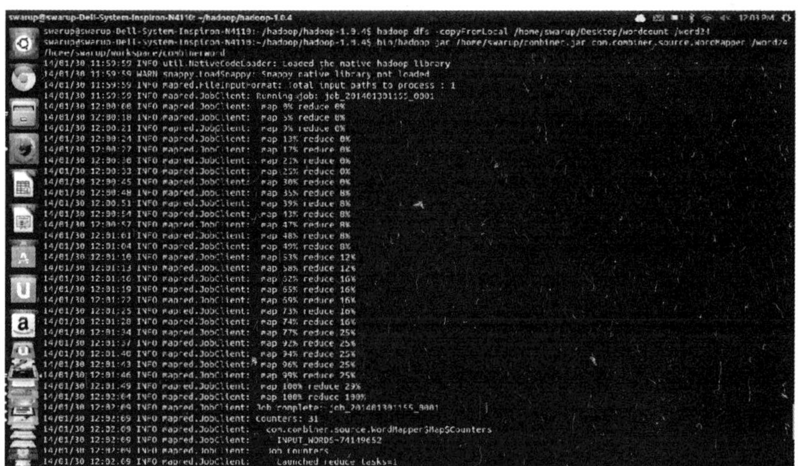

图 3-5-17　执行 MapReduce 程序

（21）可以查看 WordCount 程序的输出，并使用下面的命令输出到本地驱动器：

```
bin/hadoop fs -cat /home/swarup/workspace/combineword/part-00000
bin/hadoop dfs -copyToLocal hdfs:/word24 /home/swaroop/output.txt
```

图 3-5-18 展示了 WordCount 程序的输出。

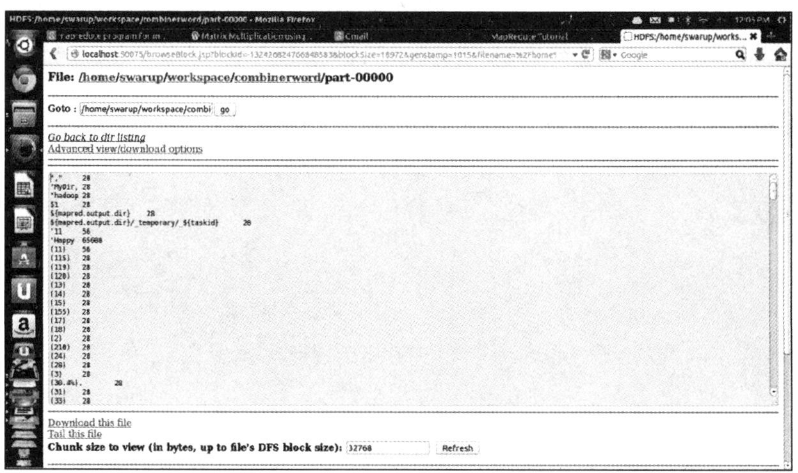

图 3-5-18　显示 WordCount 输出

图 3-5-19 显示 WordCount 在本地驱动器上的输出快照。

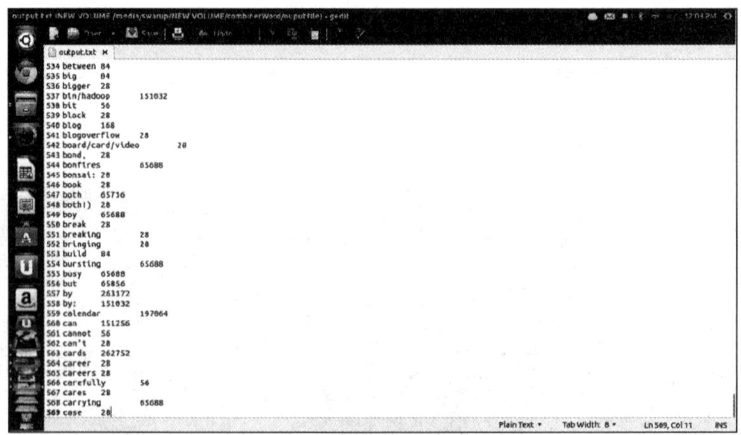

图 3-5-19　显示 WordCount 输出的快照

结论

- 在这个案例中，我们已经讨论了如何使用 MapReduce 分布式计算技术来有效处理大型的文件。可以在任意的非结构化文本文件上和任意大小的半结构化的 XML 文件中，执行类似的 MapReduce 操作。
- 当前的程序在一个单一节点上执行**不到一分钟**的时间。如果我们增加节点数，执行时间会更少。

言论自由可以让客户自由地在互联网上表达他们关于产品的评价和反馈意见。因此，社交媒体网站不断地产生大量的非结构化数据。因为 MapReduce 是大多数大数据实现的编程语言，所以 MapReduce 操作的应用程序对于 WordCount 和情感分析类型的程序来说，是最受欢迎的。

MapReduce 连同机器学习算法，如贝叶斯估计和神经网络，可以被用于构建脸部表情侦测、手写侦测、视频分析、图像识别等模型。所有的跨行业的大数据应用，如医疗保健、银行、金融和保险等行业在很大程度上依赖 MapReduce 在非结构化大数据上执行的此类分析。

模块 4

利用 Hadoop 工具 Hive、Pig 和 Oozie 提升效率

引　言

模块 4

模块 4 详细讨论一些 Hadoop 生态系统的工具，也就是 Hive、Oozie 和 Zookeeper。

- 第 1 讲介绍 Hive 并讨论起数据单元和架构。它详细讨论了如何启动 Hive 和从文件中执行 Hive 查询。本讲还讨论了 Hive 的数据类型、运算符和函数。此外，这一讲涵盖了压缩形式的数据存储，Hive 数据定义语言（DDL）和 Hive 中的数据操作。
- 第 2 讲讨论 Hive 查询语言（HiveQL）。它讨论了使用函数的列值的操作，Hive 中连接操作的不同类型，Hive 遵循的最佳实践，Hive 性能调优，以及 Hive 中查询优化的过程。这一讲还涵盖了文件的本地执行和预测执行，以及 Hive 中记录格式，Hive Thrift 服务和 Hive 安全。
- 第 3 讲讨论 Pig 架构、属性以及 Pig 的安装运行流程。它详细讨论了 Pig Latin 应用的流程。这一讲还讨论了 Pig Latin 语言、接口和脚本以及 Pig 中关系型操作的使用。
- 第 4 讲介绍 Oozie 流，Oozie 协调器和 Oozie 束。它用表述性语言探讨了 Oozie 的参数化。这一讲还揭示了 Oozie 作业执行模型，Oozie 的访问以及 Oozie SLA。
- 第 5 讲讨论如何设计 Oozie 应用程序，利用探测包验证关于地点的信息，并使用探测包设计地点验证。这一讲讨论 Oozie 流、协调器与捆绑应用的设计与实现。它还探讨了部署、测试和执行 Oozie 应用的流程。

第1讲

探索 Hive

模块目标

学完本模块的内容，读者将能够：

⏭	讨论 Hive 数据存储原则
⏭	执行 Hive 的数据操作

本讲目标

学完本讲的内容，读者将能够：

⏭	给出 Hive 角色的概览
⏭	安装和配置 Hive
⏭	讨论受支持的模式类型、数据类型、元数据和分区
⏭	列出各种 Hive 内置的功能
⏭	执行数据定义语言的 Hive 命令
⏭	执行 HQL 命令来执行数据修改语言和查询

“知识最大的敌人不是无知，而是知识的幻觉。”

——Stephen Hawking

从手机到高端企业服务器、从社交网站到搜索引擎、从文本消息到视频通话，不断增长的海量数据处理需求催生了对能够处理海量数据的数据库系统的使用需求，因为传统的数据库管理方法不能处理这样的数据。这就是 **Hadoop 生态系统和 MapReduce** 程序产生的原因。

然而，尽管 Hadoop 是一个具有成本效益的健壮系统，它也需要程序员为其编写复杂和专门的 MapReduce 代码，使其有效地发挥功能。这使组织机构和数据分析师越来越依赖专门的开发人员或程序员来编写程序以处理数据集并获得结果。这种依赖性促使 **Hive** 的引入——构建在 Hadoop 顶层的根据 SQL 的接口，这可以有助于从 Hadoop 系统中提取数据。

在本讲中，将提供 Hive 的概览，读者将了解到如何执行一些基本的 Hive 操作。

总体情况

Facebook 建立了 Hive 项目，是 Hadoop 的一个开源子项目。现在 Hive 已经是一个顶层项目了，并继续快速发展着，桥接了 SQL 和 NoSQL 世界之间的鸿沟。先于 Hive 作为开源项目的发布，Hadoop 仅仅对于给定组中小部分专业开发人员可以说是有用的，他们需要为他们的企业访问"大数据"。

技术材料

我们假设你对 SQL 和来自 RDBMS 的关系型数据库模型有些熟悉了。表或者关系是由垂直列和水平行组成的。单元格存储在行列交叉的地方。如果你不熟悉 SQL 和关系型数据库模型，你可以使用你偏爱的搜索引擎找到有用的学习资源。

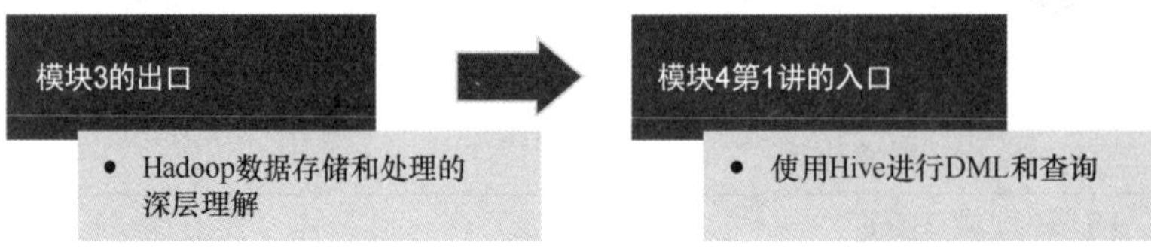
模块3的出口
Hadoop数据存储和处理的深层理解
模块4第1讲的入口
使用Hive进行DML和查询

1.1 介绍 Hive

Hive 提供了基于 SQL 的接口，也被称为 **Hive 查询语言**或 **HiveQL**，它将查询翻译成 Java MapReduce 代码，并在 Hadoop 集群上运行该代码。

重要的是要注意，Hive **不是一个完整的数据库**。

Hadoop 和 HDFS 的设计考量对 Hive 所能做的事情施加了一些限制。

Hive 不允许数据库表列上的插入和更新。记住 Hive 不能被用于在线事务处理（Online Transaction Processing，OTLP）应用程序以及需要交互处理的系统，这也是重要的。它更加适合于数据仓库的应用程序，它可以被用于处理不变的大数据的批处理作业。这种数据类型的一个很好的例子是网络日志、应用程序 cogs，或呼叫数据记录（Call Data Record，CDR）。

随着 Hive 查询转变为 MapReduce 作业，由于启动开销，它们会有很高的延迟，这意味着，甚至对于更小的数据集，在传统数据库上可以几毫秒内处理完毕的查询在 Hive 上会花费更长的时间。

预备知识 参考本讲的预备知识，了解关于 Hive 的使用及其优点的知识。

如上所述，Hive 最适合于数据仓库的应用程序，其中数据是结构化的、静态的以及格式化的，根据处理的基础上，存储、挖掘和报告数据。由于大多数的数据仓库应用程序都是基于关系数据库模型，Hive 桥接了应用程序和 Hadoop 之间的鸿沟。然而，类似于大多数的 SQL 接口，**HiveQL** 不符合 **ANSI SQL** 标准。

众所周知，Hadoop 在分布式基础架构上提供了大规模的向外扩展以及数据存储和处理的高度容错性。Hadoop 使用 MapReduce 算法以最小成本处理大量的数据，因为它不需要高端的机器来处理这些数据量。Hive 处理器转换其大部分的查询至运行在 Hadoop 集群之上的 MapReduce 作业。这使数据聚合、点对点查询以及大量数据的分析简单而有效。

附加知识

有一个新的仍处于开发中的框架，叫作 **Apache Tez**，它被设计用来提高 Hive 的批量式查询的性能，并支持较小的、交互式的（也被称为实时）查询。在写这部分内容的时候，Apache Tez 项目仍处于孵化器阶段，它还不具备供生产使用的发布版本。

技术材料

尽管 Hive 给出了一种 SQL 方言，但是它没有类似于 SQL 那样的延迟，这是因为它终究还是运行在底层的 MapReduce 程序之上的。我们都知道，MapReduce 框架是为批处理作业而构建的，它具有高延迟——即使是最快的 Hive 查询也需要花费好几分钟的时间来执行相对较小的只有几兆字节的数据集。我们不能简单地将传统 SQL 系统的性能，如 Oracle、MySQL 或 SQL Server，与 Hive 做对比。Hive 在小型数据集上，为简单的查询致力于为交互式查询提供可接受的（但不是最佳的）延迟。

1.1.1　Hive 数据单元

Hive 是一个数据仓库工具——它所获取的大多数数据都是结构化的，不是存储在平面文件中就是存储在如 **Teradata** 或 **Informatica** 这样的工具中。

Hive 中使用的各种结构化的数据单元被解释如下。

- **数据库**：这些命名空间可以从命名冲突中拆分表和其他的数据单元。通常在一个常规生产环境中，一个 Hadoop/Hive 集群在多个组之间共享。因为将你的工作与其他工作于 Hive 集群上的组分离开来是很重要的，所以在 Hive 上工作时，有必要创建你自己的数据库。
- **表**：有带有相同模式的有组织的记录集。表的一个例子是 page_views 表，每行都是由以下的列（模式）所组成。
    - **timestamp**：一个能提供用户或系统事件的时间的列。
    - **userid**：用户的唯一标识符。
    - **page_url**：由被访问的主机名端口和页面所组成的字符串。
    - **referer_url**：一个网址，从该网址用户可以到达当前页。

  - **IP**：机器的 IP 地址，用户通过它访问网页。
- **分区**：将数据进行逻辑分类，根据特定的属性分类给定的信息。每个表都可以有一个或多个分区，它决定了数据存储的方式。例如，我们可以按照 **week_start_date** 对 **page_views 表**进行分区，可以使用 **timestamp** 列计算 **week_start_date**。

  当 Hive 按照指定键进行数据分区时，等到记录被插入时，它将所有的记录集组装在特定的文件夹中。在这种情况下，数据将按周分段进行整理。

  这里的好处是限制查询只处理所需的数据。例如，如果我们指定我们要运行 week_start_date = '6/1/2014'这样一个查询，它仅在 6/1/2014 分区上执行查询。这有助于更快的数据分析和提升性能。
- **桶（或集群）**：这些都类似于分区，但是利用散列函数划分数据，并确定记录应当去往集群还是桶。

分区和桶是可选的活动，只是为了提高性能，并使数据更易于管理。

技术材料

Teradata 和 Informatica 是两种数据仓库的工具。

预备知识 参考本讲的预备知识，了解关于 Hive 的使用及其优点的知识。

图 4-1-1 解释了数据单元是如何在 Hive 集群中排列的。

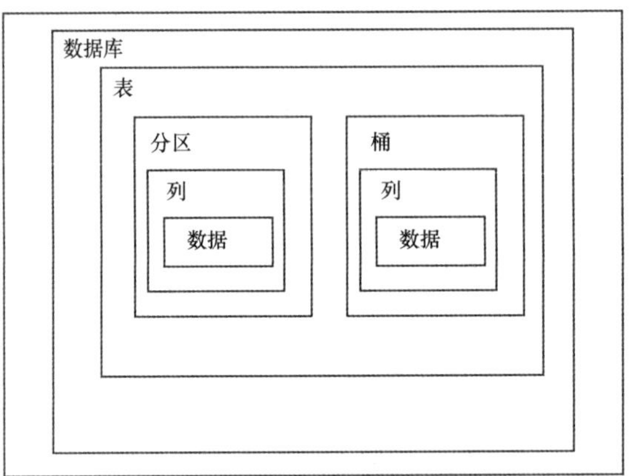

图 4-1-1 Hive 集群中的数据单元

知识检测点 1

下面哪个命令会在 Hive 中抛出错误？

a. Printf databases　　　　b. Show databases

1.1.2 Hive 架构

Hive 架构如图 4-1-2 所示。

图 4-1-2 展示了 Hadoop 集群上的 Hive 操作。

Hive 由 API、用户接口、服务器、作业和任务跟踪器以及 JDBC 驱动所组成。

Hive 提供不同的 API 连接到 Hadoop，并给它提交作业。

下面是访问 Hive 的不同方式。

- **Hive 命令行接口（Hive CLI）**：这是最常用的 Hive 接口。我们稍后会更详细地阐述它。
- **Hive Web 接口**：这是一个简单的图形用户界面（GUI），用于连接 Hive 和进行查询执行。为了利用这个功能，你需要在系统上安装 Hive 时配置 **Hive Web 界面**。
- **Hive 服务器**：这是一个可选的服务器，允许用户从远程客户端提交 Hive 作业。它基于 **Apache Thrift Server** 构建。
- **JDBC/ODBC**：Hive 允许用户从 JDBC 客户端提交作业。可以编写 Java 代码以连接 Hive 并给它提交作业。

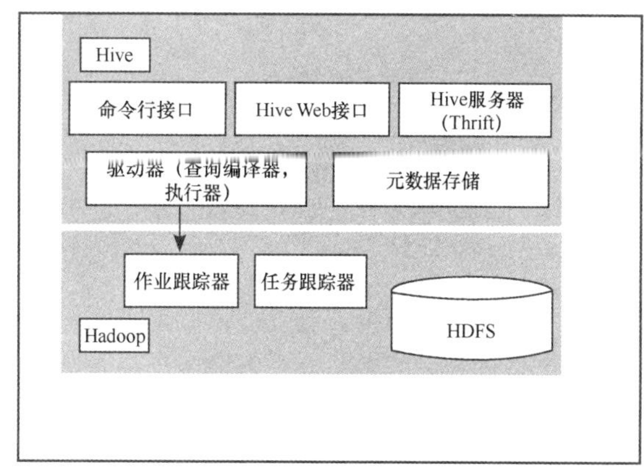

图 4-1-2　Hive 架构

附加知识

一些 Hadoop 用户在处理时想要 GUI，而不只是一个 CLI。被称为 **Hue** 的 Web 浏览器技术为 Apache Hive 提供了一个 GUI。Hue 连同 Hive，还支持了其他关键的 Hadoop 技术，如 HDFS、MapReduce/YARN、HBase、ZooKeeper、Oozie、Pig 和 Sqoop。Hue Apache Hive GUI 叫作 **Beeswax**。Hue 也是一个开源项目。

1.1.3　Hive 元数据存储

Hive 元数据存储是一个数据库，存储所有与数据库、表、列、数据类型和 HDFS 上的位置等相关的元数据。无论何时我们从 Hive 中创建或删除表的时候，会更新元数据存储，当它第一次接触元数据存储数据库以获得表的细节的时候，查询就被处理了。

默认情况下，Hive 使用 **derby 数据库**存储 Hive 表的元数据。你也可以配置一个外部数据库，如 MySQL，可靠地存储元数据。要做到这一点，你必须编辑 Hive 配置的 **hive-site.xml**，其中你必须指定数据库连接的 URL。

1.2　启动 Hive

在安装有 Hive 的节点上，让我们用 Hive 命令行界面启动它。

为了启动 Hive 命令行界面，去往 Hive 的安装目录。启动 Hive 命令行界面的命令如代码清单 4-1-1 所示。

代码清单 4-1-1　启动 Hive 命令行界面

```
1  $cd $HIVE_HOME
2  $cd $HIVE_HOME/bin
   $hive
3  Hive  history  file=/tmp/<your_name>/hive_job_log_<your_name>_138993681_
   1134437655.txt
4  hive> CREATE TABLE sample_table (sample_col1 string, sample_col2 INT);
   Time taken: 1.243 seconds
5  hive> SELECT * FROM sample_table;
   Time taken: 1.231 seconds
```

代码清单 4-1-1 的解释

1	HIVE_HOME 是一个由 Hive 安装目录所组成的环境变量,如/usr/local/hive $cd $HIVE_HOME/bin
2	进入 Hive 安装目录
3	指定 Hive 命令行界面
4	创建叫作 sample_table 的表，由 sample_col1 和 sample_col2 两列组成
5	在 sample_table 表上运行 SELECT *查询

交叉参考　你会在模块 4 第 2 讲中深入了解 Hive 的查询处理。

现在，让我们更深入地学习 Hive 命令行界面。

1.2.1　Hive 命令行界面

Hive 命令行界面是 Hive 中最常用的模式。表 4-1-1 列出了 Hive 命令行界面提供给我们的所有选项。

表 4-1-1　Hive 命令行选项

命　令	描　述
$ hive --help --service cli	
usage: hive	
-d,--define <key=value>	应用于 Hive 的变量替换
commands. e.g. -d A=B or --define A=B	
-e <quoted-query-string>	来自命令行的 SQL
-f <filename>	来自文件的 SQL
-H,--help	打印帮助信息
-h <hostname>	连接到远程主机上的 Hive 服务器
--hiveconf <property=value>	为给定的属性使用值
--hivevar <key=value>	应用于 Hive 的变量替换
commands. e.g. --hivevar A=B	
-i <filename>	初始化 SQL 文件

续表

命　令	描　述
-p <port>	连接到 Hive 服务器的端口号
-S,--silent	交互式 Shell 的静默模式
-v,--verbose	详细模式（控制台执行 SQL 的回显）

让我们更深入地探索这些选项。

1.2.2 Hive 变量

-d 或 -define 选项允许设置变量，稍后可以从脚本引用这些变量。

用法：

```
-d key=value
```

或

```
-define key=value
$hive -define database_name=mydatabase;
hive> CREATE TABLE ${database_name}.mytable ( x INT);
```

这会在 mydatabase 数据库中创建 mytable 表。

1.2.3 Hive 属性

Hive 允许用户自定义或复写 hive-site.xml 属性集。

它给出了 SET 命令，它允许复写 hive-site.xml 文件中给出的属性。当你想要设置一个用于当前 Hive 查询的显式属性时，该特性就有用了。

例如，按下列步骤开启连接的自动优化：

```
$hive
hive> SET hive.auto.convert.join.noconditionaltask = true;
```

注意，这些属性直到命令行会话存活的时候才有效，设置被应用于本地系统，并不影响 hive-site.xml 文件。

1.2.4 Hive 一次性命令

有时候，用户可能想要运行一个或多个 Hive 查询，然后立刻退出 Hive 控制台。Hive 命令行支持这样的操作，如下面的查询所示：

```
$hive -e 'SELECT reg_no, name FROM student';
1 XYZ
2 PQR
3 ABC
OK
Time taken: 3.667 seconds
$
```

我们也可以使用这一服务将查询的输出保存到本地磁盘的文件中。

```
$hive -e 'SELECT reg_no, name FROM student' >> /home/user/student.txt
```

知识检测点 2

1. 编写 Hive 命令，用 4 列来创建一个表：名、姓、年龄、收入。
2. 编写一个脚本，把同一个表结构复制到新表中。

1.3 执行来自文件的 Hive 查询

Hive 提供了工具来运行一个或多个存储于文件中的查询。通常情况下，文件具有.hql 或.q 的扩展名。让我们看一下如何使用这个。

假设你已经在名叫 **myquery.hql** 的文件中编写了一个查询，它存储于…/home/myuser/queries/文件夹中，并要运行以下命令来执行该查询：

```
$cat /home/myuser/queries/myquery.hql
SELECT reg_no, name FROM student;
$hive -f /home/myuser/queries/myquery.hql
```

当运行更大的需要很长时间来执行的查询时，这个实用程序就是有帮助的。可以简单地将它作为一个后台进程来执行，让它自行完成。

```
$nohup hive -f /home/myuser/queries/myquery.hql &
```

通过访问 nohup.out 文件，可以在控制台中继续寻找。

```
$tail -f nohup.out
```

1.3.1 shell 执行

有时候，当你运行 Hive 查询时，你需要运行一些 shell 命令。为了完成该任务，运行下面的命令：

```
hive>! ls /home/user/queries/;
myquery.hql
hive> !pwd;
/home/user/queries
```

1.3.2 Hadoop dfs 命令

为了在 Hive 命令行界面中运行 Hadoop `dfs` 命令，需要运行如下命令：

```
hive> dfs -ls /user/hduser/input;
Found 2 items
rwxr-xr-x - hduser supergroup 0 2014-01-17 16:27 /user/hduser/input/
hello.txt
rwxrwxr-x - hduser supergroup 0 2014-01-03 17:50 /user/hduser/input/
hi.txt
```

1.3.3　Hive 中的注释

可以在 Hive 脚本中，通过在行开头插入双短划线（--）的方式提供文档注释。这将提醒编译器忽略该命令并继续执行。

```
-- This is script is to select all values from table student
SELECT roll_no, name FROM student;
```

1.4　数据类型

Hive 支持多种数据类型，根据它们的类型进行归类。

下面的代码清单 4-1-2 创建了使用了所有（截止到截稿为止）受 Hive 支持的数据类型。

代码清单 4-1-2　HiveQL 支持的数据类型

```
$ ./hive --service cli
hive> CREATE DATABASE data_types_db;
OK
Time taken: 0.119 seconds
hive> USE data_types_db;
OK
Time taken: 0.018 seconds
Hive> CREATE TABLE data_types_table (
> our_tinyint TINYINT COMMENT '1 byte signed integer',
> our_smallint SMALLINT COMMENT '2 byte signed integer',
> our_int INT COMMENT '4 byte signed integer',
> our_bigint BIGINT COMMENT '8 byte signed integer',
> our_float FLOAT COMMENT 'Single precision floating point',
> our_double DOUBLE COMMENT 'Double precision floating point',
> our_decimal DECIMAL COMMENT 'Precise decimal type based
> on Java BigDecimal Object',
> our_timestamp TIMESTAMP COMMENT 'YYYY-MM-DD HH:MM:SS.fffffffff"
> (9 decimal place precision)',
> our_boolean BOOLEAN COMMENT 'TRUE or FALSE boolean data type',
> our_string STRING COMMENT 'Character String data type',
> our_binary BINARY COMMENT 'Data Type for Storing arbitrary
> number of bytes',
> our_array ARRAY<TINYINT> COMMENT 'A collection of fields all of
> the same data type indexed BY
> an integer',
> our_map MAP<STRING,INT> COMMENT 'A Collection of Key,Value Pairs
> where the Key is a Primitive
> Type and the Value can be
> anything. The chosen data
> types for the keys and values
> must remain the same per map',
> our_struct STRUCT<first :SMALLINT, second : FLOAT, third :
STRING>
```

```
> COMMENT 'A nested complex data
> structure',
our_union UNIONTYPE<INT,FLOAT,STRING>
> COMMENT 'A Complex Data Type that can
> hold One of its Possible Data
> Types at Once')
> COMMENT 'Table illustrating all Apache Hive data types'
> ROW FORMAT DELIMITED
> FIELDS TERMINATED BY ','
> COLLECTION ITEMS TERMINATED BY '|'
> MAP KEYS TERMINATED BY '^'
> LINES TERMINATED BY '\n'
> STORED AS TEXTFILE
> TBLPROPERTIES ('creator'='Bruce Brown', 'created_at'='Sat Sep 21
20:46:32 EDT 2013');
OK
Time taken: 0.886 seconds
```

技术材料

参考 Apache Hive 语言手册中的数据类型页，随着 Hive 社区继续发展并创建 Hive 的新类型及创新功能时，注意观察新的数据类型。

行号已被列入 **HiveQL** 中，使研究表更加容易。在 Hive 0.11 的处理中，可以从 CREATE TABLE 语句（参考行一）中看到所有的（再次强调，截止到截稿为止）变量数据类型。

特殊的一点是，十进制是随着 Hive 0.11 而引入的，所以当 Hive 0.12 发布时，看一下是否具有更多的类型。

记住，Hive 有**基本的和复杂的数据类型**。最后 4 列（见行 16～31）的_datatypes_table 是复杂数据类型：ARRAY、MAP、STRUCT 和 UNIONTYPE。它们的存在提供了 Hive 支持一组丰富数据类型的更多证明，使用户可以全部置于 HiveQL 下，来管理不同的数据。

最后，CREATE TABLE 语句中的行 33-38，展示了 Hive 的一个特别强大的特性。在这里，当你的表被存储于 HDFS 时，这几行让你能够定义文件格式并定义分隔字段和行的方式。Hive 允许你分别指定文件格式和记录格式。

让我们讨论一些特定的 Hive 数据类型。

1.4.1 基本数据类型

Hive 支持表 4-1-2 所示的简单数据类型。

表 4-1-2 Hive 简单数据类型

数 值 类 型	描 述
TINYINT	1 字节带符号整型
SMALLINT	2 字节带符号整型
INT	4 字节带符号整型

续表

数 值 类 型	描　　述
BIGINT	8 字节带符号整型
FLOAT	4 字节单精度浮点数
DOUBLE	8 字节双精度浮点数
DECIMAL	（自 Hive 0.11.0 引入，38 位长精度；Hive 0.13.0 进入了用户定于的精度和范围）

Hive 支持字符串数据类型，如表 4-1-3 所示。

表 4-1-3　Hive 字符串类型

字符串类型	描　　述
STRING	
VARCHAR	自 Hive 0.12.0 起才可用
CHAR	自 Hive 0.13.0 起才可用，字符串以单引号（'）或双引号（""）表示。

Hive 支持表 4-1-4 所示的零碎的数据类型。

表 4-1-4　Hive 零碎数据类型

零 碎 类 型	
BOOLEAN	
BINARY	自 Hive 0.8.0 起才可用

基本数据类型的层次

图 4-1-3 所示的层次指导我们如何隐式地将数据类型转换为查询。隐式转换允许从子类型

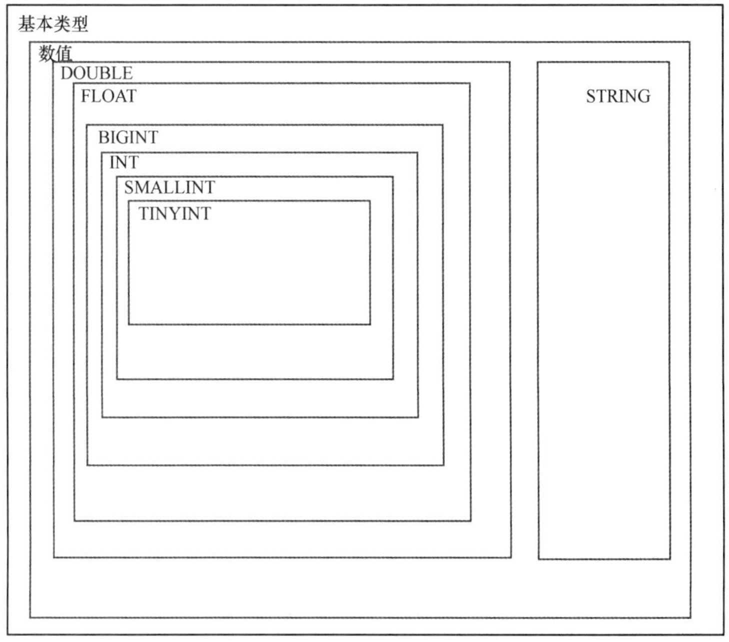

图 4-1-3　简单数据类型的继承关系

到父类型的转换。所以，当一个查询表达式预测类型 1 而数据是类型 2 的时候，如果在继承类型中，类型 1 是类型 2 的父类型的话，类型 2 将被隐式地转换成类型 1。请注意，类型继承允许隐式的 STRING 到 DOUBLE 的转换。

简单数据类型的继承关系如图 4-1-3 所示。

知识检测点 3

1. 一家初创公司想要使用 Hive 存储公司数据。Hive 可以用哪些不同的方式提供集合类型?
2. 编写 Hive 的 shell 命令，列出目前目录中的所有文件。

1.4.2 复杂数据类型

复杂数据类型是一个或多个简单数据类型以结构化方式组成的集合。下面是一些复杂数据类型的例子。

- 数组：ARRAY<data_type>。
- 映射：MAP<primitive_type, data_type>。
- 结构体：STRUCT<col_name : data_type [COMMENT col_comment], ...>。
- 联合体：UNIONTYPE<data_type, data_type, ...>（自 Hive 0.7.0 起可用）。

让我们看一下如何使用使用复杂数据类型的例子。

```
CREATE TABLE student_info (
name STRING,
percentage FLOAT,
subjects ARRAY<STRING>,
marks MAP<STRING, INT>,
address STRUCT<street:STRING, city:STRING, state:STRING, zip:INT>);
```

在这里，我们已经创建了一个名叫 **student_info** 的表。该表包含了一个叫作 name 的列，它是 STRING 类型。此外，有一个 percentage 字段，标注为 FLOAT 类型。之后，我们想要知道一位特定的学生已经学了哪个“科目”，这是一个 STRING 类型的数组。还有一个包含 subject 键和每个 subject 一个 marks 值的 MAP 类型。最后，我们有了一个由多个字符组成的结构体。

JSON 格式下的 student_info 行示例如下：

```
{
  "name": "James",
  "percentage": 98.33,
  "subjects": [
    "Maths",
    "Physics",
    "Biology"
  ],
  "marks": {
```

```
    "Maths": 98,
    "Physics": 97,
    "Biology": 100
  },
  "address": {
    "street": "Woodstock Road",
    "city": "Oxford",
    "state": "Oxfordshire",
    "zip": "411749"
  }
}
```

因为 Hive 以文本格式存储文件，在默认情况下，它使用表 4-1-5 所示的行和记录分隔符。

表 4-1-5　Hive 行和记录分隔符

分 隔 符	描 述 符
\n	用来开始新的一行
^A	用来分割所有的字段；当指定在 CREATE 表语句中时，使用八进制代码\001 来编写
^B	用来分割 ARRAY 或 STRUCT 或 MAP 中的元素——使用八进制代码\002 编写
^C	用来分割来自 MAP 记录中相应值的键——使用八进制代码\003 编写

为了创建 student_info 表，需要编写如下的命令：

```
CREATE TABLE student_info (
name STRING,
percentage FLOAT,
subjects ARRAY<STRING>,
marks MAP<STRING, INT>,
address STRUCT<street:STRING, city:STRING, state:STRING, zip:INT>)
ROW FORMAT DELIMITED
FIELDS TERMINATED BY '\001'
COLLECTION ITEMS TERMINATED BY '\002'
MAP KEYS TERMINATED BY '\003'
LINES TERMINATED BY '\n'
STORED AS TEXTFILE;
```

在文本文件中，该记录的实际存储看起来像这样的：

```
James^A98.33^AMaths^BPhysics^BBiology^AMaths^C98^BPhysics^C97^BBiology^C100^
AWoodStock Road^Boxford^BOxfordshire^411749
```

1.4.3　Hive 内置运算符

现在，我们已经理解了 Hive 中的数据类型，下面了解下 Hive 如何支持下列的内置运算符：

- 关系运算符；
- 算数运算符；
- 逻辑运算符。

关系运算符

Hive 支持的关系运算符如表 4-1-6 所示。

表 4-1-6　Hive 的关系运算符

运 算 符	运 算 数	描 述
X=Y	所有的简单数据类型	如果 X 与 Y 相等则返回 TRUE，反之返回 FALSE
X!=Y	所有的简单数据类型	如果 X 与 Y 不等则返回 TRUE，反之返回 FALSE
X<Y	所有的简单数据类型	如果 X 小于 Y 则返回 TRUE，反之返回 FALSE
X>Y	所有的简单数据类型	如果 X 大于 Y 则返回 TRUE，反之返回 FALSE
X>=Y	所有的简单数据类型	如果 X 大于等于 Y 则返回 TRUE，反之返回 FALSE
X<=Y	所有的简单数据类型	如果 X 小于等于 Y 则返回 TRUE，反之返回 FALSE
X IS NULL	所有的简单及复杂数据类型	如果 X 为 NULL 则返回 TRUE，反之返回 FALSE
X IS NOT NULL	所有的简单及复杂数据类型	如果 X 不为 NULL 则返回 TRUE，反之返回 FALSE
X LIKE Y	STRING	如果字符串 X 匹配字符串 Y 则返回 TRUE，反之返回 FALSE
X RLIKE Y	STRING	如果字符串 X 中的任意子串匹配字符串 Y 则返回 TRUE，反之返回 FALSE
X REGEXP Y	STRING	与 RLIKE 相同

算术运算符

Hive 支持的算术运算符如表 4-1-7 所示。

表 4-1-7　Hive 的算术运算符

运 算 符	运 算 数	描 述
X+Y	所有数字类型	X 和 Y 相加
X-Y	所有数字类型	X 减 Y
X*Y	所有数字类型	X 乘以 Y
X/Y	所有数字类型	X 除以 Y
X%Y	所有数字类型	X 除以 Y 的余数
X&Y	所有数字类型	X 和 Y 的与操作
X|Y	所有数字类型	X 和 Y 的或操作
X^Y	所有数字类型	X 和 Y 的异或操作
~X	所有数字类型	X 的非操作

逻辑运算符

Hive 支持的逻辑运算符如表 4-1-8 所示。

表 4-1-8　Hive 的逻辑运算符

运 算 符	运 算 数	描 述
X AND Y/X&&Y	布尔型	如果 X 和 Y 为 TRUE，则返回 TRUE，反之返回 FALSE
X OR Y /X || Y	布尔型	如果 X 或 Y 为 TRUE，则返回 TRUE，反之返回 FALSE
NOT X/!X	布尔型	如果 X 为 FALSE，则返回 TRUE，反之也返回 TRUE

1.5 Hive 内置函数

Hive 支持表 4-1-9 所示的内置函数。

表 4-1-9　Hive 的内置函数

函数名称（签名）	返回值	描　　述
round(double x)	BIGINT	返回 double 的四舍五入的 BIGINT 值
floor(double)	BIGINT	返回 BIGINT 类型的，等于或小于 double 值的最大值
ceil(double x)	BIGINT	返回 BIGINT 类型的，大于或等于 double 值的最小值
rand(), rand(int seed)	double	返回一个随机数（根据行而变化）。指定种子，使生成的随机数序列是确定性的
concat(string X, string Y,...)	string	返回 A 后追加 B 的返回的字符串。例如，concat('foo', 'bar') 返回'foobar'。函数接收任意数量的参数，并返回所有它们的连接
substr(string X, int start)	string	返回 X 的子串，从起始位置到 X 的结尾处。例如，substr('foobar', 4) 返回'bar'
substr(string X, int start, int length)	string	返回 X 的子串，从起始位置开始的给定长度，例如，substr('foobar',4,2) 返回'ba'
upper(string X)	string	转换所有 X 的字符成大写并返回字符串。例如，upper('fOoBaR') 返回'FOOBAR'
ucase(string X)	string	与 upper 相同
lower(string X)	string	转换所有 X 的字符成小写并返回字符串。例如，upper('fOoBaR') 返回'FOOBAR'
lcase(string X)	string	与 lower 相同
trim(string X)	string	从 X 的两端截去空白字符并返回字符串。例如，trim('foobar') 返回'foobar'
ltrim(string X)	string	从 X 的开始处（左手边）截去空白字符并返回字符串。例如，ltrim('foobar') 返回'foobar'
rtrim(string X)	string	从 X 的结尾处（右手边）截去空白字符并返回字符串。例如，rtrim('foobar') 返回'foobar'
regexp_replace(string X, string Y, string Z)	string	用符合 Java 正则表达式语法（查阅 Java 正则表达式语法）的 Z，替换 Y 中的所有子串，并返回字符串。例如，regexp_replace('foobar', 'oo|ar')，返回'fb'
size(Map<K.V>)	int	返回 map 类型中的元素个数
size(Array<T>)	int	返回 array 类型中的元素个数
cast(<expr> as<type>)	<type> 的值	将表达式 expr 的结果转换成<type>。例如，cast('1'as BIGINT) 将把字符串'1'转换它的整数形式。如果转换不成功，则返回 null
from_unixtime(int unixtime)	string	将来自 UNIX 时期的秒数（1970-01-01 00:00:00 UTC）转换成字符串，以"1970-01-01 00:00:00"形式表示当前系统时区中该时刻的时间戳
to_date(string timestamp)	string	返回时间戳字符串的时间部分：to_date("1970-01-01 00:00:00")="1970-01-01"
year(string date)	int	返回日期或时间戳字符串的年份部分：year("1970-01-01 00:00:00")=1970，year("1970-01-01")=1970
month(string date)	int	返回日期或时间戳字符串的月份部分：year("1970-11-01 00:00:00")=11，year("1970-11-01")=11
day(string date)	int	返回日期或时间戳字符串的日期部分：day("1970-11-01 00:00:00")=1，day("1970-11-01")=1
get_json_object(string json_string, string path)	String	根据指定的 JSON 路径，把 JSON 对象从 JSON 字符串中提取出来，并返回从 JSON 对象中提取的 JSON 字符串。如果输入的 JSON 字符串是非法的，则返回 null

交叉参考 有关这些函数的更多用法见模块 4 第 2 讲。

聚合函数

Hive 支持的聚合函数如表 4-1-10 所示。

表 4-1-10　Hive 中的聚合函数

聚合函数名称（签名）	返回类型	描　述
count(*), count(expr), count(DISTINCT expr[, expr_.])	BIGINT	count(*)——返回被检索的总行数，包括包含 NULL 值的行 count(expr) ——返回提供的表达式非 NULL 值的行数 count(DISTINCT expr[, expr])——返回提供的表达式唯一且非 NULL 的行数
sum(col), sum(DISTINCT col)	DOUBLE	返回组中元素的总和或组中列的不同值的总和
avg(col), avg(DISTINCT col)	DOUBLE	返回组中元素的平均值或组中列的不同值的平均值
min(col)	DOUBLE	返回组中列的最小值
max(col)	DOUBLE	返回组中列的最大值

知识检测点 4

1. 如果 Roy 是运行 Hive 作为其服务器系统的程序员，那么它会使用什么机制来将 Hive 连接到他的应用程序？
2. 编写 Hive 命令来：
   a. 查看所有的数据库　　b. 查看数据库中的表
   c. 打印 Hive 表中起始的 10 个观察者　　d. 找到数值字段中的最大值

1.6 压缩的数据存储

Hive 支持各种文件格式，我们可以从中读取或写入数据。利用常规文本和序列文件，你还可以压缩或解压缩 Hive 文件。

Hive 批处理处理大量的数据，但是有时候，以其原始格式来保持完整数据可能是困难的。一个有效的解决该问题的方案是在 HDFS 中保持压缩过的文件，所以它们可以占用更少的空间。更重要的是，压缩文件在某些情况下可以呈现更佳的性能。

为了创建压缩文件，只需简单地导入 **gunzip** 或 **bz2 格式**的压缩文件，并将它们加载到 Hive 表中，将它存储为 TEXTFILE。

Hive 自动侦测压缩格式，当需要数据时，实时解压它。

可以使用下面给出的命令来达成：

```
CREATE TABLE logs (time STRING, ip STRING, url STRING)
ROW FORMAT DELIMITED
FIELDS TERMINATED BY '\t'
 LINES TERMINATED BY '\n'
```

```
STORED AS TEXT;
LOAD DATA LOCAL INPATH '/usr/local/logs/cart-additon-20131201.log.gz'
INTO TABLE logs;
```

快速提示 请记住，在这种情况下，Hadoop 不能把你的文件拆分为块，这可以造成 Hadoop 集群的使用率不足。

1.7 Hive 数据定义语言

本讲主要讨论了创建、修改和删除数据库或表和分区表。像任何其他的 SQL 方言一样，Hive 也有它的**数据定义语言**（Data Definition Language，DDL）。

1.7.1 管理 Hive 中的数据库

类似于任何其他的 SQL 数据库，Hive 数据库包含了表的**命名空间**。拥有一个数据库并不提供任何其他的好处，但是当需要在单一集群中管理独立项目和团队的完整数据时，这就是重要的。

如果你不指定任何数据库的名称，就在**默认数据库**中创建表。

创建数据库

这是一个创建数据库的例子。

```
hive> CREATE DATABASE my_database;
```

如果数据库已经存在，Hive 给出一个错误，说明该给定的数据库已经存在。为了避免这个问题，编写：

```
hive> CREATE DATABASE IF NOT EXISTS my_database;
```

为了列出存在于特定路径下的所有数据库，运行 SHOW 命令如下所示：

```
hive> SHOW DATABASES;
default
my_database
```

当你在 Hive 中创建数据库时，同名的文件夹会被创建在 HDFS 的 Hive 数据仓库目录下。

例如，如果创建一个名叫 **my_database** 的数据库，Hive 创建的文件夹结构是.../user/hive/warehouse/**my_database.db**，这里假设.../user/hive/warehouse 是 HDFS 的 Hive 基础目录。

为了在指定数据库下创建一个表，按照下列方式在表名之前添加数据库的名称：

```
hive> CREATE TABLE my_database.my_table (x INT);
```

为了在同一个数据库中创建多个表，运行 USE 命令，然后创建表，无须在每个表名之前添加数据库的名称。

```
hive> USE my_database;
hive> CREATE TABLE my_table (x INT);
```

这样就在 my_database 中创建了表 my_table。为了更深入一层，以键/值对的形式指定 DBPROPERTIES，如下所示：

```
hive> CREATE DATABASE my_database
> WITH DBPROPERTIES ('owner' ='James ', 'company' = 'XYZ. LTD');
```

删除数据库

现在，我们来学习如何删除一个数据库：

```
hive> DROP DATABASE IF EXISTS my_database;
```

如果数据库包含表的话，Hive 不允许简单地删除该数据库。为了删除这个数据库，要么先删除表然后删除数据库，要么使用级联功能。

```
hive> DROP DATABASE my_database CASCADE;
```

级联功能自动地删除数据库下所有的表以及实际的数据库。使用这些命令的时候要小心，因为它可能造成表中数据的完全删除。

更改数据库

请注意，Hive 不允许你以任何方式更改数据库的名称。使用 ALTER DATABASE 命令，可以更改 DBPROPERTIES 的值。

```
hive> ALTER DATABASE my_database
> SET DBPROPERTIES ('owner' ='John ');
```

1.7.2 管理 Hive 中的表

Hive 不创建或删除实际数据库中的任何内容，而只是创建和修改存储在 HDFS 中的关于文件的元数据。类似地，CREATE TABLE 语句仅仅创建了关于文件的元数据。

创建表

下面是一个完整的 CREATE TABLE 语句的例子。

```
CREATE TABLE IF NOT EXISTS school.student (
name STRING COMMENT 'Student Name',
percentage FLOAT COMMENT 'Percentage',
grade STRING COMMENT 'Grade')
COMMENT 'This is a student table'
TBLPROPERTIES ('owner' = 'James', 'created_at' = '1/18/2014')
ROW FORMAT DELIMITED
FIELDS TERMINATED BY '\t'
LINES TERMINATED BY '\n'
LOCATION '/user/hive/warehouse/school.db/student'
STORED AS TEXTFILE;
```

让我们详细讨论下上述查询。

第一行是在 school 数据库中创建名为 student 的表。

```
CREATE TABLE IF NOT EXISTS school.student (
```

在这之后，代码为 student 表中的列分别指定数据类型。

```
name STRING COMMENT 'Student Name',
percentage FLOAT COMMENT 'Percentage',
grade STRING COMMENT 'Grade')
```

COMMENT 提供了关于列的更多信息，也描述了表并指出其使用方式。

```
COMMENT 'This is a student table'
```

类似于 DBPROPERTIES，TBLPROPERTIES 是键/值属性的集合，提供了关于表的更多的信息。

```
TBLPROPERTIES ('owner' = 'James', 'created_at' = '1/18/2014')
ROW FORMAT DELIMITED
FIELDS TERMINATED BY '\t'
LINES TERMINATED BY '\n'
LOCATION '/user/hive/warehouse/school.db/student'
STORED AS TEXTFILE;
```

外部表

任何用 CREATE TABLE 语句创建的表，总是会被创建在新的位置，这就是说，它会被创建在这里：

```
…/user/hive/warehouse/my_database.db/my_table;
```

所有的文件也被复制到这个位置。

但是，如果数据已经存在于 HDFS 中，可以通过创建一个指向原始 HDFS 位置的外部表，避免这种复制。可以通过如下命令达成这个目的：

```
CREATE EXTERNAL TABLE IF NOT EXISTS school.student_external (
name STRING COMMENT 'Student Name',
percentage FLOAT COMMENT 'Percentage',
grade STRING COMMENT 'Grade')
COMMENT 'This is a student table'
TBLPROPERTIES ('owner' = 'James', 'created_at' = '1/18/2014')
ROW FORMAT DELIMITED
FIELDS TERMINATED BY '\t'
LINES TERMINATED BY '\n'
LOCATION '/user/hive/warehouse/school.db/student'
STORED AS TEXTFILE;
```

在此，你创建了 student_external 表，它指向这个位置.../user/hive/warehouse/school.db/student。这意味着将创建该表的元数据，但是它不会生成数据的额外副本。

当 HDFS 有巨大的副本数据时，这就有用了。由于空间限制，这是不可行的。

利用和现有一致的模式创建文件

如果你想要创建与现有一致的模式创建表，使用 LIKE 实用工具，如下所示：

```
CREATE TABLE school.student_copy LIKE school.student;
```

为了列出特定数据库中的所有表，使用 SHOW TABLES 命令：

```
hive> USE school;
hive> SHOW TABLES;
```

```
student
student_copy
```

为了获取现有的表模式，使用 DESCRIBE 命令，如下所示：

```
hive> DESCRIBE school.student;
```

或

```
hive> DESC school.student;
```

我们也可以使用 DESCRIBE 命令来描述特定表的单一列，如下所示：

```
hive> DESCRIBE schoo.student.name;
name string Student Name
```

对表进行分区

Hive 支持对表进行分区，以管理特定类型数据上的查询。例如，你可能需要使用某家公司的销售数据来创建聚合数据的周报告。在这种情况下，当你只要查询特定一周的数据时，根据周开始日期进行表分区是有意义的。通过这样的表分区方式，在查询的时候，将不需要抓取完整的数据。相反，可以交付确切一周的具体数据。

让我们学习如何对表进行分区：

```
CREATE TABLE student
name STRING,
class STRING,
marks FLOAT)
PARTITIONED BY (grade STRING);
```

在此，你创建了带有不同列的 student 表。该表也用 grade 列进行了分区。我们预期 grade 列的值是 A、B、C 和 F。自动载入数据到这些表中，会在 HDFS 的 student 目录下创建文件夹。下面是文件夹的结构：

- .../user/hive/warehouse/school.db/student/grade=A
- .../user/hive/warehouse/school.db/student/grade=B
- .../user/hive/warehouse/school.db/student/grade=C
- .../user/hive/warehouse/school.db/student/grade=F

可以把多个分区添加到一个单一的表中，如下所示：

```
CREATE TABLE student
name STRING,
marks FLOAT)
PARTITIONED BY (class STRING, grade STRING);
```

这里为了获得更好的查询性能，我们想要根据 class 和 grade 对数据分区。在这种情况下，文件夹结构是，假定 class 列包含 V、VII 和 VIII 这样的值：

- .../user/hive/warehouse/school.db/student/class=V/grade=A
- .../user/hive/warehouse/school.db/student/class=V/grade=B
- .../user/hive/warehouse/school.db/student/class=V/grade=C

当你在特定集合上运行查询时，分区的好处是显而易见的。例如，如果你想要为所有成绩 A

的 V 班学生处理学生数据时，编写：

```
hive> SELECT * FROM student
> WHERE class='V' AND grade='A';
```

这里处理器将直接寻找文件夹.../user/hive/warehouse/school.db/student/class=V/grade=A。如果表未被分区，处理器将先检查 student 下面的所有文件，然后仅仅选择 V 班和等级 A 的学生记录。

使用 SHOW PARTITIONS 命令，我们还可以看到特定表是否被分区了。

```
hive> SHOW PARTITIONS student;
..
class=V/grade=A
class=V/grade=B
..
class=VI/grade=F
..
```

删除表

使用 DROP TABLE 语句，我们可以删除 Hive 中已经创建的表：

```
hive> DROP TABLE IF EXISTS student;
```

如果这是一个内部表，表中的所有数据也被删除。然而，如果它是一个外部表，仅仅删除来自 Hive 的元数据，原始数据文件保留不动。

更改表

修改与具体表关联的元数据可以使用 ALTER TABLE 命令。

使用 ALTER TABLE 命令，可以：

- 重命名表；
- 修改列；
- 添加列；
- 替换列；
- 更改表属性；
- 更改表以添加/删除分区。

重命名表

可以按下列方式重命名表：

```
hive>ALTER TABLE student RENAME TO student_old;
```

修改列

Hive 给我们提供了工具来重命名表的列，改变其位置，或修改注释。为了达成这个目的，我们不得不指定旧的列名、新的列名和注释。

```
ALTER TABLE student
CHANGE COLUMN name student_name STRING
COMMENT 'Student Name';
```

添加列

在某些情况下，我们给表添加额外的列。通过提供如下所示的 ADD COLUMN 命令，Hive 允许你完成该任务。

```
ALTER TABLE student ADD COLUMNS (school_name STRING COMMENT 'Name of School');
```

它为学生表添加了额外的列。默认情况下，列被添加到分区列之前的最后位置。

替换列

Hive 使你能够用新列替换所有现有的列。REPLACE COLUMNS 命令删除了所有现有的列，并添加新的列。

```
ALTER TABLE student REPLACE COLUMNS (
    student_name STRING,
    subject STRING,
    marks INT);
```

在这里，所有现有列的元数据会被删除，替换进新添加列的元数据。

更改表属性

类似于 ALTER DATABASE 属性命令，你还可以修改表的属性。

```
ALTER TABLE student SET TBLPROPERTIES ('modifies_by'='Mark');
```

更改表以添加/删除分区

为了添加分区到现有的表，可以使用 ALTER TABLE 命令。这仅仅改变了元数据，但不会修改文件夹结构。

```
ALTER TABLE student ADD
PARTITION (year_of_joining = 2013) LOCATION '/student/2013/'
PARTITION (year_of_joining = 2014) LOCATION '/student/2014/'
```

当我们将分区添加到现有表中时，我们应该有了更新过的分区数据。在这里，我们拥有了学生数据，以及它们加入先前所创建的文件夹结构的日期。

知识检测点 5

Softech 国际的数据库团队想要将客户数据载入 Hive 数据库，根据不同的国家。给出你关于创建存储数据的表的建议。

1.8 Hive 中的数据操作

1.8.1 将数据载入 Hive 表

Hive 允许你以简单的大容量加载的方式，将数据添加到它的表中。它不允许行级别的插入和更新。可以将数据上传到来自 HDFS 以及来自本地文件系统的 Hive 表。

(1)将数据载入到来自 HDFS 的 Hive 表。为了在创建的时候将数据载入至来自 HDFS 的 Hive 表，使用下面的命令：

```
CREATE TABLE logs (url STRING, ip STRING) LOCATION '/user/hduser/logs';
```

或者，我们可以使用下面的语句达成该目的：

```
LOAD DATA INPATH '/user/hdusr'
```

（2）将数据载入到来自本地文件系统的 Hive 表。为了载入来自本地文件系统的数据，使用下面的命令：

```
LOAD DATA LOCAL INPATH '/usr/local/logs/' OVERWRITE INTO TABLE
logs;
```

当你在 LOAD DATA 命令中使用 LOCAL 关键字时，Hive 将寻找本地 UNIX 目录。然而，如果你不使用 LOCAL 关键字，Hive 检查位于 HDFS 的目录。

指定 OVERWRITE 关键字，会删除位于 Hive 仓库目录下，给定表名的所有文件，并上传最新的文件。如果你不指定 OVERWRITE 关键字，它仅仅在现存目录下添加最新的文件。

要将数据加载到分区表，需要指定想要上传最新数据的分区。例如：

```
LOAD DATA LOCAL INPATH '/usr/local/logs/' OVERWRITE INTO TABLE logs
PARTITION (day = "MONDAY");
```

1.8.2　将数据插入表

INSERT 命令允许你将数据插入到来自查询的表。让我们考虑两个叫作 logs 和 logs_raw 的表。你想要使用 INSERT 命令，从 logs_raw 复制 url 列到 logs 表，如下所示：

```
CREATE TABLE logs (url STRING);
INSERT OVERWRITE TABLE logs
SELECT url FROM logs_raw;
```

在这里，你使用关键字 OVERWRITE。这意味着在表 logs 中的任何以前的数据将被删除，来自 logs_raw 表的新数据将被插入。如果你想要保留原先 logs 表中的数据，使用如下命令：

```
INSERT INTO TABLE logs
SELECT url FROM logs_raw;
```

静态分区插入

如果你在表中有任何分区，在插入的时候提及它们，如下面给出的查询所示：

```
INSERT OVERWRITE TABLE logs
PARTITION (day = "MONDAY")
SELECT url FROM logs_raw;
```

上面的例子正在往 logs 表的 MONDAY 分区中插入数据。在给出 insert 命令时指定分区值的方式被称为静态分区插入。

动态分区插入

在先前的例子中，用户需要知道数据所去往的分区。当要加载大量数据且存在分区列的混合条目时，就有一些限制了。为了克服这个限制，Hive 允许动态分区数据插入。

例如：

```
INSERT OVERWRITE logs
PARTITION (day)
SELECT url, day FROM logs_raw;
```

因为你想要根据日子来放置日志条目，Hive 决定需要生成什么样的分区，以及匹配的值如何去到相关的文件夹内。所以，如果你在数据中有类似于 MONDAY、TUESDAY 直到 SUNDAY 这样的值，就会在日志目录下存在 7 个文件夹，存放创建的 7 个日子。

```
../logs/day=MONDAY/
../logs/day=TUESDAY/
…
../logs/day=SUNDAY/
```

使用此过程时要小心，因为你可能不确定你将在特定列中获得的不同值的数量。然后，Hive 将继续为所有的新值创建分区。例如，在拥有数以百万个唯一值的 TIMESTAMP 列上对表进行分区，会使 INSERT 作业查询失败。

为了监视这一点，Hive 可以设置表 4-1-11 中所示的参数。

表 4-1-11 Hive 参数

参　数	描　述
hive.exec.max.dynamic.partitions.pernode	这个值给出了每个 mapper 或 reducer 创建的动态分区的最大数量（默认值是 100）
hive.exec.max.dynamic.partitions	这个值给出了单个 DML 操作可以创建的动态分区的最大数量（默认值 1000）
hive.exec.max.created.files	这个值给出了所有 mapper 或 reducer 所生成的最大的文件数量（默认值是 100000）

表 4-1-12 展示了将动态数据插入分区时的两个重要的环境变量。

表 4-1-12 动态数据插入用到的环境变量

参　数	描　述
hive.exec.dynamic.partition	该参数需要被设置为 TRUE，以启用动态数据分区。默认值是 FALSE
hive.exec.dynamic.partition.mode	参数需要被设置为 nonstrict，使分区可以被动态地确定。默认值是 STRICT

所以，在运行上述查询之前，设置如下的参数然后允许该查询：

```
hive> set hive.exec.dynamic.partition=true;
hive> set hive.exec.dynamic.partition.mode=nonstrict;
hive> INSERT OVERWRITE TABLE logs
> PARTITION (day)
> SELECT * FROM logs_raw;
```

附加知识

分区对于 Hive 程序员来说是非常有用的。然而，数据集分区不合理的情况也是经常出现的，尤其是指定了多个分区的时候（例如，PARTITION BY(Country STRING, PersonName STRING)）。12 个分区很容易管理，但是分区数量变得很大的时候（如 10 亿个分区）就是另一回事了！分区蔓延的解决方案是**分组**。在 Hive 中，通过允许你指定桶的合理个数使分组起作用，然后系统试图将数据均匀分布给你指定的桶的个数中去。此外，该特性使用了**表采样技术**——允许 Hive 用户在数据样本上而不是整个表上编写查询。HiveQL 表采样对于大数据分析是非常有用的。

1.8.3　插入至本地文件

有时候，为了采样的目的，你需要从 Hive 表中提取一些数据至本地平面文件进行查看。为了做到这一点，Hive 给出了一个叫作 INSERT OVERWRITE LOCAL DIRECTORY 的选项，它可以按如下所示来被使用：

```
INSERT OVERWRITE LOCAL DIRECTORY '/usr/loca/logs_samples'
SELECT * FROM logs;
```

使用单个查询创建和插入数据到表

Hive 允许你使用单个查询创建和加载数据到表，如下所示：

```
CREATE TABLE logs
AS SELECT url, ip, day
FROM logs_raw;
```

这里将创建一个叫作 logs 的表，表模式有 3 列，叫作 url、ip 和 day，与 logs_raw 表中所提到的数据类型相同。

知识检测点 6

为下列功能编写 Hive 命令：

a. 创建名为 Super_store 的数据库。

b. 用下面给出的属性创建两个表：

- Customers
  - Custname-char
  - Cust avg expenses-num
- Items
  - Item name-char
  - Item value-num

练习

基于图的问题

1. 如何能添加额外的一列 stud_name 到下面的图中所创建的表？

```
hive> create table table_name(var_name1 INT,var_name2 STRING);
OK
Time taken: 1.058 seconds
hive> 
```

例如：上面创建的表 table_name 需要修改成 Student，不能影响其结构和数据类型。

2. 下图命令的输出是什么？

```
hive> select count(*) from table_name;
```

多项选择题

选择正确的答案。在下面给出的“标注你的答案”里将正确答案涂黑。

1. “ALTER TABLE old_table_name RENAME TO new_table_name;”语法被用作：
   a. 用新的名称重命名现有数据库　　b. 用新的名称重命名现有字段名
   c. 用新的名称重命名现有表名　　d. 以上均不是
2. 在 Hive 中，术语“Aggregation”被用作：
   a. 计算按性别划分的单一用户的数量
   b. 获得表的最佳性能
   c. 用于合并表之间的数据
   d. 没有类似于“Aggregation”的术语
3. Hive 使用____存储元数据：
   a. Derby 数据库　　b. HiveQL　　c. NoSQL　　d. SQL
4. Hive 中的 SET 命令在什么时候是有用的？
   a. 你想要在 hive-site.xml 中设置显式属性
   b. 你想要在 hive-site.xml 中设置内部属性
   c. 不允许你使用该命令
   d. 你不能添加类似 SET 这样的外部属性
5. 用户编写一个叫 firstquery.hql 的文件查询，它被存储于文件夹…/home/guru/queries/。你应该使用哪个命令？
   a. hive - f /home/guru/queries/firstquery.hql
   b. cat /home/myuser/queries/myquery.hql
   c. SELECT * FROM student;
   d. 3 个命令都是

6. 哪个语法用来声明结构体数据类型？
   a．STRUCT<col_name : data_type [COMMENT col_comment], ...>
   b．STRUCTS<col_name : data_type [COMMENT col_comment], ...>
   c．STRUCT<[COMMENT col_comment], ...>
   d．以上均不是
7. Hive 内置函数大小（Map<k,v>）被用作：
   a．返回 map 类型中的元素个数
   b．转换 Map 类型中的结果
   c．如果转换不成功则返回 null
   d．仅仅选项(i)和(iii)
8. Hive 的 CREATE 语句与以下哪项相关？
   a．DDL 语句
   b．DML 语句
   c．会话控制语句
   d．嵌入式 SQL 语句
9. 如果用户不使用 LOCAL 关键字去加载数据，那么：
   a．Hive 检查 Unix 文件系统上的目录
   b．Hive 检查 HDFS 上的目录
   c．Hive 不能够检查文件系统
   d．Hive 不能提供任何加载数据的权限
10. Hive thrift 的默认端口是：
   a．10000　b．70050　c．54310　d．0010

标注你的答案（把正确答案涂黑）

1. ⓐ ⓑ ⓒ ⓓ
2. ⓐ ⓑ ⓒ ⓓ
3. ⓐ ⓑ ⓒ ⓓ
4. ⓐ ⓑ ⓒ ⓓ
5. ⓐ ⓑ ⓒ ⓓ
6. ⓐ ⓑ ⓒ ⓓ
7. ⓐ ⓑ ⓒ ⓓ
8. ⓐ ⓑ ⓒ ⓓ
9. ⓐ ⓑ ⓒ ⓓ
10. ⓐ ⓑ ⓒ ⓓ

测试你的能力

1. 打印默认 Hive 表的清单。
2. 打印开始两个表中的内容。
3. 描述上面创建的商品和顾客表。
4. 编写 Hive 命令（这里所需的数据在你 VL 的附加数据集文件夹中可被找到）：

- 将 item.txt 和 cust.txt 载入到 Hive 表中；
- 打印消费最多的 10 个顾客；
- 打印每个商品的平均成本。

备忘单

- Hive 提供了基于 SQL 的接口，这也被称作 Hive 查询语言或 HiveQL，它将查询转换成 Java MapReduce 代码，并在 Hadoop 集群上运行。
- Hive 不允许以行为主的数据库表的插入和更新。
- 在分布式基础架构上，Hadoop 提供大规模的向外扩展性，具有数据存储和处理的高度容错性。
- Hive 是一个数据仓库工具——它获取的大多数数据是结构化的，要么存储于平面文件中，要么存储于如 Teradata 或 Informatica 这样的工具中。
- Hive 中用到的各种结构化数据单元是：
  - 数据库；
  - 表；
  - 分区；
  - 桶。
- 访问 Hive 的不同方式是：
  - Hive 命令行接口（Hive CLI）；
  - Hive Web 接口；
  - Hive 服务器；
  - JDBC/ODBC。
- Hive 元存储是一个数据库，它存储了与数据库、表、列、数据类型和 HDFS 上的位置所相关的所有元数据。
- 默认情况下，Hive 使用 derby 数据库来存储关于 Hive 表的元数据。
- Hive CLI 是 Hive 中最常用的模式。
- Hive 也提供了实用工具来运行存储于文件中的一个或多个查询。
- Hive 支持下列简单数据类型：
  - 数值类型；
  - 字符串类型；
  - 杂项类型。
- 复杂数据类型的一些例子是：
  - 数组；
  - 映射；
  - 结构体；
  - 联合体。
- Hive 的内置操作是：
  - 关系型操作；
  - 算术操作；
  - 逻辑操作。
- Hive 自动检测压缩格式，并当查询数据时实时解压。
- Hive 有其数据定义语言（DDL）。
- 在 Hive 中，支持表分区来管理特定数据类型上的查询。
- 在 Hive 中，使用 DROP TABLE 语句可以删除创建的表。
- 可以使用 ALTER TABLE 命令来：
  - 重命名表；
  - 修改列；
  - 增加新列；
  - 删除某些列；
  - 改变表属性；
  - 更改表，添加分区。

第 2 讲

高级 Hive 查询

模块目标

学完本模块的内容，读者将能够：

⏭	实现 Hive 的高级查询特性

本讲目标

学完本讲的内容，读者将能够：

⏭	使用 HQL 命令执行 DML 查询
⏭	实现 Hive 中的连接
⏭	使用一些 Hive 最佳实践
⏭	执行 Hive 的性能调优和查询优化
⏭	解释 Hive 的各种执行类型
⏭	解释各种 Hive 文件和格式
⏭	讨论 Hive 中的安全问题

"我为我们的不作为而感到骄傲。"

——Steve Jobs

在上一讲中，你学会了创建 Hive 表并给它加载数据。在业务场景中，表自身是无法显示必要的数据的。它们需要被查询以检索相关的信息。因此，本讲有助于学习 Hive 中的数据查询。大多数这些查询对于熟悉 SQL 的人们是很容易理解的。当你向前阅读本讲时，两者之间的少许差异会被着重强调。

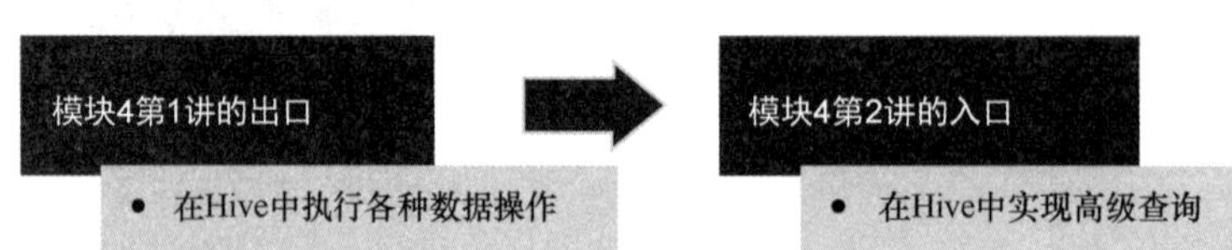

2.1 HiveQL 查询

2.1.1 SELECT 查询

预备知识 了解一些可用的工具进行 Hadoop 数据的 SQL 访问。

最常见的 SQL 操作是 SELECT **语句**。它允许你过滤所需的列、行或是两者。它也允许你使用聚合函数，如 count(*)、max 和 min。

现在让我们使用 SELECT 语句。

在前一讲中，student_info 表按如下方式创建：

```
CREATE TABLE IF NOT EXISTS school.student_info (
name STRING COMMENT 'Student Name',
percentage FLOAT COMMENT 'Percentage',
grade STRING COMMENT 'Grade')
COMMENT 'This is a student table'
TBLPROPERTIES ('owner' = 'James', 'created_at' = '1/18/2014')
ROW FORMAT DELIMITED
FIELDS TERMINATED BY '\t'
LINES TERMINATED BY '\n'
LOCATION '/user/hive/warehouse/school.db/student'
STORED AS TEXTFILE;
```

从该表中，假设你想要选择学生的名字和百分比分数。编写如下查询以获取想要的结果：

```
hive> SELECT name, percentage FROM school.student_info;
Mark Denise 88.5
Carla Burney 99.7
...
```

也可以指定正则表达式（regex）来选取列。

再举一个例子来阐明 SELECT 语句的使用。

假设这里有张叫作 page_views 的表，具有如下的列：

- Userid
- Sessionid
- page_url
- page_referal_url

从这个表中，你可能需要从所有以 page 开头的列中检索信息。为了完成该任务，使用下面的查询：

```
SELECT page* FROM page_views;
```

2.1.2　LIMIT 子句

有时候，仅需要从某个表中提取有限的记录数作为数据样本。类似于任何其他的 SQL 方言，Hive 也支持 LIMIT 子句，可以用它限制 SELECT 语句的结果，仅检索特定数量的行：

```
SELECT * FROM student_info limit 10;
```

当执行前面的查询时，仅给出了来自表 student_info 的 10 条记录。如果给定的表比查询中涉及更少的记录，它不会显示任何错误，只展示了可用的行数。

2.1.3　嵌入查询

Hive 支持嵌入查询，其中内部查询的输出可以被指定为外部查询的输入。这个重要的特性有助于解决复杂的查询；例如，从 student_info 表中提取所有高于平均分数的学生信息，编写下列查询：

```
SELECT * FROM student_info s where s.marks > (SELECT avg(marks) FROM student_info);
```

在这里，内部查询将计算学生获得的平均成绩，然后外部查询只取超过平均分数的这些记录。

2.1.4　CASE...WHEN...THEN

Hive 允许利用 CASE 语句来根据不同的输入归类记录。

下面是一个例子：

```
SELECT name,
CASE
WHEN marks >= 66 THEN 'DISTINCTION',
WHEN marks < 66 AND marks >= 60 THEN 'FIRST CLASS,
WHEN marks < 60 AND marks >= 55 THEN 'SECOND CLASS,
WHEN marks < 55 AND marks >= 50 THEN 'THIRD CLASS,
ELSE 'FAIL'
END AS class FROM student_info;
```

该例子工作方式与其他编程语言中的 switch case 类似。首先，打印名字，然后根据分数，打印获取的等级。如果分数高于 66 分，则打印 DISTINCTION；如果分数低于 66 分，打印 FIRST CLASS；如果分数低于 60 分，打印 THIRD CLASS；对于其他的情况，则打印 FAIL。

2.1.5　LIKE 和 RLIKE

LIKE 和 RLIKE 运算符比较和匹配来自给定记录集的字符串或子串。下面是一个例子：

```
SELECT * FROM student_info WHERE name LIKE 'A%';
```

这将列出所有以字母“A”开头的学生名字：

```
SELECT * FROM student_info WHERE name LIKE '%Jr.%';
```

这将列出在名字中具有 Jr.后缀或前缀的所有学生。

同样的，RLIKE 允许你通过输入 regex 来查询数据。所以，如果你需要选择名字中包含了 Sr.或 Jr.后缀或前缀的所有学生，则编写下列查询：

```
SELECT * FROM student_info WHERE name RLIKE '.*(Jr|Sr)*.';
```

2.1.6 GROUP BY

该子句将所有相关记录放在一起，然后可以与聚合函数一起使用。通常，在复杂查询中，需要对结果集进行分组。在这样的情况下 GROUP BY 子句是有用的。例如，要计算所有类别的学生获得的平均分数，使用 GROUP BY 子句，如下所示：

```
SELECT class, avg(marks) FROM student_info
GROUP BY class;
```

输出集将是：

```
V 67.5
VI 72.4
VII 55.4
IX 66
X 54
```

2.1.7 HAVING

HAVING 子句限制了来自 GROUP BY 子句的结果集。

例如，在先前的例子中，为了从 class V 和 class VI 中获取结果，编写下面的查询。

```
SELECT class, avg(marks) FROM student _info
GROUP BY class
HAVING class = 'V' OR class = 'VI;
```

查询输出将是：

```
V 67.5
VI 72.4
```

2.2 使用函数操作列值

当选择特定列时，可以使用函数来操作/改变列值。

在 Hive 中有两种类型的函数：

- 内置函数；
- 用户自定义函数。

2.2.1 内置函数

Hive 支持各种各样的内置函数，例如：

- 算术函数；
- 数学函数；
- 聚合函数。

模块 4 第 1 讲提供了函数列表。现在可以学习如何使用它们。

首先，假设要确定 student_info 表中的记录总数。可以通过计算表中的行数来做到这一点。执行下面的查询以计算表中的行数：

```
SELECT count(*) FROM student_info;
```

为了得到 student_info 表中所有学生的平均百分比，可以执行：

```
SELECT avg(percentage) FROM student_info;
```

为了从 student_info 表中获取所有的不同科目，可以编写：

```
SELECT DISTINCT subject FROM student_info;
```

为了将所有的名字转换成大写，可以编写：

```
SELECT upper(name) FROM student_info;
```

同样地，你也可以尝试使用其他函数。

2.2.2　用户定义函数

有时候，可能需要自定义修改列中的某些值，且内置函数不一定管用。在这种情况下，Hive 允许其用户定义自己的函数用于 SELECT 语句中。

为了创建一个**用户自定义函数**（User-Defined Function，UDF），你需要编写一个扩展了 org.apache.hadoop.hive. ql.exec.UDF 的 Java 类。在这个类中，编写 evaluate() 方法，可以在其中修改默认行为。

举一个例子来说明创建用户定义函数所用的步骤。

假设你需要打印来自 student_info 表的所有学生的大写名字。正如你所知的那样，Hive 所支持的函数不提供此功能。因此你需要编写一个自定义的函数。

让我们将该函数命名为 **touppercase**。

创建名为 **touppercase** 用户定义函数的步骤如下。

（1）创建 Java 类：

```
package com.example.hive.udf;
import org.apache.hadoop.hive.ql.exec.UDF;
public final class MyUpperCase extends UDF{
public String evaluate(final String word){
return word.toUpperCase();
```

（2）从新创建的 Java 类中创建一个 jar 文件。假设创建了名为 ToUpperCase.jar 的 jar 文件。

（3）将 jar 文件复制到安装有 Hive 的 UNIX 的机器上。假设你把文件复制到了 .../usr/local/udf 这个位置。

（4）创建所需函数如下：

```
hive> ADD JAR /usr/local/udf/ToUpperCase.jar;
hive> CREATE TEMPORORY FUNCTION touppercase as 'com.example.hive.udf.
MyUpperCase';
```

现在已经添加了该函数，在下面的命令中使用它：

```
hive> SELECT touppercase(name) FROM student;
```

该功能按大写方式打印出来自 student_info 表的所有名字。

注意，用户定义的函数是临时的，并且只在会话存活的时候存在。

你还需要 hive-exec-X-X-X.jar 文件来编译上述的文件。Jar 文件在包含了 lib 文件夹的 Hive 安装目录中可用。

知识检测点 1

编写用户定义的函数（程序），将单词首字母转换成大写。

2.3 Hive 中的连接

Hive 支持一个或多个表的连接以获取有用的聚合信息。Hive 支持的各种连接如下：

- 内连接；
- 外连接。

2.3.1 内连接

内连接使用在唯一匹配条件被选择且所有其他记录被丢弃的地方，如图 4-2-1 所示。

下面是一个例子，来说明使用两个表 O 和 C 的内连接。O 表的数据如表 4-2-1 所示。

表 4-2-1 包含了 order_id 和对应的 customer_id。

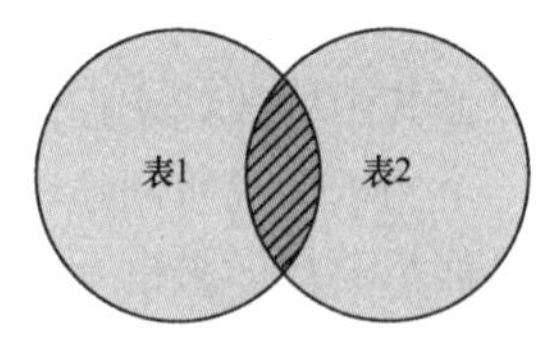

图 4-2-1　重叠区域是内连接的图形表示

表 4-2-1　O 表中的数据

Order_id	Customer_id
1	11
2	22
3	33
4	44
5	55

表 4-2-2 包含了 customer_id 和对应的 customer_name。

表 4-2-2　C 表中的数据

Customer_id	Customer_Name
11	Alec
22	James
44	Meera
66	Mark

为了查看下过订单的顾客名字，需要采用两表的内连接：

```
SELECT o.order_id, c.customer_name FROM
order o
```

```
JOIN
customer c
ON ( o.customer_id = c.customer_id);
```

输出将会是：

Order_id	**Customer_Name**
1	Alec
2	James
4	Meera

2.3.2　外连接

有时候你需要从一个表中检索所有的记录，并且有些记录是来自另一个表的。对于这种情况，使用外连接。外连接的概念在图 4-2-2 中阐述。

有 3 种类型的外连接：

- 右外连接；
- 左外连接；
- 全外连接。

右外连接

这使我们能够在给定的查询中保留来自连接右侧表的所有记录。右外连接的概念在图 4-2-3 中说明。

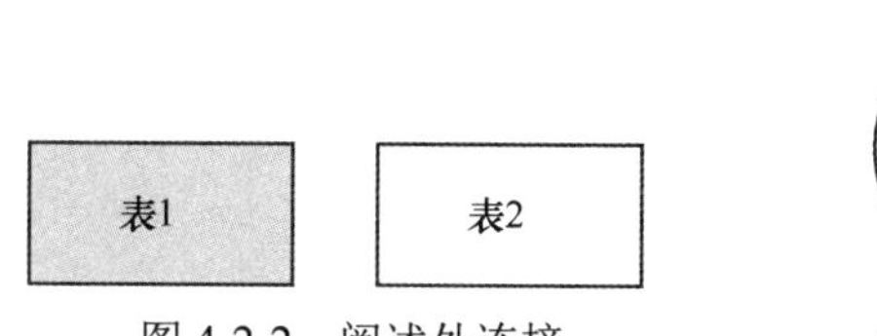

图 4-2-2　阐述外连接

右外连接

表1　表2

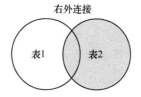

图 4-2-3　说明右外连接

该连接的语法为：

```
SELECT o.order_id, c.customer_name FROM
order o
RIGHT OUTER JOIN
customer c
ON ( o.customer_id = c.customer_id);
```

在这里，客户表是在查询的连接右侧，因此，结果集将是下面的样子：

Order_id	**Customer_Name**
1	Alec
2	James
4	Meera
NULL	Mark

Mark 的 `order_id` 字段标识成 `NULL`，因为没有相关记录来匹配 order 表中给定的 customer ID。

左外连接

在左外连接中，使用如图 4-2-4 所示的查询，来自表左手边的所有记录都被填充了。

```
SELECT o.order_id, c.customer_name FROM
order o
LEFT OUTER JOIN
customer c
ON ( o.customer_id = c.customer_id);
```

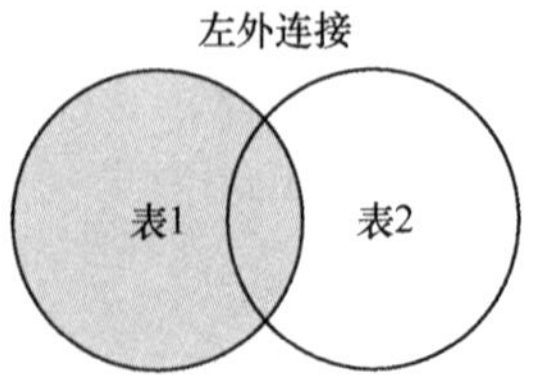

图 4-2-4　说明左外连接

在这里，来自 order 表的所有条目都呈现在结果集中，如果在 customer 表中没有对应于键的值，该字段就保持空白。

Order_id	Customer_id
1	Alec
2	James
3	NULL
4	Meera
5	NULL

全外连接

全外连接包括来自两个表的所有字段，NULL 值将保留在没有任何匹配的条目中。全外连接的概念在图 4-2-5 中阐明。

查询被写成：

```
SELECT o.order_id, c.customer_name FROM
order o
FULL OUTER JOIN
customer c
ON ( o.customer_id = c.customer_id);
```

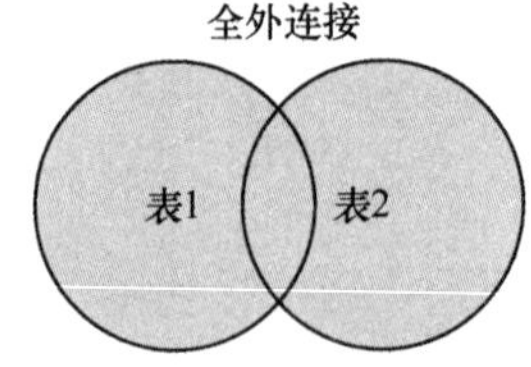

图 4-2-5　说明全外连接

Order_id	Customer_id
1	Alec
2	James
3	NULL
4	Meera
5	NULL
NULL	Mark

2.3.3　笛卡儿积连接

笛卡儿积将连接表 1 和表 2 中的所有记录。当我们没有指定任何我们想要连接的键的时候，会发生这种连接。在这种情况下，Hive 会连接来自表 1 和表 2 的每个元组。

在前面的例子中，可以编写如下的查询：

```
SELECT * FROM order JOIN customer;
```

2.3.4 Map 侧的连接

当你需要连接两个表，而一个表比另一个表要小的时候，推荐使用 Map 侧的连接。Map 侧的连接在 map 连接中提供了巨大的性能优势。在 map 连接中，Hive 把较小的表载入到内存中，从中创建一个散列表，然后将该表写入到所有节点的本地中。当连接两表时，散列表提供了巨大的性能优势。

总体情况

早在 Hive 0.7 的时候，当使用 map 连接时必须要指定。然而，有时候开发人员或分析师很难决定何时使用 map 连接。为了解决这个问题，Hive 提交者在 Hive 后期版本中引入了一个提示。这个提示自动决定了将正则查询转换成 map 连接。你只需要将 hive.auto.convert.join 变量设置成 TRUE 来启用该功能。为了决定是否要将该表转换成 map 连接，Hive 查看较小的表。如果表的尺寸小于设定的默认尺寸，Hive 将连接转换成 map 连接。你也可以通过设置 hive.mapjoin.smalltable.filesize 变量来自定义该尺寸。

按如下方式设置这些提到的变量：

```
hive> SET hive.auto.convert.join=true;
hive> SET hive.mapjoin.smalltable.filesize = 20000000
```

2.3.5 ORDER BY

ORDER BY 子句允许你以升序或降序的方式安排结果集；然而，使用该子句，所有的结果集都通过一个单一的 reducer，这可能花费较长时间。我们可以执行下面的查询来实现它。

对于降序排序的结果集：

```
SELECT * FROM students _info
ORDER BY marks DESC;
```

对于升序排序的结果集：

```
SELECT * FROM students_info
ORDER BY marks DESC;
```

2.3.6 UNION ALL

UNION ALL 子句被用来执行具有相同表模式的两表的合并操作。即使是两个数据源具有共同的值，这也不像是数学上的求并集，只有该值的单一实例会出现。在这里，Hive 将一组两个或多个数据源文件复制在一起而无须检查是否有记录存在于两个来源中。

导出两表 union 的结果集的语法如下：

```
SELECT * FROM
((SELECT name, roll_no FROM student_1
UNION ALL
(SELECT name, roll_no FROM student_2)) student_union;
```

作为完整查询的结果，你会从表 student_1 和 student_2 中获取所有的学生记录。

知识检测点 2

1. Ross 试图读写 HDFS 文件，在 Hive 中提供的用于访问不同文件的不同的类是什么？
2. 在该格式中创建 3 个样例文件，并使用 Hive 连接它们。

2.4 Hive 的最佳实践

即使 Hive 被设计成类似于 SQL 引擎的样子，实际上它也不会像大多数 SQL 引擎一样工作；因此，重要的是要了解 Hive 架构，这样你就可以有效地使用它。让我们讨论使用 Hive 的最佳实践。

2.4.1 使用分区

早期的数据库专家曾经每天创建一个表，这意味着他们曾经为每一天创建一个全新的表。虽然这种做法需要大量的维护，人们仍然在实时场景中使用它。但是，Hive 中的分区概念有助于为新的每一天维护一个新的分区而无须做太多的工作。正如你所看到的那样，在分区的案例中，Hive 创建了新的文件夹，并存储相应的记录。这有助于针对所需的领域，并有助于避免扫描整个表。

要使用按天的分区，按下面的方式创建表：

```
CREATE TABLE page_view (
url STRING,
ip STRING,
referral_url STRING)
PARTITIONED BY ( day STRING) ;
```

这将在 HDFS 的 page_view 文件夹中创建按天存放的文件夹。它们的通常格式如下：

```
../page_views/day=20140101/..
../page_views/day=20140102/..
..
../page_views/day=20140106/..
```

总体情况：过度分区

即使在表中创建分区有各种好处，但任何的过度都是危险的。当 Hive 为表创建一个分区时，它还必须维护额外的元数据，按每个分区来重定向查询。所以，让 Hive 在一个表中管理过多的分区是困难的。因此，重要的是要了解数据增长和预期的数据种类，以便可以恰当地规划模式。此外，重要的是要在完全理解数据所要使用的查询种类后，选择正确的列进行分区。这是因为一个分区对于某些查询可能是有益的，但是相同的分区对于其他查询的性能可能是有害的。

众所周知，HDFS 对于较少的一组大文件，而不是较多的一组小文件有益。

2.4.2　规范化

就像是其他的 SQL 引擎，Hive 没有任何主键和外键，因为它不会运行复杂的关系查询。它的主要用途是以一个简单和有效的方式来获取数据。因此，在设计 Hive 模式时，你不需要为了效率设定选择唯一键和规范化数据集的语法。

通过保持非规范化的数据，可以避免多次磁盘寻道，当存在外键时通常就有这种情况。使用 Hive，可以避免多次 I/O 操作，这样做最终会提升性能。

2.4.3　有效使用单次扫描

Hive 做一次完整的表扫描来处理一个查询。每次扫描需要一定的时间和处理能力来完成。有效的查询方式是使用单次扫描来执行多个操作，而不是为每次查询扫描一次表。查看下面的查询：

```
INSERT INTO page_views_20140101
SELECT * FROM page_views WHERE date='20140101';
```

和

```
INSERT INTO page_views_20140102
SELECT * FROM page_views WHERE date='20140102';
```

在这里，查询工作得很好，但是执行它们时，处理器执行了两次表扫描。为了一口气执行一次表扫描，执行以下的查询：

```
FROM page_views
INSERT INTO page_views_20140101 SELECT * WHERE date='20140101'
INSERT INTO page_views_20140102 SELECT * WHERE date='20140102'
```

2.4.4　桶的使用

桶是类似于分区的优化技术。通过计算查询中提及的键的散列码，桶将数据负载分布到用户定义的集群集合中。当你需要运行查询的列上有特别多的数据种类，导致难以创建列上分区时，桶就有用了。

考虑 page_views 表，你想要在它的 user_id 上运行查询，但是当你查看用户数量时，为每个用户创建单独分区就有困难了。这是一个理想的在 user_id 列上创建桶的案例。

创建桶表的语法如下：

```
CREATE TABLE page_views( user_id INT, session_id BIGINT, url STRING)
PARTITIONED BY (day INT)
CLUSTERED BY (user_id) INTO 100;
```

这里的数据将依据 user_id 的散列数归类至 100 个桶中。所以当有人查询特定的 user_id 时，处理器将首先在查询中计算 user_id 的散列数，并且只寻找需要的那个桶。

让我们详细了解一下。

考虑以下的数据集被加载到 page_views 表中去：

```
(user_id, session_id, url)
(1, 1111, http://example.com/page/1)
(2, 354, http://example.com/page/1)
(22, 76764, http://example.com/page/1)
(21, 74747, http://example.com/page/1)
..
(63, 64646, http://example.com/page/1)
```

假设 user_id 的散列码算法的模是 10，然后当加载数据时，处理器将计算每个 user_id 的散列码，并按每个散列码显示记录。

- 对于 record1，user_id=1 的散列码是 1（1 模 10=1）。
- 对于 user_id=23，散列码是 3（23 模 10=3）。
- 对于 user_id=63，散列码是 3（63 模 10=3）。

所以，所有的记录将被分类至 10 个叫作 0～9 的桶中，如图 4-2-6 所示。

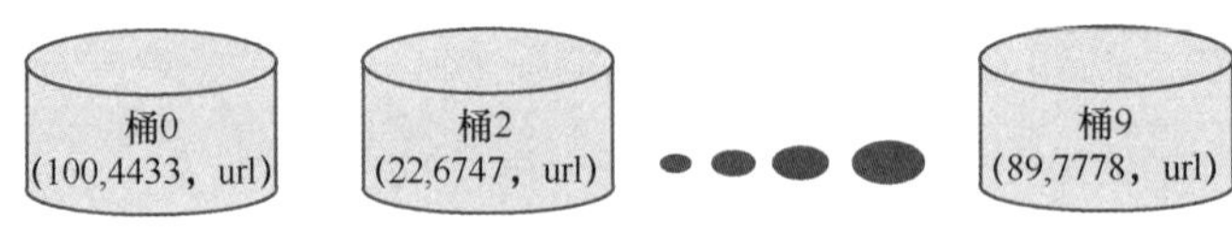

图 4-2-6　在桶中分类记录

收到 user_id=89 的查询后，处理器仅去往桶 9，通过不为用户 ID 扫描整个数据，这种方式节约了时间。

总体情况：尽可能地使用压缩

HDFS 上的数据压缩使查询也较小，这最终有助于减少查询时间。虽然压缩-解压缩消耗了大量的 CPU 的能力，但因为它们是 I/O 密集型的，所以它不太影响 MapReduce 的作业。

强烈推荐尽可能地使用压缩。

知识检测点 3

Henry 是 NewAge 技术公司的一个数据科学家。他精通 Hive。他想用 JSON-SerDe 格式来保持每条记录。他如何在 Hive 中得以实现？

2.5　性能调优和查询优化

当使用大型数据集时，每个查询都要花费时间来处理任务。此外，MapReduce 作业已经在 Hive 底层的批处理作业中运行了。所以调整 Hive 查询变得尤为重要。

要调整或优化 Hive 查询，你首先要了解 Hive 查询是如何工作的。因为 Hive 是声明性语言，所以它只是将查询翻译成 MapReduce 作业。为了知道 Hive 利用查询真正所做的工作和为了了解更多关于翻译的知识，使用 EXPLAIN 命令。

2.5.1　EXPLAIN 命令

在任何查询之前使用 EXPLAIN 关键字，为该查询提供了完整的执行计划。考虑这个例子：

```
EXPLAIN SELECT count(*) FROM student;
```

这以树状的形式给出了完整的执行计划。EXPLAIN 输出通常由 3 个部分组成：

- 抽象语法树；
- 不同阶段的依赖；
- 每个阶段的描述。

抽象语法树是由符号和文字组成的。它展示了 Hive 如何将给定的查询解析成符号。

```
ABSTRACT SYNTAX TREE:
(TOK_QUERY (TOK_FROM (TOK_TABREF (TOK_TABNAME student))) (TOK_INSERT
(TOK_DESTINATION (TOK_DIR TOK_TMP_FILE)) (TOK_SELECT (TOK_SELEXPR
(TOK_FUNCTIONSTAR COUNT)))))
```

一个单一的 Hive 查询会被转化为多个 MapReduce 作业，这些作业只不过是 Hive 查询计划中的阶段；因此，EXPLAIN 的树图展示了 Hive 作业阶段之间的依赖。

EXPLAIN 树的第二部分是依赖图。如图所示，该图讨论了阶段之间的依赖关系：

```
STAGE DEPENDENCIES:
Stage-1 is a root stage
Stage-0 is a root stage
```

EXPLAIN 树的第三部分是阶段计划。一个阶段**可长可短**；长阶段通常是 MapReduce 作业，而短的阶段是文件重命名或数据移动或复制作业。这是一个样例的一般性阶段计划：

```
STAGE PLANS:
Stage: Stage-1
Map Reduce
Alias -> Map Operator Tree:
student
TableScan
alias: student
Select Operator
Group By Operator
aggregations:
expr: count()
bucketGroup: false
mode: hash
outputColumnNames: _col0
Reduce Output Operator
sort order:
tag: -1
value expressions:
expr: _col0
type: bigint
Reduce Operator Tree:
Group By Operator
aggregations:
expr: count(VALUE._col0)
```

```
bucketGroup: false
mode: mergepartial
outputColumnNames: _col0
Select Operator
expressions:
expr: _col0
type: bigint
outputColumnNames: _col0
File Output Operator
compressed: false
GlobalTableId: 0
table:
input format: org.apache.hadoop.mapred.TextInputFormat
output format: org.apache.hadoop.hive.ql.io.
HiveIgnoreKeyTextOutputFormat
Stage: Stage-0
Fetch Operator
limit: -1
```

EXPLAIN 命令给出了两个可选参数——EXTENDED 和 DEPENDENCY。

EXTENDED 给出了关于执行计划的额外信息，正如这里所示。可以看到提供给 Reducer 操作树的额外信息：

```
hive> EXPLAIN EXTENDED
> SELECT count(*) FROM student;
OK
ABSTRACT SYNTAX TREE:
(TOK_QUERY (TOK_FROM (TOK_TABREF (TOK_TABNAME student))) (TOK_INSERT
(TOK_DESTINATION (TOK_DIR TOK_TMP_FILE)) (TOK_SELECT (TOK_SELEXPR
(TOK_FUNCTIONSTAR count)))))
STAGE DEPENDENCIES:
Stage-1 is a root stage
Stage-0 is a root stage
STAGE PLANS:
Stage: Stage-1
Map Reduce
Alias -> Map Operator Tree:
student
TableScan
alias: student
GatherStats: false
Select Operator
Group By Operator
aggregations:
expr: count()
bucketGroup: false
mode: hash
outputColumnNames: _col0
Reduce Output Operator
```

```
sort order:
tag: -1
value expressions:
expr: _col0
type: bigint
Needs Tagging: false
Path -> Alias:
hdfs://localhost:54310/user/hive/warehouse/student [student]
Path -> Partition:
hdfs://localhost:54310/user/hive/warehouse/student
Partition
base file name: student
input format: org.apache.hadoop.mapred.TextInputFormat
output format: org.apache.hadoop.hive.ql.io.
HiveIgnoreKeyTextOutputFormat
properties:
bucket_count -1
columns roll_no,name,marks
columns.types int:string:float
file.inputformat org.apache.hadoop.mapred.TextInputFormat
file.outputformat org.apache.hadoop.hive.ql.io.
HiveIgnoreKeyTextOutputFormat
location hdfs://localhost:54310/user/hive/warehouse/student
name default.student
serialization.ddl struct student { i32 roll_no, string name, float
marks}
serialization.format 1
serialization.lib org.apache.hadoop.hive.serde2.lazy.LazySimpleSerDe
transient_lastDdlTime 1390701704
serde: org.apache.hadoop.hive.serde2.lazy.LazySimpleSerDe
input format: org.apache.hadoop.mapred.TextInputFormat
output format: org.apache.hadoop.hive.ql.io.
HiveIgnoreKeyTextOutputFormat
properties:
bucket_count -1
columns roll_no,name,marks
columns.types int:string:float
file.inputformat org.apache.hadoop.mapred.TextInputFormat
file.outputformat org.apache.hadoop.hive.ql.io.
HiveIgnoreKeyTextOutputFormat
location hdfs://localhost:54310/user/hive/warehouse/student
name default.student
serialization.ddl struct student { i32 roll_no, string name, float
marks}
serialization.format 1
serialization.lib org.apache.hadoop.hive.serde2.lazy.LazySimpleSerDe
transient_lastDdlTime 1390701704
serde: org.apache.hadoop.hive.serde2.lazy.LazySimpleSerDe
```

```
name: default.student
name: default.student
Reduce Operator Tree:
Group By Operator
aggregations:
expr: count(VALUE._col0)
bucketGroup: false
mode: mergepartial
outputColumnNames: _col0
Select Operator
expressions:
expr: _col0
type: bigint
outputColumnNames: _col0
File Output Operator
compressed: false
GlobalTableId: 0
directory:hdfs://localhost:54310/tmp/hive-hduser/hive_2014-01-25_20-
04-37_710_5827644478276023857/-ext-10001
NumFilesPerFileSink: 1
Stats Publishing Key Prefix: hdfs://localhost:54310/tmp/hive-hduser/
hive_2014-01-25_20-04-37_710_5827644478276023857/-ext-10001/
table:
input format: org.apache.hadoop.mapred.TextInputFormat
output format: org.apache.hadoop.hive.ql.io.
HiveIgnoreKeyTextOutputFormat
properties:
columns _col0
columns.types bigint
escape.delim \
serialization.format 1
TotalFiles: 1
GatherStats: false
MultiFileSpray: false
Truncated Path -> Alias:
/student [student]
Stage: Stage-0
Fetch Operator
limit: -1
Time taken: 0.202 seconds, Fetched: 105 row(s)
```

另外，如下所示，DEPENDENCY 只列出了参与查询的源表依赖：

```
hive> EXPLAIN DEPENDENCY
> SELECT count(*) FROM student;
OK
{"input_partitions":[],"input_tables":[{"tablename":"default@
student","tabletype":"MANAGED_TABLE"}]}
Time taken: 0.174 seconds, Fetched: 1 row(s)
```

使用 EXPLAIN 命令不直接有助于提高查询的性能，但它有助于了解 Hive 将查询解析成执行图的方式，执行图在调试效率低下的查询时是有用的。

2.5.2　LIMIT 调优

LIMIT 命令是用来将输出限制为特定行数的。但是，当你执行 LIMIT 命令时，它处理完全的结果，并过滤完全处理后的行数，这不是一种有效的相匹配的方式。为了使 LIMIT 查询具有效率，Hive 允许我们设置表 4-2-3 显示的参数。

表 4-2-3　设置参数

参　　数	描　　述
hive.limit.optimize.enable	当设置为 TRUE 时，该参数允许采样有限的文件集而不是完整的源文件。该参数工作在两个随后描述的重要参数之上
hive.limit.row.max.size	该参数决定了 LIMIT 在执行查询时应考虑的最大行数
hive.limit.optimize.limit.file	这个参数决定了我们运行 LIMIT 查询时可以采样的最大文件数

2.6　各种执行类型

许多 Hive 作业不需要完整的集群中的节点集来执行查询。即使确实没有那些数据，Hive 也会在那些节点上启动特定的任务，这反过来会消耗时间。为了避免该情况，Hive 设置一个参数，该参数可以觉察到本地任务的执行，并且不会调用位于其他节点上的任何任务，这有助于提高这些查询的性能。

2.6.1　本地执行

可以从命令行本身启用本地模式执行。但是，最好是让 Hive 决定是否需要本地节点的执行。可以通过设置参数 hive.exec.mode.local.auto 为 TRUE 来实现。对于该参数中集群范围内的变更，设置 hive-site.xml 文件，对于临时性的变化，在 Hive 命令行中设置该参数。

技术材料

Hive 允许在列上创建索引，以加速 GROUP BY 查询的执行。从版本 0.8.0 开始，Hive 对于位图索引有内置的支持。

2.6.2　并行执行

正如在 EXPLAIN 命令中所看到的那样，Hive 将作业分解成若干个阶段，这些阶段可能是 MapReduce、重命名文件或是移动数据。默认情况下，Hive 一个接一个地执行这些阶段，假设这些阶段是有依赖的。但是，可能并非总是这样，可以并行执行某些阶段。为了得到这一优势，在 hive-site.xml 文件中设置 hive.exec.parallel 参数，使用下面的查询：

```
<property>
<name>hive.exec.parallel</name>
<value>true</value>
</property>
```

2.6.3 索引

Hive 允许创建列上的索引，加速 GROUP BY 查询的执行。从版本 0.8.0 开始，Hive 对于位图索引有内置的支持。

2.6.4 预测执行

推测执行是 Hadoop 的一个特性，它在多个节点上调用了重复的任务，无论是哪个节点首先完成了任务，该尝试即被视作有效的任务尝试。通过设置下面表 4-2-4 所示的参数，可以按需启用或禁用该功能：

注意，下列所有的参数可以在 Hadoop 配置中设置。

表 4-2-4 Hadoop 配置的参数

参 数	描 述
mapred.map.tasks.speculative.execution	当设置为 TRUE 时，允许 Hadoop 运行在超过一个的 map 任务实例上
mapred.reduce.tasks.speculative.execution	当设置为 TRUE 时，允许 Hadoop 运行在超过一个的 reduce 任务实例上
hive.mapred.reduce.tasks.speculative.execution	当设置为 TRUE 时，允许 hive 运行在超过一个的 map/reduce 任务实例上

知识检测点 4

编写 Hive 查询：

a. 获取和访问序列化数据　　b. 反序列化数据

2.7 Hive 文件和记录格式

到现在为止，先前讨论的大多数查询都是用了默认的文本文件格式。现在让我们了解下所有其他的你用于 Hive 的文件和记录格式。大多数数据源使用逗号或制表符分割的平面文件，但是某些情况下，可能涉及 XML 或 JSON 数据文件类型。为了处理这些格式，Hive 支持可以区分这些记录的记录格式。

让我们讨论一下 Hive 支持的一些重要的文件格式。

2.7.1 文本文件

默认情况下，如果没有指定其他的文件格式，Hive 假定该文件格式为 TEXT。文本文件很容易被处理和被读取。要将表格存储为文本文件，可以使用以下语法：

```
CREATE TABLE sample_text_table (a INT);
```

或

```
CREATE TABLE sample_text_table (a INT) STORED AS TEXTFILE;
```

当你创建一个表作为文本文件存储时，输入和输出文件格式如下。

- 输入格式：org.apache.hadoop.mapred.TextInputFormat。
- 输出格式：org.apache.hadoop.hive.ql.io.HiveIgnoreKeyTextOutputFormat。

2.7.2　序列文件

序列文件支持块和记录级的压缩，有助于最小化磁盘存储的利用率以及 I/O 的读写，这最终能提高性能。序列文件之所以能提高性能，是因为它是包含了二进制格式键/值对的文件格式。在 MapReduce 作业执行的时候，Hive 决定恰当的键和值。由于这些文件存储在键/值对中，它们会执行得很好。要将结果存储在序列文件中，编写下面的查询：

```
CREATE TABLE sample_seq_table (a INT) STORED AS SEQUENCEFILE;
```

2.7.3　RCFile

RCFile 是记录列式文件的格式。这些数据布局策略有助于做出关于关系型数据有效存储的决策。RCFile 被设计用于：

- 快速数据加载；
- 快速查询执行；
- 有效的数据存储和更好的磁盘利用率；
- 有能力适应动态数据访问模式。

下面是 RCFile 存储特定表的数据的一个例子。

考虑表 4-2-5 所示的样例数据。

表 4-2-5　样例数据

列 1	列 2	列 3
1	2	3
4	5	6
7	8	9
10	11	12
13	14	15

RCFile 首先进行水平分区，这取决于表中的行数或由用户指定。水平分区创建了多个行组，如下所示：

```
行组 1
1        2        3
4        5        6
7        8        9
行组 2
10       11       12
13       14       15
```

现在，这些组再次被垂直分区，如下所示：

行组 1	行组 2
1,4,7;	10,13;
2,5,8;	11,14;
3,6,9;	12,15;

这样的安排在分布式系统中是有帮助的。通过水平和垂直分区策略，RCFile 结合了行和列存储的优势。利用水平分区，所有行的列都被放置于一台机器上，从而当构建行时减少了额外的网络成本。有了垂直分区，在查询处理的时候，RCFile 只从磁盘中读取必要的列，从而减少了不必要的本地 I/O 成本。相反，当不使用 RCFile 时，查询处理会消耗更多的时间和资源，因为它会扫描问题中表的所有列和行。

为了使用 RCFile 来存储 Hive 的表数据，使用下面的命令：

```
CREATE TABLE sample_rc_table ( x INT) STORED AS RCFILE;
```

该语句将存储到 sample_rc_table 中的所有数据都转化成 RCFILE 格式。

要查看存储在 RCFile 上的数据，使用下面的 RCFile cat 实用工具：

```
$hive -rcfilecat <filename>
```

2.7.4 记录格式（SerDe）

SerDe 是 Serializer/Deserializer（序列化器/反序列化器）的简写。SerDe 持有将非结构化数据转换成记录的逻辑。SerDe 是利用 Java 来实现的。反序列化器采用记录的二进制表示，并将它转换成一个 Java 对象。Hive 可以读取这些对象，而序列化器接收一个 Hive 正在使用的 Java 对象，并将其转换成一个 Hive 可以写入到 HDFS 中去的实体。

一般而言，反序列化器用于查询的时候，执行 SELECT 语句，而序列化器用于写入数据的时候，比如在 INSERT 语句的帮助之下。

对于 Hive 可用且常用的内置和第三方 SerDe 是：

- Regex
- Avro
- ORC
- Thrift

2.7.5 Regex SerDe

下面是 Regex SerDe 的用法：

```
CREATE TABLE logs(
month_name STRING,
day STRING,
time STRING,
host STRING,
event STRING,
log STRING)
PARTITIONED BY(year int, month int)
ROW FORMAT SERDE 'org.apache.hadoop.hive.contrib.serde2.RegexSerDe'
WITH SERDEPROPERTIES (
"input.regex" = "(\\w+)\\s+(\\d+)\\s+(\\d+:\\d+:\\d+)\\s+(\\w+\\
W*\\w*)\\s+(.*?\\:)\\s+(.*$)"
```

```
)
stored as textfile;
```

现在可以加载如下类型的日志文件，并在它之上运行查询。

```
Jan 5 15:52:54 hive-01 init: tty (/dev/tty6) main process (1208)
killed by TERM signal
Jan 5 15:53:31 hive-01 kernel: registered taskstats version 3
Jan 5 15:53:31 hive-01 kernel: sr0: scsi3-mmc drive: 32x/32x xa/form2
tray
Jan 5 15:53:31 hive-01 kernel: piix4_smbus 0000:00:07.0: SMBus base
address u
```

技术材料

Avro 是一个数据序列化系统。它主要用于 Apache Hadoop。在 Hadoop 中，它提供了持久数据的序列化格式。它还为 Hadoop 节点提供了一个有线格式来通信，还为 Hadoop 的服务提供了客户端程序之间的通信格式。

2.7.6 Avro SerDe

Avro SerDe 允许 Hive 用户将 Avro 数据读取或写入表。可以创建一个 Hive 表，存储为 Avro 文件。我们可以从表属性中定义表模式，如下所示：

```
CREATE TABLE student
ROW FORMAT
SERDE'org.apache.hadoop.hive.serde2.avro.AvroSerDe'
STOREDASINPUTFORMAT 'org.apache.hadoop.hive.ql.io.avro.
AvroContainerInputFormat'
OUTPUTFORMAT 'org.apache.hadoop.hive.ql.io.avro.
AvroContainerOutputFormat'
TBLPROPERTIES('avro.schema.literal'='{
"namespace": "testing.hive.avro.serde",
"name": "student",
"type": "record",
"fields": [{
"name": "roll_no",
"type": "int",
"doc": "Roll Number"
},
{
"name": "name",
"type": "string",
"doc": "Name of Student"
},
{
"name": "marks",
"type": "int",
```

```
"doc": "Marks Scored"
}]
}');
```

还可以从 URL（统一资源标识符）中给出模式。

为了达成该目的，按如下方式修改 TBLPROPERTIES。

- 读取存储在 HDFS 中的模式文件：

```
TBLPROPERTIES('avro.schema.url'='hdfs://<hostname>:<port_number>/path/to/schema')
```

- 读取存储在服务器上的模式文件：

```
TBLPROPERTIES ('avro.schema.url'='http://example.com/path/to/schema')
```

2.7.7 JSON SerDe

JavaScript 对象表示法是一种开放的标准格式，使用可读的文本来传输由属性值组成的数据对象。它被用来在应用程序之间传输数据，作为 XML 的一种替代。

与现实生活的联系

如今，许多应用程序以 JSON 格式接收和发送数据。其中一个例子是 Twitter。Twitter 以 JSON 形式提供其 Twitter 的 API。这意味着，为了处理 Hive 的 JSON 数据，可以使用 JSON SerDe。JSON SerDe 不是内置的 SerDe，它是一个第三方的实现。

JSON SerDe 的功能如下。

- 读取 JSON 格式存储的文件。
- 支持复杂的 JSON 节点，如 ARRAY 和 Maps。
- 支持嵌套的数据结构。
- 使用 INSERT INTO 命令，将处理后的数据转换成 JSON 记录。

为了使用 JSON SerDe，执行下面的步骤。

- 编译 JSON SerDe 源代码。
- 将创建的 jar 复制到 Hive 安装的节点上。
- 去往 Hive 控制台，并执行下面的命令：

```
hive> ADD JAR /path/ hive-json-serde.jar;
```

- 添加 SerDe jar 之后，创建一个使用包含了 JSON 记录的文件的表，按如下方式使用该 SerDe：

```
CREATE EXTERNAL TABLE IF NOT EXISTS my_table (col1 string, col2 int, col3 string)
ROW FORMAT SERDE 'org.apache.hadoop.hive.contrib.serde2.JsonSerde'
LOCATION '/path-to/my_table/';
```

- 假定 JSON 文件位于…/path/to/my_table/，可以执行查询来操作该数据。这是一个按表格式，从 JSON 文件中打印所有记录的查询：

```
hive>SELECT * FROM my_table;
```

2.8 HiveThrift 服务

直到现在，你查看常用的 Hive 命令行。尽管命令行是最流行的访问 Hive 的方式，但是将命令行与用户交互的应用程序相集成是困难的。命令行是一个具有多种依赖的胖客户端，包含了 Hive 和 Hadoop 的配置。这使它很难将 Hive 命令行与任何其他应用程序相整合。

为了克服命令行的局限性，Hive 支持连接到它的其他方式，并执行查询。这些方式之一是 Hive 元存储——HiveThrift 或 HiveServer。HiveThrift 允许用户通过单一端口连接到 Hive。HiveThrift 是一个框架，允许用各种语言，如 C、C++或 Java，编写的客户端来连接，并通过网络进行通信。

2.8.1 启动 HiveThrift 服务器

Hive 发行版包含了 HiveThrift 服务器，因此不需要安装。为了启动 HiveThrift 服务器，执行以下命令：

```
$hive --service hiveserver &
```

这将 Hive 服务器作为后台进程启动。服务在默认端口 10000 上运行。现在，它已经可以被不同的客户端所使用了。

可以连接到该服务器的各种客户端是：

- JDBC
- ODBC
- Python
- PHP

2.8.2 使用 JDBC 的样例 HiveThrift 客户端

构建 JDBC 客户端的样例如代码清单 4-2-1 所示。

代码清单 4-2-1　构建 JDBC 客户端的代码

```
import java.sql.SQLException;
import java.sql.Connection;
import java.sql.ResultSet;
import java.sql.Statement;
import java.sql.DriverManager;
public class HiveJdbcClient {
    private static String DRIVER_NAME = "org.apachc.hadoop.hive.jdbc.
    HiveDriver";
    public static void main(String[] args) throws SQLException {
        try {
            Class.forName(DRIVER_NAME);
        } catch (ClassNotFoundException e) {
            e.printStackTrace();
            System.exit(1);
        }
```

2

```
        Connection con = DriverManager.getConnection("jdbc:hive://<host>:1
        0000/default", "", "");
```

3

```
        Statement stmt = con.createStatement();
        // Name of the table to created.
        String tableName = "student";
        // Create table name student with two columns roll_no and name
        ResultSet res = stmt.executeQuery("create table " + tableName + "
         (roll_no int, name string)");
        // show tables
        String sql = "show tables '" + tableName + "'";
        System.out.println("Running: " + sql);
        res = stmt.executeQuery(sql);
        if (res.next()) {
            System.out.println(res.getString(1));
        }
```

4

```
        sql = "describe " + tableName;
        System.out.println("Running: " + sql);
        res = stmt.executeQuery(sql);
        while (res.next()) {
            System.out.println(res.getString(1) + "\t" + res.getString(2));
        }
        // NOTE: filepath has to be local to the hive server
        // NOTE: /tmp/a.txt is a ctrl-A separated file with two fields per
        // line
        String filepath = "/tmp/a.txt";
```

5

```
        sql = "load data local inpath '" + filepath + "' into table "+tableName;
        System.out.println("Running: " + sql);
        res = stmt.executeQuery(sql);
        // select * query
        sql = "select * from " + tableName;
        System.out.println("Running: " + sql);
        res = stmt.executeQuery(sql);
        while (res.next()) {
            System.out.println(String.valueOf(res.getInt(1)) + "\t" + res.
            getString(2));
        }
        // regular hive query
        sql = "select count(1) from " + tableName;
        System.out.println("Running: " + sql);
        res = stmt.executeQuery(sql);
        while (res.next()) {
            System.out.println(res.getString(1));
        }
    }
}
```

代码清单 4-2-1 的解释

1	载入 Hive JDBC 客户端
2	创建连接
3	创建查询执行的语句
4	描述表
5	将数据载入到表中

知识检测点 5

Hive 服务器是一种可选的服务，允许远程客户端提交请求到 Hive。一家名为“Gmaed 技术”的公司想要通过 HiveThrift 服务器处理来自多于一个客户端的并发请求。针对该问题提出建议。

2.9 Hive 中的安全

当它涉及分布式系统时，安全成为一个真正的挑战，因为你需要管理客户和服务器之间的安全通信以及节点之间的安全数据传输。Hive 的安全模型是基于 Hadoop 的安全模型的。最近的努力使 Hadoop 开发者能够整合 **Kerberos 授权**。虽然其他漏洞已经被关闭了，但是该过程仍然在进化。

技术材料

Kerberos 是一个计算机网络认证协议。它允许跨不安全网络通信的节点身份认证，使通信可以以一种安全的方式进行。它提供了相互认证，比如用户和服务器可以相互认证对方的身份。

2.9.1 认证

Hive 支持你所创建的表和文件夹的类 UNIX 的认证。每个文件和文件夹读取、写入和执行操作权限。Hive 允许你设置变量 `hive.files.umask. value`，它决定了新创建的文件和文件夹的默认权限。如果不进行设置，文件可以被读、写和执行的权限仅仅限定于创建文件的用户。你也可以组织未授权的用户删除 Hive 表。当你设置命令 `hive.metastore.authorization.storage.checks` 为 `TRUE` 时，Hive 检查用户是否有权限删除 Hive 里的表。

2.9.2 授权

Hive 支持用户、组和基于角色授权。默认情况下，该授权组件被设定为 `FALSE`，并需要设定为 `TRUE` 来启用它。为了达到这个目的，执行下面的命令：

```
hive>set hive.security.authorization.enabled=true;
```

在执行该命令时，授权组件变得活跃了，并且不允许任何操作。现在你需要使用该命令授予该用户或组的数据库访问权限：

```
hive> GRANT CREATE ON DATABASE school TO USER hduser;
```

可以通过下面的命令查看该权限：

```
hive> SHOW GRANT USER hduser ON DATABASE school;
```

下面列出了所有的权限：

```
database school
principalName hduser
principalType USER
privilege Create
grantTime Mon Jan 19 09:18:10 EDT 2014
grantor hive
```

类似地，可以按下面的方式调用给定的权限：

```
hive> REVOKE CREATE ON school FROM USER hduser;
```

如果作为 hduser 在 school 数据库中创建一个表，会得到一个错误“Authorization failed:No privilege 'Create' found for outputs { database:school}。”

表 4-2-6 展示了可以提供和调用的权限。

表 4-2-6　Hive 权限

权　　限	描　　述
ALL	所有的操作
CREATE	创建表的权限
DROP	删除表的权限
ALTER	更改表的权限
INDEX	在表上创建索引的权限
LOCK	在并发的时候，锁/解锁表的权限
SELECT	运行 SELECT 查询的权限
UDPATE	载入或更新表/分区的权限

练习

基于图的问题

1．为下面的图使用连接来编写 HQL 的查询。（注意：只为白底部分选择查询。）

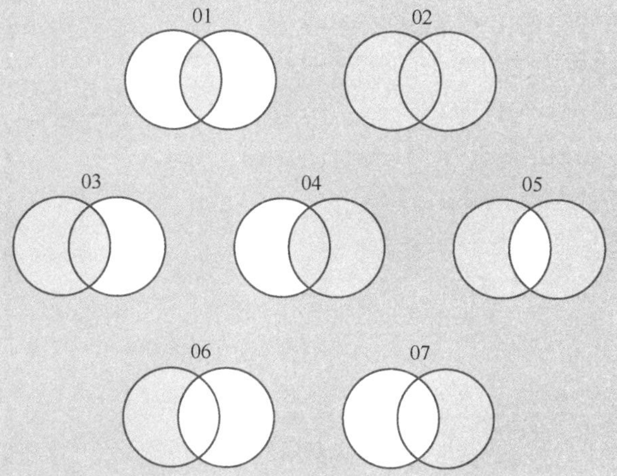

2．考虑下面的图：

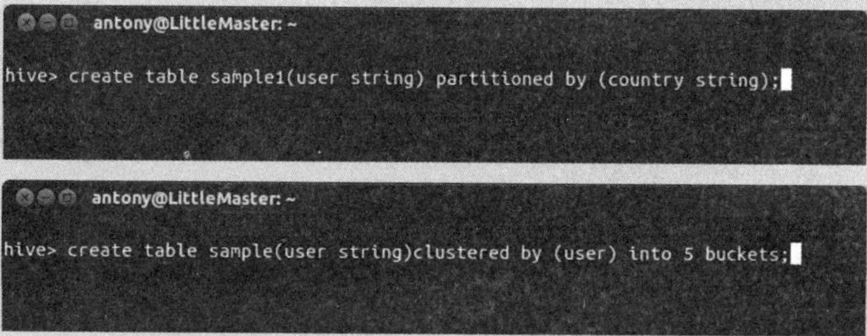

```
antony@LittleMaster: ~
hive> create table sample1(user string) partitioned by (country string);

antony@LittleMaster: ~
hive> create table sample(user string)clustered by (user) into 5 buckets;
```

a．解释上述命令。

b．编写加载和访问数据的查询。

c．解释加载数据和存储方面的区别。

多项选择题

选择正确的答案。在下面给出的“标注你的答案”里将正确答案涂黑。

1．桶使用什么函数来隔离数据？

a．聚合　　b．Map

c．Reduce　　d．以上均不是

2．每当我们从 Hive 中创建和删除表时，则：

a．Hive 处理内部查询来更新数据库　　b．Hive 不能自动更新数据库

c．Hive 不能再次存储数据　　d．元数据被自动更新

3. 我们在 Hive 中保留非规范化数据的目的仅仅是为了：

a．避免不相关的数据 b．避免多次磁盘查询

c．提高性能 d．b 和 c

4. 要在 Hive 中列出带有前缀“page”的表，我们使用以下哪个语法？

a．SHOW TABLES 'page.*';

b．SHOW TABLES;

c．SHOW PARTITIONS page_view;

d．DESCRIBE EXTENDED page_view;

5. Hive 中的左半连接是用来：

a．在另一个表中检查键的存在

b．在另一个表中检查列的存在

c．连接超过一个的表

d．a 和 c

6. 分隔符^C 被用来：

a．分割 ARRAY 或 STRUCT 或 MAP 中的元素

b．分割 ARRAY 或 STRUCT 或 MAP 中的元素；使用八进制代码\002 来编写

c．分割所有的字段；当在 CREATE 表语句中指定的时候，使用八进制代码\001 编写

d．以上均不是

7. 何时需要笛卡儿积？

a．当我们没有指定我们想要做连接的键时

b．当我们需要从表中访问所有数据时

c．当我们在一个给定查询中保留位于连接右手边的表中所有记录的时候

d．b 和 c

8. 一个用户在文件中编写了名为 query.hql 的查询，它被存放在文件夹…/home/anto/queries/中，你最需要运行哪个命令？

a．hive -f /home/guru/queries/firstquery.hql

b．cat /home/myuser/queries/myquery.hql

c．SELECT * FROM student;

d．以上 3 个命令

9. EXPLAIN 树图展示了 Hive 作业阶段之间的______。

a．聚合 b．效率 c．数据集 d．依赖

10. 用以启动 HiveThrift 服务器的命令是：

a．$hive -service

b．$hive --service hiveserver &

c．$hive hiveserver &

d．均不是

标注你的答案（把正确答案涂黑）

1.	ⓐ	ⓑ	ⓒ	ⓓ	6.	ⓐ	ⓑ	ⓒ	ⓓ
2.	ⓐ	ⓑ	ⓒ	ⓓ	7.	ⓐ	ⓑ	ⓒ	ⓓ
3.	ⓐ	ⓑ	ⓒ	ⓓ	8.	ⓐ	ⓑ	ⓒ	ⓓ
4.	ⓐ	ⓑ	ⓒ	ⓓ	9.	ⓐ	ⓑ	ⓒ	ⓓ
5.	ⓐ	ⓑ	ⓒ	ⓓ	10.	ⓐ	ⓑ	ⓒ	ⓓ

测试你的能力

1. 使用 HiveThrift 客户端和 JDBC 来编写程序以执行下面的命令：
   - 建立数据库；
   - 用下列属性创建表，即 name:string、age:integer、address:string；
   - 根据国家进行表的分区；
   - 从 sample.txt 加载内容到上面的表；
   - 查询平均年龄。
2. 用例子解释 Hive 内置函数和用户定义的函数。

备忘单

- SQL 中最常见的操作是 SELECT 语句。
- Hive 中有两种函数类型：
  - 内置函数；
  - 用户定义函数。
- Hive 支持各种内置函数，如：
  - 算术函数；
  - 数学函数；
  - 聚合函数。
- Hive 也支持 LIMIT 子句，用它可以将 SELECT 语句的结果限制成指定的行数。
- Hive 支持内嵌查询，内部查询的输出可以被指定为外部查询的输入。
- Hive 使用 CASE 语句可以根据各种输入来归类记录。
- LIKE 和 RLIKE 操作比较和匹配来自给定记录集的字符串或子串。
- Hive 支持一个或多个表连接在一起，获得有用的聚合信息。Hive 支持的各种连接如下：
  - 内部连接；
  - 外部连接。
- 当你需要连接两个表，且一个表小于另一个表的时候，推荐用 Map 侧的连接。
- Hive 中的分区概念有助于为每一个新的日子维护一个新的分区，而无须做太多的工作。
- Hive 没有任何主键和外键，因为它不打算运行复杂的关系查询。
- 通过保留非规范化的数据，你可避免多次磁盘查询，通常情况下存在有外键关系。
- Hive 进行完整的表扫描以处理查询。
- 桶与分区是类似的优化技术。通过计算查询中维护的键的散列码，桶将数据负载分布给用户定义的集群集合中去。
- HDFS 的数据压缩，使查询的数据更小，这最终有助于减少查询时间。
- EXPLAIN 的输出通常由以下 3 部分组成：
  - 抽象语法树；
  - 不同阶段的依赖；
  - 每个阶段的描述。
- 抽象语法树是由符号和文字组成。它展示了 Hive 将给定查询解析成符号的方式。
- 阶段可长可短；长阶段通常是 MapReduce 作业，而短阶段是文件重命名或数据移动或复制作业。
- EXPLAIN 命令给出了下列可选的参数：
  - EXTENDED
  - DEPENDENCY
- LIMIT 命令用来将输出限制到指定的行数。
- Hive 允许在列上创建索引，以加速 GROUP BY 查询的执行。

- 推测执行是 Hadoop 的一个特性，在多个节点上调用重复的任务，无论哪个节点首先完成任务，该尝试就被视为一个合法的尝试。
- 序列文件提高了性能，因为它是一个以二进制格式包含了键/值对的文件格式。
- RCFile 是记录列式文件的格式。RCFile 被设计用来：
  - 快速数据载入；
  - 快速查询执行；
  - 有效的数据存储和更好的磁盘利用率；
  - 有能力适应动态数据访问模式。
- 通过水平和垂直分区策略，RCFile 结合了行存储和列存储的优势。
- SerDe 是序列化器/反序列化器的缩写。SerDe 维护了将非结构化数据转换成记录的逻辑。SerDe 是通过 Java 实现的。
- 通常使用的 Hive 可用的内置及第三方 SerDe 是：
  - Regex
  - Avro
  - ORC
  - Thrift
- 尽管命令行界面是访问 Hive 的最流行的方法，但难以将命令行与用户交互应用程序相集成。
- 为了克服命令行的限制，Hive 支持其他的方式，像 Hive 元存储——HiveThrift 或 HiveServer。进行连接并执行查询。
- Hive 服务器是一个可选服务，允许远程客户端提交请求到 Hive。
- Hive 支持用户创建的类 UNIX 的表和文件夹的认证。
- Hive 支持用户、组和基于角色的授权。

第 3 讲

用 Pig 分析数据

模块目标

学完本模块的内容，读者将能够：

⏭	使用 Pig 自动化 MapReduce 应用程序的设计和实现

本讲目标

学完本讲的内容，读者将能够：

⏭	讨论 Pig 的特性和优点
⏭	安装和运行 Pig
⏭	解释 Pig 的属性
⏭	使用 Pig Latin 的语句和函数
⏭	使用 Pig 的关系型操作

"任何足够先进的技术与魔
都没有区别。"

——Arthur C. Clar

传统的 Hadoop 编程方法包括了 MapReduce 模型。它由以下阶段组成。

（1）阶段 1/Map 阶段：数据集的一个重要组成部分被处理成一个中间阶段的表示。

（2）阶段 2/Reduce 阶段：来自 map 阶段的结果被合并了。

尽管 MapReduce 模型可能不是完全方便或有效的，但它可以被推广和应用到多个现实世界的问题上去。然而，当巨大的数据集和 Hadoop 平台汇集到一起时，巨大数据量的执行问题自然而然地浮出了水面。解决这些问题的方法是 **Pig**。

本讲给你介绍了 Pig 语言。它揭示了 Pig 中用到的好处、数据类型和功能。最后，本讲揭示了如何安装运行 Pig。

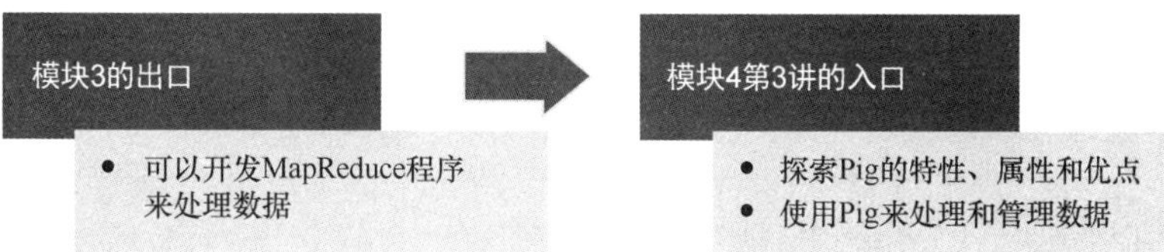

3.1　介绍 Pig

Pig 编程语言被设计用来处理任何很难处理的数据类型。数据可以是结构化、半结构化或非结构化的。Pig 是一种脚本语言，开发用以自动化 MapReduce 应用程序的设计和实现流程。

附加知识　**Pig** 的历史

Pig 主要发展于 2006 年的雅虎。这是一个研究项目的一部分，目的是提供简化使用 Hadoop 的方式，重点研究大型数据集而不是将时间浪费在编写 MapReduce 程序上。这里的目标是允许用户更强调做什么而不是如何做。2007 年 Pig 正式成为一个 Apache 项目，这就是说在真正意义上，它几乎成了所有 Hadoop 发行版的一部分。

在 2009 年，Pig 开始被其他公司所使用，并于 2010 年成为了 Apache 的顶级项目。

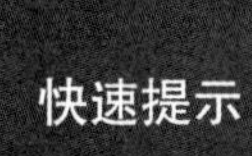

根据 Apache Pig 的哲学，Pig 能“吃任何东西”，“生活在任何地方”，都是“驯养”的，可以飞到引导区。Pig “生活在任何地方”是指 Pig 是一种并行数据处理编程语言，并不致力于任何特定的并行框架，包括 Hadoop。

为了保持其古怪的命名，下面是它的一些独特的方面：

- Pig 语言 **Pig Latin**；
- 它的 shell 称为 **Grunt**；
- 其类似于 Perl 归档网络（CPAN）的共享存储叫 **PiggyBank**。

Pig 编程语言自豪于其易于编码和维护的特性。Pig 在数据处理时是聪明的。这意味着有一个**优化程序**，决定了如何完成困难的工作来找出快速获取数据的方法。

3.1.1　Pig 架构

Pig 不只是快速的，它也是很简单的。在编程世界中“简单”往往意味着“优雅”。这一原则也适用于 Pig 软件架构。Pig 基本是由两个组件组成的：**Pig Latin** 和 **Pig Latin 编译器**。

技术材料

与其他编程语言不同的是，Pig Latin 不支持任何 if 语句和 for 循环。不同于传统的编程语言，它们描述了与数据流相关的控制流，而 Pig Latin 仅集中于数据流。

Pig Latin

- Pig 的程序设计语言被称作 Pig Latin。它是一种高级语言，允许你编写数据处理和分析程序。Pig Latin 在 Pig 的语言层上运作。
- Pig Latin 描述了有向无环图（DAG），其中边和节点分别描述了数据流和处理数据的操作。

Pig Latin 编译器

（1）Pig Latin 编译器将 Pig Latin 代码转换为可执行代码。

（2）可执行代码不是 MapReduce 作业的形式，就是它可以产生一个过程，其中创建了虚拟的 Hadoop 实例，在一个单一节点上运行 Pig 代码。

图 4-3-1 展示了 Pig 是如何与 Hadoop 生态系统产生关联的。

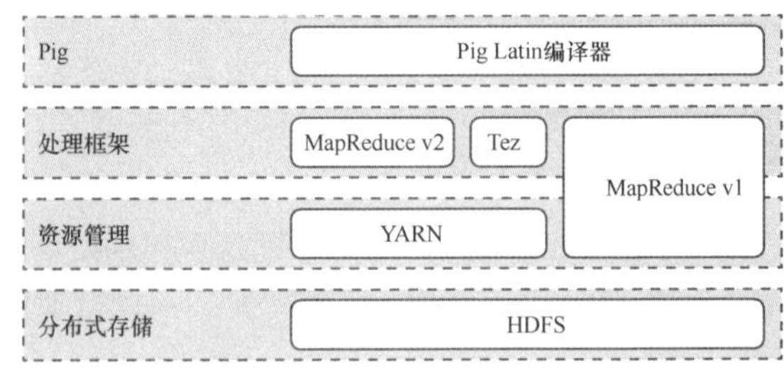

图 4-3-1　Pig 架构

附加知识

MapReduce 程序序列使 Pig 程序可以进行并行的数据处理和分析，利用 Hadoop MapReduce 和 Hadoop 分布式文件系统（HDFS）。在虚拟 Hadoop 实例中运行 Pig 作业是测试你 Pig 脚本的一个有用的策略。

技术材料

Pig 程序可以运行在 MapReduce v1 或 MapReduce v2 上，无论你的集群运行在何种模式下都无须更改任何代码。然而，也可以使用 Tez API 来运行 Pig 脚本。Apache Tez 比 MapReduce 提供了一种更加有效的执行框架。YARN 而不是 MapReduce（如 Tez）启动了运行在 Hadoop 上的应用程序框架。Hive 还可以运行在 Tez 框架上。

3.1.2　Pig Latin 的优势

利用 Pig Latin 编程在下列几个方面是有益的。

- **易于编程**：Pig Latin 是可以轻松地编写、理解和维护复杂的并行任务。它明确地把具有内联数据转换的复杂任务编码成数据流序列。
- **优化机会**：Pig Latin 以系统可以很容易地优化它们的执行的方式编码任务。这使用户可以专注于数据语义的处理，而无须担心效率问题。

- **可扩展性**：Pig Latin 允许用户很容易地为特殊目的的任务创建自己的函数。

总体情况

如果你被要求制造数十亿或百万兆字节的数据，Pig 是一个很好的选择。但是，如果你需要编写一个单独的或一个小的记录组，或是随机查找各种记录，就不建议用 Pig 了。

知识检测点 1

下面哪种 Pig Latin 组件负责将 Pig Latin 代码转换成可执行代码？

a. HDFS　　b. Pig Latin 编译器　　c. Tez　　d. YARN

3.2 安装 Pig

Pig 环境可以运行在你启动 Hadoop 作业的机器上或也可以从你的台式或笔记本电脑上运行 Pig。

3.2.1 安装 Pig 所需条件

UNIX 或 Windows 系统应满足以下要求才能成功地安装和运行 Pig。

- 系统中有任意如下 Hadoop 版本：

  `Hadoop 0.20.2、020.203、020.204、0.20.205、1.0.0、1.0.1、0.23.0` 或 `0.23.1`

  设置 HADOOP_HOME 指向你安装 Hadoop 的目录，就能在不同的 Hadoop 版本下运行 Pig。
- 装有 Java1.6。
- Windows 用户还需要安装 Cygwin 和 Perl 包。Cygwin 和 Perl 包可以从 Cygwin 官方网站下载。

3.2.2 下载 Pig

为了下载 Pig 发行版，你需要执行下面的步骤：

（1）从某个 Apache 下载镜像中下载一个最新的、稳定的版本。

（2）下一步，你需要解压下载好的 Pig 发行版，然后寻找下面的文件：

- Pig 脚本文件 `Pig`，它位于 bin 目录中；
- Pig 属性文件 `pig.Properties`，它位于 conf 目录夹下。

（3）将/pig-n.n.n/bin 添加到你的路径中去。然后使用 `export(bash.sh.ksh)` 或 `seteny(tcsh.csh)` 命令，如下面的命令：

```
$ export PATH=/<my-path-to-pig>/pig-n.n.n/bin:$PATH
```

（4）这就完成了下载 Pig 到本地机器的过程。可以用下面的简单命令来测试 Pig 的安装：

```
$ pig-help
```

3.2.3 构建 Pig 库

为了构建 Pig 库，你需要执行下面的步骤。

（1）从 Apache Subversion（SVN）签出 Pig 的代码。

（2）可以从顶层目录来编译代码。一次成功的完全编译会在工作目录下产生 pig.jar 文件。

（3）可以通过运行单元测试（如 ant 测试）的方式来验证 pig.jar 文件。

3.3 Pig 的属性

Pig 编程语言是由 Java 写成的。因此，它支持 Java 的属性和 Java 记号的用法。表 4-3-1 介绍了一些 Pig 中可用的属性，及其可能的值和默认值。

表 4-3-1 Pig 属性、可能的值和默认值

属性	描述	值	默认值
Verbose	详细的输出	true/false	false
Brief	简单输出（忽略时间戳）	true/false	false
aggregate.warning	生成警告的数量而不是生成一行警告	true/false	true
pig.exec.nocombiner	禁用结合器（变通方案）	true/false	false
opt.multiquery	禁用多次查询（变通方案）	true/false	false
pig.tmpfilecompression	定义是否要压缩中间作业的输出	true/false	false
pig.tmpfilecompress.codec	压缩类型（当启用 pig. Tmpfile compression 的时候）	lzo/gzip	gzip
pig.noSplitCombination	决定是否要组合小文件到一个单一的 map 中	true/false	true
pig.exec.filterLogicExpressionSimplifier	启用优化器以简化过滤器表达式	true/false	false
Exectype	指定执行模式（与使用-x 的命令行参数一样的效果）	local/MapReduce	MapReduce
pig.additional.jars	Java 归档（JAR）文件的命令分割列表(替代寄存器命令)	JAR 文件	
udf.import.list	通用磁盘格式（UDF）导入的逗号分隔的列表		
stop.on.failure	确定是否在发生一次错误的时候就终止	true/false	false

启用 Pig 时，可以通过-D 选项来指定 Hadoop 的属性以及通过-P 选项指定 Pig 的属性。也可以使用 set 命令来改变 Grunt 中的个别属性。

你指定的 Pig Latin 属性支持下列优先级顺序：

```
-D Pig property < -P properties file < set command
```

Pig 不解释直接被传递给 Hadoop 的 Hadoop 属性。你指定的 Hadoop 属性支持下面的优先级顺序：

```
Hadoop configuration files < -D Hadoop property < -P properties_file < set command
```

知识检测点 2

1. Jimmy Simpson 是 ZeoParker 大数据解决方案公司的一名数据分析师。他使用 Pig 来处理大量的社交媒体数据。他可以使用下列哪个 Pig 属性来确定小文件是否该被合并成一个单一的 Map？
   a. pig.exec.nocombiner　　b. pig.additional.jars
   c. pig.noSplitCombination　　d. pig.tmpfilecompression
2. 下列哪个属性可以被你用在使用-x 命令行参数的地方？
   a. pig.tmpfilecompress.codec　　b. pig.noSplitCombination
   c. pig.exec.filterLogicExpressionSimplifier　　d. Exectype

3.4 运行 Pig

Pig 有下面两种运行脚本的模式。

- **本地模式**：所有的脚本都运行在单一的机器上，无须 Hadoop MapReduce 和 HDFS。这对于开发和测试 Pig 逻辑可能是有用的。如果你正在使用一个小型数据集进行开发或测试你的代码，然后本地模式会比遍历 MapReduce 基础设施更快。
  本地模式不需要 Hadoop。当你运行在本地模式下时，Pig 程序运行在本地 Java 虚拟机的上下文中，通过单一机器的本地文件系统进行数据访问。本地模式实际上是 MapReduce 的本地模拟。这是一个单独的 Pig Latin 编译器的外部进程。
- **MapReduce 模式（也称为 Hadoop 模式）**：在这里，Pig 脚本执行在 Hadoop 集群上。在这种情况下，Pig 脚本被转换成一系列的 MapReduce 作业，然后运行在 Hadoop 集群上。

图 4-3-2 展示了在 Pig 中运行脚本的可用模式。

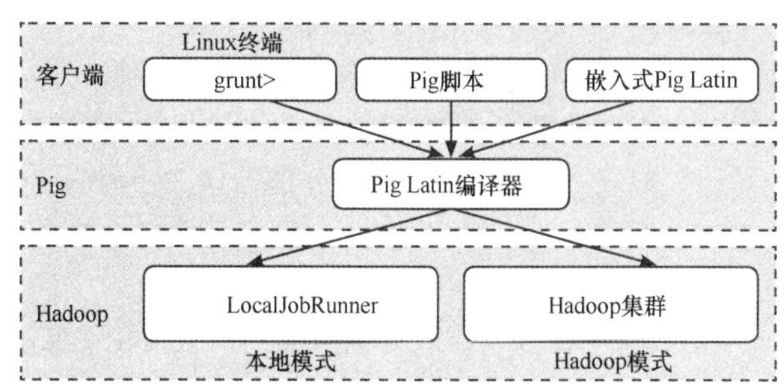

图 4-3-2　Pig 模式

附加知识

如果你想要在 TB 级的数据之上执行操作，并交互开发一个程序，你可能很快发现速度显著地减慢，存储可能会增长。本地模式允许你与数据的一个子集以更互动的方式来协同工作，以便找出你 Pig 程序的逻辑（并解决 bug）。当你把所想的东西都设置完成，且你的操作运行地很顺利之后，然后可以在完整的数据集上使用 MapReduce 模式运行该脚本。

3.5 Pig Latin 应用程序流

在其核心，Pig Latin 是一种**数据流语言**，你可以定义数据流和一系列可以应用到流过你应用程序的数据上的转换。这与**控制流语言**（如 C 或 Java）正好形成对照，在那里你编写一系列指令。在控制流语言中，你们使用如循环和条件逻辑（如 if 语句）这样的结构。在 Pig Latin 中你找不到循环和 if 语句。

让我们来看一些真正的 Pig 语法。数据处理数据流如代码清单 4-3-1 所示。

代码清单 4-3-1 Pig 的例子代码，说明了数据处理数据流

```
A = LOAD 'data_file.txt';
...
B = GROUP ... ;
...
C= FILTER ...;
...
DUMP B;
..
STORE C into 'Results';
```

技术材料

如果数据存储在一个不能与生俱来地被 Pig 访问的文件格式中，可以随意地将 USING 函数添加到 LOAD 语句中，指定一个可以读取（并解释）数据的用户自定义的函数。

这个例子中的大多数文本实际上看起来类似于英语。依次查看每一行，可以看到一个 Pig 程序的基本流程。

Pig Latin 语句通常是按如下形式组织的。

- LOAD 语句从文件系统中读取数据。
- 一些列的“转换”语句来处理这些数据。
- 查看结果的 DUMP 语句或保存结果的 STORE 语句。这两个语句用来生成一个输出。

（1）**加载**：先加载你想要操作的数据。因为在一个典型的 MapReduce 作业中，数据是存储在 HDFS 中的。对访问数据的 Pig 程序而言，你首先要告诉 Pig 要使用哪个或哪些文件。对于该任务，你使用 LOAD 'data_file'命令。

在这里，data_file 可以执行一个 HDFS 文件或目录。如果指定了目录，在该目录中的所有文件都被加载到程序中去。

（2）**转换**：通过一组转换来运行数据。这些转换工作在盖板之下。这是一个绝妙的功能，因为你无须关心功能细节。命令被自动地翻译成一组 Map 和 Reduce 任务。

（3）**转储**：最后，将结果转储到屏幕上或将结果存储在文件的某个地方。

当你调试程序的时候，你通常会使用 DUMP 命令将输出发送到屏幕。当你的程序投入生产时，你只需要将 DUMP 调用改变成 STORE 调用，这样运行你程序所产生的任何结果都被存储在一个文件中，以便进行进一步的处理或分析。

（4）**存储**：STORE 语句使你能够在屏幕上输出。它与 LOAD 语句是相同的。在 Pig 中，在 PigStorage 的帮助下，数据以制表符分隔的文件形式被存储在 HDFS 中。以下命令展示了 Pig 中 STORE 的实现：

```
A = LOAD 'input' AS (x, y, z);
B = FILTER A BY x > 5;
DUMP B;
C = FOREACH B GENERATE y, z;
```

Pig 将 directory/data/examples 中的处理结果写到目录夹 output 中。

快速提示　转换逻辑是所有的数据操作发生的地方。在这里，可以过滤掉那些不感兴趣的行，连接两组数据文件的集合，分组数据以构建聚合，对结果排序，以及做更多的事情。

知识检测点 3

下面哪个关于在本地模式中运行 Pig 的说法是正确的？

a. 所有运行在一台机器上的脚本都需要 Hadoop MapReduce 和 HDFS。
b. 本地模式指的是 MapReduce 的本地模拟。
c. Pig 脚本被转换成一系列的 MapReduce 作业。
d. Pig 执行在 Hadoop 集群上。

3.6　开始利用 Pig Latin

Pig Latin 是 Pig 编程语言的语法。Pig 把 Pig Latin 脚本转换成可以在 Hadoop 集群中执行的 MapReduce 作业。当有了 Pig Latin 之后，开发团队遵循以下 3 个关键的设计原则。

- **保持简单**：Pig Latin 提供了与 Java MapReduce 交互的流线型方法。换句话说，它简化了 Hadoop 集群上的数据流和分析的并行程序的创建。

  复杂任务可能需要一系列的相互关联的数据转换，以及被编码成数据流序列的系列。
- **使它聪明**：你可能还记得，Pig Latin 编译器做了将 Pig Latin 程序转换为一系列 Java MapReduce 作业的工作。诀窍是确保编译器可以自动优化这些 Java MapReduce 作业的执行，让用户专注于语义而不是如何优化和访问数据。

  结构化查询语言（SQL）被设置为一个声明式查询，你用它可以访问存储在关系型数据库管理系统（RDBMS）中的结构化数据。RDBMS 引擎首先将查询翻译成数据访问方法，然后查看统计信息并生成一系列的数据访问方式。根据成本的优化器选择了最有效的方式进行执行。
- **不要限制发展**：这是指使 Pig 具有可扩展性的原则，以便开发人员可以添加功能来解决他们特定的业务问题。

预备知识　Apache 提供了名为 Zebra 的库对 Hadoop 数据库以行和列的形式进行读取和写入数据。读者应了解如何安装和使用 Zebra 库。

总体情况

编写 Pig Latin 脚本的数据转换和流，而不是 Java 的 MapReduce 程序，使这些程序更容易编写、理解和维护，这是因为：

- 你不一定必须用 Java 编写作业
- 你不一定必须用 MapReduce 来考虑问题
- 你不需要编写自定义代码来支持丰富的数据类型

Pig Latin 提供了更简单的语言来开发你的 Hadoop 集群，从而使它更容易地让更多的人享受到 Hadoop 能力所带来的好处，并更快地形成生产力。

附加知识

传统的 RDBMS 数据仓库利用了提取、转换、加载（ETL）数据的处理模式，从外部来源提取数据，将它转换成适应你业务需求的样子，然后将其加载到最终目标，无论它是一种业务数据存储、一种数据仓库或是其他种类的数据库。然而，有了大数据，你通常希望减少移动的数据量，所以你以对数据本身的处理作为结束标志。因此 Pig 语言的数据流要替代旧的 ETL 方式，而采用 ELT 的方式：从不同的来源提取数据，将其加载到 HDFS 中，然后按需求将其转换，准备好数据做进一步的分析。

3.6.1 Pig Latin 结构

在这里。我们采用一个使用了飞行数据集的例子。我们试图解决的问题包含了计算每一家航空公司的航班飞行总数。代码清单 4-3-2 是我们将用来回答该问题的 Pig Latin 脚本。

代码清单 4-3-2 Pig 脚本，计算总的飞行里程数

```
1 records = LOAD '2013_subset.csv' USING PigStorage(',') AS (Year,Month,
  DayofMonth,DayOfWeek,DepTime,CRSDepTime,ArrTime,CRSArrTime,UniqueCarrier,
  FlightNum,TailNum,ActualElapsedTime,CRSElapsedTime,AirTime,
  ArrDelay,DepDelay,Origin,Dest,Distance:int,TaxiIn,TaxiOut,Cancelled,
  CancellationCode,Diverted,CarrierDelay,WeatherDelay,NASDelay,SecurityDelay,
  LateAircraftDelay);//exp1
2 milage_recs = GROUP records ALL;//exp2
3 tot_miles = FOREACH milage_recs GENERATE SUM(records.Distance);//exp3
4 DUMP tot_miles;//exp4
```

代码清单 4-3-2 的解释

1	LOAD 语句用来读取 HDFS 的数据。在这种情况下，我们从.csv 文件中加载数据。AS 语句跟随了 PigStorage(',')语句，且定义了每一列的名称
2	GROUP 语句被用来聚合记录到单一的记录 mileage_recs 中去。ALL 语句用于将所有的元组聚合为单一的组
3	FOREACH 用以迭代该过程
4	DUMP 运算符用于执行语句，并在屏幕上显示结果

一些高层次的观察如下。

- Pig 脚本比完成相同任务所需的 MapReduce 应用要小很多。
- 我们只是列出数据集中的列的名称。
- Pig 提供了声明性的方面，你不需要指定如何执行任务的逻辑，特别是如何做 MapReduce 的内容。
- **大多数 Pig 脚本以 LOAD 语句来开始读取 HDFS 的数据：**在这种情况下，我们从一个.csv 文件中载入数据。Pig 有一个它所使用的数据模型，所以接下来我们需要映射文件数据模型到 Pig 的数据模式。这是在 `USING` 语句的帮助下完成的。然后我们指定它是一个带有 `PigStorage(',')` 语句的逗号分隔的文件，跟随有定义了每一列名称的 `AS` 语句。
- **Pig 常用聚合来总结数据集：**`GROUP` 语句被用来将记录聚合到单一的记录 `mileage_recs` 中去。`ALL` 语句是用来将所有元组聚合成一个单一的组。
- **在这里 `FOREACH … GENERATE` 语句用来传输列数据：**在这种情况下，我们要计算 `records_Distance` 列中旅游的里程数。`SUM` 语句加总 `record_Distance` 列到单一列集合 `total_miles` 中去。
- **DUMP 运算符用于执行 Pig Latin 语句，并将结果显示在屏幕上：**`DUMP` 用在交互模式中，这意味着该语句是可立即执行的，且不会保存结果。通常情况下，在 Pig 脚本的末尾使用 `DUMP` 或 `STORE` 运算符。

3.6.2　Pig 数据类型

Pig 的数据类型构成了 Pig 如何考量 Pig 所要处理的数据结构的模型，在加载数据时，该数据模型得到了定义。你从磁盘中加载至 Pig 的任何数据都将有一个特定的模式和结构。Pig 需要了解这种结构，所以当你做加载时，数据自动通过了映射。

Pig 数据模型有足够的处理方式来处理送上门来的任何事情，包括表状结构和嵌套分层数据结构。一般而言，Pig 数据类型可以分为以下两类：

- 标量类型；
- 复杂类型。

标量类型包含一个单一值，而**复杂**类型包含其他类型，如元组、包和映射类型。

Pig Latin 在其数据模型中有以下 4 种类型。

- **原子（atom）：**一个原子就是任意的单一值，比如一个字符串或是一个数字，如 Diego。Pig 的原子值是标量类型，出现在大多数编程语言中。
- **元组（tuple）：**一个元组是一条记录，由一系列字段所组成。每个字段可以是任何类型，如 Diego、Gomez 或 6。将元组看成是表中的一行。
- **包（bag）：**包是非单一元组的集合。包的模式是灵活的。集合中的每个元组可以包含任意数量的字段，并且每个字段可以是任意类型。
- **映射（map）：**映射是键/值对的集合。任何类型都可以存储在值中，而键是需要唯一的。映射的键必须是字符数组，值可以是任何类型。

技术材料

所有这些类型的值都可以为 null。null 的语义类似于 SQL 中所使用的 null。Pig 中 null 的概念意味着该值是未知的。null 可以作为一个占位符，直到添加了数据或该数据作为了一个可选字段的值。

图 4-3-3 展示了元组、包和映射数据类型的一些很好的例子。

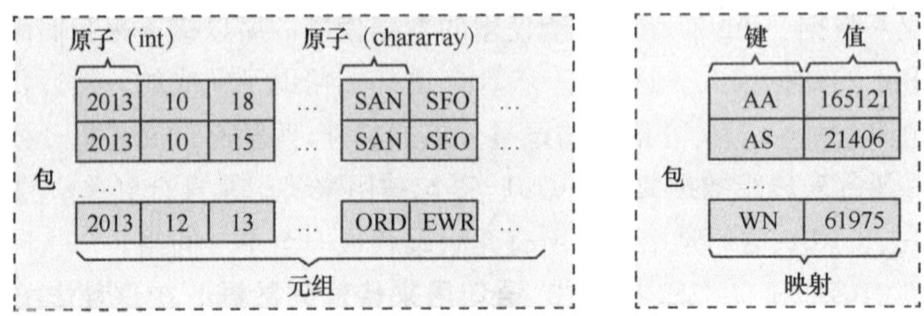

图 4-3-3　Pig 数据类型的例子

3.6.3　Pig 语法

Pig Latin 有一个简单的语法和一种强大的语义，你会用它来执行以下两个主要的操作：

- 访问数据；
- 转换数据。

如果你将 Pig 的计算飞行里程数的实现与 Java MapReduce 实现做比较的话，它们都得出了相同的结果。然而，Pig 实现的代码要少得多，也更容易被理解。

注意，在 Hadoop 的背景下，数据访问意味着允许开发人员加载、存储和流式化数据，而转换数据意味着利用 Pig 的优势去分组、连接、组合、拆分、过滤和排序数据。

表 4-3-2 给出了与每个操作相关联的操作的概述。

表 4-3-2　Pig Latin 操作

操　作	运　算　符	解　　释
数据访问	LOAD/STORE	读取和写入文件系统的数据
	DUMP	将输出写到标准输出上（stdout）
	STREAM	通过外部的二进制文件发送所有记录
转换	FOREACH	将表达式应用到每条记录，输出一条或多条记录
	FILTER	应用谓词并删除不符合条件的记录
	GROUP/COGROUP	聚合来自一个或多个输入的具有相同键的记录
	JOIN	根据条件，连接两条或多条记录
	CROSS	两个或多个输入的笛卡儿积
	ORDER	根据键，对记录进行排序
	DISTINCT	移除重复记录
	UNION	合并两个数据集合
	SPLIT	根据谓词，将数据划分为两个或多个包
	LIMIT	记录子集的数量

Pig 还提供了一些运算符，有助于调试和故障排除，如表 4-3-3 所示。

表 4-3-3　调试和故障排除的运算符

操　作	运　算　符	描　述
调试	DESCRIBE	返回关系模式
	DUMP	将关系的内容转印到屏幕上
	EXPLAIN	显示 MapReduce 的执行计划

技术材料

Hadoop 范式转变的一部分，是你将你的模式应用于**读**而不是应用于**加载**。当你将数据加载到你的数据库系统中去的时候，根据 RDBMS 处事的以前的方式，你必须将它装入一组定义良好的表中。

Hadoop 允许你存储所有的最前面的原始数据并在读取的时候应用该模式。

利用 Pig，在数据载入阶段，在 LOAD 运算符的帮助下，你完成了该任务。代码清单 4-3-3 展示了操作看起来的样子。

代码清单 4-3-3　带有 LOAD 功能的 Pig 脚本

```
Pcustomers = load 'file:///tmp/customerData.avro'USING org.apache.
m2.model.pig.loadfunc.SampleDataLoader() as (FIRSTNAME: chararray,
LASTNAME: chararray, DEPTNO: chararray);
customers = FOREACH customer GENERATE FIRSTNAME as
customer::FIRSTNAME, LASTNAME as customer::LASTNAME, DEPTNO as
customer::DEPTNO;
```

可选的 USING 语句定义了如何将文件中的数据结构映射到 Pig 数据模型的方式；在这种情况下，是 org.apache.m2.model.pig.loadfunc.SampleDataLoader() 数据结构。可选的 AS 子句定义了正在映射的数据模式。如果你没有使用 AS 子句的话，你基本上是在告诉默认的 LOAD 函数期望一个普通的用制表符分隔的文本文件。没有提供模式，且因为没有定义名称，所以该字段必须通过位置来引用。

使用 AS 子句意味着，在读取文本文件的时候，你有个现有的模式，允许用户快速启动并提供灵活的模式建模能力和灵活性，以便你可以添加更多的数据到自己的分析中。

附加知识

LOAD 运算符根据**懒评估**原则进行操作，也被称为**按需调用**。现在，懒惰听上去不是那么特别值得称道，但是它的意思是，你推迟了一个表达式的评价直到你真正地需要它时。在 Pig 例子的上下文中，这意味着，在 LOAD 语句执行之后，没有数据被移动；没有内容得到了分流直至遇到了写数据语句。可以有一个 Pig 脚本。它全篇充满了复杂的转换，但是没有内容得到执行直到遇到了 DUMP 或 STORE 语句。

3.7　Pig 脚本接口

Pig 程序可以按下列 3 种不同的方式来打包。

（1）**脚本**：此方法无非是一个包含了 Pig Latin 命令的文件，由**.pig** 后缀标识。Pig 程序以.pig 扩展名结尾是一种约定，但不是必需的。该命令由 Pig Latin 编译器所解释，并按照顺序执行。

（2）**Grunt**：Grunt 作为一种命令解释器，可以在 Grunt 命令行中交互输入 Pig Latin，并能立刻看到响应。该方法有助于最初开发阶段的原型法和假设分析场景。

（3）**嵌入式**：Pig Latin 语句可以嵌入 Java、Python 或 JavaScript 程序来执行。

Pig 脚本、Grunt shell Pig 命令和嵌入式 Pig 程序可以运行在本地模式或 MapReduce 模式上。

Grunt shell 提供了一种**交互式 shell** 来提交 Pig 命令或运行 Pig 脚本。为了启动交互模式的 Grunt shell，只需要在你的 shell 中提交你的 `pig` 命令。

为了指定脚本或 Grunt shell 是本地执行还是以 Hadoop 模式来执行，只需要在 `pig` 命令中指定`-x` 标志。下面是一个实例，说明你如何能指定你的 Pig 脚本运行在本地模式中：

```
pig -x local milesPerCarrier.pig
```

下面的命令指明了你以 Hadoop 模式运行 Pig 脚本的方式，如果你没有指定该标志，它就是默认的：

```
pig -x mapreduce milesPerCarrier.pig
```

> **快速提示** 在默认情况下，在指定了 Pig 命令而不带任何参数时，它以 Hadoop 模式启动 Grunt shell。如果想以本地模式启动 Grunt shell，只需给命令加上`-x` 本地标志。示例如下：`pig -x local`。

从 Grunt 控制 Pig

Grunt 提供了控制 Pig 和 MapReduce 的命令。

在下面的例子中，结束了 id 为 `job_0001` 的作业：

```
grunt>kill job_0001
```

注意，使用该命令只结束了特定的 MapReduce 作业。如果 Pig 作业包含了其他不依赖被结束作业的 MapReduce 作业，作业仍将继续。

在下面的例子中，显示和运行了 Pig Latin 脚本：

```
grunt> cat myscript.pig
a = LOAD 'student' AS (name, age, gpa);
b = LIMIT a 3;
grunt>exec myscript.pig
(alice,20,2.47)
(luke,18,4.00)
(holly,24,3.27)
```

在下面的例子中，在 `exec` 命令中使用了参数替代：

```
grunt> cat myscript.pig
a = LOAD 'student' AS (name, age, gpa);
b = ORDER a BY name;
STORE b into '$out';
grunt>exec -param out=myoutput myscript.pig
```

在下面的例子中，脚本在当前 Grunt shell 中执行：

```
grunt> a = LOAD 'student' AS (name, age, gpa);
grunt> cat myscript.pig
b = ORDER a BY name;
STORE b into '$out';
grunt>run -param out=myoutput myscript.pig
```

3.8　Pig Latin 的脚本

Hadoop 是一个丰富且发展迅速的生态系统，有着越来越多的新应用。通过**用户定义的函数**（UDF），Pig 设计是具有可扩展性，而不是试图跟上新功能的所有要求。UDF 可以用 **Java**、**Python** 或 **JavaScript** 来编写。开发者也在线发布和共享日益增多的 UDF 集合。有些作为存储一部分的 Pig UDF，是 LOAD/STORE 函数，日期时间函数，文本、数学和统计函数。

3.8.1　用户定义函数

Pig Latin 的关键特性之一是它的适用性可以通过 UDF 来扩展。Pig 编程语言已被设计来支持 UDF 了。

总体情况

用户可以查阅 PiggyBank，UDF 的在线 Pig 存储库，来分享他们所创建的函数。无论何时当用户必须寻找一个 UDF 的时候，都建议他或她必须首先检查其是否存在于 PiggyBank 中。如果找不到合适的函数，那么用户可以使用定义良好的应用程序接口（Application Programming Interfaces，API）集来轻松创建他或她自己的函数。建议用户将创建的 UDF 提交回 PiggyBank，以便 Pig 社区的其他用户也可以从中受益。

使用 UDF

标准的 UDF 是用 Java 编写并打包成 jar 格式的文件。为了创建一个可执行的 UDF，你将需要创建一个包含 UDF 类文件的 jar 文件。

为了在 Pig Latin 程序中使用 UDF，用户需要使用 REGISTER 语句注册 Pig 的 jar 文件。一旦 UDF 注册到 Pig 了，那么 UDF 可以通过调用其 Java 类名来调用。

例如，PiggyBank 有一个 UDF，假设是 UPPER 函数。该 UPPER 函数可以用于将一个字符串转换成大写字母，如下所示：

```
REGISTER piggybank/java/piggybank.jar;
b = FOREACH a GENERATE org.apache.pig.piggybank.evaluation.string.UPPER($0);
```

当执行某些程序时，需要多次调用 UDF。可以使用 DEFINE 语句来给需要被多次调用的 UDF 指派一个名字。使用 DEFINE 语句，可以避免每次需要使用该函数时都要写完全限定的类名。可以按下列方式重写上面的语句：

```
REGISTER piggybank/java/piggybank.jar;
DEFINE Upper org.apache.pig.piggybank.evaluation.string.UPPER();
b = FOREACH a GENERATE UPPER($0);
```

表 4-3-4 总结了 UDF 相关的语句。

表 4-3-4　Pig Latin 中的 UDF 语句

UDF 语句	描　述
DEFINE	DEFINE alias { function | 'command' [⋯] }; DEFINE 用以把一个别名指派给一个函数或命令
REGISTER	REGISTER alias; 注册一个 JAR 文件，以便可以使用文件中的 UDF 用 Pig 注册 UDF。目前，UDF 只用 Java 来编写，别名是 JAR 文件路径。所有的 UDF 都必须在使用之前被注册

编写 UDF

基本上，Pig 支持以下两大类 UDF。

- **eval**：大多数 UDF 是 eval 函数，接受一个字段作为输入并返回另一个字段作为输出。
- **load/store**：加载/存储函数只用在 LOAD 和 STORE 语句中，以帮助 Pig 读写特殊格式。

UDF 可以使用 Pig 的 Java API 来编写。eval UDF 可以通过扩展了抽象 EvalFunc<T>类的 Java 类来创建。

它只有一个抽象的方法待实现，如下所示：

```
abstract public T exec(Tuple input) throws IOException;
```

在这里，TupleObject 代表了一个元组。在前面命令中所述的方法会在关系中的每个元组里被调用。

exec() 方法处理元组并返回对应于一个有效 Pig Latin 类型的类型 T。

T 可以是表 4-3-5 中给出的 Java 类中的任何一种，其中有些是本地 Java 类，有些是 Pig 扩展。

表 4-3-5　Pig Latin 类型和它们的 Java 等价类

Pig Latin 类型	Java 类
Bytearray	DataByteArray String
Chararray Int	Integer
Long	Long Float
Float	Double Tuple
Double	DataBag
Tuple Bag	Map<Object, Object>
Map	

创建 UDF 的最好的方法是首先启用一个类似的 UDF。然后建议按需自定义 UDF。在处理逻辑时，可以进行修改。例如，考虑 PiggyBank 中的 UPPER UDF。exec() 方法如下：

```
public class UPPER extends EvalFunc<String>
{
    public String exec(Tuple input) throws IOException {
        if (input = null || input.size() = 0)
        return null;
```

```
        try {
            String str = (String) input.get(0); return str.toUpperCase();
        } catch(Exception e) {
            System.err.println('Failed to process input; error-'+ e.getMessage());
            return null;
        }
    }
}
```

在这里，对象 INPUT 属于元组类。INPUT 有两个用于检索内容的方法。这些方法如下所示：

```
List<Object> getAll();
Object get(int fieldNum) throws ExecException;
```

在 Pig 中，getAll() 方法返回一个有序列表，包括了元组中的所有字段。

get() 方法可以在 UPPER 函数中实现，以请求一个指定的字段，比如说，位于位置 10 的字段。如果请求的字段数大于元组中的字段数，该方法抛出一个 ExecException 异常。然后检索的字段被转换成 Java 字符串。在执行的结尾，UPPER 函数的 exec() 方法返回了大写字符的字符串。

UPPER 也覆盖了几个来自 EvalFunc 的方法，其中之一是 getArgToFuncMapping，如下所示：

```
Override
public List<FuncSpec> getArgToFuncMapping() throws FrontendException {
    List<FuncSpec> funcList = new ArrayList<FuncSpec>();
    funcList.add(new FuncSpec(this.getClass().getName(),
    new Schema(new Schema.FieldSchema(null, DataType.CHARARRAY))) );
    return funcList;
}
```

在 Pig 中，getArgToFuncMapping() 方法返回了 FuncSpec 对象的列表。该列表代表了输入元组中每个字段的模式。

转换一个元组中的所有字段，在将其传递到 exec() 函数进行执行之前使其符合该模式。不能被转换的字段按 null 进行传递。

UPPER 函数只关心第一个字段的类型，所以它只增加一个 FuncSpec 到列表。FuncSpec 指出字段必须是由数据类型 CHARARRAY 所代表的 chararray 类型的。由于 Pig 有复杂嵌套类型的能力，模式对象看起来是复杂的。

除了输入模式之外，还可以在 Pig 中指定输出模式。由于 Pig 使用 Java 反射机制来自动地推断模式，输出是在一个简单标量的情况下，就不需要指定输出模式了。然而，如果 UDF 返回一个元组或包，反射机制将无法完整地找出模式。因此，在这种情况下，强制性地要求指定输出模式。

UPPER 函数只输出一个简单的字符串。因此，它没有必要指定输出模式。它复写 output Schema()，并告诉 Pig 它返回一个字符串。

```
Override
public Schema outputSchema(Schema input) {
    return new Schema(new Scehma.FieldSchema(getSchemaName(this getClass().getName()to
    LowerCase(), input), DataType..CHARARRAY) );
}
```

如果 UDF 的输出模式与输入模式是相同的，输入模式的副本可以按下面的方式返回：

```
public Schema outputSchema(Schema input) {
    return new Schema(input);
}
```

类似于 FuncSpec，可以在在线库中找到一些已有的 UDF，**PiggyBank** 具有所需的输出模式。需要特别考虑的一些 UDF 如下所示。

- **过滤函数**：eval 函数，如过滤函数，返回一个布尔值。这种功能用在 Pig Latin 的 FILTER 和 SPLIT 语句中。Pig 支持过滤函数的隐式转换。
- **聚合函数**：eval 函数，如聚合函数，是这种功能的另一个例子。聚合函数在分组数据上得以实现。它们计算聚合的指标，如 COUNT。在 Hadoop 中，它们有时候也通过组合器得到了优化。

3.8.2 参数替代

Pig 的适用性可以通过将其嵌入宿主语言如（Java、Python 和 JavaScript）中得到扩展。Pig 最常见的一个限制是，它不支持控制流语句。通过将 Pig 嵌入到宿主语言中，Pig 可以克服如提供数据流技术这样的限制。它需要一个类似数据库嵌入的方法嵌入 API。为了将 Pig 嵌入到宿主语言中，语句需要被编译，绑定到参数，然后被执行。

要编写一个可重用的脚本，一般以脚本可以改变其每次运行的操作的方式进行参数化。例如，脚本可以要求用户提供每次执行输入输出的文件路径。

使用参数替换，Pig 允许用户在运行时指定这些信息。

参数是由脚本中的$前缀表示的。

以下脚本展示了用户从用户指定的日志文件中指定的元组数量：

```
log = LOAD '$input' AS (user, time, query);
lmt = LIMIT log$size;
DUMP lmt;
```

在前面的脚本中，$input 和$size 是参数。Pig 脚本使用-paramname=value 命令来执行，如下所示：

```
pig -param input=excite-small.log -param size=4 Myscript.pig
```

注意：Pig 不需要给每个参数提供$前缀。如果参数有多个单词，参数值可以用单引号或双引号括起来。特别是对于数据，使用 Unix 命令来生成参数值是一种有用的技术。

```
pig -param input=web-'data + %y-%m-%d'.log -param size=4 Myscript.pig
```

前面的命令根据脚本运行的日期，为 Myscript.pig 设置了输入文件。例如，如果脚本在 2014 年 7 月 16 日运行，则输入文件是 web-14-07-16.log。

当多个参数必须在一个脚本中指定时，最好把它们放在一个文件中。用户可以编写命令来指示 Pig 根据该文件使用参数替换来执行脚本。例如，名为 Myparams.txt 的文件可以按下列方式来创建：

```
# Comments in a parameter file start with hash input=excite-small.log
size=4.
```

带有-param_file 文件名参数的参数文件传递到 **pig** 命令中去。

```
pig -param_file Myparams.txt Myscript.pig
```

关于 Pig 中参数替代的更多信息如下。

- -param 命令可以用来输入多个参数文件的组合，并在命令行中混合带有直接参数规格的参数文件。
- 当一个参数被多次定义时，参数的最后一个定义需要执行时的优先级。
- 当执行该命令时，如果脚本使用的参数值具有模糊性，可以使用调试选项。调试选项告诉 Pig 运行该脚本并提供一个名为 original_script_name.substituted 的输出文件。此文件包含所有参数被替换了的原始脚本。
- 当 Pig 脚本使用-dryrun 选项执行时，提供同样的文件作为输出而不执行该脚本。

知识检测点 4

1. 你正在收集汽车制造公司的销售数据。你发现数据的模式是不同的，并且包含了任意数量的字段，每个字段都可以是任意类型的。在这种情况下，你会使用下列哪个 Pig 的数据模型来存储数据？
   a. 原子　　b. 元组　　c. 包　　d. Map
2. 当使用 Pig 访问数据时，你将使用下面哪种方法来返回一个有序的在元组中包含了所有字段的列表？
   a. getAll()　　b. get　　c. exec()
   d. getArgToFuncMapping()

3.9 Pig 中的关系型操作

可以通过过滤、分组、排序和连接，使用**关系型操作**在 Pig Latin 中转换数据。基本关系运算符如下。

3.9.1 FOREACH

在一个预定义表达式的基础上，FOREACH 运算符迭代每一条记录以执行转换。在所提供表达式的每个应用程序背后，FOREACH 运算符产生一个新的记录集。FOREACH 运算符的语法是：

```
alias = FOREACH {block | nested_block};
```

表 4-3-6 呈现了 FOREACH 运算符的一些常见术语。

表 4-3-6　FOREACH 运算符中常见的术语

术　语	描　述
alias	描述关系的名称
expression	描述 FOREACH 运算符中的表达式
block	描述内部包的名称
nested_exp	描述一些任意的，受支持的 FOREACH 运算符中的表达式

下面的脚本说明了 FOREACH 运算符的例子。

```
employee = load '/home/titan/hadoop/pig/pig-0.12.0/data' using
PigStorage('');
result = foreach employee generate *;
dump result;
(raj,2,1.1)
(manam,3,4.3)
(bindhu,3,1.1F)
(pavan,6,3.1)
```

该例子使用了关联**雇员**和**结果**。两者的关系是相同的。例子使用了特殊符号星号（*）来投影关联了关联雇员和关联结果的所有字段。

在这个例子中，FOREACH 运算符投影了从关联雇员到关联结果的两个字段，如下所示：

```
employee = load '/home/titan/hadoop/pig/pig-0.12.0/data' using
PigStorage('');
result = foreach employee generate name,id;
dump result;
(raj,2)
(vina,6)
(raju,7)
(jay,9)
```

3.9.2 FILTER

FILTER 语句包含了一个谓词，有助于你选择需要保留在管道中的记录。定义在 FILTER 语句中的谓词对于该记录为真，它可以成功地传递管道。该过滤器语句的语法是：

```
alias = FILTER alias BY expression;
```

表 4-3-7 提供了 FILTER 运算符的一些常见术语。

表 4-3-7 FILTER 术语

术　语	描　述
alias	描述关系的名称
BY	描述一个所需的关键词
expression	描述一个布尔表达式

下面的脚本说明了 FILTER 语句的示例：

```
a = load '/home/titan/hadoop/pig/pig-0.12.0/students' AS
(a1:int,a2:int,a3:int);
dump a;
(1,2,2)
(4,2,1)
(6,1,3)
(6,3,2)
Z = filter a by a3 == 2;
dump Z;
(1,2,2)
(6,3,2)
B = FILTER a BY (a1 == 6) OR (NOT (a2+a3 > a1));
DUMP X;
```

```
(4,2,1)
(6,1,3)
(6,3,2)
```

知识检测点 5

使用 Pig 脚本，编写代码将一个文本文件加载到一个变量中，然后将另一个文本文件加载到另一个变量中。然后通过它们的第一个字段“连接”两个变量，并显示结果。

3.9.3　GROUP

Pig Latin 为分组和聚合函数提供了不同的操作。Pig Latin 中的 GROUP 语句有类似 SQL 的语法，但是与 SQL GROUP BY 语句相比，在功能上是有差异的。在 Pig Latin 中，GROUP 语句被用来分组数据成一个或多个关系。SQL 中的 GROUP BY 子句创建了一个组，该组必须被直接反馈到一个或多个聚合函数中。星号表达式不能被包含在 Pig Latin 的 GROUP BY 列中。该 GROUP 语句的语法是：

```
alias = GROUP alias { ALL | BY expression} [, alias ALL | BY
expression…] [USING 'collected' | 'merge'] [PARTITION BY partitioner]
[PARALLEL n];
```

附加知识

GROUP 和 COGROUP 运算符是相同的。两个运算符与一个或多个关系协同工作。为了具有可读性，GROUP 运算符被应用于涉及一个关系的语句中，COGROUP 运算符被应用于涉及两个或多个关系的语句中。可以在 COGROUP 中一次使用不超过 127 个关系。

表 4-3-8 描述了 GROUP 操作中一些常见的术语。

表 4-3-8　GROUP 运算符的常见术语

术　语	描　述
alias	描述关系的名称
ALL	当跨整个关系执行聚合时，指定用于将所有元组输入成一个单一组的关键词 语法： B = GROUP A ALL;
BY	表示一个关键词，用来按字段、元组或表达式将关系分组 语法： B = GROUP A BY f1;
PARTITION BY Partitioner（按分区器分区）	描述 Hadoop 分区器，控制中间 map 输出键的分区

例　子

可以按字段 name、age 和 gpa 分组关系 A，以形成关系 B。可以使用 DESCRIBE 和 ILLUSTRATE 运算符检查关系的结构：

```
A = load '/user/pig/tests/data/singlefile/studenttab10k' using
PigStorage('\t') as (name, age, gpa);
describe A;
A: {name: chararray, age: int, gpa: float}
dump A;
(Joy,21,3.09)
(Mayuri,23,9.8F)
(raj,20,7.90)
grunt> A = load '/user/pig/tests/data/singlefile/studenttab10k' using
PigStorage('\t') as (name, age, gpa);
grunt> B = group A by name;
grunt> C = foreach B generate group, COUNT(A.$1);
grunt> illustrate C;
----------------------------------------
| A | name | age | gpa |
----------------------------------------
| | xavi ... bec | 58 | 2.99 |
| | xavi ... bec | 23 | 0.59 |
----------------------------------------
--------------------------------------------------------------------------------------
----------
| B | group | A: (name, age, gpa ) |
--------------------------------------------------------------------------------------
----------
| | xavi ... bec | {(xavi ... bec, 58, 2.99), (xavi ... bec, 23,
0.59)} |
--------------------------------------------------------------------------------------
----------
---------------------------------
| C | group | count1 |

| | xavi ... bec | 2 |
---------------------------------
```

在 FOREACH 语句中可以看到，可以通过名称 group 和 A 或通过一个位置记号引用关系中的字段。

```
grunt>A = load 'mydata' using PigStorage()
as (a, b, c);
grunt>B = group A by a;
grunt>C = foreach B {
    D = distinct A,b;
    generate flatten(group), COUNT(D);
}
X = foreach B generate $0, $1.name;
dump X;
(21,{(raj),(Joy)})
(23,{(Mayuri)})
```

3.9.4 ORDER BY

在 Pig Latin 中，ORDER 语句被用来根据一个或多个字段排序关系。当位于**所有分区**中的数据被存储时，实现了一个全序的状态。全序表明对于所有 n，有 n-1 个记录呈现在所有的记录分区中。ORDER 语句的语法是：

```
alias = ORDER alias BY { * [ASC|DESC] | field_alias [ASC | DESC] [,
field_alias [ASC|DESC]…] } [PARALLEL n];
```

表 4-3-9 描述了 ORDER 操作中的一些常见术语。

表 4-3-9　ORDER 运算符的常见术语

术　语	描　述
alias	描述关系的名称
*	描述元组指示器
field_alias	描述关系中的字段
ASC	按升序排序数据
DESC	按降序排序数据

Pig 支持简单类型上字段的排序或通过元组指示符（*）进行。你不能通过在复杂类型字段上进行排序或通过表达式进行。下面的命令展示了 Pig 排序时的后续的语法：

```
loading = LOAD 'mydata' AS (x: int, y: map[]);
ord = ORDER loading BY x; -- this is allowed because x is a simple type
ord = ORDER loading BY y; -- this is not allowed because y is a complex
type
ord = ORDER loading BY y#'id'; -- this is not allowed because y#'id' is
an expression
```

下面的脚本描述了 Pig 中的某些按表达式进行排序的例子：

```
data = load '/home/titan/hadoop/pig/pig-0.12.0/students' AS
(a1:int,a2:int,a3:int);
dump data;
(1,2,4)
(2,4,1)
(4,2,5)
(3,5,7)
cal = ORDER data BY $0;
C = LIMIT cal 3;
DUMP C;
(3,5,7)
(4,2,5)
(1,2,4)
(2,4,1)
```

技术材料

ORDER BY 是不稳定的。如果多个记录有相同的 ORDER BY 键，所返回的这些记录中的顺序是未定义的，不保证与下一次运行的结果是相同的。

3.9.5　DISTINCT

在 Pig Latin 中，DISTINCT 语句操作于整个记录上而不是操作于单独字段。使用 DISTINCT

语句从记录中删除重复的字段。DISTINCT 语句的语法如下：

```
alias = DISTINCT alias [PARTITION BY partitioner] [PARALLEL n];
```

表 4-3-10 呈现了 DISTINCT 运算符的一些常见术语。

表 4-3-10　DISTINCT 运算符的常见术语

术　语	描　述
alias	描述关系的名称
PARTITION BY partitioner	描述 Hadoop 分区器，控制中间 map 输出键的分区

下面的脚本描述了 Pig 中 distinct 语句的一些例子：

```
stud = load '/home/titan/hadoop/pig/pig-0.12.0/students' AS
(a1:chararray,a2:int,a3:int);
DUMP stud;
(raju,2,4)
(raju,2,4)
(vinay,3,2)
(vinni,3,6)
(vinni,3,6)
```

在该例子中，移除了所有重复的元组：

```
rest = DISTINCT stud;
DUMP rest;
raju,2,4)
(vinni,3,6)
```

3.9.6　JOIN

在 Pig Latin 中，可以使用 JOIN 运算符将一个文件连接到另一个文件中。JOIN 运算符从示范每个输入的键开始。如果键是相同的，则有两行的连接。如果两个输入的几条记录不匹配，你就可以删除这条记录。

可以在 Pig 中执行的连接的各种类型是：

- 内部连接；
- 等值连接；
- 根据常见字段值，连接两个或多个关系。

JOIN 运算符的语法是：

```
alias = JOIN alias BY {expression|'('expression [, expression…]')'}
(, alias BY {expression|'('expression [, expression…]')'}…) [USING
'replicated' | 'skewed' | 'merge' | 'merge-sparse']
```

表 4-3-11 定义了 JOIN 运算符的一些常见术语。

表 4-3-11　JOIN 运算符的常见术语

术　语	描　述
alias	描述关系的名称
BY	指定关键词
expression	指代一个字段表达式 例子：X = JOIN A BY fieldA, B BY fieldB, C BY fieldC;

续表

术　语	描　述
USING	指代一个关键词
'rcplicatcd'	是否被用做执行复制连按
'skewed'	是否被用做执行倾斜连接
'merge'	是否被用做执行合并连接
'merge-sparse'	是否被用作执行稀疏合并连接

自连接

为了执行自连接，需要在 Pig 中使用不同的别名加载相同的数据。你不得不做这些以避免命名冲突。

下面的示例说明了如何使用别名 A 和 B 加载两次相同的数据：

```
grunt> data = load 'mydata';
grunt> data1 = load 'mydata';
grunt> result = join data by $0, data1 by $0;
grunt> explain result;
```

外连接

要执行 Pig 中的外连接，利用 null 值字段填充缺失的字段，包含了无法与另一边的记录相匹配的记录。外连接有 3 种类型，解释如下。

- **左外连接**包含了来自左侧的记录，甚至它们没有相匹配的右侧记录。
- **右外连接**包含了来自右侧的记录，甚至它们没有相匹配的左侧记录。
- **全外连接**表示，采用了来自两边的记录，即使它们没有相匹配。

下面的命令描述了一个 Pig 左连接程序的样例：

```
--leftjoin.pig
daily = load 'NYSE_daily' as (exchange, symbol, date, open, high, low,
close, volume, adj_close);
divs = load 'NYSE_dividends' as (exchange, symbol, date, dividends);
jnd = join daily by (symbol, date) left outer, divs by (symbol, date);
```

快速提示　outer 是一个可以被省略的干扰词。不像其他一些 SQL 实现，full 不是一个干扰词。C = join A by x outer, B by u;会产生一个语法错误，而不是生成一个全外连接。

3.9.7　LIMIT

在 Pig 中，LIMIT 运算符使用户可以限制结果的数量。LIMIT 运算符的语法是：

```
alias = LIMIT alias n;
```

快速提示　LIMIT 运算符使 Pig 可以避免在关系中处理所有的元组。在大多数情况下，使用了 LIMIT 运算符的查询比不使用该运算符的查询运行地更有效率。

表 4-3-12 定义了 LIMIT 运算符中的一些常见术语。

表 4-3-12 LIMIT 运算符中的常见术语

术　语	描　述
alias	描述关系的名称
n	描述输出元组的数量，它可以是常量（如 10）或用在表达式中的标量（如 h.add/10）

下面的例子给出了 3 个元组的输出：

```
a = load '/home/titan/hadoop/pig/pig-0.12.0/students' AS
(a1:int,a2:int,a3:int);
DUMP a;
(2,2,3)
(3,2,4)
(7,3,5)
(3,2,3)
Z = LIMIT a 3;
DUMP Z;
(2,2,3)
(3,2,3)
```

3.9.8 SAMPLE

在 Pig 中，SAMPLE 运算符通过说明样本大小，可以用来选择一个随机数据样本。SAMPLE 运算符表示了返回行的占比，以 double 型数值表示。例如，如果运算符返回 0.2，则表示 20%。SAMPLE 运算符是一个概率运算符，这意味着不能保证对于运算符每次使用的特定大小的样本，能返回完全相同数量的元组。SAMPLE 运算符的语法如下。

SAMPLE 别名大小

表 4-3-13 给出了 SAMPLE 运算符中的一些常见术语。

表 4-3-13 SAMPLE 运算符的常用术语

术　语	描　述
alias	描述关系的名称
n	描述样本的大小，它可以是从 0 到 1 的常量（如输入 0.2 指代 20%）或用在表达式中的标量

在下面的例子中，关系 X 包含关系 A 中 1%的数据：

```
sum= LOAD 'data' AS (f1:int,f2:int,f3:int);
X = SAMPLE sum 0.01;
```

知识检测点 6

在 Pig 中，你会使用下面哪种连接来从左侧中获取数据，即使它们与右侧数据不匹配？

a. 左外连接　　b. 右外连接　　c. 全外连接　　d. 基本连接

练习

基于图的问题

1. 执行计划：

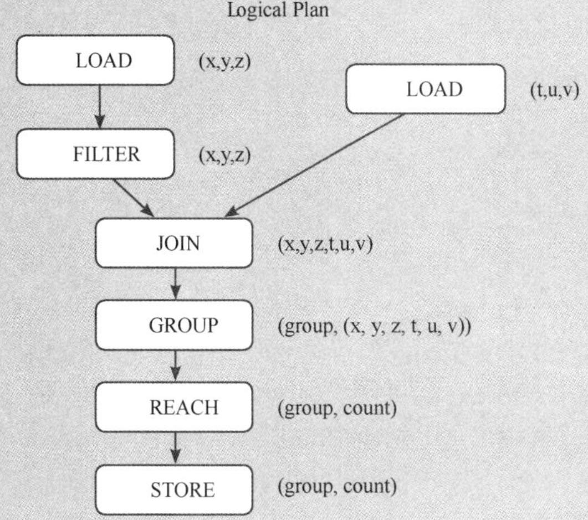

a. 为给定的流程图编写 Pig Latin 代码。

b. 为相同的流程图编写 SQL 查询，并指出 Pig Latin 和 SQL 之间的差异。

2.

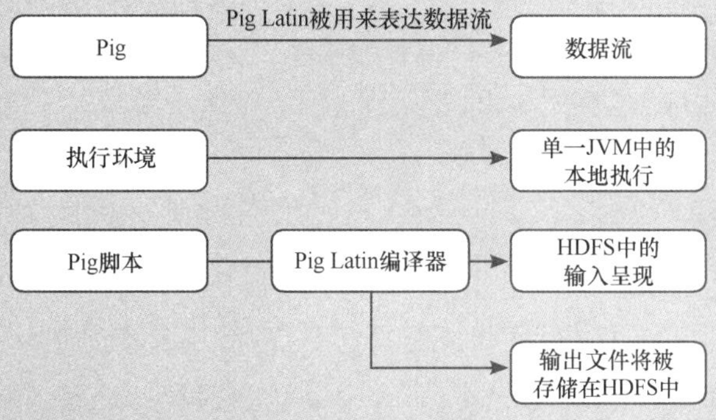

a. 解释这些步骤，去展示 Pig 是如何被安装在多节点 Hadoop 集群上的。

b. Pig 脚本是什么？解释在 HDFS 中存储文件的机制。存储文件涉及了哪些底层机制？

多项选择题

选择正确的答案。在下面给出的“标注你的答案”里将正确答案涂黑。

1. 一家开发公司已经设计了队列数据使用的一些 Pig 脚本，但是脚本运行了非常耗时的函数（用户定义函数）。在诊断的时候，发现 mapper 配置较低。下列哪个子句允许它们增加 mapper 的数量？

   a．Parallel　　b．Set mapper size

   c．Input split size　　d．Mapper 大小不能在 Pig 中被增加

2. 测绘部门想要找到两个城市的人口。它已收集到了数据集和与两个城市相关的传感器数据。其方法的标准是为两个城市使用一个 map 来计算人口。为了该目的将使用下列哪种方式？

   a．MapReduce　　b．Pig

   c．Sqoop　　d．以上均不是

3. Pig Latin 属性从下面所给出的选项中，支持下列哪一种优先级顺序？

   a．D Pig property > -P properties file < set command

   b．-D Pig property < -P properties file < set command

   c．-D Pig property > -P properties file < set command

   d．-D Pig property > -P properties file > set command

4. TOKENIZE 被用作：

   a．连接字符串　　b．连接字符串到一个单词包中

   c．i 和 ii 均是　　d．将字符串拆分成单词包

5. 当与 Pig 一起工作时，有一些类型的不匹配，Pig 不显示任何不匹配的警告。这是什么原因呢？

   a．Pig 不显示任何告警，但是细节位于日志文件中

   b．Pig 对于任何发现的不匹配假定了一个 null 值

   c．Pig 工作不正常，否则，会显示告警信息

   d．以上均不是

6. Filter 函数是返回了什么的 eval 函数？

   a．Int 值　　b．String 值

   c．Boolean 值　　d．Null 值

7. 在本地模式下，运行 Pig 的命令是什么？

   a．bin/pig －x local　　b．bin/local

   c．./ local　　d．bin/pig - local

8. 上述片段的输出是：

```
a = LOAD 'students' AS (a1:int, a2:int, a3:int);
DUMP a;
(4,2,4)
(4,2,1)
(1,1,4)
(6,3,2)
Z = FILTER a by a1 == 6;
DUMP Z;
```

a．(1, 2, 2)　　b．(6, 3, 2)

c．(6, 1, 2)　　d．(4, 2, 4)

9. 该代码执行了什么行为？

```
a = LOAD 'foo' USING pigstorage( '\t' );
B = FILTER A by ARITY ( * ) < 5;
```

a．该代码保留少于 5 列的记录

b．该代码删除少于 5 列的记录

c．该代码保留少于 5 行的记录

d．该代码删除少于 5 行的记录

10. 研究下面的代码：

```
Grunt> x = LOAD 'examfile.txt' AS (a, b,);
Grunt> DUMP x;
(2, 3, 5)
```

下面命令的输出是？

```
y = GROUP x BY ( a+b );
```

a．(5 , 5 , 5)　　b．(5 , 3 , 5)

c．(5 , {(2 , 3 , 5)})　　d．(5.0, {(2 , 3 , 5)})

标注你的答案（把正确答案涂黑）

1. ⓐ ⓑ ⓒ ⓓ
2. ⓐ ⓑ ⓒ ⓓ
3. ⓐ ⓑ ⓒ ⓓ
4. ⓐ ⓑ ⓒ ⓓ
5. ⓐ ⓑ ⓒ ⓓ
6. ⓐ ⓑ ⓒ ⓓ
7. ⓐ ⓑ ⓒ ⓓ
8. ⓐ ⓑ ⓒ ⓓ
9. ⓐ ⓑ ⓒ ⓓ
10. ⓐ ⓑ ⓒ ⓓ

测试你的能力

1. 一家大数据公司要基于他们的薪水查找雇员的数量。它想要确定有多少雇员是拿固定工资的。为其查询编写 Pig Latin 脚本和 MapReduce 代码。

2. 编写 Pig 脚本来创建下面的表：

```
EMPLOYEE - Emp name , Ssn , Bdate , Address , Sex , Salary , Dno
DEPARTMENT- Dname , Dnumber , Mgr_ssn
DEPARTMENT LOCATIONS - Dnumber , Dlocations
PROJECT - Pname , Pnumber , Plocation , Dnum
WORKS-ON - Essn . Pno, Hours
```

3. 编写 Pig 脚本检索部门 5 中，每周在 ProductX 项目上工作超过 10 小时的所有雇员的名字。编写 Pig Latin 和 SQL 的代码。何时 SQL 对于 Pig Latin 有优势？

备忘单

- 传统的 Hadoop 编程方法包括了 MapReduce 模型。它由以下几个阶段组成：
    - 阶段 1/Map 阶段；
    - 阶段 2/Reduce 阶段。
- Hadoop 执行问题的解决方案是 Pig，它是一个脚本语言，可以自动化 MapReduce 应用程序的设计和执行。
- Pig 的语言层包含了一个叫作 Pig Latin 的文字语言。Pig Latin 是一种数据流语言。
- Pig Latin 脚本描述了一个有向无环图（Directed Acyclic Graph，DAG），其中的边是数据流，节点是处理数据的运算符。
- Pig 的元素是：
    - Pig Latin，它的语言；
    - Grunt，它的 shell；
    - PiggyBank，它的类似于综合性的 Perl 归档网络（CPAN）共享存储库。
- Pig Latin 提供了下面的关键优势：
    - 易于编程；
    - 优化机会；
    - 可扩展性。
- Pig Latin 用例一般归结为如下 3 类：
    - 传统的提取转换加载（ETL）的数据管道；
    - 原始数据研究；
    - 迭代处理。
- Pig Latin 与 SQL 在下面几个方面是不同的：
    - 输出设计；
    - 多数据操作；
    - 环境。
- Pig Latin 使用临时表，因为它更具有可读性。
- SQL 专为关系型数据库管理系统（RDBMS）环境设计。
- Pig 运行在你启动 Hadoop 作业的机器上。
- Pig Latin 语句和 Pig 命令可以使用不同的模式来执行：
    - MapReduce 模式；
    - 本地模式；
    - 交互模式；
    - 批处理模式。
- 可以开发 Pig 脚本，在单一文件中存储 Pig Latin 语句和 Pig 命令。
- Grunt 提供了控制 Pig 和 MapReduce 的命令。
- Pig 用 Java 编写。它支持 Java 属性并使用 Java 注解。
- 关系是元组的包。它与关系型数据库中的表类似。
- Pig Latin 语句，由以下内容组成：
    - 数据类型和模式；
    - 表达式和函数；
    - UDF；
    - 参数替代。

第 4 讲

Oozie 对数据处理进行自动化

模块目标

学完本模块的内容，读者将能够：

- 用 Oozie 分析工作流的设计和管理

本讲目标

学完本讲的内容，读者将能够：

- 讨论 Oozie 的基础、工作流和组件
- 实现 Oozie 工作流
- 讨论 Oozie 协调器
- 实现 Oozie 套件
- 描述 Oozie 整体执行模型
- 理解如何访问 Oozie 服务器
- 理解 Oozie 对于服务水平协议的支持

"用代码来衡量编程的进度，就像是用重量来测量飞机的建造进展。"

——比尔·盖茨

正如你可能知道的那样，MapReduce 作业由 Hadoop 生态系统的主要执行引擎所构成。多年来，解决方案架构师将 Hadoop 用于复杂的项目，即大数据项目。这些建筑师学会了利用 MapReduce 作业而无须统筹高层框架，并且由于下列原因，执行控制可能会导致复杂性和潜在的陷阱。

- 许多数据处理算法需要多个 MapReduce 作业的顺序执行。对于简单的任务，执行的顺序可能会被提前知晓。然而许多时候，一个序列依赖于单个或多个作业执行的中间结果。不使用高层框架控制顺序执行，管理这些任务变得相当困难。
- 它往往有利于执行一组基于时间、具体事件和特定资源（如 Hadoop 分布式文件系统（HDFS）文件）的 MapReduce 作业。单独使用 MapReduce 通常需要手动执行作业，你有的任务越多，它就变得更加复杂。

作为一个大数据开发者，你可以利用 **Apache Oozie 工作流**引擎，缓解这些潜在的困难。本讲着重于 Oozie 及其主要组件。在本讲中，你将了解用于每个组件的编程语言以及组件协同工作以自动化和管理 Hadoop 作业的方式。你也将学习如何建立和参数化 Oozie 应用程序，也称作**工件**。最后，你将学习利用 Oozie 支持进行 SLA 跟踪的方式。本讲中的信息是下一讲中涵盖的 Oozie 端到端例子的基础。

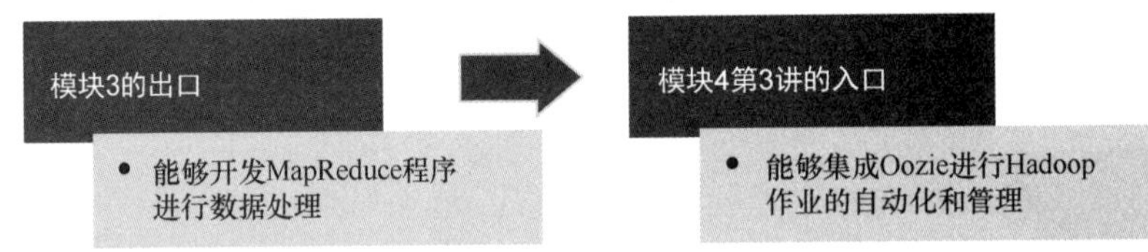

4.1 开始了解 Oozie

Oozie 是一个工作流/协作系统，用于管理 Apache Hadoop 作业。

Oozie 的 4 个主要功能组件如下。

- **Oozie 工作流**：该组件提供了对定义和执行一系列受控 MapReduce、Hive 和 Pig 作业的支持。
- **Oozie 协调器**：基于存在的事件和系统资源，该组件提供了对工作流自动化执行的支持。
- **Oozie 套件**：该引擎使你可以定义和执行一组应用，提供了批处理一组可被一同管理的协调器应用程序的方式。
- **Oozie 服务水平协议**（Service Level Agreement，SLA）：该组件提供了对跟踪工作流应用程序执行的支持。

在本讲中稍后将学习这些功能组件。

图 4-4-1 展示了 Oozie4 个组件的图形表示。

如图 4-4-1 所示，Oozie 的主要组件之一是 Oozie 服务器——Oozie 服务器是一个运行在 Java servlet 容器中的 Web 应用程序。标准 Oozie 发行版使用 **Tomcat**。

Oozie 服务器支持工作流、协调器、套件和 SQL 定义的读取和执行。它实现了一组远程 Web 服务应用编程接口（API），可以从 Oozie 客户端组件和第三方应用程序调用它。

服务器的执行利用了一个包含了工作流、协调器、套件和 SLA 定义，以及执行状态和处理变量的自定义数据库。目前受支持的数据库列表包括 **MySQL**、**Oracle** 和 **Apache Derby**。

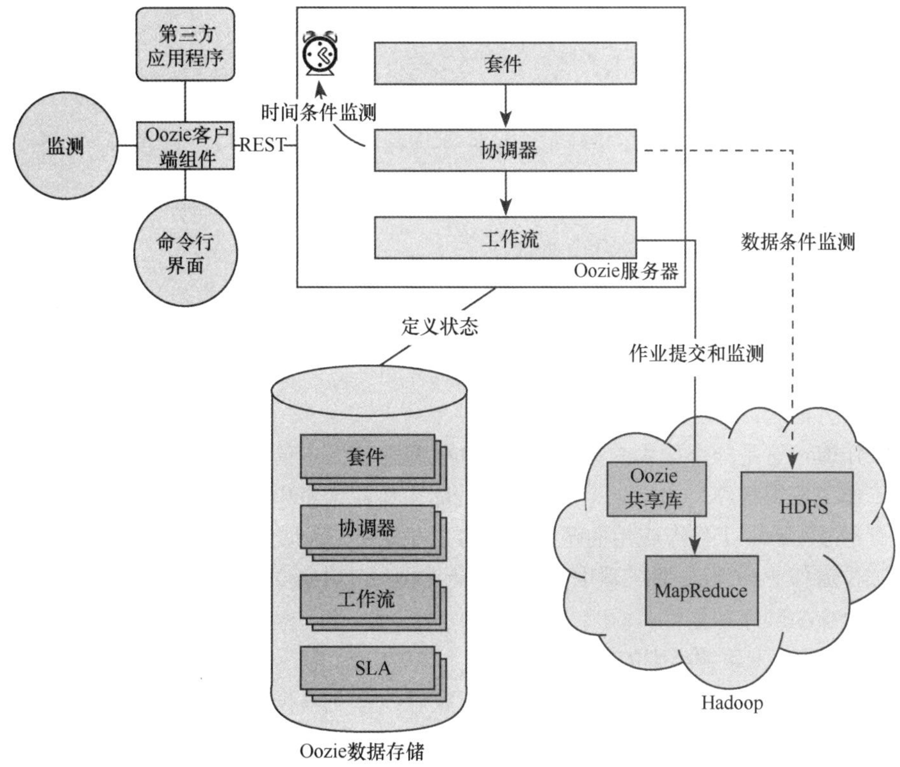

图 4-4-1　主要的 Oozie 组件

Oozie 共享库组件位于 Oozie HOME 目录，包含了 Oozie 执行所用到的代码。

最后，Oozie 提供了一个命令行界面（Command Line Interface，CLI），它是基于客户端组件的、一个精简的 Java 的 Oozie Web 服务 API 的封装（小型的附加 Java 容器，通过命令行提供了对 Web 服务 API 的访问）。这些 API 也可以被有足够权限的第三方应用程序所使用。

知识检测点 1

讨论如果不存在或不使用 Oozie 会导致的一些问题。

4.2　Oozie 工作流

Oozie 工作流支持行为的有向无环图（Directed Acyclic Graph，DAG）的设计和执行。

预备知识　参阅本讲的预备知识，了解工作流和工作流管理系统。

附加知识 有向无环图

在数学和计算机科学中，一个**有向无环图**（DAG）是一个有向无循环的图。一个 DAG 由一系列由有向边连接而成的节点所形成。一个 DAG 的主要特点是它不包含环。换句话说，没有节点 N 或边的后续能绕回 N。

在数学和计算机科学中，DAG 被广泛用于不同结构类型的建模。例如，必须顺序执行的任务集合，受到了特定任务必须早于其他任务执行的规则的限制，可以表示为一个 DAG，节点代表每个任务，有向边代表每个约束。

Oozie 工作流定义基于下面的几个概念。

- **行为**：这是一个单独工作流任务或步骤的规范。一个行为可以代表代码的执行、MapReduce 的作业或 Hive 的脚本。
- **过渡**：这是一个给定行为完成时可以被执行的任务的规范。过渡是描述行为之间依赖关系的方法。
- **工作流**：这是一个行为的集合和安排在依赖序列图中的过渡。
- **工作流应用程序**：这是一个定义在 Oozie 工作流语言中的 Oozie 工作流。Oozie 服务器解释了 Oozie 工作流应用的定义，并将其存储在 Oozie 数据库中。
- **工作流作业**：Oozie 服务器中的流程运行 Oozie 工作流的定义。Oozie 工作流作业控制行为提交的顺序和条件。

Oozie 还支持以下**两种类型的行为**。

- **同步**：该行为是在 Oozie 服务器本身的执行线程中被执行。
- **异步**：该行为在 Hadoop 集群上，以 MapReduce（或 Hive/Pig/Sqoop）作业的形式被执行。Oozie 服务器初始化异步行为，然后等待其完成。

Oozie 工作流中的下列**两种条件**控制过渡。

- **结构条件**：这些都是静态地定义在工作流 DAG 中的
  - 转换状态；
  - 叉连接结构。
- **运行期执行条件**：这些可以使用先前行为的过程变量形式的执行结果，提供各种条件和每个条件下的一个指令块——特定的指令块根据条件和成功/失败的路径获得执行。

Oozie 使用 **Hadoop 过程定义语言**（Hadoop Process Definition Language，hPDL）描述了工作流，hPDL 是 XML 的一个变种，灵感来自 **JBoss 业务流程建模语言**（JBoss Business Process Modeling Language，jBPML）。

图 4-4-2 所示的模式元素代表了受 hPDL 支持的行为。

hPDL 是一种简化的语言，使用数量有限的流控制和行为节点。

Oozie 工作流节点可以是**流控制节点**或是**行为节点**。

流控制节点提供了控制工作流执行路径的方式。

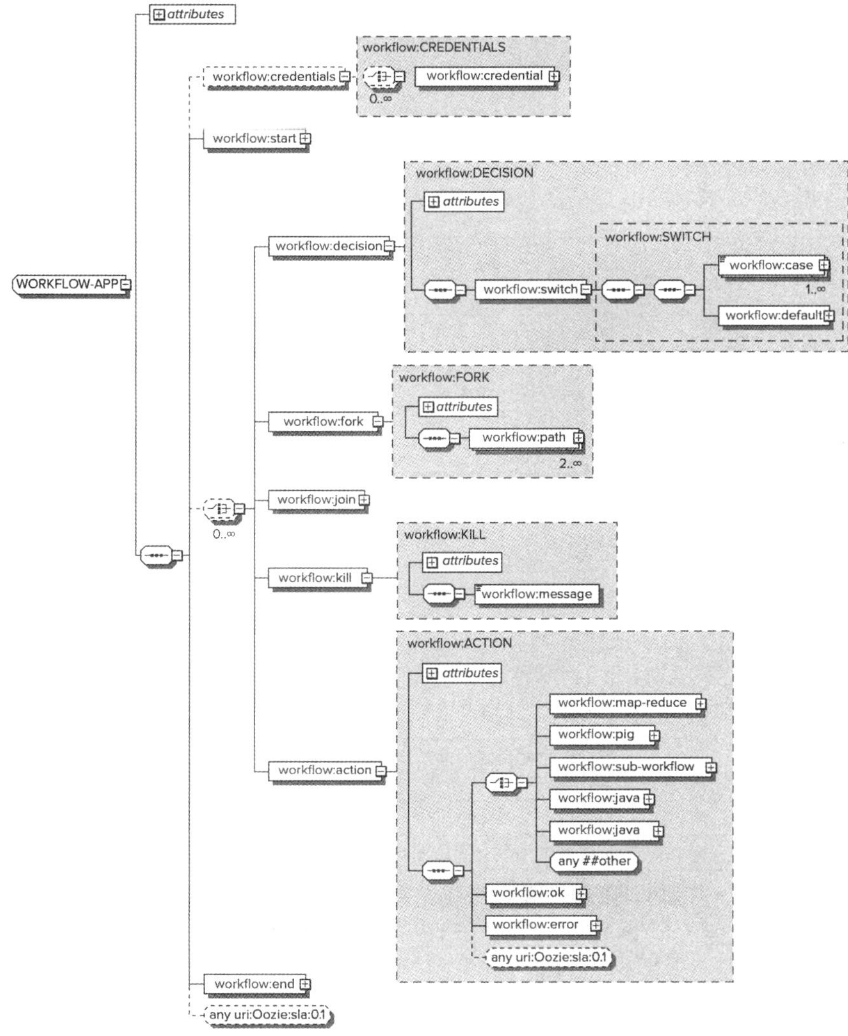

图 4-4-2　hPDL 模式

表 4-4-1 展示了流控制节点的总结。

表 4-4-1　流控制节点

流控制节点	XML 元素类型	描　　述
Start 节点	Start	这指定了 Oozie 工作流的起点
End 节点	End	这指定了 Oozie 工作流的终点
Decision 节点	Decision	这表示了 switch-case 逻辑
Fork 节点	Fork	这将执行拆分成多个并发路径
Join 节点	Join	指定了工作流需等待至前叉节点的每个并发执行路径都到达连接节点
Sub-workflow 节点	Sub-workflow	调用子工作流
Kill 节点	Kill	这强制 Oozie 服务器终止当前的工作流作业

快速提示　虽然 Oozie 工作流规范将子工作流定义成一个行为，但是子工作流在功能上扮演了特殊类型流控制节点的角色。

行为节点为工作流提供了一种初始化计算/处理任务执行的方式。

表 4-4-2 展示了 Oozie 提供的行为节点。

表 4-4-2　行为节点

行为节点	XML 元素类型	描　述	类型
java 行为	java	从指定的 Java 类中调用 main() 方法	异步
pig 行为	pig	运行 Pig 作业	异步
mapReduce 行为	map-Reduce	运行 Hadoop MapReduce 作业（这可能是一个 Java MapReduce 作业，是一个流式作业，或是一个管道作业）	异步
shell 行为	fs	允许你在 HDFS 中定义 delete、mkdir、move 和 chmod 命令的执行顺序	同步

Oozie 额外支持扩展机制，允许用户创建自定义的、能当工作流语言的新元素来使用的行为。表 4-4-3 展示了目前可用的扩展行为。

表 4-4-3　可用的扩展行为

行为节点	XML 元素类型	描　述	类型
hive 行为	hive	运行 Hive 作业	异步
email 行为	email	发送电子邮件	同步
ssh 行为	ssh	调用指定的位于 Oozie 服务器节点上（不是在 HDFS 上）的 shell 脚本中的行为	同步
sqoop 行为	sqoop	运行一个 Sqoop 作业（如 MapReduce 作业）	异步
distcp 行为	distcp	运行一个分布式的复制作业（如 MapReduce 作业）	异步

技术材料

Apache Sqoop 是支持关系型数据库和 Hadoop 存储之间的高效数据传输的 Hadoop 工具。可以使用 Sqoop 做来自外部数据库到 HDFS 和/或 HBase 的批量数据导入。Sqoop 也可以用来从 Hadoop 提取数据，并将其导出到外部数据库。

如前所述，Oozie 支持两种类型的行为：**同步**或**异步**。如表 4-4-2 和表 4-4-3 所示，fs、shell、ssh 和 email 作为同步行为来实现，而其余的是通过异步来实现的。下一节将详细研究 Oozie 执行异步行为的方式。

4.2.1　在 Oozie 工作流中执行异步活动

所有的异步行为在 Hadoop 集群以 Hadoop MapReduce 作业的形式得以执行。它允许 Oozie 利用 MapReduce 实现的可扩展性、高可用性和容错性的好处。

如果你使用 Hadoop 执行由工作流行为所触发的计算/处理任务，那么在过渡到工作流中的下列节点之前，工作流作业必须等待，直到计算/处理任务完成。

Oozie 可以使用下面两个机制检测到计算/处理任务的完成。

- **回调**：当开始计算或处理任务时，Oozie 给它分配一个独一无二的回调 URL，任务应该调用它把完成消息通知给 Oozie。
- **轮询**：在以任何理由，任务调用回调失败的情况下，如一个短暂的网络故障，Oozie 有一种机制来轮询计算/处理任务以完成该任务。

资源密集型计算执行的具体化允许 Oozie 节省它的服务器资源，确保 Oozie 服务器的单一实例可以支持数千个作业。

利用行为/执行模式，Oozie 作业被提交给 Hadoop 集群。这是一种将必须执行的作业从实际执行过程中分离出来的机制。

附加知识　行为/执行模式

行为/执行模式将必须做的事情（在这种情况下是行为或作业提交）与如何做事情（在这种情况下是执行或作业执行）区分开来。这种模式的典型例子是 Java 并发 API（`java.util.concurrent` 包）。

Oozie 体系结构将行为/执行模式应用于与 Oozie 应用（包括工作流应用）一同指定的 MapReduce 作业的提交和执行。Oozie 服务器组件负责作业依赖的分析，执行的前提条件以及提交异步作业到 Hadoop 集群上。集群本身控制作业的执行、故障转移和恢复。如果 Hadoop 集群上的作业执行失败了，返回给 Oozie 服务器的两条信息包括：

- 成功或失败的指标，通常是一个布尔值；
- 用户可读的错误字符串，作为输出字符串参数。

4.2.2　实现 Oozie 工作流

每个 Oozie 异步行为都是用了一个恰当的行为/执行对。Oozie 执行框架位于 Oozie 架构的核心。本节的例子使用了 Oozie `java` 行为的执行，以检查执行框架的体系结构，我们以代码清单 4-4-1 所示的 `Hello World` 工作流的例子作为开始。

代码清单 4-4-1　Hello World 工作流

```
<workflow-app name="hello-world-wf" xmlns="uri:oozie:workflow:0.3"
xmlns:sla="uri:oozie:sla:0.1">
<start to="cluster"/>
<action name="cluster">
<java>
<prepare> [PREPARE SECTION] </prepare>
<main-class>HelloWorld</main-classarg>[PROGRAM ARGUMENT]</arg>
<!—Providing details about the main class and the arguments to the
program - ->
<archive>[ARCHIVE SECTION]</archive>
<file>[FILE SECTION]</file>
</java>
<ok to="end "/>
<error to="kill "/>
</action>
```

```
2  <kill name="fail">
   <message>
   hello-world-wf failed
   <!—Error message on failure - ->
   </message>
   </kill>
   <end name="end"/>
   </workflow-app>
```

代码清单 4-4-1 的解释

1	以 java 行为开始执行
2	kill 段落由此开始

快速提示 虽然 Oozie 执行框架的体系结构是非常稳定的，但是代码、类和方法名称在版本之间也是有变化的。此处呈现的描述根据来自 Apache 发行版的 Oozie 版本 3.20。此外，注意在模块 3 中所呈现的不同的代码，Oozie 使用了来自 org.apache.hadoop.mapred 包的“旧的” MapReduce API。

这个简单的工作流从java行为的执行开始，其中开始节点指定了第一个节点的名称来执行。

使用带有指定程序参数的 HelloWorld 类，实现了 java 行为。

Oozie 调用该类上的 main 方法，传入程序参数。利用<prepare>、<archive>和<file>标签，可以为类的执行指定附加信息，就像本讲所描述的那样。

如果类的执行成功地完成了，即退出代码为 0，那么过渡将处理至结束行为；否则，过渡将处理一个 kill 行为，并产生一个"hello- world-wf failed"的消息。

因为 kill 行为没有明确指定的过渡，所以下一个行为（结束）会在结束行为执行之后被调用。kill 行为将停止进程的执行。

如图 4-4-3 所示，java 命令的处理以 XCommand 类中的 call 方法的调用开始。此方法启动用以 java 行为的 MapReduce 作业的构建和提交。

下面是其执行的方式。

（1）该方法从 Services 类中获得 Instrumentation 类的实例，它维护了一个 Instrumentation 实例池。这个实例被用来设置作业的定时器、计数器、变量和锁。这个操作使用 ActionStartXCommand 类的 loadState 方法加载作业配置。ActionStartXCommand 类的实现通过获取工作流对象 wfJob（WorkflowJobBean 类）和行为对象 wfAction 的方式完成该任务。

（2）XCommand 的 call 方法使用 ActionStartXCommand 类的 verifyPrecondition 方法来检查作业状态并从 Services 类中获取 ActionExecutor（在这种情况下是 JavaActionExecutor）的实例，这维护了一个 ActionExecutor 实例池。

（3）XCommand 的 call 方法使用 ActionStartXCommand 类的执行方法来完成剩余工作。

就它所完成的工作而言，该方法：

- 准备 Hadoop 作业配置；
- 定义重试策略；
- 创建行为执行上下文（ActionExecutorContext 类），这作为作业配置元素的容器；

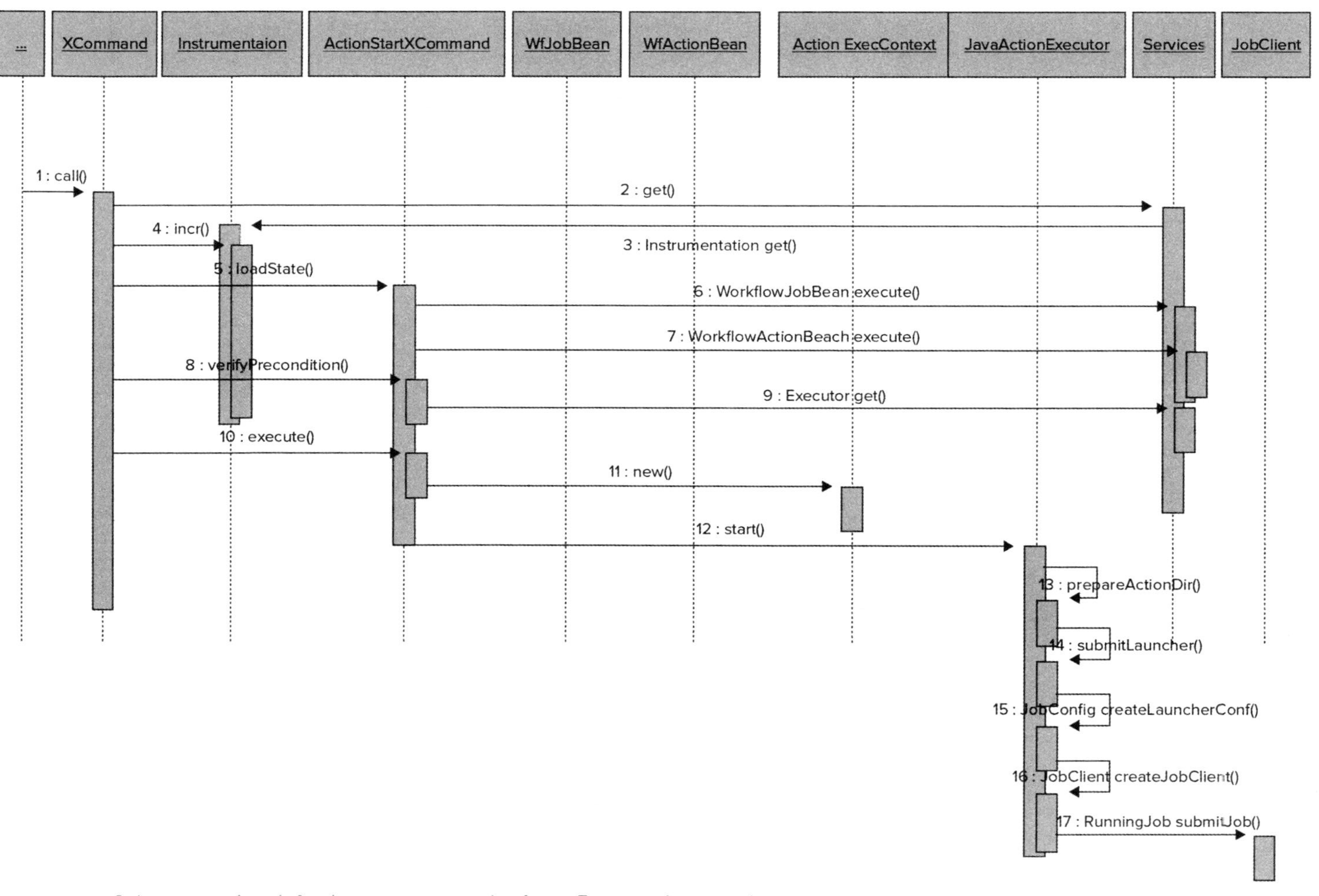

图 4-4-3　Oozie 执行框架中 java 行为作业的提交

○ 调用 ActionExecutor 的 start 方法（在这种情况下是 JavaActionExecutor），完成该调用。

ActionExecutor 的 start 方法利用了一组启动器来实施行为调用的不同阶段。这些启动器在 ActionExecutor 初始化的时候被创建，如代码清单 4-4-2 所示。

代码清单 4-4-2　ActionExecutor 中的启动类

```
1  protected List<Class> getLauncherClasses() {
       List<Class> classes =new ArrayList<Class>();
       classes.add(LauncherMapper.class);
2      classes.add(LauncherSecurityManager.class);
       classes.add(LauncherException.class);
       classes.add(LauncherMainException.class);
3      classes.add(FileSystemActions.class);
4      classes.add(PrepareActionsDriver.class);
5      classes.add(ActionStats.class);
       classes.add(ActionType.class);
       return classes;
   }
```

ActionStartCommand 的 start 方法完成以下操作。

（1）调用 prepareActionDir 方法，从 Oozie 服务器节点把启动器作业 jar 移动至 HDFS 的行为目录中。

（2）调用 submitLauncher 方法，它：

- 解析行为 XML 配置，创建 Hadoop 对象 Configuration 和 JobConf（使用 HadoopAccessor Service 类）;
- 通过设置<java-main> java 行为元素的主类和设置<arg> java 行为元素的程序参数，配置 LauncherMapper 对象;
- 指定将被移到 Hadoop 分布式缓存的库（<archive>节）和文件（<file>节）。它设置了凭证和命名参数，并创建 Hadoop JobClient 类的一个实例，java Executor 使用 JobClient 对象将 Hadoop 作业提交到集群中，并实现重试逻辑;
- 从 JobConf 实例中检索提交的作业 URL。Oozie 服务器使用此 URL 来跟踪 Oozie 控制台中的作业状态。

（3）指定在 Oozie java 行为中的 Java 类实际上是在 Hadoop 集群上，从实现了 org.apache.hadoop.mapred. Mapper 实例的 LauncherMapper 类的实例上调用的。在 map 方法（仅被调用一次）中，它检索了指定在 Oozie 行为定义中的类名，并调用带有（简化的）代码片段的该类的 main 方法，如代码清单 4-4-3 所示。

代码清单 4-4-3　Hadoop 集群上的 java 行为主类的调用

```
// To obtain the job configuration assigned...
String mainClass = getJobConf().get(CONF_OOZIE_ACTION_MAIN_CLASS);
String[] args = getMainArguments(getJobConf());
Class klass = getJobConf().getClass(CONF_OOZIE_ACTION_MAIN_CLASS,
Object.class);
Method mainMethod = klass.getMethod("main", String[].class);
mainMethod.invoke(null, (Object) args);
...
```

交叉参考　模块 4 第 3 讲中将介绍更多关于 Oozie 服务器的知识。

通过重写多个方法，MapReduceActionExecutor 扩展了 JavaActionExecutor 类。setupActionConf 方法的实施支持流和管道参数(如果 map-reduce 行为指定了管道或流的 API)。

getLauncherClasses 方法的实现为不同类型的 map-reduce 调用添加了 main 方法，包括管道、流等，如代码清单 4-4-4 所示。

代码清单 4-4-4　map-reduce 行为的启动器

```
1  protected List<Class> getLauncherClasses(){
       List<Class> classes = super.getLauncherClasses();
2      classes.add(LauncherMain.class);
       classes.add(MapReduceMain.class);
       classes.add(StreamingMain.class);
       classes.add(PipesMain.class); return classes;
   }
```

代码清单 4-4-4 的解释

1	类是引用父类的 List 类的对象
2	在下面的行中，把对象添加到启动器、MapReduce、流和管道的主类中

因此，当在 JavaActionExecutor(基)类的 submitLauncher 方法中调用 jobClient.submitJob(launcherJobConf) 时，使用了 MapReduceMain、StreamingMain 或 PipesMain 的启动器。作为一个例子，对于 Java map-reduce 行为，这将导致 MapReduceMain.main 的有效运行，它在集群上启动了一个新的 MapReduce 作业。

总体情况

正如此处所描述的，MapReduce Oozie 行为有效地创建了两个 MapReduce 作业——一个 Oozie 启动器和实际的作业。

启动器作业停止，直到实际的 MapReduce 作业完成。当在集群上为每个用户以有限作业数量的方式使用 Oozie 时，记住这一点就是很重要的了。在这种情况下，使用多个并发 Oozie 作业会导致死锁，其中启动器占据了用户可用的所有的时间片。这阻止了实际的 MapReduce 作业的执行，这导致启动器作业被“卡住”。当使用了 pig 或 hive 行为（这可以启动多个 MapReduce 作业）时，这种情况可以进一步复杂化。

附加知识

对于 Hive 和 Pig 的行为，它们的调用步骤类似于 Oozie 的描述步骤，但是主要的启动类是特定于每一个行为的。举一个例子，对于 pig 行为，主要的启动类是 PigMain，它扩展了 LauncherMain 类。在 PigMain 类中，main，run 和 runPigJob 方法在集群上被依次调用。runPigJob 方法调用 PigRunner 类，它不是 Oozie 发行版的一部分。相反，它属于 Pig 框架。用这种方式，对于工作流作业执行的控制被转移到 Pig 框架上。这可能会导致 Hadoop 集群上的多个 MapReduce 作业。

有时候，一个行为的执行可能会失败。在这种情况下，这一行为需要被再次执行或恢复。Oozie 执行行为的一个重要特征是它的重试和恢复实现。

以下部分更深入地介绍了 Oozie 的重试和恢复的工作方式。

Oozie 恢复能力

Oozie 为工作流作业提供了恢复能力，它利用了 Hadoop 集群恢复能力。当一个行为成功启动时，Oozie 依赖 MapReduce 的重试机制进行恢复。如果行为启动失败，Oozie 会根据故障的性质，应用不同的恢复策略。

如果是一个瞬时失效，如网络问题或远程系统暂时不可用，Oozie 设置了最大重试次数和重试间隔的值，然后执行重试。行为类型的重试次数和定时器间隔可以在 Oozie 服务器级别上指定，可以在工作流级别上覆盖。

表 4-4-4 展示了参数名称和默认值。

表 4-4-4　Oozie 重试属性

属 性 名 称	默认值	类中的定义
oozie.wf.action.max.retries	3	org.apache.oozie.client.OozieClient
oozie.wf.action.retry.interval	60 秒	org.apache.oozie.client.OozieClient

到目前为止描述的 Oozie 工作流引擎自动化了定义为结构化工作流行为组的 MapReduce 作业组的执行。但是它不支持工作流的自动启动，其重复执行，工作流作业之间数据依赖的分析等。你将很快地了解到 Oozie 协调器所支持的函数。

现在，知道了 Oozie 工作流是什么以及它是如何被执行的，下面来看一下工作流的生命周期。

Oozie 工作流生命周期

一旦工作流应用被加载到工作流服务器中后，它就变成了一个工作流作业。如图 4-4-4 所示，工作流作业的可能状态是：

- PREP；
- RUNNING；
- SUSPENDED；
- SUCCEEDED；
- KILLED；
- FAILED。

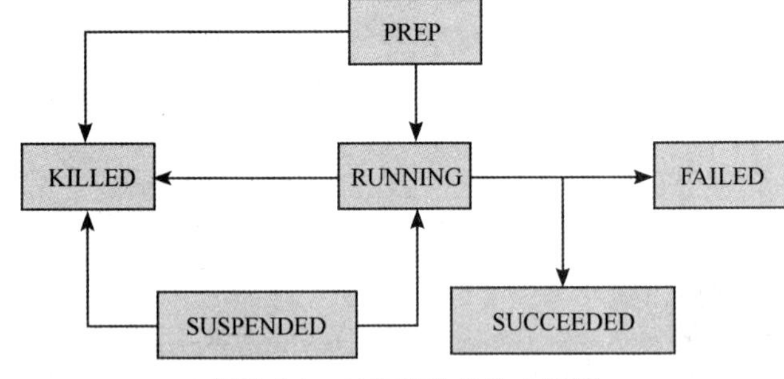

图 4-4-4　工作流作业生命周期

一个加载的工作流作业是 PREP 状态。在这个状态下的作业可以被启动（即在 RUNNING 状态）或被删除（即在 KILLED 状态）。正在运行的工作流可以被用户暂停（SUSPENDED 状态）、成功（SUCCEEDED 状态）、失败（FAILED 状态）或者被用户杀死（KILLED 状态）。暂停的作业可以被恢复（RUNNING 状态）或被杀死（KILLED 状态）。

4.3 Oozie 协调器

Oozie 协调器支持 Oozie 工作流流程的自动启动。它通常用于时间和/或可用数据触发的工作流流程循环调用的设计和执行。

协调器使你能够指定触发工作流作业执行的条件。这些条件可以描述数据的可用性，时间或必须满足初始化作业要求的外部事件。协调器还允许你通过将多个后续运行的工作流的输出定义成下一工作流输入的方式，定义经常运行的工作流作业之间的依赖（包括那些运行在不同时间间隔上的作业)。

Oozie 协调器的执行基于以下概念。

- **实际时间**：这是协调器作业在集群上启动的时间。
- **名义时间**：这是协调器作业应当在集群上启动的时间。

虽然在实践中名义时间和实际时间应当匹配，但由于不可预见的延迟，实际时间可能迟于名义时间。

- **数据集**：这是由一个名称识别的数据逻辑集合。使用统一资源标识符（Uniform Resource Identifier，URI)，每个数据实例可以被单独指代。
- **同步数据集**：这是一个与给定时间间隔相关的数据集实例，即它的名义时间。
- **输入和输出事件**：这是一个在协调器应用程序中所使用的数据条件的定义。输入事件指定了一个数据集实例，该实例应当为协调器行为而存在，以启动执行。输出事件描述了特别协调器行为在 HDFS 上应当创建的数据集实例。
- **协调器行为**：这是一个与一组条件相关联的工作流作业。协调器行为在其定义中的所指定的时间创建。该行为进入等待状态，直到执行所需的所有输入被满足了或直到等待时间超时。
- **协调器应用程序**：这是一个在一组条件被满足时，触发工作流作业的程序。Oozie 协调器应用程序是使用协调器语言来定义的，稍后你将了解它。
- **协调器作业**：这是一个运行中的协调器应用的实例。

类似于 Oozie 工作流，Oozie 协调器语言是 XML 的一个变种，如图 4-4-5 中的模式图所示。这个模式只显示语言中最重要的部分。

表 4-4-5 概述了 XML 协调器语言的主要元素和属性。图 4-4-5 没有显示这些属性。

表 4-4-5 协调器语言

元素类型	描 述	属性和子元素
coordinator-app	这是协调器应用程序的顶层元素	name、frequency、start、end
Controls	它指定了协调器作业的执行策略	timeout、concurrency、execution、throttle
Action	这指定了单一工作流应用程序的位置以及该应用程序的属性	workflow、app-path、configuration
DataSet	这代表了逻辑名所引用的数据集合。数据集指定了来自不同协调器应用程序的协调器行为之间的数据依赖	name、frequency、initial-instance、uritemplate、done-flag
input-events	这指定了输入条件（以数据集实例的形式)，这对于提交协调器行为是必需的	name、dataset、startinstance、end-instance
output-events	这指定了一个应当由协调器行为生成的数据集	name、dataset、instance

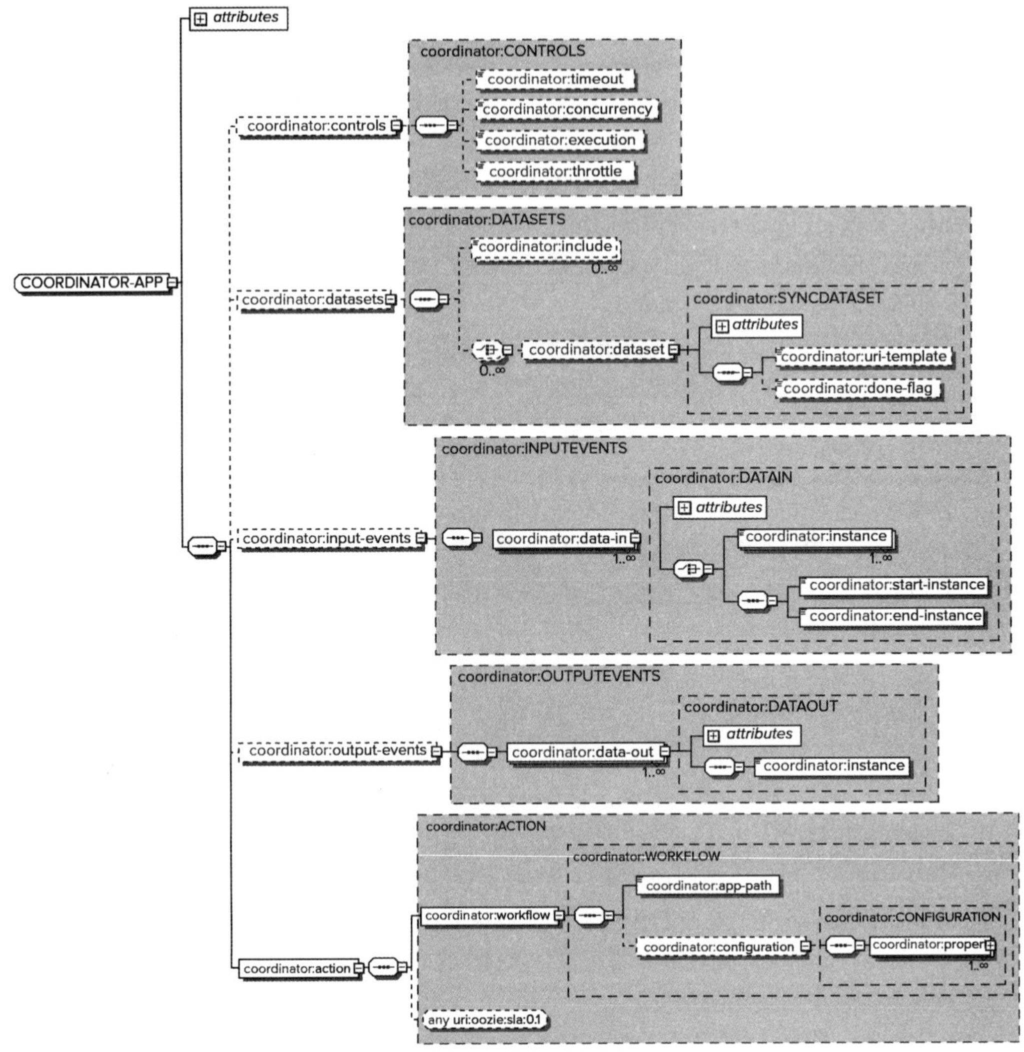

图 4-4-5　协调器语言模式

在图 4-4-5 中显示的协调器控制元素使你能够指定作业的执行策略。该元素可以包含以下子元素。

（1）**超时**：这是一个具体化行为在被丢弃前等待额外条件的最长时间。默认值-1 意味着该行为将永远等待，这并不总是最可取的行为。在这种情况下，大量的行为可能处于等待状态，在某些时候，所有的行为都将开始执行，这会压垮整个系统。

（2）**并发**：可以同时运行的协调器作业的最大数量。默认值是 1。

（3）**执行**：在多个协调器作业实例同时从就绪状态转变成执行状态的时候，它指定了执行的顺序。有效值包括以下内容。

❍　**先进先出**（FIFO，默认值）：最早的优先。

- **后进先出**（LIFO）：最新的优先。
- ONLYLAST：丢弃所有旧的实体化。

（4）**节流阀**（图 4-4-5 中未给出）：这是允许同时等待所有额外条件的协调器行为的最大数量。

交叉参考　本讲稍后会介绍更多关于数据集元素的信息。

数据集被用于指定协调器应用的输入和输出事件。数据集元素可能包含以下的属性和子元素。

- name：这个属性被用来从其他协调器元素（事件）引用数据集。name 属性的值必须是一个有效的 Java 标识符。
- frequency：此属性用分钟数表示后续数据集实例周期性创建的速率。频率通常是表达式表示，如${5 * HOUR}。
- initial-instance：该属性指定了数据集的第一个实例应当被创建的时间。它也被称作数据集的基准。所遵循的实例将从基线开始创建，使用由频率元素所指定的时间间隔。每一个使用该数据集的协调器应用指定了它停止使用该数据集的结束时间。
- uri-template：该子元素为数据集实例指定了基础标识符。uri-template 通常使用表达式语言常量和变量进行构建。用于 uri-template 的表达式语言常量的一个例子是${YEAR}/ ${MONTH}/${HOUR}。用于 uri-template 的变量的一个例子是${market}/${language}。

  常量和变量都在运行时被解析。所不同的是表达式语言常量由 Oozie 服务器解析，是独立于协调器作业的，然而变量是特定于指定的协调器作业的。
- done-flag：该子元素指定了被创建用来标记数据集处理完成的文件名称。如果未指定 done-flag，Hadoop 就会在数据实例的输出目录中创建一个_SUCCESS 文件。如果 done-flag 被设置为空，且输出目录存在，协调器则将其认为是一个可用的数据集实例。

代码清单 4-4-5 展示了 dataset 的一个简单例子。

代码清单 4-4-5　使用数据集的例子

```
<dataset name="testDS" frequency="${coord:hours(10)}"
initial-instance="2013-03-02T08:00Z" timezone="${timezone}">
<uri-template>
${baseURI}/${YEAR}/${MONTH}/${DAY}/${HOUR}/${MINUTE}
</uri-template>
<done-flag>READY</done-flag>
</dataset>
```

定义在代码清单 4-4-5 中的数据集的频率为 10 h（600 min）。如果变量 baseURI 被定义为/user/profHdp/sample，那么数据集就为数据集实例定义了位置集，如代码清单 4-4-6 所示。

代码清单 4-4-6　数据集实例目录

```
/user/profHdp/sample/2013/03/02/08/00
/user/profHdp/sample/2013/03/02/18/00
/user/profHdp/sample/2013/03/03/04/00
/user/profHdp/sample/2013/03/03/14/00
/user/profHdp/sample/2013/03/04/00/00
/user/profHdp/sample/2013/03/04/08/00
```

input-events 元素为协调器应用指定了输出条件。在撰写本书时，这样的输入条件受限于数据集实例的可用性。输入事件可以参考多个数据集的多个实例。

input-events 在<input-events>元素中指定，它可以包含一个或多个<data-in>元素，每个都含有以下内容：

- name 属性；
- dataset 数据；
- 两个子元素，即<start-instance>和<end-instance>。

另外，作为这两个元素的替代，input-events 可以使用单一的<instance>子元素。

当使用<start-instance>和<end-instance>这两个元素时，它们指定了 dataset 实例的可用范围，以启动协调器作业。代码清单 4-4-7 展示了一个例子。

代码清单 4-4-7　输入事件的例子

```
<input-events>
<data-in name="startLogProc" dataset="systemLog">
<start-instance>${coord:current(-3)}</start-instance>
<end-instance>${coord:current(0)}</end-instance>
</data-in>
<data-in name="startLogProc" dataset="applicationLog">
<start-instance>${coord:current(-6)}</start-instance>
<end-instance>${coord:current(0)}</end-instance>
</data-in>
</input-events>
```

代码清单 4-4-7 中的 input-events startLogProc：

- 定义了 systemLog 和 applicationLog 两个数据集之间的依赖；
- 指定了 startLogProc 事件仅当 3 个（-3）systemLog dataset 顺序实例和 6 个（-6）applicationLog dataset 实例可用时才发生。

图 4-4-6 展示了代码清单 4-4-7 中例子的时间线。如果你假设协调器应用 A 每两小时产生了一个 systemLog 实例，协调器应用 B 每小时产生一个 dataset applicationLog 实例，应用 C（由输入事件 startLogProc 驱动）每 6 小时启动一次。

output-events 指定了 datasets 由协调器作业产生的 datasets。Oozie 不强制 output_events，而是允许将输出数据集为另一个协调器作业而用于 input_events。此刻，强制其在集群上的可用性。

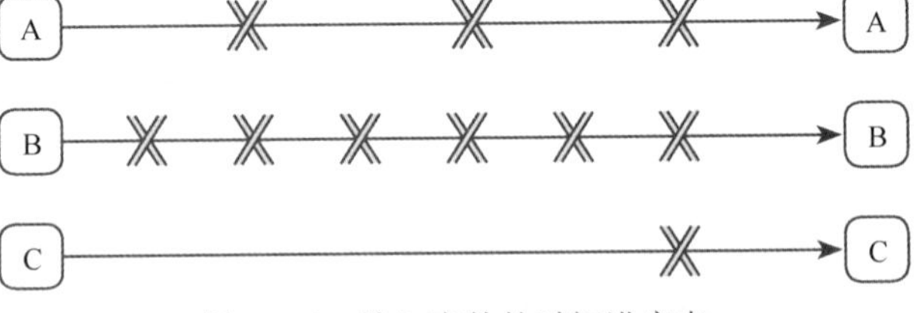

图 4-4-6　输入事件的时间进度表

输入和输出事件使你能够通过它们产生和消费的数据集来指定协调器作业的交互。这种机制被称为 Oozie 数据管道。在下一讲中，你会看到组成这样一个数据管道的协调器应用的例子。

协调器作业可以是下列状态之一：

- PREP；
- RUNNING；
- PREPSUSPENDED；
- SUSPENDED；
- PREPPAUSED；
- PAUSED；
- SUCCEEDED；
- DONWITHERROR；
- KILLED；
- FAILED。

图 4-4-7 展示了所有有效的协调器作业状态之间的转换：

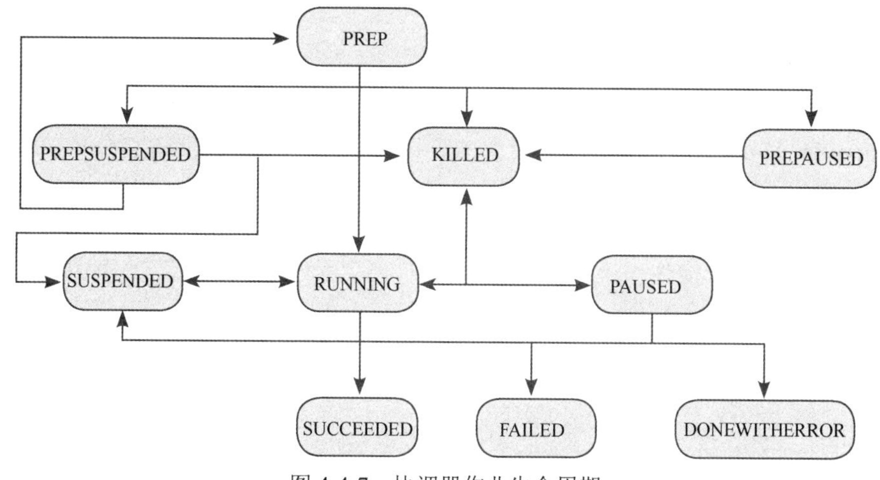

图 4-4-7　协调器作业生命周期

下面是图 4-4-7 中需要注意的关键点。

- 一个在 PREP 状态中加载的协调器作业。
- PREP 状态中的作业可以是启动的（RUNNING 状态）、挂起（PREPSUSPENDED）或到达暂停时间（PREPPAUSED 状态）已经可以被删除（KILLED 状态）。PREPSUSPENDED 作业可以继续（PREP 状态）和被删除（KILLED 状态）。PREPPAUSED 作业可以被杀死（KILLED 状态）或是其暂停时间可以超时（PREP 状态）。
- 运行中的协调器作业可以被用户暂停（SUSPENDED 状态）或被杀死（KILLED 状态）。它可以成功（SUCCEEDED 状态）或失败（FAILED 状态）。当用户要求杀死一个协调器作业时，Oozie 发送一个杀死通知给所有已提交的工作流作业。如果有任何协调器作业带有未 KILLED 的状态完成，那么 Oozie 将该协调器作业放入 DONWITHERROR 状态。当运行中的作业达到了暂停时间，Oozie 就将其暂停（PAUSED 状态）。挂起的作业可以被继续（RUNNING 状态）或者被杀死（KILLED 状态）。
- 最后，暂停的作业可以被挂起（SUSPENDED 状态）或被杀死（KILLED 状态）或者暂停可以超时（RUNNING 状态）。

虽然 Oozie 协调器提供了一个强大的机制来管理 Oozie 工作流并为它们的执行定义了条件，但是在有许多协调器应用的情况下，管理所有的工作流就变得困难了。Oozie 套件提供了一个方便的机制，“批处理”多个协调器应用并一起管理它们。下一节揭示了 Oozie 套件的关键概念。

4.4 Oozie 套件

Oozie 套件是一个顶层的抽象，使你能够将一组协调器应用打包成一个套件应用程序，在本讲前面我们将之定义为一个数据管道。打包成一个套件的协调器应用程序可以一起作为一个整体被控制(start/stop/suspend/resume/rerun)。套件不允许你在协调器应用程序中指定任何显式的依赖。这些依赖可以通过输入和输出事件，在协调器应用程序自身中得以指定。Oozie 套件使用以下概念。

- **kick-off-time**：这是套件应用的启动时间。
- **Bundle Action**：这是一个 Oozie 服务器为属于套件的协调器应用程序所启动的协调器作业。
- **Bundle Application**：这是一个定义的集合，指定了一组包含在套件中的协调器应用程序。套件应用程序与 Oozie 套件语言一起被定义。
- **Bundle Job**：这是 Oozie 服务器上的一个过程，解释（运行）了一个 Oozie 套件应用程序。在运行一个套件作业之前，相应的套件应用程序必须部署到 Oozie 服务器上。

使用套件语言定义一个套件，这是一种基于 XML 语言的语言。图 4-4-8 展示了一个套件语言的模式。

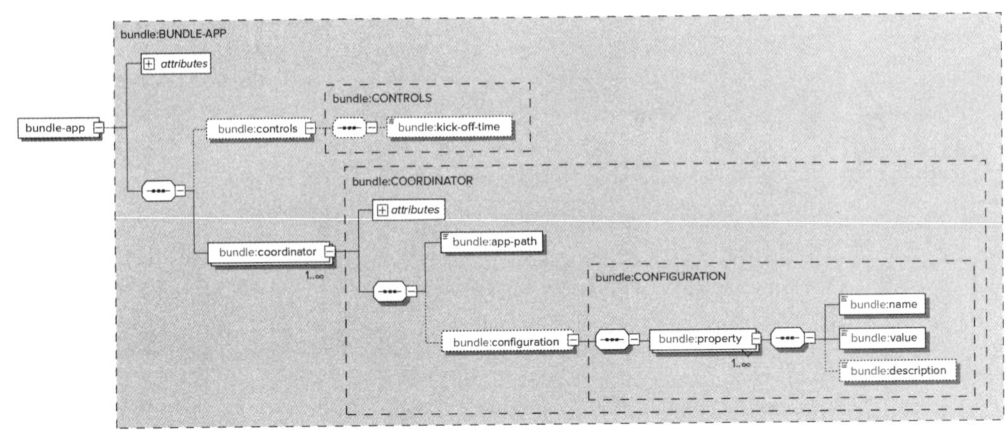

图 4-4-8 套件语言模式

表 4-4-6 展示了主要的顶层（大多数）的套件定义语言元素。

表 4-4-6 套件语言元素

元素和属性	描　述	属性和子元素
bundle-app	这是套件应用程序的顶层元素	name、controls、coordinator
name	此属性指定了套件的名称。例如，在 Hadoop 命令行接口的命令中，可以用它来指代套件应用程序	
controls	此元素只包含了一个属性——kick-off-time。该属性指定了套件应用程序的启动时间	kick-off-time
coordinator	该元素描述了一个包含在套件中的协调器应用程序。套件应用程序可以有多个协调器元素	name、app-path、configuration

每一个套件都由它的 name 来识别。套件的执行通过 controls 元素来指定，它指定了套件的启动时间（或是 kick-off-time）。套件可以包含一个或多个 coordinator 元素。对于每一个 coordinator 元素，它需要下面的内容。

- **name**：这是协调器应用程序的名称。通过使用套件，它可以用来引用应用程序，以控制如 kill、suspend 或 rerun 这样的行为。
- **app-path**：该子元素指定了协调器定义的位置，如 coordinator.xml 文件。
- **configuration**：这是一个可选的 Hadoop 配置，将参数传递给相应的协调器应用程序。

代码清单 4-4-8 展示了一个套件应用程序的例子，它包含了两个协调器应用。

代码清单 4-4-8　套件应用程序的例子

1

```
<bundle-app name='weather-forecast'
xmlns:xsi='http://www.w3.org/2001/XMLSchema-instance'
xmlns='uri:oozie:bundle:0.1'>
<controls>
<kick-off-time>${kickOffTime}</kick-off-time>
</controls>
<coordinator name='monitor-weather-datastream' >
<app-path>${'monitor-weather-coord-path}</app-path>
<property>
<name>monitor-time</name>
<value>60</value>
</property>
<property>
<name>lang</name>
<value>${LANG}</value>
</property>
<configuration>
</coordinator>
```

2

```
<coordinator name='calc-publish-forecast' >
<app-path>${'calc-publish-coord-path}</app-path>
<configuration>
<property>
<name>monitor-time</name>
<value>600</value>
</property>
<property>
<name>client-list</name>
<value>${LIST}</value>
</property>
</configuration>
</configuration>
</coordinator>
</bundle-app>
```

代码清单 4-4-8 的解释

1	第一个应用程序监视和预处理了原始的天气数据，按照<property>部分中指定的那样，每 60 秒运行一次
2	第二个应用程序每 10 分钟计算和发布一次天气预报

假定使用来自第一个应用程序输出的数据集，将数据传递给图 4-4-9 中描述的第二个应用。所以，套件将应用程序组合在一起，创建一个数据管道。从这个例子可以看到，它使操作具有完美的意义，作为一个单元来控制这两个应用程序。

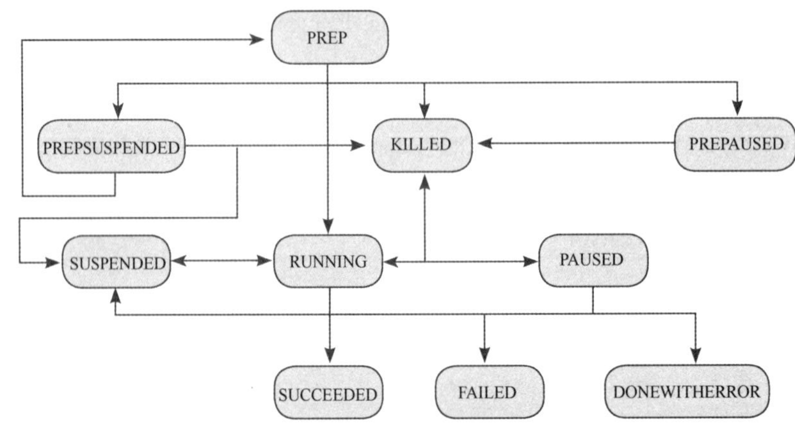

图 4-4-9　套件应用程序的状态转换

从代码清单 4-4-8 中可以看到，它使操作具有完美的意义，作为一个单元来控制这两个应用程序。如图 4-4-9 所示，在任何时候套件作业都可以位于下列状态之一：

- PREP；
- RUNNING；
- PREPSUSPENDED；
- SUSPENDED；
- PREPPAUSED；
- PAUSED；
- SUCCEEDED；
- DONEWITHERROR；
- KILLED；
- FAILED。

交叉参考　模块 4 第 3 讲中将介绍一个带有管道的协调器应用程序，以及用来管理这些应用程序的套件的完整例子。

下面是图 4-4-9 中需要注意的关键点。

- 一个在 PREP 状态中加载的套件作业。
- PREP 状态中的作业可以是被启动（RUNNING 状态）、挂起（PREPSUSPENDED）或到达暂停时间（PREPPAUSED 状态）已经可以被删除（KILLED 状态）。PREPSUSPENDED 作业可以继续（PREP 状态）或被删除（KILLED 状态）。PREPPAUSED 作业可以被杀死（KILLED 状态）或是暂停时间可以超时（PREP 状态）。
- 运行中的协调器作业可以被用户暂停（SUSPENDED 状态）或被杀死（KILLED 状态）。它可以成功（SUCCEEDED 状态）或失败（FAILED 状态）。当用户要求杀死一个协调器作业时，Oozie 发送一个杀死通知给所有已提交的工作流作业。如果有任何协调器作业带有未 KILLED 的状态完成，那么 Oozie 将该协调器作业放入 DONEWITHERROR 状态。当运行中的作业达到了暂停时间，Oozie 就将其暂停（PAUSED 状态）。挂起的作业可以被继续（RUNNING 状态）或者被杀死（KILLED 状态）。
- 最后，暂停的作业可以被挂起（SUSPENDED 状态）或被杀死（KILLED 状态）或者暂停可以超时（RUNNING 状态）。

现在你了解了 Oozie 的主要组件以及它们的使用方式，下一节将审视如何使用类 Oozie JSP（Java 服务器页面）的表达式语言（EL）来参数化这些组件的定义。解释协调器作业和套件作业的不同工作方式。

4.5　利用 EL 的 Oozie 参数化

有两类 Oozie 应用程序，包括工作流、协调器和套件，可以利用 Oozie 表达式语言（Express Language，EL）进行参数化。请注意，EL 提供了一套内置的 EL 函数，启用了更加复杂的工作流行为节点的参数化以及决策节点的预测。本节描述了最重要的由 Oozie 规范为工作流、协调器和套件应用所定义的 EL 常量和函数。

基本常量是最简单的 EL 元素。下面是一些例子。

- **KB:1024**：1 KB；
- **MB:1024 * KB**：1 MB；
- **MINUTE**：1 分钟；
- **HOUR**：1 小时。

额外的 EL 常量包括 Hadoop 常量，如下面的例子所示。

EL 常量	EL 常量的功能
RECORDS	这是 Hadoop 记录计数器的组名
MAP_IN	这是 Hadoop mapper 输入记录计数器的名称

一些其他的常量包括 MAP_OUT、REDUCE_IN、REDUCE_OUT 和 GROUPS。

基本的 EL 函数提供了对字符串、数据、编码和访问某些配置参数的支持。下面是同样的例子。

- **concat(String s1, String s2)**：这是一个字符串拼接函数。
- **trim(String s)**：它返回了一个给定字符串的截去空格的版本。
- **urlEncode(String s)**：它将一个字符串转换成 application/x-www-form-urlencoded MIME 格式（转换成一个具有标题信息和主体的格式）。

4.5.1　工作流函数

工作流 EL 函数提供了对工作流参数的访问。下面是一些例子。

- **wf:id()**：它返回了目前工作流作业的 Oozie ID。
- **wf:appPath()**：它返回了目前工作流的应用程序的路径。
- **wf:conf(String name)**：可以用它来获取完整的当前工作流的配置内容。
- **wf:callback(String stateVar)**：它返回了给定行为的当前工作流节点的回调 URL。参数 stateVar 指定了行为的退出状态。
- **wf:transition(String node)**：如果执行了该节点（行为），该函数返回了来自指定节点的过渡节点的名称。

一些与工作流协同使用的其他函数通常包括 wf:lastErrorNode()、errorCode(String node)、errorMessage(String message)、wf:user() 和 wf:group()。

知识检测点 2

列出和解释 Oozie 协调器的关键概念。

4.5.2 协调器函数

协调器 EL 函数提供了对于协调器参数，以及对输入输出事件参数的访问。下面是一些例子。

- **coord:current(int n)**：用它来访问输入输出事件中的数据集实例的名称。
- **coord:nominalTime()**：它检索了协调器行为的创建时间，指定在协调器应用程序的定义中。
- **coord:dataIn(String name)**：这为指定在一个输入事件数据集部分中的数据库实例解析了所有的 URL。

一些常用的协调器函数包括 `coord:dataOut(String name)`、`coord:actualTime()` 和 `coord:user()`。

4.5.3 套件函数

套件没有专门的 EL 函数，但是套件定义（连同工作流和协调器定义）可以使用任意的前面描述过的 EL 函数。

4.5.4 其他 EL 函数

MapReduce EL 函数提供了对于 MapReduce 作业执行统计（计数器）的访问。例如，利用 `hadoop:counters(String node)` 能够获取 Hadoop 行为节点所提交的作业的计数器的值。

使用 HDFS EL 函数来为文件和目录查询 HDFS。下面是一些例子。

- **fs:exists(String path)**：这检查指定的路径 URL 是否存在于 HDFS 中。
- **fs: fileSize(String path)**：这返回了指定文件的字节大小。

其他常用的 HDFS 函数包括 `fs:isDir(String path)`、`fs:dirSize(String path)` 和 `fs:blockSize(String path)`。

当使用 EL 函数时，可以极大地简化了对于 Oozie 和 Hadoop 函数和数据的访问。你也可以具体化大部分的 Oozie 执行参数，将这些参数具体化至一个配置文件，而不是每次参数变化时改变 Oozie 应用程序（Workflow/Coordinator/Bundle），仅仅改变配置文件而不必接触应用程序。可以把它与传递参数至 Java 应用程序做类比。

现在让我们看一下 Oozie 的整体执行模型——Oozie 服务器处理套件、协调器和工作流作业的方式。

4.6 Oozie 作业执行模型

图 4-4-10 给出了一个简化的，涵盖了 Oozie 套件、协调器、工作流和工作流行为执行的模型，

包括了从 Oozie 到 Hadoop 集群的作业提交。该模型不显示诸如协调器行为的状态转换或协调器作业、应用程序和行为之间的差异，这样的细节。

然而，你应当集中更多的精力在 Oozie 组件之间的交互（套件、协调器和工作流），直到 Hadoop 作业（MapReduce、Hive 和 Pig 作业）提交到 Hadoop 集群。图 4-4-10 展示了 Oozie 的执行模型。

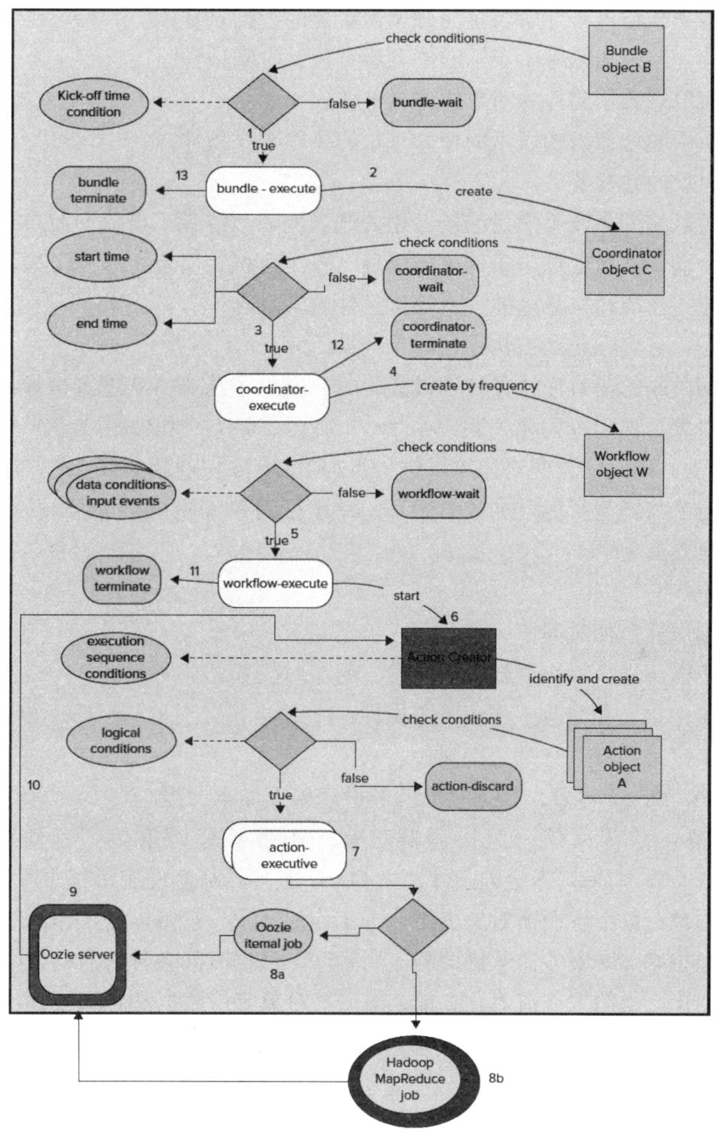

图 4-4-10　Oozie 执行模型

该执行模型由如下的代表了作业而非应用程序的对象类型所组成：

- 代表了 Oozie 作业（行为）的可执行对象；
- 套件对象；

- 协调器对象；
- 工作流对象（完整的工作流 DAG）；
- 工作流行为对象。

定义在 Oozie 应用程序中的条件对象：

- 通过数据集和输入事件所表示的协调器对象的数据条件；
- 通过开始、结束和频率所表示的协调器对象的时间条件；
- 用数据流节点表示的行为对象的逻辑条件；
- 在工作流中通过节点图表示的行为对象的执行顺序条件；
- 协调器对象的并发条件。

可执行对象可以与满足或不满足的条件相关联。例如，仅当工作流 DAG 中所有的前序动作被执行之后，一个动作的执行顺序条件才被满足。每个可执行对象可以处于如下两种状态之一。

- **等待状态**：在启动执行之前，它等待条件被满足。
- **执行状态**：它实际正在被执行。

当与该对象相关联的所有先决条件都被满足时，发生了从等待状态到执行状态的对象转化。

一些可执行对象与异步行为相关联，如 `java` 行为、`map-reduce` 行为、`pig` 行为、`hive` 行为和 `sqoop` 行为。因此，这些对象可以进一步与 Hadoop 作业相关联。

其他可执行对象与异步行为（如 `fs` 行为、`ssh` 行为和 `email` 行为）相关联。这些对象直接在 Oozie 服务器上执行。

Oozie 执行模式有：

- 全局范围属性，如时间；
- 协调器范围属性，如协调器行为并发、起始时间和结束时间；
- 在工作流中定义和修改工作流范围属性；
- 在行为中定义和修改行为范围属性。

在执行模型中，Oozie 对象，根据它们的类型，属于如下层级。

- **套件对象**：这些只是一组协调器对象，不带有任何条件。套件对象是根据在此（`kick-off-time`）指定的条件，由 Oozie 服务器从套件应用程序所创建的。
- **协调器对象**：每个协调器对象引用一个工作流对象，它可以为工作流对象定义条件。协调器对象由 Oozie 服务器从协调器应用程序，根据时间条件（启动、结束和频率）所创建。在创建恰当的工作流对象之前，协调器对象等待数据和频率条件被满足。协调器对象可以与时间条件、数据条件（输入事件）、并发条件以及与包含它们的套件所关联。
- **工作流对象**：工作流对象包含一个完整的行为节点 DAG，指定了执行和控制流节点，它管理着执行顺序和逻辑条件。工作流对象是由 Oozie 服务器从独立工作流应用程序或从套件对象中创建的。工作流对象可以与时间条件、协调器对象或行为对象相关联。
- **行为对象**：这些是由 Oozie 服务器从工作流对象中所创建的。行为对象表示一个 Oozie 工作流行为，并可以与工作流对象、逻辑条件和执行顺序条件相关联。
- **Hadoop 作业**：Hadoop 作业代表了与特定工作流行为相关联的 Hadoop 作业单元。

如图 4-4-10 所示，执行模型定义了所有这些对象交互的方式。

（1）根据特定的时间条件（kick-off-time），创建和移动套件对象到执行状态。

（2）当套件对象 B 处于执行状态时，根据为那些对象所指定的时间条件（启动时间、结束时间和频率），创建在套件对象 B 中所指定的协调器对象。

（3）当所有的与 C 相关联的数据和并发条件被满足时（这些条件可以包含特定的数据集实例和同一协调器对象类型的其他实例的并发级别），协调器对象 C 都被移动到执行状态。

（4）当父协调器对象被移动到执行状态时，创建工作流对象 W。

（5）一旦创建了工作流对象 W，协调器等待工作流执行的所有先决条件被满足。

（6）在此刻，创建工作流的第一个行为对象 A，并将其移动到执行状态。

（7）当任一行为对象 A 被移动到了执行状态时，就分析在该行为中所指定的作业。

（8）如果它是一个同步的行为，就直接在 Oozie 服务器上执行。如果它是一个异步的行为，就把相应的作业提交到 Hadoop 集群。

（9）Oozie 服务器等待当前正在执行行为的完成。（在特定条件下，如 join 活动，工作流在它可以继续之前，等待多个活动的完成。）

（10）在行为对象执行完成之后，Oozie 服务器分析工作流会采取恰当的行为。在 fork-join 的情况下，Oozie 服务器可以等待，直到 fork 部分中的所有行为对象都完成执行（逻辑条件）。然后 Oozie 服务器选择下一步需要执行的行为（顺序条件），创建行为对象 A，并将它移动到可执行状态。

（11）当工作流达到最终节点，终结工作流对象 W。

（12）当关联协调器 C 的工作流对象终结时，协调器 C 也被终止了。

（13）套件对象 B 检查目前是否有更多的协调器对象处于执行状态。如果是这样，就不会做任何事情。否则终结套件对象 B。

你现在已经了解了 Oozie 的 3 个主要组件——工作流、协调器和套件。你还对 Oozie 执行作业的方式，有了一个基本的了解。知道 Oozie 的主要组件以及使用它们的方式，对于开发 Oozie 应用程序是必需的，但是对于你开始使用 Oozie 是不足的。

作为一个大数据开发人员，你还必须知道如何访问 Oozie 服务器，以便使你可以部署组件，并与正在执行的 Oozie 作业相交互。下一节将帮助读者完成该项任务。它将帮助读者了解 Oozie 引擎提供给用户的 API，以便使用 Oozie 控制台查看 Oozie 作业的执行。

4.7 访问 Oozie

Oozie 提供 3 种基本的编程方式来访问 Oozie 服务器。

- **Oozie Web 服务 API（HTTP、REST、JSON API）**：它们提供了完整的管理和作业管理能力。Oozie 工具使用 Oozie Web 服务 API，如 Oozie 执行控制台。
- **Oozie CLI 工具**：这是构建在 Web 服务 API 顶端的，使你能够执行所有常见的工作流作业操作。管理员通常使用 CLI API 来管理 Oozie 的执行，开发员通常使用它来编写 Oozie 调用的脚本。

- **Oozie Java 客户端 API**：它们构建在 Web 服务 API 的顶端，使你能够执行常见的工作流作业操作。此外，客户端 API 包括一个 LocalOozie 类，你会发现它对于在 IDE 中的 Oozie 测试或对于单元测试的目的来说很有用。Java API 为 Oozie 与其他应用程序的集成提供了基础。

知识检测点 3

讨论 3 种基本的访问 Oozie 服务器的编程方式。有办法去改进它吗？

现在，让我们看一下第四种重要的 Oozie 组件——Oozie SLA 支持。

4.8 Oozie SLA

SLA 是软件合同的一个标准部分，用可衡量的术语指定了产品的质量。更特别的是，SLA 通常是由业务需求决定的，取决于软件的性质。例如，一个基于 Web 的在线应用，SLA 可能包括平均响应时间，以及 99%的请求的最大响应时间，或是关于服务提供商可能会同意达成的系统可用性，比方说，系统在 95.95%时间内可用。

在自动化和自动恢复的环境中，如 Oozie，传统的 SLA 可能不适用，而一些特定的 SLAs 可能是有意义的。下面是一些对于在 Oozie 控制下运行的作业来说是重要的 SLA 需求。

- 是否有一些作业实例相对于协调器中所指定的时间来说是有延迟的？延迟是多少？
- 是否有一些作业实例的执行时间超出了指定的限制？有多大的偏差？
- 违反启动和执行时间的频率和百分比是什么？
- 是否有一些作业实例失败了？

Oozie SLA 提供了一种从 Oozie 活动中定义、存储和跟踪所需 SLA 信息的方式。术语“Oozie 活动”在这里指的是在不同 Oozie 功能子系统中可以被追踪的任何可能的实体，包括协调器和工作流作业和行为，以及从 Oozie 所提交的 Hadoop 作业。当前，套件规范不支持 Oozie SLA。

Oozie SLA 子系统不是一个过程监控工具。它是 Oozie 内置的对于追踪 SLA 的支持。你可以实现 Oozie 服务器外部的进程监控系统，该服务器可以利用 Oozie 记录的 SLA 信息。

Oozie SLA 可以在协调器应用程序、工作流应用和工作流行为的范围中指定。如果发生这种情况，该规范将成为协调器或工作流应用程序定义的一部分，并表示为 XML 文档的一个片段。SLA 语言与 XML 模式一同指定，如图 4-4-11 所示。

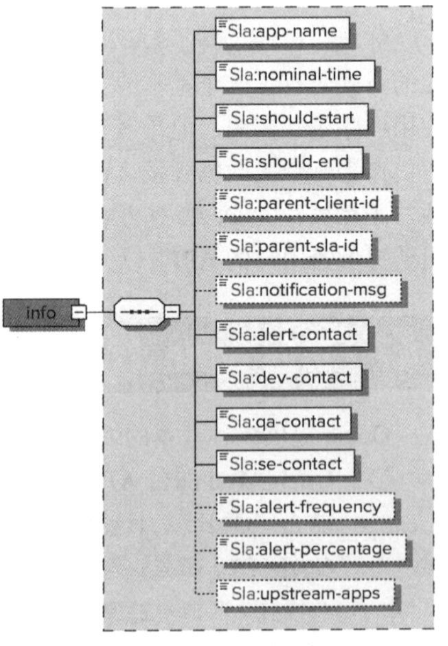

图 4-4-11　SLA 语言模式

表 4-4-7 描述了 Oozie SLA 的主要元素。

表 4-4-7　Oozie SLA 的元素

元素名称	描　述
info	这是工作流或协调器的 SLA 定义的根元素
app-name	这表示了不带有命名空间隔离的逻辑名称。它是由应用程序开发人员提出的一个有意义的命名分区。例如，包的命名结构类似于 Java 所能使用的那种结构。在 SLA 中指定元素值的通常的方法是：${wf:name()}或利用协调器应用程序的名称
nominal-name	这是在 coordinator.xml 中指定的启动协调器行为的时间。在许多情形下，该元素所用的值为${coord:nominalTime()}
should-start	这是相对于 Nominal-name 的活动的预期启动时间。例如，如果实际的行为预计在协调器作业启动之后 5 分钟才启动，该值可以按<sla:shouldstart>${5 *MINUTES}</sla:should-start>的形式来指定
should-end	这是相对于 Nominal-name 的活动的预期结束时间。例如，如果行为通常应当在协调器作业启动之后两小时才结束。该值可以按<sla:shouldend>${2 * HOURS}</sla:should-end>的形式来指定
parent-clientid, parent-sla-id	处理实体（例如，Oozie 协调器行为）可以创建/执行处理实体（例如，Oozie 工作流作业），处理子实体可以创建/执行更小的处理子实体（例如，Oozie 工作流行为）。得知处理子实体丢失了一个 SLA 需求可以有助于主动识别更大的丢失 SLA 需求处理实体的可能性。SLA 从一个更高层的实体遍历到一个低层实体可能有助于你主动识别 SLA 的问题。对于一些处理实体的 SLA 违反可能会提醒你，由于 SLA 的丢失还会有什么受到了影响。如果高层处理实体的警报已经被触发了，那么层次信息也可以被任何监控系统所使用，以忽略处理子实体的 SLA 警告。监控系统可以利用 SLA 活动的父子关系，通过 SLA 活动以提供一个整体的导航
notification-msg, upstream-apps	可以追加到 SLA 事件的额外信息
alert-contact, dev-contact, qacontact, se-contact	这些元素为每个角色指定了联系信息。通过将联系信息作为SLA注册事件的一部分来提供，任何监控系统都不必处理任何应用程序和电子邮件的注册/管理。要更改联系人信息的应用程序必须在应用程序的 SLA 信息中完成

指定 SLA 需求作为活动本身定义的一部分允许更简单地读取整体定义——执行和 SLA 信息都被放置在一起。

当 SLA 被包含在工作流/协调器的定义中时，每个对应行为的调用会导致在 Oozie 数据库的 oozie.SLA_EVENTS 表中记录 SLA 信息。图 4-4-12 展示了 SLA_EVENTS 表的定义：

该表为每个 SLA XSD 元素都包含了一个字段，为内部记账包含了一些额外的字段。XSD 元素和相应字段之间的映射是直接的，表 4-4-8 中列出了一些例外情形。

如表 4-4-8 所示，nominal-time 不映射到任何列。相反，写在 expected_start 列中的值是 nominal-time 元素中指定的值以及 should-start 元素中指定的偏移量的计算总和。类似地，expected_ end 计算为 nominal-time 加上 should-end。

Column Name	Data Type	Type Name	Column Size
event_id	-5	BIGINT	19
alert_contact	12	VARCHAR	255
alert_frequency	12	VARCHAR	255
alert_percentage	12	VARCHAR	255
app_name	12	VARCHAR	255
dev_contact	12	VARCHAR	255
group_name	12	VARCHAR	255
job_data	-1	TEXT	65535
notification_msg	-1	TEXT	65535
parent_client_id	12	VARCHAR	255
parent_sla_id	12	VARCHAR	255
qa_contact	12	VARCHAR	255
se_contact	12	VARCHAR	255
sla_id	12	VARCHAR	255
upstream_apps	-1	TEXT	65535
user_name	12	VARCHAR	255
bean_type	12	VARCHAR	31
app_type	12	VARCHAR	255
event_type	12	VARCHAR	255
expected_end	93	DATETIME	19
expected_start	93	DATETIME	19
job_status	12	VARCHAR	255
status_timestamp	93	DATETIME	19

图 4-4-12　SLA_EVENTS 表

表 4-4-8 XSD 和 SLA_EVENTS 表之间的特殊映射

XSD 元素	表 列
nominal-time	没有列
should-start	expected_start = nominal-time + should_start
should-end	expected_end = nominal-time + should_end

此外，该 SLA_EVENTS 表包括了字段 status_timestamp，其中包含了 SLA 记录的时间戳。

sla_id 字段包含了去往表 COORD_JOBS 和 COORD_ACTIONS 的外键。这些表包含了所有协调器行为的所有的时间和状态信息。此外，表 COORD_ACTIONS 包含了去往表 WF_JOBS 和 WF_ACTIONS 的外键，它包含了工作流行为的所有时间和状态信息。因此，使用来自 SLA_EVENTS 表的字段 sla_id 允许你连接 SLA 事件和协调器及工作流作业，如图 4-4-13 所示。

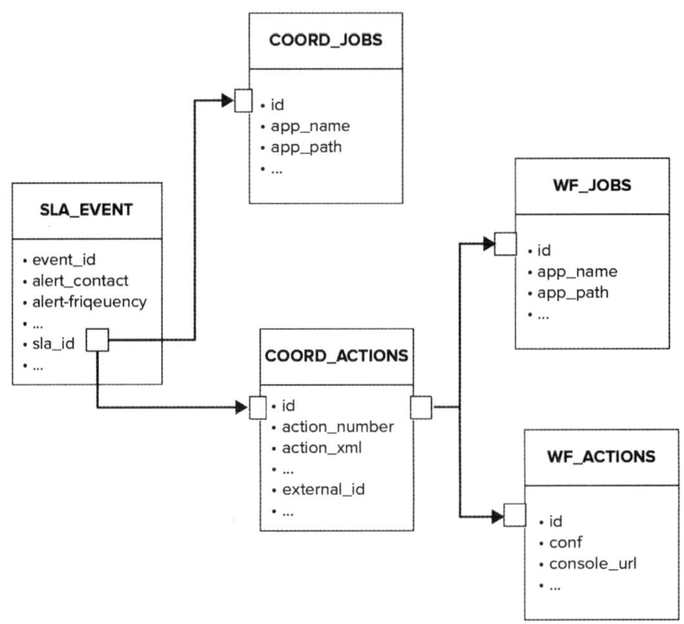

图 4-4-13 来自 SLA_EVENTS 表的 Oozie ER 导航

表 4-4-9 给出了由 Oozie 插入的 SLA_EVENTS 表中的一些字段。

表 4-4-9 由 Oozie 自动填充的 SLA_EVENTS 字段

字 段	注 释
bean_type	这是负责将数据记录至 SLA_EVENTS 表的 Java 类。默认的类是 SLAEventBean。它负责自定义 Oozie，使用你自己的类来记录 SLA 事件
app_type	该字段的可能值包括 COORDINATOR_ACTION、WORKFLOW_JOB 和 WORKFLOW_ACTION
job_status	该字段的可能值包括 CREATED、STARTED 和 SUCCEEDED。它在 SLA 下对应于 Oozie 行为的不同生命周期阶段。通常，每个行为在 SLA_EVENTS 表中有多条记录，每条记录对应于生命周期的特定阶段

其他字段包括 group_name、user_name 和 status_timestamp。

根据工作流或协调器的 SLA 片段内容，Oozie 填充了 SLA_EVENTS（它对应于 SLA XSD 的元素）中的表字段。可以使用工作流和协调器 ELs 使内容动态化。

此外，Oozie 支持通过 Oozie CLI 访问当前的 SLA 信息，允许特定的 SLA 查询。

默认情况下，Oozie SLA 是禁用的。通过向 Oozie 注册 SLA XSD，可以启用它。可以通过添加 sla.xsd 的引用到 oozie-site.xml 的方式来达成，如代码清单 4-4-9 所示。

代码清单 4-4-9　启用 Oozie SLA

```
<property>
<name>oozie.service.SchemaService.wf.ext.schemas</name>
<value>oozie-sla-0.1.xsd </value>
</property>
```

这是 Oozie 的 4 个关键组件的整体视图，有助于你理解 Oozie 的基本功能。下一个模块使你进一步洞悉 Oozie 的使用。

知识检测点 4

Oozie 是 Hadoop 的工作流引擎。讨论它与其他工作流应用程序（例如，一份请假请求审批或采购订单审批软件）的不同。

练习

基于图的问题

1. 考虑下面的图：

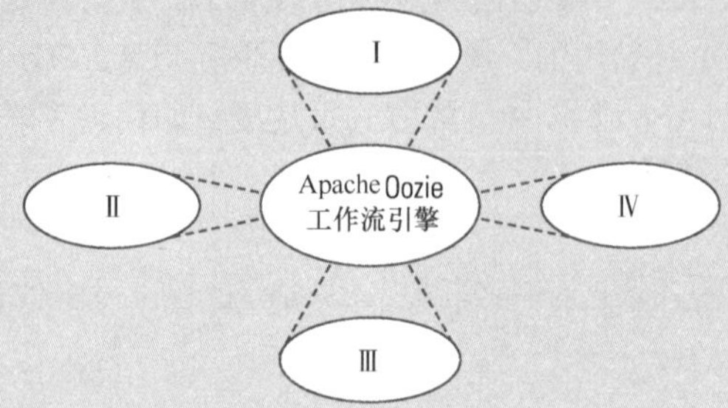

a. 谈谈 Apache Oozie 工作流引擎的 4 个主要组成部分。

b. 区分 Oozie 工作流和 Oozie 套件。

c. 列出 SLAs 的功能。

d. 列出 Apache Oozie 工作流引擎所解决的难题。

2. 考虑下面的图：

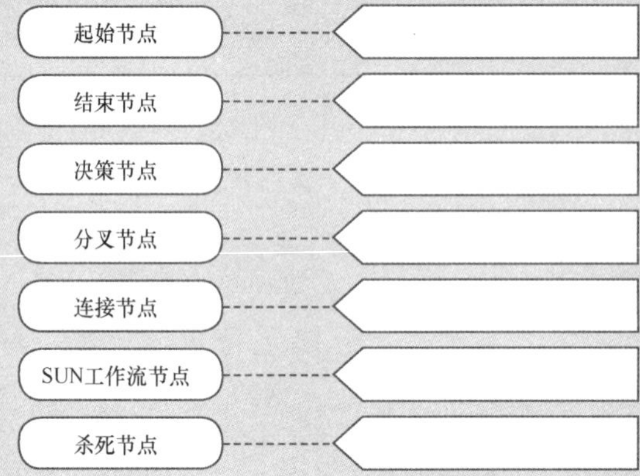

a. 填写恰当的描述。

b. 子工作流的功能是什么？

c. 区分分叉节点和连接节点。

d. 流控节点的功能是什么？

多项选择题

选择正确的答案。在下面给出的“标注你的答案”里将正确答案涂黑。

1. Oozie 工作流组件完成哪几项？

a. 提供了对于定义和执行 MapReduce、Hive 和 Pig 作业的受控顺序的支持

b. 根据事件和现有的系统资源，提供了对于工作流自动化执行的支持

c. 提供了批处理一组可被一同管理的协调器应用程序的方式

d. 提供对于工作流应用程序执行的跟踪支持

2. Oozie 工作流定义的根据是：

a．过渡　b．传输　c．事务　d．渗透

3. Oozie 工作流是由以下哪项管理的？

a．超时执行条件　b．运行时执行条件

c．有限时间的执行条件　d．无时间执行条件

4. Oozie 所提供的一种行为节点是：

a．COBAR 行为　b．java 6 行为

c．pig 行为　d．map 行为

5. Oozie 扩展行为之一是：

a．顶层行为　b．java 行为

c．snoop 行为　d．hive 行为

6. 你正在运行 Oozie 工作流应用程序。Oozie 使用哪种机制来检测应用程序的完成？

a．储备　b．唤醒　c．回调　d．召回

7. 如果 Hadoop 集群上的作业执行失败了，返回给 Oozie 服务器的信息片段之一是：

a．线程-字符串参数　b．错误消息

c．回调选项　d．布尔值

8. 启动器安全管理器是：

a．指派安全负责人　b．控制 Hadoop 作业的安全方面

c．支持 HDFS 操作的执行　d．解析 XML 片段

9. MapReduce Oozie 行为有效地创建了两个 MapReduce 作业。它们是：

a．Oozie 启动器和实际作业　b．Oozie 启动器和测试作业

c．Oozie 启动器和作业执行　d．Oozie 启动器和调试作业

10. Oozie 协调器所根据的事实之一是：

a．规定时间　b．执行行为

c．额外时间　d．实际时间

标注你的答案（把正确答案涂黑）

1.	a	b	c	d	6.	a	b	c	d
2.	a	b	c	d	7.	a	b	c	d
3.	a	b	c	d	8.	a	b	c	d
4.	a	b	c	d	9.	a	b	c	d
5.	a	b	c	d	10.	a	b	c	d

测试你的能力

简要解释下 Oozie SLA 组件的功能。

备忘单

- Oozie 是一个工作流/协调器系统，用于管理 Apache Hadoop 作业。Oozie 的 4 个主要功能组件是：
  - Oozie 工作流；
  - Oozie 协调器；
  - Oozie 套件；
  - Oozie 服务级别协议（SLA）。
- Oozie 共享库组件位于 Oozie 根目录中，并包含 Oozie 执行所使用的代码。
- Oozie 工作流定义根据如下概念：
  - 行为；
  - 转换；
  - 工作流；
  - 工作流应用程序；
  - 工作流作业；
  - 同步；
  - 异步。
- 下面 Oozie 工作流中的两种类型的条件管理转换：
  - 结构条件；
  - 运行时执行条件。
- Oozie 工作流节点可以是流控节点或是行为节点。
- 行为节点为工作流提供了一种方式去启动计算/处理任务的执行。
- 使用如下两种机制，Oozie 可以检测计算/处理任务的完成：
  - 回调；
  - 轮询。
- 每个 Oozie 异步行为都使用恰当的行为/执行对。
- 启动器使用下面的内容：
  - PrepareActionsDriver 类；
  - FileSystemActions 类；
  - ActionType 类；
  - LauncherMapper 类；
  - LauncherSecurityManager。
- Oozie 为工作流作业提供了恢复的能力，它利用了 Hadoop 集群恢复的能力。
- 工作流作业的可能状态为：
  - PREP；
  - RUNNING；
  - SUSPENDED；
  - SUCCEEDED；
  - KILLED；
  - FAILED。
- Oozie 协调器支持 Oozie 工作流进程的自动启动。
- Oozie 协调器的执行是基于如下概念的：
  - 实际时间；
  - 名义时间；
  - 数据集；
  - 异步数据集；
  - 输入输出事件；
  - 协调器行为；
  - 协调器应用程序；
  - 协调器作业。
- 协调器作业可以处于如下状态之一：
  - PREP；
  - RUNNING；
  - PREPSUSPENDED；
  - SUSPENDED；
  - PREPPAUSED；
  - PAUSED。

- SUCCEEDED；
- DONWITHERROR；
- KILLED；
- FAILED。

❍ Oozie 套件处于抽象的顶端，使你能够把协调器应用的集合分组为一个套件应用，在本节前面这被定义成一个数据管道。

❍ Oozie 套件使用以下概念：
- 启动时间；
- 套件行为；
- 套件应用程序；
- 套件作业。

❍ 每一个协调器元素，都需要如下内容：
- 名称；
- 应用程序路径；
- 配置。

❍ 在任何时候，一个 Bundle 作业可以处于以下状态之一：
- PREP；
- RUNNING；
- PREPSUSPENDED；
- SUSPENDED；
- PREPPAUSED；
- PAUSED；
- SUCCEEDED；
- DONEWITHERROR；
- KILLED；
- FAILED。

❍ 表示 Oozie 作业的可执行对象是：
- 套件对象；
- 协调器对象；
- 工作流对象（完整的工作流 DAG）；
- 工作流行为对象。

❍ 每个可执行对象可以处于两个下列状态之一：
- 等待状态；
- 执行状态。

❍ Oozie 提供了 3 个基本的编程方式去访问 Oozie 服务器：
- Oozie Web 服务 API；
- Oozie CLI 工具；
- Oozie Java 客户端 API。

第5讲

使用 Oozie

模块目标

学完本模块的内容，读者将能够：

⏭	设计和实现 Oozie 工作流

本讲目标

学完本讲的内容，读者将能够：

⏭	设计 Oozie 应用程序
⏭	实现 Oozie 工作流
⏭	实现 Oozie 协调器应用程序
⏭	实现 Oozie 套件
⏭	部署、测试和执行 Oozie 应用程序

“一个可以按两倍速度生成
正确结果的程序是无限慢的

——John Osterh

在前面几讲中，你学习了 Oozie、它的主要组件以及它们的功能。在实际应用中阐述 Oozie 用法的最简单的方式是展示一个端到端的例子。因此本讲通过一个详细的例子给你阐述其用法。

有了这个例子的帮助，你将学习到 Oozie 作业的各种设计和实现（包括工作流、协调器和套件作业）。你还将学习到 Oozie 工作流行为的实现方法以及需要权衡考虑的因素。此外，你将学习安装和调用不同类型的 Oozie 作业。

端到端的实现在这里展示了 Oozie 大部分的能力，并揭示了典型的 Oozie 的用法。在本讲，你将逐步构建端到端的实现，帮助解决一个现实世界中的问题。让我们以一个你将要解决的问题的描述作为开始。

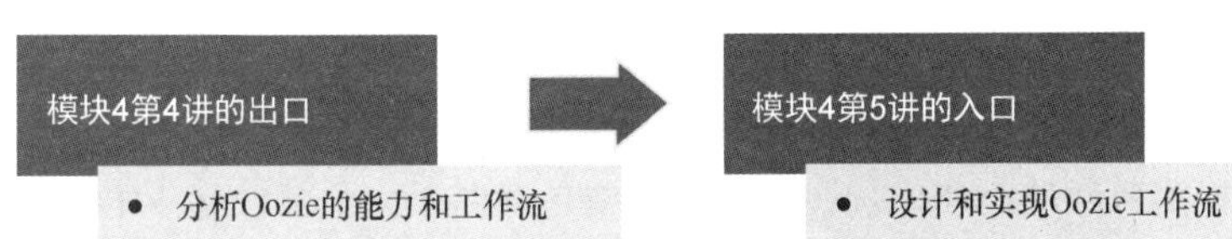

5.1　业务场景：使用探测包验证关于位置的信息

本节中所讨论的问题与使用探测包验证关于位置的信息相关。在深入探索该问题之前，让我们建立一些定义。

位置或**兴趣点**是对于某些人来说是重要的特定位置。另外，这些位置与解释了他们的兴趣或重要特性的数据相关联。这些通常是人们访问娱乐、互动、服务、教育和其他类型社交活动的位置。这些位置的例子包括餐馆、博物馆、剧院、体育场馆、酒店和地标。许多公司收集关于这些地方的数据，并在他们的应用程序中使用这些数据。

在电信行业，**探测包**是从移动设备发出的信息小包。当设备活跃并运行地理应用程序（如地图、导航、天气及交通报告）时，大多数智能手机会定期发送探测包。探测包根据不同的运营商会有不同的频率，范围可能从 5 秒到 30 秒。探测包通常是针对手机运营商（如 Verizon、Sprint 和 AT&T）和/或手机制造商（如苹果、诺基亚和 HTC）的。

探测器中的属性的准确格式和集合依赖于运营商，但是每个探测包中的核心属性通常都包含：

- 设备 ID；
- 时间戳；
- 纬度；
- 经度；
- 速度；
- 运动方向；
- 服务提供商。

设备 ID 在指定时间间隔内（如 5 分钟）随机变化。

探测包被广泛应用于流量分析，但是在本讲中，使用与位置有关的探测包。

可以从不同的提供商（如麦当劳、星巴克或万豪连锁酒店），或从专为收集来自社区信息而设计的网站，接收关于位置的信息。这些信息刚开始时可能会有部分不正确，或者它可以随着时间的推移而改变。现有的地点可以移动到新的位置，关闭或更改属性。新的地点不断地涌现。

探测包对于地点信息的验证是一种有用的工具。通过对地点的完全定义，人们应当去那里并待上一段时间。因此，放置位置应当对应于探测包的集群，即位置周围的探测包会很拥挤。

定 义

聚类是根据相似性的一组对象的分组（在不同的聚类问题中，相似性可能意味着不同的内容）。有了聚类，给定集群中的对象彼此的相似度比其他集群中对象更为相似。

位置验证是一个复杂的、多步骤的过程，需要多个 MapReduce 作业协调执行，并监控它们执行的条件。此外，位置验证必须定期执行（最好不要用户干预），假定执行的数据已准备就绪。

让我们从这种情况的实施设计开始。

5.2 根据探测包设计位置验证

假定你有一个探测包存储库和位置存储库。探测包存储库大小可以有 PB，而一个位置存储库可以有数百 TB。

下面似乎是实现一个根据探测包的位置验证的合理步骤。

（1）为指定的时间间隔，从探测包存储库中选择探测包的数据以及位置。

（2）提取**探测包链**。这里的想法是从在一个地方呆过一段时间的人的设备中发现一组探测包。更确切地说，这里的一种常见技术包括分类探测包链（如行人或交通），并从常见的停留中提取“停留点”。然而，为了简单起见，该例子中并不包含这些细节。

（3）把股都分配给地理瓦片。在实践中，可以很方便地并行使用多个带有不同瓦片尺寸的地理瓦片系统（地理散列水平）。

定 义

地理瓦片是把空间划分成有限数量的不同形状。该实现使用相同大小的包装盒。缩放级别定义了瓦片的尺寸。通常，对于缩放级别 n，世界的瓦片数量为 2^n。

（4）把位置分布到地理瓦片。

（5）计算**位置的参与指数**。位置参与指数捕获了位于位置附近的一定数量的道路，这通常与一组位置相关联。使你能够估算有多少人出现在这个地方，人们在此停留多久，以及这些参数随着时间推移的分布情况。

（6）点是通过地理位置而聚集的。点使用不与当前已知位置相关联的集群，以便能发现新的候选位置。

在进行过程设计之前，先看一下这个例子实现的一些其他注意事项。

- 信息随着时间的推移而变化——到了新的探测包、位置信息改变了等。这就意味着，整个流程应当定期运行，以能够使用新的信息。
- 探测包和位置信息是动态的，而且是不断变化的。这意味着数据准备通常以不同的时间表运行，而不是运行在实际的数据处理上。
- 计算位置的参与指数是一种验证功能，通常比聚集链（这是一种预测性操作）更加重要。因此，这两者应当以不同的频率进行计算。

- 用于探测包和位置的数据准备过程可以在其他应用中重复使用。
- 每个步骤应当通过电子邮件报告失效（如果发生）。

附加知识 设计 Oozie 工作流的最佳实践

当设计 Oozie 工作流时，尽量遵循代码重用的最佳实践。根据这些最佳实践，工作流应当足够地大，以封装完整的业务功能。另一方面，类似于任何其他的软件开发，过程越大，调试和维护也就越困难。

这意味着，Oozie 工作流设计是试图将过程保持得尽量小和确保它实现一个完整的业务功能之间的一种折中。

如果这个过程的业务功能是相当大的，常见的流程设计实践之一是基于子过程的使用（在 Oozie 的情况下是子工作流），进行组件化。

根据所有这些需求，使用探测包验证位置信息的整体解决方案需要实现 3 个工作流过程：

- 数据的准备；
- 位置参与指数的计算；
- 簇链的计算。

这些每一个过程都需要它自己的协调应用程序来定义它的执行频率，以及输入和输出事件。最后，一个捆绑的应用程序可以在一个数据管道中，把整个执行整合起来。

现在让我们看看这个场景的工作流设计。

知识检测点 1

你能否想到位置验证的其他替代应用程序吗？

5.3 设计 Oozie 工作流

图 4-5-1 展示了第一个工作流过程。这个数据准备工作流过程包含了叉和连接节点，从而允许位置和探测包的数据准备可以并行运行。

位置的数据准备包含了两个必须顺序执行的步骤。

（1）第一步为一个给定区域选择位置数据，并通过 Hive 查询来实现它。

（2）第二步是地理瓦片化位置信息，在这里是一种以 `java` 行为实现的 MapReduce 作业。

技术材料

在数据准备工作流中的大多数行为是“业务行为”。换句话说，他们按本讲前面部分的描述，实现了应用程序的功能。这里的一个例外是使用 Oozie 内置的（扩展）`email` 行为实现的成功/错误通知，以及使用 Oozie 流控决策节点实现的错误诊断。

探测包的数据准备包含了 3 个必须顺序执行的步骤。

（1）为给定区域选定探测包的数据，并实现为 Hive 查询。

（2）构建簇链，并实现为一个 Pig 脚本。

（3）该地理瓦片化的步骤与先前描述的探测包瓦片化的步骤是一样的。

所有的业务步骤都发生在“交叉连接”部分中，它从图 4-5-1 显示的分叉节点开始，结束于连接节点。在每一步结束时，工作流检查该步骤是否已经成功地完成了。如果有，控制将被转移到下一步。否则，控制将被立即转移到连接节点上。

连接节点之后，决策节点决定了在任何先前步骤中错误的发生。如果发生了错误，决策节点把控制转移给报告故障节点，它通过电子邮件发送错误通知。该电子邮件包括了失败的确切原因以及错误步骤的详细信息。否则，决策节点将控制转移给报告成功节点，它发送成功通知的电子邮件。

如图 4-5-2 所示，计算考勤指数的考勤工作流是简单的。其主要行为是计算考勤指数，这可以使用 `pig` 行为来实现。该工作流也检查行为的执行失败。如果行为失败了，工作流将错误发送给工作人员；否则，它发送成功的电子邮件。

图 4-5-3 给出了解决这个问题的第三个过程。集群工作流流程的主要活动是计算簇链，这是在 `java` 行为节点中，实现成了 MapReduce 作业。这一过程还检查了其执行的成功与失败。因此，它发送一个成功的电子邮件或失败的电子邮件。

现在工作流设计已经完成，你必须实现该流程。不幸的是，Oozie 并不提供图形化的流程设计器，所以从流程设计到实际实现的转换必须通过手工完成。

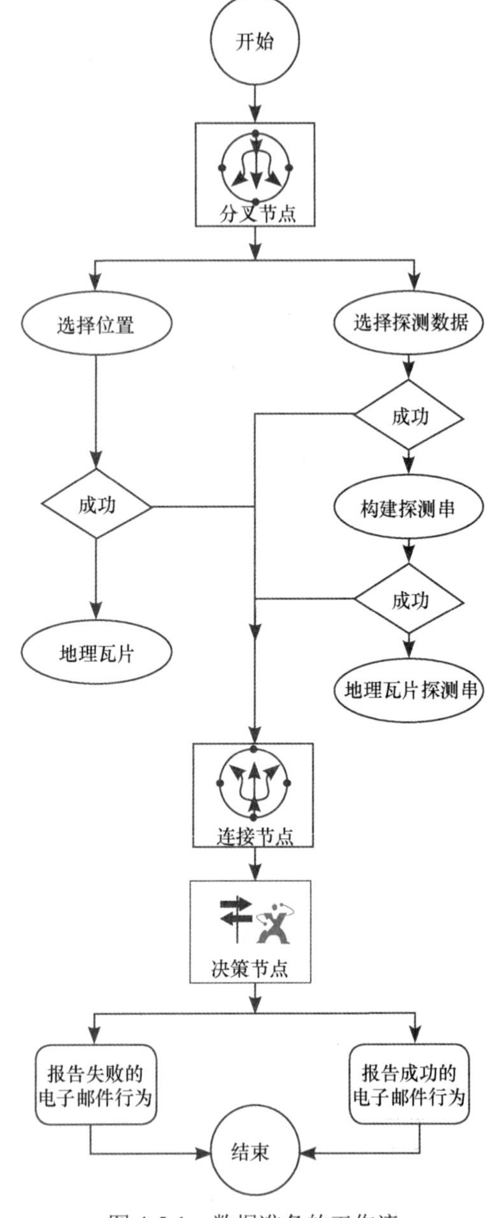

图 4-5-1　数据准备的工作流

知识检测点 2

为什么设计一个优良的 Oozie 工作流是重要的？

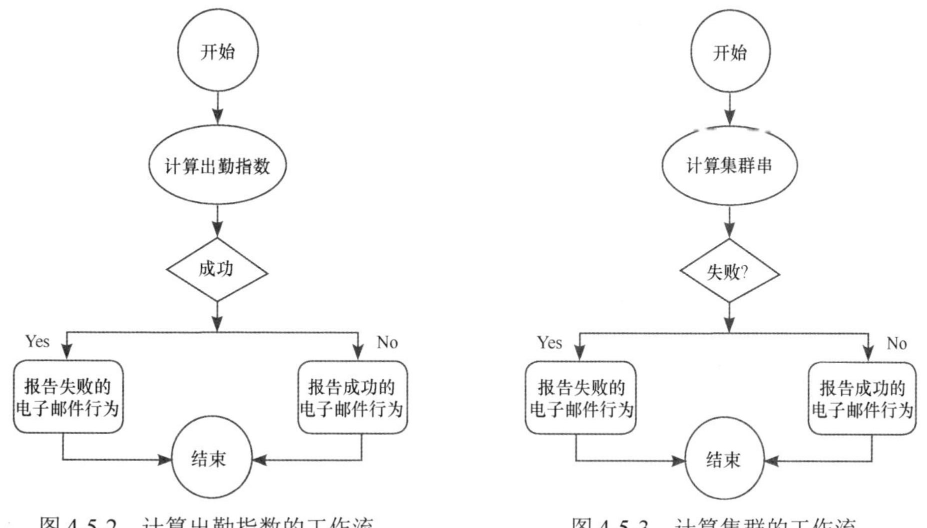

图 4-5-2　计算出勤指数的工作流　　　图 4-5-3　计算集群的工作流

5.4　实现 Oozie 工作流应用程序

在进行流程实现之前，假设在先前描述的工作流中所用到的 java、hive 和 pig 行为是通过相应的 Java 类、HQL 脚本或 Pig Latin 脚本来实现的，如表 4-5-1 所示。

表 4-5-1　工作流行为中的编程构件

行为名称	类型	Java 类/Pig 或 Hive 脚本	主要的 Jar 和额外的 jar
select-probes	hive	CLUSTER/selectProbes.hql	
select-probes	hive	CLUSTER/selectPlaces.hql	
build strands	pig	CLUSTER/strands.pig	
geotile-strands	java	com.practicalHadoop.geotile.Strands	W4Session3*.jar,*.jar
geotile-strands	java	com.practicalHadoop.geotile.Places	W4Session3*.jar,*.jar
calculate attendance index	pig	CLUSTER/attendInd.pig	
calculate cluster strands	java	com.practicalHadoop.strands.Cluster	W4Session3*.jar,*.jar

为了使在本讲剩余部分中所示的代码片段易于管理，该例子的实现是逐渐增强的。它以完整的实现作为开始，省略了很多细节。然后，随着讨论和解决方案实现的进展，需要迭代地添加更多的细节。

5.4.1　实现数据准备工作流

从为数据准备流程构建 data-prep-wf 工作流开始，如图 4-5-1 所示。代码清单 4-5-1（代码文件：dataPrepWf.xml）展示了 data-prep-wf 工作流的框架。

代码清单 4-5-1　数据准备流程的工作流

```
<?xml version="1.0" encoding="UTF-8"?>
<workflow-app name='data-prep-wf' xmlns='uri:oozie:workflow:0.3'
```

```
xmlns:sla="uri:oozie:sla:0.1">
<start to='prep-fork'/>
<fork name="prep-fork">
<path start="select-probes"/>
2 <path start="select-places"/>
</fork>
<action name='select-probes'>
<hive xmlns="uri:oozie:hive-action:0.2"> [HIVE ACTION BODY] </hive>
3 <ok to="build-strands"/>
<error to="prep-join"/>
</action>
<action name='build-strands'>
<pig> [PIG ACTION BODY] </pig>
<ok to="geotile-strands"/>
4 <error to="prep-join"/>
<sla:info> [SLA SECTION] </sla:info>
</action>
<action name='geotile-strands'>
<java> [JAVA ACTION BODY] </java>
<ok to="prep-join"/>
<error to="prep-join"/>
<sla:info> [SLA SECTION] </sla:info>
</action>
<action name='select-places'>
<hive xmlns="uri:oozie:hive-action:0.2"> [HIVE ACTION BODY] </
hive>
<ok to="geotile-places"/>
<error to="prep-join"/>
</action>
<action name='geotile-places'>
<java> [JAVA ACTION BODY] </java>
<ok to="prep-join"/>
<error to="prep-join"/>
5 <sla:info> [SLA SECTION] </sla:info>// 5
</action>
<join name="prep-join" to="report-success"/>
<decision name="check-err">
<switch>
<case to "report-failure">${wf:lastErrorNode() != null}</case>
<default to="report-success"/>
</switch>
</decision >
<action name='report-success'>
<email xmlns="uri:oozie:email-action:0.1"> [EMAIL ACTION BODY] </
email>
<ok to="end"/>
<error to="fail"/>
</action>
<action name='determine-error'>
<java> [JAVA ACTION BODY] </java>
```

```
<ok to="report-failure"/>
<error to="fail"/>
</action>
<action name='report-failure'>
<email xmlns="uri:oozie:email-action:0.1"> [EMAIL ACTION BODY] </
email>
<ok to="fail"/>
<error to="fail"/>
</action>
<kill name="fail">
<message>
validate-places-wf failed, error message: [${wf:errorMessage(wf:la
stErrorNode())}]
</message>
</kill>
<end name="end"/>
<sla:info> [SLA SECTION] </sla:info>
</workflow-app>
```

代码清单 4-5-1 的解释

1	start 节点指向实现的第一个节点的名称——在这个例子中，是 fork 行为
2	在 fork 行为的实现中，通过为每一个并行线程指定执行路径，就定义了并行执行
3	每一个行为都包含了两个标签：ok 和 error。在活动成功执行的情况下，ok 标签定义了转换。在执行失败的情况下 error 标签定义了转换
4	join 行为的实现只包含了一个名称。实际的连接是通过多种行为来完成的，它们指定了去往 join 行为的转换
5	<sla:info>被包含在单个行为和作为整体的工作流当中

代码清单 4-5-1 给出了所有的 Oozie 行为节点和用在流程中的流控节点。对于行为而言，该代码清单只展示了名称和类型、流控定义和行为主体部分的占位符。

在本书的撰写中，hive 行为和电子邮件行为是对于主工作流规范（0.3）的扩展。要让 Oozie 服务器理解这些扩展，你应该把行为模式定义文件放置于 Oozie conf 目录中。Oozie oozie-site.xml 文件应当包含代码清单 4-5-2 中所示的行，它也包含了 Oozie 的服务级别协议（Service Level Agreement，SLA）的支持。

代码清单 4-5-2　扩展针对 hive 行为、email 行为和 SLA 定义的 Oozie 模式

```
<property>
<name>oozie.service.SchemaService.wf.ext.schemas</name>
<value>oozie-sla-0.1.xsd,hive-action-0.2.xsd,email-action-0.1.xsd</value>
</property>
```

快速提示　读者可以在 Apache 的 Oozie（Action 扩展部分）文档中找到 hive 和 email 行为的模式，在 Apache 协调器规范说明中找到 SLA 的模式。

整体数据准备工作流包括多个行为，包含了 java 行为、pig 行为、hive 行为和 email 行为。代码清单 4-5-1 只给出了行为的名称和类型。在现实中，要在工作流中实现这些行为，你需要更多的配置信息。在下面的小节中，你将学习如何配置每种行为类型。

java 行为

代码清单 4-5-3（代码文件：dataPrepWf.xml）给出了 geotile-strands 的 java 行为的扩展定义。（许多被遗漏的部分，包括 PREPARE、CONFIGURATION 和 SLA 会在稍后给出。）geotile-strands 的 java 行为使用驱动器模式，在集群上提交 MapReduce 作业。

代码清单 4-5-3　Oozie java 行为

```
<action name='geotile-strands'>
<java>
<job-tracker>${jobTracker}</job-tracker>
<name-node>${nameNode}</name-node>
<prepare> [PREPARE SECTION] </prepare>
<job-xml>${geotileStrandsProperties}</job-xml>
<configuration> [CONFIGURATION SECTION] </configuration>
<main-class> com.practicalHadoop.geotile.Strands</main-class>
<java-opts>${Dopt_loglevel} ${Xopt_jvm}</java-opts>
<arg>-tileSize=${tileLevel}</arg>
<arg>-strandCenter=${strandCenter}</arg>
<arg>-bBox=${bbox}</arg>
<arg>-strandCardinality=${cardinality}</arg>
<arg>-centerMethod=${strandCenterMethod}</arg>
<capture-output/>
</java>
<ok to="prep-join"/>
<error to=" prep-join"/>
<sla:info> [SLA SECTION] </sla:info>
</action>
```

交叉参考　本讲稍后会讨论 Oozie 行为的配置参数。

Oozie 的 java 行为定义首先指定了 Hadoop 集群的 JobTracker 和 NameNode。（记住，java 行为是作为一种 MapReduce 作业来执行的。）

你使用<job-xml>元素在 **Hadoop 分布式文件系统**（HDFS）上指定行为配置文件的位置。

<main-class>元素在 main() 方法中指定了 Java 类，在 Hadoop 作业中它被用作执行行为代码的起始点。<java-opts>元素使你能够覆写 Java 虚拟机（JVM）的选项。

在代码清单 4-5-3 中，<java-opts>元素使用**表达式语言**（EL）的表达式来定义 logLevel 参数和 java 选项。行为定义只能包括一个<java-opts>元素。

<arg>元素使你能够为以 java 行为启动的 Java 程序指定参数。在代码清单 4-5-3 中，tileSize 命名的参数是以${tileLevel} EL 表达式定义的。

再次强调，它假定了 tileLevel 属性的值已经被定义了。一个 java 行为可以有多个<arg>元素。

<capture-output/>元素为 Oozie 指定了，java 行为将返回一些（名称/值的字符串对）数据，这些数据将被放置在工作流的执行上下文环境中。该数据成为工作流执行上下文的一部分，并可在同一工作流的其他行为中使用。该特性会在本讲中进一步地阐述。

<prepare>元素

Oozie 行为可能需要一些先决条件。这种先决条件的一个例子是在 HDFS 上存在有特定的目录结构。行为的`<prepare>`元素使你能够定义功能，以确保这些先决条件得以满足。例如，请记住当 MapReduce 作业启动时，不应当存在 MapReduce 作业的输出目录。可以使用`<prepare>`元素在启动 MapReduce 作业之前显示删除此目录。

代码清单 4-5-4 演示了 geotile-strands 的 java 行为中`<prepare>`元素的内容。

代码清单 4-5-4 Oozie 行为的<prepare>元素

```
<prepare>
<delete path="${strandsTilesPathTmp}"/>
<delete path="${strandsTilesPathOut}"/>
<mkdir path="${strandsTilesPathTmp}"/>
</prepare>
```

在此代码清单中，`<prepare>`元素通知 Oozie：

- 删除然后重建由${strandsTilesPathTmp}表达式所指定的目录；
- 删除由${strandsTilesPathOut}表达式所指定的目录，这被认为是 MapReduce 作业的输出目录。

<configuration>元素

Oozie 工作流使你能够在`<configuration>`元素中为单个行为定义执行参数，如代码清单 4-5-5 所示。

代码清单 4-5-5 Oozie 行为的<configuration>元素

```
<configuration>
<property>
<name>pool.name</name>
<value>ARCHITECTURE</value>
</property>
<property>
<name>oozie.launcher.pool.name</name>
<value>ARCHITECTURE</value>
</property>
<property>
<name>oozie.launcher.mapred.job.priority</name>
<value>HIGH</value>
</property>
<property>
<name>mapred.job.priority</name>
<value>HIGH</value>
</property>
<property>
<name>spatial4jVer</name>
<value>5.2</value>
</property>
</configuration>
```

在代码清单 4-5-5 中，`<configuration>`元素指定了：

- `geotile-strands java` 行为的公平调度参数（即池的名称和优先级）；
- 在 `spatial4jVer` 属性中 `geotile-strands` 行为的 `spatial4j` 库的版本。

<sla:info>元素

正如在前面几讲中所了解到的那样，SLA 是服务合同的标准部分，它指定了可计量条件下的服务质量。更特别的是，SLA 是由业务需求决定的，并取决于服务的性质。

Oozie 作业和对应的 Hadoop 作业都属于**批处理作业**的范畴。这些作业的分布式性质以及由 Hadoop 提供的高度自动化的资源管理和故障转移决定了 Oozie SLA 的细节。

交叉参考 模块 4 第 2 讲中已经讲过 Oozie SLA 的知识。

预备知识 参阅本讲的预备知识，学习服务级别协议。

代码清单 4-5-6 给出了 `geotile-strands` 行为的 SLA 定义的例子，它利用了 Oozie 提供的所有的 SLA 特性。

代码清单 4-5-6　Oozie 行为的<sla:info>元素

```
<sla:info>
<sla:app-name> geotile-strands </sla:app-name>
<sla:nominal-time>${startExtract}</sla:nominal-time>
<sla:should-start>${5 * MINUTES}</sla:should-start>
<sla:should-end>${15 * MINUTES}</sla:should-end>
<sla:parent-client-id> data-prep-wf </sla:parent-client-id>
<sla:parent-sla-id> validate-places </sla:parent-sla-id>
<sla:notification-msg>
notification for action: geotile-strands</sla:notification-msg>
<sla:alert-contact>sla.alert@team.com</sla:alert-contact>
<sla:dev-contact>sla>dev@team.com</sla:dev-contact>
<sla:qa-contact>sla.qa@team.com</sla:qa-contact>
<sla:se-contact>sla.se@team.com</sla:se-contact>
<sla:alert-frequency> ${24 * LAST_HOUR} </sla:alert-frequency>
<sla:alert-percentage>90</sla:alert-percentage>
<sla:upstream-apps> places </sla:upstream-apps>
</sla:info>
```

代码清单 4-5-6 显示的例子指定了：

- 预期的启动时间（`<sla:nominal-time>`）；
- 延误的阈值（`<sla:should-start>`）；
- 预期的完成时间（`<sla:should-end>`）。

正如前面几讲中所讨论的那样，使用来自其他 Oozie 数据库表的信息，监控系统可以控制这些条件的违规行为。

在这里的其他`<sla:info>`子元素被用来指定 SLA 违例通知的内容和地址。注意 `sla` 前缀定义在 `xmlns:sla="uri:oozie:sla:0.1"`命名空间中，作为一个属性包含在代码清单 4-5-1 的`<workflow-app>`元素中。

现在你知道如何使用和配置 java 行为了，让我们看一下 pig 行为。

pig 行为

正如你可能已经知道的那样，Apache Pig 是一种框架（有时候被称为一种平台），开发用于分析大型数据集。Pig 是由高层次语言所组成的，用于表达程序中的数据分析，外加执行这些程序所需的框架。Pig 提供了高层次的语言来指定 Hadoop 集群上高度并行的数据处理，从而扩充了 MapReduce 框架。

Oozie 以 pig 行为的形式，按如下方式为 Pig 应用程序提供了支持。

（1）Oozie 服务器使用 pig 行为定义来调用带有指定 Pig 脚本和参数的 Pig 运行时。

（2）Pig 运行时：

- 解释脚本；
- 为 MapReduce 作业生成 Java 代码；
- 提交并控制作业的执行；
- 将状态和消息从作业返回给 Oozie 服务器。

代码清单 4-5-7（代码文件：dataPrepWf.xml）给出了 build-strands pig 行为的定义。类似于 java 行为，pig 行为可以使用<prepare>、<job-xml>、<configuration>和<sla:info>元素。这些元素在 java 行为中扮演了相同的角色。

代码清单 4-5-7　Oozie pig 行为

```
<action name='build-strands'>
<pig>
<job-tracker>${jobTracker}</job-tracker>
<name-node>${nameNode}</name-node>
<prepare> [PREPARE SECTION] </prepare>
<job-xml>${buildStrandsProperties}</job-xml>
<configuration> [CONFIGURATION SECTION]</configuration>
<script>/user/practicalHadoop/pig/strands.pig</script>
<param>-distance=${distance}</param>
<param>-timeSpan=${timeSpan}</param>
</pig>
<ok to="geotile"/>
<error to="prep-join"/>
<sla:info> [SLA SECTION] </sla:info>
</action>
```

在实现中 pig 行为和 java 行为之间的一些差异如表 4-5-2 所示。

表 4-5-2　工作流行为的编程构件

java 行为	pig 行为
<main-class>元素定义了起始点	<script>元素定义了起始点
使用<java-opts>和<arg>元素将参数传递给 Java 脚本	使用<param>和<argument>元素将参数传递给 Java 脚本
将数据返回给工作流上下文，这意味着，它使用<capture-output/>元素	无法将数据返回给工作流上下文，这意味着，它无法使用<capture-output/>元素

hive 行为

Hive 是 Hadoop 的数据仓库系统，支持存储在 HDFS 和 HBase 中的大型数据集上的受限 SQL

查询。Hive 提供了一种机制，将数据映射到表定义中，并使用称作 **HiveQL**（HQL）的类 SQL 的语言去查询数据。类似于 Pig，Hive 解释 HQL 脚本并为 MapReduce 作业生成 Java 代码。

Oozie 以 hive 行为的形式，为 Hive 应用程序提供了支持。Oozie 服务器使用 hive 行为定义去调用带有特定 HQL 脚本和参数的 Hive 运行。在此之后，Hive 运行时解释脚本，为 MapReduce 作业生成 Java 代码，提交并控制作业执行，并最终将状态和消息从作业返回给 Oozie 服务器。

代码清单 4-5-8（代码文件：dataPrefWf.xml）给出了 select- probes hive 行为定义的框架。类似于 java 行为，hive 行为可以使用<prepare>、<job-xml>和<configuration>元素。用与 java 行为一样的方式来使用这些元素，在这里不对 hive 行为进行详细的研究。

代码清单 4-5-8　Oozie 的 hive 行为

```
<action name="select-probes">
<hive xmlns="uri:oozie:hive-action:0.2">
<job-tracker>${jobTracker}</job-tracker>
<name-node>${nameNode}</name-node>
<prepare> [PRAPRE SECTION] </prepare>
<job-xml>${selectProperties}</job-xml>
<configuration>
<property>
<name>oozie.hive.defaults</name>
<value> ${nameNode}/sharedlib/conf-xml/hive-default.xml </value>
</property>
[OTHER CONFIGURATION PROPERTIES]
</configuration>
<script>/user/practicalHadoop/hive/select.hql</script>
<param>-start=${startTime}</param>
<param>-end=${endTime}</param>
<param>-bbox=${bBox}</param>
</hive>
<ok to="validate-filter"/>
<error to="prep-join"/>
</action>
```

hive 行为的定义类似于 pig 行为的定义，下面是显著的差异：

- hive 行为不支持<argument>和<sla:info>元素；
- hive 行为定义的<configuration>部分应当指定了 hive-default.xml 文件在 HDFS 上的位置。

Oozie hive 行为是 Oozie 扩展行为之一。类似于前面几讲中所讨论的 SLA 案例，要使用 hive 行为，你必须用 oozie-site.xml 文件（参见代码清单 4-5-2）注册 Hive XSD 模式的定义。此外，你必须在工作流应用程序中包含 hive 的命名空间，如代码清单 4-5-8 所示（<hive>元素包含了属性 xmlns="uri:oozie:hiveaction:0.2"）。

email 行为

使用 email 行为，可以使用 Oozie 通知最终用户 Oozie 作业的执行流。代码清单 4-5-9（代码文件：dataPrepWf.xml）给出了 report-failure email 行为的定义。

代码清单 4-5-9　Oozie email 行为

```
<action name="report-failure">
<email xmlns="uri:oozie: email-action:0.1">
<to>${email -ADDRESSES}</to>
<cc>${email -CC_ADDRESSES}</cc>
<subject>validate-places-wf outcome</subject>
<body>data-prep-wf failed at ${wf:lastErrorNode()} with
${wf:errorMessage(wf:lastErrorNode())}</body>
</email>
<ok to="fail"/>
<error to="fail"/>
</action>
```

代码清单 4-5-9 中所示的 email 行为定义中的一个有趣细节是<body>元素的内容。EL 表达式${wf:lastErrorNode()}和${wf:errorMessage (wf:lastErrorNode())}使用 Oozie 的原生能力将错误信息传播给所有的工作流节点。

类似于 hive 行为，email 行为是一种 Oozie 的扩展行为。这意味着 email 行为的 XSD（XML 模式定义）文件应当用 oozie-site.xml 文件（参见代码清单 4-5-2）进行注册，<email>元素应当包含属性 xmlns="uri:oozie:emailaction:0.1"。

现在，你已经实现了一个数据展示工作流，你已经准备好了去实现其他两个工作流，计算考勤指数和集群簇。

5.4.2　实现考勤指数和集群簇的工作流

考勤指数和集群簇工作流是简单的，并且是彼此类似的。代码清单 4-5-10（代码文件：attendanceWf.xml）给出了 attendance-wf 工作流，以计算考勤指数。

代码清单 4-5-10　attendance-wf 工作流应用程序

```
<?xml version="1.0" encoding="UTF-8"?>
<workflow-app name="attendance-wf" xmlns="uri:oozie:workflow:0.3"
xmlns:sla="uri:oozie:sla:0.1">
<start to="attendance"/>
<action name="attendance">
<pig>
<job-tracker>${jobTracker}</job-tracker>
<name-node>${nameNode}</name-node>
<prepare> [PREPARE SECTION] </prepare>
<job-xml>${attendanceProperties}</job-xml>
<configuration> [CONFIGURATION SECTION] </configuration>
<script>/user/practicalHadoop/pig/attendInd.pig</script>
<param>-distance=${distance}</param>
<param>-timeSpan=${timeSpan}</param>
</pig>
<ok to="report-success"/>
```

```
<error to="report-failure"/>
<sla:info> [SLA SECTION] </sla:info>
</action>
<action name='report-success'>
<email xmlns="uri:oozie: email-action:0.1"> [email ACTION BODY]
</email>
<ok to="end"/>
<error to="fail"/>
</action>
<action name='report-failure'>
<email xmlns="uri:oozie:email-action:0.1"> [email ACTION BODY]
</email>
<ok to="fail"/>
<error to="fail"/>
</action>
<kill name="fail">
<message>
attendance-wf failed, error message: [${wf:errorMessage(wf:lastErr
orNode())}]
</message>
</kill>
<end name="end"/>
<sla:info> [SLA SECTION] </sla:info>
</workflow-app>
```

代码清单 4-5-10 中所示的 attendance-wf 工作流应用程序仅包含了一个异步行为——attendance pig 行为。此工作流应用程序中的所有元素都类似于本讲早前所讨论过的元素。

代码清单 4-5-11（代码文件：lusterWf.xml）中所示的 cluster-wf 工作流应用程序类似于 attendance-wf 工作流应用程序。

代码清单 4-5-11　cluster-wf 工作流应用程序

```
<workflow-app name="cluster-wf" xmlns="uri:oozie:workflow:0.3"
xmlns:sla="uri:oozie:sla:0.1">
<start to="cluster"/>
<action name="cluster">
<java>
<job-tracker>${jobTracker}</job-tracker>
<name-node>${nameNode}</name-node>
<prepare> [PRAPRE SECTION] </prepare>
<job-xml>${clusterProperties}</job-xml>
<configuration> [CONFIGURATION SECTION] </configuration>
<main-class>com.practicalHadoop.strand.Cluster</main-class>
<java-opts>${Dopt_loglevel} ${Xopt_jvm}</java-opts>
<arg>-version=${spatial4jVer}</arg>
<arg>-tileSize=${tileLevel}</arg>
<arg>-distance=$distance}</arg>
</java>
<ok to="report-success"/>
<error to="report-failure"/>
```

```
<sla:info> [SLA SECTION] </sla:info>
</action>
<action name='report-success'>
<email xmlns="uri:oozie:email-action:0.1"> [email ACTION BODY]
</email>
<ok to="end"/>
<error to="fail"/>
</action>
<action name='report-failure'>
<email xmlns="uri:oozie:email-action:0.1"> [email ACTION BODY]
</email>
<ok to="fail"/>
<error to="fail"/>
</action>
<kill name="fail">
<message>
cluster-wf failed, error message: [${wf:errorMessage(wf:lastError
Node())}]
</message>
</kill>
<end name="end"/>
<sla:info> [SLA SECTION] </sla:info>
</workflow-app>
```

此工作流仅包含了一个异步行为——cluster java 行为。该工作流应用程序中的所有元素都类似于本讲前面部分所讨论过的元素。

现在，你已经看到了工作流的实现，让我们看一下工作流活动的实现。

知识检测点 3

你需要多种技巧（Hive、MapReduce、XML）来创建 Oozie 工作流。这是 Oozie 的缺陷吗？讨论。

5.5　实现工作流的活动

总体而言，Oozie 不需要任何 Oozie 行为的特殊编程。例如，任何现有的 Pig 脚本或任何 HQL 脚本都可以在 Oozie 行为中使用。与 Java 节点和 MapReduce 节点相关的，有两个可能的例外。

正如本讲早前所描述的那样，Oozie 行为节点可以消费以参量形式传入的，来自执行上下文的参数。此外，Java 节点使你能够将一些执行结果传回到工作流执行的上下文中，供其他行为所使用。

让我们来看看如何从 java 行为传递参数到执行上下文中。

5.5.1　从 java 行为中填充执行上下文

要启动 java 行为发布参数（即字符串名称/值对的 map），该行为的定义就应当包括 <capture-output/>元素。代码清单 4-5-12 展示了从 java 行为发布参数的例子。

代码清单 4-5-12 从 Oozie java 行为发布参数的例子

```
Properties props = new Properties(); Props. setProperty("height", "7.8");
Props. setProperty("weight", "567");
String oozieProp = System.getProperty("oozie.action.output.
properties"); File propFile = new File(oozieProp);
OutputStream os = new FileOutputStream(propFile); props.store(os, "");
os.close();
```

`java` 行为成功执行之后，带有代码分配值的参数 `height` 和 `weight` 在 Oozie 工作流应用程序中就可用了，并可以以 EL 表达式的形式传递给后续行为，如下所示：

```
${wf:actionData(troll-recognizer')['height']}
${wf:actionData(troll-recognizer')['weight']}
```

现在，让我们讨论在 Oozie 行为中使用 MapReduce 作业的选项。

知识检测点 4

使用现有的 Pig 脚本和使用现有的 MapReduce 程序时，Oozie 工作流的定义会有什么差异吗？

5.5.2 在 Oozie 工作流中使用 MapReduce 作业

Oozie 提供了两种调用 MapReduce 作业的方式——实现了驱动器模式的 `java` 行为和 `map-reduce` Oozie 行为。

调用 MapReduce 作业和 `java` 行为有点类似于使用 Hadoop 命令行界面（Command Line Interface，CLI）从边缘节点调用该作业。

指定一个驱动器作为 Java 活动的类，Oozie 调用这个驱动器。

另一方面，使用 `map-reduce` 行为需要更大和更复杂的配置文件，如代码清单 4-5-13 所示。

代码清单 4-5-13 Oozie map-reduce 行为

```
<action name='MRSample'>
<map-reduce>
<job-tracker>${jobTracker}</job-tracker>
<name-node>${nameNode}</name-node>
<prepare>
<delete path="${prefix}/csv/tmp" />
</prepare>
<configuration>
<property>
<name>mapred.mapper.new-api</name>
<value>true</value>
</property>
<property>
<name>mapred.reducer.new-api</name>
<value>true</value>
```

```
</property>
<property>
<name>maproduce map.class</name>
<value>[MAPCLASS] </value>
</property>
<property>
<name>mapreduce.reduce.class</name>
<value>[REDUCECLASS] </value>
</property>
...
</configuration>
</map-reduce>
<ok to="end" />
<error to="fail" />
</action >
```

map-reduce 行为和 java 行为之间的差异在于 map-reduce 行为不包含<main-class>元素，这在这个例子中是没有意义的。相反，该行为的实现基于行为配置部分所定义的信息，构建了 MapReduce 作业的驱动器。Configuration 部分定义了通常在 MapReduce 作业驱动器（包括 mapper 和 reducer 类、输入和输出格式等）中指定的所有信息。

当决定所使用的方法时，你应当考虑从 MapReduce 作业直到 Oozie 应用程序行为的正常开发周期，这通常看起来像如图 4-5-4 所示的那样。

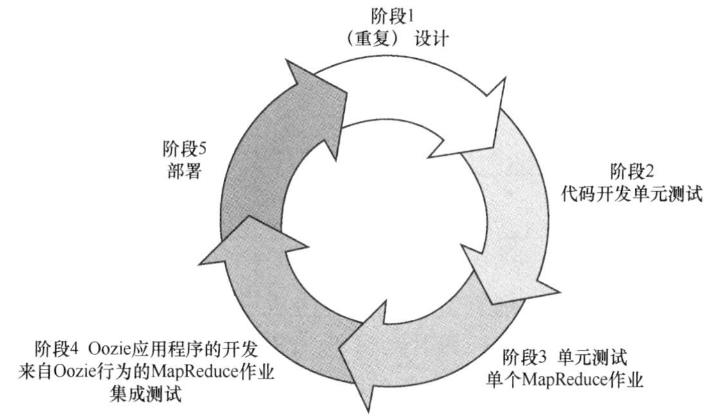

图 4-5-4　MapReduce 作业的开发周期

在周期的阶段 2 和 3，驱动器模式是自然的选择。驱动器模式假定这样一个应用程序的入口是 main() 方法的某个类。应用程序是从集群边缘节点使用 hadoop 命令来启动的。

在周期的阶段 4，应当从 Oozie 行为调用 MapReduce 作业，有可能通过使用 java 行为来使用现有的驱动器或重构它用作 Oozie map-reduce 行为。但是，这需要开发工作的努力并且恢复到阶段 2 和 3 中所使用的驱动器模式是不容易的。驱动器模式和 map-reduce 行为模式间的多次切换给开发流程引入了不必要的操作复杂度。

然而，使用驱动器模式，你引入了另一个挑战。这种方法的问题是，Oozie 不知道实际的 MapReduce 的执行——从它的观点来看，只是执行一个 java 行为——这可以导致“挂起”

MapReduce 的执行。如果工作流决定杀死一个调用了 MapReduce 作业的 java 行为，或是整个工作流进程都被杀死，那么它能留在由 java 行为启动的 MapReduce 作业中。

如果使用 Java 关闭钩子和 MapReduce 驱动器，可以避免这个问题，如模块 3 第 3 讲所描述的那样。

代码清单 4-5-14 展示了利用驱动器模式实现关闭钩子的一种可能的方式。

代码清单 4-5-14　关闭钩子的实现

```
1  public class DriverHook implements Runnable{
       static public DriverHookNewApi create(Job job){
           return new DriverHookNewApi(job);
       }
       Job job;
       private DriverHookNewApi(Job job){
           this.job = job;
       }
       public void run(){
           System.out.println("Hello from MyHook");
           if(job == null)
               throw new NullPointerException("err msg");
           try{
               JobID hdpJobID = job.getJobID();
               if(!job.isComplete())
2                  job.killJob();
               catch (IOException e){
                   throw new RuntimeException("err msg");
               }
           }
       }
   }
```

代码清单 4-5-14 的解释

1	实现 run 方法
2	如果仍在运行则杀死该作业

当 JVM（包含了这个钩子）关闭时，调用类 DriverHook 的 run() 方法。该方法使用 Hadoop API，检查是否该作业已经完成了，如果它仍在运行则杀死它。

代码清单 4-5-15 实现了如何将关闭钩子添加到驱动器类。

代码清单 4-5-15　将关闭钩子添加到驱动器

```
Runnable myHook = DriverHook.create(job); Thread hookThr = new
Thread(myHook); Runtime.getRuntime().addShutdownHook(hookThr);
```

现在，已经熟悉了实现工作流进程解决样例现实问题的细节，让我们看一下如何实现 Oozie 协调器应用程序。

知识检测点 5

该程序可以有替代的 Oozie 工作流吗？

5.6 实现 Oozie 协调器应用程序

为了使迄今为止定义的工作流能协同工作，你应当使用数据集和 Oozie 协调器应用程序。以设计两个数据集 probeDataset 和 placeDataset 作为开始，如代码清单 4-5-16 所示（代码文件：dataSets.xml）。

代码清单 4-5-16 Oozie 数据集

```
<dataset name="probeDataset" frequency="${coord:hours(4)}"
initial-instance="2013-01-10T80:00Z" timezone="America/Chicago">
<uri-template>
${fullPath}/probes/${YEAR}/${MONTH}/${DAY}/${HOUR}/data
</uri-template>
<done-flag/>
</dataset>
<dataset name="placeDataset" frequency="${coord: hours(4)}"
initial-instance="2013-01-10T80:00Z" timezone="America/Chicago">
<uri-template>
${fullPath}/places/${YEAR}/${MONTH}/${DAY}/${HOUR}/data
</uri-template>
<done-flag/>
</dataset>
```

数据集 dataSets.xml 指定了由行为链 select-probes、build-strands 和 geotile-strands 所生成的数据。它还指定了从 2013-01-00T80:00Z 开始，每 4 小时就应当生成一个新的数据集实例（真实数据），并放置在位置/user/practicalHadoop/oozie/places//${YEAR}${MONTH}/${DAY}/${HOUR}/data 中。

例如，前 3 个数据集实例被放置到如下位置：

```
/user/practicalHadoop/oozie/places/2012/01/01/00/data
/user/practicalHadoop/oozie/places/2012/01/01/04/data
/user/practicalHadoop/oozie/places/2012/01/01/08/data
```

类似地，数据集 placesDataset 指定了由行为链 select-places 和 geotile-places 所生成数据的位置。该数据集的实例也是每 4 小时生成一次。

你应当把迄今为止所定义的 3 个工作流进程中的每一个进程都放入相应的协调器应用程序中。

代码清单 4-5-17（代码文件：dataPrepCoord.xml）为 data-prep-wf 工作流展示了协调器应用程序的定义。

代码清单 4-5-17 data-prep-wf 工作流的协调器

```
<coordinator-app xmlns="uri:oozie:coordinator:0.2"
xmlns:sla="uri:oozie:sla:0.1" name="data-prep-coord"
frequency="${coord:hours(4)}"
start="2013-01-00T008:00Z" end="2013-06-00T08:00Z"
timezone="America/Chicago">
<controls>
<timeout>60</timeout>
<concurrency>3</concurrency>
<execution>LIFO</execution>
```

```
<throttle>4</throttle>
</controls>
<datasets>
<dataset name="probeDataset" frequency="${coord:hours(4)}"
initial-instance="2013-02-27T08:00Z" timezone="America/Chicago">
<uri-template>${nameNode}/user/ayakubov/data/probes/
${YEAR}/${MONTH}/${DAY}/${HOUR}</uri-template>
<done-flag/>
</dataset>
<dataset name="placeDataset" frequency="${coord:hours(4)}"
initial-instance="2013-02-27T08:00Z" timezone="America/Chicago">
<uri-template>${nameNode}/user/ayakubov/data/places/
${YEAR}/${MONTH}/${DAY}/${HOUR}</uri-template>
<done-flag/>
</dataset>
</datasets>
<output-events>
<data-out name="output" dataset="probeDataset">
<instance>${coord:current(1)}</instance>
</data-out>
<data-out name="output2" dataset="placeDataset">
<instance>${coord:current(1)}</instance>
</data-out>
</output-events>
<action>
<workflow>
<app-path>${fullPath}/dataPrep</app-path>
<configuration>
<property>
<name>wfOutput</name>
<value>${coord:dataOut('output')}</value>
</property>
</configuration>
<property>
<name>wfOutput2</name>
<value>${coord:dataOut('output2')}</value>
</property>
</workflow>
<sla:info>[SLA SECTION]</sla:info>
</action>
</coordinator-app>
```

协调器应用程序定义了 Oozie 服务器可以启动协调器行为（在工作流作业中）的时间。该定义描述了初始开始时间、结束时间、周期性的执行、数据条件以及资源条件。根元素<coordinator-app>的属性定义了协调器的名称、协调器行为的频率、开始时间和协调器应用程序的结束时间。

<controls>元素指定了如下的执行策略。

- **并发级别**：这表示允许同时运行的协调器行为的数量。允许多达 3 个协调器行为同时运行。
- **超时**：这表示协调器行为在放弃其执行之前，处于等待或就绪状态的时间长度（最多可达 60 秒）。
- **执行**：这定义了执行策略。在这个情形下，它是后进先出的。

- **阈值**：这表示允许同一时间等待中的协调器行为的数量。允许多达 4 个协调器同时处于等待状态。

<datasets>元素指定了对于数据准备应用程序而言是重要的数据集。<outputEvents>元素（间接）指定了从协调器生成的数据集。在这种情形下，probeDataset 和 placeDataset 的实例应当每 4 小时生成一次。

<action>元素指定了工作流应用程序定义（<app-path>元素中的 data-prep-wf 工作流）的位置以及重要的配置参数（wfOutput 和 wfOutput2）。这些参数提供了应当由该工作流生成的带有数据集实例名称的 data-prep-wf 工作流的行为。

因此，在第一个 data-prep-wf 工作流的调用中，wfOutput 参数的值为如下所示：

```
/user/ayakubov/data/places/2013/02/27/08
```

在下面的 data-prep-wf 工作流的调用中，wfOutput 参数的值为如下所示：

```
/user/ayakubov/data/places/2013/02/27/12
```

这些都对应于为 data-prep-coord 协调器应用程序所指定的 4 小时的频率。

此外，协调器应用程序可以使用类似于工作流应用程序或工作流行为的<sla:info>元素。

总的来说，协调器应用程序 data-prep-coord 指定了协调器行为（data-prep-coord）应当每 4 小时提交一次，从 2013-01-00T008:00 开始至 2013-06-00T08:00 结束（时间条件）。在协调器应用程序中不能指定数据依赖，但是<controls>元素指定了资源限制（concurrency，throttling）。

```
</input-events>
</data-in>
<instance>${coord:current(-6)}</instance>
<data-in name="probeReadyEvent" dataset="probeDataset">
</data-in>
<instance>${coord:current(-6)}</instance>
</action>
<sla:info> [SLA SECTION] </sla:info>
</workflow>
<configuration> [CONFIGURATION SECTION] </configuration>
<app-path>${fullPath}/attendance</app-path>
<workflow>
<action>
```

代码清单 4-5-18（代码文件：attendanceCoord.xml）为 attendance-wf 工作流展示了协调器应用程序的定义。

代码清单 4-5-18　attendance-wf 工作流的协调器

```
<coordinator-app xmlns="uri:oozie:coordinator:0.1"
xmlns:sla="uri:oozie:sla:0.1" name="attendance-coord"
frequency="${coord:endOfDays(1)" start="2013-01-00T008:00Z"
end="2013-03-00T08:00Z"
timezone="America/Chicago">
<controls> [CONTROL SECTION] </controls>
<datasets>
<dataset name="probeDataset" frequency="${coord:hours(4)}"
initial- instance="2013-02-27T08:00Z" timezone="America/Chicago">
```

```
<uri-template>${nameNode}/user/ayakubov/data/probes
/${YEAR}/${MONTH}/${DAY}/${HOUR}</uri-template>
<done-flag/>
</dataset>
<dataset name="placeDataset" frequency="${coord:hours(4)}"
initial-instance="2013-02-27T08:00Z"
timezone="America/Chicago">
<uri-template>${nameNode}/user/ayakubov/data/places
/${YEAR}/${MONTH}/${DAY}/${HOUR}</uri-template>
<done-flag/>
</dataset>
</datasets>
<input-events>
<data-in name="placeReadyEvent" dataset="placeDataset">
<instance>${coord:current(-6)}</instance>
</data-in>
<data-in name="probeReadyEvent" dataset="probeDataset">
<instance>${coord:current(-6)}</instance>
</data-in>
</input-events>
<action>
<workflow>
<app-path>${fullPath}/attendance</app-path>
<configuration> [CONFIGURATION SECTION] </configuration>
</workflow>
<sla:info> [SLA SECTION] </sla:info>
</action>
</coordinator-app>
```

attendance-coord 协调器行为的定义在结构上类似于 dataprep-coord 协调器行为的定义。协调器行为的频率为 1 天。

attendance-coord 协调器中的新元素是与<inputevents>元素一起指定的输入事件。它添加了执行协调器行为应当满足的数据条件。

probesDataset 和 placesDataset 数据集（以为了名义行为提交的时间的数据集为结束）的 6 个顺序数据实例应当存在于 HDFS 中。

代码清单 4-5-19（代码文件：dataPrepCoord.xml）为 cluster-wf 工作流展示了协调器应用程序的定义。

代码清单 4-5-19　cluster-wf 工作流的协调器

```
<coordinator-app xmlns="uri:oozie:coordinator:0.1"
xmlns:sla="uri:oozie:sla:0.1"
name="cluster-coord" frequency="${coord:weeks(1}" start="2013-01-
00T008:00Z"
end="2013-03-00T08:00Z" timezone="America/Chicago">
<controls> [CONTROL SECTION]</controls>
<datasets>
<dataset name="probeDataset" frequency="${coord:hours(4)}"
initial-instance="2013-02-27T08:00Z" timezone="America/Chicago">
<uri-template>${nameNode}/user/ayakubov/data/probes
/${YEAR}/${MONTH}/${DAY}/${HOUR}</uri-template>
```

```
<done-flag/>
</dataset>
<dataset name="placeDataset" frequency="${coord:hours(4)}"
initial-instance="2013-02-27T08:00Z" timezone="America/Chicago">
<uri-template>${nameNode}/user/ayakubov/data/places
/${YEAR}/${MONTH}/${DAY}/${HOUR}</uri-template>
<done-flag/>
</dataset>
</datasets>
<input-events>
<data-in name="placeReadyEvent" dataset="placeDataset">
<instance>${coord:current(-42)}</instance>
</data-in>
<data-in name="probeReadyEvent" dataset="probeDataset">
<instance>${coord:current(-42)}</instance>
</data-in>
</input-events>
<action>
<workflow>
<app-path>${fullPath}/cluster</app-path>
<configuration> [CONFIGURATION SECTION] </configuration>
</workflow>
<sla:info> [SLA SECTION] </sla:info>
</action>
</coordinator-app>
```

在该应用程序中，行为频率为一周，cluster-coord 行为应当在 HDFS 中拥有每个 probesDataset 和 placesDataset 数据集的 42 个顺序实例，直到为了名义行为提交时间的数据集为结束。

图 4-5-5 展示了来自 data-prep-coord、attendancecoord 和 cluster-coord 协调器的提交行为的理想的日程表。

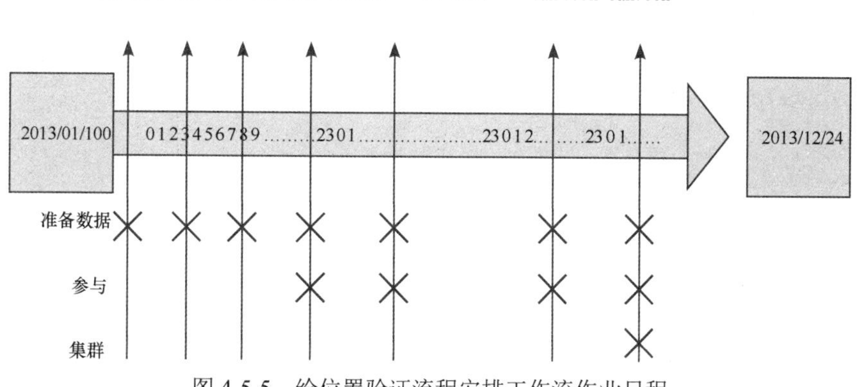

图 4-5-5　给位置验证流程安排工作流作业日程

如在图 4-5-5 中所看到的那样：

- 每 4 小时，数据准备协调器启动数据准备工作流；
- 每 24 小时（每天），出席计算的协调器启动了出席计算的工作流（假定输入事件中所有所需的数据文件已准备就绪）；

- 最后，每周一次，集群计算协调器启动了集群计算工作流（也假定了数据集已经就绪），因此，如果所有的协调器同时启动，并按预期运行，它们提供了计算任务执行所需的顺序。

在下一节中，通过将它们结合至单一数据管道——Oozie 套件的方式，你同步学习所有的协调器执行，可以用它来一起管理所有参与的协调器应用程序。

知识检测点 6

使用协调器工作流的优势是什么？如果我们有多于一个的作业，是否有更好的选择？

5.7 实现 Oozie 套件应用程序

因为刚才描述的 3 个协调器应用程序外加时间和数据依赖，你可能会发现分别部署它们是不方便的。然而，可以使用 **Oozie 套件应用程序**来将它们一起绑定成单一的可管理的实体，它可以作为一个整体启动/停止/暂挂/继续/重新运行，从而提供了更容易的操作控制。

代码清单 4-5-20（代码文件：bundle.xml）展示了一个用于位置验证流程的 Oozie 套件应用程序。

代码清单 4-5-20　Oozie 套件应用程序

```
<bundle-app name="place-validation-bl"
xmlns='uri:oozie:bundle:0.1'>
<controls>
<kick-off-time>2012-12-10T008:00Z</kick-off-time>
</controls>
<coordinator name="data-prep-coord">
<app-path>${fullPath}/dataPrep</app-path>
<configuration>
</property>
<name>selectProperties</name>
<value>${rootPath}/config/select-probs.properties</value>
</property>
</property>
<name>validateFilterProperties</name>
<value>${rootPath}/config/val-filter.properties</value>
</property>
...
</configuration>
</coordinator>
<coordinator name="attendance-coord">
<app-path>${fullPath}/attendance</app-path>
<configuration> ... </configuration>
</coordinator>
<coordinator name="cluster-coord">
<app-path>${fullPath}/cluster</app-path>
<configuration> ... </configuration>
</coordinator>
</bundle-app>
```

套件应用程序的实现是相当简单和直接的。它包含了一个<controls>元素，它指定了何时启动套件执行以及一组包含在套件中的协调器应用程序。对于每个协调器应用，套件定义描述了应用部署的位置，并提供了可选的一组配置参数，可以将它传递给相应的应用。

现在你已经看到了如何来实现本讲的简单应用，让我们看一下你如何来部署、测试和执行它。

知识检测点 7

可以被整合的作业数量是否有限制？

5.8　部署、测试和执行 Oozie 应用程序

测试 Oozie 应用程序通常从测试单个行为开始。所以，让我们集中精力于测试 Oozie 应用程序。为了达成该目标，你必须先部署它们。

图 4-5-6 展示了 HDFS 上的与本讲早些时候开发的工件（协调器、工作流、jar、Pig 和 Hive 脚本以及配置文件）的建议存放位置。

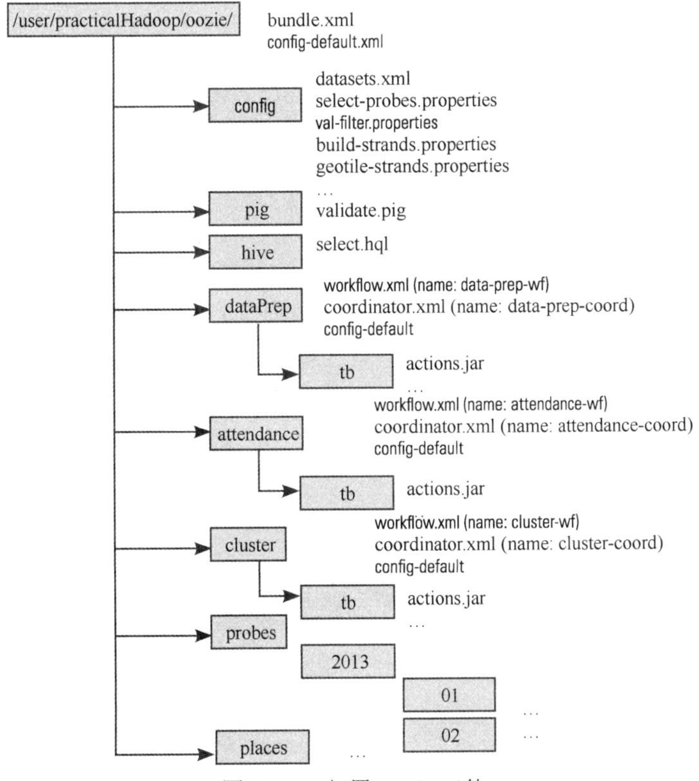

图 4-5-6　部署 Oozie 工件

选择一个 HDFS 目录（/user/practicalHadoop/oozie）进行部署。该目录包含了可执行代码和由应用程序所生成的数据文件。注意下列关于部署的事项。

- 每一个工作流应用程序应当被放置于一个独立的文件夹中，它具有下列定义良好的布局。
  - 它应当包含文件 workflow.xml（工作流定义）和 configdefault.xml（后面会更多讨论该文件）。为了将内容保持在一起，并简化文件布局，你在同一目录下（技术上说，可以将其放置在任意目录中）放置 coordinator.xml（协调器定义）。
  - 它应当包含 lib 目录。工作流活动执行所需的所有的 jar 文件，连同它们依赖的所有文件，应当被放置在 lib 目录中。
- 目录其他部分可以放置在其他地方，但是在这个案例中，它们被归拢在一起以简化部署。

图 4-5-6 中所示的 config-default.xml 文件是一个配置文件，它使你能够指定工作流、协调器或套件应用程序的参数。（在本讲后续部分，你将学到更多关于指定 Oozie 执行参数的知识。）

图 4-5-6 中显示的部署文件布局支持下列执行模式。

- 在边缘节点上用 oozie 命令分别运行每个工作流（集成测试的第一步）。
- 在边缘节点上用 oozie 命令分别运行每个协调器（集成测试的第二步）。
- 在边缘节点上用 oozie 命令运行带有所有 3 个协调器的 Oozie 套件（集成测试的最后一步）。

现在知道了如何部署一个 Oozie 应用程序，让我们看一下如何使用 Oozie CLI（在前面描述的）进行 Oozie 应用程序的 Oozie 执行。

知识检测点 8

什么是为了 Oozie 应用程序的成功部署而需要被定义的必要文件？

5.8.1 使用 Oozie CLI 执行 Oozie 应用程序

Oozie 提供了一个 CLI 来执行作业相关和管理的任务。所有的操作通过 Oozie CLI 命令的子命令来完成。Oozie 命令要求 Oozie URL 作为其参数之一。Oozie URL 指向 Oozie 服务器的 RESR 终点。

让我们更仔细地看看 oozie 命令的重要的 Oozie 子命令。

submit

submit 命令被用来提交一个工作流、协调器或套件作业。作业将被创建但是不会被启动。它将处于 PREP 状态。

代码清单 4-5-21 展示了一个例子。

代码清单 4-5-21　提交一个带有 CLI 的 Oozie 作业

```
$ oozie job -oozie http://OozieServer:8080/oozie -config job.
properties -submit
.
job: 14-20090525161321-oozie-job
```

在这里，参数-oozie http://OozieServer:8080/oozie 指明了 Oozie URL。参数-config job.properties 指明了作业属性文件（本讲后面会详细解释）。作业属性文件应该包含指明了 Oozie 应用程序定义 HDFS 位置的属性。

指明应用定义的 HDFS 位置的属性文件的名称依赖于 Oozie 应用的类型，如表 4-5-3 所示。

表 4-5-3　为不同的 Oozie 应用类型定义应用程序的位置列表

Oozie 应用的类型	属 性 名 称
工作流	oozie.wf.application.path
协调器	oozie.coord.application.path
套件	oozie.bundle.application.path

如代码清单 4-5-21 所示，submit 子命令返回了 Oozie 作业 ID。

start

start 命令启动了一个先前提交的工作流作业、协调器作业或是处于 PREP 状态的套件作业。在命令被执行之后，作业将处于 RUNNING 状态。

代码清单 4-5-22 展示了一个例子。

代码清单 4-5-22　启动一个带有 CLI 的 Oozie 作业

```
$ oozie job -oozie http://OozieServer:8080/oozie -start
14-20090525161321-oozie-job
```

Start 命令的参数是由 submit 命令返回的 Oozie 作业 ID。

run

run 命令创建和启动了一个 Oozie 作业。所以，run 命令是 submit 命令的有效组合，随后就是一个 start 命令。代码清单 4-5-23 展示了 run 命令的例子。

代码清单 4-5-23　运行一个带有 CLI 的 Oozie 作业

```
$ oozie job -oozie http://OozieServer:8080/oozie -config job.
properties -run
.
job: 15-20090525161321-oozie-job
```

类似于 submit 命令，run 命令返回了 Oozie 作业 ID。

kill

kill 命令使你终止了一个工作流、协调器或套件作业。代码清单 4-5-24 展示了 kill 命令的一个例子。

代码清单 4-5-24　终止一个带有 CLI 的 Oozie 作业

```
$ oozie job -oozie http://OozieServer:8080/oozie -kill
14-20090525161321-oozie-job
```

sla

sla 命令使你能够获取 SLA 事件的状态。代码清单 4-5-25 展示了该命令的一个例子。

代码清单 4-5-25　CLA sla 命令的例子

```
$ oozie sla -oozie http://OozieServer:11000/oozie -len 2 -offset 0
.
<sla-message>
<event>
<sequence-id>1</sequence-id>
<registration>
<sla-id>0000573-120615111500653-oozie-oozi-C@1</sla-id>
```

```
<app-type>COORDINATOR_ACTION</app-type>
<app-name>test-app</app-name>
<user>ayakubov</user>
<group>users</group>
<parent-sla-id>null</parent-sla-id>
<expected-start>2012-06-28T11:50Z</expected-start>
<expected-end>2012-06-28T12:15Z</expected-end>
<status-timestamp>2012-07-02T15:35Z</status-timestamp>
<notification-msg>Notifying User for 2012-06-28T11:45Z nominal
time</notification-msg>
<alert-contact>www@yahoo.com</alert-contact>
<dev-contact>alexeyy2@yahoo.com</dev-contact>
<qa-contact>alexeyy2@yahoo.com</qa-contact>
<se-contact>alexeyy2@yahoo.com</se-contact>
<alert-percentage>80</alert-percentage>
<alert-frequency>LAST_HOUR</alert-frequency>
<upstream-apps />
<job-status>CREATED</job-status>
<job-data />
</registration>
</event>
<event>
<sequence-id>2</sequence-id>
<status>
<sla-id>0000573-120615111500653-oozie-oozi-C@1</sla-id>
<status-timestamp>2012-07-02T15:35Z</status-timestamp>
<job-status>STARTED</job-status>
<job-data />
</status>
</event>
<last-sequence-id>2</last-sequence-id>
</sla-message>
```

该命令参数包含了所需 SLA 事件 len 的数量（在该例子中为 2）以及第一个 SLA 事件的偏移量（在该例子中为 0）。命令的执行返回了请求长度的 SLA 事件的列表。

在回复中的第一条 SLA 记录碰巧是一条 registration 记录，第二条是一条 status 记录。（这些仅仅是 SLA 事件的两种类型。）

其他重要的 CLI 命令包括 suspend、resume、change（参数）、rerun 和 info（检查状态）。

正如先前提到的那样，Oozie CLI 对于集成测试是有用的，但是它对于部署和 Oozie 应用的管理也是有用的。

对于每个应用程序，Oozie 作业使用参数，它可以被作为参数传递给 Oozie 作业。现在让我们看一下如何将参数传递给 Oozie 作业。

知识检测点 9

在 Web 控制台上使用 CLI 是否有额外的优势？

5.8.2 将参数传递给 Oozie 作业

对于每一个应用程序，Oozie 应用的可重用性（大型扩展）依赖于参量传入 Oozie 作业的方式。存在多个为 Oozie 作业以及相应 Hadoop 作业指定参数的方式。该节首先检查了将参数传入 Hadoop 作业的不同方法，然后提出了不同的传递参数方法的比较。

使用一个 Oozie 调用命令

将执行参数传入 Oozie 作业的最明显的方式之一是作为 Oozie CLI run 子命令的一部分。代码清单 4-5-26 展示了这样种方式的一个例子。

代码清单 4-5-26 Oozie CLI 调用命令

```
oozie job -oozie ${OOZIE_ENDPOINT} -D country=USA -config job.
properties -run
```

在此，命令片段-D country=USA 使你能直接在命令行中为 Oozie 应用设置参数 country=USA。现在该参数在 Oozie 应用执行上下文中可用，例如可以被用作<arg>元素内部的 java 行为调用的参数。

使用 Oozie 作业属性文件

正如图 4-5-6 所示的部署布局在关于 Oozie submit（代码清单 4-5-21）和 run（代码清单 4-5-23）子命令的讨论中被引用了，Oozie 作业执行使用 job.properties 文件。

job.properties 文件提供了可以指定作业参数的另一个位置。代码清单 4-5-27 展示了属性文件的一个例子。

代码清单 4-5-27 Oozie 作业属性文件的例子

```
<?xml version="1.0" encoding="UTF-8"?>
<configuration>
<property>
<name>jobTracker</name>
<value>jtServer:8021</value>
</property>
<property>
<name>nameNode</name>
<value>hdfs://nnServer:8020</value>
</property>
<property>
<name>rootPath</name>
<value>/user/practicalHadoop/oozie</value>
</property>
<property>
<name>fullPath</name>
<value>${nameNode}/${rootPath}</value>
</property>
```

```
<property>
<name>tileLevel</name>
<value>10</value>
</property>
<property>
<name>bbox</name>
<value>37.71,-122.53,37.93,-122.15</value>
</property>
<property>
<name>geotileStrandsProperties</name>
<value>${rootPath}/config/geotileStrandsProperties.xml</value>
</property>
<property>
<name>oozie.wf.application.path</name>
<value>${fullPath}/dataPrep/workflow.xml</value>
</property>
</configuration>
```

XML 文件中指定的所有属性会在作业执行上下文中可用，因此可以贯穿整个作业中使用。

例如，代码清单 4-5-3 中显示的 java 行为定义使用在表达式 `tileSize=${tileLevel}` 中 `titleSize` 参数的值。`titleSize` 参数的值在作业属性文件中指定。因此，当 `com.practicalHadoop.geotile.Strands` 类的 `main()` 方法在相应 Hadoop 作业中被调用时，参数 `tileSize=10` 将可用，如代码清单 4-5-3 中指定的那样。

一个作业属性文件通常指定了应当调用的 Oozie 应用程序类型。为了运行工作流应用程序，你必须指定 `oozie.wf.application.path` 属性。为了运行协调器应用程序，你要指定 `oozie.coord.application.path` 属性。对于套件应用程序，你将使用 `oozie.bundle.application.path` 属性。

使用 config-default.xml 文件

`config-default.xml` 文件对于 Oozie 工作流部署而言（见图 4-5-6）是一个必需的文件。代码清单 4-5-28 展示了 `data-prep-wf` 工作流应用的 `config-default.xml` 文件的片段。

代码清单 4-5-28　config-default 文件的例子

```
<?xml version="1.0" encoding="UTF-8"?>
<configuration>
...
<property>
<name>mapred.input.dir</name>
<value>${rootPath}/dataPrep/strandstiles/input</value>
<description>Input path for the geotile-strands action</
description>
</property>
<property>
<name>mapred.output.dir</name>
```

```
<value>${rootPath}/dataPrep/strandstiles/output</value>
<description>Output path for the geotile-strands action</
description>
</property>
<property>
<name>strandCenterMethod</name>
<value>median</value>
<description>Method to define strand center</description>
</property>
...
</configuration>
```

类似于属性文件，config-default.xml 文件可以包含属性，可以在工作流执行上下文中被填充。例如，geotile-strands 行为的定义使用<arg>元素将 strandCenterMethod 变量的值传递给 main() 方法。

在行为定义中使用<configuration>元素

<configuration>元素中定义的参数有整个行为范围的作用域。5.2 版的 spatial4jVer 属性被定义在代码清单 4-5-5 所示的 geotile-strands 行为的<configuration>元素的例子中。通过行为定义<arg>-version=${spatial4jVer}</arg>中的<arg>元素，该值对于 com.practicalHadoop.geotile.Strands 类的 main() 方法可用。

使用<job-xml>元素

类似于属性文件和 config-default.xml，被<job-xml>标签所指向的文件可以定义属性，如代码清单 4-5-29 所示。

代码清单 4-5-29　元素<job-xml>所指定的配置文件片段

```
<?xml version="1.0" encoding="UTF-8"?>
<configuration>
...
<property>
<name>cardinality</name>
<value>5</value>
<description>Mimimum number of probes in s strand</description>
</property>
...
<configuration>
```

该文件中定义的属性有着行为范围的作用域。

参数还可以在行为的<arg>标签内被显式地指定（如果该行为支持它们）。

5.8.3　决定如何将参数传递给 Oozie 作业

到目前为止，已经学习了将参数传递给 Oozie 作业的多种方式。为了决定最恰当的使用方式，读者应当首先知道 Oozie 是如何使用参数的。

- Oozie 使用显式定义在行为<arg>标签内的参数。
- 如果有任何不能在此被解析的参数，Oozie 使用定义在文件中的并在<job-xml>标签内部指定的参数。
- 如果有任何不能在此被解析的参数，Oozie 使用定义在<configuration>标签内部的参数。
- 如果有任何不能在此被解析的参数，Oozie 使用来自命令行调用的参数。
- 如果有任何不能在此被解析的参数，Oozie 使用来自作业属性文件的参数。
- 一旦有一些其他的失败内容，Oozie 尝试使用 config-default.xml。

虽然文档没有很清晰地描述何时该用什么，但是大体上的推荐如下。

- 使用 config-default.xml 定义从来不会改变的参数（如集群配置）。
- 使用<arg>、<job-xml>、<configuration>和参数的作业属性文件，它们对于给定作业的部署是常见的。
- 使用特定于给定作业调用参数的命令行参量。

现在让我们看一下如何能利用 Oozie 控制台获取关于正在运行和已经完成了的 Oozie 作业的信息。

知识检测点 10

在本讲中，采用探测器的例子来解释 Oozie。再给出一个来自业界的可以使用 Oozie 的例子。

练习

基于图的问题

1. 考虑下面的图：

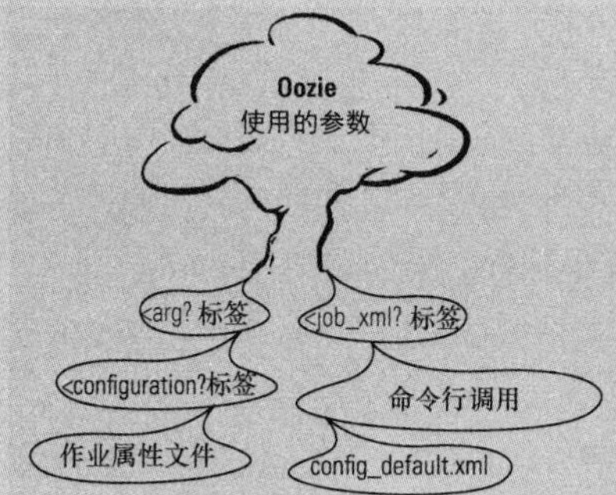

a. 命名用于集群配置的参数。　　b. 命名用于作业部署的参数。

c. 命名特定于给定作业调用的参数。

2. 考虑下面的 MapReduce 作业开发周期图：

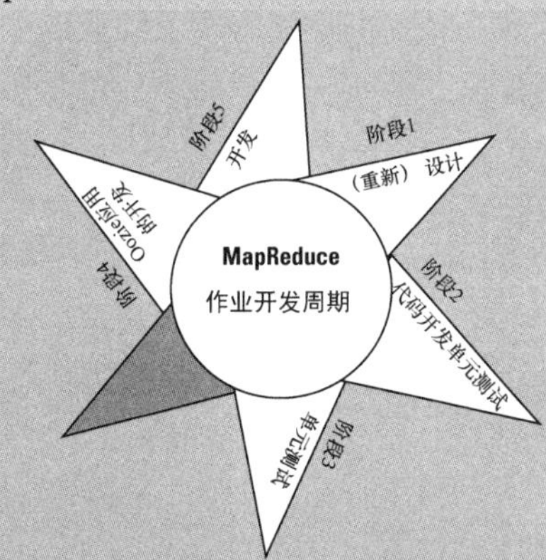

a. 谈谈当使用阶段 4 中驱动器模式时经历的两个问题。

b. 上面的问题将如何解决？

c. 编写一个小程序实现关闭钩子。

多项选择题

选择正确的答案。在下面给出的“标注你的答案”里将正确答案涂黑。

1. 地理分片是将空间分区成：

a. 具体形状的无限个成员　　b. 模糊形状的有限个成员

c. 具体形状的有限个成员　　d. 模糊形状的无限个成员

2. 由地理分片中的缩放级别所提供的瓦片的标准数量为：

a. n^2　　b. n^2+1　　c. $2n$　　d. $2n+1$

3. `hive` 和 `email` 行为的 Oozie 模式可以在下面哪处找到？

a．Apache 文档　　b．Apache 协调器规范
c．Apache 配置　　d．Apache 过渡

4．Hive 是 Hadoop 的数据仓库系统，支持大型数据集上的受限 SQL 查询。该大型数据集以如下哪种形式存储？
a．HTML 和 C++　　b．HQL 和 Java
c．HDFS 和 Hbase　　d．PYTHON 和 Hbase

5．发布参数的 `java` 行为的定义应当包含
a．<capture – output/>元素　　b．<capture – input/>元素
c．<throw – exception>元素　　d．<throw – output>元素

6．在数据准备工作流中，Oozie 流控制决策节点被用以实现什么功能？
a．成功/错误通知　　b．业务行为
c．错误诊断　　d．业务设计

7．<arg>元素使我们能指定一个 Java 程序的参数：
a．以 `java` 行为启动　　b．以 `java` 行为结束
c．以 Hadoop 启动　　d．以 Hadoop 结束

8．当所有参数的使用都失效时，Oozie 尝试使用以下哪项？
a．<arg>标签　　b．Config-default.xml
c．<configuration>标签　　d．<error>标签

9．Oozie 作业中的 Run 命令是什么命令的组合？
a．输入和启动命令　　b．输入和运行命令
c．提交和运行命令　　d．提交和启动命令

10．工作流、协调器或套件作业的服务由谁来终止？
a．Exit 命令　　b．Delete 命令　　c．Kill 命令　　d．Back 命令

标注你的答案（把正确答案涂黑）

1. ⓐ ⓑ ⓒ ⓓ　　6. ⓐ ⓑ ⓒ ⓓ
2. ⓐ ⓑ ⓒ ⓓ　　7. ⓐ ⓑ ⓒ ⓓ
3. ⓐ ⓑ ⓒ ⓓ　　8. ⓐ ⓑ ⓒ ⓓ
4. ⓐ ⓑ ⓒ ⓓ　　9. ⓐ ⓑ ⓒ ⓓ
5. ⓐ ⓑ ⓒ ⓓ　　10. ⓐ ⓑ ⓒ ⓓ

测试你的能力

1．描述设计 Oozie 工作流应用的过程。
2．将参量传递给 Oozie 作业的不同方式是什么？

备忘单

- 位置验证是一个复杂的、多步骤的需要多个 MapReduce 作业协调执行并在它们执行的条件下进行监控的过程。
- geotile-strands java 行为使用驱动器模式在集群上提交一个 MapReduce 作业。
- <main-class>元素指定了带有 main()方法的 Java 类，main()方法被用作在 Hadoop 作业中执行行为代码的起点。
- Oozie 工作流使用户能为<configuration>元素中单个行为定义执行参数。
- Oozie 作业和相应的 Hadoop 作业属于批处理作业的种类。
- Apache Pig 是一个开发用以分析大型数据集的框架（有时候也被称作平台）。Pig 由高层语言组成，表示了程序中的数据分析，外加执行这些程序的基础架构。
- Pig 运行时：
  - 解释脚本；
  - 为 MapReduce 作业生成 Java 代码；
  - 提交和控制作业的执行；
  - 从作业中返回状态和消息至 Oozie 服务器。
- Hive 是一个存储在 HDFS 和 HBase 的、Hadoop 用于进行大型数据集上的受限 SQL 查询的数据仓库系统。
- Oozie 以 hive 行为的形式为 Hive 应用程序提供支持。
- 使用 email 行为，Oozie 可以被用来通知最终用户 Oozie 作业执行流的情况。
- 工作流是简单的且彼此相似的。
- Oozie 不要求任何 Oozie 行为的特殊编程。
- 为了使 java 行为能发布参数，该行为的定义应当包括<capture-output/>元素。
- Oozie 提供两种调用 MapReduce 作业的行为——实现了一个驱动器模式的 java 行为和 map-reduce Oozie 行为。
- map-reduce 行为和 java 行为之间的差异是 map-reduce 行为不包含<<main-class>元素。
- <controls>元素指明了下面的执行策略：
  - 并发级别；
  - 超时；
  - 执行；
  - 节流阀。
- 测试一个 Oozie 应用通常以单个行为的测试作为开端。
- 每个工作流应用程序应当被防止在一个单独的文件夹中，它有着如下定义良好的布局。
- Oozie 提供一个 CLI 来执行作业相关的和管理性的任务。
- 对于每一个应用程序，Oozie 应用的可重用性（大型扩展）依赖于参量传入 Oozie 作业的方式。
- 将执行参数传入 Oozie 作业的最明显的方式之一是将其作为 Oozie CLI run 子命令的一部分。